南京農業大學

NANJING AGRICULTURAL UNIVERSITY

年鉴

南京农业大学图书馆（文化遗产部）编

2020

中国农业出版社
农村读物出版社
北京

　　1月10日，南京农业大学召开"不忘初心、牢记使命"主题教育总结大会，深入学习贯彻习近平总书记在主题教育总结大会上的重要讲话和陈宝生部长在教育部直属高校主题教育总结会议上的讲话精神，全面总结回顾学校主题教育工作成效，巩固主题教育工作成果，持续推动全校各级党组织和广大党员干部不忘初心、牢记使命。

　　面对突如其来的新冠肺炎疫情，南京农业大学坚决贯彻落实习近平总书记关于疫情防控工作系列重要讲话和指示批示精神，充分认识疫情防控工作的严峻性和复杂性，抓好联防联控、精准施策，织就校园内控、校地联控、特色助农"三张网"，坚决打赢疫情防控总体战、阻击战。

　　3月12日，校党委书记陈利根教授在马克思主义基本原理概论公共必修课上，在线讲授题为"在风浪中磨砺　在坚持中成长"的战"疫"思政课。课程通过疫情期间国家发生的事件和身边的师生事迹，讲授了一个个关于信心、责任与成长的故事，从中引申出战"疫"中的中国自信、南农使命与青年担当。

　　5月，国务院扶贫开发领导小组办公室通报了2019年教育部直属高校定点扶贫工作成效考核结果，学校在国务院扶贫开发领导小组办公室、教育部等单位组织的中央单位定点扶贫工作年度成效考核中，获评最高等级——"好"。

　　6月16日，南京农业大学为全体2020年应届毕业生举行了一场"云端"毕业典礼。7 000余名毕业生通过线上直播的方式参加了毕业典礼。学校采用线上线下相结合的方式，为毕业生们举行了一场别开生面的"云端"毕业典礼，通过线上直播和远程连线的方式，确保每一位毕业生不缺席。

　　2020年是南京农业大学研究生院建院二十周年。为全面总结研究生院建院20年来学校学位与研究生教育事业发展的成绩和经验，探索"十四五"期间学校研究生教育的发展思路，7月3日，南京农业大学召开研究生院建院二十周年纪念座谈会。

　　7月15日，南京农业大学第六届教职工代表大会、第十一届工会会员代表大会隆重召开。大会以习近平新时代中国特色社会主义思想为指导，以建设农业特色世界一流大学为目标，全面动员和充分发挥全校教职工的积极性、主动性和创造性，立足新起点，拓展新思路，开启新征程，加快推动学校各项事业新一轮发展。

7月，2020年农业农村部10大引领性技术发布，由南京农业大学牵头的"北斗导航支持下的智慧麦作技术"和作为主要集成单位完成的"水稻机插缓混一次施肥技术"2项技术入选。

8月13日，校长陈发棣代表南京农业大学与三亚市人民政府、南繁科技城有限公司在海南自由贸易港重点项目集中签约会上签署三方共建三亚研究院协议。南京农业大学三亚研究院正式落户海南。

8月27日，在习近平总书记给全国涉农高校的书记、校长及专家代表回信一周年即将到来之际，农业农村部在南京召开高等农业教育改革座谈会，深入研讨促进新时代高等农业教育发展的意见，推进新农科建设，着力破解制约农业高校发展的瓶颈，推动农业高等教育更好地服务乡村振兴。

　　9月1~5日，第11届"挑战杯"江苏省大学生创业计划竞赛在淮阴工学院举行。南京农业大学报送的8支参赛团队，以3金1银3铜的成绩，捧得省赛"优胜杯"，3项作品获得首批入围国赛资格。

　　9月13日，南京农业大学举行"双一流"建设周期总结专家评议会。专家组对学校2016—2020年"双一流"建设周期总结进行了评议，把脉诊断学校"双一流"周期建设的符合度、达成度和建设成效。

　　9月18日，国家自然科学基金委员会公布了2020年度国家自然科学基金项目评审结果。南京农业大学农学院"粮食作物生产力监测预测机理与方法"群体成功入选国家自然科学基金创新研究群体。这是我国作物栽培学与耕作学学科首个获批立项的国家自然科学基金创新研究群体，实现了学校在国家级创新群体建设上的再次突破。

　　9月24日，农业农村部部长韩长赋到南京农业大学白马教学科研基地调研，并参观科技成果展。韩长赋部长对学校在科技创新方面的成绩表示肯定，希望南京农业大学紧紧围绕乡村振兴战略，为我国农业农村现代化作出新的更大贡献。

　　9月27日，南京农业大学与江苏省农业科学院签订全面战略合作协议。校院双方将围绕新农科建设、人才培养模式改革、重大农业科技创新、科技成果转化推广、优质科教资源共享等方面开展全面战略合作，打造校院命运共同体。

　　10月12日，教育部党组第三巡视组向南京农业大学党委反馈巡视情况。教育部党组第三巡视组组长高文兵代表教育部党组第三巡视组进行了大会反馈。教育部巡视工作办公室主任何光彩传达了教育部党组关于巡视工作的指示精神，对巡视整改工作提出要求。

　　10月16日是世界粮食日，也是联合国粮农组织（FAO）创建纪念日。同日，中国驻联合国粮农组织首任首席代表、南京高等师范学校（国立中央大学前身）农科首任主任、中国科学社和中国农学会主要创建人邹秉文先生铜像在南京农业大学落成揭幕。

　　10月31日，学校召开金善宝书院2020级新生大会。南京农业大学金善宝书院于2019年9月正式成立，书院秉持"厚积基础、通专结合、本研衔接、寓教于研"的人才培养理念，探索"5+1"的人才培养计划，集中建设通识教育核心课程、开设高阶荣誉课程、推行小班化教学、跨学科学习，设置夏季小学期，实行全员导师制、科研训练全覆盖、国际访学交流全覆盖，学制贯通本研教育。

　　12月1日，2020年GCHERA世界农业奖在南京农业大学揭晓，中国工程院院士、中国农业大学张福锁教授，美国加利福尼亚大学戴维斯分校帕梅拉·罗纳德教授凭借多年来在农业与生命科学领域教学科研工作中取得的突出成就获得奖项。这是中国科学家首次摘得该奖项。

　　10月28日，全国高等农林水院校党建与思想政治工作研讨会第19次会议在南京农业大学召开。本次大会旨在深化高等农林水院校合作交流机制，围绕如何做好新时代高校党建与思想政治工作进行专题研讨。来自全国46所本科院校的158位代表参加了会议。

　　11月28日，共青团南京农业大学第十四次代表大会召开。大会审议通过了共青团南京农业大学第十三届委员会工作报告，选举产生了共青团南京农业大学第十四届委员会。

　　12月9日，南京农业大学召开了第五届研究生教育工作会议，会议围绕"提高创新创造能力，服务经济社会发展"这一主题，全面贯彻落实习近平总书记对研究生教育工作重要指示和全国研究生教育会议精神，研究部署学校新时代高质量研究生教育改革方略。

12月19日，南京农业大学新校区一期工程全面建设动员大会在南京市江北新区隆重举行。南京农业大学新校区一期工程项目第一根桩基启动，标志着新校区全面进入大规模建设新阶段。

12月24日，"时代楷模"朱有勇院士来南京农业大学作题为"把论文写在大地上"的主题报告。

《南京农业大学年鉴 2020》编辑部

编　辑　说　明

　　《南京农业大学年鉴2020)》全面系统地反映2020年南京农业大学事业发展及重大活动的基本情况，包括学校教学、科研和社会服务等方面的内容，为南京农业大学教职员工提供学校的基本文献、基本数据、科研成果和最新工作经验，是兄弟院校和社会各界了解南京农业大学的窗口。《南京农业大学年鉴》每年出版一期。

　　一、《南京农业大学年鉴2020》力求真实、客观、全面地记载南京农业大学年度历史进程和重大事项。

　　二、年鉴分学校综述、重要文献、2020年大事记、机构与干部、党的建设、发展规划与学科建设、人事人才与离退休工作、人才培养、科学研究与社会服务、对外合作与交流、办学条件与公共服务、学术委员会、发展委员会、疫情防控和学院栏目。年鉴的内容表述有概况、条目、图片、附录等形式，以条目为主。

　　三、本书内容为学校在2020年1月1日至2020年12月31日间发生的重大事件、重要活动及各个领域的新进展、新成果、新信息，依实际情况，部分内容在时间上可能有前后延伸。

　　四、《南京农业大学年鉴2020》所刊内容由各单位确定的专人撰稿，经该单位负责人审定，并于文后署名。

《南京农业大学年鉴2020》编辑部

目　　录

编辑说明

一、学校综述

南京农业大学简介

南京农业大学坐落于钟灵毓秀、虎踞龙盘的古都南京，是一所以农业和生命科学为优势和特色，农、理、经、管、工、文、法学多学科协调发展的教育部直属全国重点大学，是国家"211工程"重点建设大学、"985优势学科创新平台"和"双一流"建设高校。现任校党委书记陈利根教授，校长陈发棣教授。

南京农业大学前身可溯源至1902年三江师范学堂农学博物科和1914年私立金陵大学农科。1952年，全国高校院系调整，以金陵大学农学院、南京大学农学院（原国立中央大学农学院）为主体，以及浙江大学农学院部分系科，合并成立南京农学院；1963年，被确定为全国两所重点农业高校之一；1972年，搬迁至扬州与苏北农学院合并，成立江苏农学院；1979年，回迁南京，恢复南京农学院；1984年，更名为南京农业大学；2000年，由农业部独立建制划转教育部。

南京农业大学现有农学院、工学院、植物保护学院、资源与环境科学学院、园艺学院、动物科技学院（含无锡渔业学院）、动物医学院、食品科技学院、经济管理学院、公共管理学院、人文与社会发展学院、生命科学学院、理学院、信息管理学院、外国语学院、金融学院、草业学院、马克思主义学院、人工智能学院、体育部、前沿交叉研究院21个学院（部）；64个本科专业、30个硕士授权一级学科、20种专业学位授予权、17个博士授权一级学科和15个博士后流动站；全日制本科生17 000余人，研究生9 000余人；教职员工2 700余人，其中：中国工程院院士2人，国家特聘专家、国家杰出青年科学基金获得者等47人次，国家级教学名师3人，全国优秀教师、模范教师、教育系统先进工作者5人，入选国家其他各类人才工程和人才计划140余人次，国家自然科学基金委员会创新研究群体2个，国家和省级教学团队6个。

南京农业大学人才培养涵盖本科生教育、研究生教育、留学生教育、继续教育及干部培训等各层次，建有"国家大学生文化素质教育基地""国家理科基础科学研究与教学人才培养基地""国家生命科学与技术人才培养基地"和植物生产、动物科学类、农业生物学虚拟仿真国家级实验教学中心，是首批通过全国高校本科教学工作优秀评价的大学之一。2000年，获教育部批准建立研究生院；2014年，首批入选国家卓越农林人才培养计划；2019年，金融学、社会学、生物科学、农业机械化及其自动化、食品科学与工程、农学、园艺、植物保护、种子科学与工程、农业资源与环境、动物科学、动物医学、农林经济管理、土地资源管理14个专业获批国家级一流本科专业建设点，英语、水产养殖学2个专业获批省级一流本科专业建设点。在百余年的办学历程中，学校秉承以"诚朴勤仁"为核心的南农精神，培养具有"世界眼光、中国情怀、南农品格"的拔尖创新型和复合应用型人才，先后造就包括50多位院士在内的30余万名优秀人才。

南京农业大学拥有一级学科国家重点学科4个，二级学科国家重点学科3个，国家重点培育学科1个。在第四轮全国一级学科评估中，作物学、农业资源与环境、植物保护、农林经济管理4个学科获评A＋，公共管理、食品科学与工程、园艺学3个学科获评A类。有8个学科进入江苏高校优势学科建设工程。农业科学、植物与动物科学、环境生态学、生物与生物化学、工程学、微生物学、分子生物与遗传学、化学8个学科领域进入ESI学科排名全球前1％，其中农业科学、植物与动物科学等2个学科进入前1‰，跻身世界顶尖学科行列。

南京农业大学建有作物遗传与种质创新国家重点实验室、国家肉品质量安全控制工程技术研究中心、国家信息农业工程技术中心、国家大豆改良中心、国家有机类肥料工程技术研究中心、农村土地资源利用与整治国家地方联合工程研究中心、绿色农药创制与应用技术国家地方联合工程研究中心等79个国家及部省级科研平台。"十二五"以来，学校到位科研经费60多亿元，获得国家及部省级科技成果奖200余项，其中作为第一完成单位获得国家科学技术奖12项。学校主动服务国家脱贫攻坚、乡村振兴战略，凭借雄厚的科研实力，创造了巨大的经济效益和社会效益，多次被评为"国家科教兴农先进单位"。2017—2019年，学校连续3届入选教育部直属高校精准扶贫精准脱贫十大典型项目。

南京农业大学积极响应国家"一带一路"倡议，不断提升国际化水平，对外交流日趋活跃，先后与30多个国家和地区的160多所境外高水平大学、研究机构保持着学生联合培养、学术交流和科研合作关系。与美国加利福尼亚大学戴维斯分校、康奈尔大学以及比利时根特大学、新西兰梅西大学等世界知名高校，开展"交流访学""本科双学位""本硕双学位"等数十个学生联合培养项目。2019年，经教育部批准与美国密歇根州立大学合作设立南京农业大学密歇根学院。建有"中美食品安全与质量联合研究中心""中国-肯尼亚作物分子生物学'一带一路'联合实验室""动物健康与食品安全"国际合作联合实验室、"动物消化道营养国际联合研究中心""中英植物表型组学联合研究中心""南京农业大学-加利福尼亚大学戴维斯分校全球健康联合研究中心""亚洲农业研究中心"等多个国际合作平台。2007年，成为教育部"接受中国政府奖学金来华留学生院校"。2008年，成为全国首批"教育援外基地"。2012年，获批建设全球首个农业特色孔子学院。2014年，获外交部、教育部联合批准成立"中国-东盟教育培训中心"。2012年，倡议发起设立"世界农业奖"，已连续7届分别向来自康奈尔大学、加利福尼亚大学戴维斯分校、俄亥俄州立大学、波恩大学、阿尔伯塔大学、比利时根特大学、加纳大学和智利天主教大学等高校的8位获奖者颁发奖项。

南京农业大学拥有卫岗校区、浦口校区和白马教学科研基地，总面积9平方公里，建筑面积74万平方米，图书资料收藏量235万册（部），外文期刊1万余种和中文电子图书500余万种。2014年，与Nature集团合办学术期刊 *Horticulture Research*，并于2019年入选中国科技期刊"卓越计划"领军类期刊；2018年，与Science集团合办学术期刊 *Plant Phenomics*；2019年，与Science集团合办学术期刊 *BioDesign Research*。

　　展望未来，作为近现代中国高等农业教育的拓荒者，南京农业大学将以立德树人为根本，以强农兴农为己任，加强内涵建设，聚力改革创新，服务国家战略需求，着力培养知农爱农新型人才，全面开启农业特色世界一流大学建设的崭新征程！

　　注：资料截至 2020 年 12 月。

（撰稿：王明峰　审稿：袁家明　审核：张　丽）

南京农业大学 2020 年党政工作要点

南京农业大学 2019—2020 学年
第二学期党政工作要点

2020 年是全面建成小康社会、实现第一个百年奋斗目标的决胜之年，是谋划"十四五"事业发展、开启全面建设社会主义现代化国家新征程的重要一年，是贯彻落实学校第十二次党代会精神、建设农业特色世界一流大学的开局之年。

学校党政工作总体要求：高举中国特色社会主义伟大旗帜，以习近平新时代中国特色社会主义思想为指导，深入学习贯彻党的十九大、十九届四中全会和全国教育大会精神，以及习近平总书记对新冠肺炎疫情防控重要指示批示和关于教育的重要论述尤其是寄语涉农高校回信精神，不忘初心、牢记使命，以立德树人为根本，以强农兴农为己任，全面贯彻落实学校第十二次党代会既定任务，坚定实施"1335"发展战略，加强内涵建设，聚力改革创新，不断提升治理能力与水平，全面开启农业特色世界一流大学建设新征程。

一、全面贯彻党的方针政策，全方位提升办学治校能力和水平

1. 贯彻落实党中央有关疫情防控决策部署

问题描述：新冠肺炎疫情给师生员工生命安全和身体健康带来隐患，使学校事业发展面临新挑战。

目标任务：统筹做好疫情防控和完成学校事业发展各项任务，坚决打赢疫情防控阻击战。

工作措施：深入学习贯彻习近平总书记关于疫情防控重要讲话和重要指示批示精神。科学做好开学前后疫情防控工作，研究制订师生返校工作方案和疫情防控应急处置预案，妥善做好师生返校和开学工作。做好疫情防控期间线上教学、招生就业、科学研究、扶贫攻坚和服务春耕生产等工作，实现开学前后相关工作有效衔接。加强校园公共安全防控体系建设。做好疫情防控宣传教育，将打赢疫情防控的人民战争、总体战、阻击战题材融入思想政治教育。

2. 深入学习贯彻党的十九届四中全会精神

问题描述：学习贯彻党的十九届四中全会精神，学校改革发展具体实践的系统性、全面性有待加强。

目标任务：强化党的十九届四中全会精神宣传引导和贯彻落实，推进学校治理体系和治理能力现代化建设。

工作措施：将习近平新时代中国特色社会主义思想和党的十九届四中全会精神列为中心组理论学习、党员干部培训的重点，作为学校思想政治教育和课堂教学重点任务，相关落实

情况列入校内巡察重点。深化中国特色哲学社会科学理论研究。充分发挥党委"把方向、管大局、作决策、抓班子、带队伍、保落实"的关键作用,健全和完善党委领导下的校长负责制。科学推进机构改革和"三定"工作。全面推进依法治校,进一步修订学校章程,做好校内规章制度合法性审查。

3. 学习贯彻落实学校第十二次党代会精神

问题描述: 学校第十二次党代会确立的"五大工程""八个坚持、八个一流"等目标的任务分解、方案细化、落实举措需要加快制定完善。

目标任务: 牢牢把握党代会的精神实质,聚焦新时代学校建设发展"1335"战略部署,切实加快各项事业高质量、快速发展。

工作措施: 加强组织领导和宣传引导,不断深入开展党代会精神宣讲解读,确保党代会精神的学习、宣传、贯彻落到实处、取得实效。研究制定"1335"发展战略实施计划和党代会建设发展任务责任分解表,对专项重点任务的落实情况开展督查,确保党代会确定的重大决策部署和各项目标任务落地生根、落实落细。

4. 抓好教育部党组巡视反馈问题整改

问题描述: 教育部党组巡视反馈意见相关内容。

目标任务: 以巡视整改成果推进各项事业改革发展。

工作举措: 聚焦教育部党组巡视整改目标任务,强化党委对巡视整改的政治领导,按照巡视反馈意见和整改要求,研究制订整改工作方案,逐条逐项明确责任分工和时间进度,建立整改工作台账,强化整改工作督促检查,做好巡视成果运用。突出抓好教育部党组选人用人专项检查反馈问题整改。做好巡视中移交的信访举报办理和问题线索处置。

5. 加快推进"双一流"建设

问题描述: 学科总体布局还需进一步优化,一流学科的数量还不够多。"十四五"规划编制工作亟须加快推进。

目标任务: 实现全国第五轮学科评估位次稳中有升。构建结构合理、协同发展的学科体系。编制高质量"十四五"发展规划。

工作措施: 扎实做好全国第五轮学科评估迎评工作,研究制订迎评工作方案,确保申报材料质量和工作实效。完成"双一流"建设动态监测数据填报。重点推进建设目标、绩效与资源配置良性互动的学科发展机制。增强"收官"意识,对"十三五"发展规划和综合改革方案执行情况进行"回头看"。制订《南京农业大学"十四五"规划编制工作方案》,全面启动"十四五"发展规划编制工作。

6. 推进新校区全面开工建设

问题描述: 新校区建设的体制机制需要进一步细化和完善,建设的进度、质量、效益需要科学统筹。

目标任务: 加快推进新校区建设用地征转,统筹推进新校区建设各项前期工作,确保新校区全面开工。

工作措施: 优化新校区建设体制机制,细化参建各方责任,整合校内外资源,积极防控风险,确保学校的主导权有效落实,统筹推进新校区建设的各项工作有序进行。加快推进新校区一期土地权证办理和剩余土地的征地转用,系统完善一期工程单体扩初设计和市政、景观、供配电等专项设计,完成一期项目参建单位招标和开工前各项手续办理,保障新校区全面开工建设。

二、坚持全面从严治党，切实提升党建工作科学化水平

7. 高质量推进基层党建工作

问题描述： 个别党组织的党建主体责任还未完全落实到位，党建工作"上热中温下冷"现象还在一定程度上存在。党的基层组织特别是党支部建设的力度、能力还存在差异。

目标任务： 不断健全党建工作体制机制，提升基层党建工作质量，坚定不移用"四个意识"导航、用"四个自信"强基、用"两个维护"铸魂。

工作举措： 持续加强党的政治建设，巩固深化"不忘初心、牢记使命"主题教育成果，一体推进"两学一做"学习教育常态化制度化。科学构建"不忘初心、牢记使命"制度。持续抓好基层党建"书记项目"和教师党支部书记"双带头人"工程。抓牢抓实新时代机关党建。深入实施党支部建设"提质增效"三年行动计划，推进基层支部全员争先创优。严把党员发展质量，不断完善党员入党教育培训体系。

8. 激发干部新时代新担当新作为

问题描述： 干部队伍适应新时代、实现新目标、落实新部署的工作能力与作风建设有待加强。

目标任务： 把加强思想和能力建设作为重要政治责任，激发干部担当作为的内生动力，增强干部干事创业的行动自觉，坚决防范干部不担当、不作为、乱作为现象。

工作举措： 进一步加强干部政治把关和政治素质考察。深入实施激励广大干部新时代新担当新作为实施意见。扎实推进领导干部深入基层联系学生工作、党员领导干部联系基层党支部等"一线规则"制度。拓宽干部锻炼渠道，通过"援挂扶"平台，让干部在实践锻炼中开阔视野、增长才干。加强干部教育培训顶层设计，研究制定干部教育培训规划。进一步改进和完善干部考核评价机制，注重差异化、分类考核和精准评价，强化结果应用。

9. 加强党对意识形态工作的领导

问题描述： 对意识形态领域重大问题的分析研判能力有待提升，意识形态阵地管理有待进一步加强。

目标任务： 全面掌握师生思想动态，牢牢把握意识形态工作的领导权、主动权。

工作举措： 深入贯彻落实意识形态工作责任制实施细则，完善意识形态领域制度建设，严格执行意识形态阵地管理各项规定，及时梳理与掌握意识形态领域动向及风险，加强意识形态领域风险研判和舆情处置。做好网络舆情收集、分析、监测、研判工作。组织开展师生思想大调研，全面分析师生思想动态。做好各类新闻发布的"源头把关"。

10. 全面推进统战群团工作

问题描述： 统战团体组织还不够完善。基层团学组织活力还不够。教职工代表大会作用发挥得不充分，教职工维权机制和助老养老服务新模式有待进一步完善。

目标任务： 发挥统战群团组织民主参与、民主管理、民主监督的重要作用，汇聚全校师生办学治校强大合力。

工作举措： 大力推进校级领导干部联系民主党派和党外人士制度，加强民主党派后备干部队伍建设。发挥民主党派在三全育人、学科发展、乡村振兴等方面的积极作用。建立健全无党派人士信息库。强化党外知识分子教育培训和实践锻炼。筹备成立欧美同学会（中国留

学人员联谊会）和党外知识分子联谊会。做好少数民族师生日常管理服务和宗教工作。完成教职工代表大会和工会会员代表大会换届，做好提案征集和答复工作。召开共青团南京农业大学第十四次代表大会。推进团学组织改革。积极发挥关心下一代工作委员会育人功能。推动实施离退休教职工"就近养老""居家养老""机构养老"多样化选择，满足老同志合理需求。

11. 不断深化全面从严治党

问题描述： 落实全面从严治党主体责任存在不平衡现象。政治监督常态化和精准化有待加强。内控机制和廉政风险防控机制存在薄弱环节。

目标任务： 大力推进全面从严治党向纵深发展，强化政治监督及其成果运用，一体推进不敢腐、不能腐、不想腐机制建设。

工作举措： 持续推进主体责任和监督责任层层落实。完善和落实党内政治生活制度规定，净化党内政治生态。继续推进政治巡察，严格执行中央八项规定精神及其实施细则。强化监督执纪问责，准确把握并贯通运用好监督执纪"四种形态"。加强廉政风险防控和监察工作。修订内部审计工作规定，做好领导干部经济责任、科研经费、财务收支、资产管理、基建工程等各类审计。

三、以立德树人为根本，切实培养德智体美劳全面发展的社会主义建设者和接班人

12. 切实加强人才培养工作

问题描述： 学科专业设置服务经济社会发展需求能力不足。"单声道式"的课堂教学现象仍然存在。

目标任务： 立"金专"、强"金课"、"建高地"，建设与农业特色世界一流大学相适应的人才培养体系。

工作措施： 组织开展"立德树人·强农兴农"教育思想大讨论，实施新农科建设研究与实践探索项目，完善新农科建设与改革方案，牵头组建新农科（江苏行动）重大专项研究组，加快构建现代农业人才培养体系。做好国家一流本科专业建设和2020年遴选申报工作，完善专业动态调整和认证机制，运用"新农科＋新工科""新农科＋新文科"升级改造传统专业。推动课堂教学改革，注重线上线下教学一体化建设，推进落实"金课""建用学管"。建设智慧课堂，大力清除"水课"现象。实施"卓越教学"课堂教学创新实践和改革项目。做好江苏省重点教材、农业农村部规划教材立项编写。积极组织申报全国优秀教材。修订创新创业教育实施方案，推进创新创业学院建设，研究出台学生科技竞赛奖励政策。大力推进金善宝书院建设。做好博士授权点申报工作。强化校外函授站过程管理。做好大学体育工作。

13. 加强大学生思想政治教育

问题描述： 学校思想政治工作大格局尚未完全形成，"三全育人"作用发挥不够均衡。思想政治教育学科建设和师资队伍相对薄弱，思政课教学创新有待进一步加强。

目标任务： 一体化构建思想政治工作体系。增强思政课程思想性、理论性、亲和力和针对性。

工作举措： 召开学校思想政治教育与"三全育人"工作会议，一体谋划推进"三全育

人"工作，推动"三全育人"工作实施方案、"十大育人体系"建设标准落地、落细、落实。对照《新时代高等学校思想政治理论课教师队伍建设规定》，落实深化思想政治理论课改革创新、加强马克思主义学院建设实施方案，改革评价机制，提升思政课教师队伍建设水平和教育教学质量。完成校内选聘专职思政课教师工作。建设 20 门课程思政"金课"。制订学习、宣传、贯彻落实《新时代爱国主义教育实施纲要》工作方案，深入开展爱国主义教育。推进校庆 120 周年校史研究工作，注重发挥档案馆、校友馆、中华农业文明博物馆等育人功能。以校园文化项目建设为抓手，讲好中国故事、"三农"故事和南农故事。

14. 持续提升招生就业质量

问题描述：本科和硕士生源质量面临新挑战，毕业生就业质量及深造率有待进一步提高。国际生生源地结构不够合理。

目标任务：稳步提升各类生源质量。实现毕业生高质量充分就业。

工作措施：召开招生就业工作会议。持续加大招生宣传力度，做好本科生大类招生工作。鼓励出台关于推免生留校深造激励政策，扩大直博生招生范围。推进研究生自命题改革。优化国际生生源国布局，研究出台国际生招生管理办法，探索试点面试审核制和导师申请制。健全就业与招生计划人才培养联动机制，提供精准化、精细化、专业化就业指导服务，持续做好毕业生升学、出国服务保障。

四、全面聚焦世界一流，促进学校事业高质量快速发展

15. 不断推进师资队伍建设

问题描述：人才与师资队伍建设顶层设计有待加强。高层次人才总量不足。人才评价体系和职称（职务）评聘办法不够科学。教师师德建设长效机制尚未健全。

目标任务：全面推进人事制度改革，建立和完善人才评价体系，建设高素质专业化创新型教师队伍。

工作措施：做好师资队伍建设三年规划，强化人才引育顶层设计。深入实施"钟山学者计划"，加强各层次人才及团队培育，适时召开人才工作大会。举办"钟山国际青年学者论坛"，提升"人才引进主题月"品牌影响力。制订人事制度改革整体方案，出台考核学院 KPI 指标体系和基于 KPI 评价的绩效津贴核拨办法。研究制订考核教师实施细则。修订完善人才评价和职称（职务）评聘办法。制定职员绩效考核与宽带薪酬体系。稳步推进社保工作。提升博士后流动站管理水平和培养质量，做好全国博士后流动站迎评工作。加强教师队伍思想政治和师德教育，将师德师风建设贯穿教师管理全过程。

16. 不断提升科技创新能力

问题描述：作物免疫学国家重点实验室、作物表型组学研究重大科技基础设施推进有待进一步加快。重大科技创新活动组织机制不够灵活，科技成果谋划与培育力度不够。科技评价指标较为单一，综合评价体系尚未完善。

目标任务：建设作物免疫学国家重点实验室。力争作物表型组学研究重大科技基础设施列入国家"十四五"规划，力争 2～3 项国家奖进入会评阶段，获省部级以上奖励 10 项。建立健全科研工作分类评价体系。

工作措施：大力推进国家重点实验室和重大科技基础设施建设，召开工作推进会和专家论证会，做好作物免疫学国家重点实验室申报工作。启动全球作物表型组学研究计划，实体

化运行作物表型组学交叉研究中心。出台学术特区管理办法。完善科研评价体系，注重科研成果创新水平、科学价值和实际贡献。研究出台知识产权管理办法，做好高价值专利组织培育及奖励申报工作，构建专利成果申报、推介、转化、运营全链条式管理模式。建立健全重大科研项目、科研成果联动培育机制与评价激励机制。积极筹建海南研究院。进一步发挥科协组织协调及人才举荐作用。积极做好军工科研保密二级资质单位申报工作。健全大型仪器设备开放共享体系。组织召开学校人文社会科学技术大会。

17. 切实增强社会服务能力

问题描述： 在定点扶贫工作中，脱贫攻坚与乡村振兴有效衔接仍需精准发力。科技成果转化数偏少，提升成果质量、促进转化应用的体制机制不够完善。科技推广工作统筹设计、共建校外基地投入与功能拓展有待加强。

目标任务： 按期完成定点扶贫责任书阶段任务，高质量完成年度扶贫优秀案例申报。提高成果转移转化能力和收益。建成若干个功能较为完善的推广示范基地和乡村振兴样板间。

工作措施： 做好决战决胜总结与典型项目汇编，启动扶贫数据库建设。建立健全扶贫考核激励机制。创新实施"党建强村、产业兴县"精准帮扶，不断丰富"南农麻江 10＋10 行动计划"内涵。共建麻江乡村振兴研究生工作站。健全科技成果转移转化激励制度。推进伙伴企业俱乐部建设，做好成果推介和孵化工作，打造若干个千万级成果转化团队。修订校外基地建设管理办法。选聘一批专兼职科技特派员。有效运用"两地一站一体"科技推广服务模式和"双线共推"服务方式，扩大新品种、新技术、新工艺、新模式和新装备应用。运行好长三角乡村振兴战略研究院，全力服务国家乡村振兴战略。

18. 持续深化国际交流与合作

问题描述： 国际合作的深度和广度有待拓展，科教援外规模与影响力不够，解决全球性农业问题的显示度有待增强。

目标任务： 深化高水平国际合作，拓展与国际机构和"一带一路"沿线国家伙伴关系，稳步提升学校国际影响力。

工作措施： 实施 2020 年国际合作能力提增计划，重点支持高水平国际合作平台建设，深化全球健康和农业持续发展等重点领域的合作，加大外国专家引智项目的执行力度。拓宽国际合作外部资源渠道，加强与联合国粮农组织和国际著名涉农研究机构的合作，加快共建"国际粳稻联合研究中心"，拓展和优化"一带一路"沿线国家的合作伙伴关系，建好"一带一路"联合实验室，积极承担农业农村部农业外事人才培训和高端智库研修班等项目。做好密歇根学院、孔子学院及"非洲孔子学院农业技术培训联盟"建设工作，积极参与并推动"农业走出去"行动计划及莫桑比克"万宝农业园"等海外园区项目建设。

五、全面做好资源和服务保障，增强建设一流大学的条件支撑力

19. 统筹做好校园信息化建设

问题描述： 校园信息化建设一体化推进不够，现代信息技术运用能力与手段不足。

目标任务： 建设智慧校园，提高校园信息化水平。

工作措施： 加强校园信息化建设顶层设计，做好江北新校区智慧校园 EPC 项目设计和白马基地信息化基础设施建设。统筹做好校银合作项目，协同推进聚合支付及虚拟校园卡系统、"人脸识别＋校园卡"公共服务等新系统建设。做好党建、科研、教务、财务、资产、

学生管理、智慧安防等业务系统建设与优化。开展智慧校园数据支撑平台设计与建设，完成视频教学资源公共服务平台改建工程。

20. 加强支撑可持续发展的资源建设

问题描述：海内外校友组织机构还不够健全。社会捐赠总量偏低。校办企业体制改革有待深入推进。

目标任务：构建校友（企业）与学校间深度合作平台。较大幅度提升社会捐赠资金及校办企业对学校的贡献。

工作措施：组织召开全国校友代表大会。建立健全校友组织机构，不断完善地方和行业校友组织，积极筹建加拿大、澳大利亚和巴基斯坦校友会。加强与江苏省瑞华慈善基金会、唐仲英基金会等联系与合作。设立专业或学科奠基人等专项基金。扩大社会捐赠，做好捐赠配比。进一步加强企业法人治理体系建设。推进校办企业体制改革，加强集中统一监管，逐步建立健全现代企业制度，增强对学校事业发展的贡献度。

21. 加强财务管理和招标采购工作

问题描述：资金的科学预算和统筹使用需要加强。招标采购工作有待进一步规范。

目标任务：科学配置办学资源，提高预算资金使用效益。完善招标采购工作体系。

工作措施：加强资金统筹管理，修订预算管理、会计档案管理办法，加大财政资金执行力度，推进预算绩效管理改革。落实"放管服"政策，出台经费使用"包干制"管理办法并试点运行。简化电商直采平台采购流程，加强对平台入驻电商管理。进一步规范招标采购，完善货物服务评标专家库，制定标准化开评标工作流程。

22. 加强办学条件和民生工程建设

问题描述：各类用房保障、资产管理效能、后勤服务质量与医疗保障水平有待进一步提高。

目标任务：持续优化以满足师生需求、回应师生需要为导向的服务体系，提供与一流大学建设相匹配的服务保障。

工作措施：加快白马基地作物表型组学研发中心、植物生产综合实验中心、临时学生宿舍，以及各类田间设施工程、土桥基地水稻实验站实验楼等实验基地建设进度。全力推进第三实验楼三期、牌楼二栋学生公寓、盱眙现代农业试验示范基地一期等新建工程前期工作。完成幼儿园扩建项目相关工作。完善固定资产管理制度，推进家属区基础设施建设。完成图书馆智慧服务转型项目建设。引入优质社会企业参与合作经营，严格落实监管并进行定期考评，加强后勤服务工作质量检查。完善教职工体检方案，提高医疗服务水平。

23. 全力维护校园安全稳定

问题描述：校园治安事件偶有发生。少数师生安全防范意识还不够。实验室安全监管体系有待进一步健全。

目标任务：建设平安和谐校园。

工作措施：健全安全生产责任体系，持续加强校园治安、消防、施工安全管理。举办"平安南农安全文化节""实验室安全月"等系列活动，强化师生安全教育培训。加强对校园外来人员、快递投放点等，以及机动车和非机动车的管理。加强生物安全监管。强化实验室安全检查与隐患整改闭环管理。加强网络信息安全和保密工作。完善突发事件处置预案。

附件

2019—2020 学年第二学期党政工作要点任务分解表

序号	工作任务	成员单位
一、全面贯彻党的方针政策，全方位提升办学治校能力和水平		
1	贯彻落实党中央有关疫情防控决策部署	学校应对新冠肺炎疫情工作领导小组成员单位*
2	深入学习贯彻党的十九届四中全会精神	党委宣传部*、发展规划与学科建设处*、党委组织部*、人事处*、党委办公室、校长办公室、纪委办公室、法律事务办公室
3	学习贯彻落实学校第十二次党代会精神	党委办公室*、校长办公室*、党委宣传部*、党委组织部、纪委办公室
4	抓好教育部党组巡视反馈问题整改	党委办公室*、纪委办公室*、党委组织部*
5	加快推进"双一流"建设	发展规划与学科建设处*
6	推进新校区全面开工建设	新校区建设指挥部*
二、坚持全面从严治党，切实提升党建工作科学化水平		
7	高质量推进基层党建工作	党委组织部*、机关党委
8	激发干部新时代新担当新作为	党委组织部*
9	加强党对意识形态工作的领导	党委宣传部*
10	全面推进统群团工作	党委统战部*、工会*、团委*、离退休工作处*
11	不断深化全面从严治党	纪委办公室（监察处）*、党委组织部*、党委办公室*、党委宣传部、校长办公室、计财处、审计处
三、以立德树人为根本，切实培养德智体美劳全面发展的社会主义建设者和接班人		
12	切实加强人才培养工作	教务处*、研究生院*、教师发展与教学评价中心、创新创业学院、继续教育学院、体育部
13	加强大学生思想政治教育	党委宣传部*、学生工作部*、研究生工作部*、团委*、马克思主义学院*、人事处、教务处、档案馆、发展委员会办公室、人文与社会发展学院
14	持续提升招生就业质量	学生工作部（处）*、研究生工作部（研究生院）*、国际教育学院*
四、全面聚焦世界一流，促进学校事业高质量快速发展		
15	不断推进师资队伍建设	人事处（人才工作领导小组办公室）*、教师工作部*
16	不断提升科技创新能力	科学研究院*、人文社科处*、社会合作处
17	切实增强社会服务能力	社会合作处*、科学研究院、人文社科处、资产经营公司
18	持续深化国际交流与合作	国际合作与交流处（港澳台办公室）*、国际教育学院

（续）

序号	工作任务	成员单位
五、全面做好资源和服务保障，增强建设一流大学的条件支撑力		
19	统筹做好校园信息化建设	图书与信息中心*、计财处
20	加强支撑可持续发展的资源建设	发展委员会办公室*、资产经营公司*
21	加强财务管理和招标采购工作	计财处（会计核算中心、招投标办公室）*
22	加强办学条件和民生工程建设	基本建设处*、资产管理与后勤保障处*、白马教学科研基地建设办公室*、图书馆*、后勤集团公司*、医院*
23	全力维护校园安全稳定	保卫处*、实验室与设备管理处*、学校安全工作领导小组其他成员单位

注：标注"＊"为牵头单位，牵头单位根据工作需要联系成员单位，并协调有关部门、学院落实相应工作。

（党委办公室提供）

南京农业大学 2020—2021 学年
第一学期党政工作要点

本学期学校党政工作总体要求：以习近平新时代中国特色社会主义思想为指导，全面贯彻落实党的十九大和十九届历次全会精神，深入学习贯彻习近平总书记系列重要讲话和给涉农高校的回信精神，按照学校第十二次党代会确立的"1335"发展战略，以政治建设为统领，以立德树人为根本，以强农兴农为己任，不断加强党的全面领导，扎实推进巡视整改和"双一流"建设，统筹做好"十三五"圆满收官和"十四五"谋篇布局，坚持改革创新，聚力攻坚克难，奋力谱写新时代学校建设农业特色世界一流大学新篇章，以优异成绩向建党100 周年献礼。

一、全面贯彻党的教育方针，全方位提升办学治校能力水平

1. 坚持用习近平新时代中国特色社会主义思想武装师生

问题描述：学习贯彻落实习近平新时代中国特色社会主义思想和党的十九大精神的系统性还有待加强。

目标任务：在学懂、弄通、做实习近平新时代中国特色社会主义思想上下功夫，把学习成果转化为推进农业特色世界一流大学建设的动力。

工作措施：将习近平新时代中国特色社会主义思想、党的十九大和十九届四中五中全会精神以及习近平总书记最新重要指示批示精神列入中心组理论学习、党员干部培训重点。持续加强《习近平谈治国理政》（第三卷）、《习近平总书记教育重要论述讲义》学习研究，推动新思想新理论进课堂、进教材、进头脑。组建理论政策宣讲团。深入开展党史、新中国史、改革开放史、社会主义发展史学习教育。推行理论学习中心组巡学旁听制度。围绕服务农业农村现代化、生态文明建设和乡村振兴战略，拿出切实可行的"南农方案"。

2. 突出重点加强党的政治建设

问题描述：政治建设的思想自觉有待进一步加强。

目标任务：以高质量党建引领学校事业高质量发展。

工作措施：切实加强党的全面领导，把党的政治建设摆在首位，不断提升党建引领事业发展的能力。认真学习贯彻《中共中央关于加强党的政治建设的意见》《教育部党组关于加强高校党的政治建设的若干措施》，按照《教育部直属高校党组织迎接建党100 周年行动方案》总体要求，深入推进实施"党建统领工程"，研究制订学校迎接建党100 周年工作方案，实施"学习·诊断·建设"行动，进一步增强"四个意识"，坚定"四个自信"，坚决做到"两个维护"。

3. 持续抓好教育部党组巡视反馈问题整改

问题描述：教育部党组第三巡视组对学校党委巡视情况的反馈意见。

目标任务：高标准、严要求、高质量抓好巡视问题整改，持续巩固巡视整改成果，研究建立常态化长效化机制。

工作举措：强化党对巡视整改工作的领导，专题研究推动巡视整改常态化长效化机制建设，压紧压实党委主体责任、班子成员"一岗双责"、纪检监察和组织部门日常监督责任。进一步修订完善学校巡视整改工作方案。切实做好巡视整改落实情况报告、党委书记组织落实整改工作情况报告、巡视组移交问题线索办理情况报告，以及上一轮巡视整改未完成事项整改报告、整改工作台账等信息上报工作。做好巡视整改信息公开，接受师生群众监督。

4. 加快"双一流"建设步伐

问题描述："双一流"建设整体推进力度需进一步加大。"十四五"规划编制工作有待加快推进。

目标任务：农业特色世界一流大学建设成效更加明显，全国第五轮学科评估位次稳中有升。

工作措施：研究制定"1335"发展战略实施计划。进一步理清"十四五"发展思路，找准发展方向，明确发展重点，破解发展难题，研究提出实现学校各项事业高质量内涵式发展的思路举措。扎实推进全国第五轮学科评估迎评工作。做好 2016—2020 年"双一流"建设周期总结工作和"双一流"建设动态监测数据上报。加快建设前沿交叉研究院。研究加强发挥学院主体作用。建立"三类高质量论文"发表期刊、学术会议目录和"不鼓励发表刊物"清单动态调整机制。

5. 全面推进新校区和教师公寓建设

问题描述：江北新校区和教师公寓建设的所有要素需要进一步协调整合。

目标任务：江北新校区一期工程大楼全面开工。合作共建南京农业大学东海校区。启动教师公寓项目立项工作。

工作措施：全面完成江北新校区一期单体建筑开工前报批报建、临水临电、工程招标等各项准备工作，确保大楼全面按期开工建设。加快推进江北新校区一期用地土地权证办理，协调推进二期用地国土空间规划调整及部队搬迁工作。统筹推进江北新校区配套工程的设计、系统集成和报批工作，有序完成项目招标，确保配套设施与大楼主体同步建设。全面启动筹建南京农业大学东海校区。积极推动教师公寓项目选址和立项等前期工作。

6. 做好新冠肺炎疫情常态化防控工作

问题描述：客观限制因素对学校疫情防控带来风险挑战。

目标任务：坚决打赢疫情防控阻击战，实现疫情防控和事业发展"双胜利"。

工作措施：深入贯彻习近平总书记有关疫情防控重要讲话和重要指示批示精神，坚持人物同防、多病共防，落实"四早"防控措施，实行错时错峰返校。完善师生集中返校疫情防控工作方案，切实做好师生开学和返校工作，全面恢复正常教育教学秩序，确保师生员工生命安全和身体健康。强化校园疫情防控工作体系建设，做好线上线下教学、日常人员管理、健康安全宣传、校园环境整治、物资储备管理等工作。加强与属地管理部门沟通联系，建立完善联防联控工作机制。

二、坚持全面从严治党，切实提升党建工作科学化水平

7. 高质量推进基层党建工作

问题描述：落实新时代党的组织建设路线的质量和水平有待提升。

目标任务：力争创建"全国党建工作示范高校"。

工作举措：对照"把方向过硬、管大局过硬、做决策过硬、保落实过硬"标准，全方位加强学校内党的建设。持续巩固深化"不忘初心、牢记使命"主题教育成果，建立健全相关制度。持续推进"两学一做"学习教育常态化制度化。全面实施基层党组织"对标争先"建设计划和党支部"提质增效"三年行动计划。推进教师党支部书记"双带头人"队伍建设全覆盖。做好一线教师党员发展工作。加强党务工作队伍建设和党员教育管理。

8. 狠抓领导班子和干部队伍建设

问题描述：干部担当作为意识有待进一步强化。

目标任务：建设忠诚干净担当的高素质专业化干部队伍。

工作举措：推动各级领导班子加强能力和作风建设。进一步加强干部政治把关和政治素质考察。深入实施《激励广大干部新时代新担当新作为实施意见》。扎实推进落实领导干部深入基层联系学生工作、党员领导干部联系党支部等"一线规则"制度。树立选人用人新风正气，完善干部选拔任用机制。拓宽干部锻炼渠道，通过"援挂扶"平台让干部在基层一线、艰苦地区锻炼成长。强化机关干部教育培训工作。持续完善干部考核评价机制。

9. 加强党对意识形态工作的领导

问题描述：对意识形态领域重大问题的分析研判能力有待提升，意识形态阵地管理有待进一步加强。

目标任务：坚持马克思主义在意识形态领域指导地位，牢牢掌握意识形态工作的领导权话语权。

工作举措：深入贯彻落实党委意识形态工作责任制实施细则。强化马克思主义理论及相关学科课程的意识形态属性。提高意识形态工作制度化、规范化水平，完善意识形态领域制度建设，严格执行意识形态阵地管理各项规定，完善意识形态工作联席会议工作机制，及时掌握意识形态领域动向及风险，加强风险研判和舆情处置。

10. 加强大学文化建设

问题描述：文化载体创新、传播路径拓宽有待加强。

目标任务：多角度、多层次、全方位促进文化传承创新向纵深发展。

工作举措：以文化项目建设为抓手，重点推进迎接建党100周年文艺作品，以及《金善宝文集》《南京农业大学发展史》系列出版物等编撰编排工作，以品牌塑造深化南农文化影响力。创新文化传播载体，积极开展传播策略研究，依托创意产品开发持续拓宽传播路径，增强文化活力和文化认同，持续深挖各类文化资源，讲好南农故事。

11. 全面推进统战群团工作

问题描述：统战团体组织不够健全。基层团学组织活力不足。工会、教职工代表大会工作机制有待完善。

目标任务：切实增强群团组织凝聚力向心力，提升师生员工幸福感满意度。

工作举措：大力推进校领导联系民主党派和党外人士制度，加强民主党派后备干部队伍建设。发挥民主党派在"三全育人"、学科发展、乡村振兴、文化创新等方面的积极作用。筹备成立党外知识分子联谊会和欧美同学会（中国留学人员联谊会）。做好民族宗教工作。完善教职工大病互助基金管理办法。做好教职工代表大会提案答复工作。召开共青团南京农业大学第十四次代表大会。加强和改进团学组织建设。研究制定《社团指导教师管理办法》。做好离退休老同志服务保障工作，发挥关心下一代工作委员会育人功能。

12. 不断深化全面从严治党

问题描述: 落实中央八项规定精神有待进一步深化。执纪问责力度有待加强。廉政风险防控及内控机制有待完善。全面从严治党"两个责任"有待深化。

目标任务: 进一步健全纠治"四风"长效机制,巩固拓展作风建设成效,精准有效运用监督执纪"四种形态",推进全面从严治党向纵深发展。

工作举措: 认真贯彻落实全面从严治党责任清单。启动新一轮校内巡察工作。做好学校党政重大决策决议督查督办。全面清理党的十八大以来违反中央八项规定精神等问题线索。持之以恒推进作风建设,纠治形式主义、官僚主义等"四风"问题。组织开展政治生态问题自查自纠专项工作。贯通运用监督执纪"四种形态"。完善中层干部廉政谈话提醒诫勉制度和干部廉政档案建设机制,加强对党员干部特别是领导干部的动态监督。抓好警示教育和廉政文化建设。做好中层干部经济责任、财务、科研经费、工程项目等各类审计。

三、落实立德树人根本任务,培养能够担当民族复兴大任的知农爱农时代新人

13. 不断深化人才培养工作

问题描述: 高等农林教育及人才培养适应国家重大战略和经济社会发展需求不足,学科专业布局调整与内涵建设迫在眉睫。

目标任务: 建立与国家发展改革和经济社会发展相适应的人才培养体系。

工作措施: 深入学习、贯彻落实全国教育大会精神和习近平总书记对研究生教育工作重要指示精神。研究制订《南京农业大学新农科建设与改革方案》,积极推进"新农科＋新工科""新农科＋新文科"专业升级与优化。启动第二期一流专业"双万计划"申报工作。落实金善宝书院建设方案,完善书院制荣誉教育模式。推进具有农科特色的"五类金课"建设,做好国家一流课程和全国优秀教材申报工作。创新文化素质教育通识核心课程的全程体验式教学模式。推动新农科区域性实践教育示范基地建设,构建创新创业教育新体系。积极申报国家语言文字推广基地。加强研究生导师队伍建设,全面提高导师立德树人能力。启动研究生培养方案修订,建立硕博学位授予新标准体系,推动分类培养与分类管理。适度扩大直博生规模,进一步优化学位点布局。提高继续教育办学质量。做好大学体育工作。

14. 加强大学生思想政治教育

问题描述: 学校思想政治工作体制机制有待进一步完善,"三全育人"工作落实有待加快推进。

目标任务: 健全完善具有南农特色的思想政治工作体系。

工作举措: 台账式落实《教育部等八部门关于加快构建高校思想政治工作体系的意见》。研究推动"三全育人"工作实施方案、"十大育人体系"建设标准落地、落细、落实。召开宣传思想与"三全育人"工作推进会。研究出台思想政治理论课教师队伍建设规划(2020—2025)和职称评审细则。建设政治坚定、素质优良、结构合理的宣传思想工作队伍。充分发挥思政课程和课程思政协同育人功能。

15. 持续提升招生就业质量

问题描述: 生源质量有待提升。毕业生就业难度加大。密歇根学院招生运行机制有待完善。

目标任务: 稳步提升各类生源质量,实现毕业生高质量充分就业。

工作措施： 严格落实就业工作"一把手"责任制，开拓毕业生就业市场，开展"互联网＋就业"服务，加大对重点群体就业帮扶。持续做好本科生深造工作。加大招生宣传力度。研究出台国际生招生管理办法，优化国际生生源国布局，探索试点面试审核制和导师申请制。完善密歇根学院组织运行制度，做好首次招生准备。研究制订国际生趋同化管理方案。

四、全面聚焦世界一流，推进新时代学校事业高质量内涵式发展

16. 建立健全浦口校区管理运行机制

问题描述： 浦口校区内部管理和运行机制有待完善。

目标任务： 构建科学规范、运行高效的浦口校区管理运行体系。

工作措施： 加快推进浦口校区管理委员会有效运行，做好科级及以下人员岗位聘任工作。做好浦口校区与学校相关职能部门的衔接工作。加强系统谋划，研究提出新学院中长期发展规划并组织论证。统筹做好相关学院学科专业调整工作。强化师生思想状况调研和教育引导工作。研究设置党支部、工会等组织。

17. 切实加强教职工队伍建设

问题描述： 高层次人才培育缺乏顶层设计与制度规划。人才分类评价体系尚不健全。管理岗位职员绩效评价体系有待建立。落实师德师风第一标准不够有力。

目标任务： 全面推进人事制度改革，建立导向明晰的人才评价体系和绩效工资分配方案，积极构建师德师风建设长效机制。

工作措施： 深化单位考核评价和绩效津贴分配制度改革，构建激励制度体系。制度化设计高层次人才引进培育体系。做好教师队伍建设规划编制工作。制订钟山青年研究员目标任务书，完善钟山青年研究员宣传和遴选程序。修订完善专业技术职务评审条例。研究改革职员绩效考核与薪酬体系。制定《新进教职工思想政治素质和师德师风考察办法》，严把教师聘用和人才引进政治考核关。探索建立教师社会实践教育培训基地。开展教师思想政治状况调研。强化师德师风监督考核，规范师德失范行为处理办法和处理流程，坚决贯彻师德师风一票否决制。做好教师节荣誉表彰工作。

18. 持续提升科技创新能力

问题描述： 作物表型组学研究重大科技基础设施、作物免疫学国家重点实验室建设有待进一步推进。专利成果质量、社科期刊影响力有待提升。

目标任务： 力争作物表型组学研究重大科技基础设施列入国家"十四五"规划。力争获批作物免疫学国家重点实验室。大力提升社科期刊学术质量和层次。

工作措施： 完善作物表型组学研究重大科技基础设施建设方案，推进基础设施与立项前置条件建设。做好作物免疫学国家重点实验室申报工作。科学制定科研绩效 KPI 评价体系。源头把控专利申请质量，制定知识产权评价办法，做好高价值知识产权培育工作，探索建立农业高校知识产权信息服务新模式。进一步加强结合科技成果转化平台建设，促进科技成果快速转化。继续推进军工科研保密二级资质建设。加强社科期刊质量管理和制度落实，借助各类平台资源推介期刊。

19. 切实增强社会服务能力

问题描述： 服务生态文明建设与乡村振兴战略的影响力亟须加强。定点扶贫责任书考核指标完成率和帮扶成效有待提高。

目标任务：高质量完成定点扶贫年度成效评价考核，力争获评教育部定点扶贫典型项目。稳步提升科技推广影响力。

工作措施：开展服务生态文明建设与乡村振兴战略理论研究和实践探索，助力打造乡村振兴样板间，推进长三角乡村振兴战略研究院（联盟）工作。全面落实打赢定点扶贫收官战总攻方案，依托"党建兴村、产业强县"工作模式，巩固扶贫成果。探索精准扶贫衔接乡村振兴长效机制，举办相对贫困理论研讨高峰论坛。推进麻江县乡村振兴研究生工作站建设。做好扶贫日系列主题活动和宣传工作。完善农业科技推广、新农村服务基地建设、横向项目管理和技术合同登记认定等工作机制。继续丰富"双线共推"大学农业科技推广服务模式内涵。加强金善宝农业现代化发展研究院、中国资源环境与发展研究院智库建设。大力推进三亚研究院建设。

20. 持续深化国际交流与合作

问题描述：海外校际合作关系维护面临重大调整。国际化办学水平有待提高。

目标任务：深化高水平国际合作，拓展与"一带一路"沿线国家伙伴关系，进一步提高人才培养国际化水平，提升学校国际影响力。

工作措施：积极维护海外校际合作伙伴关系。深入落实与联合国粮农组织、国际水稻研究所、国际家畜研究所等国际组织的交流合作计划。谋划与"一带一路"沿线国家的合作布局，筹建东非国际农业合作研究中心。继续实施 2020 年国际合作能力提增计划。拓展学生国际交流项目，推进密歇根学院建设。做好农业国际合作人才培养顶层设计。承办农业农村部农业涉外人才培训班。做好孔子学院及"非洲孔子学院农业技术培训联盟"建设工作。

五、全方位做好服务保障，增强建设一流大学的条件支撑力

21. 加强校园信息化建设

问题描述：校园信息一体化建设融合度有待提高。

目标任务：稳步推进数据能通、流程可组、应用整合的智慧校园建设。

工作措施：启动数据中台系统一期和业务流程创建平台一期建设，制定出台全校数据治理有关管理办法，加快数据融通与共享，推进网上服务流程梳理与重构。研究出台新校区智慧校园专项设计方案。以"智慧南农"公众号为载体，进一步聚合学校各类微信应用，实现一站式微服务。

22. 加强支撑可持续发展的资源建设

问题描述：校友组织机构发展存在地区不平衡。教育基金会筹资方式相对单一，大额社会捐赠项目欠缺。校办企业体制改革有待深入推进。

目标任务：完善校友分会组织机构。提升教育基金会募资能力。以企业发展树南农品牌。

工作措施：组织召开 2020 年全国校友代表大会。推进地方校友分会组织机构建设，做好部分行业校友分会成立和地方校友会换届工作。继续完善以政府投入为主、多渠道筹集教育经费的筹资机制。以新校区建设为契机，科学设计并广泛宣传冠名捐赠项目事宜。落实校办企业统一监管方案，深化与专业公司合作，开展学校品牌创意策划、宣传推广、销售平台建设工作。加强对无营业收入、长期亏损参股公司的市场化处置。

23. 加强财务、资产管理和招标采购工作

问题描述：国有资产管理有待加强。招标采购工作体系有待优化。

目标任务：提高预算资金使用效益。推进公房有偿使用机制。完善招标采购制度体系。

工作措施：研究制定《预算绩效管理办法》，开展预算绩效管理试点工作。健全大型仪器设备开放共享体系。研制用房定额配置方案及有偿使用实施细则。制定无形资产管理办法，探索建立无形资产摊销规则。进一步优化招标采购工作职能、定位、内容和流程，构建"一张网、一端口、一站式"工作体系与服务模式，完善"互联网＋采购"全周期绩效管理。

24. 加强办学条件和民生工程建设

问题描述：各类用房保障等基础办学条件有待提升。实验室与基地、后勤等管理制度有待完善。

目标任务：改善师生工作学习生活条件。

工作措施：保障第三实验楼、学生公寓、作物表型组学研发中心、植物生产综合实验中心、幼儿园扩建等重点项目建设进度。跟踪对接南京国家农业高新技术产业示范区重点项目建设工作。做好农业农村部科技创新平台项目申报管理。制定完善学校特种设备安全管理规定、实验室安全事故应急预案、白马教学科研基地管理暂行办法等制度。推动后勤服务规范化、高效化、专业化、精细化，完善医疗质量管控与保障体系。

25. 全力推进文明校园建设

问题描述：用文明滋养校园的氛围不够浓厚。维护校园稳定工作和校园治安保障功能有待强化。

目标任务：建设文明和谐校园。

工作措施：以南京市创建全国文明城市为契机，按照"六个好"标准全力推进文明校园创建工作。持续做好疫情防控下的校园管控工作。推进校警联动，进一步完善突发事件处置预案。开展"119"消防宣传月及安全隐患排查活动。深化实验室及生物安全监管。加强国家安全教育和保密工作。进一步落实网络安全管理制度，压紧压实网络安全责任。继续做好总值班室和"校园110"24小时值班工作。

附件

2020—2021 学年第一学期党政工作要点任务分解表

序号	工作任务	主要成员单位
一、全面贯彻党的教育方针，全方位提升办学治校能力水平		
1	坚持用习近平新时代中国特色社会主义思想武装师生	党委宣传部*、社会合作处*、人文社科处*、科学研究院*、发展规划与学科建设处*、党委办公室、校长办公室、党委组织部
2	突出重点加强党的政治建设	学校党建和全面从严治党工作领导小组成员单位
3	持续抓好教育部党组巡视反馈问题整改	党委办公室*、纪委办公室*、党委组织部*、校长办公室、党委宣传部、党委巡察工作办公室
4	加快"双一流"建设步伐	发展规划与学科建设处*、党委办公室、校长办公室、党委组织部、人力资源部（人才工作领导小组办公室）
5	全面推进新校区和教师公寓建设	新校区建设指挥部*、党委办公室、校长办公室、江浦实验农场
6	做好新冠肺炎疫情常态化防控工作	学校应对新冠肺炎疫情工作领导小组成员单位

（续）

序号	工作任务	主要成员单位
二、坚持全面从严治党，切实提升党建工作科学化水平		
7	高质量推进基层党建工作	党委组织部*、学校党建工作领导小组成员单位
8	狠抓领导班子和干部队伍建设	党委组织部（党校）*、机关党委
9	加强党对意识形态工作的领导	党委宣传部*、学校意识形态工作领导小组成员单位
10	加强大学文化建设	党委宣传部*、图书馆（文化遗产部）
11	全面推进统战群团工作	党委统战部*、工会*、团委*、离退休工作处*
12	不断深化全面从严治党	纪委办公室、监察处、党委巡察工作办公室*、学校全面从严治党领导小组成员单位
三、落实立德树人根本任务，培养能够担当民族复兴大任的知农爱农时代新人		
13	不断深化人才培养工作	教务处*、研究生院*、继续教育学院、体育部
14	加强大学生思想政治教育	党委宣传部*、学生工作部*、研究生工作部*、教务处、团委、马克思主义学院、人力资源部（人才工作领导小组办公室）
15	持续提升招生就业质量	学生工作部（处）*、研究生工作部（研究生院）*、国际教育学院（密歇根学院）*
四、全面聚焦世界一流，推进新时代学校事业高质量内涵式发展		
16	建立健全浦口校区管理运行体制机制	浦口校区管理委员会（党工委）*、党委组织部、党委办公室、校长办公室及相关学院
17	切实加强教职工队伍建设	人力资源部（人才工作领导小组办公室）*、教师工作部*
18	持续提升科技创新能力	科学研究院*、人文社科处*、社会合作处
19	切实增强社会服务能力	社会合作处*、科学研究院、人文社科处
20	持续深化国际交流与合作	国际合作与交流处（港澳台办公室）*、国际教育学院（密歇根学院）*
五、全方位做好服务保障，增强建设一流大学的条件支撑力		
21	加强校园信息化建设	信息化建设中心
22	加强支撑可持续发展的资源建设	校友总会办公室*、资产经营公司*
23	加强财务、资产管理和招标采购工作	计财与国有资产处*、采购与招投标中心*
24	加强办学条件和民生工程建设	基本建设处*、后勤保障部*、实验室与基地处*
25	全力推进文明校园建设	党委宣传部*、保卫处*、学校安全工作领导小组成员单位

注：标注"＊"为牵头单位，牵头单位根据工作需要联系成员单位，并协调有关部门、学院落实相应工作。

（党委办公室提供）

南京农业大学 2020 年党政工作总结

过去的这一年，学校党委与行政始终高举中国特色社会主义伟大旗帜，以习近平新时代中国特色社会主义思想为指导，深入学习贯彻党的十九大、十九届四中和五中全会精神、习近平总书记寄语涉农高校师生回信精神，认真贯彻党的教育路线方针政策，坚持社会主义办学方向，坚守为党育人、为国育才初心使命，全面落实学校十二次党代会各项任务部署，全面加强党的建设，全面推动巡视整改，实现学校各项事业不断取得新发展，开创了建设农业特色世界一流大学的崭新局面。

一、深入学习贯彻习近平新时代中国特色社会主义思想，党的全面领导和办学治校水平稳步提升

（一）党委领导核心和政治核心作用不断增强

聚焦习近平总书记系列重要讲话和党中央、部党组重大决策部署，深刻理解、全面贯彻新时代党的建设总要求，扎实推进实施"1335"发展战略，研究制定加强党的政治建设若干措施，提升各级领导班子政治能力，坚守思想阵地，牢牢把握意识形态工作主动权，切实增强"四个意识"，坚定"四个自信"，坚决做到"两个维护"。坚持党委领导下的校长负责制，修订完善党委常委会议事规则和"三重一大"决策制度，确保党的路线方针政策执行畅通、落实有力。

（二）突出做好思想政治引领

认真组织党委常委会集体政治学习、党委中心组理论学习、中心组（扩大）专题学习。持续深入学习习近平新时代中国特色社会主义思想，尤其是党的宣传思想和法治思想有关内容。第一时间学习贯彻党的十九届五中全会精神、全国"两会"精神、《习近平谈治国理政》（第三卷），以及习近平总书记给科技工作者代表和师生党员回信精神。专题学习中央经济工作会议、中央农村工作会议等中央重要会议精神。在总书记给涉农高校师生回信一周年之际，深入研讨高等农业教育改革，发挥智库优势助力乡村振兴和生态文明建设。

（三）打赢打好疫情防控阻击战

认真贯彻落实上级疫情防控部署要求，把师生生命安全和身体健康放在第一位，把疫情防控作为压倒一切的头等大事来抓。研究成立疫情防控领导小组和 10 个工作组，由党委常委"挂帅"常态化开展疫情防控工作，认真做好师生错峰返校、科普宣教、隔离观察、应急处置等各项工作。严格落实疫情防控 24 小时值班制度，织密筑牢联防联控网络，构建科学高效的疫情防控体系，确保校内疫情"零发生"。

（四）高质量推进巡视整改工作

认真组织教育部党组巡视学校党委意见反馈会，及时成立巡视整改工作领导小组。召开

11 次党委常委会、1 次专题民主生活会和 4 次推进会研究推动巡视整改。校领导班子成员率先垂范，主动跟踪推进，确保整改取得实效。截至 2020 年底，5 大方面 48 项巡视整改任务，已完成或基本完成 43 项，整改完成率达 90%。

（五）综合改革焕发崭新活力

学校各项综合改革迎难而上、纵深推进。聚焦破除浦口校区"院管校区"模式，促进新工科发展，成立 3 个新的学院和浦口校区管理委员会。聚焦优化机构设置和职能配置，全校共减少 4 个处级机构。聚焦推进学科交叉融合，成立前沿交叉研究院。聚焦深化教育评价改革，探索实施职称评审"代表作"制度。聚焦知农爱农拔尖创新人才培养，试行书院制育人模式。

（六）办学条件实现跨越式发展

全面启动江北新校区一期工程建设，稳步推进教师公寓项目。打造校地战略合作新样板，共建"东海校区"和"三亚研究院"。到学校 120 周年校庆前，南农 2 个校区将屹立在长江南北，国际化的教学科研基地遍布省内外，办学空间老大难问题将得到基本解决。

二、把握新发展阶段贯彻新发展理念融入新发展格局，全力助推学校各项事业高质量发展

（一）"双一流"建设取得新进展

2020 年，学校在 U. S. News "全球最佳农业科学大学"排名中进位至第 7 位，QS 世界农业专业排名第 26 位。顺利完成"双一流"建设周期总结，全面推进了第五轮学科评估工作，完成 2016—2019 年学科发展态势分析报告。组织 8 个学科完成江苏高校优势学科建设工程三期项目中期自评。扎实有序推进"十四五"事业发展规划编制工作。

（二）人才培养质量持续提升

招生就业质量不断提高。全国 31 个省（自治区、直辖市）录取分数线超一本线平均值持续增长，江苏录取分数线再创新高。全年录取本科生 4 413 人、硕士生 2 972 人、博士生 611 人。毕业生年终就业率 90%，湖北籍毕业生年终就业率 93%；本科生深造率 45%，创历史新高。

本科教育教学改革纵深推进。积极开展线上教学工作，实现"停课不停教、停课不停学"。新获批教育部新农科研究与改革实践项目 5 个、新工科项目 3 个。30 门课程获批教育部首批国家级一流本科课程，15 部教材入选全国农业教育优秀教材资助项目。新增"数据科学与大数据技术"专业。与华为联合共建"人工智能创新平台"。

研究生教育改革不断深化。召开第五届研究生教育工作会议和研究生院建院 20 周年纪念座谈会，提出深化研究生教育改革二十条意见，深入推进与江苏省农业科学院全面战略合作。全年授予博士学位 415 人、硕士学位 2 567 人。新建 40 个省级研究生工作站，持续推进麻江乡村振兴研究生工作站建设。获评江苏省优秀博士学位论文 6 篇、优秀硕士论文 14 篇。获江苏省研究生教育教学改革成果奖 2 项。

留学生教育和继续教育扎实有效。全年招收国际生 74 人。12 门课程获评江苏高校外国留学生英文授课省级精品课程。学校再次荣获"江苏省来华留学生教育先进集体"。全年录取继续教育新生 8 138 人。开展继续教育培训 60 余场,培训学员 5 580 人。

大学生素质教育成效显著。学生创业团队获国家发明专利 5 项、实用新型专利 14 项、软件著作权 62 项,全年实现营业收入近 3 000 万元。1 个项目获"互联网＋"全国赛银奖,5 个项目获"挑战杯"全国赛铜奖,1 个学生团队获中国机器人大赛一等奖。学校健美操队获江苏省大学生啦啦操锦标赛多个项目冠军。

(三)人事人才工作稳步推进

深入推进人事制度改革,调整公积金、养老保险等缴存基数,发放午餐补贴,提升教职工获得感、幸福感。举办钟山国际青年学者"云"论坛。全年引进高层次人才 35 人,招聘教师 32 人、师资博士后考核优秀进编 19 人。聘任正高 33 人、副高 61 人。全年 14 人次入选"长江学者"、国家优秀青年科学基金获得者和"万人计划"等重要人才项目,新增部省级人才项目 24 人次,4 人入选 2020 年全球高被引科学家,2 人获光华工程科技奖,1 人获全国创新争先奖,1 人获中国青年科技奖。学校入选国家创新人才培养示范基地。

(四)科技创新与服务社会能力不断增强

年度到位科研经费 8.68 亿元,其中纵向经费 6.74 亿元、横向经费 1.94 亿元。2 项成果入选农业农村部 2020 年十大引领性技术。获批国家自然科学基金 191 项,重大项目和创新研究群体资助项目各 1 项,国家重点研发计划 2 项。获国家社会科学基金 16 项,再次位列全国农业高校之首,其中重大招标项目 3 项、重点项目 1 项。以第一完成单位获部省级自然科学奖励 7 项、哲学社会科学奖励 26 项。3 本自然科学英文期刊影响力持续提升,《园艺研究》为 2020 年中国唯一学科排名第一的期刊。《南京农业大学学报(社会科学版)》获最具影响力期刊。

作物表型组学研究重大科技基础设施通过国家发展和改革委员会"十四五"立项初审。全面推进"作物免疫学"第 2 个国家重点实验室筹建工作。新增 1 个国家级平台和 7 个部省级平台。新增省级重点培育智库 1 个。23 个科技合作基地、重点实验室、协同创新中心通过绩效评估与考核验收。

深入实施"双线共推"农技推广模式,扎实推进新农村服务基地建设管理,持续开展"党建兴村产业强县"行动,超额完成"6 个 200"指标任务,教育扶贫案例入选全国典型案例。专题研讨"双循环"新格局下的乡村振兴与资源环境政策,启动建设乡村振兴长期观察网络,"乡村振兴云学堂"入选优秀案例。"菊花口红"产业链逐步形成。围绕经济社会发展开展咨政建言,咨询报告获中央领导批示 4 篇。编发 2019 年江苏农村发展报告。全年签订技术合同 878 项,总金额 3.25 亿元。

(五)国际交流合作持续深化

成功举办 2020 年 GCHERA 世界农业奖颁奖典礼。承办农业农村部"农业外派人员能力提升培训班"。推进与联合国粮农组织合作,持续拓展国际交流"朋友圈",与贝宁孔子学院合作开展蔬菜栽培技术培训,向 20 家海外友好院校捐赠防疫物资,新签、续签 16 个校际合作协议。获批外国专家项目经费1044万元。新增2个"高等学校学科创新引智基地"。

(六)校园治理能力水平不断提升

学校财务运行总体良好。全年各项收入22.22亿元、支出24.60亿元。严格程序,完成新校区一期工程参建单位招标等招标采购项目899项。完成各类审计项目290项,累计金额11.22亿元,核减建设资金1047万元。配合做好教育部对原校长周光宏同志离任审计工作。

社会办学资源不断拓展。新建生态环境、植保、MBA 3个行业校友分会,完成安徽校友会和徐州校友会组织机构换届工作。新签捐赠协议46项,协议金额4280余万元,到账资金2098万元;其中,多伦科技捐赠2000万元,创单笔捐赠金额纪录。学校新增多个名人及学科发展基金。

基础建设工程全面推进。全年完成新建基建产值1.1亿元,维修改造工程18项,新增办学用房面积2万余平方米、高标准实验田110亩[*],改造出新约3.1万平方米。第三实验楼(二期)、土桥基地水稻实验站实验楼2个项目竣工并投入使用。

校园信息化建设有序推进。完成卫岗与浦口、白马、牌楼间光纤互联互通,实现多校区线上完全融合。上线聚合支付及虚拟校园卡系统,打造校园"无卡化"生活。人脸识别系统正式运行。推进图书、情报、档案一体化建设。

资产管理和后勤服务保障能力持续提升。全年新增固定资产6.05亿元,固定资产总额34.54亿元;无形资产0.99亿元。推进学校所属企业体制改革,成立产业研究院,深入推进南农大品牌建设。持续深化后勤大部制改革。完成卫岗校区车棚改造及充电桩建设、校医院隔离病房及污水处理工程、幼儿园扩建配套工程、校园快递收发站等民生工程建设。与东部战区空军医院合作升级教职工体检服务。

强化安全生产监管。完善实验室安全责任体系,强化特种设备、生物安全管理,推进实验室安全准入制度。完善大型仪器共享管理体系。做好消防安全检查和安防技防建设,加强进出校门管控和校园交通秩序维护。强化警校联动,引入校园警务站,全力维护校园安全稳定。

三、深入贯彻落实高校党建工作重点任务,推进基层党建和思想政治工作再上新台阶

(一)不断加强与改进宣传思想文化工作

深入学习贯彻习近平总书记系列重要讲话和关于教育的重要论述精神,组织马克思主义学院骨干教师成立理论宣讲团。召开思想政治工作会议,大力推进"三全育人"和十大育人体系建设,持续深化思政课程和课程思政改革,"秾味思政·尊稻"获学习强国首页推荐。全年新增思政课教师13人,举办集体备课会12场。隆重举行新生开学典礼和"云"毕业典礼,上好新生"入学第一课"。举办教师节庆祝活动,建立师德宣讲校内专家库,时代楷模朱有勇院士事迹报告会引发热烈反响。开展二级党组织意识形态工作责任制落实情况整改工作。学校成功入选江苏省文明校园创建单位。

---

[*] 亩为非法定计量单位。1亩=1/15公顷。

（二）全面提升基层党建工作质量

持续巩固深化"不忘初心、牢记使命"主题教育成果，大力实施建党百年"学习、诊断、建设"行动，召开庆祝建党 99 周年暨党建示范创建和质量创优工作推进会，开展院级党组织"书记项目"中期检查，和新一轮党建标杆院系、样板支部培育创建工作，实现基层党组织书记抓党建述职评议和教师党支部书记"双带头人"两个全覆盖。成功召开全国农林水高校党建与思政工作研讨会第 19 次会议。研究制定党建工作制度 20 余项。全年新聘党校兼职教师 121 人，发展学生党员 1 164 人，教职工党员 6 人。1 个二级党组织通过教育部高校党建工作标杆院系创建考核。

（三）深化党政干部管理制度改革

突出政治标准，在干部选任、考察、考核等工作中把政治素质放在首位。精简科级机构和岗位，圆满完成新一轮科级干部换届聘任工作。选调 23 名领导干部参加中组部、教育部等组织的专题培训。选派 34 人参加援藏、援疆、定点扶贫、科技镇长团等项目。完善干部考核评价机制，实行目标责任制考核。开展干部个人有关事项报告、兼职行为、岗位回避等专项整治工作，清退干部经商办企业 3 项、社会兼职 13 项，岗位回避调整 1 人。举办新提任处级干部培训班，深入落实"一线规则"。

（四）不断深化统战群团工作

全面加强党对统战群团组织的领导，成立欧美同学会（留学人员联谊会），凝聚归国留学人员报国兴农力量。全年各民主党派提交提案建议和社情民意 20 项，其中 5 项受到部省级领导批示或被党政部门采用。持续深化共青团、学生会、学生社团改革，做好共青团组织换届工作。成功召开第六届教职工代表大会、第十一届工会会员代表大会，征集提案 27 件。全面落实离退休老同志政治生活待遇，发挥关心下一代工作委员会、老年科协、老年大学等组织作用，丰富离退休职工文化业余生活。

（五）持续推进全面从严治党向纵深发展

研究制定学校落实全面从严治党责任清单，高起点筹划、高标准推进十二届党委首轮巡察，圆满完成对 6 个学院党组织的巡察工作。开展全面从严治党主体责任落实情况专项监督检查，推动全面从严治党向基层延伸。强化信访举报办理和问题线索处置，全年共受理纪检监察信访 59 件，处置问题线索 68 件次。

一年来，学校各项事业成绩喜人。这离不开党和国家对高等教育的高度重视，离不开各级领导班子和广大干部的辛勤付出，更离不开全校教职工和广大校友的共同努力。

在总结成绩的同时，也清醒地认识到，学校工作与建设农业特色世界一流大学的目标要求相比，与师生和校友的热切期盼相比，还存在一些不足和差距。例如，"三全育人"作用发挥还不够充分，高水平领军人才队伍建设有待进一步加强，学科顶层设计和布局优化还有待完善，一流本科教育和研究生培养质量还有待加强，基础科学研究水平和服务社会发展能力有待提升，教师公寓建设还要抓紧推进，等等。这些都亟须改进与解决。

2021 年，是我国现代化建设进程中具有特殊重要性的一年，也是学校奋进农业特色世界一流大学，谋划推动"十四五"事业发展的关键之年。学校领导班子将坚持以习近平新时代中国特色社会主义思想为指导，带头贯彻落实党中央重大决策部署，团结带领广大师生员工，发扬孺子牛、拓荒牛、老黄牛精神，以新气象、新担当、新作为落实好学校十二次党代会各项任务部署，重点做好以下几个方面的工作。

一是深入开展迎接建党百年行动，切实提升学校党的建设质量与水平，用高质量党建引领农业特色世界一流大学建设发展。

二是深入贯彻落实新发展理念，科学编制学校"十四五"事业发展规划，开展"1335"发展战略和"八个坚持、八个一流"落实情况督查检查。

三是深入落实立德树人根本任务，积极构建大思政工作格局，深化落实"三全育人"综合改革实施方案，全面推动"十大育人体系"均衡发展。

四是深入推进教育评价改革，科学研究制定学校考核学院、学院考核教师、人才招聘引进、职称晋升评定、育人成效评价等指标体系，积极构建科学化的教育评价导向。

五是深入持久开展作风建设，重视做好部党组巡视整改"后半篇文章"，扎实推进校内巡察，坚定不移推动全面从严治党向纵深发展。

六是全力做好江北新校区配套教师公寓立项建设工作，同步考虑配套中小学。

南京农业大学国内外排名

国际排名：《美国新闻与世界报道》（U. S. News）公布的"全球最佳农业科学大学"（Best Global Universities for Agricultural Sciences）排名中，南京农业大学位列第7位；在"全球最佳大学排名"中，南京农业大学位列全校第557位，位列中国内地第46位；在英国《泰晤士高等教育》（THE）发布的世界大学排行榜中，南京农业大学位列801～1 000名；在QS世界大学学科排名中，南京农业大学位列"农业与林业"学科第26位；在上海软科世界大学学术排名中，南京农业大学排名从2019年401～500位提升至301～400位；在台湾大学公布的世界大学科研论文质量评比结果（NTU Ranking）中，南京农业大学位列501～550位，农业领域的世界总体排名从2019年的30位上升到22位，其中农学学科排名第8位，植物与动物科学学科排名第9位。

国内排名：南京农业大学位列中国管理科学研究院中国大学综合实力排行榜第43位，中国大学自然科学排行榜第39位，在中国科教评价研究院、浙江高等教育研究院、武汉大学中国科学评价研究中心和中国科教评价网联合发布的中国大学本科院校综合竞争力总排行榜中位列第59位，在中国校友会中国大学排名中位列第38位，在中国大学学术排名（自然科学）中位列第45位，在软科中国大学排名中位列第52位。

（撰稿：辛　闻　审稿：李占华　审核：张　丽）

教职工与学生情况

教 职 工 情 况

在职总计	专任教师			行政人员（人）	教辅人员（人）	工勤人员（人）	科研机构人员（人）	校办企业职工（人）	其他附设机构人员（人）	离退休人员（人）
	小计（人）	博士生导师（人）	硕士生导师（人）							
2 850	1 725	655	898	517	328	93	105	0	82	1 701

专 任 教 师

职称	小计（人）	博士（人）	硕士（人）	本科（人）	本科以下（人）	29 岁及以下（人）	30～39 岁（人）	40～49 岁（人）	50～59 岁（人）	60 岁及以上（人）
教授	574	558	6	10	0	0	91	201	225	57
副教授	619	482	93	44	0	13	299	183	124	0
讲师	472	239	171	62	0	33	243	161	35	0
助教	60	0	46	14	0	27	8	14	11	0
无职称	0	0	0	0	0	0	0	0	0	0
合计	1 725	1 279	316	130	0	73	641	559	395	57

学 生 规 模

类别	毕业生（人）	招生数（人）	人数（人）	一年级（2020）（人）	二年级（2019）（人）	三年级（2018）（人）	四年级、五年级（2017、2016）（人）
博士生（＋专业学位）	373	602（＋5）	2 370（＋29）	602	570	1 134	64
硕士生（＋专业学位）	2 263（＋153）	2 596（＋363）	7 251（＋1 146）	2 596	2 646	2 009	0
普通本科	4 088	4 428	17 588	4 438	4 443	4 280	4 427
成教本科	2 520	2 736	8 505	2 736	2 569	2 663	537
成教专科	5 226	3 955	10 667	3 955	2 833	3 879	0
留学生	100	89	387	87	80	102	118
总计	14 570（＋153）	14 406（＋368）	46 768（＋1 175）	14 414	13 141	14 067	5 146

学 科 建 设

学院（部）	21 个	博士后流动站	15 个	国家重点学科（一级）	4 个	省、部重点学科（一级）	7 个
				国家重点学科（二级）	3 个	省、部重点学科（二级）	7 个
		中国工程院院士	2 人	国家重点（培育）学科	1 个		

（续）

学 科 建 设

本科专业	64 个	博士学位授权点	一级学科	17 个	国家重点实验室	1 个	省、部级研究（院、所、中心）、实验室	87 个
			二级学科	0	国家工程研究中心	5 个		
专科专业	39 个（继续教育学院）	硕士学位授权点	一级学科	30 个	国家工程技术研究中心	2 个		
			二级学科	1 个				

资 产 情 况

产权占地面积	564.57 万平方米	学校建筑面积	69.3 万平方米	固定资产总值	32.47 亿元
绿化面积	94.95 万平方米	教学及辅助用	34.77 万平方米	教学、科研仪器设备资产	14.5 亿元
运动场地面积	6.61 万平方米	办公用房	3.55 万平方米	教室间数	290 间
教学用计算机	9 842 台	生活用房	30.98 万平方米	纸质图书	273.92 万册
多媒体教室间数	265 间	教工住宅	0 万平方米	电子图书	349.51 万册

注：截止时间为 2020 年 11 月。

（撰稿：蒋淑贞　审稿：袁家明　审核：张　丽）

二、重要文献

领导讲话

躬耕大地　心怀山海
在时代的洪流中蓄积破土的力量

——2020 级新生"开学第一课"

陈利根

（2020 年 9 月 30 日）

乘风破浪的小姐姐们，披荆斩棘的小哥哥们！

同学们：

大家好！很高兴，在美丽的钟山脚下、椅子山旁，我们如期相遇了！

如期相遇，并不容易。今天大家能够坐在这里上"开学第一课"，学校能够全面恢复线下教学，这是我们国家疫情防控成果的最直接、最有力体现。

过去半年，你们不仅完成了人生中的"高考"，更是战胜了一场人类百年来最严重传染病的"大考"。有人说，这一届学生是生于"非典"、考于"新冠"，拥有一个不平凡的青春。

今天的南农张开怀抱，欢迎每一个不平凡的你们！

历史的江河奔腾不息，在冲波逆折处更显壮丽。丹心寸意，皆为有情；奋不顾身，共筑家国。我们高扬人民至上、生命至上的理念，凝聚起举国同心的团结伟力，取得抗疫重大成果，创造了人类同疾病斗争史上又一个英勇壮举！

习近平总书记指出"越是面对风险挑战，越要稳住农业，越要确保粮食和重要副食品安全。"国以农为本，民以食为天。这绝不是一句"口号"，古往今来，凡是危急时刻，民众首先担忧的就是"温饱"。

疫情防控期间，就在同学们紧张备考的时候，南农的专家教授们也在争分夺秒，抢农时、助春耕、保供应，书写着让人民安心的答卷。他们在生产技术、社会管理、经贸、金融、流通等各个领域，守护着国家的粮食安全、食品安全和人民的生活质量。这是南农人奋斗的一个缩影。

前不久，是习近平总书记给全国涉农高校的书记校长和专家代表回信一周年的时刻，也刚刚度过了第 3 个"中国农民丰收节"；明天，又恰逢中华人民共和国 71 周年华诞和中秋佳节交相辉映。我们在这个时间举行新生开学典礼，讲第一课，有着特殊的意义。今天，我们就来谈一谈关于国家、关于农业、关于百姓生活、关于大学、关于未来的话题。

一、俯身大地，探寻农业的"压舱之力"

中华文明根植于农耕文明，农耕文明是中华文化的鲜明标签，承载着华夏文明生生不息的基因密码，彰显着中华民族的思想智慧和精神追求。我校的中华农业文明博物馆，珍藏着许多古农具和古农书，展示着中华农业文明的发展变迁，体现着先人的农耕智慧。大家熟知的《齐民要术》明代嘉靖刻本，世间仅存两套，一套就存在我们校园里。农业发展到今天，几千年"面朝黄土背朝天"的传统农耕方式正在终结，数字化、自动化、智能化的现代农业扑面而来。农业既是满足吃饱穿暖基本需求之业，更承载着人们对幸福美好的追求向往。

农业和人类生存息息相关。食物是人类生存的基础。作为有 14 亿人口的大国，中国历来重视粮食安全。习近平总书记说，"中国人要把饭碗端在自己手里，而且要装自己的粮食。"中国用不到世界 1/10 的耕地，养育了世界近 1/5 的人。这是农业的力量，其中也有"南农力量"。稻米的生产关乎人民温饱，我校万建民院士团队用 20 多年的研究，选育出了高产、抗病的优质水稻品种，建立了规模化水稻条纹叶枯病抗性鉴定技术体系，有效地解决了这一被称为"水稻癌症"的病害难题，保障着水稻的丰收。这就是农业，守护着人类的生存。

农业和生活品质息息相关。随着经济水平的提升，人们对生活品质的要求不断提高。现代农业，就是要把优质"产出来"、把安全"管出来"、让生活"美起来"。过去化肥过量地使用，对生态环境和耕地质量带来了威胁。我校沈其荣教授团队研发的生物、微生物有机肥，不仅提高了土壤肥力，还阻止了土壤酸化及污染，让田野重现"青山横北郭，白水绕东城"的美景。周光宏教授团队研发的肉制品质量控制技术，更好地保证了肉的品质和安全，好吃又放心；大家在超市里买的培根、火腿等肉制品，很多都是这个技术的体现。张绍铃教授牵头选育研发的新品种和栽培技术，让梨好看、好吃、又好种。这就是农业，提升着生活的质量。

农业和精神富足息息相关。农业作为人与自然的纽带，在人们精神文化生活中扮演着重要角色。"采菊东篱下，悠然见南山。"中国人历来对菊花的喜爱和崇拜有加。世界最大的菊花基因库就藏在南农，我校保存了 5 000 多种菊花资源，其中 400 多个新品种由南农自主培育。这依托的是校长陈发棣教授团队的科研力量。他们在全国各地建设了 20 多个菊花基地，一朵菊花、带动一片菊园、影响一方文化。现在我们还可以让花"想什么时候开就什么时候开"，一解古人"不是花中偏爱菊，此花开尽更无花"的缺憾。这就是农业，承载着精神的寄托。

农业和社会进步息息相关。农业是国民经济的基础。今年，我国将如期打赢脱贫攻坚战，实现全面小康，这是中华民族几千年历史上首次整体消除绝对贫困，是人类减贫史和农民增收史的奇迹。脱贫攻坚，基础在农业。在定点扶贫麻江县的过程中，我校专家以科技的力量振兴产业，帮助麻江县实现了"脱贫摘帽"。去年，我们又在麻江县专门建立了"研究生工作站"，把人才培养与乡村振兴结合起来。长久以来，南农的师生们奔走在脱贫攻坚、乡村振兴的第一线，足迹遍布祖国大地。曹卫星教授团队的作物生长预测与精确管理技术，通过遥感卫星、无人机、田间传感器布下"天眼地网"，让农业从"看天吃饭"的"靠天收"，变为"知天而作"的"智慧田"，深刻改变着农业的生产和管理方式。去年，中国第一块"人造肉"上了热搜。这块"人造肉"，就是我校国家肉品质量安全控制工程技术研究中心团队使用猪肌肉干细胞培养出来的。今天的科技，将在未来带来餐桌上的革命、农产品生产的革命；刘崧生、顾焕章、钟甫宁、朱晶四代农经学科带头人在坚守中交替，对我国农业农村发展中的诸多重大问题提出了解决方案；曲福田教授和公共管理学科的团队，长期以来致力于土地产权制度、土地用途管理、土地可持续利用、城乡发展等方面研究，对有关城乡制度、土地政策的制定产生了重要影响。这就是农业，提供着社会前行的能量。

当前，中国"新农科"建设也拉开了大幕，面向新农业、新乡村、新农民、新生态，这是农业教育的新定义。

二、守望山海，触摸大学的"铸魂之力"

支撑社会前行的，还有一个"重器"，那就是大学。大学是知识传承和人才培养的摇篮，是科学和技术发展的支撑力量，是文化和思想最主要的源泉。历史证明，大学的兴衰与大国的兴衰也密切相关，哪里有一流大学的兴起，哪里就有一个国家的崛起、一个民族的兴旺。

南农是一所有着光辉历程的大学。我用"四个走出来"，跟大家讲讲南农的故事、讲讲南农人的故事。

我们与国家和民族共命运，从内忧外患中走出来。

20 世纪初的中国，在西学东渐、科学救国的潮流下，南农先贤们投身救国图强的历史洪流，谱写了"大学与大地"的壮阔史诗，开始了对农业这一国之命脉的世纪坚守。南农是中国近现代高等农业教育的先驱，在中国最早开展四年制农业本科教育和农科研究生教育。

邹秉文，是中国高等农业教育的主要奠基人。他在中国最先确立了农科大学教学、科研和推广三结合的体系，对后来的农业教育产生了深远影响。他将先进的农业技术传播到乡村，改善了农民的生活状态，改造了当时中国农业的面貌。

当前，世界各国科研工作者们都在争分夺秒地研制着新冠疫苗，不由让我们想起了 76 年前，有一个年轻人也曾同样在与时间赛跑。他是樊庆笙，南农的老校长，中国"青霉素之父"。1943 年，美国成功研制盘尼西林，正在威斯康星大学学习的樊庆笙，突破日军层层封锁，飞跃"驼峰航线"回到祖国，于 1944 年成功研发出了中国人的盘尼西林——青霉素，在战火纷飞的华夏大地上拯救了无数生命。

这些南农先辈们救国图强的故事和他们的名字，大多已经尘封在历史的记忆里，他们的事业却在一代代人的手上接力传承。

我们与新中国共成长，从艰苦奋斗中走出来。

1952 年，全国院系调整、南京农学院成立后，一批批南农师生，战天荒、建粮仓，在祖国的大江南北，唱响了南农人躬耕大地之歌。

新中国成立初期，老校长金善宝院士，培育了"南大 2419"小麦，种植面积最高时达到 7 000 万亩,是我国推广面积最大、范围最广、时间最长的小麦良种,让神州大地年年翻滚着金色麦浪,养活了亿万中国人。

冯泽芳,是中国现代棉作科学的主要奠基人,他毕生致力于棉花科研教育事业,对当时中国的棉花育种和栽培带来了根本性的革新,让中国"花开天下暖"。他和金善宝,一个是"棉田守望者",一个是"小麦之王",一生为了天下苍生的"温饱"二字奋斗。

面对国家一穷二白的"底子",南农人扛起担子,俯下身子,心系家国,为新生的共和国默默耕耘出一片热土。

我们与改革开放同步伐,从快速发展中走出来。

1979 年,南农乘着改革开放的春风,循时而进、扬帆逐浪,与国家民族的崛起同频共振。

那个时期,南农在科学研究上不断突破。陆作楣教授为杂交水稻事业作出了不可磨灭的贡献,正是他提出的"三系七圃法"技术,才攻克了杂交水稻大面积制种的难题;1980—1991 年,在全国推广应用 2.6 亿亩。

那个时期,有一大批在恢复高考后考入南农的学子,都成为今天这个时代的中流砥柱。

改革开放后的南农,在社会主义经济建设、农业现代化建设的大潮中,释放出了巨大的活力,谱写出了精彩篇章。

我们与新世纪共奋进,从建设世界一流农业大学的奋斗探索中走出来。

进入 21 世纪,南京农业大学坚持科技与教育的双轮驱动,以立德树人为根本、以强农兴农为己任,投身服务经济社会和农业农村发展的战场,在新世纪中实现跨越。

人才培养上,学校牢固确立人才培养中心地位,按照"世界眼光、中国情怀、南农品格"的理念,人才培养质量有着非常高的口碑。科学研究和服务国家重大需求上,在全球有关科学领域的最前沿,一直都有南农人的身影。南农是全国首批获批建立新农村发展研究院的高校之一,我校金善宝农业现代化发展研究院是江苏省首批新型重点高端智库,中国资源环境与发展研究院是江苏省重点培育智库。在乡村振兴和农业农村现代化的道路上,南农人持续贡献着智慧。国际交流与合作上,南农与全球 30 多个国家和地区的 160 多所高校、研究机构有合作关系,倡议设立了"世界农业奖",建立了全球首个农业特色"孔子学院",在"一带一路""人类命运共同体"建设中南农也贡献了积极力量。

这些年来,南京农业大学紧抓新时代机遇,走出了一条迈向世界一流的探索之路。2019 年 12 月,在学校第十二次党代会上,我们确立了建设农业特色世界一流大学的目标。我相信,未来你们一定可以自豪地说:"我毕业于一所世界一流的大学!"

从这"四个走出来"中,回望南农近 120 年的办学历程,承载的都是南农人"致力于人类生存与健康"的责任,书写的都是南农人"扎根大地、兴农报国"的担当。一代代南农人接续奋斗,面向科技前沿、面向经济主战场、面向国家重大需求,不断向科学技术广度和深度进军,把文章写在了祖国大地上、写在了立德树人课堂里。现在,也将把"大学问""真本领"传授给你,赋予你贯穿整个人生的力量。

三、拥抱时代,释放青春的"逐梦之力"

谈过了农业,谈过了大学,让我们把目光投向在座的你们,投向 21 世纪 20 年代的第一批大学生。一个时代有一个时代的主题,一代人有一代人的使命。新时代是一个英雄辈出的时代，你们正逢其时。

当今世界正经历百年未有之大变局，我国正处于实现中华民族伟大复兴的关键时期。伟大复兴，绝不是轻轻松松、敲锣打鼓就能实现的。同学们，你们的使命重大、担子不轻啊！

在时代的洪流中，作为国家民族的青年一代，作为新一代南农人，该如何蓄积力量、扛起一代人的使命？我想，我们可以从南农校训"诚朴勤仁"四个字中，去寻找答案。

第一，要有坚持真理、崇尚科学之"诚"。青年学子要有坚定的理想信念。一个国家，一个民族，要同心同德迈向前进，必须有共同的理想信念作支撑，这是一种"诚"；青年学子要有真实诚信的基本修养。诚信做人、诚实做事、恪守正道是伟大的力量，这是一种"诚"；青年学子要有科学精神。提升国家实力、造福人民关键要靠科技，农业农村现代化关键在科技、在人才，人类战胜大灾大疫关键要靠科技，这也是一种"诚"。希望同学们坚持"诚"为根本，信念坚定，明辨是非，尊重科学，做理想信念的守护者、诚实守信的践行者、科学知识的探索者。

第二，要有扎根大地、服务人民之"朴"。青年人不能只沉浸于今天的书斋，也不能虚荣于明天的浮华，要面对社会、面对基层、面对我们脚下所站立的这片土地。1957年，南京农学院的34名毕业生主动请缨到北大荒拓荒。他们在请愿书上写到，"我们的决心是服从祖国的需要，到最艰苦的地方去。我们清楚地知道垦荒是一个艰苦复杂的工作，我们要去的边疆是个艰苦的地方……但那又算什么呢！我们时代的大学生是不照轻活干的！"最后，有7人获批奔赴东北，他们克服极端的自然环境，将万亩荒地开垦成千里沃野。他们被称为"北大荒七君子"。这是一种对大地最朴素的情怀。希望同学们坚持"朴"为底色，紧紧扎根在中国大地上学知识、做研究、强本领，在服务"三农"、服务社会、服务人民的事业中接受历练和成长。

第三，要有不畏艰难、奋发有为之"勤"。百业勤为先，一个人、一件事的成功不是偶然的，背后一定是持之以恒、敢闯会创。2013届博士王海滨，多次前往青藏高原，攀登了许多高峰，在海拔5013米的米拉山口找到宝贵的紫花亚菊资源，填补了《中国植物志》的记载空白。2016届博士金琳，以每天超过13个小时的科研投入，发表了影响因子41.5的研究论文。这是研学之勤。2005级西藏籍本科生小索顿，毕业后放弃安稳舒适的工作，带领乡亲们在青藏高原生产青稞产品，他要做"青稞使者"守护青稞产业，他被评为"全国十佳农民"。2014级博士生陆超平，决心不停留在"舒适圈"，运用大数据、物联网技术，进行"智能养鱼"的创业，他要让农户"穿着西装养鱼"，他被评为"全国农村青年致富带头人"。这是实干之勤。希望同学们坚持"勤"为品格，无论是走在坦途大道，还是遇到困难险阻，都有一往无前、激流勇进的勇气和坚持，把勤奋固化为人生的习惯。

第四，要有心怀家国、兼济天下之"仁"。

爱国是人世间最深层、最持久的情感，也是一个人成长中最深厚、最恒久的动力。盖钧镒院士，为了保护中国珍贵的大豆资源，他组织搜集、整理大豆种质资源2.5万余份，建成世界第三大的大豆种质数据库。他研究了20多个大豆新品种，种植5000多万亩，让亩产平均提高10%。他为中国大豆遗传育种和改良作出了突出贡献。今天，我们在校园里经常能见到84岁盖院士繁忙的身影，他从没有停下探索的脚步。他说："只要中国人的碗里装的是自己的豆腐，杯子里盛的是自己的豆浆，我的坚持就有意义。"以盖院士为代表的一代代南农人，他们心中装的是国、是百姓、是天下苍生。这是南农人实实在在看得见、摸得着的家国情怀。希望同学们坚持"仁"为己任,把家国情怀熔铸成自己的精神坐标,把爱国、奉献、担当内化为自己的价值追求,把"青春梦"融入"中国梦"。

"诚朴勤仁",是南农最鲜明的精神特质,是南农人最生动的信念力量。今天,你们成为南农人,这种特质、这种力量将传递到你们身上,引领着你们披荆斩棘、乘风破浪。

习近平总书记在给涉农高校的回信中指出,"中国现代化离不开农业农村现代化,农业农村现代化关键在科技、在人才。"这个科技、这个人才,既在现在的我们,更在明天的你们。

过去未去,未来已来。从今天开始,你们就是刚刚播种在百年南农土壤里的种子,你们将在这里扎根生长,在这里求诚、求朴、求勤、求仁,从这里发现、发奋、发热、发光。同学们,你准备好了吗?

期待你们在属于你们的时代中,蓄积力量,破土而生,向阳绽放!

在教育部党组第三巡视组巡视南京农业大学
党委情况反馈会上的表态讲话

陈利根

（2020 年 6 月 9 日）

尊敬的高文兵组长、何光彩主任，

教育部党组第三巡视组和巡视办的各位领导，

同志们、同学们：

根据教育部党组统一部署，去年底，教育部党组第三巡视组进驻我校，开展了为期 5 周的政治巡视，对我校党的建设和上一轮巡视整改落实等情况进行了深入督查检查。这是在召开学校第十二次党代会、谋篇布局农业特色世界一流大学建设发展的关键时期，进行的一次全面深入"政治体检"。对于我们坚持正确政治方向，办好中国特色社会主义大学，推进全面从严治党向纵深发展，具有十分重要的意义。借此机会，我代表学校党委和全体师生员工，对教育部党组巡视组的辛勤付出和悉心指导表示衷心的感谢，并致以崇高的敬意！

刚才，高文兵组长传达了这次巡视反馈意见，肯定了学校党委近年来的工作，全面准确、客观中肯地指出了我校存在的问题和不足。何光彩主任代表部党组对学校党委整改落实工作提出了具体要求，为我们切实加强党的政治建设、对标对表抓好整改落实、推进学校事业改革发展指明了方向。

这次巡视使我们清醒地认识到，学校党委管党治党、办学治校的整体水平、治理体系和治理能力的现代化程度，以及基层党组织的政治引领和功能发挥等方面，与党中央和部党组的要求相比，与建设农业特色世界一流大学的实际相比，与广大师生的期待相比，还存在较大的差距。问题是严峻的、反思是深刻的、整改是紧迫的。学校党委对巡视反馈问题，完全认同、诚恳接受、照单全收，并将坚持以习近平新时代中国特色社会主义思想为指导，认真贯彻落实党中央各项决策部署，以决战决胜的劲头抓整改，以真改实改的成效，推进学校各项事业高质量发展。

第一，提高政治站位，凝聚思想共识，充分认识抓好巡视整改的极端重要性和现实紧迫性

一是强化党的领导，增强抓好巡视整改的政治自觉。学校党委将把抓好巡视整改作为当前和今后一个时期的首要政治任务，坚持以"四个意识"导航、"四个自信"强基、"两个维护"铸魂，以对党绝对忠诚的担当，以踏石留印、抓铁有痕的韧劲，切实担负起巡视整改的主体责任，明确各级党组织书记是落实整改工作的第一责任人，班子成员要践行好"一岗双责"。

要把党的政治建设摆在首要突出位置，将政治标准和政治要求贯穿巡视整改始终，从政治上把大局、看问题，从政治上抓落实、促整改。要切实把巡视整改精神状态和工作实效，作为检验各级党组织和党员干部政治站位高不高的重要依据、政治能力强不强的衡量标尺、政治功能发挥好不好的有效手段，坚决扛起巡视整改政治责任，推动全面从严治党持续向纵深发展。

二是强化理论学习,增强抓好巡视整改的思想自觉。理论是行动的先导,思想是前进的旗帜。可以说,我们党历次党内集中教育,无不是从思想教育打头的,无不是从理论学习开始的。"两学一做"学习教育,"学"是基础,"做"是关键。"不忘初心、牢记使命"主题教育,学习教育是"第一环"。同样,要高质量抓好巡视整改工作,首先得抓好"学"这个基础。

我们要按照陈宝生部长来校调研讲话精神,推动理论学习达到读书、理解、研究、结合、践行的"五个"新高度,不断深化党的十九大和十九届二中、三中、四中全会精神的学习,不断深化习近平总书记系列重要讲话尤其是关于教育重要论述精神的学习,不断深化习近平总书记关于巡视工作指示批示和全国巡视工作会议精神的学习,不断深化对政治巡视的认识,持续提升理论联系实际的能力水平。

三是强化责任担当,增强抓好巡视整改的行动自觉。抓好巡视整改,政治担当是根本,落实责任是关键,用好巡视成果解决实际问题是目的。全校党员干部,特别是领导干部,必须站在对党负责、对学校负责、对师生负责的高度上,迅速有力、不折不扣地落实好各项整改任务,要在第一时间成立以党组织书记为组长的巡视整改工作领导小组,第一时间专题学习传达巡视工作会议精神,第一时间研究部署巡视反馈问题整改,坚持即知即改、立行立改,决不拖延整改、敷衍整改、虚假整改,确保在规定的时间内将反馈问题整改到位。

第二,坚持问题导向,扭住关键环节,全力做好巡视整改"后半篇文章"

一是高站位剖析问题根源。要召开专题会议,研究落实教育部巡视反馈意见整改工作,主动认领责任,剖析思想根源,找准问题"病灶",从体制机制上思考堵塞滋生问题的源头,用好解决措施办法。要把问题产生的原因分析得深一些、透一些,将问题产生的根源与自身政治意识强不强紧密联系起来,与贯彻落实上级决策部署到不到位统筹考虑起来,与主题教育检视问题整改效果好不好有效衔接起来,为高标准、高要求开展专项整改打牢思想基础。

二是高质量抓好问题整改。一分部署,九分落实。对于巡视反馈的问题,我们要坚决摒弃"过关思想",充分发挥"关键少数"的引领带头作用,牢固树立"整改不力是失职、不抓整改是渎职"的意识,真正把问题改到位、改彻底,最大限度地实现存量问题应清尽清、应改尽改、全面整改。要及时研究制订巡视反馈意见整改工作方案,突出重点任务,把握重点环节,明确职责分工,将整改目标和责任落实到人,确保条条有整改、件件有着落、事事有回音。要以钉钉子精神持续巩固巡视整改成果,严防形式主义、官僚主义,坚决防范类似问题反弹,推动巡视整改成效落地生根。

三是高效率做好督查反馈。要研究制定整改时间进度表,建立重点工作落实台账,严格执行销账制度,完成一项勾销一项。通过定期开展专项督查,对思想认识不强、推动落实不力、工作作风不实的,要及时提醒通报,并严肃问责。要把巡视整改落实情况,作为民主生活会重要对照检查内容,作为校内新一轮巡察工作重点,作为党组织书记抓基层党建述职评议核心指标。要组织专班、明确专人,做好巡视整改督查督办和信息报送工作,严格按照时间节点,上报整改落实情况报告和问题线索处置情况等材料,并以适当方式向师生公开,主动接受师生监督。

第三,紧密结合实际,强化成果运用,以巡视整改实效推动学校事业高质量发展

一是坚持把整改工作与落实立德树人根本任务紧密结合起来。党的十八大以来,习近平总书记多次就教育工作作出重要讲话和指示批示，提出了一系列新理念、新思想、新观念，回信寄语涉农高校书记校长，对广大师生予以勉励和期望。我们要在整改过程中，坚持党对学校工作的全面领导，坚定社会主义办学方向，坚决破除一切不利于人才培养的体制机制障碍，将思想政治工作贯穿到教育教学全过程，大力加强师德师风建设，深化思想政治理论课改革创新，一体谋划推进"三全育人"工作，推动"十大育人体系"建设标准落地见效。

二是坚持把整改工作与推动学校各项改革攻坚紧密结合起来。抓党建与抓改革这两者密不可分，抓党建是推动改革的重要前提和保障，改革成效是检验和衡量党建工作的根本标准。全校党员干部要始终统筹好巡视整改与当前各项重点工作的关系，坚持把巡视整改与推进重大科技创新、服务国家重大战略和"双一流"建设发展有机结合起来，坚决防范"两张皮"现象，确保实现党建工作与业务工作双融合、双促进，"双螺旋式"提升。要通过巡视整改，切实增强党员干部"一线规则"意识，建设一支忠诚干净担当的干部队伍，不断激励干部新时代新担当新作为。

三是坚持把整改工作与推进治理体系和治理能力现代化紧密结合起来。全校党员干部要切实增强抓好巡视整改、推进治理体系和治理能力现代化的责任感和使命感，要通过整改解决具体人和具体事的问题，以实际行动、实际成效取信于民，把师生群众满不满意作为检验巡视整改到不到位的最终标准。要扎实做好"转化"的文章，对巡视发现的问题进行科学研判、举一反三，切实将巡视整改成果有效转化为"不忘初心、牢记使命"的制度，真正实现以全面从严治党新成效，推进完善治理体系，提高治理能力，整体提升学校的办学治校水平。

同志们，巡视整改是一项严肃的政治责任、政治任务，是强化"四个意识"、落实"两个维护"的具体行动，不能有丝毫的麻痹和马虎。当前，学校正迈入崭新的历史时期，既面临着重要机遇，也面临着巨大挑战，全校党员干部要深刻认识当前发展的紧迫形势，站在"为党育人、为国育才"的全局高度上，站在践行以人民为中心发展理念的政治立场上，站在建设农业特色世界一流大学的发展大局上，以更高的标准、更严的要求、更实的举措，抓好巡视整改落实。学校党委将以此次巡视整改为契机，不断推进党建工作科学化水平，持续改进工作作风，以实实在在的整改成效推动学校"双一流"建设，书写好高质量发展的"奋进之笔"！

在南京农业大学第五轮学科评估工作
推进会上的讲话提纲

陈利根

（2020 年 11 月 30 日）

同志们：

今天，我们在这里召开第五轮学科评估工作推进会。主要任务是以习近平新时代中国特色社会主义思想为指导，深入学习贯彻中共中央、国务院《深化新时代教育评价改革总体方案》，按照教育部第五轮学科评估工作有关要求，科学、系统、全面做好我校第五轮学科迎评工作，力争以优异的迎评成绩助力学校各项事业高质量内涵式发展，奋力开启建设农业特色世界一流大学的新征程。

刚刚，罗英姿处长详细解读了教育部第五轮学科评估文件精神，对我校的迎评工作方案和进度安排进行了全面部署，并解答了大家可能会遇到的一些共性问题。罗处长的培训报告理论性、实操性都很强，大家要在具体工作中认真学习领会。

胡锋副校长代表学校行政，对各学院、各单位在接下来时间里，如何高质量推进第五轮学科评估以及即将启动的专业学位评估工作，提出了明确要求，讲得十分具体，我十分赞同。这两个评估的价值导向、内容、要求都是一样的，都十分重要，大家思想上要引起高度重视。

按照这次评估的时间进度安排，掐着指头算也就只剩下短短一个月时间，可以说是进入了战时状态。箭已在弦，刀已出鞘。我们的工作态度、工作效率、工作方法和工作思路，决定了我们能否打赢这场没有硝烟的战争。

下面，借这个机会，我谈 3 点意见。

第一，充分认识第五轮学科评估对学校实现高质量内涵式发展的战略意义。

一是做好学科迎评工作是全面服务国家教育强国战略的现实需要。第五轮学科评估是党中央从建设高等教育强国的全局出发，以"立德树人成效"为根本标准，以"质量、成效、特色、贡献"为价值导向，以破除"五唯"顽疾为突破口，开展的一次全方位学科建设水平和成效评价。学校参与这次评估，体现的是按照新时代教育发展规律，推动学科建设整体水平和研究生培养质量不断提升，服务我国高等教育内涵式发展的政治自觉和政治担当。

二是做好学科迎评工作是贯彻新发展理念实现高质量发展的重要抓手。刚刚召开的党的十九届五中全会指出，要推进国家治理体系和治理能力现代化，不断提高贯彻新发展理念、构建新发展格局的能力水平。学科评估作为高等教育治理现代化改革的重大举措，涉及人才培养、科学研究、社会服务、文化传承创新、国际交流等方方面面；是高校不断深化教育评价改革，总结过去、审视当下、谋划未来的重要契机。通过参与这次迎评，发挥学科评估"望远镜、导航仪和诊断器"作用，真正实现把学科迎评过程变成以评促建、以评促改的过程；变成不断深化综合改革，全方位提升治理能力水平的过程；变成落实新发展理念、构建新发展格局、追求高质量发展的过程。

三是做好学科迎评工作是建设农业特色世界一流大学的根本保证。学校十二次党代会确立了建设农业特色世界一流大学的奋斗目标，而一流的大学必须要有一流的学科作支撑。这就要求我们，要充分把握好这次学科评估的重要战略机遇期和历史性窗口期，不断加强战略思维，坚持以立德树人为根本，以强农兴农为己任，以世界一流、中国特色、南农品格为核心，科学选择建设路径，以一流团队支撑一流学科、以一流学科支撑一流大学，在聚力服务科教兴国、创新驱动、乡村振兴、区域协调发展等国家重大战略和"一带一路"倡议中，大力培养担当民族复兴大任的知农爱农时代新人。

第二，牢牢把握第五轮学科评估的思路导向和目标要求。

一是要在第五轮学科评估中把握变局、谋求新机。应当说，新时代农业高校的学科建设，亟待更高层次与更高水平的特色发展。大力加强一流学科建设、推动学科内涵式发展，不仅是建设高等教育强国和实现农业现代化的大势所趋，也是学校立足全球一体化，抢占人才和科技创新制高点的孜孜以求。我们要充分发挥学科评估的指向作用，不断捕捉、创造新的发展机遇，面向未来提出学科建设的目标规划和实施路径，真正将学校发展中原先的一些不能谋成可能、优势谋成胜势、潜力谋成能力，推动实现从指标追赶向质量与贡献追赶转变；从被动适应社会发展向主动引领社会发展转变。

二是要在第五轮学科评估中吃透标准、精准发力。第五轮学科评估在保持继承性和稳定性的基础上，进一步改革创新，与第四轮评估有了很大的变化，在把握政治方向、聚焦立德树人、突出师德师风、深化科研评价改革、突出社会贡献、学科绑定评估、强化分类评估等方面都提出了新的要求。各学院各单位要认真学习领会近年来我国高等教育政策文件精神，结合教育评价改革方案，主动对第五轮学科评估指标体系进行深入系统研究，及时掌握评估的新动向和新要求，找准主攻点和突破点。要针对评估中的进展动态、政策调整等，制订有效应对方案，细致谋划参评策略。要发动最广泛的力量，多了解兄弟高校的经验做法，知己知彼方能百战不殆，同时要做好吸收借鉴，提高工作成效。

三是要在第五轮学科评估中寻找问题、明确方向。虽然这几年学校学科建设取得了一定成效，各类指标也都得到了快速提升，但与国家经济社会发展需要相比，与世界一流大学建设实际相比，与广大师生热切期盼相比，仍然还存在着不小差距。总体上讲，学校一流学科数量并不多，高峰学科储备不足；优势学科缺乏增长点，动物类学科发展潜力亟待提升；理工和人文学科整体薄弱，部分学科发展缓慢等。可以这么说，学科建设的优势和特色决定了我们未来发展能有多高，劣势和不足却在一定程度上决定着我们能走多远。通过这次评估，我们对学科建设情况做一次全面系统、透彻精准的"体检"，找准问题短板，明确改进路径，优化建设方案，才能夯实学科发展的质量基础。

第三，以高度的政治责任感和历史使命感做好第五轮学科迎评工作。

第五轮学科评估时间紧、任务重、要求高，需要我们把功夫下在前头、工作落到细处、责任落到实处。大家都知道，第四轮学科评估给我们这些年的发展，带来了极好的社会声誉和无形竞争力。第五轮学科评估我们能否继续保持或者实现进一步升档进位，关键在此一役。我们必须提高政治站位，向早字要速度，应时而动赢得先机；向细字要精准，分类施策到边到角；向实字要成效，压紧压实责任担当，主动加强系统谋划，找准重点、难点和突破点，有的放矢地谋篇布局、排兵布阵。

一是要增强学科评估与建设工作的紧迫感。当前，学校无论在传统优势学科还是新兴学科方面，都面临着激烈的竞争，"不进则退，慢进也是退"的危机感空前加大。中国农业大学整体优势明显，华中农业大学、西北农林科技大学这几年的发展势头十分迅猛，与我校的差距不断缩小，甚至有一些指标上都已经超越了我们。所以，大家必须树立输不起的危机感、坐不住的紧迫感、无退路的责任感和争一流的使命感，抢抓机遇、准确识变、科学应变、主动求变，向改革要红利，向创新要红利，扎扎实实提高学科建设发展的质量与水平。

二是要强化对学科迎评工作的组织领导。学校已经成立了专门的工作领导小组，由我和胡峰副校长担任组长，总体协调、解决学科迎评中的重大问题和重要决策。接下来1个月的三轮交流会我争取都参加！

各位校领导除了要关心和指导联系学院的学科评估工作外，还要按照联系学科的任务分工，全程投入、全程参与。对于联系学科的工作，在这次评估结束前，必须每周到联系学科跟进一次，尤其要指导好评估材料的填报工作。

发展规划与学科建设处要加强协调和统筹调度，凝聚合力，形成联动效应。要盯紧落实，做好联络员、监督员和指导员，推动学科评估工作有效实施。各职能部门要密切做好配合，尤其要对评估简表中涉及写实性描述的部分进行整体把关。人事、科研、教务、研究生院等部门要进一步摸清学科建设家底，对前期调研中反馈的问题，提出有效应对措施。

各学院的书记、院长要进一步树立大局意识和全局思维，主动对标对表，在总结学科建设成效与特色的基础上，保持优势、扭转弱势、重视新增、精准发力。在这里，我还要再强调一下，院长是各学科申报材料的第一责任人，对于填报的材料要亲自审改，甚至要亲自写，千万不能当二传手、甩手掌柜，特别是能够立刻解决的问题，一定要第一时间着手解决。

三是要发挥学科评估促进建设发展的作用。学科评估的目的在评，更在建。我们要跳出评估看评估，通过学科评估深刻领会学科建设的重要内涵，推动领先学科持续巩固、优势学科不断拓展、学科建设整体水平稳步提升，在国家新一轮"双一流"评估中实现新突破。要在全校上下达成做好学科评估工作的共识，将学科评估建设与落实学校第十二次党代会精神有机结合起来，与科学谋划编制"十四五"规划有机结合起来，与推进学校治理体系与治理能力现代化有机结合起来，通过增强学科的核心竞争力，全面带动人才培养、科学研究、师资引培、社会服务、文化传承等方方面面的工作。一年一个小目标、五年一个大目标，不断夯实农业特色世界一流大学的建设基础。

同志们！

党的十九届五中全会吹响了迈向全面建设社会主义现代化国家新征程的号角，南京农业大学也迈进了高质量、跨越式发展的新阶段。这次评估结果将全面体现我校各项事业发展的综合实力和社会影响力，关系到学校在国家和地方学科建设布局中的角色与地位。全校上下一定要在学校党委的坚强领导下，提振信心、凝心聚力、鼓足干劲，以钉钉子的精神抓好工作落实。上下同欲者胜。希望我们每一位南农人都能以"会当击水三千里"的勇毅笃行和"咬定青山不放松"的久久为功，为学校建设农业特色世界一流大学，凝聚起更大、更强的变革之力、拼搏之力和奋进之力！

谢谢大家！

在南京农业大学江北新校区一期工程
全面建设动员大会上的讲话

陈利根

（2020 年 12 月 19 日）

各位领导、各位来宾，
老师们、同学们、同志们：

　　大家下午好！

　　今天，我们在美丽的扬子江畔、在充满活力的江北新区、在满载希望的这片热土上，隆重举行南京农业大学江北新校区一期工程全面建设动员大会。首先，我代表全校师生员工，向出席大会的各位领导、各位来宾和所有参建单位，表示最热烈的欢迎！

　　拓展办学空间，建设一流的现代化新校区，一直是南农人心中的梦想。自 2011 年学校明确提出新校区建设目标以来，在教育部、江苏省和南京市的关心指导下，在江北新区、浦口区的鼎力支持下，全校上下始终不忘初心、接续奋斗，推动新校区建设不断取得重要进展。2015 年，学校在这里确定新校区选址，正式拉开筹建序幕。2016 年，教育部正式批复同意建设新校区。2017 年，学校完成新校区总体规划，并同步启动征地拆迁工作。2018 年，学校与江北新区就新校区建设签订合作框架协议，一期工程获教育部立项建设。近 2 年来，新校区一期工程先后完成建筑单体及市政、景观等配套工程设计，以及征地拆迁、土地权证和建设手续办理、场地平整、道路建设、建设单位招标等一系列前期工作。这次会议的召开，标志着南京农业大学江北新校区全面进入大规模建设的新阶段。

　　在今天这样一个激动人心的时刻，我要代表全校师生员工和广大校友，向教育部、江苏省委省政府、南京市委市政府对南农发展的关心表示诚挚的感谢！在这里，尤其要向罗群常委、周金良常务副主任和江北新区、浦口区的各级领导，向奋战在新校区建设一线的指挥部和参建单位全体人员，表示崇高的敬意和衷心的感谢！

　　南京农业大学是一所教育部直属的国家"211 工程"重点建设大学、"985 优势学科创新平台"和"双一流"建设高校。经过百余年的薪火相传，今天的南京农业大学正朝着建设农业特色世界一流大学的宏伟目标不懈奋进，在 2019 年 12 月召开的党代会上明确提出，要按照"高起点规划、高标准设计、高质量建设"的总体要求，全力推进新校区建设，确保在 2022 年学校 120 周年校庆前新校区正式投入使用。新校区的建设，是农业特色世界一流大学的基础和支撑。实现新校区建设总体目标要求，使命光荣、责任重大。所有参建者在新校区建设过程中的足迹和汗水，必将载入南农的发展史册。

　　今天，在南农新校区全面建设即将打下第一根桩的重要时刻，我代表学校表达 3 个希望。

　　希望南京城建集团和所有的设计、施工、监理、跟踪审计单位，以高度的责任感和使命感投入南农新校区建设，精心组织、严格管理、狠抓质量、确保安全，将南农新校区一期工程当作你们的代表作如期交付，让"工匠精神"蕴含在一砖一瓦之中，并在南农传承发扬、熠熠生辉。

希望我们新校区建设指挥部全体人员，统筹协调、攻坚克难、勇于担当、清正廉洁，全身心、全方位、全过程投入，在建设过程中锻炼过硬作风，团结所有参建单位实现新校区高质量如期建成的宏伟目标。

希望全校各学院、各单位牢固树立大局意识，切实担负起各自职责，全力配合新校区建设指挥部工作，共同将南农人建设新校区的梦想变为现实。

最后，我们也恳请上级主管部门和江北新区、浦口区各位领导继续一如既往地关心支持南京农业大学新校区的建设和事业的发展。

衷心地祝愿南农新校区一期工程如期顺利建成！

祝愿南京农业大学和江北新区的明天更加美好！

祝愿各位领导、来宾和所有参建者，身体健康，平安幸福！

谢谢大家！

在学校"十四五"规划编制工作启动会上的讲话

陈利根

（2020 年 6 月 19 日）

同志们：

今天，我们在这里召开学校"十四五"规划编制工作启动会，分析研判当前面临的形势任务，科学谋划学校"十四五"事业发展。可以说，这是学校在全面开启农业特色世界一流大学建设发展的关键时期，召开的一次十分重要的会议，对于加快推进实施"1335"发展战略，实现学校"十四五"乃至更长时期的高质量发展，至关重要。

习近平总书记多次对"十四五"规划编制工作作出重要指示批示，为我们做好学校"十四五"规划编制工作指明了方向、提供了遵循依据。李克强总理在今年的政府工作报告中提出，要编制好"十四五"规划，为开启第二个百年奋斗目标新征程擘画蓝图。学校党委、行政高度重视"十四五"规划编制工作，成立了由我和陈发棣校长任组长的规划工作领导小组，由班子成员分工负责学校"十四五"总体规划和各专项规划、专题规划、学院规划的编制，并组建了工作小组负责具体落实。当前，各项前期准备工作正在紧锣密鼓地推进。

今天，我主要就做好学校"十四五"规划编制工作，从 3 个方面与同志们进行交流。

一、提高政治站位，深刻认识做好学校"十四五"规划编制工作的重大意义

一是充分认识高质量编制"十四五"规划是国家现代化建设的客观要求。"十四五"时期，是"两个一百年"奋斗目标的历史交汇期，是我国由全面建成小康社会向基本实现社会主义现代化迈进的关键时期，也是积极应对国内社会主要矛盾转变和世界百年未有之大变局的战略机遇期。做好"十四五"规划编制工作，我们要站在贯彻落实党中央重大决策部署和习近平总书记重要回信精神、践行"为党育人、为国育才"使命的政治高度上去谋划，要站在学校建设农业特色世界一流大学、实现高质量内涵式发展的历史方位上去布局。要让学校"十四五"规划在服务我国教育现代化、农业农村现代化等方面，积极发挥基础性、支撑性、引领性作用。

二是牢牢把握"十四五"规划对建设农业特色世界一流大学的现实意义。当前，学校发展正面临着同行追赶和其他院校跨界挑战的激励竞争。中国农业大学整体优势明显，华中农业大学、西北农林科技大学这几年发展势头十分迅猛，办学资源、学生培养、人才队伍等一些关键性指标上已经超越了我们。ESI 前 1‰ 学科数，华中农业大学、西北农林科技大学、华南农业大学已经实现了追赶，甚至超越。今年，学校基金的申报数与这些同行高校相比少了 120 多项。另外，北京大学、中国科学院大学、中山大学等一批名校相继设立农学院。如果我们继续安于现状、故步自封，错过"十四五"发展的关键时期，学校前期良好的发展势头必将受到影响。

面临新的严峻形势，我们在座的各位要高度重视，充分警醒起来，深刻认识编制好"十四五"规划对学校未来发展的重大意义，切实发挥规划的"望远镜""导航仪""诊断器"作用，清醒认识"时"与"势"，辩证看待"危"与"机"，统筹把握"新"与"旧"，在前瞻未来、危机转化、动能转换中，抢抓机遇、赢得先机，切实将编制规划过程转变为落实新发展理念、追求高质量发展的提升过程。

三是深刻理解学校"十四五"规划与十二次党代会报告之间的逻辑关系。"十四五"规划与十二次党代会报告之间是一脉相承、密不可分的有机整体，两者相辅相成、彼此不可或缺。党代会报告中正在研究制定的"1335"发展战略实施计划是战略性、纲领性的中长期规划，"十四五"规划是战术性、操作性的短期规划。我们制定"十四五"规划，要与党代会报告提出的战略目标任务有机衔接起来，围绕党建统领、育人固本、学科牵引、国际合作和条件支撑"五大工程"，以"建设年"的方式固化形成五年阶段性成果。与此同时，我们还要进一步将报告中提出的"八个坚持、八个一流"内容具体化、项目化、方案化。

二、坚持"三个导向"，切实提高学校"十四五"规划编制工作科学化水平

一是坚持问题导向，做好"十四五"改革发展重大问题的分析研判。要聚焦高等教育新形势、新政策、新任务，找准参照系，既要对标康奈尔、瓦格宁根、加利福尼亚大学戴维斯分校等国际知名高校，还要与中国农业大学、浙江大学等世界一流建设高校找差距、找不足，透过世界一流大学的先进经验看本质。在战略规划中，找准学校、学院的发展定位，找准优化学科布局的建设思路，找准推进治理体系和治理能力现代化的关键办法。

要聚焦教育部党组新一轮巡视反馈问题，把规划编制与巡视整改有机贯通起来，从根子上深挖制约学校建设发展的原因，找准学校党的领导、治理体系、作风建设、干部担当等方面的关键性问题，研究破解党建把方向作用发挥不够强、基层党组织落实不够有力、新官不理旧账等突出性问题，切实把规划编制过程作为提升党的建设水平，引领学校事业高质量发展的过程。

二是坚持目标导向，科学设置学校"十四五"规划指标体系。研究提出学校"十四五"时期改革发展的目标，是规划编制工作的重点，也是难点。我们先要弄清楚什么是农业特色世界一流大学。根据董维春校长目前正在做的研究可知，首先，学校整体实力要迈入世界500强，农业科学、植物学与动物学、环境科学与生态学3个核心涉农学科均要进入ESI排名前1‰；其次，要构建良好的学科生态，制定科学的发展策略。这其中，做好规划是关键。

那么，如何确立我们的核心指标，重点就是要把握好"三个关系"。一要准确把握好远与近的关系。既要着眼于实现学校"第一个阶段"2035远景目标，定准"十四五"时期必须完成的改革发展目标任务，又要准确把握科技发展前沿，促进关键技术交叉融合，面向经济社会主战场，统筹考虑、科学设定。二要准确把握好量与质的关系。既要研究提出各项事业发展的量化目标，又要综合考虑数据的可获得性和稳定性，创新提出体现学校建设世界一流要求的目标。例如，如何让环境科学与生态学学科进入全球前1‰，如何推进营造交叉学科和新兴学科脱颖而出的土壤与体制机制，如何建立社会服务标准化体系，这些都需要我们去思考、去研究、去创新。三要准确把握高与低的关系。古人云："求其上，得其中；求其中，得其下；求其下，必败。"做好新一轮规划编制，要坚持稳中求进的总基调和实事求是

的原则，传承好学校以往规划"跳起摸高"的经验，确立的"十四五"规划目标任务既要能"跳得起来"，还要能"摘得着"。

三是坚持改革导向，在系统推进改革创新中激发活力。规划既要规划发展，也要规划改革，两者相辅相成。要树立系统思维，坚持顶层设计和基层创新探索相结合，坚持全局发展与重点突破相结合，把改革创新作为学校"十四五"事业发展的根本动力、持续动力。各级领导班子和领导干部要进一步转变观念，打破传统惯性思维，破除封闭心态，走出"螺蛳壳里做道场"的怪圈，把视野放开阔些，把眼光放长远些，推动思想大解放。

一要在改革中推进重点任务。当前，学校各项综合改革进入攻坚期、"深水区"，牵一发而动全身，"肠梗阻""绕着走""打折扣"现象开始滋生，面对自身发展的挑战和存在的危机，还存在认识不统一、紧迫感不足的突出问题。学校层面，要紧紧抓住深化教育评价制度改革这个"牛鼻子"，坚决摒弃"SCI至上"、破除"五唯"，根据不同学科专业特点，分门别类开展评价制度改革。要紧紧抓住人事制度改革这个突破口，不断激发广大教职员工的主动性和创造性，释放办学活力。要紧紧抓住教育教学改革这个关键点，积极发展新兴专业，改造提升传统专业，打造特色优势专业，不断完善科教协同、产教融合、本研衔接的人才培养体系，推进"三全育人"落细、落实。学院层面，要在编制"十四五"规划时，重点拎出本单位 2～3 个工作亮点、突破的重点。

二要在改革中完善治理体系。改革创新、破题攻坚是不断提升学校治理能力水平的必由之路。面对办学治校过程中遇到的新形势、新特点和新问题，面对师生员工的新需求、新期待和新要求，各级领导班子和领导干部必须清醒认识、立足实际、紧紧抓住服务学校高质量发展这一关键问题、师生反映强烈的突出问题，以及制约干部新时代、新担当、新作为的核心问题，不断深化内部治理、管理模式、管理机制和资源配置改革，持续完善现代大学制度。

三要在改革中深化开放办学。一方面，国际合作层次和方式还需要提升。面对国际环境的新挑战，我们要始终保持战略定力，扩大新时代对外开放，加强与联合国粮农组织等国际机构和"一带一路"沿线国家的联系，扎实推进高端智库建设，织密全球合作网络，不断提升学校的国际影响力。另一方面，国内合作的广度和深度还不够。我们立足长三角放眼全国的影响力还不强，服务乡村振兴、生态文明建设等国家重大战略的能力还不足，领导干部走出去、请进来和争取资源与政策支持等工作力度还亟待加大，与地方政府、企业合作的优势潜力还没有充分发挥与挖掘出来，这些都需要我们通过改革来激发活力。

三、强化责任担当，认真组织好学校"十四五"规划编制工作

一是增强担当意识，把规划编制工作作为当前工作的重中之重。学校的建设发展、事业兴衰关键在党、关键在人，关键在干部。"十四五"规划编制工作，是检验学校党委"把方向、管大局、作决策、抓班子、带队伍、保落实"作用发挥的重要手段，是考察干部政治意识强不强、思路观念新不新、管理投入足不足、推动改革实不实的重要抓手。各级领导班子和领导干部要进一步树立起发展的大局意识和全局思维，把规划编制工作放在特殊重要的位置，切实担负起领导责任，增强"把方向、抓大事、谋全局"的魄力与能力，共同为建设农业特色世界一流大学瞄准航向、谋篇定策、加油助力。

在这里，我给在座的中层干部们布置个"作业"。大家结合当前正在推进的规划编制专

题研究，或者结合学校面临的制约性瓶颈性问题、所负责工作的重点难点，站在学校全局的高度去思考，如何更好地服务学校建设农业特色世界一流大学？文字材料以邮件形式在下学期开学前，发送到我的邮箱。

二是增强统筹意识，确保规划编制与日常工作两不误、双促进。做好当前学校工作，关键在"统筹"。我们要主动把规划编制工作与贯彻落实巡视整改要求、第十二次党代会重点任务有机衔接起来，同谋划、同部署、同推进。要与现代大学制度体系建设工作有机统一起来，同步完善"不忘初心、牢记使命"制度，不断提升学校办学治校水平。要与正在推进的教职工代表大会工作有机结合起来，坚持"开门"做规划，充分发挥智库专家、教授学者的"外脑"作用，依靠广大教职工的集体智慧，提高规划编制的透明度和满意度，使规划编制工作成为凝心聚力、统一思想、达成共识的过程。

三是增强规范意识，确保高质量完成"十四五"规划编制工作。"十四五"规划编制工作是一项系统工程，内容多、时间紧、任务重。各级领导班子和领导干部要增强规范意识和创新意识，不断提升编制规划的能力和水平，确保高质量完成各项任务。要强化规划知识的学习培训。严格遵循规划编制的程序和要求，做好规划调研、起草、论证、审议和发布实施等各个环节工作。要强化对规划任务的跟踪。紧盯时间节点抓进度，绝不能当"甩手掌柜"和"二传手"，严防规划编制"形式主义""表面文章"。要强化对规划落实的督查。评价一部规划好不好，最直观的依据就是年初的工作计划、年终的工作总结有没有体现规划的内容，规划指标完成的效度达到了多少。学校要加强这方面的督查，确保规划工作落地见效。

同志们！

一个时代有一个时代的主题，一代人有一代人的使命。过去的业绩是我们的前辈创造的，未来的道路要靠今天的南农人来开创。站在新的历史起点上，全校上下要坚持以习近平新时代中国特色社会主义思想为指导，全面贯彻落实党的十九大和十九届二中、三中、四中全会精神，始终保持居安思危、励精图治的精神状态，始终保持直面挑战、继往开来的昂扬斗志，齐心协力让"十四五"成为学校实现新作为、新跨越的5年，实现高质量、内涵式发展的5年，在不断加快农业特色世界一流大学建设进程中，为实现中华民族伟大复兴的中国梦，作出南农人新的更大贡献！

谢谢大家！

接力爱国报国精神　书写强农兴农华章

——在邹秉文先生铜像落成揭幕仪式上的讲话

陈利根

（2020 年 10 月 16 日）

尊敬的莫广刚副秘书长、周雪松处长，
尊敬的邹秉文先生亲属，
老师们、同学们：

　　大家好。今天，我们怀着无比崇敬的心情，隆重举行邹秉文先生铜像落成揭幕仪式。我谨代表学校，向各位领导、来宾，向专程前来参加揭幕仪式的邹秉文先生亲属，表示最诚挚的欢迎！同时，我们也向中国农学会领导的莅临指导和联合国粮农组织的致信问候，表示衷心的感谢！

　　今天是"世界粮食日"，也是邹秉文先生以中国政府首席代表身份，在联合国粮农组织宪章上签字的日子。在这个特别的时刻，我们更加深切地缅怀邹秉文先生，他的名字深深镌刻在这一个多世纪中国农业农村发展的壮阔史诗里。

　　他是中国高等农业教育的主要奠基人，确立了"农科教结合"的办学思想，培养了一大批我国第一代现代农学家，对后来的中国农业教育产生了巨大而深远的影响。他参与创建了中国科学社和中国农学会，并在其后的漫长时期里，发挥了团结中国农业科技人士的重要作用。

　　他是实业报国的先驱践行者，创立了中国第一个植保专门机构江苏昆虫局、中国第一个大型化肥厂，倡导建立了中央农业实验所，并运用金融手段支持农业改进。他在担任上海商品检验局首任局长期间，打破了外商对农产品检验的把持和垄断。新中国成立前夕，他冲破艰难险阻在美国购回 496 吨优质棉种，让新中国棉花产量得到了显著提高。

　　他是中美农业交流的杰出组织者，积极聘请美国专家来华讲学，引进棉花优质品种，促进国际合作改进中国农业事业。他在美国四处奔走，选派了一大批师生赴美进修。这批留学生均成为新中国各农业大学和农业科研机构的重要骨干。

　　可以说，邹秉文先生是中国近现代农业教育、科研、推广整体布局的设计者和奠基者。他把现代农业科学的火种点燃在中华大地，把先进农业技术播撒在广袤田野；他每到一处，都为当时的中国作出了开创性的贡献，留下的往往都是"中国的第一"。他的故事至今熠熠生辉，也将代代相传。

　　在此，我提议，今天的我们以掌声向邹秉文先生表达最崇高的敬意！

　　述往事，思来者。我们把邹先生的铜像安放在这里，是对历史的铭记，是对精神的传承，是对未来的启迪。先生的办学思想和他一生"为国为农"的实践，时至今日依然有着深远的指引意义。办好今天的高等农业教育,我们应该要做好"四个坚持"。

一是要坚持强农报国的信念。邹先生人生经历丰富,但他无论走到哪里,终其一生都与祖国紧紧相系。爱国是人世间最深层、最持久的情感。今天的农业教育必须要厚植爱国主义土壤,坚守立德树人使命,让家国情怀融入人才培养各环节,教育引导学生"学农、知农、爱农、为农",激励师生把爱国之心转化为强农之行。

二是要坚持农科教结合的理念。邹先生创导的农科教结合的办学思想,开创了一百年来中国高等农业教育的模式与共识,也影响了我们对现代大学基本职能的定义。今天的农业教育必须要深化农科教结合,把农业教育与服务农业农村发展、与推动农业科技创新紧密结合,把"耕"与"读"融于一体,力学力研、耕读兴邦,引领科技进步,攻关"卡脖子"难题,持续增强服务农业农村现代化能力。

三是要坚持心系苍生的情怀。邹先生留学期间先学机械工程,后改学植物病理,源于他要振兴中国农业的抱负。他一生心中装着的都是祖国和生活在这片土地上的百姓苍生。今天的农业教育必须要以强农兴农为己任,培养现代农业、乡村振兴和美丽中国建设的引领者,致力于保障国家粮食安全,致力于提高亿万农民生活水平,致力于促进人与自然的和谐共生,服务人民、造福苍生。

四是要坚持放眼世界的格局。邹先生对中国农业能够产生如此重大影响,有很大程度得益于他的国际地位和国际活动能力。今天的农业教育必须要开门办学、扩大开放,更加主动地融入全球创新网络,培养能够胜任解决全球和人类生存发展问题的卓越人才,服务"人类命运共同体"建设。在当今世界百年未有之大变局的时代,在"后疫情"时代,我们更要以一个大国高等农业教育的担当,守护好人类的生存与健康。

这"四个坚持",既是我们对南农先贤耕耘奋斗的坚定回应,也是我们面向未来立德树人、强农兴农的必然要求。

走进新时代,高等农业教育迎来了比以往任何时候都更为优越的发展机遇,也肩负着比以往任何时候都更为重大的历史使命。站在"世界粮食日"来看这个历史使命,"粮食"二字对于我们是沉甸甸的责任。习近平总书记一再强调,"中国人要把饭碗端在自己手里,而且要装自己的粮食""让农民用最好的技术种出最好的粮食""十几亿人口要吃饭,这是我国最大的国情"。保障粮食安全,端牢"中国饭碗",我们南农人责无旁贷。2020年4月,"泰晤士世界大学影响力排名"对大学推动实现"零饥饿"目标进行了评价,南农凭借对全球农业和粮食安全的突出贡献,排名居全球第一。

保障粮食安全,加速农业农村现代化进程,为人民谋幸福、为民族谋复兴;这正是一个世纪以来以邹秉文先生为代表的一代代南农人接续奋斗的主线,这也正是当今我们的根本责任所在。

今天,透过铜像,邹先生深邃的目光,跨越百年的时空,穿透校园的轴线,从历史最深处把我们的过去与未来紧紧相连。让我们铭记前人的光辉历程,把兴农报国的精神接力传承下去,把农科教结合的理念持续发扬创新,继往开来、乘风破浪,在建设农业特色世界一流大学的征途中,在推动农业农村现代化、保障粮食安全的主战场,在实现中华民族伟大复兴的道路上,不断谱写南农人的新华章!谢谢!

重点突破，整体推进，
全面开启农业特色世界一流大学建设新篇章

——2019—2020 学年第二学期中层干部会议上的讲话

陈发棣

（2020 年 3 月 13 日）

同志们：

特别时期，我们以视频会的特殊形式召开学校十二届三次全委（扩大）会议，并向广大师生致以新学期的问候！

我们刚刚度过了一个极不平凡的寒假。面对新冠肺炎疫情重大突发公共卫生事件，学校党政高度重视，坚决贯彻党中央决策部署，将疫情防控作为当前学校重中之重的工作来抓，迅速采取了一系列有效的防控措施，坚持"两手抓、两不误"，既保障了广大师生员工的生命安全和身体健康，又维护了正常的教学科研秩序。

广大教师依托各类网络教学平台，先后于 2 月 17 日、3 月 2 日启动本科生、研究生的在线教学，开设本研各类课程及远程指导 1 100 余门。本科生对在线教学整体工作的满意度超过九成。相关单位和学科团队积极响应政府的春耕保供号召，由"线下"走向"线上"，对关键生产环节"隔空把脉"开处方，发布疫情防控期间的农事指导和专家建议，服务于农业农村部和江苏省政府等上级部门决策资政，产生了广泛而积极的社会影响，充分彰显了南农人的责任、担当和智慧。

相信再过不久，疫情将得到有效控制，我们也将迎来迟到的新学期。各学院、各单位要以习近平总书记关于疫情防控工作的重要指示精神为指导，继续细化师生分批错峰返校方案和疫情防控应急处置预案，加强宣传教育、校园管控、物资保障与环境治理，确保教学科研、社会服务、国际合作等工作恢复正常秩序，全校师生要以饱满的状态和高昂的斗志，全身心投入工作，争取把因疫情而耽误的宝贵时间夺回来。在此，我代表学校，向寒假以来一直坚守岗位、奋战在疫情防控一线的全体工作人员，向切实保障学校正常运转、积极投身社会服务的广大教职员工，致以崇高的敬意和衷心的感谢！

同志们，过去的 2019 年，是学校改革创新、对标争先、奋发有为的一年。这一年，我校胜利召开第十二次党代会，确立了建设农业特色世界一流大学的"南农梦"；完成"不忘初心、牢记使命"主题教育、接受教育部党组政治巡视，全校上下经历了一次思想政治体检，进一步坚定立德树人初心使命；出台了一流本科教育二十条，获批 14 个国家级一流本科专业建设点，高水平本科人才培养体系取得了新突破；全程参与新农科"三部曲"的整体策划，在新农科建设中发出了清晰的南农声音；获得 1 项国家奖、16 项省部级科技奖励，国家自然科学基金获批数首次突破 200 项，科研实力持续提升；全力服务脱贫攻坚和乡村振兴国家战略，连续 3 年入选教育部精准扶贫精准脱贫十大典型案例，社会服务能力持续加强，等等。可以说，2019 年学校的各项事业均在蓬勃发展。

2020 年是落实"十三五"规划与国家中长期教育改革和发展规划纲要的收官之年，也是学校贯彻落实第十二次党代会精神、建设农业特色世界一流大学的开局之年。如何起好头走好步、如何谋篇布局、如何找准契机寻求突破，是我们必须在开局之年解决的重要课题。2019 年 8 月 31 日，我在全校中层干部会议上对学校现存的 9 个方面问题作了系统梳理，并提出了相应对策；本学期的党政工作要点也以问题为导向，明确了具体目标任务、工作举措和责任单位。刚才，4 个部门的报告，充分研判了相关重点工作，深入分析了下一步的建设思路、关键任务和重点措施，为我们提供了很好的参考资料和工作思路。下面，我着重谈谈未来几年亟须取得突破的工作和本学期的几项重点工作。

一、亟须取得突破的工作

新校区建设、党政机构改革、人事制度改革、校园信息化建设关系到学校的长远发展和治理体系现代化，亟须在未来几年内取得突破性进展，也都是硬骨头，很难啃。新校区建设是从根本上缓解学校办学空间紧张的主要出路；人事制度改革是建设世界一流师资队伍的关键举措；党政机构改革和校园信息化建设是全面提升学校管理效能的基本保障。

1. 新校区建设全面开工　我校校舍建筑总面积离国家最低标准还有 40 万平方米的巨大缺口，一直存在着校区承载能力接近极限、基础设施严重不足的发展瓶颈。2020 年，新校区建设的重点任务就是全面开工！新校区建设指挥部等有关部门要严把工程质量关、工期进度关、科学决策关，确保新校区按期投入使用。

第一，严把工程质量关。百年大计，质量为本。质量安全重于泰山，相关部门一定要提高站位、总揽全局、超前思考，以安全为基石，以质量为核心，严格遵守落实相关规章制度，坚守工地，扎根现场，将建筑工程质量与安全生产"两手抓"，努力将新校区建成一个放心工程、安全工程、优质工程，建成一个环境优美、设施先进、功能齐全的现代化校园，更好地服务于全校师生员工和学校事业发展。

第二，严把工期进度关。新校区从规划设计图纸到 2022 年建成，工期非常紧张。相关单位和人员必须高度重视、精细管理，点面结合、协调推进，倒排工期、确保进度，积极加强与政府部门的沟通，加强对施工单位的监管，确保新校区的各项建设工作顺利推进。

第三，严把科学决策关。随着新校区的动工建设，还有一些悬而未决的重要问题，需要我们科学研究透、统筹解决好。例如，怎样提高资金投资使用效率、怎样确定入驻的学院和单位、怎样定位新校区未来功能布局、怎样构建多校区办学运行机制、怎样解决配套教师公寓等，都需要相关管理部门尽快提上议事日程加以解决。

2. 党政管理机构全面优化　构建科学规范、运行高效的党政管理职能体系是建立现代大学制度的重要组成部分，是实现学校治理体系和治理能力现代化的重要举措。当前，我校要推动管理机构向"大部门、大职能、大服务"的范式转变，做到以下 4 点。

第一，厘清职能，划清权责边界。当务之急是要尽快梳理并确定应合并的、需增加的、待剥离的职能部门。依照"大部门"目标，以职能整合为重点带动机构整合，建立大职能、宽范围的综合性部门，进一步科学设置部门职能，理顺部门间职责关系，消除管理真空、多头管理，提高运行效率。

第二，强化服务，转变管理职能。随着高等教育内涵式发展深入推进，高校所承担的功能越加丰富，党政工作的"服务"属性越加突出。机构改革的重要目标，就是要对内部管理职能进行重新定位，强化职能部门的服务水平，实现从管理型机关向服务型机关转变，形成职能部门为教学科研机构服务、管理人员为广大师生服务的"大服务"格局。

第三，双向赋权，激发学术活力。纵观世界一流大学，其二级院系一般都具有充分的管理自主权。学校要按照教育部等上级部门要求，赋予基层学术组织更大的自主权，平衡好行政权力和学术权力的关系：一是以 KPI 评价指标体系为考核抓手，加快向基层院系纵向赋权，激发院系的办学积极性；二是加大向学术系统横向赋权力度，扩大科研自主权，促进教授治学，回归学术本位。

第四，加强协调，提高行政效率。我们要充分发挥大部门"职能广、机构大"的优势，将部门之间的协调转化为部门内部的协调，解决因职能划分过细，导致部门职能交叉、协调烦琐等难题，加快内部信息传递效率，提高党政体系的决策、管理和服务效能。

3. 人事制度改革全面铺开　高水平师资是学校可持续发展的生命线，也是我校建设世界一流大学的根本保证。要全面铺开人事制度先导改革，实现人事的 3 个重要转变。

第一，由"定额任务"为主向"竞争激励"为主转变。目前，教师考核主要是以"定额工作量"为主，超工作量劳动价值体现不充分。学校要科学构建 KPI 考评体系，以贡献大小作为考核评价的客观依据，充分体现多劳多得、优劳优酬。同时，也要兼顾学科差异性，因院施策、科学考核。

第二，由"校办院模式"向"院办校模式"转变。学院是学校办学治校的主体和基础，是学科的组织平台。若学院的责、权、利不平衡，易挫伤其办学积极性。我们要坚持"学校定边界、学院定方案"的原则，学校考核学院，学院考核教师，将对应的人、财、物和事权下放到学院，压实学院治理主体责任，增强学院主动谋求发展的改革动能。

第三，由"以量谋大"向"以质图强"转变。在师资队伍建设转变的新阶段，学校要重点在"才和财"上做好文章。

"才"方面：一是"定体量、控增量"。学校依据学科发展需要和贡献度，总体规划学院的师资和人才总量；学院细化教师队伍结构，合理控制招聘规模、持续提升新聘人员质量，确保师资可持续发展。二是"树标杆、扩团队"。深入实施"钟山学者计划"，加强团队培育力度，全面推动不同层次的人才遴选培育模式创新，形成学术标杆与优秀团队的良性互动。

"财"方面：要千方百计提升绩效工资总量，提供有竞争力的人才薪酬，构建科学的绩效收入分配机制、建立合理的人才绩效评估体系、形成内在薪酬与外在薪酬并重等体制机制，让南农的广大教师在岗位上有幸福感、事业上有成就感、社会上有荣誉感。

4. 信息化建设全面启动　信息化建设是一项具有基础性、战略性和前瞻性的工作。可以说，没有信息化的教育教学与管理运行环境，高等教育改革将只能是局部的、有限的，无法从根本上变革教育模式，培养创新人才。学校要大力推动现代信息技术与高等教育深度融合，探索"互联网＋高等教育"的新模式新业态，努力打造校园信息化建设"一个库、一张网、一体化"。

第一，打造数据"一个库"。要破除部门数据壁垒，消除"数据孤岛"现象，立足于数据资源的共享互换，统筹数据标准，推进数据共享；运用好大数据分析等技术手段，促进数据增值，强化数据深加工，提高数据利用率，杜绝重复填报。

第二，实现业务"一张网"。要紧紧围绕学校中心工作和事业发展需求，再造优化业务流程，升级整合信息系统，实现"业务数字化、数据业务化"。同时，合理安排信息化建设项目，避免重复建设等问题出现。

第三，升级服务"一体化"。要紧扣师生需求，优化网上办事大厅系统，探索建设线上线下融合的"一站式"办事服务大厅，让数据多跑路，让师生少跑路，让师生办事"最多跑一次"，让更多业务实现"网上通办""掌上通办"。

二、本学期重点工作

本学期的党政工作要点梳理了 5 大领域 23 项工作，请各学院、各单位认真学习并加以细化落实，我不再赘述。结合当前发展需要，我想着重谈谈以下 4 项重点工作。

1. 全力迎接第五轮学科评估 学科是学校事业发展的龙头，是综合实力与核心竞争力的集中体现。在第四轮学科评估中，学校的成绩有目共睹，基本达成了预期目标，也基本符合学校的自我定位。学科评估的结果，直接反映出我们学科建设水平的高低，也直接影响着学校的学科声誉。具有一流声誉的学科，能更好地获取各类办学资源，吸引到更多的优秀人才与优质生源，最终产出更多服务社会的科研成果。近期，教育部召开了会议并出台相关文件，第五轮学科评估即将在 2020 年上半年全面启动。这是对学校 4 年一次的全面大考和综合评价，这张考卷做得全不全、答得好不好，直接关系到学校能否在越发激烈的高等教育竞争中占得先机，能否在更高起点、更高层次、更高水平上深化改革和发展。

全校上下要高度重视本次学科评估，认真领会好评估的政策导向，坚持内涵发展、聚焦立德树人、突出优秀成果、强化服务贡献、注重社会评价；各个学院要正视问题、深刻剖析，在纵向和横向两个维度上分析研判第四轮学科评估以来的经验教训、工作成效、弱项不足，在有限的时间内摸清家底、了解差距，做实优势、弥补短板，找准问题所在，明确提升方向；学科处及有关部门要科学谋划、积极作为，与参评学科同心协力、同向而行，精准把握指标内涵、对标对表制定策略、细致梳理填报内容，全力保障评估工作高效运行，扎实推进我校学科建设再上新台阶、再获新佳绩。

2. 健全完善科学评价体系 上月底，教育部、科技部、国家知识产权局等先后出台了系列重要文件，涉及破除"五唯"导向、规范 SCI 指标使用、提升专利质量促进转化运用等方面，对于学校的办学定位、教育教学、学术与人才的科学评价都提出了新的要求，将对我校的职称评定、绩效考核、资源配置等工作产生重要的影响。

我们要结合学校实际与学科特点，将文件精神贯彻好、落实好。首先，要准确理解 SCI 论文及相关指标。特别需要强调的是，规范 SCI 论文相关指标使用，不是滥用，也不是不用，而是要更加全面、更加科学、更有侧重地使用。其次，在学校发展的关键阶段，我们要将评价重点转向科研成果的创新水平和科学价值，对解决生产实践中关键技术问题的实际贡献，带来的新技术、新产品、新工艺实现产业化应用的实际效果。人事处、科学研究院、人文社科处、社会合作处等部门要健全并完善分类评价与考核体系，出台落实措施，并积极做好政策宣传和解读工作，引导评价工作突出科学精神、创新质量、服务贡献，推动学校回归学术初心与科研本质，净化学术风气，优化学术生态。

3. 牢牢把握国家农业高新技术产业示范区建设机遇 2019 年底，国务院批复同意溧水白马国家农业科技园区建设为国家农业高新技术产业示范区（以下简称国家农高区）；这是全国首批，也是长三角唯一的国家农高区，未来将重点建设成国际农业科技合作示范区、长三角农业科技创新策源地、科技振兴乡村样板区。在目前的驻区高校与科研院所中，我校白马园区占地面积最大、条件设施较为成熟，双方建设目标契合度也非常高；省、市、区高度重视，仅 2020 年 2 月以来，省长吴政隆、省委副书记任振鹤等多位省市领导先后来到我校白马基地，考察调研作物表型组学研究重大科技基础设施建设等工作情况。应该说，现在天时、地利、人和均已具备，下一步就是要牢牢把握住这一大好机遇，高标准建设好我校白马基地，更好地服务于国家农高区的建设需求。

我想，白马基地可以从"三个围绕"实现跨越式发展：一是围绕科技创新的策源地，积极争取国家、省、市各级资源，充分释放学校科教优势，开展重大创新项目联合攻关，推动绿色农业、智慧农业、生物农业等高新精尖技术在白马基地落地生根；二是围绕国际合作的示范区，突出开放创新，依托中英、中法、中德植物表型组学联合研究中心等国际科研力量，推动以作物表型组学为龙头的各类国际研究项目在白马基地萌发成长；三是围绕乡村振兴的"样板间"，以产业振兴为牵引，加强农业"新技术、新产品、新模式、新业态"的应用示范，促进一二三产业融合发展，带动周边农民增收致富，让南农乡村振兴方案在白马基地开花结果。我们要以更高的要求、全新的姿态，进一步加快白马基地建设步伐，推动园区发展再上新台阶。

4. 扎实推进预算执行绩效考核　预算执行作为学校预算管理的关键环节，是财务管理的基础性工作。科学、高效的预算执行，对于学校提高编制预算质量、优化经费投向投量、促进事业有序发展发挥着积极作用。2019 年底，教育部召开"二上"预算会议，要求高校全面贯彻落实中央关于"过紧日子"的决策部署，在 2019 年预算收紧的前提下，2020 年一般性开支再压缩约 15%。2019 年底，学校专门召开财务工作大会，就是要贯彻"过紧日子"的精神，主动适应国家财经制度的重大变革，加强经费统筹，做好开源节流，推进绩效考核，壮大综合财力。从以往的工作来看，仍存在一些花费较多却成效不显著的领域，存在一些不按预算办事随意调整的情况，存在一些缺乏统筹规划突击花钱的现象，常常会产生不必要的浪费。例如，在提倡无纸化办公的当今，一些部门的内部交流材料仍存在过度包装的现象，是没有必要的。目前，学校已建立明确的因公出国报备制度，针对国内的出差出访，也要建立健全根据业务和工作实际需要管控的相关制度，尽量减少不必要的外出。

在当前财政收紧的大背景下，全校上下要树立"过紧日子"的思想，在未来的工作中，该花的钱一定要花、能省的钱必须要省，要把有限资源用在关键的地方，把真金白银花在刀刃上。各个部门要积极转变观念，从谋事业谋发展的角度出发，统筹规划部门年度工作，抓住发展关键问题，集中力量重点突破。计财处尽快拿出预算执行和绩效考核的相关办法，不仅考核执行速度，更要看工作成效。要稳中求进推动预算管理改革，多措并举提升预算执行水平，强化监管提高资金使用效率，为建设农业特色世界一流大学提供坚强财力保障。

同志们！

当前，学校的发展已经进入"深水区"，正处在争先进位、爬坡过坎的关键阶段，改革力度大、覆盖维度广、工作强度高。这要求我们必须牢固树立"全校一盘棋"的思想，从分管校领导到各个职能部门，必须强化大局意识、责任意识，不能过多地考虑部门利益、局部得失，而是要着眼全校、通盘谋划，让部门条块工作服务于学校整体工作，让部门的小目标服务于全校的大目标。

广大领导干部要敢于担当、勇于作为，在其位就要谋其政，在领导干部的岗位上就要把主要精力投入部门业务上，团结带领全体师生员工，锐意进取、扎实工作、攻坚克难。学校要将干部在改革过程中的担当、干事创业中的干劲、事业发展中的成绩，纳入今后考察任用的标准体系中，凝聚推动学校高质量内涵式发展的强大动能！

让我们坚持以习近平新时代中国特色社会主义思想为指导，深入贯彻党的十九大、十九届四中全会和全国教育大会精神，不忘初心、牢记使命，为早日实现农业特色世界一流大学的建设目标作出新的更大贡献！

谢谢大家！

在 2020 级新生开学典礼上的讲话

陈发棣

（2020 年 9 月 30 日）

亲爱的新同学们，老师们：

大家上午好！

今天，我们利用现代互联网技术，首次实现两校区线上线下同步开展新生开学典礼。此刻，陈利根书记在卫岗校区、我在浦口校区，分别主持 2 个校区的 2020 级研究生、本科生新生开学典礼，共同见证 3 584 名研究生新生、4 410 名本科生新生和 59 名预科新生加入南农大家庭。从此，大家有了一个共同的名字——"南农人"。在这个隆重而幸福的时刻，我代表学校，向通过勤奋学习、努力拼搏，以优异成绩考入南农的你们，表示最热烈的祝贺！向辛勤培育你们的家人和老师，表示最衷心的感谢！

同学们，2020 年是不平凡的一年。对国家而言，今年正处于"两个一百年"奋斗目标的历史交汇期、是全面建成小康社会的决胜之年；对学校而言，今年是全面开启农业特色世界一流大学建设的开局之年；对你们而言，今年是收获之年，大家经受了新冠肺炎疫情的考验，克服了线上学习的不适应，战胜了高考延期的酷暑，最终脱颖而出，步入象牙塔，成为时代骄子。

同学们，"唯其艰难，才更显勇毅"，风雨过后，你们挥洒的书生意气终将化为人生中绚丽的彩虹。作为新时代的大学生，你们即将开启自己的"大学故事"。对于这个故事中的你们来说，有的属于充满期待的首映，有的属于再创辉煌的续集。不论哪一种，你们都是这个故事的主角，演绎精彩人生是大家共同的愿望！在此，我想以"南农之美"开启你们的南农故事。

南农之美，美在历史厚重，底蕴悠远。南京农业大学、南京大学、东南大学等江苏九校同宗同源，有悠久的办学历史和文化。我校的前身可溯源至 1902 年三江师范学堂农学博物科和 1914 年金陵大学农科，是中国高等农业教育的先驱，是我国农业高等人才培养的摇篮。

南农之美，美在大师云集，群星璀璨。百余年的办学历程中，涌现了无数躬耕农业一线、德行高远的"大先生"：从中国驻联合国粮农组织首任首席代表邹秉文，到现代小麦科学奠基人金善宝，再到中国考察罗布泊第一人彭加木，等等，不胜枚举。一代代南农人砥砺前行，一批批南农人灿若星辰，既有"北大荒七君子"那样长期扎根农业生产第一线的基层工作者，也有以近 60 位院士为代表的数以万计的农业科学家、农业教育家、优秀的企业精英和行政管理专家。

南农之美，美在勇争一流，成果丰硕。学校连续 3 年迈入《美国新闻与世界报道》"全球最佳农业科学大学"前 10，跻身软科世界大学学术排名 400 强；第四轮学科评估有 7 个学科进入 A 类，其中 4 个学科获评 A＋；有 8 个学科群进入 ESI 前 1％，其中农业科学、植物与动物科学 2 个学科群进入前 1‰，成为世界顶尖学科。"北斗导航支持下的智慧麦作技术"等 2 项成果入选农业农村部 2020 年十大引领性技术；研发出我国第一块人造肉，实现了该领域里程碑式的突破；全程参与国家新农科建设"三部曲"的整体策划，在服务国家战略中发出了响亮的南农声音。

南农之美，美在雄浑隽秀，朝气蓬勃。青瓦飞檐的主楼聆听着四方学子青春之歌，苍劲挺拔的梧桐见证着莘莘学子奋进之路，历久弥新的校园迎来了朝气蓬勃的你们。这里即将呈现，教室里你们专注求知的神态、桃李廊下你们朗朗的读书声、实验室里你们挑灯夜战的身影、足球场内你们潇洒矫健的英姿……青春向上，昂扬进取，你们的到来将让美丽的校园更显勃勃生机。

同学们，2020 年本科新生的录取通知书的主题是"星耀南农"。祝愿所有的新同学带着自信心、进取心、好奇心和开拓心，踏上摘星之旅、圆梦长空，争做明日闪耀的"南农星"。为此，我提 4 点建议与大家共勉。

第一，抓住时代机遇，树立"勇挑担，敢为先"的自信心。当今世界正经历百年未有之大变局，站在历史的节点，你们生逢其时，又重任在肩。当前，面对新冠肺炎疫情、国际国内形势发生复杂深刻变化的新情况，粮食安全重要性更加凸显，脱贫攻坚与乡村振兴亟须精准对接，应对危机和变局对高水平农业教育和高层次农业人才提出了新需求，意味着农科学子迎来新的历史发展机遇期。

如何把中国人的"饭碗"牢牢端在自己手上，这是时代交给我们的考卷。"士不可以不弘毅，任重而道远"，袁隆平心系国家、造福人类，在名满天下的时候仍专注于田畴，"让所有人远离饥饿"是他毕生所求。一代人有一代人的担当，南农学子要勇挑重担、敢为人先，在助力粮食安全、乡村振兴，实现中华民族伟大复兴、构建人类命运共同体的新征程上书写答卷。

第二，追求科学精神，增强"强本领，阔视野"的进取心。在过去 100 多年里，世界因科技变得精彩纷呈、竞争空前，我国比过去任何时候都更加需要增强创新这个第一动力。同学们，未来我们从事的不再是面朝黄土背朝天的传统农业，而是适应现代生活高科技、高品质、高要求的智慧农业，需要"三农"事业的接班人具有高度的专业化、科学化水平。作为时代青年，你们更要守住"强农兴农"的初心，练就科技创新的高强本领。学校正积极推进新农科建设，成立"金善宝书院""交叉研究院"等，及时抢占发展先机，为你们铺就奋进之路，希望同学们主动肩负起历史重任，把自己的科学追求融入建设社会主义现代化国家的伟大事业中去，争做农业现代化的领跑者、乡村振兴的引领者、美丽中国的建设者。

第三，探索求学之路，保持"勤思考，善发问"的好奇心。"非学无以致疑，非问无以广识"。科学研究的出发点往往源于探究自然奥秘的好奇心，你们要坚持和发扬科学家精神，敢于打破思维的限制、专业的局限和学科的藩篱，用顶天立地的学术视野、天马行空的创新思维，敢于提出新理论、开辟新领域、探索新路径；你们要主动向学术大师靠拢，浸润学术风范、熏染科学素养、摹习为人之道及处世经验；你们不仅要饱读有字之书，还要善读无字之书，不断丰富自己的实践体验、研究体验和国际体验。大家要面向世界科技前沿、面向经济主战场、面向国家重大需求、面向人民生命健康，不畏艰险，不断探索，勇攀科学高峰。

第四，锤炼人文素养，培养"善学习，能贯通"的仁爱心。追求人类幸福与社会进步，一直是推动科学发展的强大动力，人文情怀始终引导着科学的前进方向。爱因斯坦说过：

"如果想使你的工作有益于人类，只懂得应用科学是不够的。关心人的本身，应当始终成为一切科技奋斗的主要目标。"当你们走进科学殿堂、享受科学的美妙时，要努力培养人文情怀和仁爱之心。希望同学们利用大学这个广阔舞台，融会贯通第一课堂和第二课堂学习，构建和谐的自然科学和人文社科知识体系，成为学农爱农、强农兴农的复合型人才。

同学们，你们人生中波澜壮阔的新画卷已经展开，任重道远的新征程已经启航。愿你们眼中有星辰大海、心中有繁花似锦，在接下来的学习生活中身心健康、学有所成！

谢谢大家！

奋力谱写农业特色世界一流大学的崭新篇章

——在第五届教职工代表大会执行委员会 2020 年会议上的工作报告

陈发棣

（2020 年 4 月 29 日）

各位代表、同志们：

现在，我代表学校，向大会报告学校工作，请予审议。

一、2019 年工作回顾

2019 年，学校高举中国特色社会主义伟大旗帜，深入贯彻落实全国教育大会精神，坚持以立德树人为根本、以强农兴农为己任，不断汇聚师生改革创新、建设发展的智慧和力量，全面开启建设农业特色世界一流大学的新征程，学校各项事业继续保持快速发展势头。

（一）不断强化先进思想理论引领，提高管党治党和办学治校水平

1. 深入学习习近平新时代中国特色社会主义思想 重点在学懂、弄通、做实新思想上下功夫，以党委常委会、中心组学习会、专题读书班等形式，认真组织学习习近平总书记系列重要讲话，尤其是关于教育的重要论述和寄语涉农高校师生回信精神；专题学习了党的十九届四中全会、学校思想政治理论课教师座谈会，以及教育部陈宝生部长、翁铁慧副部长来校调研讲话精神；带领全体干部师生不断增强"四个意识"，坚定"四个自信"，坚决做到"两个维护"。

2. 开启建设农业特色世界一流大学新征程 胜利召开学校第十二次党代会，全面总结回顾过去 5 年各项事业发展所取得的重要成绩，深入剖析当前发展存在的问题与不足，在深刻领会新思想、准确把握全国教育大会等任务部署、充分研判学校发展态势的基础上，研究确立了新时代学校建设发展"1335"战略部署、"两个阶段"路径设计与"八个坚持、八个一流"的具体举措，切实提升学校综合实力与竞争力，扎根中国大地，加快建设农业特色世界一流大学。

3. 切实加强党委对学校工作的全面领导 牢牢把握社会主义办学方向，推动以高质量党建引领学校事业整体发展。坚持完善党委领导下的校长负责制，按照教育部党组要求，进一步修订完善党委常委会、校长办公会等议事规则，紧密围绕学校改革发展稳定，科学决策、民主决策、依法决策，充分发挥学校党委"把方向、管大局、作决策、抓班子、带队伍、保落实"的关键作用，全面加强党对学校人才培养、科学研究、社会服务、文化传承创新、国际交流合作等工作的领导。推进全面从严治党"四责协同"机制，加快"学习型、服务型、效能型、廉洁型"班子建设。

4. 扎实开展"不忘初心、牢记使命"主题教育 按照"守初心、担使命，找差距、抓落实"的总要求，贯穿"爱国、育人、红色"3 条主线，一体谋划、一体推进"学习教育、调查研究、检视问题、整改落实"4 项重点措施，扎实开展"8+5"专项整治，有效推动解决制约学校事业发展的瓶颈问题。主题教育受到新华社、教育部网站、学习强国平台等主流媒体报道 10 余篇次。全校党员干部、师生凝心聚力、争创一流的合力全面形成。

（二）抢抓"双一流"建设机遇，不断加快农业特色世界一流大学建设步伐

1. "双一流"建设取得新进展 学校国际国内影响力不断提升。QS 世界大学"农业与林业"学科排名进位至第 25 位，连续 3 年保持 U.S. News"全球最佳农业科学大学"第 9 名；在 4 月 22 日公布的泰晤士高等教育世界大学影响力排行榜中，我校获可持续发展目标"零饥饿"单项排名全球第一。"化学"学科领域进入 ESI 前 1%，ESI 学科数增加到 8 个。开展"双一流"建设中期自评，顺利通过国家"双一流"建设中期评估。召开第九届学校建设发展论坛，完成新一轮学科点负责人聘任等，不断提升"双一流"建设保障举措。

2. 人才培养质量持续提升 本科生教育。全程参与新农科建设"三部曲"的策划、重要文本的写作，召开新农科建设江苏行动研讨会和白马论坛，制订加强一流本科教育二十条意见和一流本科课程建设方案。成立金善宝书院，推进荣誉教育体系建设。14 个专业获批国家级一流本科专业建设点。3 个专业通过农林专业类三级认证或 IFT 国际认证。3 个专业在江苏高校品牌专业建设验收中获评优秀。学校新增开设人工智能专业，获批省级在线开放课程立项 14 门，入选江苏高等学校重点教材 12 部、教改项目 7 项。

研究生教育。推动研究生教育教学改革及创新项目建设，获省级教改成果奖一等奖 1 项、培养创新工程项目 186 个。入选教育部优秀视频案例 1 项、"十三五"研究生规划教材 18 本。加强专业学位研究生培养基地建设，入选省级研究生工作站 19 个，其中 1 个获评优秀。推进研究生教育国际化，106 人获得国家留学基金管理委员会资助公派出国，派出博士生海外访学团 3 批次共 85 人。不断完善导师遴选工作机制。全年共授予博士学位 387 人，授予硕士学位 2 328 人。获省优秀博士论文 8 篇。

招生就业。招生就业质量不断提高。全年录取本科生 4 394 人、硕士生 2 423 人、博士生 586 人，江苏高考录取分数线再创新高。加强就业创业指导与服务，本科生就业率 96.34%、出国升学率 39.74%；硕士生就业率 96.11%、博士生就业率 94.84%。

素质教育。学生团队在国际基因工程机械设计大赛、国际食品与农业企业管理协会案例竞赛、"挑战杯"全国大学生课外学术科技作品竞赛、全国大学生武术套路锦标赛等一系列国际国内赛事中获得佳绩。学校获评"2019 年度全国创新创业典型经验高校"，1 个项目获"全国母亲河奖"，3 人入选"全国农村青年致富带头人"。

留学生教育。强化中国政府奖学金项目的统筹和设计，2019 年项目获批率达 100%。全年在读各类留学生 1 108 人。探索实施"趋同化管理"和"个别指导"相结合的培养体制机制，开展国际研究生英文授课课程立项。学校再次获评"江苏省来华留学生教育先进集体"。

继续教育。录取新生 7 168 人，第二学历、专接本和中接专学生 1 369 人。积极申报江苏省成人招生改革项目，招录 2 600 余人。举办各类专题培训班 114 个，1 个重点专业、1 门精品资源共享课程通过江苏省验收。

3. 师资队伍建设稳步推进 多措并举汇聚海内外人才。成功召开第二届钟山国际青年

学者论坛，全年累计引进高层次人才 38 人，招聘教师 41 人、师资博士后 38 人。12 人次入选 "长江学者"、国家杰出青年科学基金与 "万人计划" 等重大人才项目，新增省级各类人才项目 40 余人次。4 人入选 2019 年 "全球高被引科学家"。

全面启动人事制度改革。修订 "钟山学者计划" 实施办法，完善不同层次人才的结构框架，遴选聘任特聘教授、首席教授、学术骨干、学术新秀 219 人。全年聘任正高 33 人、副高 49 人。研制教师 KPI 评价指标体系，推进管理重心下移。提升教职工薪酬待遇水平，大幅增加租赁人员工资。调整公积金及住房补贴缴存基数。推进教职工养老保险改革。

4. 科技创新能力不断增强　年度到位科研经费 6.71 亿元，其中纵向经费 5.22 亿元、横向经费 1.49 亿元。1 项成果获国家科技进步奖二等奖，16 项成果获省级奖励。获批国家重点研发项目 4 项、国家自然科学基金 214 项。获批国家社会科学基金 14 项，其中重大招标项目 2 项、重点项目 2 项，社会科学基金立项数列全国农林高校之首。全年新签订横向项目 715 项。发表 SCI 论文 2 016 篇、SSCI 论文 50 篇，创历史新高。获授权专利、品种权、软件著作权 360 余件。《园艺研究》入选 "中国科技期刊卓越行动计划" 领军期刊。

作物表型组学研究重大科技基础设施通过高校 "十四五" 重大培育项目评审，已正式启动建设。成功召开国际植物表型大会。"作物与生物互作" 国家重点实验室筹建工作有序推进。全年新增国家级平台 1 个、部省级平台 2 个。5 个部省级重点实验室、观测站通过考核验收。

5. 社会服务工作成效显著　全力服务乡村振兴与脱贫攻坚。主动对接长三角区域一体化战略，参与南京国家农业高新技术产业示范区建设，成立 "长三角乡村振兴战略研究院" 与 "长三角乡村振兴战略联盟"。学校连续 3 届入选教育部精准扶贫精准脱贫十大典型项目，获评 "2019 年贵州省脱贫攻坚先进集体"。1 个项目入选 "中国高校产学研合作十大案例"。发布《江苏新农村发展报告》。成立伙伴企业俱乐部。

6. 国际交流合作持续深化　积极响应国家 "一带一路" 倡议，参与筹划农业农村部2020 年农业外交官储备人才培训计划。南京农业大学-密歇根学院正式获批建设。成功举办 "第七届世界农业奖颁奖典礼暨第十届 GCHERA 世界大会"。首批入选科技部中国-肯尼亚作物分子生物学 "一带一路" 联合实验室，顺利启动 "亚洲农业研究中心" 第三批合作研究项目。"农业生物灾害学科创新引智基地" 已通过 10 年建设评估。新签和续签校际合作协议、备忘录 35 个，完成高端外国专家引进计划 60 余项、聘专经费 1 000 余万元。

鼓励师生出国研修访学，全年出国（境）访问交流教师 473 人次、学生 901 人次。孔子学院影响力不断提升。

7. 办学条件与服务保障水平进一步提高

财务工作。学校总体财务运行状况良好。全年各项收入 23.02 亿元、支出 25.59 亿元。推进经费管理 "放管服"，落实科研经费管理自主权，充分体现业务与行政经费差异性，简化审批手续和报销流程，逐步放宽经费审核额度限制。做好预决算管理，加强对预算执行的绩效考核。

校区与基本建设。新校区完成总体规划优化和单体方案设计、智慧校园和综合能源等专项规划，启动单体扩初设计、景观设计等专项工作。一期工程项目管理合同、市政方案和一标段施工图设计完成，内环道路顺利开工。完成近 2 000 亩土地拆迁和土方回填，土地报批取得重要进展。全年完成基建总投资 1.2 亿元，在建工程 5 项，维修改造 32 项。农业农村部景观农业重点实验室建设项目等 5 个项目获教育部批准，第三实验楼三期前期工作顺利启动。加快推进白马基地临时学生宿舍与食堂等工程的规划建设和报批手续。

图书、信息化与档案工作。与中国银行签署 5 年 1.15 亿元信息化建设项目。推进校园主数据库建设，新增数据库 12 个，上线科研成果数据系统。完成聚合支付及虚拟校园卡系统，研究生管理、资产管理等新系统建设需求调研论证，完成新校区智慧校园规划。开展存量档案数字化扫描工作。

资产管理与后勤服务。全年新增固定资产 1.31 亿元，固定资产总额达到 28.79 亿元。完成第三实验楼二期分配审议方案。完成公务用车制度改革。推进家属区基础设施建设和青石村危房改造。设立食堂饭菜价格平抑基金，完成新一轮社会餐饮企业、社会物业企业等公开招标。强化经营性资产监管。启动学校所属企业的市场化处置脱钩剥离工作，清理关闭 8 家企业。全面推进医联体建设，提升医疗服务水平。

审计和招投标工作。全年完成各类审计项目 243 项，累计 27.79 亿元，核减建设资金 750.78 万元。完善招投标规章制度，明确规范标准，完成各类招投标 430 余项，金额 5.3 亿元。

安全生产工作。强化实验室安全教育，推进实验室安全准入制度，开展危险化学品、压力容器等专项整治和检查。强化校园交通规划与消防安全管理。

（三）加强和改进党建和思想政治工作，党的建设科学化水平不断提升

1. 全面加强宣传思想文化工作　强化理论学习武装。加强党对意识形态工作的领导，坚持马克思主义在意识形态领域的指导地位，深入推进习近平新时代中国特色社会主义思想进教材、进课堂、进师生头脑。专门成立"党的十九届四中全会精神宣讲团"，有效构建领导领学、干部必学、师生共学的理论学习机制。

加强思政和文化工作。加强马克思主义学院建设和思政课实践教学改革，推进思政教师职称评审改革，吸引优秀师资，提升思政教师队伍水平。与井冈山大学合作共建教师革命传统教育基地，举办"立德树人"青年教师培训班和教师党支部书记"双带头人"骨干培训班。邀请黄大年先进事迹宣讲团、盖钧镒院士开讲"师德大讲堂"。注重发挥教师党支部书记"双带头人"引领带动作用，打造一批课程思政品牌。启动教师师德年度考核。统筹推进"三全育人"综合改革实施方案和"十大育人体系"建设标准。组织"我和我的祖国"红歌比赛等活动，开展校园文化精品立项，推进"名家大师口述史"编撰工作、"《红船》话剧"排演等项目实施，以品牌塑造提升南农文化影响力。

2. 扎实推进党的基层组织和干部队伍建设　全面提升基层党建工作质量。认真做好基层党组织换届。实施党支部建设"提质增效"三年行动计划，开展党建示范创建和质量创优工程。认真抓好基层党建"书记项目"。新建或升级改造二级党组织党员活动场所 27 个。严把党员发展质量关，年度发展党员 1 135 人。全年 2 个党支部获评"全国党建工作样板支部"，1 个二级党组织获评"江苏省高校先进基层党组织"。

深化党政干部管理制度改革。完成新一轮中层干部换届聘任，干部队伍结构不断优化。修订完善处级干部选拔任用实施办法，研究出台干部新时代新担当新作为实施意见。严格落实干部个人有关事项报告制度，累计核查 71 人次、诫勉处理 5 人、批评教育 13 人。依托各级党校、行政学院开展干部线上线下教育培训。选派 31 人参加援藏援疆、定点扶贫等项目。

积极践行"一线规则"。研究出台领导干部深入基层联系学生工作实施办法、党员领导干部联系基层党支部工作制度。全体校领导均担任本科班级班主任、党员校领导定点联系基层党支部。

3. 凝聚多方力量与改革共识 积极推进学校民主管理。召开教职工代表大会,听取学校相关工作报告,征集提案 27 件并逐一督办落实。不断丰富教职工文化业余生活,扎实做好职工福利选购、劳动模范慰问、教工之家建设等工作。

统一战线工作持续加强。牵头召开江苏省高校统战工作协作片区会议。建立完善联谊交友、建言献策制度。开展无党派人士认定和民族宗教工作。全年新发展民主党派成员 18 人,提交议案、建议和社情民意 26 项。

持续抓好共青团工作改革,恢复设立团校,推动团的基层组织换届选举,不断夯实基层团组织。全面加强学生会、研究生会和学生社团建设。

广泛争取社会办学资源。举办校友返校日活动,召开校友代表大会,新建日本校友会等 9 个地方校友组织、行业校友组织,完成四川校友会和泰州校友会换届工作。全年到账捐赠资金 1 974 万元,新增捐赠协议 53 项。

全面落实离退休老同志政治生活待遇,完善离退休党建工作机制。发挥关心下一代工作委员会、老年科协、老年体协、老年大学等组织作用,丰富离退休职工文化业余生活,持续做好关心下一代工作。

4. 不断推进全面从严治党向纵深发展 全力迎接教育部党组新一轮巡视,实事求是汇报情况、提供材料,客观实际反映问题,严查快办问题线索。务实开展上一轮巡视"回头看",认真做好巡视整改的"后半篇文章"。

不断建立和完善中央八项规定精神实施细则配套制度,规范科研经费、会议费、培训费、差旅费管理。开展新提任中层干部集体廉政谈话。全年共办理教育部党组巡视组移交信访 31 件,本级自收信访 17 件。全年处置问题线索 34 项,其中约谈函询 7 项、初步核实 7 项、办结 17 项、提醒谈话 4 人次、批评教育 1 人。

各位代表、同志们!

2019 年,学校整体实力持续增强,办学水平与社会声誉显著提升。这些成绩的取得,离不开各级领导班子和广大干部的砥砺奋进,离不开广大校友和社会各界的鼎力支持,更离不开全校师生的共同努力。在此,我代表学校,向全校师生、校友和社会各界,表示崇高的敬意和衷心的感谢!

二、今后一段时期的重点工作

在总结成绩的同时,我们也清醒地认识到,学校的改革和发展已经进入"深水区"、正处于争先进位、爬坡过坎的关键阶段。现阶段工作与建设农业特色世界一流大学的目标要求相比,与师生和校友的热切期盼相比,还存在不小的差距。例如,新冠肺炎疫情给师生员工生命安全和身体健康带来隐患,对学校事业发展带来新挑战;新农科建设与学校人才培养方案的有效衔接还不够,学科专业设置服务经济社会发展需求的能力有待加强,"三全育人"作用发挥还不够充分;高层次人才总量不足,大师级领军人才的引进和培养力度有待加强;科技评价指标较为单一,综合评价体系尚需完善;管理机构设置与职能划分难以适应发展新需要;信息化建设水平相对较低;新校区建设和家属区公寓建设还要抓紧推进,等等,都亟须推进改革，取得看得见的成效并最终加以解决。

针对以上问题，在今后一段时期，我们必须牢固树立"全校一盘棋"思想，充分调动各方资源和力量，重点做好以下几个方面的工作。

一是要不断深化习近平新时代中国特色社会主义思想的理论学习，科学运用新思想指导农业特色世界一流大学建设的具体实践，扎实推进"不忘初心、牢记使命"主题教育制度化常态化，做好教育部党组巡视反馈意见的整改落实。

二是要统筹推进疫情防控和事业发展工作。在疫情防控常态化、长期性的背景下，坚持"两手抓、两不误"，确保学校各项工作平稳运行。

三是要全面梳理学科发展成果，科学做好学校"十三五"规划收官和"十四五"规划编制工作，积极做好学科迎评工作，力争在教育部第五轮学科评估中再获突破。

四是要全面加强新农科建设，"立金专""强金课""建高地"，不断提升人才培养质量；深入推进"三全育人"工作和马克思主义学院建设，积极构建"经纬交错、纵横结合"的"大思政"格局。

五是要推进管理机构和人事制度改革，完善科学评价体系，不断加强师资队伍建设，进一步激发学校办学活力。

六是要扎实推进预算执行绩效考核，全面贯彻落实中央关于"过紧日子"的决策部署，主动适应国家财经制度的重大变革，加强经费统筹，做好开源节流，推进绩效考核，壮大综合财力。

七是要牢牢把握国家农业高新技术产业示范区建设机遇，积极争取政府资源，推动各类高新技术和国际合作项目在白马基地落地。

八是要做好信息化建设的顶层设计，消除"数据孤岛"，实现数据互通、业务互联，提升服务效率。

九是要持续加强高水平国际交流与合作，打造服务"一带一路"建设及农业"走出去"战略的特色品牌。

十是要全面推动新校区建设各项前期工作，确保工程质量与安全，争取 2020 年上半年新校区单体项目开工建设。

各位代表、同志们！

2020 年是夺取脱贫攻坚战全面胜利的决战之年，是全面建成小康社会、落实"十三五"规划与国家中长期教育改革和发展规划纲要的 3 个收官之年，更是学校建设农业特色世界一流大学的开局之年。站在"两个一百年"奋斗目标的历史交汇点上，面临更加复杂的内外部环境，我们要坚持以习近平新时代中国特色社会主义思想为指导，深入贯彻党的十九大、十九届四中全会和全国教育大会精神，以更高标准、更硬举措、更实作风、更强担当，朝着建设农业特色世界一流大学的发展目标，取得更多突破，实现更大作为！

谢谢大家！

立德树人担使命　强农兴农谱新篇
书写好建设农业特色世界一流大学的奋进之笔

——在南京农业大学第六届教职工代表大会、
第十一届工会会员代表大会上的报告

陈发棣

（2020 年 7 月 15 日）

各位代表、同志们：

现在，我代表学校向大会作工作报告，请予以审议。

一、2012 年以来主要工作回顾

自 2012 年召开南京农业大学第五届教职工代表大会、第十届工会会员代表大会以来，在教育部和江苏省委、省政府的正确领导下，学校党委和行政带领全体师生员工，始终坚持社会主义办学方向，牢牢把握立德树人根本任务，锐意改革、扎实工作、攻坚克难，稳步推进既定战略规划，各项事业蓬勃发展，取得令人瞩目的改革成就。

（一）学科建设取得明显进步

学科整体水平持续增强。新增图书情报与档案管理博士学位一级学科授权点、马克思主义理论硕士学位一级学科授权点。目前，我校博士学位一级学科授权点达到 17 个、硕士学位一级学科授权点 30 个，分布在 9 大学科门类，形成以农业与生命科学为优势和特色、多学科协调发展的良好格局。作物学、农业资源与环境入选"双一流"建设学科；在全国第四轮学科评估中，7 个学科进入 A 类，其中 4 个学科获批 A＋，A＋学科数并列全国高校第 11 位；8 个学科入选江苏高校优势学科。

8 个学科进入 ESI 前 1%，其中农业科学、植物与动物科学 2 个学科进入前 1‰，迈入国际顶尖学科行列。目前，学校连续 3 年进入 U. S. News "全球最佳农业科学大学"前 10，跃居 QS 世界大学学科排名"农学与林学"第 25 位，跻身软科世界大学学术排名 400 强。

（二）人才培养质量稳步提升

大力推进一流本科教育。贯彻落实全国教育大会和新时代全国高等学校本科教育工作会议等重要精神，全程参与国家新农科建设"三部曲"的整体策划实施，出台《关于加强一流本科教育的若干意见》，全面修订本科人才培养方案。荣获国家级教学成果奖 4 项、省级教学成果奖 15 项，入选卓越农林人才教育培养计划改革试点项目 2 个。获批国家级一流本科专业建设点 14 个，顺利完成教育部本科教学审核评估和农学类、工程教育类等多个专业认证。新增国家级实验教学中心 2 个。获批各类国家级精品课程 34 门、"十二五"规划教材等各类教材 143 种。

不断完善研究生培养质量保障体系。开展学位授权点自我评估和动态调整，改进导师遴选和评价机制。深化博士研究生、专业学位研究生培养模式综合改革，推进研究生教育国际化，研究生培养质量显著提升。累计获得国家级和省部级研究生教育教学成果奖 12 项，全国优秀博士学位论文 4 篇、提名奖 5 篇，江苏省优秀博士学位论文 60 篇。

不断优化人才培养结构。稳定本科生规模，持续壮大研究生规模，在校博士研究生和学术型硕士生数量稳中有升，专业学位硕士生数量快速增长。2019 年底，在校本科生 17 348 人、研究生 10 221 人，本研比为 1.7∶1。

实践育人取得丰硕成果。学校加强学生思想政治教育，着力解决创新创业教育与专业教育的融合问题，全力培养适应新时代发展需求、致力于解决人类面临的重大问题、德智体美劳全面发展的高素质卓越人才。获批"全国创新创业典型经验高校"，学生团队连续 4 届在国际基因工程机械设计大赛上获得金奖，多次在国际食品与农业企业管理学会案例竞赛、"创青春"等国内外学术科技比赛中荣获第一名。

（三）师资队伍建设持续向好

深入推进人事制度改革。推进管理重心下移，激发学院管理主体责任和活力。探索破除"五唯"具体措施，改革人才和业绩评价体系，坚持以创新质量和贡献为导向，突出师德师风评价和教育教学业绩评价，构建 KPI 考评体系。完善职称评审办法，探索实行"代表作"评价制度。开展职员职级评定制度改革，科学配置其他系列人力资源，促进专业技术、管理服务和工勤技术 3 支队伍的协调发展。

不断完善人才队伍引育机制。深入实施人才强校战略，修订完善并全面启动"钟山学者计划"，打造"钟山国际青年学者论坛"国际交流平台，推行师资博士后制度，师资队伍年轻化、知识化、专业化程度持续提高，博士率、异缘率、出国率持续改善，教师队伍整体质量不断提升。累计招聘和引进教师 679 人、师资博士后 181 人，其中高层次人才 151 人。截至目前，学校专任教师总数达 1 792 人，其中具有博士学位占比 76.9%、高级专业技术职务比例为 61.8%，新增国家级人才项目 193 人次、部省级人才项目 480 人次。

（四）科技创新能力全面提高

到位科研经费逐年增加。学校围绕国家战略需求与国际学术前沿开展研究，累计到位科研经费近 60 亿元，实现国家自然科学基金创新群体零的突破，新增国家重点研发计划项目 15 项、国家科技重大专项课题 20 项、国际合作重点项目 18 项。获国家人文与社会科学重大重点项目 24 项。

科研成果产出持续提高。以第一完成单位获部省级以上科技奖励 87 项；其中，国家科技奖 10 项，1 次入选中国科学十大进展，2 次入选中国高等学校十大科技进展。累计发表 SCI 论文 12 179 篇、SSCI 论文 203 篇、CSSCI 论文 2 317 篇；其中，在 *Nature*、*Science* 等国际顶级期刊发表研究论文 7 篇。

科技创新平台建设成效显著。新增部省级以上科研平台 30 个，现有部省级以上科研平台 78 个。作物遗传与种质创新国家重点实验室和国家肉品质量安全控制工程技术研究中心在新一轮评估中均获"优秀"。作物表型组学研究重大科技基础设施列入国家"十三五"规划及教育部"十四五"培育项目。

（五）社会服务水平显著增强

积极融合产学研用，推动行业产业发展。学校充分发挥自身优势，积极服务国家现代农业发展需要，共签订技术开发、转让、咨询、服务等合同 3 600 余项，合同总金额达 13 亿元。探索形成了以"双线共推"服务方式为特色的"两地一站一体"链条式农技推广服务模式，联合共建遍布全国的综合示范基地、特色产业基地、地方技术转移中心等 47 个，拓展办公、实验、生活等空间 30 000 平方米，试验示范田、养殖场等 10 000 余亩；近 500 名教师奋战在区域产业发展和乡村振兴一线，产生显著的社会效益和经济效益。

依托学科专业优势，尽锐出战脱贫攻坚。学校充分发挥科技人才优势，把定点扶贫工作作为学校脱贫攻坚的主战场、立德树人的大课堂，聚焦定点扶贫关键任务，加强与麻江县协同攻坚，制订《南京农业大学打赢定点扶贫收官战总攻方案》，以高质量完成"6 个 200"任务为重点，推动"南农麻江 10＋10 行动计划"精准扶贫提档升级，助力高质量打赢定点扶贫收官战。

不断加强智库建设，积极开展咨政服务。牵头成立江苏省新农村发展研究院协同创新战略联盟，发起建立"长三角乡村振兴战略研究院（联盟）"，新增"中国资源环境与发展研究院"江苏省重点培育智库。自 2012 年起，依托"金善宝农业现代化研究院"连续发布《江苏新农村发展系列报告》。有关成果获江苏省第十五届哲学社会优秀成果奖二等奖。多项意见建议获国家与省部领导批示。

（六）国际交流合作不断深化

国际合作网络持续优化。与 30 多个国家和地区的 160 多所境外高水平大学、研究机构保持合作交流。建成"全球健康联合研究中心"等 23 个国际合作平台，"动物消化道营养国际联合研究中心"被科技部认定为国家级国际科技合作基地，首批入选农业农村部"农业对外合作科技支撑与人才培训基地"和科技部中国-肯尼亚作物分子生物学"一带一路"联合实验室。获教育部批准设立"南京农业大学密歇根学院"。

国际学术交流日益活跃。获各类聘专引智项目 861 项，其中新增"高等学校学科创新引智计划"项目 7 项，聘请外国专家 4 830 余人次，聘专经费累计 7 776 万元，其中 8 人次外国专家获"中国政府友谊奖""江苏友谊奖"等荣誉称号。累计派出师生 8 300 多人次。发起成立"世界农业奖"，连续开展 7 届评选，影响力持续扩大。与 *Nature* 出版集团合办的《园艺研究》入选首批卓越计划领军类期刊，2020 年影响因子达到 5.404，位居 SCI 园艺分区第一。与美国科学促进会合办《植物表型组学》《生物设计研究》2 本国际期刊。

教育援外工作不断拓展。与美国加利福尼亚大学戴维斯分校、康奈尔大学等开展数 10 个学生联合培养项目。招收长、短期留学生近 5 000 人，生源结构不断优化，生源质量与教育质量显著提高，顺利通过教育部来华留学质量认证。农业特色孔子学院建设获国家领导肯定。

（七）现代大学制度不断完善

制度建设成效显著。《南京农业大学章程》通过教育部核准。修订完善党委常委会、校长办公会、学术委员会相关议事规则，大学行政权力和学术权力的运行更加规范有序。根据上级文件精神与学校发展需要，及时推进规章制度"废改立"和机构调整工作，治理体系和治理能力现代化进程持续加快。

积极推进民主管理与民主监督。广泛凝聚发展力量与改革共识，不断完善教职工代表大会制度，充分发挥工会桥梁纽带作用，充分尊重和保障师生的知情权、参与权和监督权，进一步提升学校管理的民主化、科学化和法制化水平。

（八）服务保障能力持续增强

财政保障能力持续增强。8 年来，学校积极拓展办学财源，科学统筹办学经费，收支基本平衡，财务运行总体良好：总收入 146.80 亿元，总支出 151.69 亿元；年度经费收入总额从 2012 年的 13.11 亿元增长到 2019 年的 22.99 亿元，年均增长 8.35%。到 2019 年底，学校资产总值为 31.40 亿元。

基础办学条件不断改善。完成基建投资 13.81 亿元，新增建筑面积 10.48 万平方米。新校区正式开工建设，白马教学科研基地基础设施初具功能。完成青年教师公寓、体育中心、大学生创业中心、智能温室、第三实验楼一期和二期建设。作物表型组学研发中心、植物生产综合实验中心获教育部立项批复并开工建设。

教职员工待遇显著改善。学校高度重视民生问题，积极采取有效措施，千方百计提高教职工福利待遇和幸福指数，打造幸福南农。2019 年，全校在职人员薪酬和社保总支出 7.12 亿元、人均投入 24.91 万元，较"十二五"末在职人员薪酬和社保总支出增加 2.4 亿元、人均增加约 10 万元，增幅 67%。

高度重视离退休工作。落实好老同志政治待遇和生活待遇，大力支持关心下一代工作委员会等开展工作。

做好后勤服务保障工作。完成电力增容、管线改造与雨污分流，完成教室、学生宿舍的空调安装和食堂改造工作。后勤社会化改革进一步深入。不断提升医疗保障水平。

此外，学校在招生就业、继续教育、图书档案、监察审计、安全稳定、校办产业、校友会和基金会工作等方面都取得了可喜的成绩。特别是 2020 年以来，面对突如其来的新冠肺炎疫情，学校党政高度重视，凝聚校内外防控合力，坚决防止疫情向校园蔓延，取得了校园疫情防控的阶段性胜利。所有成绩的取得是全校师生员工团结奋斗、开拓创新、无私奉献的结果，也是广大离退休老同志、全体校友和社会各界朋友关心支持的结果。在此，我代表学校，向全校师生员工、向在不同阶段为学校建设发展作出贡献的前辈、校友和各界朋友们表示衷心的感谢！

二、8 年来的建设经验总结

回顾过去 8 年的工作，我们深刻体会到：

第一，必须始终坚持党的全面领导。坚持党委全面领导和党委领导下的校长负责制，是学校建设发展的根本保障。8 年来，全校上下认真贯彻落实党的十八大、十九大，习近平总书记在全国教育大会上的讲话、给全国涉农高校的书记校长和专家代表回信等精神，深入开展党的群众路线教育实践活动、"三严三实"专题教育、"两学一做"学习教育、"不忘初心、牢记使命"主题教育等，持续强化理论武装，始终保持正确的办学方向，办学质量和水平得到不断提升，已汇聚起推动学校事业发展的磅礴力量。

第二，必须始终立足服务国家战略需求。学校的发展要同国家的发展紧密联系在一起。深入践行"四个服务"，增强服务国家重大战略的能力，是我校建设农业特色世界一流大学的价值追求和根本遵循。8年来，学校主动服务乡村振兴、创新驱动发展等国家战略，积极响应"一带一路"倡议，全力推进脱贫攻坚、生态文明和美丽中国建设，产出并转化了一大批具有国际影响、促进产业转型升级、服务区域经济发展的重大创新成果，赢得了社会赞誉，切实履行了强农兴农的南农担当。

第三，必须始终坚持内涵发展改革道路。改革是学校建设的重要法宝，创新是学校建设的内在灵魂，内涵式发展是学校建设的永续动力。8年来，学校不断推进综合改革，创新学科发展模式，完善人才培养机制，深化人事制度改革，推进科研组织创新，加强社会服务效能，优化资源筹配方式，统筹校区协调发展，优化内部治理结构，从"211"过渡到"双一流"，从"世界一流农业大学"迈向"农业特色世界一流大学"。学校始终致力于改革创新，坚持内涵式发展，探索出一条符合国情、立足社情、贴近农情、适合校情的改革道路。

第四，必须始终树立依法治校思想。依法治校是新思想在高等教育领域的具体实践。高校管理者和服务者必须树牢法治思维，不断提高民主治校、依法治校的能力和水平。8年来，学校始终坚持以师生为本，着力落实大学章程，强化党政权力监督，制定完善规章制度，规范经费使用管理，加强纪检监察工作，充分保障广大师生对学校建设发展的知情权、监督权，深入推进新时期学校治理能力建设。

三、面临的问题和未来 5 年主要任务

在充分肯定成绩的同时，我们也清醒地认识到，学校工作还存在一些突出问题和挑战。

一是运用新思想谋划战略、指导实践、促进发展的本领，以及贯彻落实全国教育大会、总书记回信精神与办学治校深度融合的能力仍需加强。

二是学科发展仍不平衡，难以适应当前激烈的竞争形势。一些传统优势学科面临的竞争和挑战持续加大，基础学科、工程学科等建设水平亟须提升。

三是人才培养与新时代、新农科的契合度还不够。科教协同、产教融合、本研衔接的人才培养路径仍需完善；国际教育有待加强，学历学位国际学生的人数偏少，发达国家生源比例不高。

四是人才队伍数量和结构与农业特色世界一流大学建设需要差距较大，以院士、国家杰出青年科学基金项目获得者等为代表的高端人才仍然偏少。

五是重大原始创新能力、国际学术声誉与世界一流还有较大差距。凝练研究方向，促进团队合作、国际合作的体制机制有待完善，重大原创性科研成果数量不足。

六是社会服务能力与资源获取能力有待加强。对接乡村振兴战略布局合作网络，推动科技成果高质量转化应用的能力有待提升；以服务获支持、以贡献赢资助的资源获取能力仍需进一步加强。

七是新校区建设进度需进一步加快，白马园区教学科研功能需进一步完善。

八是校园信息化建设远未实现"一套数据走校园"，业务流程体系有待优化，管理和服务水平有待提升。

对此，我们必须高度重视，进一步解放思想、深化改革，迎难而上、补齐短板，进一步破除制约学校发展的思想观念和体制机制障碍，开创学校改革发展的新局面。

各位代表，我国正处在高等教育大国向高等教育强国转变的重要战略期，我们要牢牢把握今后 5 年的发展机遇，深入分析未来发展面临的内外部形势，全面审视自身优势特色和发展定位，认真研究、科学制定契合学校实际、师生拥护的发展蓝图。

（一）凝心聚力农业特色世界一流大学发展目标

2019 年，学校胜利召开第十二次党代会，明确了建设农业特色世界一流大学的发展目标，制定了实现目标的路径和具体举措，为学校未来发展指明了方向。全校上下要将思想和行动统一到这一目标上来，蓄积起强大精神力量和内涵发展动能，将"世界一流、中国特色、南农品格"三者有机结合作为发展理念，聚焦"坚持立德树人、服务国家战略、谋求师生幸福"3 项重点任务，大力实施"党建统领、育人固本、学科牵引、国际合作、条件建设"5 大工程，全力推动学校实现内涵式、跨越式发展。

（二）进一步树牢立德树人根本任务

把立德树人贯穿教育教学全过程，切实提高本科生教育教学质量，深化研究生培养体制机制改革，探索建立荣誉教育体系，构建与世界一流大学相适应的一流人才培养体系，培养一批高层次、高水平、国际化的创新型农林人才。

重点围绕"新农科""新工科"建设需要和大类招生要求，贯彻落实"双万计划"与"'六卓越一拔尖'计划 2.0"，着力深化专业综合改革立"金专"，打造 30 个左右国家一流专业和江苏省品牌专业。深入推进课堂教学改革，推动课程教材资源开发，建设 100 门左右的国家级"金课"。建设 30 个左右高水平校内外实践教学"高地"。优化学位授权点布局，进一步扩大研究生规模。力争获得 3～4 项国家级教学成果奖与研究生教育成果奖。

（三）不断强化学科建设引领作用

进一步强化一流学科建设。用现代生物技术、信息技术、工程技术改造和提升传统优势学科，力争作物学、农业资源与环境、植物保护、农林经济管理、公共管理、园艺学、食品科学与工程等优势学科继续保持领先水平；兽医学、畜牧学、生物学、草学、农业工程、科学技术史、环境科学与工程、风景园林学等学科在全国第五轮学科评估中进位升级。提升 ESI 学科农业科学、植物与动物科学、环境生态学的优势地位，力争药理学与毒理学、社会科学总论学科进入 ESI 前 1%。

调整优化学科布局。大力推进"新工科"建设，促进人工智能、大数据等高新技术与农业和生命科学深度融合，成立新的工学院、人工智能学院和信息管理学院。同时，以优势学科辐射带动基础学科跨越发展，重点建设理学等基础学科。繁荣发展哲学社会科学，推动理论创新成果不断涌现。

（四）更加突出高水平师资和人才队伍建设

加强师资队伍的引进和培养力度，坚持双轮驱动。大力引进一批学术一流、行业领军的高水平人才与团队，不断完善并深入实施"钟山学者计划"，争取在院士和高水平科研团队上取得新突破。加快推进人事制度改革，制定科学合理的考核评价办法，做优增量、做强存量，形成"遴选有标准、人才有年限、考核有任务、滚动有上下"的人才建设新局面。加强师德师风建设。进一步完善师德考察与监督机制，切实将政治建设摆在师资队伍建设首位，打造德才兼备的教师队伍。

（五）不断提升重大原始创新能力

增强服务国家战略能力，把握新时代科技革命机遇。设立前沿交叉研究院，完善学术特区运行管理的体制机制，率先布局作物表型组学、系统生物学、康养医学、乡村治理4个交叉中心，力争在"从0到1"的前瞻性基础研究、关键共性技术、前沿引领技术和颠覆性技术创新方面实现突破，产出引领性成果。

汇聚多方支持与力量，推进大平台、大项目、大成果建设落地。统筹考虑政府需求与学校科研方向，合作建成一批具有全球影响力的学术"高地"和创新平台，力争作物表型组学研究重大科技基础设施获国家立项建设、国际作物表型组计划列入国家大科学计划、第二个国家重点实验室获国家立项支持，再培育1~2个国家自然科学基金创新群体、1个基础科学研究中心，争取到位科研经费突破50亿元。完善有利于原始创新、科教融合的体制机制，推动科研评价方式从简单量化评价转变为质量和贡献双导向的改革。

（六）加快提升社会服务引领作用

把握国家农业高新技术产业示范区建设机遇。围绕南京农业高新技术产业示范区"国际农业科技合作示范区、长三角农业科技创新策源地、科技振兴乡村样板区"的建设目标，积极争取政府支持，用高新技术改造提升农业产业，推动高新精尖技术在白马基地落地生根，推进一二三产业融合发展；全面加强资源筹措能力，培养一批复合型专业人才队伍，打造一批千万级成果转移转化团队，努力建设服务国家战略的重要引擎。

做好脱贫攻坚和乡村振兴的有效衔接。脱贫不脱责任、脱贫不脱帮扶，要持续扩大"南农麻江10+10行动计划"模式影响，继续帮扶麻江县打造品牌产品，推动脱贫地区的产业迭代升级。在乡村振兴中，学校要有更大作为，发出南农声音，提供南农方案，作出南农贡献。

（七）全面提升国际交流与合作能力

深入实施"国际合作能力提增计划"。拓展与世界一流大学、科研院所、国际组织的深度合作。搭建高水平多边合作新平台，建设一批国际合作联合实验室与交叉学科国际研究中心，集聚一批"高精尖缺"领域外国专家，形成国际领先合作成果。加强与"一带一路"沿线国家共建技术示范基地、科技示范园区等合作平台，创新科技援外及技术转移模式。加强区域、国别研究和智库建设，主动参与全球性议题，进一步提升在国际学术生态圈中的话语权与影响力。

全面提升国际教育水平。深入探索中外联合办学与卓越人才培养国际化新模式，努力将南京农业大学密歇根学院建成我国高等农林教育的国际化办学"高地"。加强农业对外合作复合型人才培养，实施农业外事外交人才培训计划。进一步改善留学生生源结构，提升教育质量。

（八）全力推进新校区和智慧校园建设

加快建成新校区。与地方政府通力合作，严把工程质量关、工期进度关、科学决策关，妥善处置江浦农场资产，全力推进教师公寓建设，努力将新校区建成一个环境优美、设施先进、功能齐全的现代化校园。

打造智慧校园。学校要加强顶层设计，做到智慧校园建设"一个思路、一张图、一张网、一张表"，全面梳理再造业务服务流程，扎实推进网上办公系统、线上办事大厅、财务聚合支付及虚拟校园卡等信息平台建设，消除数据孤岛，打通信息化建设"最后一公里"，实现绝大部分业务不见面办理、网上通办、掌上通办。

各位代表，2021 年是建党 100 周年、2022 年是建校 120 周年，我们正处于"两个一百年"奋斗目标的历史交汇期，学校新的发展战略迎来重要历史机遇期！让我们高举中国特色社会主义伟大旗帜，系统构建战略思维、创新思维、法治思维等新的思维体系，把握好历史交汇期的新机遇，应势而动、顺势而为、乘势而上，努力书写好建设农业特色世界一流大学的奋进之笔！

谢谢大家！

在南京农业大学 2020 年毕业典礼上的致辞

陈发棣

（2020 年 6 月 16 日）

亲爱的 2020 届毕业生同学，

各位老师、来宾和家长朋友们：

大家上午好！

今天，我们相聚云端，在线举行南京农业大学 2020 年毕业典礼。在此，我代表学校，向通过努力奋斗顺利完成学业的同学们，致以最热烈的祝贺！向悉心培育你们的老师、默默支持你们的亲友，致以最诚挚的谢意！

2020 年的毕业季非同寻常，受新冠肺炎疫情影响，大部分同学尚未返校，校园里缺少了你们的欢声笑语，少了几许生机和活力。然而，让我们欣慰的是，你们自觉服从国家疫情防控大局，主动配合学校防疫工作，线上完成了毕业论文等学业任务，展现了南农学子的时代风采。在这里，我代表学校向你们表示衷心的感谢！今年，十分遗憾，不能一一为你们拨穗正冠，不能亲手为你们颁发学位证书，也不能与大家一一合影留念。为了弥补这一缺憾，学校推出了"萌拍"软件，大家可以自主设计自己的"毕业电子照"，作为独特的毕业留念。待大家重返校园时，还可以在校园里拍照留念。

同学们，虽然此刻我们空间上有所阻隔，但时间上依然同步，学校对大家的祝福和关心也一如往常没有丝毫减少。过去的几年，你们接受了良好的教育，付出了许多不为人知的艰辛和努力，专业知识有所精进，实践技能逐步提升，待人接物趋于成熟，取得了种种令人欣慰的进步。也是在过去的几年里，你们亲眼见证了学校的快速发展：在第四轮学科评估中，学校 4 个学科获评 A＋、7 个学科进入 A 类；8 个学科进入 ESI 前 1%，其中农业科学、植物与动物科学进入前 1‰，成为世界顶尖学科；我校全程参与了国家新农科建设"三部曲"的整体策划，获批 14 个国家一流本科专业建设点，新增了人工智能、数据科学与大数据技术专业等。2019 年，学校胜利召开第十二次党代会，制定了新时期学校发展"1335"战略，确立了建设农业特色世界一流大学的宏伟目标。

学校正在从"中国一流"走向"世界一流"，而你们也即将走出校门，成就属于自己的一流。看着你们踌躇满志、蓄势待发，即将步入新的人生旅程；在此，我提几点希望，与大家共勉。

一、在时代变革中敢于担当

当前，我国正处于最好的发展时期，世界处于百年未有之大变局，两者同步交织、相互激荡，充满了变化和不确定。在这样一个变革的年代，时代的重任已悄然落在你我身上，你们更是这份担当的中坚力量。既有着对家庭、单位、社会的多重责任，更有着促进乡村振兴、建设美丽中国、实现中华民族伟大复兴的使命担当，你们是中华民族奔涌向前的"后浪"。在这次疫情防控中，我校也不乏主动担当的"后浪"。例如，生命科学学院的邵玛珂同学，主动到医疗器械公司参与防护用品生产；理学院的李沛锴同学，参加了山西省晋城市共青团疫情防控突击队；马克思主义学院的仲昱晓同学，积极走访社区外来人员，并为隔离群众购买生活用品。正是大家的勇敢担当，才能汇聚成战胜疫情的"巨浪"！同学们，时代和国家的需要，就是我们的使命担当。人无精神不立，国无精神不强，希望你们仁义博爱、拼搏进取，将在学校里转录合成的知识"基因"，在广阔的社会实践中充分"有义表达"。时代是出卷人，历史与未来是阅卷人，同学们要努力做好时代变革的答卷人。

二、在逆境险阻中磨砺本领

苦难造就辉煌，磨砺孕育成长。初入社会的你们，前进的道路不会总是一片坦途，甚至有各种逆境险阻，让你受挫甚至迷茫。要相信成功往往蛰伏在挫折背后，潜藏在困境当中。我们要善于在危机中育新机，于变局中开新局，发扬越是艰险越向前的拼搏精神！正是经历过在教学楼的挑灯夜读、在实验室的通宵达旦、在考研期间的枯燥生活、在求职过程的多次碰壁，你们才被打磨得越发坚强，才有了今天的闪闪发光！未来的日子里，只有自身拥有硬核本领，才能永远立于不败之地！希望你们坚持做行动派、奋斗者和实干家。在不断经风雨、见世面中，长才干、壮筋骨；在深入实践与反复锤炼中，练就担当作为的硬脊梁、铁肩膀；在"入山问樵、入水问渔"中，练就"逢山开路、遇水搭桥"的真本事、硬本领！

三、在纷繁复杂中慎思明辨

"世之君子，惟务致其良知。"当今社会，多元文化与价值冲突等不断对我们提出新的挑战，希望大家都能慎思明辨。大学赋予你们的不仅仅是术业上的精通，更多的是为善去恶的能力。从今天起，你们就将从南农毕业生转变为社会"练习生"了。康德说过，我们要敬畏两种东西，头上的灿烂星空和心中的道德法则；雨果也曾写道，良心是人生之船的铁锚。当你们步入社会后，无论经历怎样的遭遇，都要守住底线。请坚信正直、诚信、善良，在任何时代都更拥有打动人心的力量。愿你们能始终有道德、有修养，积极传递正能量，将"诚朴勤仁"的校训精神发扬光大！

同学们，你们即将离开深爱的校园、敬爱的老师、亲爱的同学，去绘就属于你们的未来！母校和老师们会永远惦念你们、持续关注你们，乐意分享你们的成功与喜悦，更愿意与你们一同面对挫折与困境！南京农业大学过去是、现在是、未来也永远是你们的坚强后盾，是你们永远的家！希望你们常回家看看！

再次祝福亲爱的同学们：前程似锦，万事如意！

谢谢大家！

在南京农业大学研究生院建院 20 周年
纪念座谈会上的致辞

陈发棣

（2020 年 7 月 3 日）

尊敬的盖院士、翟院长、曹部长、曲主任，

各位来宾、校友、老师们：

大家上午好！

今天，我们隆重召开南京农业大学研究生院建院 20 周年纪念座谈会。此次大会，对我校总结研究生院建院以来的建设成效，进一步更好地谋划农业特色世界一流大学的研究生教育具有重要的意义。在此，我代表学校，向莅临本次座谈会的各位校友、各位来宾，表示热烈的欢迎！向为我校研究生教育发展作出突出贡献的广大师生员工和社会各界朋友，表示衷心的感谢！

20 年前，教育部批准我校试办研究生院；16 年前，我校研究生院获批转正建设，吹响了我校研究生教育改革和内涵建设的号角，对于我校研究生教育具有十分重要的里程碑意义。试办研究生院以来，全校上下高度重视，持续深化研究生教育综合改革，不断提升研究生培养质量，研究生教育在我校迈向农业特色世界一流大学进程中，发挥了高端引领和战略支撑作用。可以说，我校研究生院走过了转型发展极其重要的 20 年！

总体来说，主要在 4 个方面取得了长足发展。

1. 发展理念推陈出新 学校先后召开了 4 次研究生教育工作会议，及时调整发展思路，出台相应举措，推动研究生教育与时俱进。2000 年 7 月，学校落实"抓住机遇、积极发展"理念，制定了研究生院基本建设战略规划；2003 年 7 月，学校提出了"规范管理、提高质量"，系统设计了研究生教育质量保障体系；2007 年 12 月，学校"以质量为核心、以创新为灵魂"，全面提升研究生培养质量和创新能力；2018 年 4 月，学校以"世界一流、创新驱动"为指引，努力推动研究生教育与国际接轨。

2. 规模扩大结构改善 学校研究生教育的规模和结构发生了根本性变化，实现了从规模扩张向高质量发展的深刻转变。在校生规模由建院初的 1 182 人，发展到目前已近 11 000 人，规模增长约 10 倍；近年来，在校生结构不断优化，博士生和学术型硕士生数量稳中有升，专业学位硕士生数量快速增长，驱动学校学科发展的均衡动力源已经形成，为我校"双一流"建设作出了突出贡献。

3. 培养模式不断创新 学校探索形成了特色创新型人才培养模式和教育制度体系。不断推进研究生分类培养，建成了麻江乡村振兴等省级、校级研究生工作站 202 家，开启了专业学位研究生教育助力脱贫攻坚新模式。通过实施博士学位论文创新工程项目，显著提升了我校研究生的科研创新能力。以"国家建设高水平大学公派研究生项目"和"国家创新引智计划"为突破口,积极推动研究生教育国际化,培养了一批具有国际视野的高层次人才。

4. 论文成果量质齐升 学校不断加强学位论文质量过程监控体系建设。不断完善博士学位论文"九个环节"质量管理体系,研究生教育全过程质量建设取得新突破,先后获得了12篇全国优秀博士论文和14篇提名奖。近10年,获江苏省优秀博士学位论文79篇、优秀硕士学位论文125篇。研究生以第一作者身份在包括 *Science*、*Nature* 等国际顶尖期刊上发表了高水平学术论文近百篇。

回首过去,我校研究生教育取得了令人可喜的跨越,已成为学校"双一流"建设的驱动轮。然而,我们必须清醒地认识到,我校的研究生教育质量与国家要求和广大师生的期盼相比,与农业特色世界一流大学要求相比,仍然存在较大差距。在"十三五"收官和"十四五"开局承前启后的重要时刻,如何进一步提升研究生教育质量,是我们必须认真思考和统筹推进的重大任务。下面我谈4点看法。

1. 提高站位,深刻认识研究生教育肩负的历史使命,引领现代农业科技创新和发展
习近平总书记在给全国涉农高校的书记校长和专家代表回信中指出,中国现代化离不开农业农村现代化,农业农村现代化关键在科技、在人才。可以说,农业科技的创新和关键核心技术的突破,对国家农业现代化乃至整个国家的未来发展至关重要。研究生教育作为国民教育序列的顶端,肩负着"高端人才供给"和"科学技术创新"的双重使命,对实现国家战略、支撑现代化强国建设具有重大意义。作为中国近代高等农业教育先驱者、农科研究生教育的早期拓荒者,南农的研究生教育必须要站在时代的高度,站在国家建设和发展的战略高度,站在促进中国高等教育发展的全局高度,面向"三农"主战场,紧跟国家重大战略,服务国家重大需求,善于在未来诸多不确定的挑战中开新局,紧紧抓住"一带一路""乡村振兴""新农科"建设等带来的重大机遇,积极谋划研究生教育更高质量发展,努力达到育人与育才的有机结合,学校发展与社会进步的高度统一,奏响农科研究生教育中的南农强音。

2. 精准定位,优化研究生培养规模和结构,完善目标导向下的研究生分类培养模式 当前,我国的研究生教育正从规模化发展向内涵式发展转变。作为实施学位制度后首批学位授予单位,南农要在研究生分类培养模式改革道路上再次出发。我们要扩大博士生规模,适度扩大学术型硕士规模,稳步扩大专业学位研究生规模。博士研究生教育是高层次人才培养的主要途径,是培养自主创新型人才的中坚力量。推进博士研究生教育改革,不仅是建设创新型国家的需要,也是新时期我国研究生教育迅速发展的需要,更是建设世界一流大学的需要。要强化问题导向的学术训练,围绕国际学术前沿和国家重大需求,着力提高博士研究生原始创新能力,实现"从0到1"的突破。学术型硕士研究生人才培养要坚持以学术创新为引领,以提高创新能力为核心,强化专业基础和学术素养,将学术型硕士研究生作为博士研究生培养的重要储备力量,构建学术型硕士研究生与博士研究生一体化的连续培养体系。对专业学位研究生人才培养定位,重点解决"从1到N"的拓展,突出自然学科和管理学科交叉,实现跨学科、跨机构、跨部门协同培养,围绕从原创知识到形成产业链,将重点放在以培养技术推广与管理服务能力相结合的未来企业家为目标,构建行业特色知识传授和实践能力培养体系。

3. 措施到位,推进招生制度改革和培养过程建设,不断提升研究生培养质量 研究生培养质量是衡量学校办学水平和办学质量的重要标志。研究生生源质量作为研究生教育的入口,直接关系到研究生教育的培养质量。我们要不断增强自身实力,创新招生改革机制,通过雄厚的科研实力和充满活力的创新人才培养项目吸引优质生源，重点吸引"985""211""双一流"建设高校的优秀毕业生。同时，逐步提高推荐免试生、硕博连读生和直博生的比例，依托金善宝书院，吸引更多校内优秀本科生留校深造。

要不断加强培养过程建设，将培养条件的获取与培养质量高低挂钩，突出对人才培养的绩效考核，对培养质量高的学科或团队在相关培养条件配置上予以倾斜。要强化培养过程管理，落实各环节管理职责，完善培养过程相关实验数据记录和档案的要求，让培养过程可追溯、可倒查。加大校外高水平实践基地和实验场站体系建设，让研究生尤其是专业学位研究生，走出校园，多到田间地头，从生产"一线"发现问题、"就地"想解决方案，实现实实在在的创新。

4. 育人首位，落实立德树人根本任务，进一步加强导师队伍建设 导师是研究生培养质量第一责任人，要把培养人放到首位，切实落实立德树人根本任务。既要做学术训导人，指导和激发研究生的科学精神和原始创新能力，更应该是学生成长过程的引路人，言传身教引导研究生树立正确的世界观、人生观、价值观。要切实加强研究生导师师德师风建设，对违反师德、行为失范的导师，实行一票否决，并依法依规坚决给予相应处理；建立完善的导师培训体系，切实提高导师指导和培养研究生的水平与能力。

同志们，今天的座谈会既是深情回顾会，也是专家交流会。希望我校师生借此宝贵机会，虚心向杰出校友、知名导师等研究生教育专家、领导学习！也恳请各位来宾畅所欲言，为我校研究生教育注入新动能！

预祝本次座谈会取得圆满成功。祝愿各位专家、领导身体健康，工作顺利！谢谢大家！

重要文件与规章制度

学校党委发文目录清单

序号	文号	文件标题	发文时间
1	党发〔2020〕2 号	关于印发《南京农业大学关于进一步激励广大干部新时代新担当新作为的实施意见》的通知	20200103
2	党发〔2020〕5 号	关于印发《南京农业大学教师师德考核暂行办法》的通知	20200108
3	党发〔2020〕48 号	关于印发《南京农业大学发展党员工作实施细则》的通知	20200527
4	党发〔2020〕69 号	关于印发《南京农业大学加快构建思想政治工作体系的实施方案》的通知	20200629
5	党发〔2020〕101 号	关于印发《中共南京农业大学委员会落实全面从严治党责任清单》的通知	20200731
6	党发〔2020〕115 号	关于印发《中共南京农业大学委员会巡察工作实施办法》的通知	20200918
7	党发〔2020〕122 号	关于印发《中共南京农业大学委员会关于建立一线规则的实施方案》的通知	20200930
8	党发〔2020〕123 号	关于印发《南京农业大学处级干部政治把关和政治素质考察实施意见》的通知	20201005
9	党发〔2020〕151 号	关于深入推进教育评价改革的通知	20201218
10	党发〔2020〕155 号	关于印发《南京农业大学贯彻执行"三重一大"决策制度的规定》的通知	20201230
11	党发〔2020〕160 号	关于印发《南京农业大学党员领导干部民主生活会实施细则》的通知	20201231
12	党发〔2020〕162 号	关于印发《南京农业大学处级干部管理规定》的通知	20201231

（撰稿：孙　月　审稿：孙雪峰　审核：张　丽）

学校行政发文目录清单

序号	文号	文件标题	发文时间
1	校社合发〔2020〕2号	关于印发《南京农业大学关于中央部门和单位财政性资金采购科技服务项目管理实施细则》的通知	20200106
2	校资发〔2020〕5号	关于印发《南京农业大学所属企业国有资产评估项目备案管理办法（试行）》的通知	20200109
3	校保发〔2020〕8号	关于印发《南京农业大学卫岗教学区电动自行车管理办法》的通知	20200108
4	校教发〔2020〕16号	关于印发《南京农业大学本科生学分制收费管理暂行办法（修订）》的通知	20200111
5	校发〔2020〕28号	关于印发《南京农业大学捐赠工作奖励办法（试行）》的通知	20200117
6	校人发〔2020〕53号	关于印发《南京农业大学专业技术职务评聘管理办法》的通知	20200324
7	校财发〔2020〕70号	关于印发《南京农业大学国家杰出青年科学基金项目经费实行"包干制"的管理暂行办法》的通知	20200427
8	校发〔2020〕71号	关于印发《南京农业大学总值班工作办法》的通知	20200428
9	校学发〔2020〕103号	关于修订《南京农业大学国家奖学金管理办法》《南京农业大学国家励志奖学金管理办法》和《南京农业大学国家助学金管理办法》的通知	20200609
10	校人发〔2020〕127号	关于印发《南京农业大学钟山青年研究员管理办法》的通知	20200705
11	校研发〔2020〕140号	关于印发《南京农业大学研究生申请学位成果标准认定规定》的通知	20200716
12	校教发〔2020〕153号	关于印发《南京农业大学关于金善宝书院建设的若干意见（试行）》的通知	20200805
13	校外发〔2020〕158号	南京农业大学关于印发《南京农业大学涉外（港澳台）交流与合作协议管理办法（暂行）》的通知	20200813
14	校审发〔2020〕167号	关于印发《南京农业大学科研经费审计办法》的通知	20200831
15	校教发〔2020〕188号	关于印发《南京农业大学教师教学质量综合评价办法》《南京农业大学教师教学质量学生评价管理办法》的通知	20200917
16	校教发〔2020〕189号	关于印发《南京农业大学关于加强劳动教育的指导意见》的通知	20200915
17	校发〔2020〕199号	关于印发《南京农业大学关于本科生培养计划中社会实践学分认定及成绩评定实施细则》的通知	20201008
18	校信发〔2020〕212号	关于印发《南京农业大学信息化项目建设管理规定（2020年修订）》的通知	20201015
19	校信发〔2020〕213号	关于印发《南京农业大学校园卡管理办法（2020年修订）》的通知	20201015
20	校信发〔2020〕214号	关于印发《南京农业大学信息化数据管理办法（试行）》的通知	20201015
21	校学科发〔2020〕235号	关于公布《南京农业大学高质量论文发表期刊目录》的通知	20201113
22	校社科发〔2020〕239号	关于印发《南京农业大学新型智库建设专项经费使用管理实施细则》的通知	20201119

（续）

序号	文号	文件标题	发文时间
23	校教发〔2020〕275 号	关于印发《南京农业大学本科生毕业论文（设计）工作管理规定》的通知	20201218
24	校教发〔2020〕279 号	关于印发《南京农业大学教材管理办法》的通知	20201223
25	校研发〔2020〕285 号	关于修订《南京农业大学校长奖学金管理办法》的通知	20201229
26	校教发〔2020〕288 号	关于印发《南京农业大学金善宝书院人才培养实施细则（试行）》的通知	20201228
27	校研发〔2020〕289 号	关于印发《南京农业大学关于加强新时代研究生教育改革发展的若干意见》的通知	20201230
28	校发〔2020〕290 号	关于印发《南京农业大学法律事务管理办法》的通知	20201230

（撰稿：王明峰　审稿：袁家明　审核：张　丽）

三、2020 年大事记

1 月

10 日，学校召开"不忘初心、牢记使命"主题教育总结大会，深入学习贯彻习近平总书记在主题教育总结大会上的重要讲话和陈宝生部长在教育部直属高校主题教育总结会议上的讲话精神，全面总结回顾学校主题教育工作成效，巩固主题教育工作成果，持续推动全校各级党组织和广大党员干部不忘初心、牢记使命。教育部直属高校"不忘初心、牢记使命"主题教育第七巡回指导组组长、南京农业大学党建工作联络员李廉出席会议并讲话。

10 日，2019 年国家科技进步奖揭晓，南京农业大学周光宏教授和徐幸莲教授团队成果"肉品风味与凝胶品质控制关键技术研发及产业化应用"获国家科技进步奖二等奖。

14 日，学校举办《江苏农村发展报告 2019》发布会暨乡村振兴论坛。

23 日，学校成立了新型冠状病毒感染的肺炎疫情防控工作领导小组，并向全校发出通知，要求切实做好新型冠状病毒感染的肺炎疫情防控工作。

2 月

19 日，江苏省委副书记任振鹤来到学校白马教学科研基地，调研白马基地建设情况和作物表型组学研究重大科技基础设施筹建进展。

27 日，为响应党中央对广大党员的号召，学校党委向全体党员发出倡议，捐款支持新冠肺炎疫情防控工作。全体校党委常委带头捐款，校党委委员、党委部门负责人和二级党组织书记纷纷捐款。

27 日，江苏省副省长赵世勇来到学校白马基地，对作物表型组学研究重大科技基础设施筹建等工作进行重点调研。

3 月

3 月，英国 QS 全球教育集团发布了 2020 年最新"QS 世界大学学科排名"。学校农业与林业学科列全球第 26 位，连续 3 年入围全球 50 强。学校环境科学学科首次进入前 250，列第 201～250 位；生物科学学科首次进入前 350，列第 301～350 位，排名位次明显提升。

12 日，江苏省副省长马秋林来到学校白马基地，调研学校作物表型组学研究重大科技基础设施筹建等工作。

13 日，中共南京农业大学第十二届三次全委（扩大）会召开。校长陈发棣做题为"重点突破，整体推进，全面开启农业特色世界一流大学建设新篇章"的主旨报告。

4 月

8 日，《中国教育报》头版头条刊发专题通讯《配足"富方子"摘掉"穷帽子"——南京农业大学联姻式科技帮扶擦亮贵州麻江县"金招牌"》，聚焦报道学校科技帮扶、党建扶贫等亮点工作，并将报道作为"脱贫攻坚 教育力量"专栏的开栏报道，高度评价学校为打赢脱贫攻坚战作出的积极贡献及给当地带来的巨大变化，教育部官方网站对报道全文进行了转载。

4 月，泰晤士高等教育（THE）第二届世界大学影响力排行榜揭晓，学校凭借对全球农业和国家粮食安全的杰出贡献，获得极高的国际认可，在单项可持续发展目标 SDG2"零饥饿"排名中荣膺全球第一。

5 月

30 日，在第四个"全国科技工作者日"，第二届全国创新争先奖揭晓，学校陈发棣教授荣获全国创新争先奖，被授予全国创新争先奖状。

5 月，国务院扶贫开发领导小组办公室通报了 2019 年直属高校定点扶贫工作成效考核结果，学校在国务院扶贫开发领导小组办公室、教育部等单位组织的中央单位定点扶贫工作年度成效考核中，获评最高等级——"好"。

6 月

10 日，学校与贵州大学签订全面合作协议。

11 日，江苏省委常委、省委统战部部长杨岳一行来学校调研统战工作。

19 日，学校召开"十四五"规划编制工作启动大会。

7 月

3 日，学校在金陵研究院三楼报告厅召开南京农业大学研究生院建院 20 周年纪念座谈会。

3 日，江苏省委常委、省委宣传部部长王燕文来学校调研指导。

15 日，南京农业大学第六届教职工代表大会、第十一届工会会员代表大会隆重召开。校长陈发棣作题为"立德树人担使命 强农兴农谱新篇 书写好建设农业特色世界一流大学的奋进之笔"的工作报告。

27 日，学校举行虚拟校园卡及微门户开通仪式，此举标志着学校虚拟卡与聚合支付系统、微门户正式上线运行。学校成为全国首家使用虚拟校园卡与聚合支付系统的高校。

7 月，2020 年农业农村部 10 大引领性技术发布，由南京农业大学牵头的"北斗导航支持下的智慧麦作技术"和作为主要集成单位完成的"水稻机插缓混一次施肥技术"2 项技术入选。

8 月

13 日，学校与海南省三亚市人民政府、南繁科技城有限公司共同签署三方共建三亚研究院协议。

18 日，学校与江苏南京国家农业高新技术产业示范区签订共建高水平科教孵化基地合作协议。

26 日，学校与南京市栖霞区人民政府签订《现代花卉及园艺产业技术中试孵化项目合作协议》。

27 日，在习近平总书记给全国涉农高校的书记校长及专家代表回信一周年即将到来之际，农业农村部在南京农业大学召开高等农业教育改革座谈会。9 所省部共建高校专家代表重温总书记回信精神，深入研讨促进新时代高等农业教育发展的意见，推进新农科建设，着力破解制约农业高校发展的瓶颈，推动农业高等教育更好地服务乡村振兴。

29 日，学校与连云港市东海县人民政府签署合作共建南京农业大学东海校区框架协议。

9 月

20 日，学校举办活动纪念农史研究 100 周年。农业农村部农村经济研究中心、中国科学院、中国社会科学院、中国农业科学院、中国农业博物馆、清华大学、中国农业大学、复旦大学、南京大学、西北农林科技大学、中山大学、吉林大学、四川大学、山东大学、郑州市文物考古研究院等 65 个高校和研究机构的 150 余名专家学者参加了此次活动。

24 日，农业农村部部长韩长赋到学校白马教学科研基地调研，并参观科技成果展。

27 日，学校与江苏省农业科学院签署全面战略合作协议。

30 日，南京农业大学 2020 级新生开学典礼隆重举行。党委书记陈利根为全体新生讲授题为"躬耕大地　心怀山海——在时代的洪流中蓄积破土的力量"的开学第一课。校长陈发棣致辞，他从"南农之美"说起，带新生们一同揭开即将上演的"南农故事"。

9 月，教育部审计组进驻学校，对周光宏同志任职校长期间经济责任履行情况进行离任审计。

9 月，学校组织学生团队在第十一届"挑战杯"江苏省大学生创业计划竞赛中，以三金一银三铜的成绩，捧得省赛"优胜杯"，其中有 3 项作品获得首批入围国赛资格。

9 月，学校沈其荣教授、周明国教授荣获光华工程科技奖。

9 月，农学院"粮食作物生产力监测预测机理与方法"获国家自然科学基金创新研究群体项目资助。

10 月

8 日，生物学领域国际权威期刊 *Current Biology* 在线发表了学校植物保护学院昆虫学系洪晓月教授课题组的题为 "Stable introduction of plant virus - inhibiting Wolbachia into planthoppers for rice protection" 长文研究论文（article），研究成果为农业害虫的防治找到

一个新途径、指明了一个新方向。

16 日，当天是世界粮食日，也是联合国粮农组织（FAO）创建纪念日。中国驻联合国粮农组织首任首席代表、南京高等师范学校（国立中央大学前身）农科首任主任、中国科学社和中国农学会主要创建人邹秉文先生铜像在南京农业大学落成揭幕。

18 日，学校与多伦科技股份有限公司签署战略合作暨捐赠仪式。根据协议，多伦科技股份有限公司向学校捐赠 2 000 万元用于南京农业大学新校区图书馆建设，双方将共同设立章之汶教育基金，并围绕人才培养、智慧校园建设等方面展开合作。

19 日，农业外派人员能力提升培训班开班式在学校举行。农业农村部副部长张桃林出席开班式并讲话。

21 日，南京市玄武区委书记闵一峰一行来学校调研交流，洽谈校地合作。

26 日，由全国兽医专业学位研究生教育指导委员会主办、南京农业大学承办的中国兽医专业学位教育 20 周年纪念会在南京召开。

28 日，全国高等农林水院校党建与思想政治工作研讨会第 19 次会议在南京农业大学召开。

11　　月

6 日，教育部副部长田学军来学校调研指导。

7 日、11 日，农学院和园艺学院分别举办建院 20 周年座谈与学术交流活动。

10 日，学校与黑龙江省黑河市人民政府签署战略合作框架协议。

21 日，2020 中国农业农村科技发展高峰论坛·农村双创与科技分论坛在南京农业大学举行。

28 日，共青团南京农业大学第十四次代表大会召开。大会审议通过了共青团南京农业大学第十三届委员会工作报告，选举产生了共青团南京农业大学第十四届委员会。

12　　月

1 日，2020 年 GCHERA 世界农业奖在南京农业大学揭晓，中国科学家首次获奖。

15 日，教育部党组成员、副部长钟登华来学校调研课程思政建设、高校基础研究和科研攻关及"十四五"规划编制相关工作情况。

19 日，南京农业大学新校区一期工程项目第一根桩基启动，标志着新校区全面进入大规模建设新阶段。

24 日，"时代楷模"朱有勇院士来南京农业大学作题为"把论文写在大地上"的主题报告。

30 日，南京农业大学欧美同学会（留学人员联谊会）成立。

31 日，学校与京博控股集团签署战略合作协议。

（撰稿：王明峰　审稿：袁家明　审核：李新权）

四、机构与干部

机 构 设 置

（截至 2020 年 12 月 31 日）

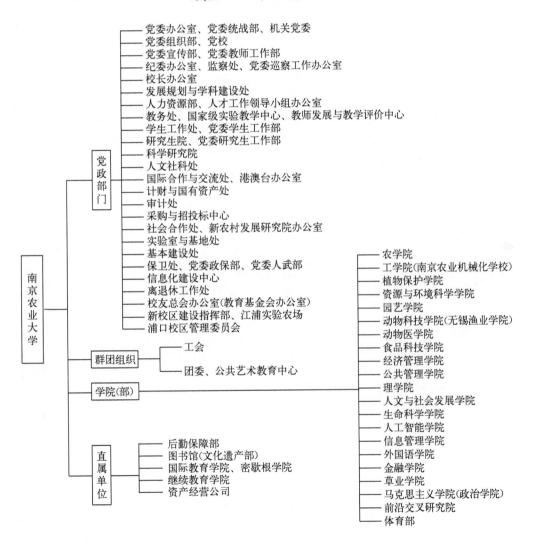

校 级 党 政 领 导

党委书记：陈利根

校长：陈发棣

党委副书记：王春春　刘营军

党委副书记、纪委书记：高立国

党委常委、副校长：胡　锋　丁艳锋　董维春　闫祥林

（撰稿：唐海洋　审稿：吴　群　审核：李新权）

处级单位干部任职情况

处级干部任职情况一览表

(2020.01.01—2020.12.31)

序号	工作部门	职务	姓名	备注
一、党政部门				
1	党委办公室、党委统战部、机关党委	党委办公室主任、党委统战部部长、机关党委书记	孙雪峰	
		机关党委常务副书记、党委办公室副主任、党委统战部副部长	刘志斌	2020年6月任现职
		党委办公室副主任、党委统战部副部长	丁广龙	
2	党委组织部、党校	党委常委、党委组织部部长	吴群	
		党委组织部副部长	许承保	
		党委组织部副部长	郑颖	
3	党委宣传部、党委教师工作部	党委宣传部部长、党委教师工作部部长	刘勇	2020年5月任党委教师工作部部长
		党委教师工作部副部长、党委宣传部副部长	郑金伟	2020年5月任现职
		党委宣传部副部长、党委教师工作部副部长	陈洁	2020年7月任现职
4	纪委办公室、监察处、党委巡察工作办公室	纪委副书记、纪委办公室主任、监察处处长	胡正平	
		党委巡察工作办公室主任	尤树林	2020年5月任现职
		纪委办公室副主任、监察处副处长	梁立宽	
5	校长办公室	校长助理	王源超	2020年4月任现职
		校长办公室主任	单正丰	
		校长办公室副主任	施晓琳	2020年5月任现职
		校长办公室副主任	袁家明	
		校长办公室副主任	鲁韦韦	
6	发展规划与学科建设处	发展规划与学科建设处处长	罗英姿	
		发展规划与学科建设处副处长	李占华	
		发展规划与学科建设处副处长	潘宏志	2020年12月任现职

（续）

序号	工作部门	职务	姓名	备注
7	人力资源部、人才工作领导小组办公室	人力资源部部长、人才工作领导小组办公室主任	包　平	2020 年 5 月任人力资源部部长
		人力资源部副部长	白振田	2020 年 5 月任现职
		人才工作领导小组办公室副主任、人力资源部副部长	黄　骥	2020 年 5 月任人力资源部副部长
8	教务处、国家级实验教学中心、教师发展与教学评价中心	教务处处长、国家级实验教学中心主任、教师发展与教学评价中心主任、创新创业学院院长（兼）	张　炜	2020 年 5 月任国家级实验教学中心主任、教师发展与教学评价中心主任
		国家级实验教学中心副主任、教务处副处长	吴　震	2020 年 5 月任国家级实验教学中心副主任
		教师发展与教学评价中心副主任、教务处副处长	丁晓蕾	2020 年 5 月任教务处副处长
		教务处副处长	胡　燕	
		教务处副处长	李刚华	2020 年 6 月任现职
9	学生工作处、党委学生工作部	学生工作处处长、党委学生工作部部长、创新创业学院副院长（兼）	刘　亮	
		学生工作处副处长	李献斌	
		学生工作处副处长、党委研究生工作部副部长	吴彦宁	
		党委学生工作部副部长	黄绍华	
10	研究生院、党委研究生工作部	研究生院常务副院长、学位办公室主任	吴益东	
		党委研究生工作部部长、研究生院副院长	姚志友	
		研究生院副院长、研究生院培养办公室主任	张阿英	2020 年 5 月任研究生院培养办公室主任
		研究生院招生办公室主任	倪丹梅	
		党委研究生工作部副部长	林江辉	2020 年 5 月任现职
		研究生院学位办公室副主任	朱中超	
11	科学研究院	科学研究院院长	姜　东	2020 年 5 月任现职
		科学研究院副院长（正处级）	俞建飞	2020 年 5 月任现职
		科学研究院副院长	马海田	2020 年 5 月任现职
		科学研究院副院长	陶书田	2020 年 5 月任现职
		科学研究院副院长	陈　俐	2020 年 5 月任现职

（续）

序号	工作部门	职务	姓名	备注
12	人文社科处	人文社科处处长	黄水清	
		人文社科处副处长	卢　勇	
		人文社科处副处长	宋华明	2020 年 5 月任现职
13	国际合作与交流处、港澳台办公室	国际合作与交流处处长、港澳台办公室主任	陈　杰	
		国际合作与交流处副处长、港澳台办公室副主任	董红梅	
		国际合作与交流处副处长、港澳台办公室副主任	魏　薇	
14	计财与国有资产处	计财与国有资产处处长	陈庆春	2020 年 5 月任现职
		计财与国有资产处副处长	顾兴平	2020 年 5 月任现职
		计财与国有资产处副处长	杨恒雷	2020 年 5 月任现职
		计财与国有资产处副处长	周激扬	2020 年 5 月任现职
15	审计处	审计处处长	顾义军	
		审计处副处长	高天武	2020 年 5 月任现职
16	采购与招投标中心	采购与招投标中心主任	庄　森	2020 年 5 月任现职
		采购与招投标中心副主任	胡　健	2020 年 5 月任现职
17	社会合作处、新农村发展研究院办公室	社会合作处处长、新农村发展研究院办公室主任	陈　巍	
		社会合作处副处长、新农村发展研究院办公室副主任	李玉清	
		社会合作处副处长、新农村发展研究院办公室副主任	严　瑾	
18	实验室与基地处	实验室与基地处处长	陈礼柱	2020 年 5 月任现职
		实验室与基地处副处长	石晓蓉	2020 年 5 月任现职
		实验室与基地处副处长、科学研究院副院长（兼）	周国栋	2020 年 5 月任现职
		实验室与基地处副处长	田永超	2020 年 5 月任现职
19	基本建设处	基本建设处处长	桑玉昆	
		基本建设处副处长	赵丹丹	
		基本建设处副处长	郭继涛	
20	保卫处、党委政保部、党委人武部	保卫处处长、党委政保部部长、党委人武部部长	崔春红	
		保卫处副处长、党委政保部副部长、党委人武部副部长	何东方	

（续）

序号	工作部门	职务	姓名	备注
21	信息化建设中心	信息化建设中心主任	查贵庭	2020 年 5 月任现职
		信息化建设中心副主任	周留根	2020 年 5 月任现职
22	离退休工作处	离退休工作处党工委书记、处长	梁敬东	
		离退休工作处党工委副书记、副处长	卢忠菊	
		离退休工作处副处长	杨 坚	
23	校友总会办公室（教育基金会办公室）	校友总会办公室（教育基金会办公室）主任	张红生	2020 年 5 月任现职
		校友总会办公室（教育基金会办公室）副主任	狄传华	2020 年 5 月任现职
24	新校区建设指挥部、江浦实验农场	新校区建设指挥部常务副总指挥	夏镇波	
		新校区建设指挥部党工委书记	倪 浩	
		新校区建设指挥部副总指挥、江浦实验农场场长	乔玉山	
		新校区建设指挥部党工委副书记、综合办公室主任	张亮亮	
		新校区建设指挥部土地事务办公室主任、江浦实验农场副场长	欧维新	
		新校区建设指挥部规划建设与人才公寓项目办公室主任	李长钦	2020 年 12 月任现职
25	浦口校区管理委员会	浦口校区管理委员会党工委常务副书记、常务副主任（正处级）	李昌新	2020 年 7 月任现职
		浦口校区管理委员会党工委副书记、副主任、人力资源部副部长	孙小伍	2020 年 7 月任现职
		浦口校区管理委员会副主任、教务处副处长	周应堂	2020 年 7 月任现职
		浦口校区管理委员会副主任、团委副书记	施雪钢	2020 年 7 月任现职
		浦口校区管理委员会副主任、计财与国有资产处副处长	郑 岚	2020 年 7 月任现职
		浦口校区管理委员会副主任、后勤保障部副部长	杨 明	2020 年 7 月任现职
		浦口校区管理委员会副主任、保卫处副处长	李中华	2020 年 7 月任现职
	二、群团组织			
1	工会	工会主席	余林媛	
		工会副主席	陈如东	

（续）

序号	工作部门	职务	姓名	备注
2	团委、公共艺术教育中心	团委书记、公共艺术教育中心主任、创新创业学院副院长（兼）	谭智赟	2020年5月任公共艺术教育中心主任
		团委副书记、公共艺术教育中心副主任（兼）	朱媛媛	

三、学院（部）

序号	工作部门	职务	姓名	备注
1	农学院	农学院党委书记	戴廷波	
		农学院党委副书记、院长	朱 艳	
		农学院党委副书记	殷 美	
		农学院副院长	王秀娥	
		农学院副院长	赵晋铭	
		农学院副院长	曹爱忠	
		农学院副院长	王益华	2020年11月任现职
2	工学院	工学院党委副书记、院长、南京农业机械化学校校长	汪小旵	2020年7月任工学院党委副书记、院长
		工学院党委副书记（主持工作）	李 骅	2020年7月任现职
		工学院党委副书记	刘 平	2020年7月任现职
		工学院副院长、南京农业机械化学校副校长	何瑞银	2020年7月任现职
		工学院副院长、南京农业机械化学校副校长	薛金林	2020年7月任工学院副院长
3	植物保护学院	植物保护学院党委书记	邵 刚	
		植物保护学院党委副书记、院长	张正光	2020年6月任植物保护学院院长，2020年7月任植物保护学院党委副书记
		植物保护学院党委副书记	吴智丹	2020年6月任现职
		植物保护学院副院长	叶永浩	
		植物保护学院副院长	王兴亮	
		植物保护学院副院长	董莎萌	2020年11月任现职
4	资源与环境科学学院	资源与环境科学学院党委书记	全思懋	
		资源与环境科学学院院长	邹建文	
		资源与环境科学学院党委副书记	闫相伟	2020年6月任现职
		资源与环境科学学院副院长	李 荣	
		资源与环境科学学院副院长	郭世伟	
		资源与环境科学学院副院长	张旭辉	

（续）

序号	工作部门	职务	姓名	备注
5	园艺学院	园艺学院党委书记	韩 键	
		园艺学院党委副书记、院长	吴巨友	
		园艺学院党委副书记	文习成	2020 年 6 月任现职
		园艺学院副院长	陈素梅	
		园艺学院副院长	张清海	
6	动物科技学院	动物科技学院党委书记	高 峰	
		动物科技学院党委副书记、院长	毛胜勇	
		动物科技学院党委副书记	吴 峰	
		动物科技学院副院长	张艳丽	
		动物科技学院副院长	孙少琛	
		动物科技学院副院长	蒋广震	
7	动物医学院	动物医学院党委书记	姜 岩	2020 年 5 月任现职
		动物医学院党委副书记、院长	姜 平	
		动物医学院党委副书记	刘照云	2020 年 5 月任现职
		动物医学院党委副书记	熊富强	
		动物医学院副院长	曹瑞兵	
		动物医学院副院长	苗晋锋	
8	食品科技学院	食品科技学院党委书记	孙 健	2020 年 5 月任现职
		食品科技学院党委副书记、院长	徐幸莲	
		食品科技学党委副书记	邵士昌	
		食品科技学院副院长	李春保	
		食品科技学院副院长	辛志宏	
		食品科技学院副院长	金 鹏	
9	经济管理学院	经济管理学院党委书记	姜 海	
		经济管理学院院长	朱 晶	
		经济管理学院党委副书记	宋俊峰	
		经济管理学院副院长	耿献辉	
		经济管理学院副院长	林光华	
		经济管理学院副院长	易福金	
10	公共管理学院	公共管理学院党委书记	郭忠兴	
		公共管理学院党委副书记、院长	冯淑怡	
		公共管理学院党委副书记	张树峰	
		公共管理学院副院长	于 水	
		公共管理学院副院长	郭贯成	
		公共管理学院副院长	刘晓光	

（续）

序号	工作部门	职务	姓名	备注
11	理学院	理学院党委书记	程正芳	
		理学院党委副书记、院长	章维华	
		理学院党委副书记	桑运川	2020年5月任现职
		理学院副院长	吴 磊	
		理学院副院长	朱映光	
		理学院副院长	张 瑾	
12	人文与社会发展学院	人文与社会发展学院党委书记	姚科艳	
		人文与社会发展学院院长	姚兆余	
		人文与社会发展学院党委副书记	冯绪猛	
		人文与社会发展学院副院长	路 璐	
		人文与社会发展学院副院长	朱利群	
13	生命科学学院	生命科学学院党委书记	赵明文	
		生命科学学院党委副书记、院长	蒋建东	
		生命科学学院党委副书记	李阿特	
		生命科学学院副院长	崔 瑾	
		生命科学学院副院长	陈 熙	
14	人工智能学院	人工智能学院院长	徐焕良	2020年7月任现职
		人工智能学院党委副书记（主持工作）	沈明霞	2020年7月任现职
		人工智能学院党委副书记	卢 伟	2020年7月任现职
		人工智能学院副院长	刘 杨	2020年7月任现职
		人工智能学院副处级组织员	张和生	2020年7月任现职
15	信息管理学院	信息管理学院党委书记	郑德俊	2020年7月任现职
		信息管理学院副院长（主持工作）	张兆同	2020年7月任现职
		信息管理学院党委副书记	王春伟	2020年7月任现职
		信息管理学院副院长	何 琳	2020年7月任现职
		信息管理学院副院长	李 静	2020年7月任现职
16	外国语学院	外国语学院党委书记	朱筱玉	2020年5月任现职
		正处级组织员（外国语学院党委）	石 松	2020年5月任现职
		外国语学院副院长（主持工作）	曹新宇	
		外国语学院党委副书记	韩立新	
		外国语学院副院长	游衣明	
		外国语学院副院长（埃格顿大学孔子学院中方院长）	李震红	

（续）

序号	工作部门	职务	姓名	备注
17	金融学院	金融学院党委书记	刘兆磊	
		金融学院党委副书记、院长	周月书	
		金融学院党委副书记	李日葵	
		金融学院副院长	张龙耀	
		金融学院副院长	王翌秋	
18	草业学院	草业学院党总支书记	李俊龙	
		草业学院院长	郭振飞	
		草业学院党总支副书记、副院长	高务龙	
		草业学院副院长	徐彬	
19	马克思主义学院（政治学院）	马克思主义学院党总支副书记、院长	付坚强	2020 年 11 月任马克思主义学院党总支副书记
		马克思主义学院党总支副书记（主持工作）	屈勇	2020 年 7 月任现职
		马克思主义学院党总支副书记	杨博	
		马克思主义学院 副院长	姜萍	
20	前沿交叉研究院	前沿交叉研究院院长	窦道龙	2020 年 11 月任现职
		前沿交叉研究院副院长	盛馨	2020 年 11 月任现职
21	体育部	体育部党总支书记、主任	张禾	
		体育部党总支副书记	许再银	
		体育部副主任	陆东东	

四、直属单位

序号	工作部门	职务	姓名	备注
1	后勤保障部	后勤保障部党委书记	刘玉宝	2020 年 5 月任现职
		后勤保障部部长	钱德洲	2020 年 5 月任现职
		后勤保障部党委副书记、后勤保障部副部长	胡会奎	2020 年 5 月任现职
		后勤保障部副部长	孙仁帅	2020 年 5 月任现职
		医院院长、后勤保障部副部长	杨桂芹	2020 年 2 月任医院院长，2020 年 5 月任后勤保障部副部长
2	图书馆（文化遗产部）	图书馆（文化遗产部）党总支书记	朱世桂	2020 年 5 月任现职
		图书馆（文化遗产部）馆长（部长）	倪峰	2020 年 5 月任现职
		图书馆（文化遗产部）党总支副书记、图书馆（文化遗产部）副馆长（副部长）	张鲲	2020 年 5 月任现职
		图书馆（文化遗产部）副馆长（副部长）	唐惠燕	2020 年 5 月任现职
		图书馆（文化遗产部）副馆长（副部长）	康敏	2020 年 7 月任现职

（续）

序号	工作部门	职务	姓名	备注
3	国际教育学院、密歇根学院	国际教育学院、密歇根学院直属党支部书记	缪培仁	2020年5月任现职
		国际教育学院院长、密歇根学院院长	韩纪琴	2020年5月任密歇根学院院长
		国际教育学院、密歇根学院直属党支部副书记、国际教育学院副院长、密歇根学院副院长	童敏	2020年5月任国际教育学院、密歇根学院直属党支部副书记、密歇根学院副院长
		国际教育学院副院长、密歇根学院副院长	李远	2020年5月任密歇根学院副院长
4	继续教育学院	继续教育学院院长	李友生	
		继续教育学院党总支副书记（主持工作）	毛卫华	2020年7月任现职
		继续教育学院党总支副书记	於朝梅	
		继续教育学院副院长	肖俊荣	
5	资产经营公司	资产经营公司直属党支部书记	夏拥军	2020年6月任现职
		资产经营公司总经理	许泉	

（撰稿：唐海洋　审稿：吴　群　审核：李新权）

常设委员会（领导小组）

南京农业大学外事与港澳台工作领导小组

组　　长：陈利根　陈发棣

副组长：胡　锋

成　　员（以姓氏笔画为序）：

包　平　孙雪峰　吴　群　陈　杰　陈庆春　单正丰

领导小组下设办公室，设在国际合作与交流处（港澳台办公室），陈杰兼任办公室主任。

南京农业大学新农科建设领导小组

组　　长：陈利根　陈发棣

副组长：董维春

成　　员（以姓氏笔画为序）：

刘　亮　刘　勇　吴益东　张　炜　陈　杰　陈　巍　范红结　姜　东

黄水清　谭智赟

南京农业大学"作物免疫学国家重点实验室"筹建工作领导小组

组　　长：陈利根　陈发棣

副组长：丁艳锋　闫祥林　沈其荣　王源超

成　　员（以姓氏笔画为序）：

包　平　全思懋　孙　健　吴益东　邹建文　陈庆春　邵　刚　罗英姿

俞建飞　姜　东　钱德洲　倪　峰　桑玉昆　章维华　蒋建东

秘　　书：张正光　周国栋

南京农业大学扶贫开发工作领导小组

组　　长：陈利根　陈发棣

副组长：高立国　丁艳锋　闫祥林

成　　员（以姓氏笔画为序）：

石晓蓉　包　平　朱筱玉　全思懋　刘　亮　刘　勇　许　泉　孙雪峰

李友生　李昌新　吴　群　吴益东　余林媛　张红生　陈　巍　陈庆春

邵　刚　罗英姿　周振雷　单正丰　赵明文　胡正平　姜　东　姜　岩

姜　海　姚科艳　高　峰　黄水清　韩　键　谭智赟　戴廷波

领导小组下设办公室，挂靠社会合作处（新农村发展研究院办公室）。成员职务发生变动的，由成员单位主要负责同志自然替换，不再另行发文。

新型冠状病毒感染的肺炎防控工作领导小组

组　长：陈利根　陈发棣

副组长：闫祥林　刘营军

成　员（以姓氏笔画为序）：

　　　　石晓蓉　包　平　刘　亮　刘　勇　刘玉宝　孙　健　孙雪峰　杨德吉

　　　　吴益东　汪小旵　张　炜　陈庆春　单正丰　姜　东　姜　岩　姚志友

　　　　崔春红　韩纪琴　谭智赟

　　　　各二级党组织书记

南京农业大学人才安全应对工作领导小组

组　长：陈利根　陈发棣

副组长：王春春　胡　锋

组　员（以姓氏笔画为序）：

　　　　包　平　孙雪峰　吴　群　陈　杰　单正丰　姜　东　钱德洲　黄水清

　　　　崔春红

领导小组下设办公室，设在党委组织部，负责具体人才安全应对工作。组员职务发生变动的，由组员单位主要负责同志自然替换，不再另行发文。

南京农业大学机构编制工作委员会

主　任：陈利根　陈发棣

成　员：王春春　刘营军　吴　群　王源超　包　平　罗英姿　张　炜　吴益东

　　　　姜　东

委员会下设办公室，挂靠人力资源部。办公室成员单位包括党委组织部、人力资源部、发展规划与学科建设处。

南京农业大学实验室安全工作领导小组

组　长：陈利根　陈发棣

副组长：王源超

成　员：校长办公室、人力资源部、计财与国有资产处、科学研究院、保卫处、研究生

　　　　院、教务处、学生工作处、实验室与基地处、后勤保障部等部门主要负责人

领导小组办公室设在实验室与基地处。

办公室主任：实验室与基地处处长

新校区和教师公寓建设领导小组

（一）新校区和教师公寓建设领导小组

组　长：陈利根　陈发棣

副组长：刘营军

成　员：王春春　高立国　胡　锋　丁艳锋　董维春　闫祥林　吴　群　王源超

　　　　孙雪峰　单正丰　夏镇波　倪　浩　乔玉山

（1）新校区建设指挥部

总指挥：刘营军

常务副总指挥：夏镇波

副总指挥：倪　浩　乔玉山

（2）教师公寓建设指挥部

总指挥：刘营军

副总指挥：倪　浩

新校区建设指挥部和教师公寓建设指挥部合署办公。

（二）新校区和教师公寓建设领导小组下设工作机构

1. 办公室

主　任：刘营军

副主任：夏镇波　倪　浩

主要职责：负责协调各专项工作组、各学院、各单位共同推进新校区和教师公寓建设及相关工作任务落实。挂靠新校区建设指挥部。

2. 规划运行委员会

主　任：闫祥林

副主任：钱德洲　陈礼柱　陈庆春

主要职责：负责新校区搬迁、运行和教师公寓安排等方面的研究、论证工作。

3. 监督审计委员会

主　任：高立国

副主任：胡正平　顾义军

主要职责：负责新校区和教师公寓建设的廉政监督、纪检监察、全过程跟踪审计等工作。

4. 财务与招标采购委员会

主　任：闫祥林

副主任：陈庆春　庄　森

主要职责：负责新校区和教师公寓建设过程中的各类招标采购工作；负责建设资金管理工作。

5. 民主监督委员会

主　任：王春春

副主任：余林媛　谭智赟

主要职责：负责组织师生员工民主参与和监督新校区和教师公寓建设工作。

南京农业大学审计委员会

（一）审计委员会

主　任：陈利根　陈发棣

副主任：高立国　闫祥林

委　员：党委组织部、纪委办公室、党委巡察工作办公室、校长办公室、人力资源部、计财与国有资产处、审计处等部门的主要负责人

（二）审计委员会办公室

负责处理审计委员会的日常工作、督促落实审计委员会的有关决议决定等。审计委员会办公室设在审计处。

南京农业大学网络安全和信息化领导小组

组　　长：陈利根　陈发棣

副组长：王春春　闫祥林

成　　员：党委办公室、党委组织部、党委宣传部、团委、校长办公室、发展规划与学科建设处、人力资源部、教务处、学生工作处、研究生院、科学研究院、人文社科处、国际合作与交流处、计财与国有资产处、采购与招投标中心、社会合作处、实验室与基地处、基本建设处、保卫处、信息化建设中心、校友总会办公室、后勤保障部、图书馆（文化遗产部）、国际教育学院、继续教育学院等部门主要负责人

领导小组下设办公室，办公室挂靠信息化建设中心。

科技成果转移转化领导小组

组　　长：陈利根　陈发棣

副组长：丁艳锋　闫祥林

成员（以姓氏笔画为序）：

包　平　许　泉　陈　俐　陈　巍　陈庆春　胡正平　俞建飞　姜　东

顾义军　倪　峰　黄水清

领导小组下设办公室，办公室挂靠科学研究院。办公室成员为监察处、人力资源部、科学研究院、人文社科处、计财与国有资产处、审计处、社会合作处、图书馆（文化遗产部）、资产经营公司的主要负责人。成员单位负责人变动，小组成员自然替换。

南京农业大学"三全育人"工作领导小组

组　　长：陈利根　陈发棣

副组长：刘营军　董维春

成　　员：党委办公室、党委组织部、党委宣传部、团委、校长办公室、人力资源部、教务处、学生工作处、党委学生工作部、研究生院、党委研究生工作部、科学研究院、后勤保障部等部门主要负责人

领导小组下设办公室，办公室设在党委办公室、党委学生工作部，办公室主任由党委办公室主任、党委学生工作部部长兼任。

南京农业大学全面依法治校工作领导小组

组　　长：陈利根　陈发棣

副组长：闫祥林　高立国　沈其荣

成　　员：党委办公室、校长办公室、党委组织部、党委宣传部、纪委办公室、监察处、党委巡察工作办公室、工会、团委、发展规划与学科建设处、人力资源部、教

务处、学生工作处（部）、研究生院、科学研究院、计财与国有资产处、保卫处、离退休工作处等部门主要负责人

全面依法治校工作领导小组下设办公室，办公室设在校长办公室。

南京农业大学教材工作委员会

（一）教材工作委员会人员构成及工作职责

主　　任：陈利根　陈发棣

副主任：王春春　董维春

委　　员：党委宣传部（党委教师工作部）、教务处、研究生院（部）、继续教育学院、国际教育学院、学生工作处（部）、团委、马克思主义学院、人文与社会发展学院主要负责人

主要职责：负责落实国家教材建设相关政策，制定学校教材管理制度，组织开展全校教材规划、编写、审核、选用等工作。

（二）设立教材工作委员会办公室

教材工作委员会下设办公室，负责教材工作委员会具体工作部署和落实，做好教材管理日常工作。

主　　任：董维春

副主任：张　炜　吴益东

成　　员：党委宣传部分管意识形态工作负责人，教务处、研究生院（部）、继续教育学院、国际教育学院、学生工作处（部）、团委、马克思主义学院、人文与社会发展学院分管教材工作的负责人

秘　　书：教务处、研究生院（部）、继续教育学院、国际教育学院的相关工作人员

南京农业大学马克思主义理论研究和建设工程重点教材统一使用工作领导小组

组　　长：陈利根　陈发棣

副组长：王春春　董维春

成　　员：党委宣传部（党委教师工作部）、教务处、研究生院（部）、继续教育学院、国际教育学院、学生工作处（部）、团委、马克思主义学院、人文与社会发展学院主要负责人

党委巡察工作领导小组

组　　长：陈利根

副组长：高立国　吴　群

成　　员（以姓氏笔画为序）：

尤树林　包　平　刘　勇　孙雪峰　胡正平

南京农业大学思想政治理论课建设工作领导小组

组　　长：陈利根

副组长：王春春　刘营军　董维春　吴　群　王源超

成　员（以姓氏笔画为序）：

付坚强　包　平　刘　亮　刘　勇　孙雪峰　李昌新　吴益东　张　炜

陈庆春　罗英姿　姜　东　姚兆余　黄水清　谭智赟

秘　书：付坚强（兼）

南京农业大学国家安全人民防线建设领导小组

组　长：陈利根

副组长：王春春

成　员（以姓氏笔画为序）：

刘　亮　刘　勇　孙雪峰　李昌新　吴　群　陈　杰　姜　东　姚志友

崔春红　韩纪琴　谭智赟

国家安全人民防线建设领导小组下设办公室，办公室设在党委办公室。领导小组人员职务发生变动的，由成员单位主要负责同志自然替换，不再另行发文。

办公室主任兼联络员：孙雪峰（兼）

研究生招生工作领导小组

组　长：陈发棣

副组长：董维春　高立国

成　员（以姓氏笔画为序）：

刘　亮　吴益东　张　炜　姚志友　倪丹梅

秘　书：倪丹梅（兼）

本科招生工作领导小组

组　长：陈发棣

副组长：刘营军　董维春　闫祥林

成　员（以姓氏笔画为序）：

刘　亮　张　炜　陈庆春　胡正平　钱德洲　黄绍华

秘　书：黄绍华（兼）

领导小组成员职务发生变动的，由成员单位负责同志自然替换，不再另行发文。

南京农业大学基本建设工作领导小组

组　长：陈发棣

副组长：闫祥林

成　员：校长办公室、计财与国有资产处、审计处、采购与招投标中心、实验室与基地处、基本建设处、保卫处、信息化建设中心、新校区建设指挥部、后勤保障部、工学院等部门主要负责人

基本建设工作领导小组下设办公室，办公室设在基本建设处，办公室主任由基本建设处处长兼任。

学校中央高校基本科研业务费管理工作领导小组

组　长：陈发棣

副组长：丁艳锋　闫祥林

成　员（以姓氏笔画为序）：

朱伟云　陈庆春　周光宏　赵方杰　钟甫宁　俞建飞　姜　东　顾义军
黄水清　盖钧镒

南京农业大学传染病防控工作领导小组

组　长：陈发棣

副组长：闫祥林

成　员（以姓氏笔画为序）：

包　平　刘　亮　刘　勇　许　泉　孙雪峰　李友生　李昌新　杨桂芹
张　炜　陈庆春　单正丰　查贵庭　姚志友　钱德洲　崔春红　梁敬东
韩纪琴　谭智赟

中共南京农业大学委员会保密委员会

主　任：王春春

副主任：孙雪峰　单正丰　李昌新　姜　东　崔春红　陈　杰

委　员（以姓氏笔画为序）：

付坚强　包　平　朱世桂　朱筱玉　全思懋　刘　亮　刘　勇　刘玉宝
刘兆磊　孙　健　李友生　李俊龙　吴　群　张　禾　张　炜　张兆同
邵　刚　郑德俊　赵明文　胡正平　姜　岩　姜　海　姚志友　姚科艳
夏拥军　倪　浩　高　峰　郭忠兴　梁敬东　韩　键　程正芳　缪培仁
戴廷波

校保密委员会下设办公室。

办公室主任：孙雪峰

委员会人员职务发生变动的，由成员单位主要负责同志自然替换，不再另行发文。

南京农业大学离退休工作领导小组

组　长：王春春

副组长：吴　群　梁敬东

成　员：党委办公室、党委组织部、校长办公室、工会、人力资源部、计财与国有资产
处、后勤保障部、离退休工作处、体育部等职能部门主要负责人

南京农业大学体育运动委员会

主　任：刘营军

副主任：董维春　闫祥林

秘书长：张　禾

副秘书长：孙雪峰　单正丰　余林媛

委　员（以姓氏笔画为序）：

王春伟　文习成　卢　伟　包　平　冯绪猛　刘　平　刘　亮　刘　勇

刘照云　闫相伟　许再银　李日葵　李阿特　杨　博　吴　峰　吴智丹

宋俊峰　张　炜　张树峰　陆东东　陈庆春　邵士昌　姚志友　钱德洲

殷　美　高务龙　桑运川　崔春红　韩立新　童　敏　谭智赟

南京农业大学监察工作委员会

主　任：高立国

副主任：胡正平　包　平

委　员（以姓氏笔画为序）：

尤树林　包　平　全思懋　庄　森　孙雪峰　李俊龙　余林媛　张　炜

张兆同　陈庆春　单正丰　胡正平　姜　岩　顾义军　高立国

南京农业大学全国硕士研究生招生考试工作领导小组

组　长：董维春

副组长：吴益东　张　炜

成员单位：校长办公室、纪委办公室、党委宣传部、研究生院（部）、保卫处、教务处、
后勤保障部、信息化建设中心、图书馆（文化遗产部）

南京农业大学国有资产管理委员会

主　任：闫祥林

副主任：刘营军　丁艳锋

成　员：党委办公室、校长办公室、教务处、科学研究院、计财与国有资产处、审计
处、实验室与基地处、基本建设处、新校区建设指挥部、后勤保障部、资产经
营公司等部门主要负责人

国有资产管理委员会下设办公室，办公室设在计财与国有资产处，办公室主任由计财与
国有资产处处长兼任。

南京农业大学生活垃圾分类工作领导小组

组　长：闫祥林　王春春

副组长：孙雪峰　单正丰　钱德洲　李昌新　陈礼柱

成　员：各学院、各单位主要负责人

领导小组办公室设在后勤保障部，具体负责垃圾分类统筹协调及日常事务处理工作。

办公室主任：钱德洲

办公室副主任：孙仁帅　杨　明

（供稿：王明峰　审稿：袁家明　审核：李新权）

民主党派成员

南京农业大学民主党派成员统计一览表

（截至 2020 年 12 月）

党派	民盟	九三	民进	农工	致公	民革	民建
人数（人）	208	197	15	12	8	7	2
负责人	严火其	陈发棣	姚兆余	邹建文	刘 斐		
总人数（人）	449						

注：总人数中除了新发展的成员，也包含了组织关系新调入的成员。2020 年，共发展民主党派党员 15 人，其中九三 8 人、民盟 6 人、农工党 1 人。

（撰稿：阙立刚　审稿：丁广龙　审核：李新权）

学校各级人大代表、政协委员

全国第十三届人民代表大会代表：朱　晶
江苏省第十二届人民代表大会常委：姜　东
玄武区第十八届人民代表大会代表：朱伟云
浦口区第四届人民代表大会代表：施晓琳
江苏省政协第十二届委员会常委：陈发棣
江苏省政协第十二届委员会委员：周光宏（界别：教育界）
江苏省政协第十二届委员会委员：严火其（界别：中国民主同盟江苏省委员会）
江苏省政协第十二届委员会委员：窦道龙（界别：农业和农村界）
江苏省政协第十二届委员会委员：王思明（界别：社会科学界）
江苏省政协第十二届委员会委员：姚兆余（界别：中国民主促进会江苏省委员会）
江苏省政协第十二届委员会委员：邹建文（界别：中国农工民主党江苏省委员会）
南京市政协第十四届委员会常委：崔中利（界别：农业和农村界）
玄武区政协第十二届委员会常委：洪晓月
玄武区政协第十二届委员会委员：沈益新
浦口区政协第四届委员会委员：丁启朔
栖霞区政协第九届委员会委员：汪良驹

（撰稿：阙立刚　审稿：丁广龙　审核：李新权）

机 构 调 整

【概况】党委组织部在学校党委的正确领导下，针对管理工作主要问题和发展瓶颈，以对事权的科学配置作为核定部门设置的依据，坚持一类事项原则上由一个部门统筹、一件事情原则上由一个部门负责，对卫岗校区机关、直属单位和浦口校区机构的职能、设置进行重新调整与整合，全面深化党政机构改革，助力学校治理体系优化。

一是优化机构设置，理顺治理体系。对卫岗校区机关、直属单位的职能、设置进行调整和整合，精简处级机构 4 个。同时，对科级机构进行了系统性、整体性重构，明确科级机构职能定位，严控科级机构数量，减少科级机构 59 个。深化机构改革，使机构职能体系更加健全完备，权责更加协同，加强了相关部门配合联动，理顺学校治理体系，推进学校治理能力现代化，为学校高质量发展夯实基础。

二是破解体制难题，促进校区融合。对浦口校区机构进行调整，破除原工学院长期的"校中校"办学模式，撤销了原工学院和信息科技学院，以及其下设 22 个处级机构，51 个科级机构，成立了 3 个新的学院和浦口校区管理委员会。通过资源整合，破除了发展障碍，促进了学科融合，提升了办学治校水平，实现学校管理"一盘棋"。

［附录］

机构变动如下：

（一）党组织

成立中共南京农业大学后勤保障部委员会，正处级建制（2020 年 4 月）。

成立中共南京农业大学图书馆（文化遗产部）总支部委员会，正处级建制（2020 年 4 月）。

成立中共南京农业大学国际教育学院、密歇根学院直属支部委员会，正处级建制（2020 年 4 月）。

撤销中共南京农业大学后勤集团公司总支部委员会（2020 年 4 月）。

撤销中共南京农业大学医院直属支部委员会（2020 年 4 月）。

撤销中共南京农业大学图书馆总支部委员会（2020 年 4 月）。

成立新的中共南京农业大学工学院委员会，正处级建制（2020 年 7 月）。

成立中共南京农业大学人工智能学院委员会，正处级建制（2020 年 7 月）。

成立中共南京农业大学信息管理学院委员会，正处级建制（2020 年 7 月）。

撤销原中共南京农业大学工学院委员会，其下设党组织机构自行撤销（2020 年 7 月）。

撤销中共南京农业大学信息科技学院委员会（2020 年 7 月）。

成立中共南京农业大学浦口校区管理委员会工作委员会，正处级建制（2020 年 7 月）。

（二）行政机构

1. 机构成立

成立党委巡察工作办公室，正处级建制，与纪委办公室、监察处合署办公（2020 年 4 月）。

成立人力资源部，正处级建制，与人才工作领导小组办公室合署办公（2020 年 4 月）。

成立计财与国有资产处，正处级建制（2020 年 4 月）。

成立采购与招投标中心，正处级建制（2020 年 4 月）。

成立校友总会办公室（教育基金会办公室），正处级建制（2020 年 4 月）。

成立实验室与基地处，正处级建制（2020 年 4 月）。

成立图书馆（文化遗产部），正处级建制，作为学校直属单位（2020 年 4 月）。

成立信息化建设中心，正处级建制（2020 年 4 月）。

成立后勤保障部，正处级建制，下设校医院，副处级建制；后勤保障部作为学校直属单位（2020 年 4 月）。

成立密歇根学院，正处级建制，与国际教育学院合署办公，作为学校直属单位（2020 年 4 月）。

成立新的工学院，正处级建制（2020 年 7 月）。

成立人工智能学院，正处级建制（2020 年 7 月）。

成立信息管理学院，正处级建制（2020 年 7 月）。

成立新的南京农业大学浦口校区管理委员会，正处级建制（2020 年 7 月）。

成立前沿交叉研究院，正处级建制（2020 年 9 月）。

2. 机构调整

党委教师工作部与党委宣传部合署办公，不再与党委组织部合署办公（2020 年 4 月）。

公共艺术教育中心挂靠团委，不再挂靠人文与社会发展学院（2020 年 4 月）。

教师发展与教学评价中心与教务处合署办公（2020 年 4 月）。

取消档案馆正处级建制，将其职能划入图书馆（文化遗产部）（2020 年 4 月）。

体育部由直属单位转为教学单位（2020 年 4 月）。

3. 机构更名

植物生产国家级实验教学中心更名为国家级实验教学中心（2020 年 4 月）。

校友馆更名为校史馆（2020 年 4 月）。

研究生院培养处更名为研究生院培养办公室（2020 年 5 月）。

4. 机构撤销

撤销人事处，将其五六级职员的评聘与管理、科级机构设置与调整、科级干部评聘和管理职能划入党委组织部；将其余职能划入人力资源部（2020 年 4 月）。

撤销计财处、会计核算中心、招投标办公室，将计财处、会计核算中心职能划入计财与国有资产处；将招投标办公室职能划入采购与招投标中心（2020 年 4 月）。

撤销发展委员会办公室，将学校北京秘书处管理与服务工作职能划入校长办公室；将发展咨询委员会职能划入发展规划与学科建设处；将校友馆建设管理职能划入图书馆（文化遗产部）；将校友联络交流服务、教育发展基金会建设管理职能划入校友总会办公室（教育基金会办公室）（2020 年 4 月）。

撤销资产管理与后勤保障处，将国有资产采购职能划入采购与招投标中心；将国有资产管理职能划入计财与国有资产处；将后勤保障管理职能划入后勤保障部（2020 年 4 月）。

撤销实验室与设备管理处，将其职能划入实验室与基地处（2020 年 4 月）。

撤销白马教学科研基地建设办公室，将其职能划入实验室与基地处（2020 年 4 月）。

撤销图书馆、图书与信息中心，将图书馆职能划入图书馆（文化遗产部），将图书与信息中心职能划入信息化建设中心（2020 年 4 月）。

撤销法律事务办公室，将其职能划入校长办公室（2020 年 4 月）。

撤销后勤集团公司，将其职能划入后勤保障部（2020 年 4 月）。

撤销原工学院，其下设机构自行撤销（2020 年 7 月）。

撤销信息科技学院（2020 年 7 月）。

（撰稿：唐海洋　审稿：吴　群　审核：李新权）

五、党的建设

组 织 建 设

【概况】党委组织部（党校）在校党委的正确领导下，以党的政治建设为统领，扎实推进基层党组织建设、干部队伍建设。

提高政治站位，抓牢党建工作主体责任。一是严格落实党建主体责任。开展院级党组织"书记项目"中期检查，抓好基层党建工作"头雁"，推动主动履职尽责。修订完善院级党组织书记抓党建考核内容和指标，全校范围开展基层党支部书记抓党建考核督查，推动各级党组织履行抓党建第一责任人职责。二是扎实推进教育部党组巡视反馈问题整改。先后召开3次专题部务会，对照巡视整改内容，逐一讨论制订整改方案和整改台账。强化跟踪推进，不断深化巩固整改成果，确保整改取得实效。三是不断推进民主集中。修订学院党组织委员会会议和学院党政联席会议议事规则，推进科学决策、民主决策。四是严肃党内政治生活。制订《南京农业大学党员领导干部民主生活会实施细则》，规范学校党委和各院级党组织民主生活会要求，突出民主生活会政治功能。五是深入践行"一线规则"。制订《中共南京农业大学委员会关于建立一线规则的实施方案》，引导校、院两级领导干部和广大教师践行身在一线、心在一线、干在一线，以转职能、改作风、提水平的成效推进学校各项事业全面发展。

强化政治建设，提升党建工作整体水平。一是加强基层党组织标准化规范化建设。顺利完成动物科技学院、动物医学院、经济管理学院3个党委的换届选举，以及工学院、人工智能学院、信息管理学院、后勤保障部党委、图书馆（文化遗产部）党总支5个党组织的党委委员增补工作。深入实施教师党支部书记"双带头人"培育工程，完成"双带头人"党支部书记100%配备，开展首批"双带头人"工作室建设验收及第二批培育创建工作。出台《南京农业大学组织员队伍管理暂行办法》，配齐建强一支专兼结合、职责明确的组织员队伍，不断提升党务工作服务职能和业务水平。二是深入开展迎接建党100周年"诊断"行动计划。在全校各级党组织和党员师生中组织开展迎接建党100周年"诊断行动"，全面总结了党的十八大以来，学校党员政治素质、党组织政治功能以及学校政治生态的建设情况，开展综合诊断，进行有效整改。三是扎实推进"对标争先"建设计划。深入实施党支部建设"提质增效"三年行动计划，在全校范围择优推选30个优质党支部。召开庆祝建党99周年暨"双创"推进会，开展首批学校党建"双创"评估验收和新一轮学校党建标杆院系和样板支部培育创建工作。四是党员队伍发展质量不断提升。2020年共发展学生党员1164人、教职工党员6人，确定为积极分子的专任教师8人，专任教师的发展数量与质量有较大突破。五是党建工作信息化水平不断提升。启动"南京农业大学智慧党建平台"建设，充分运用互联网、云计算、大数据等信息化技术，全面实现党员管理、支部监管等线上操作，高质量推进学校党建工作。

突出政治功能，发挥党建工作引领作用。一是让党旗飘扬在疫情防控一线。开展在常态化疫情防控中加强基层党建"四个一"行动，设立党员干部先锋岗，成立党员志愿服务队，组织全校 5 000 多名党员捐款 633 283.23 元，引导各级党组织和广大党员主动担当、冲锋在前，让党旗始终高高飘扬在疫情防控、返校复学、学校事业发展全过程全方位。二是党建引领助力麻江县脱贫"摘帽"。坚持把党建引领贯穿扶贫工作全过程，组建"最高规格"扶贫力量，压实各级扶贫工作领导责任；选送"能干实干"党员干部挂职锻炼，打造脱贫攻坚强劲"动力引擎"；实施"南农麻江 10＋10 行动计划"，切实把党建优势转化为扶贫优势，助推麻江县提前实现"脱贫摘帽"，快步迈入"乡村振兴"新时代。

突出政治标准，立好选人用人"风向标"。制定《南京农业大学处级干部选拔任用实施办法》《处级干部政治把关和政治素质考察实施意见》，在干部选任、干部考察、干部试用期满考核等工作中，把政治素质考察放在首位，细化考察标准，结合多维度、指标化的信息采集和量化评分，让政治标准具体化、有界定、能评判，牢牢把住选人、用人这个源头和风向标，培养忠诚、干净、担当的高素质干部。

推动机构改革，把稳高质量发展"方向盘"。一是开展党政机构改革。对卫岗校区机关、直属单位的职能、设置进行重新调整和整合；对浦口校区机构进行调整，撤销了原工学院和信息科技学院，成立了 3 个新的学院和浦口校区管理委员会。通过改革，破除了发展障碍、优化了机构职能、提高了管理效率，推进学校治理体系和治理能力现代化，为学校高质量发展夯实基础。二是加强科级干部队伍管理。精简科级机构和岗位，明晰科级岗位职责，圆满完成新一轮科级干部换届聘任工作，优化了科级队伍结构，突出党管干部、事业为上；出台《南京农业大学科级干部聘任管理办法》，强化科级干部管理，激发科级干部内在活力，促进科级干部作风转变，为学校各项事业发展提供组织保障。

加强培养锻炼，建好优秀年轻干部成长"蓄水池"。坚持教育培训和实践锻炼并重，搭建优秀年轻干部成长平台。一是强化教育培养。选调 23 人次处级以上干部参加中组部、教育部等专题培训，开展新提任处级干部培训，加强干部理论修养和履职能力双提升。二是加强实践锻炼。修订《南京农业大学优秀年轻干部挂职锻炼实施办法》，推动挂职锻炼工作规范化、制度化，鼓励年轻干部到基层一线、艰苦地区历练成长，全年选派 34 名干部和教师参加援藏、援疆、定点扶贫、科技镇长团等项目，助力地方经济社会发展，同时使干部进一步开阔视野、磨炼意志、转变作风、增长才干。提高挂职干部待遇保障，做到政治上关心、工作上支持、生活上关照，为其消除后顾之忧。

完善评价机制，用好干部考核"指挥棒"。制定《南京农业大学关于进一步激励广大干部新时代新担当新作为的实施意见》《南京农业大学处级领导班子和处级领导干部考核工作实施办法》，坚持激励与约束并重，激发干部担当作为内生动力。一是完善干部考核评价机制。实行目标责任考核，将推动高质量发展的实际表现和工作实绩，作为评价领导班子和领导干部政绩的基本依据；增强群众公认，引导领导干部用心、用情、用力解决群众关切的实际问题。二是强化考核结果应用。将考核结果作为选拔任用、培养教育、管理监督和激励约束的重要依据，对实绩突出、群众公认的优秀班子和干部，加大表彰奖励力度；对考核结果不理想的班子和干部，进行提醒约谈，督促整改。通过奖勤罚懒、奖优罚劣，促进班子和干部干事创业的积极性和主动性。

强化管理监督，念好纪律约束的"紧箍咒"。把纪律和规矩挺在前面，出台《南京农业大学处级干部管理规定》《南京农业大学领导干部报告个人有关事项实施办法》，着力构建干部管理监督长效机制。一是推动干部监督全面化。通过开展干部个人有关事项报告、兼职行为、岗位回避等专项整治工作，清退干部经商办企业5项、社会兼职18项，因岗位回避调整2人，对收集的信访举报、审计结果、瞒报漏报个人事项、违法违纪等方面情况及时梳理分析，防止干部"带病提拔"。二是推动监督渠道多元化。完善干部监督联席会议制度，与纪检监察部门建立干部违规违纪违法问题沟通反馈机制，与审计部门密切合作，加强对干部离任的审计，推动审计结果与干部管理使用挂钩。三是推动干部管理监督信息化。建设干部信息管理、因私出国（境）、兼职审批系统，探索运用大数据思维和信息化手段做好监督工作，强化综合分析研判，努力构建大监督工作格局。

强化政治建设，全面提升党校教育培训质量。一是健全党校体制机制。制定和修订了党校工作规定、党员教育工作实施办法、党员教育培训工作规划，不断推进学校党校工作的科学化、规范化、制度化建设。二是建立新一轮党校教育培训师资库。通过"特聘＋聘任＋选聘"的三级聘用机制，聘任了121名知名专家学者、思政课教师、党政领导干部和党务工作者作为党校兼职教师，并组建了42名入党积极分子线下教学队伍。三是构建完备的入党教育培训体系。完善"南京农业大学入党教育在线学习平台"，贯穿党员教育培训全过程，全年参训师生超17 000人次。探索构建线上教学、线下教学、实践教学"三位一体"的教学模式，组织积极分子线下教学集体备课会，从多个维度开展针对性和实效性的党员教育培训。四是不断健全干部教育培训体系。线上依托"中国教育干部网络学院在线学习平台"，通过"必修＋选修"等形式，针对不同类型的干部制定个性化的学习安排，全校217位处级干部、78名"双带头人"参加了培训。线下面向自2018年12月以来新提任的65名处级干部举办了处级干部培训班。

（撰稿：毕彭钰　审稿：吴　群　审核：周　复）

[附录]

附录 1 学校各基层党组织党员分类情况统计表

（截至 2020 年 12 月 31 日）

序号	单位	党员人数（人）							在岗职工人数（人）	学生总数（人）	研究生数（人）	本科生数（人）	党员比例（%）				
		合计	在岗职工	离退休	学生党员			流动党员					在岗职工党员比例	学生党员比例	研究生党员占研究生总数比例	本科生党员占本科生总数比例
					总数	研究生	本科生									
	合计	7 404	2 194	566	4 630	3 228	1 402	14	3 349	25 992	8 695	17 297	65.51	18.52	37.81	8.51
1	农学院党委	615	140	17	457	364	93	1	230	1932	1 143	789	60.87	23.65	31.85	11.79
2	工学院党委	463	91	30	342	115	227		150	3 375	412	2 963	60.67	10.13	27.91	7.66
3	植物保护学院党委	458	111	19	328	292	36		152	1 311	848	463	73.03	25.02	34.43	7.78
4	资源与环境科学学院党委	412	133	15	264	203	61		164	1 643	857	786	81.10	16.07	23.69	7.76
5	园艺学院党委	565	119	16	430	351	79		160	2 103	900	1 203	74.38	20.45	39.00	6.57
6	动物科技学院党委	378	85	19	274	228	46		132	903	469	434	64.39	30.34	48.61	10.60
7	动物医学院党委	482	99	24	359	270	89		133	1 626	756	870	74.44	22.08	35.71	10.23
8	食品科技学院党委	404	77	10	317	264	53		93	1 289	542	747	82.80	24.59	48.71	7.10
9	经济管理学院党委	397	61	12	314	226	88	10	89	1 551	425	1 126	68.54	20.25	53.18	7.82
10	公共管理学院党委	376	72	5	299	222	77		78	1 255	398	857	92.31	23.82	55.78	8.98
11	理学院党委	198	110	2	86	34	52		128	735	149	586	85.94	11.70	22.82	8.87
12	人文与社会发展学院党委	250	77	8	165	101	64		107	1 153	259	894	71.96	14.31	39.00	7.16
13	生命科学学院党委	368	91	15	262	187	75		143	1 328	631	697	63.64	19.73	29.64	10.76
14	人工智能学院党委	218	66	5	147	21	126		96	1 755	90	1 665	68.75	8.38	23.33	7.57
15	信息管理学院党委	268	46	7	215	96	119		61	1 638	158	1 480	75.41	13.13	60.76	8.04

（续）

序号	单位	党员人数（人） 合计	在岗职工	离退休	学生党员 总数	学生党员 研究生	学生党员 本科生	流动党员	在岗职工人数（人）	学生总数（人）	研究生数（人）	本科生数（人）	党员比例（%） 在岗职工党员比例	学生党员比例	研究生党员占研究生总数比例	本科生党员占本科生总数比例
16	外国语学院党委	164	64	9	88	37	51	3	104	814	122	692	61.54	10.81	30.33	7.37
17	金融学院党委	238	33		205	148	57		41	1 263	364	899	80.49	16.23	40.66	6.34
18	机关党委	421	316	105					408				77.45			
19	后勤保障部党委	144	85	59					170				50.00			
20	草业学院党总支	75	20		55	46	9		30	274	128	146	66.67	20.07	35.94	6.16
21	马克思主义学院党总支	75	42	10	23	23			52	44	44		80.77	52.27	52.27	
22	前沿交叉研究院党总支															
23	体育部党总支	44	39	5					56				69.64			
24	图书馆（文化遗产部）党总支	75	48	27					80				60.00			
25	继续教育学院党总支	24	16	8					20				80.00			
26	离退休工作处党工委	29	7	22					8				87.50			
27	新校区建设指挥部党工委	70	28	42					70				40.00			
28	浦口校区管理委员会党工委	130	74	56					101				73.27			
29	国际教育学院、密歇根学院直属党支部	13	13						14				92.86			
30	资产经营公司直属党支部	50	31	19					280				11.07			

注：1. 以上各项数字来源于2020年党内统计。2. 流动党员主要是已毕业组织关系尚未转出、出国学习交流等人员。

（撰稿：毕彭钰　审稿：吴　群　审核：周　复）

附录2　学校各基层党组织党支部基本情况统计表

（截至 2020 年 12 月 31 日）

单位：个

序号	基层党组织	党支部总数	学生党支部数			教职工党支部数	
			学生党支部总数	研究生党支部	本科生党支部	在岗职工党支部数	离退休党支部数
	合计	337	177	118	59	139	21
1	农学院党委	23	14	10	4	8	1
2	工学院党委	18	10	2	8	7	1
3	植物保护学院党委	18	12	11	1	5	1
4	资源与环境科学学院党委	16	11	7	4	5	0
5	园艺学院党委	26	20	16	4	5	1
6	动物科技学院党委	16	11	8	3	4	1
7	动物医学院党委	15	10	7	3	4	1
8	食品科技学院党委	14	9	7	2	4	1
9	经济管理学院党委	21	16	13	3	4	1
10	公共管理学院党委	15	10	7	3	4	1
11	理学院党委	13	6	4	2	6	1
12	人文与社会发展学院党委	14	6	3	3	7	1
13	生命科学学院党委	16	10	6	4	5	1
14	人工智能学院党委	12	8	2	6	4	0
15	信息管理学院党委	11	7	3	4	4	0
16	外国语学院党委	9	4	2	2	5	0
17	金融学院党委	11	8	6	2	3	0
18	机关党委	25	0	0	0	24	1
19	后勤保障部党委	7	0	0	0	6	1
20	草业学院党总支	5	4	3	1	1	0
21	马克思主义学院党总支	7	1	1	0	5	1
22	前沿交叉研究院党总支	0	0	0	0	0	0
23	体育部党总支	4	0	0	0	3	1
24	图书馆（文化遗产部）党总支	4	0	0	0	4	0
25	继续教育学院党总支	2	0	0	0	1	1
26	离退休工作处党工委	2	0	0	0	1	1
27	新校区建设指挥部党工委	3	0	0	0	2	1
28	浦口校区管理委员会党工委	8	0	0	0	6	2
29	国际教育学院、密歇根学院直属党支部	1	0	0	0	1	0
30	资产经营公司直属党支部	1	0	0	0	1	0

注：以上各项数据来源于 2020 年党内统计。

（撰稿：毕彭钰　审稿：吴　群　审核：周　复）

附录3 学校各基层党组织年度发展党员情况统计表

（截至 2020 年 12 月 31 日）

序号	基层党组织	总计	学生			在岗教职工	其他
			合计	研究生	本科生		
	合计	1 170	1 162	338	824	8	
1	农学院党委	67	66	23	43	1	
2	工学院党委	158	158	33	125		
3	植物保护学院党委	47	47	22	25		
4	资源与环境科学学院党委	65	65	22	43		
5	园艺学院党委	86	85	40	45	1	
6	动物科技学院党委	46	45	19	26	1	
7	动物医学院党委	66	66	16	50		
8	食品科技学院党委	54	54	27	27		
9	经济管理学院党委	63	63	16	47		
10	公共管理学院党委	65	65	14	51		
11	理学院党委	34	34	4	30		
12	人文与社会发展学院党委	60	59	14	45	1	
13	生命科学学院党委	61	61	18	43		
14	人工智能学院党委	83	83	3	80		
15	信息管理学院党委	81	81	21	60		
16	外国语学院党委	44	44	6	38		
17	金融学院党委	63	63	22	41		
18	机关党委	4				4	
19	后勤集团公司党委						
20	草业学院党总支	13	13	8	5		
21	马克思主义学院党总支	10	10	10			
22	前沿交叉研究院党总支						
23	体育部党总支						
24	图书馆（文化遗产部）党总支						
25	继续教育学院党总支						
26	离退休工作处党工委						
27	新校区建设指挥部党工委						
28	浦口校区管理委员会党工委						
29	国际教育学院、密歇根学院直属党支部						
30	资产经营公司直属党支部						

注：以上各项数字来源于 2020 年党内统计。

（撰稿：毕彭钰 审稿：吴 群 审核：周 复）

党 风 廉 政 建 设

【概况】学校党风廉政建设工作以习近平新时代中国特色社会主义思想为指引，全面贯彻党的十九大和十九届二中、三中、四中、五中全会以及中央纪委四次全会精神，在上级党组织和学校党委的坚强领导下，进一步加强各监督主体的贯通协同，推动各级党组织履行好主体责任，着力强化政治监督和日常监督，推进十二届党委首轮巡察，各项工作取得新的进展和成效。

强化主体责任落实。学校纪委协助党委制定印发《中共南京农业大学委员会落实全面从严治党责任清单》，明确学校党委主体责任、书记第一责任和班子其他成员一岗双责内容。高效推进巡视整改，研究制订巡视整改监督工作方案，在切实履行监督职责的同时，全面推进自身整改任务。建立巡视巡察联动机制，把巡视整改融入校内巡察观测点，进一步推进整改落到实处。稳慎护航校园新型冠状病毒疫情防控工作，设立疫情防控督查工作组，对各学院、各单位到岗履责以及贯彻落实上级疫情防控工作决策部署等情况进行督查，督促提醒各单位压紧压实疫情防控主体责任。在脱贫攻坚领域充分发挥监督保障执行作用，围绕学校扶贫开发工作领导小组各项决策部署跟进监督，切实推进定点扶贫工作落实落地。

加强党风廉政建设。学校纪委贯通运用监督执纪"四种形态"，坚持有信必核、有案必查。通过严格干部选任廉政审查，强化科研领域风险监控，改进招生录取监督方式、加强对招生方案的监督及巡考工作，开展创工程优质、干部优秀的"双创工程"，加强基建领域监督等，系统完善制度体系和监督机制，扎牢"不能腐"的笼子。印发《关于深入开展纪法教育和作风建设工作的通知》，开展新任处级干部廉政谈话、签订《廉政承诺书》等，加强廉政教育、法纪教育、纪律作风教育和警示提醒，筑牢思想道德防线，提升"不想腐"的自觉。开展全面从严治党主体责任落实情况专项监督检查，推动全面从严治党工作向基层延伸，服务学校事业高质量发展。着力加强作风建设，紧盯春节、五一、端午、中秋、国庆等时间节点，及时进行常态化提醒，严明纪律规矩，坚决防止"四风"问题反弹。紧盯二级单位和部门"微权力"，通过强化监督检查、净化师德师风等，有效防治"微腐败"问题，营造良好的教书育人环境。聚焦主责主业，全年共受理纪检监察信访 59 件；处置问题线索 68件次；约谈 38 人次，提醒谈话 2 人次，诫勉谈话 9 人次；立案 3 件，组织调整 3 人，给予党纪处分 2 人，给予政纪处分 2 人；对 1 个二级党组织进行了通报问责，对 1 名处级党员干部进行了诫勉问责；全年发放纪检监察建议书 3 份。

发挥巡察监督作用。学校成立党委巡察工作领导小组，设立党委巡察工作办公室，落实巡察编制、人员、经费等保障，与纪委办公室、监察处合署办公。根据中央、教育部党组有关文件精神，制修订《中共南京农业大学委员会巡察工作实施办法》《中共南京农业大学委员会巡察工作规程》等文件制度，规范巡察工作流程。建立健全巡前动员辅导、巡中过程指导、巡后跟踪督导的工作机制，推动校内巡察工作制度化、规范化、科学化。建立巡察干部人才库，开展巡察工作培训，召开"学校落实教育部党组巡视整改推进会暨第十二届党委巡察工作动员部署大会"等。

　　加强纪检巡察干部队伍建设。选优配强专职纪检监察、巡察干部，新到岗正处级领导1人、秘书3人。提升纪委委员履职能力，安排纪委委员参与督查、巡察工作。调整二级党组织纪检委员并进一步明确工作职责，设立教师党支部纪检委员。纪委书记为领导干部作题为"毫不动摇坚持'严'的主基调　持之以恒强化纪律和作风建设"的专题报告。邀请国内专家作"新时代党的纪律建设实践与思考""高校巡察工作实务""有效运用巡察方式方法，提高巡察质效"等培训报告。专职纪检监察干部为机关党委所属党支部纪检委员作题为"新时代高校党政机关廉政建设"的专题报告。

【全面从严治党工作会议】2020年4月29日，南京农业大学召开2020年全面从严治党工作会议。学校党委书记、党的建设和全面从严治党工作领导小组组长陈利根讲话。学校党委副书记、纪委书记高立国作工作报告。大会以视频会议形式召开，主会场为金陵研究院三楼报告厅，大学生活动中心、主楼115教室、工学院图书馆报告厅等分会场进行视频直播。会议主题是深入学习贯彻习近平新时代中国特色社会主义思想，全面贯彻落实十九届中央纪委四次全会精神、《党委（党组）落实全面从严治党主体责任规定》、教育系统全面从严治党工作视频会和江苏省纪委五次全会精神，分析研判学校全面从严治党新形势，部署安排2020年重点工作，深入推进全面从严治党向纵深发展。陈利根代表学校党委就深入推进全面从严治党向纵深发展作出部署。高立国全面总结了2019年学校党风廉政建设和反腐败工作，指出当前工作中存在的问题、风险、不足和改进建议。校领导、中层干部、党风廉政监督员、校办企业负责人、专职纪检、监察、审计干部分别在主会场、分会场参加了会议。

【学校第十二届党委首轮巡察】2020年10月14~27日，学校第十二届党委首轮巡察6个巡察组分别对植物保护学院党委、动物科技学院党委、动物医学院党委、公共管理学院党委、生命科学学院党委、草业学院党总支开展了10个工作日的现场巡察工作。巡察组紧盯被巡察单位领导班子及班子成员这一关键少数，认真对照巡察观测点，通过查阅资料、座谈、个别谈话、下沉调研等工作方式，深入查找被巡察单位党组织在"四个落实"方面存在的主要问题。巡察期间，巡察组共发现问题数145个，并推动督促植物保护学院、生命科学学院等被巡察单位对有关问题即知即改、立行立改。学校巡察工作领导小组逐一听取各巡察组的巡察情况汇报，党委书记陈利根同志在听取汇报后对相关问题进行点评，点明被巡察单位领导班子在管党治党、谋划发展、落实意识形态责任制、党的基层组织建设和内部治理等方面存在的突出问题。巡察工作领导小组对被巡察单位党组织共性和个性问题进行了分析与研判，对相关问题提出处理建议。学校党委常委会专题听取了巡察情况汇报，研究巡察发现问题处置意见。巡察工作开展情况及一些典型的共性问题、突出的个性问题还在党委全委（扩大）会议上作了通报。学校党委压紧压实被巡察单位整改政治责任，督促问题落实整改到位，彰显巡察成效。对巡察发现的"问题表现在下面、根子在上面"的问题，相关职能部门分析深层次原因，从学校层面提出应对办法，实现整改一个问题、规范一个环节、治理一个领域。

【全面从严治党主体责任落实情况专项督查】11月13~30日，学校纪委牵头组织纪委委员、专职纪检监察干部及巡察干部组建4个督查组，对学校18个二级党组织（已纳入2020年党委巡察及新调整成立学院除外）进行全面从严治党主体责任落实情况专项监督检查。校党委副书记、纪委书记高立国任第一督查组组长，对机关党委、农学院党委、人文与社会发展学院党委和后勤保障部党委4个二级党组织进行督查。学校纪委副书记、监察处处长胡正平，校纪委委员、党委巡察工作办公室主任尤树林，校纪委委员、教务处处长张炜分别率领3个督查组，对理学院党委、新校区建设指挥部党工委、继续教育学院党总支、资产经营公司直属党支部等 14 个二级党组织进行督查。通过督查发现，少数党组织把方向、管大局、保落实的政治核心和政治引领作用发挥不够到位，基层党组织和党员队伍建设不平衡、不充分，会议纪要台账材料不规范、不细致等问题，督查组对各党组织提出了针对性的反馈意见。此次督查情况在学校党委全委（扩大）会议上进行了专题通报，推动整改落实。

（撰稿：孙笑逸　审稿：胡正平　审核：周　复）

宣传工作、思想与文化建设

【概况】学校宣传思想文化工作以习近平新时代中国特色社会主义思想为指导，深入贯彻落实党的十九大和十九届四中、五中全会，以及全国教育大会、全国高校思想政治工作会议、学校思想政治理论课教师座谈会精神，紧密围绕学校中心工作，积极营造健康向上的校园主流思想舆论，为推进学校"双一流"建设提供了强有力的思想保证、精神动力、舆论支持和文化氛围。

思想政治建设工作。深入学习贯彻习近平新时代中国特色社会主义思想、党的十九大、十九届四中、五中全会精神以及学校第十二次党代会精神，统筹做好全校理论学习内容的顶层设计，定期发布校、院两级中心组学习计划，订购发放《习近平总书记教育重要论述讲义》《习近平谈治国理政》（第三卷）等学习材料。围绕党的十九届四中、五中全会精神，以及"四史"学习教育等专题开展集中学习，组织马克思主义学院骨干教师成立宣讲团，面向全校师生开展理论宣讲。制订《南京农业大学关于学习宣传贯彻落实〈新时代爱国主义实施纲要〉的工作方案》，确保爱国主义教育深入生动持久推进。全面开展"四史"学习教育，做好疫情防控常态下的师生思想政治工作，结合重要节点开展主题教育活动，先后邀请时代楷模、省委宣讲团成员等走进校园，面向师生开展爱国教育、党性教育、理想信念教育。推进思政课程和课程思政同向同行，策划推出"秾味思政·尊稻"课程思政特色示范课及课程微视频，获"学习强国"首页推荐。调整充实意识形态工作领导小组，制订学校年度意识形态工作方案，定期召开意识形态联席会，强化风险研判和预警处置；疫情防控期间，加强舆情监测，及时掌握学生需要和诉求，为学校优化校园管理提供决策咨询。将意识形态工作责任制落实情况和思政工作体系建设情况纳入党委巡察观测点，修订《院级党组织意识形态工作责任书》，开展二级党组织意识形态工作责任制落实情况整改，推动意识形态工作主体责任进一步细化落实。

文化建设工作。以文化发展规划编制为总揽，结合"十三五"总结和"十四五"规划编制，系统梳理学校文化建设现状与不足，对标一流大学建设要求，进一步明确具有南农特色的文化发展路径。结合新校区建设，深入推进文明校园创建工作，围绕文明校园建设标准持续加强新老校区校园文化的科学规划，推动校内山、水、园、林、路、馆等文化地标的统一规划。推进"一院一品"文化体系建设，重点从"诚朴勤仁"校训精神诠释、校庆文创产品设计、南农办学历史和人物精神传承等方面，挖掘各部门、各学院文化资源和优势，推动产出具有南农特色的文化成果。以"爱国奋斗"为主题，结合重要时间节点开展主题教育活动。围绕"重温回信精神，厚植爱国情怀，牢记强农使命"开展实践活动，引导师生怀爱国之心、立强农之志、强兴农之能，激励南农人做知农爱农的新时代奋斗者。推进"网上重走长征路"校园活动开展，创建"四史"教育专题网站，及时发布学校活动动态。有效利用开学典礼、毕业典礼、入学教育等重要活动，厚植爱国荣校情怀。以学校120周年校庆为契机，从内涵解读、精神传承和时代诠释3个角度，以及学校、教师、学生、校友多个层面，加强对南农精神的宣传阐释，增强南农人对南农精神的认同感、归属感和自豪感。

宣传工作。一是聚焦时代热点，主动策划。围绕春耕抗"疫"等时代议题，主动策划，传递正能量。策划抗"疫"抢春耕专题，采写多篇系列报道，集中展现了特殊时期南农教授线上"会诊"、社会服务"不断线"、防控保供两不误的责任担当，在新华社、《人民日报》等主流媒体刊发。二是聚焦重大选题，深度报道。围绕学校近年来的定点帮扶工作，梳理举措、深挖案例，将主题从科技扶贫向教育扶贫、从产业帮扶到科教协同延展，通过《南京农大：科技帮扶为贵州麻江端上"金饭碗"》等多篇通讯报道，立体呈现高校定点帮扶贫困县的"南农启示"。三是聚焦人物典型，形成群像。紧扣立德树人、强农兴农的宣传主线，在"五四"等重要时间节点，策划推出一批专栏，通过《行走"江湖"的南农女博士》等一批高质量的通讯报道，展现了"新农人"用不凡青春，让传统农业焕发蓬勃生机的动人故事。四是聚焦理论热点，主动发声。加大人文社科领域重大成果的策划与宣传，在习近平总书记主持召开全面推动长江经济带发展座谈会等重大社会热点事件中，第一时间汇聚专家观点、及时回应社会关切，借专家之声凸显高校的社会服务职能。五是聚焦网络燃点、"破圈"传播。围绕"菊花口红"等第一时间深入菊花课题组探访口红诞生的故事，借助微视频、主题海报等创新传播手段，紧扣"菊花口红"背后研究团队底蕴、科技内核、扶贫初心，选择最佳传播时点，在学校微信、抖音、微博和校外媒体平台同步推出，打造立体化的传播效果，加深了社会对于南京农业大学的认知。

[附录]

新闻媒体看南农

南京农业大学2020年对外宣传报道统计表

序号	时间	标题	媒体	版面	作者	类型	级别
1	1-7	南京农业大学：科技帮扶为贵州麻江端上"金饭碗"	新华社		记者：陈席元	通讯社	国家级
2	1-8	青年专家三次进藏觅得珍贵菊种	新华日报		记者：王拓	报纸	省级
3	1-10	南农大周光宏教授团队成果获国家科技进步奖二等奖	新华社		通讯员：许天颖	通讯社	国家级
4	1-13	农产品嘉年华：玫瑰白菜盆景蔬菜抢眼	人民网			网页	国家级
5	1-14	两全其美：让百姓吃上可口放心肉	中国科学报			报纸	国家级

（续）

序号	时间	标题	媒体	版面	作者	类型	级别
6	1-15	"大众创业 万众创新" 学业基础是重要保障	南京教科频道			电视台	市级
7	1-20	全生物法高效合成燕窝酸成为可能	科学网		李晨 许天颖	网页	国家级
8	1-22	有望实现全生物法高效合成燕窝酸	中国科学报	4	记者：李晨 通讯员：许天颖	报纸	国家级
9	1-23	化肥减少，产量提升，科学家为"玫瑰白菜"升级	新京报		周怀宗	报纸	省级
10	1-23	今年春节和虫虫过！南农大一群大学生坚守实验室	荔枝网		徐华峰	网页	省级
11	1-23	科技助力减氮增效 网红"玫瑰白菜"品质升级	科技日报	4	金凤 通讯员：楠秾萱	报纸	国家级
12	1-27	女大学生防疫一线做志愿者：大家力量加在一起，就能打赢这场仗！	央视新闻移动网			网页	国家级
13	2-1	南农大校友企业：科技报国，阻击疫情	新华社		陈席元 万旭琪 许天颖	通讯社	国家级
14	2-1	科技"战"疫，南京这两家企业正奋战一线！	新华日报		王拓	报纸	省级
15	2-1	一秒内就能检测多人脸部温度	中国科技网		金凤 通讯员：许天颖	网页	国家级
16	2-1	10天提供近百万份试剂盒和近200万人份核心原料	中国科技网		金凤 通讯员：许天颖	网页	国家级
17	2-4	76年前，这个江苏人为中国研制传染病克星"青霉素"	江苏文脉			网页	省级
18	2-7	江苏企业用科技力量守护人民安康	江苏科技报	A3	记者：孟婧 通讯员：许天颖	报纸	省级
19	2-7	南京农业大学：用青春热血打赢这场战"疫"	荔枝网			网页	省级
20	2-15	我是党员｜点赞！他们是校园疫情防控的第一道守护者	荔枝网			网页	省级
21	2-16	南京农业大学：春耕保供谁支招？教授线上"会诊"忙	新华社		陈席元 许天颖	通讯社	国家级
22	2-16	江苏省高校严格落实防控责 做平安校园的守护者	荔枝网			网页	省级
23	2-16	中国特色社会主义制度优势是赢得防疫抗疫阻击战胜利的强大保障	法治周末			报纸	国家级

（续）

序号	时间	标题	媒体	版面	作者	类型	级别
24	2-17	来一场"线上春耕"多位农业专家远程会诊春耕生产	新京报		记者：周怀宗 通讯员：许天颖	报纸	省级
25	2-19	南京农业大学：在线教学全面开启 师生如约"线上见"	新华社		严悦嘉	通讯社	国家级
26	2-21	南京农业大学织密网络 全力做好疫情防控工作	江苏教育网			网页	省级
27	2-24	【署名文章】为留英学子穿好心理"防护服"——驻英使馆教育处用"三心"抗疫	中国教育报	3	石 松	报纸	国家级
28	2-25	抗"疫"抢春耕：生态防控病虫害 南农教授有良方	新华社		许天颖	通讯社	国家级
29	2-25	春耕季节 农业专家支招多种病虫害防治策略	新京报		记者：周怀宗 通讯员：许天颖	报纸	省级
30	2-26	南京农业大学扎实推进战"疫"思政课	江苏教育网			网页	省级
31	2-26	江苏多所高校"云"开学	新华网		陈席元 柯龙婕旻	网页	国家级
32	2-27	宁企加紧生产新型冠状病毒检测试剂盒24小时不停工	大苏头条新闻			网页	省级
33	2-28	战疫之歌｜江浙沪三地高校教师合作《爱不会退场》原创公益歌曲	新华日报		记者：顾星欣	报纸	省级
34	2-28	南京农业大学开展在线教学和就业调研春季调研	新华社		陈席元 罗三川	通讯社	国家级
35	3-5	数据科学与大数据技术！南农新增的这个专业学点啥？	荔枝网		王 尧 徐华峰	网页	省级
36	3-5	植物学教授的网课日志	中新社			通讯社	国家级
37	3-6	特写："顶天立地"写农学生的大文章	新华社		记者：陈席元	通讯社	国家级
38	3-6	南京农业大学：在希望的田野书写春耕答卷	新华社		许天颖 李长钦	通讯社	国家级
39	3-10	大数据生态植保正当时	中国科学报	3	王 方 许天颖	报纸	国家级
40	3-11	江苏徐州非法毒猎野生鸟类案宣判 南农专家连线解读毒猎危害	新华社		许天颖	通讯社	国家级
41	3-11	新知｜宠物会感染新冠病毒吗？感染后会传染给人类吗？	新华日报		记者：叶 真	报纸	省级
42	3-12	就业指导"上直播" 校园招聘"不离线"——南京农业大学多措并举部署"E春招"	中国教育新闻网		记者：潘玉娇	网页	国家级

（续）

序号	时间	标题	媒体	版面	作者	类型	级别
43	3-12	南农党委书记主讲战"疫"思政课 让校训精神在疫情淬炼中升华	新华社		通讯员：楠秾宣	通讯社	国家级
44	3-12	"诚"为根本、"朴"为底色、"勤"为品格、"仁"为己任——南农党委书记主讲战"疫"思政课 师生事迹成校训"活教材"	新华日报		记者：王 拓 通讯员：楠秾宣	报纸	省级
45	3-13	南京农业大学织就"三张网" 全力抓好疫情防控工作	教育部官方网站			网页	国家级
46	3-16	别样温暖！213 封大学辅导员手写书信寄送湖北	新华日报		王 拓	报纸	省级
47	3-18	南农大智慧农业系统精细指导 农业科技让小麦种植省时省力	江苏省广播电视总台公共新闻			网页	省级
48	3-18	南京，有这样一群"绿领"新农人——18 名硕士与大学生伙伴"双创"中成为高素质农民纪闻	农民日报	头版	沈建华 沈 和 陈 兵 赵 磊	报纸	国家级
49	3-19	南农大智慧农业技术架设"天眼地网" 农技人员足不出户知苗情	中新社		记者：钟 升 通讯员：许天颖	通讯社	国家级
50	3-19	南农大智慧农业技术架设"天眼地网" 精准助力农业生产	新华社		通讯员：许天颖	通讯社	国家级
51	3-19	不用下田，"天眼地网"判苗情	中国科学报		李 晨 许天颖	报纸	国家级
52	3-19	南农大智慧农业技术架设"天眼地网"显身手	中国青年报		许天颖 李润文	报纸	国家级
53	3-19	"宁思念"网上祭扫平台 19 日上线	紫金山新闻		记者：马道军 通讯员：杨 凌	网页	市级
54	3-20	云服务"硬核"助力大学生就业	中国教育报	2	姜 姝	报纸	国家级
55	3-23	湖北菊花之乡迎春来 福白菊供不应求漂洋过海助抗"疫"	中新社		记者：钟 升 通讯员：许天颖	通讯社	国家级
56	3-24	精准脱贫｜南农大专家做指导 湖北麻城"菊花之乡"产业扶贫结硕果	学习强国		许天颖	网页	国家级
57	3-25	抗疫抢春耕，如何生态防控病虫害	新华日报	14	王 拓	报纸	省级
58	3-26	【专版】择一事，终一生，只愿为中国人捧紧喝豆浆的碗 盖钧镒：奋"豆"不止	中国教育报	4	通讯员：蔡漪铃 许天颖	报纸	国家级
59	3-26	茶多酚蛋白自组装水凝胶可精准调控肠道健康	中国科学报		李 晨	报纸	国家级

（续）

序号	时间	标题	媒体	版面	作者	类型	级别
60	3-27	科技加持"花经济"小菊花也抗"疫"	中国科学报		王方 许天颖	报纸	国家级
61	3-27	南京农业大学推进疫情期间定点扶贫工作	新华日报		王拓	报纸	省级
62	3-27	【专访】周曙东：气候变化会影响国家粮食安全	人民日报			报纸	国家级
63	3-27	推进产业扶贫 南京高校向定点扶贫村捐赠20万元党费	龙虎网		徐敏轮 通讯员：严瑾	网页	市级
64	3-27	战"疫"一线团旗飘 青春力量显担当——共青团南京农业大学委员会青年突击队侧记	新华日报		记者：王拓 通讯员：许天颖	报纸	省级
65	3-30	南京农业大学：智慧农业为精准春耕"开处方"	新华社		记者：陈席元	通讯社	国家级
66	3-30	"未来食品"或能精准调控肠道健康	新京报		记者：周怀宗	报纸	省级
67	3-31	南京农业大学青年突击队投身战疫一线	团中央官方网站			网页	国家级
68	4-1	茶多酚-蛋白自组装水凝胶调控肠道健康	中国科学报	4	记者：李晨	报纸	国家级
69	4-2	大学毕业生线上"相亲" 投递电子简历这点要注意	江苏网络广播电视台		徐华峰 王健安	电视台	省级
70	4-7	科研报国赤子心，创新突破马蹄疾——国家重点实验室科研工作者"与时间赛跑"	新华日报		杨频萍 王拓 张宣	报纸	省级
71	4-7	滞留在家 南农学子助力春耕	南京广播电视台			电视台	市级
72	4-8	配足"富方子" 摘掉"穷帽子"——南京农业大学联姻式科技帮扶擦亮贵州麻江县"金招牌"	中国教育报	头版	记者：万玉凤 通讯员：许天颖	报纸	国家级
73	4-8	科研报国赤子心 创新突破马蹄疾——国家重点实验室科研工作者"与时间赛跑"	新华日报	13	杨频萍 王拓 张宣	报纸	省级
74	4-9	99后南京女大学生在田间上"活"专业课，还第一次开上了农机	扬子晚报		记者：王赟 通讯员：孙小雯 许天颖	报纸	省级
75	4-9	疫情防控与脱贫攻坚两手抓，高校在行动	微言教育			网页	国家级

（续）

序号	时间	标题	媒体	版面	作者	类型	级别
76	4-10	南农科研团队新发现，未来杀菌剂生产有望实现"一把钥匙开一把锁"	扬子晚报		记者：王赟 通讯员：陈洁	报纸	省级
77	4-11	小菊花助抗疫 "花经济"助脱贫	新华社		记者：陈席元 王斯班	通讯社	国家级
78	4-14	要不要囤米囤面？南农专家告诉你	江苏网络广播电视台		王尧	电视台	省级
79	4-15	农学生奔赴农耕一线 用青春色彩描绘硬核"春耕图"	江苏网络广播电视台		徐华峰	电视台	省级
80	4-17	攻克"土豆"晚疫病有眉目了	中国科学报	4	李晨	报纸	国家级
81	4-17	攻克马铃薯晚疫病曙光初现	科学网		李晨	网页	国家级
82	4-20	95后、00后长大了！南农大6张创意海报讲述青春战"疫"故事	现代快报		记者：仲茜 徐红艳 通讯员：姚敏磊	报纸	省级
83	4-21	南农科研团队与合作者厘清所有五个异源四倍体棉花起源	新华社		许天颖	通讯社	国家级
84	4-22	特别课堂，收获特别的成长	新华日报	7	记者：王拓 杨频萍	报纸	省级
85	4-22	江苏高校学子疫情期间助力春耕、直播带货	江苏学习平台		记者：王拓 杨频萍	网页	省级
86	4-23	南农获晒士世界大学影响力单项排名冠军	江苏网络广播电视台		王尧 徐华峰	电视台	省级
87	4-23	南京农业大学证实黏细菌调控土壤微生物生态平衡	科学网		李晨	网页	国家级
88	4-24	实验实践如何开展？南农大生科院团队探索线上教学"兵法"	新华日报		记者：王拓 通讯员：崔瑾	报纸	省级
89	4-27	"云课堂"助力思政课改革实践新形态	中国社会科学网		姜萍	网页	国家级
90	4-27	"云就业"为南京农业大学毕业生就业铺路搭桥	江苏教育网			网页	省级
91	4-28	稻谷香了，红蒜壮了，菊花美了——科技赋能架起"致富桥"	科学网		张晴丹	网页	国家级
92	4-30	硕士毕业来种田！南农85后水稻硕士：用科技种一方良田	现代快报		记者：仲茜 通讯员：许天颖	报纸	省级
93	5-1	逐梦田间的南农水稻硕士：用科技种一方良田	新华社		许天颖	通讯社	国家级
94	5-4	安家田间的90后小夫妻："做现代农业承上启下的一代"	新华社		文：许天颖 图：李雨泽	通讯社	国家级

（续）

序号	时间	标题	媒体	版面	作者	类型	级别
95	5-5	江苏高校青年线上线下活动忙 就要离校了，把我心意留下来	现代快报	A2	记者：仲 茜 通讯员：李勖晟 唐 瑭	报纸	省级
96	5-6	南京农业大学连续多年开展精准扶贫，助力贵州省麻江县——摘掉"穷帽子"迈向新天地	江苏教育报	头版	记者：潘玉娇 通讯员：严 瑾 许天颖	报纸	省级
97	5-6	"五四"精神传承有我 南农青年这样过节	东方卫报	3	记者：耿春晓 通讯员：姚敏磊	报纸	市级
98	5-7	给鱼虾"查户口"，为河湖"做体检"！南农85后女博士用科技守护绿水青山	现代快报		记者：仲 茜 通讯员：赵烨烨	报纸	省级
99	5-8	行走"江湖"的南农女博士：用科技守护绿水青山	新华社		赵烨烨	通讯社	国家级
100	5-11	让PPP模式带来更多粮食产能	中国财经报			报纸	国家级
101	5-12	"后浪"上的农业"新青年"	中国科学报	3	记者：李 晨	报纸	国家级
102	5-12	五个异源四倍体棉花起源被厘清	中国科学报	4	记者：李 晨 通讯员：许天颖	报纸	国家级
103	5-12	植物根际微生物与病原菌发起资源争夺战的"秘密武器"找到了	科技日报		记者：金 凤 通讯员：许天颖	报纸	国家级
104	5-13	科学家揭示植物根际微生物的稀缺资源争夺战	新华社		记者：陈席元	通讯社	国家级
105	5-14	我省高校踊跃将先进生产要素送到贫困地区——智力扶贫，传送江苏情谊	新华日报	7	记者：王 拓 王梦然	报纸	省级
106	5-14	智力扶贫，传送情谊 江苏高校踊跃将先进生产要素送到贫困地区	学习强国		记者：王 拓 王梦然	网页	国家级
107	5-18	国际博物馆日：农博馆里"云话"稻作起源与农耕文化	新华社		许天颖	通讯社	国家级
108	5-18	农博馆里"云话"稻作起源与农耕文化	中国社会科学网		王广禄 许天颖	网页	国家级
109	5-23	代表委员上会记｜全国人大代表朱晶：提高科技创新支撑能力，人才是关键	江苏广电新闻		周 洋	电视台	省级
110	5-25	苏陕青黔四省党报联动邀请代表委员畅谈"联手协作脱贫攻坚"	新华日报		杨频萍	报纸	省级
111	5-26	苏陕青黔四省党报联动邀请代表建言——勠力同心，共绘脱贫攻坚新画卷	新华日报	6		报纸	省级

（续）

序号	时间	标题	媒体	版面	作者	类型	级别
112	5-29	这个产业联盟让农业废弃物成为"香饽饽"	江苏网络广播电视台		记者：王尧 徐华峰 通讯员：楠秾萱	电视台	省级
113	5-29	让农业废弃物成为"香饽饽"！南农牵头组建泰州农业有机废弃物资源化利用产业联盟	扬子晚报		杨青 王赟	报纸	省级
114	5-30	进实验室做实验，要先考证！南农大打造最"硬核"安防平台	江苏网络广播电视台		赵英雷 赵雪祥	电视台	省级
115	5-31	创新争先！江苏高校13人榜上有名	江苏网络广播电视台		王尧	电视台	省级
116	5-31	南农大：打造最"硬核"安防平台 联网公安 危化品全记录	江苏教育频道			电视台	省级
117	6-4	"最强大脑"精准田管助力夏粮丰收 "抢"字当头 江苏全省麦收进度超两成	江苏卫视			电视台	省级
118	6-5	探索推进新农科、新工科建设：南农大率先开启相关项目研究实践	新华社		陆玲 许天颖	通讯社	国家级
119	6-5	无人作业：麦收"铁疙瘩"装上"最强大脑"	中国科学报		李晨 许天颖 曹强	报纸	国家级
120	6-8	"北斗"引领 智慧麦作技术让产粮更"聪明"	新华社		于文静	通讯社	国家级
121	6-3	"鸽"硕士的产业"孵化"记	新华日报		记者：王拓 通讯员：赵烨烨	报纸	省级
122	6-3	看羽毛就能辨雌雄？南农"鸽"硕士培育的新鸽种，不仅高产还有这种功能	扬子晚报		记者：王赟 通讯员：赵烨烨	报纸	省级
123	6-13	楠小秾盲盒、与校长萌拍、毕业留言大接力……南农大毕业季打开惊喜 守候期待	新华社		楠秾萱	通讯社	国家级
124	6-13	毕业版"盲盒"来了，这所高校设计的离别小惊喜，你喜欢吗？	扬子晚报		楠秾萱 王赟	报纸	省级
125	6-11	【专家署名文章】谈判无果而终 英欧僵局难破	法治周末	16	姜姝	报纸	国家级
126	6-16	4万人云端"亲历"南农大毕业典礼 校长致辞：让后浪成为巨浪	龙虎网		楠秾萱	网页	市级
127	6-16	南农"云"典礼寄语毕业生：把知识"基因"在祖国大地充分"表达"	新华日报		许天颖 盛馨 王拓	报纸	省级

（续）

序号	时间	标题	媒体	版面	作者	类型	级别
128	6-16	南农大：毕业典礼"云"相见 将全球视野与三农使命传递咫尺天涯	新华社		许天颖 盛馨	通讯社	国家级
129	6-18	吃货有口福了！夺了金奖的杨梅"紫晶"有望进入市民果盘	扬子晚报		许天颖 王赟	报纸	省级
130	6-22	对话创新争先者⑦｜陈发棣：创新不能"闭门造车"，对接产业"抬头看路"	新华日报		记者：王拓 通讯员：许天颖	报纸	省级
131	6-23	社科名家｜顾焕章：走在希望的田野上	新华日报	20	记者：胡波 杨丽	报纸	省级
132	6-1	进实验室做实验，要先考证！南农大打造最"硬核"安防平台	教育部官方网站			网页	国家级
133	6-26	【专家署名文章】国家形象亮丽标识 中华文明重要支撑——大运河的历史价值与文化遗产体系	光明日报	16	王思明	报纸	国家级
134	6-28	如何种出优质桃子？这项小技术有大"功劳"	扬子晚报		许天颖 王赟	报纸	省级
135	6-28	藏粮于技 种地还要靠科技	中央电视台焦点访谈			电视台	国家级
136	6-28	毕业奇葩创意大赏！有你的学校吗？｜Creative graduations for 2020	China Daily			报纸	国家级
137	7-1	带领团队自主选育400多个菊花新品——陈发棣：创新不能"闭门造车"	新华日报	13	记者：王拓	报纸	省级
138	7-3	南农大洪晓月教授团队揭示入侵沃尔巴克细菌改变灰飞虱微生物群落的机制	新华社			通讯社	国家级
139	7-4	毕业季·校长寄语｜南京农业大学校长陈发棣：让后浪成为巨浪 把知识"基因"在祖国大地充分"表达"	学习强国			网页	国家级
140	7-5	抗疫英雄助力高考生｜南农大农学院院长朱艳：祝愿你们超常发挥，梦想成真！	现代快报		记者：仲茜	报纸	省级
141	7-5	农业学子特殊的毕业季 有硕士生回家种地创业	新京报		记者：耿子叶	报纸	国家级
142	7-7	科学家揭示入侵细菌改变灰飞虱微生物群落机制	中国科学报	3	薛晓峰	报纸	国家级
143	7-13	高校应届毕业生就业选择显担当——扎根基层，以奋斗姿态书写"中国梦"	新华日报	2	记者：王拓 杨频萍	报纸	省级

（续）

序号	时间	标题	媒体	版面	作者	类型	级别
144	7-13	【专家署名文章】依托农业文化遗产，打造和而不同的长三角文化圈	光明网		卢勇	网页	国家级
145	7-14	学霸宿舍、学霸班级来了！他们的奋斗经历，成为大学最美好的回忆	现代快报		记者：仲茜	报纸	省级
146	7-15	书写在田野上的优异答卷——国家重点研发计划重点专项驱动产业发展成效综述	农民日报	头版	记者：王泽农 见习记者：高林雪	报纸	国家级
147	7-15	南农大园艺学院"学霸宿舍"：六朵"姐妹花"全部被名校录取	新华社			通讯社	国家级
148	7-18	水果和蔬菜你洗对了吗？	人民日报		记者：姚雪青	报纸	国家级
149	7-18	水稻分子遗传与育种专家万建民：什么样的大米才是优质大米？	中央电视台综合频道			电视台	国家级
150	7-19	党建业务"双螺旋"：南农植物保护学院打造院系"红色"新引擎	新华日报		记者：王拓	报纸	省级
151	7-20	打通产业链条 加速科技推广：南京农业大学牵头成立江苏省梨产业联盟	新华社		谢智华	通讯社	国家级
152	7-20	江苏省梨产业联盟成立啦！解决科技与生产"两张皮"	我苏网		记者：王尧 通讯员：谢智华	网页	省级
153	7-22	人工智能"学会"区分健康和发病土壤	中国科学报	4	记者：李晨	报纸	国家级
154	7-23	推动中国贫困治理实践发展与理论创新	中国科学报		记者：王广禄	报纸	国家级
155	7-23	【专家署名文章】欧盟峰会的艰难"智斗"	法治周末	16	姜姝	网页	国家级
156	7-23	我在南农等你！2020 年南京农业大学招生宣传片	新华社			通讯社	国家级
157	7-24	大学校长"喊话"高考学子：我在南京等你！	紫金山新闻		记者：谈洁 蒋琰	网页	市级
158	7-25	南农大 2 项技术入选 2020 年农业农村部 10 大引领性技术发布	新华社		楠秾萱	通讯社	国家级
159	7-27	这场"选秀大会"！等"梨"来	新华日报		记者：王拓	报纸	省级
160	7-28	抢"鲜"看！2020 南京农业大学录取通知书"星"耀亮相	扬子晚报		记者：王赟	报纸	省级
161	7-28	"党建业务双螺旋"：打造院系"红色"新引擎——全国党建"标杆院系"创建单位、南农植物保护学院党建工作纪实	中国教育新闻网		赵烨烨 万玉凤	网页	国家级

（续）

序号	时间	标题	媒体	版面	作者	类型	级别
162	7-29	2020南农录取通知书"星耀"揭幕，邀你赴一场摘"星"之旅！	新华日报		记者：王 拓	报纸	省级
163	7-29	"甜脆多汁没有渣"！江苏早熟梨评比，262份梨样品来PK	现代快报		记者：仲 茜 通讯员：许天颖	报纸	省级
164	7-30	助力乡村振兴！8所涉农高校学院跨东西部"手牵手"	江苏网络广播电视台		记者：王 尧	报纸	省级
165	7-30	南农大发起首届东西部高校动医学子乡村振兴联合实践调研活动	新华社			通讯社	国家级
166	7-30	洪灾之后农田如何"重生"	中国科学报		张晴丹	报纸	国家级
167	7-31	省内各大高校录取通知书"揭开面纱"——小小通知书，展现大情怀	新华日报	10	记者：王 拓 杨频萍	报纸	省级
168	8-4	一次性施肥就能满足水稻一生养分——农业农村部公布10大引领性技术，其中两项出自南京	南京日报	A7	记者：王怀艳 通讯员：丁 倩	报纸	市级
169	8-4	阳光信访解民忧	江苏卫视			电视台	省级
170	8-6	防洪涝战高温 南农专家赴多地指导农业生产	南京新闻		记者：赵雪子 通讯员：王克其 许天颖	网页	市级
171	8-6	洪涝高温，"米袋子""菜篮子"怎么办？江苏专家赴多地指导农业生产	新华日报		王 拓	报纸	省级
172	8-10	为保"米袋子"安全，南农专家田边"把脉""开方"	紫金山新闻		记者：王怀艳	网页	市级
173	8-12	王源超：坐得冷板凳，做得大课题	新华日报	13	记者：王 拓	报纸	省级
174	8-14	"我为家乡农产品代言"南农特色暑期实践活动鼓励学子返乡助发展	新华日报		记者：王 拓	报纸	省级
175	8-14	南农大学子为家乡农产品代言	中国青年报		记者：李润文	报纸	国家级
176	8-14	智农惠农 在线"代言"：南农大特色暑期实践活动鼓励学子返乡助发展	新华社			通讯社	国家级
177	8-17	"坏果得赶紧摘下来"，烈日下南农专家为梨园果农支招	紫金山新闻		记者：谈 洁 通讯员：许天颖	网页	市级
178	8-18	风口上的生猪养殖产业：生猪期货与楼房养猪	新华日报		记者：许海燕	报纸	省级
179	8-18	南农大研究生培养"蓄能"乡村振兴：搬进大山里的研究生工作站	新华社			通讯社	国家级
180	8-18	"云端农情"——培养学生的"三农"情怀	林芝新闻			网页	市级

（续）

序号	时间	标题	媒体	版面	作者	类型	级别
181	8-19	我省大学生开展多彩暑期社会实践——为"老乡"带货，到社区开课	新华日报	6	记者：王拓 杨频萍	报纸	省级
182	8-19	污水潜行 城市蛙人井下除"病根"	南京日报	A8	记者：张恺 通讯员：徐晓雯 谈洁	报纸	市级
183	8-20	"我为家乡农产品代言" 南农返乡大学生做起了网上直播	南京广播电视台			电视台	市级
184	8-21	太有"滋味"了！这个夏天，南农大一群学生寻味家乡传统美食	江苏网络广播电视台		记者：徐华峰 通讯员：邵春妍	电视台	省级
185	8-22	深入基层"取真经"：南农大马克思主义学院开展脱贫攻坚实践调研和政策宣讲	新华社			通讯社	国家级
186	8-22	南农大食品院暑期社会实践团：寻味家乡传统美食，弘扬中华饮食文化	新华社			通讯社	国家级
187	8-24	仲夏与昆虫相遇，一起来读一读南农学子的"昆虫记"	新华社			通讯社	国家级
188	8-26	挑战70公里沙漠徒步越野！南农大学子获得"沙鸥奖"	江苏网络广播电视台		王尧 徐华峰	电视台	省级
189	8-26	南农MBA学子荣获第九届亚太地区商学院沙漠挑战赛"沙鸥奖"	新华社			通讯社	国家级
190	8-27	这个暑假，看南农教授天南海北施"魔法"	新华日报		王拓	报纸	省级
191	8-27	上山捉虫、下田育穗！南京这群师生天南海北"忙农活"	现代快报		记者：仲茜 通讯员：楠小秋	报纸	省级
192	8-31	南京大学生调研了100家餐厅，得出了这份"光盘"数据	扬子晚报		记者：王赟 通讯员：姚敏磊 许天颖	报纸	省级
193	9-2	教授们的暑假：天南海北施"科技魔法"	新华日报	13	记者：王拓	报纸	省级
194	9-3	南农大食品院研究生党员组织宿舍清扫 助力本科生顺利返校	新华日报		记者：王拓	报纸	省级
195	9-3	这样的师哥师姐你想要吗？南农155名研究生"组团"清扫了58个宿舍，迎接师弟师妹"回家"	扬子晚报		记者：王赟 通讯员：陈宏强	报纸	省级
196	9-4	深化农林教育综合改革 助推农业农村现代化建设	农民日报	6		报纸	国家级
197	9-7	牢记嘱托，在希望田野上大有作为——写在习近平总书记给全国涉农高校书记校长和专家代表回信一周年之际	农民日报	头版	记者：孙眉	报纸	国家级

（续）

序号	时间	标题	媒体	版面	作者	类型	级别
198	9-7	江苏省新发展阶段加快推进农业农村现代化专题研讨会在南农召开	新华社			通讯社	国家级
199	9-8	实践者、研究者、记录者坐而论道，为美丽江苏建设建言献策——让江苏美得有形态有韵味有温度有质感	新华日报	15	记者：李先昭 丁亚鹏 盛文虎	报纸	省级
200	9-9	校地共探土壤生态样板，生物质炭基肥受青睐	新华日报		记者：王拓	报纸	省级
201	9-9	南农"梨"教授和果子打交道久了，希望学生"个个品质优良"	紫金山新闻		记者：谈洁 通讯员：谢智华 许天颖	网页	市级
202	9-9	校地共探土壤生态样板 生物质炭基肥受青睐	新华日报	12	记者：王拓	报纸	省级
203	9-10	他们，被学生称为"大神"	南京日报	A9	记者：谈洁 通讯员：谢智华 许天颖	报纸	市级
204	9-10	"新发展阶段加快推进农业农村现代化"专题研讨会在南京农业大学举行	中国社会科学网		记者：王广禄 通讯员：许天颖	网页	国家级
205	9-10	走近身边的扶贫英雄，让脱贫攻坚温暖人心	中国青年网		葛雨航	网页	国家级
206	9-10	今天来一份"桃李满园"套餐！这所高校这样为老师"庆生"	扬子晚报		记者：王赟 通讯员：许天颖	报纸	省级
207	9-13	南农新生报到现场拿到最晚录取通知书	光明网		王赟	网页	国家级
208	9-13	作别叮咛，启程摘星！南农4 400多名萌新开学报到	现代快报		记者：仲茜 通讯员：楠秾宣	报纸	省级
209	9-13	参加科学家座谈会的江苏代表热议习近平总书记重要讲话——坚持"四个面向"，攀登科学高峰	新华日报	头版，接2版	杨频萍 王拓 蔡姝雯	报纸	省级
210	9-13	满"新"欢喜：看南农别样迎新	新华社		通讯员：楠秾宣	通讯社	国家级
211	9-14	立德树人 书写新时代强农兴农新篇章——学习贯彻落实习近平总书记给全国涉农高校的书记校长和专家代表重要回信精神一周年座谈会发言摘要	中国教育报	6	储召生	报纸	国家级
212	9-15	南京农业大学"四个加强" 高质量打好脱贫攻坚总攻战	教育部官方网站		曹建	网页	国家级
213	9-15	好奇心！江苏省科技界教育界热议习近平总书记频频提及的这个词	新华日报		王拓 蔡姝雯 杨频萍	报纸	省级

（续）

序号	时间	标题	媒体	版面	作者	类型	级别
214	9-15	云对话｜南京农业大学经济管理学院教授耿献辉对话泉山区委书记李勇——以思想"破冰"开辟高质量发展新境界	新华日报	20	记者：高启凡	报纸	省级
215	9-15	身边的科学 南京农业大学教授解决农村秸秆焚烧难题，把秸秆炭化做成复合肥，为土地设计"营养品"	中国青年报	12	雷浩然 李润文	报纸	国家级
216	9-16	加快推进农业农村现代化	中国社会科学报	头版	王广禄	报纸	国家级
217	9-16	一场特色新生党建，南农大16位少数民族新生吃石榴	扬子晚报		记者：王赟 通讯员：赵瑞 楠秾宣	报纸	省级
218	9-18	南农大植保院胡白石教授获评优秀援疆干部人才	新华社		记者：邵刚 张岩	通讯社	国家级
219	9-18	"粮食作物生产力监测预测机理与方法"获国家自然科学基金创新研究群体项目资助	南京农业大学		张羽	报纸	校级
220	9-20	85后博士放弃"金饭碗"返乡创业：要让农户"穿着西装养鱼"	现代快报		记者：仲茜	报纸	省级
221	9-21	我们为什么要庆祝丰收节？——访农业农村部全球重要农业文化遗产专家委员会委员卢勇	新华社		董峻	通讯社	国家级
222	9-22	丰收节遇上"真香"思政课，南农大"秾味思政·尊稻"开讲啦！	新华社		严悦嘉	通讯社	国家级
223	9-22	"天眼地网"赋能麦作"无人化"	中国科学报		张晴丹	报纸	国家级
224	9-22	同庆丰收 共迎小康 江苏省各地欢庆第三个"中国农民丰收节"	江苏网络广播电视台			电视台	省级
225	9-23	坐而论"稻"！短视频《秾味思政·尊稻》献礼农民丰收节，致敬新农人！	学习强国		记者：仲茜 通讯员：楠秾宣	网页	国家级
226	9-23	稻香秋熟暮秋天，阡陌纵横万亩连——江苏丰收景里的科技范	新华日报	15	王拓 王梦然 张宣	报纸	省级
227	9-25	"水稻机插缓混一次施肥技术"现场观摩会在江苏省如东县召开	农民日报		记者：高林雪	报纸	国家级
228	9-27	资源共享 联合攻关：南农大与江苏省农科院签署全面战略合作协议	新华社		赵烨烨	通讯社	国家级
229	9-28	一次轻简施肥，一生精准供肥！这项新技术让水稻种植更轻松	扬子晚报		记者：仲茜 通讯员：许天颖	报纸	省级
230	9-30	南农大开学典礼：第一课寄语新生在时代的洪流中蓄积破土的力量	新华日报		记者：王拓 通讯员：许天颖	报纸	省级

（续）

序号	时间	标题	媒体	版面	作者	类型	级别
231	9-30	南农大开学第一课寄语新生：在时代的洪流中蓄积破土的力量	新华社		通讯员：楠秾宣	通讯社	国家级
232	10-1	我们的名字叫"国庆"！南农五位大学生同祝祖国生日快乐	江苏卫视		徐华峰	电视台	省级
233	10-1	月光所照皆是故乡！南农为每一位外派教师定制双节礼物	现代快报		记者：仲 茜	报纸	省级
234	10-4	秋意渐浓菊花绽放 宛如大地"调色盘"	中央电视台新闻频道			电视台	国家级
235	10-5	南农新生"品梨宴"，品出人生新滋味一个梨子的低温成长逆旅，一段学子的抗疫大考磨砺	南京日报	A2	谈 洁	报纸	市级
236	10-7	【专家署名文章】美洲作物是怎么传入中国的	解放日报	4	徐 蓓	报纸	国家级
237	10-12	南农新技术节肥节本缓解"用工难"	新华日报	12	记者：王 拓	报纸	省级
238	10-14	"以虫治虫" 南农大培育出后代不育的稻飞虱种群	新华网		记者：陈席元	网页	国家级
239	10-15	"红"篇"菊"制！南农菊花团队推出金秋"南农红"	新华日报		记者：王 拓	网页	省级
240	10-15	我国科学家发明水稻机插缓混一次施肥新技术	新华网		记者：戴小河	网页	国家级
241	10-16	邹秉文先生铜像在南农大落成揭幕南农学子向全国农科学子发出倡议	新华社			通讯社	国家级
242	10-16	南农学子向全国农科学子发出倡议：做知农爱农新时代新人	江苏网络广播电视台		王 尧	电视台	省级
243	10-16	世界粮食日，农业教育先驱邹秉文先生铜像在南农大落成	南京日报		记者：谈 洁	报纸	市级
244	10-16	何军：整合多方资源推进农业转移人口城市融入	人民网		何 军	网页	国家级
245	10-17	教育扶贫，全国高校在行动	全国高校思想政治工作网			网页	国家级
246	10-20	【专家署名文章】探索乡村振兴和城乡融合发展新样本	新华日报	13	耿献辉	报纸	省级
247	10-21	教育"蹚"出扶贫路——南京农业大学"教育扶贫"点亮麻江希望	中国教育新闻网		潘玉娇 赵烨烨	网页	国家级

（续）

序号	时间	标题	媒体	版面	作者	类型	级别
248	10-22	【专家署名文章】期待博物馆"打卡热"蔚然成风	中国教育报	2	姜姝	报纸	国家级
249	10-23	一次轻简施肥　全程精准供养	农民日报	5	记者：高林雪	报纸	国家级
250	10-23	"南农实践"探索高等农业教育高质量发展	农民日报	6	记者：孙眉	报纸	国家级
251	10-25	"绽"出风采！这个校园文化活动打造多彩生活	江苏网络广播电视台		王尧	电视台	省级
252	10-25	南京农业大学上演"百团大绽"展风采	中国新闻网		姚敏磊	网页	国家级
253	10-27	【专家署名文章】从超稳定饮食结构看中华农业文明	中国社会科学报		李昕升	报纸	国家级
254	10-28	构建更加紧密的"兽医教育共同体"	中国科技报	A2	记者：夏文燕	报纸	国家级
255	10-29	智斗草地贪夜蛾	中国青年报		胡润文	报纸	国家级
256	10-29	"靶向农药是未来新农药的发展方向"	农民日报		记者：颜旭	报纸	国家级
257	11-1	全国各地企业走进南京农业大学"招贤纳士"	中新网		责任编辑：田博川	网页	国家级
258	11-2	南农大金善宝书院：弘扬书院文化贯通拔尖人才培养	江苏频道		许天颖	电视台	省级
259	11-2	激发文化产业活力　助推乡村全面振兴	中国农网		陈兵	网页	国家级
260	11-2	院士开讲"第一课"，教授带着下田学习	科技日报		许天颖　陈婵娟　王爽	报纸	国家级
261	11-4	南农团队解码并重构微生物群体感应系统	新华日报	7	王拓	报纸	省级
262	11-4	加油，设计人！95后00后大学生喊出"青绘乡村"参赛宣言	现代快报		宋经纬　李楠　杜雪迎	报纸	省级
263	11-6	"北斗"引领　智慧麦作技术让产粮更"聪明"	江苏网络广播电视台			电视台	省级
264	11-9	更好地培养创新人才，也对教学提出新挑战——书院，大学教育新"试验区"	新华日报	6	记者：王拓　杨频萍	报纸	省级
265	11-10	江苏省大学生食品科技创新创业大赛举行　纳米技术让麦麸代替"猪肥膘"	江苏网络广播电视台			电视台	省级
266	11-10	星光｜江苏四位科技专家捧得"中国工程界最高奖项"工程科技，用创新改变世界	新华日报		记者：王拓　杨频萍　王梦然	网页	省级

（续）

序号	时间	标题	媒体	版面	作者	类型	级别
267	11-11	别致！南农学子将家乡美味"烹"在了 20 米长卷上	扬子晚报		王赟	报纸	省级
268	11-11	我的家乡有美食还有美景！快来南农大"家乡风采展"逛一逛	江苏卫视教育频道		徐华峰	电视台	省级
269	11-16	依托农业文化遗产，打造和而不同的长三角文化圈	光明网		卢勇	网页	国家级
270	11-16	读懂微生物的"语言"	中国科学报	4	记者：王方	报纸	国家级
271	11-17	南京农业大学无锡渔业学院：永续青春本色，时刻向浪费说"NO"	学习强国			网页	国家级
272	11-18	南京农业大学资环学院：篮球赛里"打"出来的"师生共同体"	全国高校思想政治工作网		聂欣	网页	国家级
273	11-19	细胞培养肉走上餐桌，还要逾越哪些鸿沟？	科技日报		金凤	报纸	国家级
274	11-19	做大蔬菜产业，让家常蔬菜为乡村振兴再发力再赋能	人民日报		记者：何轩	网页	国家级
275	11-20	南农专家学者深入学习习近平总书记在全面推动长江经济带发展座谈会上的重要讲话精神	新华日报		记者：王拓	报纸	省级
276	11-20	做大蔬菜产业，让家常蔬菜为乡村振兴再发力再赋能	人民日报		记者：何轩	报纸	国家级
277	11-21	为创新者加速　为创业者赋能　2020 农村双创与科技专题论坛在南京农业大学举行	光明日报		记者：张亚雄	报纸	国家级
278	11-21	乡村振兴长期观察网络启动建设	科技日报		瞿剑	报纸	国家级
279	11-22	2020 农村双创与科技专题论坛在南京农业大学举行	新华社		记者：赵久龙	通讯社	国家级
280	11-22	以后，谁来种地？这场大会讨论了未来农业发展的新方向	澎湃新闻		记者：王奕澄	网页	省级
281	11-22	科技为农村创新创业赋能"农村双创与科技"专题论坛在南京举行	农民日报		记者：李丽颖	网页	国家级
282	11-23	南农大建设乡村振兴观察网络	新华日报	6	记者：王拓	报纸	省级
283	11-24	创新资源环境政策　推动江苏高质量发展	新华日报	17	记者：李恒鹏 吴群 冯淑怡	报纸	省级
284	11-27	科技为农村创新创业赋能	农民日报	6	记者：李丽颖	报纸	国家级
285	11-27	拒绝舌尖上的浪费，南农学子争当"光盘代言人"	江苏网络广播电视台		王尧	电视台	省级

（续）

序号	时间	标题	媒体	版面	作者	类型	级别
286	12-1	2020 年 GCHERA 世界农业奖揭晓 中国科学家首次获奖	中国日报			网页	国家级
287	12-1	中国科学家首次获 GCHERA 世界农业奖	中国科学报			网页	国家级
288	12-3	高等教育资源"西进"利在千秋	中国教育报	2	姜 姝	报纸	国家级
289	12-6	这个培训关系农村的未来！2 000 多名涉农专业大学生南农大受训	江苏卫视荔枝网		徐华峰	网页	省级
290	12-6	为土"把脉"为地"护肤"！南农大 7 位教授共上生态文明公开课	江苏卫视			网页（含视频）	省级
291	12-6	兽医行业专家学者齐聚南农，"罗清生精神"激励后学前行	新华日报交汇点		记者：王 拓	网页	省级
292	12-7	2020 世界农业奖在南农揭晓	新华日报	3	记者：王 拓	报纸	省级
293	12-7	南农大 7 位教授"世界土壤日"同上土壤思政课	新华社		记者：陈席元	网页	国家级
294	12-8	土壤承载"万物健康"	中国科学报	3	记者：张晴丹	报纸	国家级
295	12-8	氮刚好，花才开	中国科学报		记者：徐国华	网页	国家级
296	12-8	【专家署名文章】路璐：大运河文化带建设与中国国家形象建构	中国社会科学网		路 璐	网页	国家级
297	12-8	"秾萃雅集"南京农业大学中国画优秀作品邀请展开幕	新华日报交汇点		李 立	网页	省级
298	12-9	点点烛光寄哀思	新华日报交汇点		许天颖 万程鹏	网页	省级
299	12-9	南京高校暖心关爱家庭经济困难大学生 南京农业大学：发羽绒服 还帮买车票	江苏卫视公共频道			网页（含视频）	省级
300	12-11	南京农业大学开展系列纪念活动"点亮青春"	中新社		泱 波	网页	国家级
301	12-11	国家公祭日前夕南京大学生祭奠遇难同胞	中新社		泱 波	网页	国家级
302	12-11	借火种汇光明，召青年担使命！南农大开展系列纪念活动	扬子晚报		王 赟 姚敏磊 许天颖	网页	省级
303	12-14	入侵我国的"加拿大一枝黄花"越来越耐热了	科技日报		金 凤	网页	国家级
304	12-14	南京师生悼念大屠杀遇难同胞	中国教育报	头版（要闻）	记者：潘玉娇	报纸	国家级
305	12-16	激活村庄"内生动力"，江苏高校助力打赢脱贫攻坚战	新华日报交汇点		王 拓	网页	省级

（续）

序号	时间	标题	媒体	版面	作者	类型	级别
306	12-19	高等学校新农村发展研究院第三届乡村振兴论坛在宁举行	新华网		赵烨烨 蒋大华	网页	省级
307	12-20	光盘我先行——南京高校开展冬至里的光盘行动	腾讯新闻			网页	国家级
308	12-20	培养乡村人才 推广脱贫攻坚与乡村振兴宝贵经验	江苏卫视公共频道			网页	省级
309	12-21	全国"新米"品鉴大会，江苏水稻新品种"宁香粳9号"捧金奖	现代快报		记者：仲茜 通讯员：许天颖	网页	省级
310	12-23	我国学者在外来杂草入侵机制研究方面取得突破	国家自然科学基金委员会		强胜 赵桂玲 冯雪莲	网页	国家级
311	12-24	铺开大学与大地的历史长卷！来看看这堂校史馆里的公开课	江苏卫视公共频道		王尧	网页	省级
312	12-24	扎根云岭大地 投身科技扶贫："时代楷模"朱有勇院士先进事迹报告会在南农举行	新华社		赵烨烨	通讯社	国家级
313	12-24	融合大学与大地、校史与"四史"！南农将思政课搬进校史馆	现代快报		记者：仲茜 通讯员：许天颖	网页	省级
314	12-25	南京农业大学：校史馆里学"四史"	中国教育新闻网		潘玉娇 许天颖	网页	国家级
315	12-27	南京高校开启"新春游园会" 洋溢浓浓年味迎新年	中国新闻网		责任编辑：田博川	网页	国家级
316	12-30	万建民：让老百姓从"吃饱"到"吃好"	新华日报	19	王拓	报纸	省级

（撰稿：葛 焱 许天颖 审稿：刘 勇 审核：周 复）

师 德 师 风 建 设

【概况】党委教师工作部以习近平新时代中国特色社会主义思想为指导，深入贯彻落实习近平总书记关于教育的重要论述和全国教育大会精神，全面贯彻党的教育方针，紧紧围绕立德树人根本任务，加强教师思想政治教育和师德师风建设，着力打造政治素质过硬、业务能力精湛、育人水平高超的新时代高素质教师队伍，为农业特色世界一流大学建设奠定坚实人才基础。

加强宣传教育，厚植教师师德涵养。举办第 4 期"师德大讲堂"，南京师范大学国家教学名师汤国安教授围绕"为师之本、从教之道"主题，与学校 180 余位新入职教职工和新增列研究生导师进行了深入交流。举行朱有勇院士先进事迹报告会，激励学校师生员工勇担教育强国使命，扎根中国大地书写奋进华章。组织全校教师观看大型电视纪录片《为了和平》，厚植爱国主义情怀，推动抗美援朝精神融入课堂。组织参加江苏省本科院校教师师德师风建设研讨培训项目，提升教师工作人员理论水平和服务能力。开展"学寄语、悟思想、育新人"征文活动，利用学习强国等平台进行宣传展示，扩大学校师德建设影响力和贡献度。组织参加教育部全国高校师德师风建设工作经验交流会，对标找差，补短板强弱项，整体提升师德建设水平。

完善制度体系，严把师德师风关口。把好新进教师入口关。在调研相关高校有关工作的基础上，研究制定了《南京农业大学新进教师思想政治素质和师德师风考察工作办法（试行）》，完成 2020 年新进教师、钟山青年研究员等人员思想政治和师德师风考察。

优化教师师德考核关。理顺学校教职工年度考核和师德考核的关系，整合形成一体化考核体系，提高考核的科学性和实效性。

把牢教师发展监督关。完成各级各类人才项目申报人选的政治思想素质和师德师风情况考察把关。完成 2020 年职称申报人员思想政治和师德师风状况审查评议。完成 2020 年评奖评优人选师德表现把关。

严格师德失范惩处关。修订《南京农业大学师德失范行为处理办法》，进一步规范师德失范行为处理程序，形成互动联通、分工合作的工作机制。落实师德师风问题线索销号制度，建立工作台账，逐件推动办结，营造风清气正的教育生态。

树立师德典型，营造尊师重教氛围。健全师德荣誉表彰体系，出台《南京农业大学立德树人楷模、师德标兵、优秀教师、优秀教育工作者评选表彰办法》，评选立德树人楷模、师德标兵、优秀教师、优秀教育工作者。举办南京农业大学第 36 个教师节庆祝大会，对教学科研、管理服务中涌现出来的先进典型进行表彰，举行退休教师荣休仪式和新教师入职宣誓仪式，提高教师的归属感、自豪感、获得感、幸福感。拍摄立德树人楷模宣传片，制作师德先进宣传展板，通过网站、微信、微博等新媒体平台和橱窗、报纸等线下实体宣传，展示学校教师潜心教书育人的奉献精神和先进事迹，汇聚农业特色世界一流大学建设的强大合力。

构建德育和社会实践体系，提高教师思想政治工作有效性。以提升教师师德水平和履职能力为目的，构建南京农业大学教师德育和社会实践体系，与贵州省麻江县已经签署共建协议，与苏州市相城区临湖现代农业产业园和扬州市食品产业园就共建基地进行了前期对接。

［附录］

2020 年南京农业大学
立德树人楷模、师德标兵、优秀教师、优秀教育工作者获奖名单

一、2020 年南京农业大学立德树人楷模

张绍铃　郑小波

二、2020 年南京农业大学师德标兵

朱　艳　吴菊清　何　军　侯喜林　裴正薇

三、2020 年南京农业大学优秀教师

方　真　刘永杰　茆意宏　易福金　郑永兰　郑恩来　宗良纲　姜　姝　韩永斌

四、2020 年南京农业大学优秀教育工作者

刘　亮　汪　浩　张　军　陈　洁　耿宁果

（撰稿：权灵通　审稿：刘　勇　审核：周　复）

统　　战

【概况】学校党委积极落实中央统战工作会议、全省高校统战工作会议精神，认真贯彻落实《中国共产党统一战线工作条例（试行）》，进一步加强民主党派班子建设、制度建设，充分发挥党外人士的智力优势，团结凝聚统一战线成员，在服务国家重大发展战略、地方经济社会发展和学校建设中作出积极贡献。

组织建设得到全面加强。成立学校统一战线工作领导小组，推动实施校级领导干部联系民主党派和党外代表人士工作。坚持政治标准，严格民主党派成员发展程序，把好入口关，不断优化各党派的成员结构。全年共发展民主党派成员 26 人，其中九三学社 10 人、民盟14 人、农工党 1 人、民进 1 人。新成立欧美同学会（留学人员联谊会）统战团体 1 个，首批注册会员 115 人。组织开展无党派人士认定工作。积极向省（市、区）各级政协、人大、欧美同学会、党外中青年知识分子联谊会、归国华侨联合会等推荐代表人士。

统一战线工作创新推进。牵头组织召开江苏高校统战六片会议。九三学社、民盟等民主

党派人士积极投身"疫情防控阻击战"，踊跃捐款捐物，共抗疫情。加强党外代表人士教育培养，积极推荐参加中央和省、市社会主义学院培训。创建"金善宝科教兴农工作坊"获批江苏省同心教育基地。全年获批江苏省高校统战理论课题 1 项，荣获江苏省学习习近平总书记关于统一战线思想主题征文二等奖。

参政议政工作更趋规范。发挥民主党派组织和党外人士在学校建设发展中的重要作用。邀请各民主党派和无党派人士代表列席全委扩大会议、巡视反馈会、教职工代表大会等重要会议，积极征求民主党派对学校事业发展建议，及时通报学校重要工作，认真听取党派意见。充分发挥监督作用，建立由党外人士担任特邀党风廉政监督员制度，并对年终考核、干部聘任等工作进行监督。

建言献策水平稳步提升。民盟举办新时期人才队伍建设与南京农业大学发展论坛，九三学社举办"不忘初心、立德树人"青年论坛，致公党积极承办江苏省第十届海外博士江苏行"引凤工程十周年"活动。全年，各民主党派向各级人大、政协、民主党派省级组织提交议案、建议和社情民意 26 项，承担上级组织调研项目 9 项，组织参与大型社会服务活动 31 次。

民主党派工作成绩喜人。学校民盟被评为"民盟中央盟务工作先进集体"，严火其获评"盟务工作先进个人"，蔡庆生、陈超、姜卫兵、董晓林、徐焕良被民盟江苏省委评为"社会服务工作先进个人"；学校九三学社被评为"九三学社中央组织工作先进集体"。全年，各民主党派集体和个人获省级以上表彰 16 项。

（撰稿：阚立刚　审稿：丁广龙　审核：周　复）

安　全　稳　定

【概况】保卫处（党委政保部）在学校党委、行政领导下，正确把握学校安全稳定工作形势新变化新特点，以筑牢"平安校园"为基点，以落实新冠肺炎疫情管控下校园安全管理为抓手，以营造安全文明、和谐有序、统筹协调的校园环境为方向，认真履行部门职责，积极推动工作落实，确保了校园的安全稳定，全年未发生有影响的重大事故。保卫处荣获江苏省教育厅、中共江苏省委政法委、江苏省公安厅联合颁发的"江苏省平安校园建设示范高校"称号，获得南京市公安局授予的"2020 年度单位保卫组织集体三等功"。

坚持把政保工作作为第一要务。围绕国家重大节假日、重大会议、校内大型活动等敏感节点认真开展形势调查研判，科学部署，密切关注重点人群，加大与上级单位的联系，及时统计与上报学校基础信息及各民族生动态信息，全年配合上级部门开展工作 80 余次。学习和探索新思路、新方法，尝试利用互联网、大数据等新兴科技新手段研究分析重点关注人群的活动规律。加强情报信息收集、甄别、处理，密报重点《信息快报》6 期。

全面开展安全教育及宣传，推进宣传教育进课堂、进网络、进社团。一是紧抓新生入学前后的安全教育工作。开展随录取通知书一同到达的线上安全教育、新生入校安全第一课、消防安全实操演练等活动，使新生一入校就紧绷安全之弦。重视本科生大学生安全教育必修课课程建设，通过丰富的课程环节、优质的师资线下授课、期末模拟测验、线上考试等安排，完成课程的全过程式教育，使每一名新生良好掌握应知应会的安全知识。二是开展形式丰富的安全演练与培训活动。组织本科生赴"平安 N 次方"警务体验基地开展沉浸式安全教育，组织各学院消防安全员参加江苏省科技馆"安全星训练营"消防主题系列培训，在"11·9 消防安全宣传月"开展两校区消防疏散演练、开展各单位消防培训及应急演练 20 余场。在提升师生安全意识的同时，做到以练为战、防患未然。三是强化校园安全文化传播，开展丰富的安全教育活动。依托"11·9 消防安全宣传月"组织的水带大挑战、消防隐患火眼金睛、灭火毯模拟灭火、营救伤员等趣味活动吸引大量学生参与，主题展板"11·9 消防安全专列""消防安全专栏"更加系统地普及了消防安全知识；全校范围内组织的"大学生安全知识竞赛""短视频大赛"丰富了学生们的校园安全文化生活。四是加强防诈骗工作宣传力度。梳理了校内接报诈骗案例，整理几个典型诈骗套路类型制作诈骗防范宣传材料。宣传展板在玉兰路进行展览；宣传折页通过宿舍管理员发放到全校学生，发放宣传资料 2 万余份。五是营造浓厚的安全氛围，依托"平安南农"微信公众平台做好线上线下联动式安全宣传。

强化消防安全工作。严格按照"党政同责、一岗双责、齐抓共管、失职追责"要求，突出主体责任，改善基础条件，提升管理能力水平。一是结合安全生产形势，紧盯薄弱环节和突出问题，加大检查整改力度，组织各类防火检查 20 余次，下达安全隐患整改通知书 6 份、函 2 份，整改安全隐患 50 余处。二是完成体育中心、作物遗传与种质创新国家重点实验室的原有消防设施隐患问题的维修，以及楼宇场馆消防管网漏水维修 20 余处和卫岗校区 14 栋楼宇区域性疏散指示灯无电源专项维修。三是加强消防设施维护管理，制定管理考核办法，落实每周维保工作例会制度，规范建筑消防设施季度检测机制。四是启动建筑楼宇消防档案"一楼一档"工作，制定泵房等重要部位消防管理制度，完善重要设施指示标牌，联网改造消防控制室信息管理工作，落实消防控制室专人轮值班，做好人员培训工作。五是加强宣传教育与培训，依托"消防进军训""平安南农"微信公众平台，开展"11·9 消防安全宣传月"系列活动，组织灭火和疏散演练、消防知识培训、竞赛等活动 30 余次，重点做好岗位一线人员的消防器材使用和消防控制室业务培训，面向全校师生员工普及安全知识和技能，成立了学生社团"大学生消防安全协会"，以学生为主体，以自我管理、自我教育和自我防范的模式面向全校学生开展消防安全教育活动，内容多样、形式新颖、反响良好。

【全面落实新冠肺炎疫情防控工作】成立专班，制订方案，严格执行，成效明显。应急防控早布局，面对新冠肺炎疫情防控任务，第一时间召开疫情防控动员部署会，教育保卫干部、保安队员充分认识疫情防控的重要性、紧迫性，制定行之有效的应急措施，实行封闭式管理，处科级干部靠前工作，面对困难危险泰然处之。常态防控有成效，开学后以"外防输入、内防扩散"为目标，严格落实校防疫办公室工作指示，加强开学执勤管理，放弃休息坚守岗位（干部、职工、保安队员连续执勤长达 15 天）；加强综合防控和日常安保工作，加大校内公共场所和重点部位的巡查管控力度，严防疫情侵扰和事故发生，确保校园安全稳定。

【启动南京农业大学安全专项整治三年行动】根据《省教育厅关于印发全省教育系统安全专项整治三年行动实施方案的通知》（苏教安函〔2020〕11 号）要求，制订、全面推进并落实《南京农业大学安全专项整治三年行动实施方案》。在校园交通秩序整治方面，印发《南京农业大学卫岗校区电动自行车管理办法》，推进校区电动自行车整治清道活动。一是落实经费启动智慧交通管理系统（机动车、电动车、违章管理）建设，建立卫岗校区非机动车信息档案，集中清理 800 余辆僵尸非机动车。二是完成校园教学区机动车管理托管服务招标工作，对卫岗校区教学区北门进行改造出新，以缓解疫情管控状态下北门交通拥堵的状况。三是对所有的校园机动车重新进行信息化申报以核实相关数据，建立准确的机动车信息档案。四是做好卫岗校区、浦口校区、牌楼校区疫情通道建设，为精准防控做好准备，科学规划交通，实现大门人、车分流，确保校内车辆畅通无阻、停放有序。在校园治安防控方面，强化警校联动，充分发挥警力进校园优势最大化，民警深入校园开展巡逻、处置突发事件、保障重大活动。全年调查处理治安违纪师生 7 人，有效维护校园安宁稳定。在技防建设方面，坚持高标准、高起点，不断加大投入完善系统，全年投入资金 140 多万元，完成牌楼校区部分通道人脸识别系统、浦口校区人脸识别系统、逸夫楼古书籍藏馆视频监控、校园电梯监控等建设。

【优化多校区一体化安防管理体系】改组人事组织关系，实行条线化管理。调整增设浦口校区管理委员会保卫处副处长 1 名；设立安全保卫工作办公室，归口卫岗校区保卫处统一管理，将学校安全工作纳入一体化管理体系。开展"'十四五'跨校区一体化平安校园建设研究"（SKGL2020026）并形成研究报告。

【牵头开展学校第七次人口普查】在做好户口、居住信息管理常规工作之外，牵头完成了全国第七次人口普查专项工作，与街道社区密切配合，努力构建广覆盖、多维度、全方位、立体化的专兼职普查队伍，确保全校 2 万名师生零遗漏。

（撰稿：班　宏　程　强　许金刚　审稿：崔春红　何东方　李中华　审核：周　复）

人　武

【概况】党委人民武装部（以下简称人武部）紧紧围绕国防要求和学校实际，深入推进大学生应征入伍工作，精心组织实施大学生军事技能训练，结合国际国内形势，认真落实国防教育活动，加强军校共建，全面做好双拥工作等。

周密部署，顶住压力顺利完成疫情常态防控下的学生军训工作。9 月 15～29 日，组织开展 2020 级共 4 461 名本科新生军训（分卫岗校区和浦口校区）。9 月 18 日，校党委副书记王春春教授参加军训动员大会，对全体参训学生提出殷切希望。军训期间，开展了征文、摄影及板报比赛、安全宣传页评比、教唱校歌等内容丰富、形式多样的活动，深化了学生的自我教育，体现了强有力的思想政治工作保障功能。积极响应教育部"消防安全进军训"号召，军训期间组织学生进行"安全讲座＋应急演练＋灭火实战＋应急救护＋卫生防疫"五大模块教育，收到良好效果。此次军训，东部战区临汾旅 70 多名官兵担任教官，各学院辅导员担任政治指导员，通过严密的组织，顺利完成了大纲规定的军训内容，达成了军事训练的目标。

宣传为引、服务为导，认真落实一年双征，鼓励学生踊跃参军。5 月 21 日，在校园网发布《关于开展 2020 年应征报名的通知》，制作《南京农业大学 2020 年大学生应征报名政策咨询》宣传册及提供先进事迹给各学院用于宣传动员。在两校区同步设立大学生征兵政策现场咨询点，安排专人现场集中发放宣传册，解说报名入伍、国家资助的具体流程，解读大学生入伍的各项优惠政策，并进行现场登记。9月9日，慰问在南京国防教育基地役前训练的学生，同时进行入伍前教育、明确注意事项、巩固训练效果。全年学校37名学生被列为新兵。

积极开展国防教育活动，拓展教育第二课堂。各级党政组织、学生社团在充分利用清明节、国家安全日、"12·9"运动纪念日、"12·13"国家公祭日等时间节点在校内广泛开展各种形式的爱国主义教育和国防教育。12月13日，学校卫岗校区、浦口校区分别开展"铭记历史，吾辈自强"国家公祭日国防教育活动。两校区在同一时间举行了升旗仪式，同时由国旗护卫队大队长向全校师生宣讲公祭日的由来，介绍相关活动安排。各学院自主开展形式多样的缅怀活动，追忆历史岁月，感悟今日幸福生活。为让广大学子进一步了解抗日战争历史，弘扬以爱国主义为核心内容的伟大民族精神，践行社会主义核心价值观，激励学生为实现中华民族伟大复兴的中国梦而努力学习。

优势互补，积极推进军校共建。利用学校技术力量，配合部队做好精准扶贫。先后多次派出农业方面的专家帮助临汾旅官兵到其对口扶贫单位南京市栖霞区太平村开展专项技术扶贫工作。开展军校联谊活动，与临汾旅足球队、篮球队进行足篮球友谊赛。春节前，到部队慰问官兵，开展拥军爱兵活动。为应征入伍学生举行欢送会，发放慰问金和纪念品；为烈军属、转业、复员、退役军人278人（包括从部队退役复学在校的学生）发放春节慰问金。

（撰稿：陈 哲 班 宏 审稿：崔春红 何东方 李中华 审核：周 复）

工 会 与 教 代 会

【概况】面对疫情防控的新形势，工会以加强思政建设为统领，以创新活动形式为载体，履行着工会维护、教育、参与和建设4项基本职能。顺利完成"两代会"换届，召开第五届教职工代表大会执行委员会第二次会议、第十届工会会员代表大会第十三次会议、第六届教职工代表大会、第十一届工会会员代表大会预备会议和第一次全体会议。编撰《南京农业大学第六届教职工代表大会 第十一届工会会员代表大会材料汇编》。积极筹措防疫物资，为教职工购买发放消毒液、洗手液、口罩、防护手套。端午节前夕，联合校医院研制具有抑制病菌、抗病毒、提高免疫力的中药香囊，随同端午节日福利发放给教职工。2项物资共计11万元。工会工作人员在学校开学后主动申请作为志愿者在学校进出口参加执勤。及时慰问援鄂家属，并送上慰问金2 000元。

开展了一系列"战疫"主题活动。组织"战疫情·劳动美"摄影作品征集、"同心抗疫·巾帼有我"女教工风采展示活动，开发"秾行健步"小程序，为全校教职工提供了疫情防控新形势下的活动平台。3项活动参与者达8 000余人次。

开展"优秀教工小家"评选活动，在慎重筛选和多次指导的基础上，工会推选的图书馆

"教工之家"在江苏省教育科技工会举办的星级教工之家评选中荣获"四星级职工小家"称号。

2020 年共开展节日和生日慰问 5 次、其他慰问 200 余人次,金额总数近 700 万余元;受理上一年度因病住院会员的补助申请 120 份,经详细核定,89 位会员得到大病互助基金补助,共发放补助金 64.5 万元。

不断丰富活动内涵。根据工会活动群众性强的特点,结合疫情常态化防控的实际,工会先后举办抗疫摄影文艺作品征集、组织单身教工参加江苏省教育科技工会联谊会;举办校教工运动会,参与达 2 000 余人次。组织教师参加了江苏省教育科技工会举办的第三届全省青年教师教学竞赛和江苏省女教工风采展示大赛。其中,3 位教师荣获教学竞赛二等奖,2 位教师荣获风采展示大赛二等奖。

【完成"两代会"换届】"两代会"换届于 4 月正式启动。其间,先后召开第五届教职工代表大会执行委员会第二次会议、第十届工会会员代表大会第十三次会议,分别听取审议学校第六届教职工代表大会、第十一届工会会员代表大会筹备工作方案及 2019 年学校相关工作报告;相继组织 10 余次筹备工作领导小组会议。7 月 14~15 日,举行第六届教职工代表大会、第十一届工会会员代表大会预备会议和第一次全体会议,大会听取、审议届期内学校各类工作报告 5 个、本次换届情况报告 2 个、学校最新动态报告 3 个;选举产生第六届教职工代表大会执委会委员 31 人、第十一届工会委员会委员 23 人。8 月,组织召开第六届教职工代表大会执行委员会第一次会议,选举产生第六届教职工代表大会执行委员会主任(王春春)、副主任(闫祥林、余林媛);审议通过学校与连云港市东海县联合办学事宜。10 月,组织召开第十一届工会委员会第一次会议,选举产生新一届工会主席(余林媛)、副主席(陈如东)以及各专门委员会主任。

【教代会提案办理情况】第六届教职工代表大会第一次会议共征集提案 27 件,内容涉及学校发展、学科建设、教学评价、科研条件、管理水平、师生服务等多方面。提案经各分管领导批阅后及时交相关部门承办,做好组织协调、督办,及时反馈提案处理意见等。其中,25 名提案人对提案的处理意见表示满意,满意率为 92.6%。

(撰稿:童 菲 审稿:陈如东 审核:周 复)

共 青 团

【概况】学校共青团在学校党委和上级团组织的坚强领导下,以习近平新时代中国特色社会主义思想为指导,认真贯彻落实习近平总书记关于青年工作的重要论述,牢牢把握新时代共青团的根本任务、政治责任和工作主线,认真履行引领凝聚青年、组织动员青年、联系服务青年的职责使命。

积极贯彻落实习近平总书记关于打赢疫情防控阻击战重要指示精神和党中央、教育部党组、江苏省委、学校党委关于新型冠状病毒肺炎疫情防控的决策部署。发布《致南农全体团员青年的一封信》;组建滞留湖北学生临时团支部,深入开展"风雨同心,共克时艰"线上

主题团日活动；摄制《坚信爱会赢》南农版 MV，鼓舞青年师生抗疫的决心与信心；开展
"战疫云团课"，邀请团干部在云端分享抗疫所思、所感、所为。

依托第二课堂，着力服务青年，统筹牵动实践育人提质增效。以"第二课堂成绩单"为
牛鼻子，统筹推动"社会实践、志愿服务、双创育人和文体怡心"四大平台同向同行，共同
发力，提升实践育人实效。根据前期调研和兄弟院校建设经验，设计开发学校独立的"第二
课堂成绩单系统"，修订出台《南京农业大学关于本科生培养计划中社会实践学分认定及成
绩评定实施细则》，引导学生更加合理地参加活动。目前，在"第二课堂成绩单系统"中，
共有班级团支部 693 个、学生组织及社团 419 个，累计发放 133.7 万学时。

依托以"挑战杯""互联网＋"为龙头的双创赛事平台，拓宽学生视野，培育创业精英，
本年度"挑战杯"创业计划竞赛荣获国赛铜奖 5 项、省赛金奖 3 项、银奖 1 项、铜奖 3 项，
并获得江苏省"优胜杯"；"互联网＋"国际大学生创业大赛时隔 5 年再次入围国赛，斩获银
奖 1 项。

筑牢团学组织建设。持续开展基层团组织整理整顿，依托"智慧团建"管理系统与支部
成长成绩册，常态化、规范化实施团支部工作，通过开展先锋支部培育工程、支部等级评
定，引导团支部加强支部工作机制、学风、文化和支部品牌的建设。继续推进实施"新生班
级团务助理工程"，遴选 152 名优秀学生骨干担任团务助理，以新生适应性课堂"新生十课"
为导向，结合"最美全家福"设计大赛主题活动，指导新生团支部加强自身建设。依托新生
团干培训班、大学生骨干培训班、青年马克思主义者培训班、团务助理培训班等的分层分类
团校培养体系，不断加强业务培训，稳步推进团干部队伍专业化建设。2020 年度，全校各
级团学骨干参与各类培训学习达 1 000 余人次，1 人获评江苏省"优秀共青团干部"，1 人获
评江苏省"优秀共青团员"，推报 1 人荣获"中国大学生自强之星"称号，推报 2 人获得
"中国电信奖学金"。继续深化"先锋支部培育工程"，创新项目特色，引导团支部在服务青
年成长成才中发挥基础性作用，本年度共有 273 个支部立项。

【召开共青团南京农业大学第十四次代表大会】11 月 28 日，召开共青团南京农业大学第十
四次代表大会，与会代表听取和审议共青团南京农业大学第十三届委员会工作报告，选举产
生共青团南京农业大学第十四届委员会。共青团江苏省委副书记张迎春，副校长胡锋，校党
委副书记王春春、刘营军，共青团江苏省委高校部部长付建龙，共青团江苏省委组织部副部
长杨义胜，各兄弟高校代表，学校相关职能部门、群团组织负责同志，各学院党委副书记，
以及全体团员代表、列席代表近 300 人出席开幕式。

【参加江苏省第六届大学生艺术展演活动】11~12 月，由江苏省教育厅主办的江苏省第六届
大学生艺术展演活动在南京举行。学校公共艺术教育中心组织师生参加舞蹈、器乐、戏剧、
声乐、朗诵、艺术实践工作坊、美育改革创新优秀案例 7 个类别的比赛，获得特等奖 6 项、
一等奖 5 项、二等奖 1 项、三等奖 6 项，5 件原创作品均获优秀创作奖。大学生艺术团起点
话剧团获评江苏省优秀大学生艺术团，学校获评"优秀组织奖"。4 件作品被选中代表江苏
省进入全国大学生艺术展演。学校的获奖作品数量、入围全国大学生艺术展演作品数量均位
列全省高校前茅。

【举办"江苏戏曲名作高校巡演"系列活动】12 月初，应学校团委、公共艺术教育中心邀
请，由江苏省委宣传部、江苏省教育厅主办的"江苏戏曲名作高校巡演"系列活动在南京农
业大学成功举办。江苏省首部扶贫大戏淮剧《村里来了花喜鹊》、大型创新军旅锡剧《董存

瑞》走进校园，将思政教育渗透在校园文化氛围中，用美育照亮学生心灵，将校园打造为具有家国情怀、时代精神、文化自信的美育思政共同体，让校园文化活动更富有教育意义。

（撰稿：翟元海　审稿：谭智赟　审核：周　复）

学　生　会

【概况】在学校党委、江苏省学生联合会领导和学校团委的指导下，南京农业大学学生会本着"全心全意为学生服务"的宗旨，秉持着"崇尚理想者请进，追逐名利者莫入"的理念，坚持学生会是学生利益的代表，围绕学校党政中心，做好学校联系学生的桥梁和纽带，以引领大学生思想、维护学生权益、繁荣校园文化、提高学生综合能力为重点开展各项工作。

组建南京农业大学"光盘行动，与'秾'同行"调研团，并向全体学生发出倡议，做"光盘行动"的践行者，做节粮爱粮南农人。以"三走"嘉年华为抓手，以相关学生社团特色活动为外延，不断提高学生体育运动积极性，拓宽体育活动形式。举办以纪念"一二·九"85 周年和第 7 个国家公祭日为主题的"四史"学习教育系列纪念活动；青年学生通过火炬接力、秉烛默哀等方式，用青春之火点亮信仰之光，在系列纪念活动中学"四史"，怀先烈。举办"百年恰芳华，青春正歌唱"校园十佳歌手大赛，丰富大学生课余文化生活，为校园文化增添一抹亮色，为广大有音乐梦想的大学生提供一个展示自我、实现梦想的平台。同时，提高大学生文化素养，推进校园文化建设进程。与南京农业大学研究生会联合举办"青春不散场，回忆以物传"跳蚤市场，加强学生之间心与心的交流，让即将远走的毕业生们留下属于自己的南农印象。

【学生会改革】认真贯彻落实教育部、团中央有关文件要求，稳步推进学生会改革，实现校、院两级学生会组织职能聚焦、机构人员精减，工作部门由 6 个变为综合事务中心、宣传教育中心、权益维护中心、文化艺术中心、体育文化中心 5 个中心，完善"主席团＋工作部门"的工作模式，加强学生会内部制度建设，修改完善学生会章程，规范召开南京农业大学第二十次学生代表大会。

【走进后勤】11～12 月，校学生会权益维护中心举办了"美好'食'光，用'辛'体验"走近后勤系列活动。活动分为 2 个部分：11 月 21～22 日，18 位岗位体验员进入食堂后厨，体验了食堂不同的工作岗位，收获了满满理解与感动；12 月 3 日，成功举办"美好'食'光，用'辛'体验"走近后勤岗位体验交流会，岗位体验员们在会上深情表达体验感想，提出心中想法。该活动能让体验者感受到粮食制作不易，积极成为"光盘行动"的践行者、倡导者、监督者。

【荧光夜跑】12 月 3 日，举办主题为"照亮南农，告白祖国"的荧光夜跑活动，300 余名学生在快乐中跑出健康，在运动中融入校园，点亮南农，告白祖国，展现青春风采。

（撰稿：王亦凡　审稿：谭智赟　审核：周　复）

六、发展规划与学科建设

发 展 规 划

【概况】发展规划与学科建设处围绕建设农业特色世界一流大学奋斗目标，在学校发展战略研究、专项改革调研等方面，为学校提供了政策建议和决策咨询，助推学校高质量发展。

【有序推进学校"十四五"规划编制工作】构建"1＋5＋20＋X"的"十四五"规划体系，制订《学校"十四五"发展编制工作方案》等文件；召开学校"十四五"规划编制工作启动会，明确任务书、路线图、时间表和责任人。开通"十四五"规划编制专题网站，广泛开展宣传报道和舆论引导，线上线下多方位听取师生建议。通过"二下二上"两轮修改，初步完成学校总体规划征求意见稿和各专项（专题）规划、学院规划初稿。

【深入开展"十四五"发展战略研究】组织实施学校"十四五"发展规划战略研究课题项目19项，设立专项经费、组建专门团队、开展专题研究，已于9月全部结题，形成一批战略性、可借鉴、能应用的研究成果，为增强学校"十四五"规划的科学性奠定了坚实基础。

【系统论证学校党政管理机构改革工作】完成工学院（新）、人工智能学院、信息与工程管理学院及前沿交叉研究院设置论证工作。制订《南京农业大学管理服务与直属机构改革方案》，明确学校党政管理各部门的主要职能，提出学校党政管理机构改革调整和各部门内设机构及岗位设置原则的建议。围绕激发师生和学院活力，提出以"十四五"规划为切入点、以人事制度改革为重点、以分配制度改革为关键点、以学院管理体制改革为落脚点的改革思路，从放权、明责、评价3个层面明晰学校的改革路径，撰写形成相关报告供学校决策参考。围绕"教育评价改革"主题，针对管理工作主要问题和发展瓶颈，启动2021年度校管理对策项目申报工作。

（撰稿：辛 闻 审稿：李占华 审核：张丽霞）

学 科 建 设

【概况】按照学校总体部署，扎实推进"双一流"建设，不断培育学科新增长点，构建了"强势农科、优势理工科、精品社科、特色文科"学科体系。2020年，学校9个学科领域进入全球排名前1%（新增药理学与毒理学）；其中，农业科学、植物与动物科学领域进入全球排名前1‰，跻身世界一流学科行列。

深入推进"双一流"建设。组织相关职能部门及作物学、农业资源与环境 2 个一流学科人员，对照学校"双一流"建设方案，对标世界一流大学，查摆问题、总结成效，完成自评，形成《南京农业大学"双一流"建设周期总结报告》并报送教育部。组织完成约 3 万字、6 000 余条数据、约 4.2 万数据字段"双一流"建设周期监测数据填报。组织 2020 年度中央高校建设世界一流大学（学科）和特色发展引导专项资金项目申报工作，完成"双一流"引导专项资金评审表、项目支出绩效目标审核表、分项目支出绩效目标反馈表等编制。

扎实开展学科评估工作。超前谋划第五轮学科评估，撰写完成《南京农业大学 2016—2019 年学科发展态势分析报告》，制定学科牵引工程"十四五"发展规划。制订学校第五轮学科评估和全国专业学位水平评估参评方案，召开 3 次学科评估推进会，统筹协调学科资源配置；组织 28 个一级学科参加第五轮学科评估、9 种专业学位类别参加国家专业学位水平评估，在校级层面集中开展 3 轮近 30 场专题交流汇报，参与交流教师超千人次；组织成立"农业硕士评估材料工作组"，统筹学校涉及农业硕士的 11 个学院评估材料，协调相关职能部门为参评学科提供数据和写实服务，联系第三方机构为参评学科提供数据填报保障，组建"第五轮学科评估工作群""全国专业学位水平评估工作群"微信群解答填报疑惑，交流信息上万条，保证了相关学科（专业学位）填报数据的准确性。

积极推进省优势学科建设。组织食品科学与工程等 8 个学科完成江苏高校优势学科建设工程三期项目中期自评，编制 2020 年度经费使用方案、绩效目标，督促立项学科提高资金使用效益。

[附录]

2020 年南京农业大学各类重点学科分布情况

一级学科国家重点学科	二级学科国家重点学科	"双一流"建设学科	江苏高校优势学科建设工程立项学科	"十三五"省重点学科	所在学院
作物学		作物学			农学院
植物保护			植物保护		植物保护学院
农业资源与环境		农业资源与环境		生态学	资源与环境科学学院
	蔬菜学		园艺学		园艺学院
			畜牧学	畜牧学	动物科技学院
				草学	草业学院
	农业经济管理		农林经济管理		经济管理学院
兽医学			兽医学		动物医学院
	食品科学（培育）		食品科学与工程		食品科技学院
	土地资源管理		公共管理	公共管理	公共管理学院
				科学技术史	人文与社会发展学院
			农业工程	机械工程（培育）	工学院
				化学（培育）	理学院

（撰稿：康若祎　审稿：潘宏志　审核：张丽霞）

七、人事人才与离退休工作

人 事 人 才

【概况】2020 年，是"双一流"首个建设周期的总结之年，是学校"十三五"规划的收官之年，也是高质量谋划"十四五"发展、全面深入推进人事制度改革的关键之年。人力资源部、人才工作领导小组办公室按照学校党委和行政的统一部署，深入贯彻"1335"发展战略，探索引才、育才、用才机制改革创新，为高水平人才队伍建设不懈奋斗，为农业特色世界一流大学建设作出积极贡献。

抢抓机遇、创新举措，"引才聚才"绘就新图景。一是抢抓机遇，学校"人才引进主题月"再创新。每年 5 月是学校"人才引进主题月"。为抢抓全球新冠肺炎疫情影响下的海外人才回流"窗口期"机遇，首次采用"网络直播＋在线交流"形式，成功举办了钟山国际青年学者云论坛。通过专业公众号"青塔"、高校人才网、中国博士人才网等新媒体平台，吸引了来自 15 个国家 87 名青年学者参会，在线参会人数高达 3 000 人，其中 43 人签订引进意向协议、16 人已正式入职。二是推陈出新，"非升即走"模式再升级。总结"师资博士后"实施经验，推出"非升即走"V2.0——"钟山青年研究员"，发文实施《南京农业大学钟山青年研究员管理办法》。通过更加完善的选拔、培养、晋升及薪酬激励机制，吸引更多、更优秀的青年英才，打造高端人才后备军、科研团队生力军、优秀师资"蓄水池"。三是强化质量，引进人才服务管理水平再提升。调整组织形式，按实际需要全年不定期召开引进人才评议会，调整引进人才生活待遇，灵活引人机制。全年有 34 位高层次引进人才全职到岗，引进人才质量与往年相比显著提高。

凝心聚力、迎难而上，"育才留才"取得新突破。一是入选国家级重要人才项目、重大科研奖项的数量创历史新高。成功入选科技部创新人才推进计划——国家创新人才培养示范基地；获光华工程科技奖 2 人、全国创新争先奖 1 人、中国青年科技奖 1 人；入选教育部"长江学者"奖励计划 3 人（特聘岗位 2 人、青年岗位 1 人）、国家级海外高层次人才计划青年项目 4 人、国家优秀青年科学基金获得者 3 人、"万人计划"青年拔尖人才 4 人、国家百千万人才工程 1 人；入选 2020 年科睿唯安全球高被引科学家 4 人。累计获得江苏特聘教授、"双创计划"等省部级人才项目 24 项。二是高层次人才成果质量再攀新峰。朱艳教授团队获国家自然科学基金创新群体项目资助，为该领域全国首个项目。三是博士后工作业绩捷报频传。园艺学和生物学 2 个博士后流动站在全国博士后流动站评估中获评优秀；博士后管理得到主管部门肯定，陈骅被评为全国优秀博士后管理工作者。68 批面上资助项目中，植物保护和园艺学 2 个学科获资助数全国排名第一。博士后申请获得的国家自然科学基金青年项目占学校该项目总数的 51%。

精心谋划、深化改革，"用才惜才"建立新机制。一是加强顶层设计，精心谋划做好"十四五"人才队伍建设规划。适时召开人事人才工作培训会议，校党委书记陈利根到会并发表重要讲话；高质量完成人才队伍建设"十四五"发展规划；成功申报国家自然科学基金委员会管理科学部应急项目子课题立项，拓宽人力资源领域理论研究深度，相关研究成果可以指导实际工作的创新举措制定。二是持续深入推进人事制度改革取得新进展。经充分酝酿，组织人事人才工作领导小组及各牵头单位集中研究 10 余次，多次征求各学院意见，研制完成《南京农业大学学院考核及绩效津贴分配实施办法》，基本建成 KPI 评价指标体系，并已由校长办公会审议通过，下一步将提交教职工代表大会表决。三是落实国家教育评价改革、破"五唯"、扭转"SCI 至上"不良评价导向相关要求，在职称评聘中探索实施"代表作"申报评审制度。打破以往对论文数量、SCI 论文影响因子、被引数、学科排名等指标条框限制，符合职称基本申报条件的，可通过提交"代表作"申报。

以人为本、服务为先，坚持不懈做好各项常规工作。一是坚定政治方向，以党建为统领抓好队伍建设。坚持党管人才原则，将党的领导贯穿到人才队伍建设全过程。贯彻落实教育部党组巡视反馈意见，逐项落实整改。会同教师工作部、马克思主义学院等单位，加强思政队伍建设。在教师招聘、考核、晋升等关键环节，严把政治关、师德关。加强自身队伍建设，坚持部务会、部长办公会等民主议决事务制度。坚持开展组织生活，提升党支部凝聚力、战斗力。二是专业技术职务评聘。严守师德底线，加强诚信建设；首年实行诚信档案制度，个人如实填报业绩，并对所填内容真实性、准确性负责，4 人因材料不实而终止评审程序。制定并印发《南京农业大学专业技术职务评聘管理办法》。全面实行线上系统自动匹配、匿名送审，提高送审的相对科学性、保密性和工作效率，送审周期由 1 个月压缩到 2 周。共计 292 人申报职称，评审通过正高 33 人、副高 61 人、师资博士后 7 人、中级 9 人。三是科级以下岗位聘任。在学校定编定岗的基础上，完成 2020 年科级以下管理岗位和非教学科研岗位卫岗校区、浦口校区等 51 个单位聘期考核与岗位聘任工作。全校 657 个可聘任岗位共计聘任 580 人，聘任院属系主任 133 人，实验教学中心主任聘任 21 人。部门之间人员交流频次上升，机关科级以下行政人员总数下降 12%。设置机动岗，为进一步优化管理人员结构奠定了基础。四是各类人员公开招聘。充分调研全校学科团队现状，结合 2020 年全年招聘计划，开展教学科研岗公开考核面试 2 场，拟聘 52 人，其中 23 人本科来自"双一流"高校、26 人博士来自一流大学建设高校、29 人具有海外留学或工作经历。落实国家"六稳、六保"工作任务，开发科研助理岗位 94 个，实际聘用应届生 69 人。五是博士后工作。获得中国博士后科学基金特别资助 3 项、新冠肺炎疫情防控专项资助 3 项、面上资助 40 项、国际交流计划派出项目 2 项、国际交流计划引进项目 1 项、国际交流计划学术交流项目 2 项，累计获得资助金额 556 万元。获国家自然科学基金青年项目 31 项，资助金额 744 万元。六是薪酬及社保工作。扎实推进薪酬及社保改革各项工作，提升教职工幸福感和获得感。兑现"钟山学者计划"各岗位入选者人才津贴；自 2020 年 6 月起发放教职工午餐补贴；制订领导班子成员绩效工资分配方案；根据相关政策要求调整职工住房公积金、养老保险等缴存基数，年增加支出 530 万元；制订浦口校区教职工薪酬待遇过渡方案，保证浦口校区平稳过渡。

【学校举办第三届"钟山国际青年学者论坛"】5 月 28 日，南京农业大学第三届"钟山国际青年学者论坛"拉开帷幕，通过网络同步直播论坛开幕式。南京农业大学党委书记陈利根、校长陈发棣、江苏省委组织部人才工作处副处长李炳龙、校学术委员会主任沈其荣、校长助理王源超出席开幕式，校人力资源部部长、人才工作领导小组办公室主任包平和各学院主要负责同志也参加了开幕式，与来自全球15个国家和地区的80余名青年学者"云"端交流。陈利根首先代表学校对参会青年学者表示欢迎，关切地问候了仍遭受疫情困扰的海外学子；并殷切鼓励海外青年学者早日学成归来、报效祖国，献身祖国的"三农"和高等教育事业。陈发棣介绍了学校历史沿革、学科发展、师资队伍和人才培养、科研平台建设等方面的主要成就，着重阐释了"钟山学者计划"、青年引进人才的相关政策待遇。李炳龙代表江苏省委组织部向与会嘉宾和青年学者详细介绍了江苏省高校高层次人才队伍建设情况、各类人才经费投入情况及成效，并深入解读了江苏省各类各项极具吸引力的人才项目实施情况。沈其荣通过讲述自己在学校工作生活40余年的经历，介绍了学校的校园文化和科研实力。高层次引进人才代表、植物保护学院陶小荣教授和青年学者深情分享了自己加盟学校10年来的真实心路历程。部分青年学者代表就关心的一些问题与现场嘉宾进行了线上交流。

【学校召开人事人才工作会议】10月30日，南京农业大学2020年人事人才工作会议暨人事人才工作培训会在白马教学科研基地召开。校党委书记陈利根出席会议并发表讲话，党委常委、组织部部长吴群，校长助理王源超，党委办公室、党委教师工作部、发展规划与学科建设处、人力资源部、人才工作领导小组办公室及各学院党政负责人参加会议。陈利根强调，人才是强校第一资源，一是要坚决落实党管人才的政治责任，坚决落实立德树人根本任务，坚决执行师德失范"零容忍"，打造更有理想的人才队伍；二是要加强顶层设计，根据学校一流大学建设需要，扎实做好本单位人才队伍建设规划，按需精准育才引才，要抢抓战略机遇，全面把握后疫情时代全球人才流动窗口期，主动出击广揽天下英才；三是要优化人才工作制度环境，准确把握新时代新要求，适应新形势，全面深入推进人事制度改革，以有效的激励措施激发队伍活力，以正确的评价导向引领学校发展。在主题报告阶段，王源超以"人才、团队与学科——厘清团队框架激发创新活力"为题，分享作物免疫学创新团队发展之路，结合学校人才与团队的现状和问题，提出促进人才、团队与学科发展的理念；包平以"全面深入推进人事制度改革，建设农业特色世界一流大学"为题，对学校新一轮人事制度改革方案的背景、研制历程和核心内容进行详细解读；郑金伟、白振田和黄骥分别以"新时期高校师德师风建设工作""人力资源管理信息化路径浅析""青年人才引育的思考"为题作报告，提出学校加强师德师风建设、人力资源信息化管理系统构建、加强青年人才引进和培养等方面的思考、举措与建议。与会人员就加强高层次人才引进、加强学院治理体系和治理能力现代化、稳步推进人事综合改革、把握好规模结构与发展需求的平衡、不断优化人才分类评价体系等问题进行了充分交流和讨论。

【学校举办第三届钟山博士后青年学者论坛】12月29日，南京农业大学第三届钟山博士后青年学者论坛在学校翰苑学术交流中心举行，校长助理王源超致欢迎辞，来自各学院的200余名在站博士后（包括钟山青年研究员）、第四期钟山学术新秀和特邀专家参加了开幕式。王源超首先代表学校欢迎各位嘉宾及博士后的到来，并介绍了校史校情和学校博士后流动站的发展，同时讲述了自己博士后阶段及独立开展科研工作阶段的经历，对青年博士后如何更好地发展提出了自己的理解和建议。论坛特别邀请了5位专家进行了精彩的学术报告，为各学科博士后和青年教师搭建了一个学术交流、思想碰撞和促进合作的平台，推动了跨学科、复合型师资后备人才队伍的建设，促进学校科研创新整体水平的提升。

［附录］

附录 1   博士后科研流动站

序号	博士后流动站站名
1	作物学博士后流动站
2	植物保护博士后流动站
3	农业资源与环境博士后流动站
4	园艺学博士后流动站
5	农林经济管理博士后流动站
6	兽医学博士后流动站
7	食品科学与工程博士后流动站
8	公共管理博士后流动站
9	科学技术史博士后流动站
10	水产博士后流动站
11	生物学博士后流动站
12	农业工程博士后流动站
13	畜牧学博士后流动站
14	生态学博士后流动站
15	草学博士后流动站

附录 2   专任教师基本情况

表 1   职称结构

职称	正高级	副高级	中级	初级	总数
数量（人）	574	619	472	60	1 725
比例（%）	33.28	35.88	27.36	3.48	100

表 2   学位结构

学位	博士	硕士	学士	总数
数量（人）	1 281	372	72	1 725
比例（%）	74.26	21.57	4.17	100

表 3　年龄结构

年龄（岁）	≤34	35～44	45～55	＞55	总数
数量（人）	334	684	455	252	1 725
比例（％）	19.36	39.65	26.38	14.61	100

附录 3　引进高层次人才

农学院：谭俊杰　张焦平　甘祥超　董小鸥　邵丽萍

植物保护学院：马振川　刘鹏程

资源与环境科学学院：熊　武

经济管理学院：林　俐

外国语学院：杨艳霞

理学院：陈　康

附录 4　新增人才项目

一、国家级

（一）海外高层次人才青年项目

宋庆鑫　王一鸣　于振中　张水军

（二）"长江学者"特聘教授

董莎萌　冯淑怡

"长江学者"青年学者

钱国良

（三）"万人计划"青年拔尖人才

李　荣　杨东雷　马贤磊　周　力

（四）国家自然科学基金优秀青年科学基金

吴顺凡　江　瑜　李国强

（五）国家百千万人才工程

冯淑怡

（六）政府特殊津贴

吴　群　朱　艳　高彦征　徐阳春

（七）Clarivate Analytics 全球高被引科学家

赵方杰　潘根兴　徐国华　沈其荣

（八）高校科研优秀成果奖

邹建文　强　胜　洪晓月　房经贵　毛胜勇

二、省部级

（一）农业农村部神农中华农业科技奖

周治国　沈其荣　柳李旺　姜　平　张绍铃

（二）江苏省特聘教授

高彦征　侯毅平　董　慧

（三）江苏省高校优秀科技创新团队

窦道龙

（四）江苏省科学技术奖

姜　平　胡元亮　柳李旺　房经贵

（五）第二层次培养人才

高彦征　王源超

第三层次培养人才

陈会广

（六）江苏高校"青蓝工程"

贾海燕　李齐发　王东波（中青年学术带头人）

马　喆　田　曦　张　帆　张美祥（优秀青年骨干教师）

（七）南京留学人员科技创新项目择优资助

江　瑜　王一鸣　王浩浩　王　洁

（八）创新人才团队项目

张正光

高层次人才项目（农业行业）

张　峰　粟　硕　侯毅平

（九）江苏省"双创计划"

双创人才：许冬清

双创博士：陈海涛　陈美容　丁世杰　段道余　卢倩倩　王　佩

薛　清　严智超　杨馨越　朱慧劼

（十）紫金文化人才培养工程

文化英才：石晓平

文化优青：朱战国　纪月清　孟　凯　戚晓明　廖晨晨

附录 5　新增人员名单

一、农学院

甘祥超　冯建铭　李　超　何　俊　张焦平　陈　杰　邵丽萍　贺建波　高　强
郭彩丽　董小鸥　程雪姣　谭俊杰

二、工学院

朱烨均　伍学惠　邬晓倩　刘子健　刘泽昊　张　诚　孟宁馨　赵　国　施印炎
郭文娟　唐　勇　董澄宇　樵明玉　魏宇宁

三、植物保护学院

马振川　王　明　刘木星　刘鹏程　李　佳　蒋春号

四、资源与环境科学学院

王　鹏　吴　迪　陈　静　贾舒宇　高　翔　黄　科　熊　武　缪有志

五、园艺学院

丁　莲　王瑜晖　吉加兵　刘金义　殷　敏　虞夏清　蔡行楷　熊　星　薛佳宇

六、动物科技学院

刘金鑫　慕春龙

七、动物医学院

马家乐　刘云欢　刘　星　汪明佳　黄金虎

八、食品科技学院

赵　雪　韩　宁　谢　翀

九、经济管理学院

丁　雪　朱熠晟　刘　欢　李天祥　李宛骐　杨　璐　林　俐　岳志颖

十、公共管理学院

王　博　任广铖　肖　哲　陶　宇　韩一杰

十一、理学院

刘晓曼　孙　浩　邱博诚　陈　康

十二、人文与社会发展学院

池建华　许可　陈玉元　戴雨舒南

十三、马克思主义学院（政治学院）

石　诚　冯志洁　朱　鹏　刘鸿宇　柴林丽　焦　阳

十四、外国语学院

刘雪琴　李　柯　杨艳霞　沈春花　秦　曦

十五、生命科学学院

王保战　张　峥　陈虎辉　徐　颖

十六、草业学院

张　阳　张夏香　张　敬

十七、金融学院

刘　爽　何　亮

十八、信息管理学院

计智伟　田心雨　付少雄　沈军威　钟鲲鹏　谢小军

十九、体育部

张金楠　赵　岩　姚天峰　徐　梁

二十、团委、公共艺术教育中心

万洋波

二十一、学生工作处、党委学生工作部

韦锟烨　顾维明

二十二、科学研究院

陈文珠

二十三、国际教育学院、密歇根学院

刘晨钰

二十四、图书馆、图书与信息中心

周其慧　施　文

二十五、后勤保障部

刘美超　杨舒畅　盛　夏

二十六、作物表型组学交叉研究中心

金时超

附录6　专业技术职务聘任

一、正高级专业技术职务

（一）教授

1. 正常晋升人员

农学院：王　笑　杨海水　赵晋铭

工学院：郑恩来

植物保护学院：王兴亮　赵春青　段亚冰　夏　爱

园艺学院：刘同坤　蒋芳玲

资源与环境科学学院：孙明明　张　隽　郭　辉

动物科学学院：顾　玲

动物医学院：马文强　陈兴祥　剧世强

草业学院：肖　燕

食品科技学院：孙　健

公共管理学院：蓝　菁

人文与社会发展学院：郭　文

理学院：吕　波

马克思主义学院：朱　娅

2. 破格晋升人员

农学院：刘　兵

(二) 研究员（教育管理研究系列）

科学研究院：俞建飞

(三) 教授级高级实验师

农学院：刘　喜

二、副高级专业技术职务

(一) 副教授

农学院：谭河林

工学院：于安记　田光兆　冯学斌

植物保护学院：严　威　宋修仕

资源与环境科学学院：冯慧敏　刘晓雨　张　建

园艺学院：丁　莲　王　玉　刘　晔　侍　婷

动物医学院：张国敏

动物科技学院：迟　骋　魏全伟

草业学院：施海帆

食品科技学院：粘颖群

信息管理学院：刘　浏

生命科学学院：沈立轲　张　裕　倪　岚

经济管理学院：王新平

公管管理学院：杜焱强　顾剑秀　陶　宇

金融学院：盛天翔

理学院：孔　倩　刘金彤　李　亚

人文与社会发展学院：朱冰莹　严　燕　余德贵　范虹珏　祝西冰　黄　颖

人工智能学院：刘龙申　袁培森　徐　彦

外国语学院：周　萌　贾　雯　鲍　彦

马克思主义学院：马　彪　魏　艾

体育部：陈　欣

（二）副教授（思政教育系列）

马克思主义学院：杨　博

（三）副研究员

园艺学院：虞夏清

资源与环境科学学院：缪有志

草业学院：张凤革

（四）副研究员（推广研究系列）

农学院：田云录

动物科技学院：方星星

（五）副研究员（教育管理研究系列）

科学研究院：陈　俐

社会合作处、新农村发展研究办公室：严　瑾

新校区建设指挥部、江浦实验农场：夏镇波

（六）高级实验师

植物保护学院：王晓莉

动物科技学院：孟繁星

（七）副研究馆员

图书馆：邵海英

三、中级专业技术职务

（一）讲师（思政教育系列）

动物医学院：李欣欣

资源与环境科学学院：郑冬冬

（二）助理研究员（教育管理研究系列）

人工智能学院：单晓红

（三）其他专技系列

1. 馆员

信息化建设中心：王露阳　郑　力

2. 工程师

基本建设处：刘　岩

附录 7　退休人员名单

李　霞	徐　敏	华玉明	曾　谦	朱　蓉	任　宁	王庆亚	汤昕燕
李雪芹	李　钧	汪世民	徐　凯	周技新	安辛欣	时均贤	何厚琴
郭文汉	胡为宁	李忠平	汤国辉	宋　萍	方海红	王俊强	卢　夏
张　坚	宗良纲	何英群	孙清玲	陆志东	赵亚玲	徐筱禄	万南成
褚建宇	陈跃武	陈明远	周玉林	张友琴	韩牧之	许向荣	毛建辉
高建清	吴　敏	雷治海	胡金枝	吴　强	吴永红	黄　燕	刘　媛
何淑琴	张　鸿	汪维珍	方仁兰	解学芬	赵元祥		

附录8　去世人员名单

薛因端　王金生　周邦任　杨宗红　王绍华　文永昌　施维铭　夏祖灼
郝忠贵　周宝珠　屠志成　范正怀　郁梅英　徐秀媛　金桂红　徐诏芝
徐盛荣　黄玉清　赖自炎　刘　静　赵文璜　黄为一　王凯捷　陈铨荣
朱淑新

（撰稿：陈志亮　审稿：包　平　审核：张丽霞）

岗　位　聘　任

【概况】党委组织部和人力资源部在学校党委的正确领导下，围绕学校建设农业特色世界一流大学目标，努力建设一支结构合理、高效精干、素质优良、充满活力的科级干部队伍，为推动学校事业科学发展提供强有力的保障。

开展2020年科级干部换届聘任工作，经过走访调研，反复分析论证，梳理岗位权责，明晰岗位职能边界，控制了科级岗位总量，优化了人员队伍结构。出台科级干部聘任管理办法等文件，从制度上对科级干部任职条件和资格、聘任工作程序、聘任管理等方面作出了明确规定。坚持因事设岗、合理分流等原则，注重发挥好学校机关和学院机关积极性，理顺职责关系，增加学院科级岗位，构建从学校机关到学院机关运行顺畅、充满活力的工作体系。

围绕学校建设农业特色世界一流大学发展战略，进行科级以下管理岗位和其他非教学科研岗位人员聘任工作。以建设一支能有力推动学校事业科学发展的管理服务队伍和教学科研支撑队伍为目标，在严谨规范聘岗过程管理的同时，重视人性化工作方式，聘岗总体工作平稳、有序、高效。岗位聘任工作于7月3日正式启动，先后进行了卫岗校区、浦口校区等51个单位的6轮岗位聘任工作。卫岗校区538个可聘任岗位共计聘任480人（其中，后勤保障部107个可聘任岗位共计聘任99人），浦口校区118个可聘任岗位共计聘任103人。卫岗校区院属系主任聘任110人（其中，系主任52人、系副主任47人、教研室主任11人），实验教学中心主任聘任14人（其中，国家级中心副主任4人、省级中心副主任10人）；浦口校区院属系主任聘任23人（其中，系主任11人、系副主任12人），实验教学中心主任聘任7人（其中，省级中心副主任6人、校级中心主任1人）。

（撰稿：汪瑁芃　陈志亮　审稿：吴　群　包　平　审核：张丽霞）

［附录］

附录1 科级岗位设置一览表

(截至 2020 年 12 月 31 日)

序号	单位	内设机构	岗位名称	备注
1	党委办公室、党委统战部、机关党委		秘书Ⅰ（主任科员）	
2			秘书Ⅱ（副主任科员）	
3			秘书Ⅳ（主任科员）	
4			机要事务主管（科级正职）	
5			统战事务主管（科级正职）	
6	党委组织部、党校	干部科	科长	
7			副科长	
8			干部监督事务主管（科级正职）	
9		组织科	科长	
10			副科长	
11			组织员（科级正职）	
12		党校办公室	主任	
13	党委宣传部、党委教师工作部	思政教育办公室	主任	
14			副主任	
15		新闻中心	主任	
16		校报编辑部	主任	
17		师德建设办公室	主任	
18			校园文化建设事务主管（科级正职）	
19	纪委办公室、监察处、党委巡察工作办公室		秘书Ⅰ（主任科员）	
20			秘书Ⅱ（主任科员）	
21			秘书Ⅲ（主任科员）	
22			秘书Ⅴ（主任科员）	
23	工会		秘书Ⅰ（主任科员）	
24	团委、公共艺术教育中心		组织建设事务主管（科级正职）	
25			宣传与文化事务主管（科级正职）	
26			青年发展事务主管（科级正职）	
27			双创实践事务主管（科级正职）	

（续）

序号	单位	内设机构	岗位名称	备注
28	校长办公室	综合科	科长	
29			副科长Ⅰ	
30			副科长Ⅱ	
31		文秘科	科长	
32			副科长	
33			制度合规审核事务主管（科级正职）	
34			合同管理与诉讼事务主管（科级正职）	
35			信访与督办事务主管（科级正职）	
36			对外联络事务主管（科级正职）	
37	发展规划与学科建设处	发展规划科	科长	
38			副科长Ⅰ	
39			副科长Ⅱ	
40		学科建设科	科长	
41			副科长	
42			学术委员会事务主管（科级正职）	
43	人力资源部、人才工作领导小组办公室	综合科（江苏省人才流动服务中心南京农业大学分中心）	科长	
44		聘用管理科	科长	
45		师资管理科	科长	
46			副科长	
47		薪酬管理科	科长	
48			副科长	
49		人才科	科长	
50			副科长	
51			博士后事务主管（科级正职）	
52			社保事务主管（科级正职）	

（续）

序号	单位	内设机构	岗位名称	备注
53	教务处、国家级实验教学中心、教师发展与教学评价中心	综合科	科长	
54			副科长	
55		教务运行科	科长	
56			副科长	
57		专业与课程教材建设科	科长	
58			副科长	
59		实践教学科（创新创业学院办公室）	科长（主任）	
60			副科长	
61		国家级实验教学中心办公室	主任	
62		教师发展与教学评价科	科长	
63			副科长	
64	学生工作处、党委学生工作部	教育管理科	科长	
65			副科长	
66		招生办公室	主任	
67			副主任	
68		大学生就业指导与服务中心	主任	
69			副主任Ⅰ	
70			副主任Ⅱ	
71		社区学生管理中心	主任	
72		学生资助管理中心	主任	
73			副主任	
74		大学生心理健康教育中心	主任	
75		学生事务管理办公室（民族学生事务管理办公室）	主任	
76	研究生院、党委研究生工作部	综合办公室	主任	
77		研究生教育管理办公室	主任	
78			副主任	
79			研究生社区事务主管（科级正职）	
80		招生办公室	秘书Ⅰ（科级正职）	
81			秘书Ⅱ（科级副职）	
82		培养办公室	秘书Ⅰ（科级正职）	
83			秘书Ⅱ（科级副职）	
84		学位办公室	秘书Ⅰ（科级正职）	
85			秘书Ⅱ（科级副职）	

（续）

序号	单位	内设机构	岗位名称	备注
86	科学研究院	综合办公室	主任	
87		项目管理办公室	主任	
88			副主任Ⅰ	
89			副主任Ⅱ	
90		成果与知识产权办公室	主任	
91			成果转移转化事务主管（科级正职）	
92			平台建设事务主管（科级正职）	
93	人文社科处	项目科	科长	
94		成果科	科长	
95			金善宝农业现代化发展研究院事务主管（科级正职）	
96			中国资源环境与发展研究院事务主管（科级正职）	
97	国际合作与交流处、港澳台办公室	出国（境）管理科	科长	
98		国际交流科	科长	
99			副科长Ⅰ	
100			副科长Ⅱ	
101		外国专家科	科长	
102			世界农业奖事务主管（科级正职）	
103	计财与国有资产处	综合科	科长	
104		会计一科	科长	
105			副科长	
106		会计二科	科长	
107			副科长	
108		收费与财税科	科长	
109		预算科	科长	
110			副科长	
111		资金管理科	科长	
112			副科长	
113		房产科	科长	
114		资产管理科	科长	
115			副科长	
116	审计处	财务审计科	科长	
117			副科长	
118		工程审计科	科长	
119			副科长	
120			专项审计事务主管（科级正职）	

（续）

序号	单位	内设机构	岗位名称	备注
121	采购与招投标中心	采购科	科长	
122		招标科	科长	
123		稽核科	科长	
124	社会合作处、新农村发展研究院办公室	科技推广科	科长	
125		基地管理科	科长	
126		产学研合作科	科长	
127			副科长	
128		扶贫开发科	科长	
129	实验室与基地处	综合科	科长	
130		后勤保障科	科长	
131		科教服务科	科长	
132			副科长 I	
133			副科长 II	
134		实验室管理科	科长	
135			副科长	
136		技安环保科	科长	
137	基本建设处	工程管理科	科长	
138			副科长	
139		规划管理科	科长	
140			副科长	
141		维修管理科	科长	
142			副科长	
143			综合事务主管（科级正职）	
144	保卫处、党委政保部、党委人武部	综合政保科	科长	
145			副科长	
146		消防安全科	科长	
147			副科长	
148		校园秩序管理科	科长	
149			副科长	
150	信息化建设中心	综合规划部	主任	
151	离退休工作处	老干部管理科	科长	
152		退休管理科	科长	
153			关工委事务主管（科级正职）	
154	校友总会办公室（教育基金会办公室）		校友总会事务主管（科级正职）	
155			教育基金会事务主管（科级正职）	

（续）

序号	单位	内设机构	岗位名称	备注
156	新校区建设指挥部、江浦实验农场		规划设计事务主管（科级正职）	
157			土地事务主管（科级正职）	
158			工程建设事务主管（科级正职）	
159			农场事务主管（科级正职）	
160	浦口校区管理委员会	综合工作办公室	综合事务主管（科级正职）	外派干部
161			综合事务主管（科级正职）	
162			综合事务副主管（科级副职）	
163		教学与科研工作办公室	本科生教务运行事务主管（科级正职）	
164			研究生培养事务主管（科级正职）	
165			科研事务副主管（科级副职）	
166		学生工作办公室	团学事务主管（科级正职）	
167			学生管理事务主管（科级正职）	
168			学生心理咨询事务副主管（科级副职）	
169		财务与资产工作办公室	会计核算事务主管（科级正职）	
170			会计核算事务副主管（科级副职）	
171			房产与资产事务主管（科级正职）	
172		安全保卫工作办公室	安全保卫事务主管（科级正职）	
173			实验室事务主管（科级正职）	
174		后勤保障工作办公室	综合保障事务主管（科级正职）	
175			公共服务事务主管（科级正职）	
176			维修和水电事务主管（科级正职）	
177			维修和水电事务副主管（科级副职）	
178			饮食服务事务主管（科级正职）	
179	东海校区建设工作领导小组办公室		秘书Ⅰ（主任科员）	2020年9月增设岗位
180			秘书Ⅱ（主任科员）	
181	三亚研究院		三亚研究院事务主管（科级正职）	2020年12月增设岗位

（续）

序号	单位	内设机构	岗位名称	备注
182	后勤保障部	综合科	科长	
183			副科长	
184		监管科	科长	
185		膳食服务中心	主任	
186			副主任	
187			副主任	
188			副主任	
189			副主任	
190		物业服务中心	主任	
191			副主任	
192		维修能源中心	主任	
193			副主任	
194		公共服务中心	主任	
195		幼儿园	园长	
196			副园长	
197		医院院长办公室	主任	
198	图书馆（文化遗产部）	办公室	主任	
199		农业遗产部	主任	
200		综合档案管理部	主任	
201		人事档案管理部	主任	
202			校史馆事务主管（科级正职）	
203			中华农业文明博物馆事务主管（科级正职）	
204	国际教育学院、密歇根学院	国际教育学院办公室	主任	
205		密歇根学院办公室	主任	
206		来华留学办公室	主任	
207			副主任Ⅰ	
208			副主任Ⅱ	
209	继续教育学院	办公室	主任	
210		教务科	科长	
211			副科长	
212		远程教育科	科长	
213		自学考试办公室	主任	
214		培训科	科长	
215			副科长	

（续）

序号	单位	内设机构	岗位名称	备注
216	农学院	办公室	主任	
217			秘书Ⅰ（科级正职）	
218		学生工作办公室	主任（团委书记）	
219			副主任（团委副书记）	
220		国家大豆改良中心办公室	主任	
221		国家信息农业工程技术中心办公室	主任	
222		国家重点实验室办公室	主任	
223	工学院	办公室	主任	
224		学生工作办公室	主任（团委书记）	
225			副主任Ⅰ（团委副书记Ⅰ）	
226			副主任Ⅱ（团委副书记Ⅱ）	
227	植物保护学院	办公室	主任	
228			秘书Ⅰ（科级正职）	
229			组织员（科级副职）	
230		学生工作办公室	主任（团委书记）	
231			副主任（团委副书记）	
232	资源与环境科学学院	办公室	主任	
233			秘书Ⅰ（科级正职）	
234		学生工作办公室	主任（团委书记）	
235			副主任（团委副书记）	
236	园艺学院	办公室	主任	
237			秘书Ⅰ（科级正职）	
238			组织员（科级正职）	
239		学生工作办公室	主任（团委书记）	
240			副主任（团委副书记）	
241	动物科技学院	办公室	主任	
242		学生工作办公室	主任（团委书记）	
243			副主任（团委副书记）	
244	动物医学院	办公室	主任	
245		学生工作办公室	主任（团委书记）	
246			副主任（团委副书记）	

（续）

序号	单位	内设机构	岗位名称	备注
247	食品科技学院	办公室	主任	
248			秘书Ⅰ（科级正职）	
249		学生工作办公室	主任（团委书记）	
250			副主任（团委副书记）	
251		国家肉品质量控制工程技术研究中心办公室	主任	
252	经济管理学院	办公室	主任	
253			秘书Ⅰ（科级正职）	
254			副主任	
255		学生工作办公室	主任（团委书记）	
256			副主任（团委副书记）	
257		MBA 教育中心办公室	主任	
258	公共管理学院	办公室	主任	
259			秘书Ⅰ（科级正职）	
260		学生工作办公室	主任（团委书记）	
261			副主任（团委副书记）	
262		MPA 教育中心办公室	主任	
263	理学院	办公室	主任	
264		学生工作办公室	主任（团委书记）	
265	人文与社会发展学院	办公室	主任	
266		学生工作办公室	主任（团委书记）	
267			副主任（团委副书记）	
268	生命科学学院	办公室	主任	
269		学生工作办公室	主任（团委书记）	
270			副主任（团委副书记）	
271	人工智能学院	办公室	主任	
272		学生工作办公室	主任（团委书记）	
273			副主任（团委副书记）	
274	信息管理学院	办公室	主任	
275		学生工作办公室	主任（团委书记）	
276			副主任（团委副书记）	
277	外国语学院	办公室	主任	
278		学生工作办公室	主任（团委书记）	
279	金融学院	办公室	主任	
280		学生工作办公室	主任（团委书记）	
281			副主任（团委副书记）	

（续）

序号	单位	内设机构	岗位名称	备注
282	草业学院	办公室	主任	
283		学生工作办公室	主任（团委书记）	
284	马克思主义学院（政治学院）	办公室	主任	
285			思政教育事务主管（科级正职）	
286	前沿交叉研究院	交叉研究中心办公室	主任	2020 年 9 月由科学研究院调整至前沿交叉研究院
287	体育部	办公室	主任	
288			场馆事务主管（科级正职）	

附录 2 科级以下岗位列表

单位	内设机构	岗位名称
党委办公室、统战部、机关党委		秘书Ⅲ
党委组织部、党校	干部科	科员
党委宣传部、党委教师工作部	思政教育办公室	秘书
党委宣传部、党委教师工作部	新闻中心	秘书Ⅰ
党委宣传部、党委教师工作部	新闻中心	秘书Ⅱ
党委宣传部、党委教师工作部	校报编辑部	秘书
党委宣传部、党委教师工作部	师德建设办公室	秘书
纪委办公室、监察处、党委巡察工作办公室		秘书Ⅳ
纪委办公室、监察处、党委巡察工作办公室		秘书Ⅵ
工会		秘书Ⅱ
团委、公共艺术教育中心		文员Ⅰ
团委、公共艺术教育中心		文员Ⅱ
团委、公共艺术教育中心		文员Ⅲ
团委、公共艺术教育中心		文员Ⅳ
团委、公共艺术教育中心		文员Ⅴ
校长办公室	综合科	科员Ⅰ
校长办公室	综合科	科员Ⅱ
校长办公室	文秘科	科员
发展规划与学科建设处	学科建设科	科员
人力资源部、人才工作领导小组办公室	综合科（江苏省人才流动服务中心南京农业大学分中心）	科员

（续）

单位	内设机构	岗位名称
人力资源部、人才工作领导小组办公室	薪酬管理科	科员
人力资源部、人才工作领导小组办公室	聘用管理科	科员
人力资源部、人才工作领导小组办公室	人才科	科员Ⅰ
人力资源部、人才工作领导小组办公室	人才科	科员Ⅱ
教务处、国家级实验教学中心、教师发展与教学评价中心	综合科	科员
教务处、国家级实验教学中心、教师发展与教学评价中心	教务运行科	科员Ⅰ
教务处、国家级实验教学中心、教师发展与教学评价中心	教务运行科	科员Ⅱ
教务处、国家级实验教学中心、教师发展与教学评价中心	教务运行科	科员Ⅲ
教务处、国家级实验教学中心、教师发展与教学评价中心	教务运行科	科员Ⅳ
教务处、国家级实验教学中心、教师发展与教学评价中心	教务运行科	管理员Ⅰ
教务处、国家级实验教学中心、教师发展与教学评价中心	教务运行科	管理员Ⅱ
教务处、国家级实验教学中心、教师发展与教学评价中心	教务运行科	管理员Ⅲ
教务处、国家级实验教学中心、教师发展与教学评价中心	专业与课程教材建设科	科员
教务处、国家级实验教学中心、教师发展与教学评价中心	实践教学科（创新创业学院办公室）	科员Ⅰ
教务处、国家级实验教学中心、教师发展与教学评价中心	实践教学科（创新创业学院办公室）	科员Ⅱ
教务处、国家级实验教学中心、教师发展与教学评价中心	实践教学科（创新创业学院办公室）	科员，租赁岗位
教务处、国家级实验教学中心、教师发展与教学评价中心	实践教学科（创新创业学院办公室）	科员
教务处、国家级实验教学中心、教师发展与教学评价中心	教师发展与教学评价科	科员
学生工作处、学生工作部	教育管理科	科员
学生工作处、学生工作部	招生办公室	秘书
学生工作处、学生工作部	大学生就业指导与服务中心	秘书Ⅰ

（续）

单位	内设机构	岗位名称
学生工作处、学生工作部	大学生就业指导与服务中心	秘书Ⅱ
学生工作处、学生工作部	大学生就业指导与服务中心	秘书Ⅲ
学生工作处、学生工作部	社区学生管理中心	秘书
学生工作处、学生工作部	学生资助管理中心	秘书
学生工作处、学生工作部	大学生心理健康教育中心	秘书Ⅰ
学生工作处、学生工作部	大学生心理健康教育中心	秘书Ⅱ
学生工作处、学生工作部	大学生心理健康教育中心	秘书Ⅲ
学生工作处、学生工作部	大学生心理健康教育中心	秘书Ⅳ
学生工作处、学生工作部	学生事务管理办公室（民族学生事务管理办公室）	秘书
学生工作处、学生工作部	学生事务管理办公室（民族学生事务管理办公室）	少数民族专职辅导员
研究生院、研究生工作部	综合办公室	秘书Ⅰ
研究生院、研究生工作部	综合办公室	秘书Ⅱ
研究生院、研究生工作部	研究生教育管理办公室	秘书Ⅰ
研究生院、研究生工作部	研究生教育管理办公室	秘书Ⅱ
研究生院、研究生工作部	招生办公室	秘书Ⅲ
研究生院、研究生工作部	招生办公室	秘书
研究生院、研究生工作部	培养办公室	秘书Ⅲ
研究生院、研究生工作部	学位办公室	秘书Ⅲ
科学研究院	综合办公室	秘书Ⅰ
科学研究院	综合办公室	秘书Ⅱ
科学研究院	项目管理办公室	秘书Ⅰ
科学研究院	项目管理办公室	秘书Ⅱ
科学研究院	项目管理办公室	秘书Ⅲ
科学研究院	成果与知识产权办公室	秘书
科学研究院	学报编辑部（自然科学版）	主任（相当科级）
科学研究院	学报编辑部（自然科学版）	编辑Ⅰ
科学研究院	学报编辑部（自然科学版）	编辑Ⅱ
科学研究院	学报编辑部（自然科学版）	编辑Ⅲ
科学研究院	学报编辑部（自然科学版）	编辑Ⅳ
科学研究院	英文期刊编辑部	主任（相当科级）
科学研究院	英文期刊编辑部	编辑Ⅰ
科学研究院	英文期刊编辑部	编辑Ⅱ
科学研究院	英文期刊编辑部	编辑Ⅲ

（续）

单位	内设机构	岗位名称
科学研究院	《畜牧与兽医》编辑部	编辑Ⅰ
科学研究院	《畜牧与兽医》编辑部	编辑Ⅱ
科学研究院	《畜牧与兽医》编辑部	编辑Ⅲ
科学研究院	《畜牧与兽医》编辑部	编辑Ⅳ
科学研究院	《畜牧与兽医》编辑部	编务
人文社科处	成果科	科员
人文社科处	项目科	科员
人文社科处	学报编辑部（社会科学版）	主任（相当科级）
人文社科处	学报编辑部（社会科学版）	编辑Ⅰ
人文社科处	学报编辑部（社会科学版）	编辑Ⅱ
人文社科处	学报编辑部（社会科学版）	编辑Ⅲ
人文社科处	《中国农业教育》编辑部	主任（相当科级）
人文社科处	《中国农业教育》编辑部	编辑
人文社科处	《中国农史》编辑部	编辑Ⅰ
人文社科处	《中国农史》编辑部	编辑Ⅱ
国际合作与交流处、港澳台办公室	国际交流科	科员
国际合作与交流处、港澳台办公室	出国（境）管理科	科员Ⅰ
国际合作与交流处、港澳台办公室	出国（境）管理科	科员Ⅱ
国际合作与交流处、港澳台办公室	外国专家科	科员
计财与国有资产处	综合科	科员（会计）
计财与国有资产处	收费与财税科	会计
计财与国有资产处	收费与财税科	会计
计财与国有资产处	会计一科	会计
计财与国有资产处	会计二科	会计
计财与国有资产处	会计二科	会计
计财与国有资产处	预算科	会计Ⅰ
计财与国有资产处	预算科	会计Ⅰ
计财与国有资产处	预算科	会计Ⅱ
计财与国有资产处	资金管理科	会计Ⅰ
计财与国有资产处	资金管理科	会计Ⅱ
计财与国有资产处	资产管理科	科员Ⅰ
计财与国有资产处	资产管理科	科员Ⅱ
计财与国有资产处	房产科	科员

（续）

单位	内设机构	岗位名称
审计处	财务审计科	科员
审计处	工程审计科	科员
采购与招投标中心	采购科	科员
采购与招投标中心	招标科	科员
采购与招投标中心	稽核科	科员
社会合作处、新农村发展研究院办公室	科技推广科	科员
社会合作处、新农村发展研究院办公室	基地管理科	科员
社会合作处、新农村发展研究院办公室	产学研合作科	科员
社会合作处、新农村发展研究院办公室	扶贫开发科	科员
实验室与基地处	综合科	科员 I
实验室与基地处	综合科	科员 II
实验室与基地处	综合科	科员 III
实验室与基地处	后勤保障科	科员 I
实验室与基地处	后勤保障科	科员 II
实验室与基地处	后勤保障科	科员 III
实验室与基地处	科教服务科	科员 I
实验室与基地处	科教服务科	科员 II
实验室与基地处	科教服务科	科员 III
实验室与基地处	科教服务科	科员 IV
实验室与基地处	实验室管理科	科员 I
实验室与基地处	实验室管理科	科员 II
实验室与基地处	技安环保科	科员 I
实验室与基地处	技安环保科	科员 II
实验室与基地处		危险化学品仓库值班员
实验室与基地处		白马基地技术管理员
基本建设处	工程管理科	科员 I
基本建设处	工程管理科	科员 II
基本建设处	工程管理科	科员 III
基本建设处	工程管理科	科员
基本建设处	规划管理科	科员 I
基本建设处	规划管理科	科员 II
基本建设处	维修管理科	科员
保卫处、党委政保部、党委人武部	综合政保科	科员 I

（续）

单位	内设机构	岗位名称
保卫处、党委政保部、党委人武部	综合政保科	科员Ⅱ
保卫处、党委政保部、党委人武部	校园秩序管理科	科员Ⅰ
保卫处、党委政保部、党委人武部	校园秩序管理科	科员Ⅱ
保卫处、党委政保部、党委人武部	校园秩序管理科	管理员
保卫处、党委政保部、党委人武部	消防安全科	科员
信息化建设中心	综合规划部	秘书
信息化建设中心	综合规划部	管理员
信息化建设中心	网络运营部	主任（相当科级）
信息化建设中心	网络运营部	副主任（相当副科级）
信息化建设中心	网络运营部	管理员Ⅰ
信息化建设中心	网络运营部	管理员Ⅱ
信息化建设中心	网络运营部	管理员Ⅲ
信息化建设中心	网络运营部	管理员Ⅳ
信息化建设中心	数据系统部	主任（相当科级）
信息化建设中心	数据系统部	副主任（相当副科级）
信息化建设中心	数据系统部	管理员Ⅰ
信息化建设中心	数据系统部	管理员Ⅱ
信息化建设中心	数据系统部	管理员Ⅲ
信息化建设中心	教育技术部（现代教育技术中心）	主任（相当科级）
信息化建设中心	教育技术部（现代教育技术中心）	管理员Ⅰ
信息化建设中心	教育技术部（现代教育技术中心）	管理员Ⅱ
信息化建设中心	教育技术部（现代教育技术中心）	编导摄像Ⅰ
信息化建设中心	教育技术部（现代教育技术中心）	编导摄像Ⅱ
离退休工作处	老干部管理科	科员
离退休工作处	退休管理科	科员
校友总会办公室（教育基金会办公室）		文员Ⅰ
校友总会办公室（教育基金会办公室）		文员Ⅱ
新校区建设指挥部、江浦实验农场		文员Ⅰ
新校区建设指挥部、江浦实验农场		文员Ⅱ
新校区建设指挥部、江浦实验农场		土建工程师
新校区建设指挥部、江浦实验农场		电气工程师
新校区建设指挥部、江浦实验农场		安装工程师
新校区建设指挥部、江浦实验农场		建筑设计师，租赁岗位

（续）

单位	内设机构	岗位名称
新校区建设指挥部、江浦实验农场		设计总监，租赁岗位
新校区建设指挥部、江浦实验农场		土建工程师，租赁岗位
新校区建设指挥部、江浦实验农场		安装工程师，租赁岗位
图书馆（文化遗产部）	办公室	秘书Ⅰ
图书馆（文化遗产部）	办公室	秘书Ⅱ
图书馆（文化遗产部）	读者服务部	主任（相当科级）
图书馆（文化遗产部）	读者服务部	副主任（相当副科级）
图书馆（文化遗产部）	读者服务部	管理员
图书馆（文化遗产部）	读者服务部	管理员
图书馆（文化遗产部）	文献资源建设与技术支持部	主任（相当科级）
图书馆（文化遗产部）	文献资源建设与技术支持部	副主任（相当副科级）
图书馆（文化遗产部）	文献资源建设与技术支持部	管理员Ⅰ
图书馆（文化遗产部）	文献资源建设与技术支持部	管理员Ⅰ
图书馆（文化遗产部）	文献资源建设与技术支持部	管理员Ⅱ
图书馆（文化遗产部）	文献资源建设与技术支持部	管理员Ⅱ
图书馆（文化遗产部）	文献资源建设与技术支持部	管理员Ⅲ
图书馆（文化遗产部）	文献资源建设与技术支持部	管理员Ⅳ
图书馆（文化遗产部）	参考咨询部	主任（相当科级）
图书馆（文化遗产部）	参考咨询部	副主任（相当副科级）
图书馆（文化遗产部）	参考咨询部	管理员Ⅰ
图书馆（文化遗产部）	参考咨询部	管理员Ⅱ
图书馆（文化遗产部）	参考咨询部	管理员Ⅲ
图书馆（文化遗产部）	农业遗产部	管理员
图书馆（文化遗产部）	综合档案管理部	管理员
图书馆（文化遗产部）	人事档案管理部	管理员Ⅰ
图书馆（文化遗产部）	人事档案管理部	管理员Ⅱ
图书馆（文化遗产部）	人事档案管理部	管理员Ⅲ
国际教育学院、密歇根学院	国际教育学院办公室	秘书
国际教育学院、密歇根学院	来华留学办公室	辅导员Ⅰ
国际教育学院、密歇根学院	来华留学办公室	辅导员Ⅱ
国际教育学院、密歇根学院	来华留学办公室	秘书
国际教育学院、密歇根学院	密歇根学院办公室	秘书
继续教育学院	办公室	秘书Ⅰ

（续）

单位	内设机构	岗位名称
继续教育学院	办公室	秘书Ⅱ
继续教育学院	远程教育科	科员
继续教育学院	培训科	科员Ⅰ
继续教育学院	培训科	科员Ⅱ
继续教育学院	自学考试办公室	秘书
继续教育学院	教务科	科员
继续教育学院	教务科	科员Ⅰ
继续教育学院	教务科	科员Ⅱ
继续教育学院	教务科	科员Ⅲ
农学院	办公室	秘书Ⅰ
农学院	办公室	秘书Ⅱ
农学院	办公室	秘书Ⅲ
农学院	办公室	秘书Ⅳ
农学院	学生工作办公室	辅导员Ⅰ
农学院	学生工作办公室	辅导员Ⅱ
农学院	学生工作办公室	"2＋3"辅导员
农学院	国家重点实验室办公室	秘书
农学院	国家重点实验室办公室	实验技术
农学院	国家重点实验室办公室	实验技术
农学院	国家重点实验室办公室	实验技术Ⅰ，租赁岗位
农学院	国家大豆改良中心办公室	秘书
农学院	国家大豆改良中心办公室	院士秘书
农学院	国家大豆改良中心办公室	实验技术Ⅰ
农学院	国家大豆改良中心办公室	实验技术Ⅱ
农学院	国家大豆改良中心办公室	实验技术Ⅲ
农学院	国家大豆改良中心办公室	实验技术Ⅳ
农学院	国家大豆改良中心办公室	实验技术Ⅴ
农学院	国家大豆改良中心办公室	实验技术Ⅵ，租赁岗位
农学院	国家信息农业工程技术中心办公室	秘书
农学院	国家信息农业工程技术中心办公室	实验技术Ⅰ
农学院	国家信息农业工程技术中心办公室	实验技术Ⅱ
农学院	国家信息农业工程技术中心办公室	实验技术Ⅲ
农学院	植物生产国家级实验教学示范中心	实验技术Ⅰ

（续）

单位	内设机构	岗位名称
农学院	植物生产国家级实验教学示范中心	实验技术Ⅱ
农学院	植物生产国家级实验教学示范中心	实验技术Ⅲ
农学院	植物生产国家级实验教学示范中心	实验技术Ⅳ
农学院	植物生产国家级实验教学示范中心	实验技术Ⅴ
农学院	植物生产国家级实验教学示范中心	实验技术Ⅵ
农学院	植物生产国家级实验教学示范中心	实验技术Ⅶ
农学院	植物生产国家级实验教学示范中心	实验技术Ⅷ
农学院	"一带一路"实验室	秘书
农学院	农学试验站	站长（相当科级）
农学院	农学试验站	实验技术
农学院		实验技术Ⅰ
农学院		实验技术Ⅱ
农学院		实验技术Ⅲ
农学院		实验技术Ⅳ
农学院		实验技术Ⅴ
农学院		实验技术Ⅵ，租赁岗位
植物保护学院	办公室	秘书Ⅰ
植物保护学院	办公室	秘书Ⅱ
植物保护学院	办公室	秘书Ⅲ
植物保护学院	办公室	秘书Ⅳ
植物保护学院	学生工作办公室	辅导员
植物保护学院	学生工作办公室	"2＋3"辅导员
植物保护学院	植物生产国家级实验教学示范中心	实验技术Ⅰ
植物保护学院	植物生产国家级实验教学示范中心	实验技术Ⅱ
植物保护学院	植物生产国家级实验教学示范中心	实验技术Ⅲ
植物保护学院	植物生产国家级实验教学示范中心	实验技术Ⅳ
植物保护学院	植物生产国家级实验教学示范中心	实验技术Ⅴ
植物保护学院	植物生产国家级实验教学示范中心	实验技术Ⅵ
植物保护学院	植物生产国家级实验教学示范中心	实验技术Ⅶ
植物保护学院	植物生产国家级实验教学示范中心	实验技术Ⅷ
植物保护学院	植物生产国家级实验教学示范中心	实验技术Ⅸ
植物保护学院		实验技术Ⅰ
植物保护学院		实验技术Ⅱ

（续）

单位	内设机构	岗位名称
植物保护学院		实验技术Ⅲ
植物保护学院		实验技术Ⅳ
植物保护学院		实验技术Ⅴ
植物保护学院		实验技术Ⅵ，租赁岗位
植物保护学院		实验技术Ⅶ，租赁岗位
植物保护学院		实验技术
资源与环境科学学院	办公室	秘书Ⅰ
资源与环境科学学院	办公室	秘书Ⅱ
资源与环境科学学院	办公室	秘书Ⅲ
资源与环境科学学院	办公室	秘书Ⅳ
资源与环境科学学院	学生工作办公室	辅导员
资源与环境科学学院	农业资源与环境实验教学示范中心（省级）	实验技术Ⅰ
资源与环境科学学院	农业资源与环境实验教学示范中心（省级）	实验技术Ⅱ
资源与环境科学学院	农业资源与环境实验教学示范中心（省级）	实验技术Ⅲ
资源与环境科学学院	农业资源与环境实验教学示范中心（省级）	实验技术Ⅳ
资源与环境科学学院	农业资源与环境实验教学示范中心（省级）	实验技术Ⅴ
资源与环境科学学院	农业资源与环境实验教学示范中心（省级）	实验技术Ⅵ
资源与环境科学学院		实验技术Ⅰ
资源与环境科学学院		实验技术Ⅱ
资源与环境科学学院		实验技术Ⅲ
资源与环境科学学院		实验技术Ⅳ
园艺学院	办公室	秘书Ⅰ
园艺学院	办公室	秘书Ⅱ
园艺学院	办公室	秘书Ⅲ
园艺学院	办公室	秘书Ⅳ
园艺学院	学生工作办公室	辅导员Ⅰ
园艺学院	学生工作办公室	辅导员Ⅱ
园艺学院	学生工作办公室	"2＋3"辅导员
园艺学院	植物生产国家级实验教学示范中心	实验技术Ⅰ
园艺学院	植物生产国家级实验教学示范中心	实验技术Ⅱ
园艺学院	植物生产国家级实验教学示范中心	实验技术Ⅲ
园艺学院	植物生产国家级实验教学示范中心	实验技术Ⅳ
园艺学院	风景园林实验教学中心（校级）	实验技术Ⅴ

（续）

单位	内设机构	岗位名称
园艺学院	中药学实验教学中心（校级）	实验技术Ⅵ
园艺学院		实验技术Ⅶ，租赁岗位
园艺学院		实验技术，租赁岗位
园艺学院		实验技术
园艺学院		实验技术，租赁岗位
园艺学院		江苏省现代农业（花卉）产业技术体系首席专家助理，租赁岗位
动物科技学院	办公室	秘书Ⅰ
动物科技学院	办公室	秘书Ⅱ
动物科技学院	办公室	秘书Ⅲ
动物科技学院	办公室	图书资料员
动物科技学院	学生工作办公室	辅导员
动物科技学院	动物科学实验教学中心	实验技术Ⅰ
动物科技学院	动物科学实验教学中心	实验技术Ⅱ
动物科技学院	动物科学实验教学中心	实验技术Ⅲ
动物科技学院	农业农村部牛冷冻精液质量监督检验测试中心（南京）	检测室主任
动物科技学院	农业农村部牛冷冻精液质量监督检验测试中心（南京）	实验技术
动物科技学院	农业农村部牛冷冻精液质量监督检验测试中心（南京）	实验技术
动物科技学院		实验技术
动物科技学院	动物消化道营养国际联合研究中心	实验技术Ⅰ
动物科技学院	动物消化道营养国际联合研究中心	实验技术Ⅱ，租赁岗位
动物科技学院		实验技术
动物科技学院		江苏省肉羊体系首席助理，租赁岗位
动物科技学院		江苏省生猪体系首席助理，租赁岗位
动物医学院	办公室	秘书Ⅰ
动物医学院	办公室	秘书Ⅱ
动物医学院	办公室	秘书Ⅲ
动物医学院	办公室	秘书Ⅳ

（续）

单位	内设机构	岗位名称
动物医学院	学生工作办公室	辅导员
动物医学院	动物医学实践教育中心（省级）	实验技术Ⅰ
动物医学院	动物医学实践教育中心（省级）	实验技术Ⅱ
动物医学院	动物医学实践教育中心（省级）	实验技术Ⅲ
动物医学院	动物医学实践教育中心（省级）	实验技术Ⅳ
动物医学院	动物医学实践教育中心（省级）	实验技术Ⅴ
动物医学院	动物医学实践教育中心（省级）	实验技术Ⅵ
动物医学院	动物医学实践教育中心（省级）	实验技术Ⅶ
动物医学院	动物医学实践教育中心（省级）	实验技术Ⅷ
动物医学院	动物医学实践教育中心（省级）	实验技术Ⅸ
动物医学院	动物医学实践教育中心（省级）	实验技术Ⅹ
动物医学院	动物医学实践教育中心（省级）	实验技术Ⅺ
动物医学院	实验动物中心	实验技术，租赁岗位
动物医学院		实验技术，租赁岗位
动物医学院	附属动物医院	副院长（相当科级）
动物医学院	附属动物医院	实验技术
动物医学院	附属动物医院	实验技术
动物医学院	免疫研究所	秘书
动物医学院	免疫研究所	实验技术
食品科技学院	办公室	秘书Ⅰ
食品科技学院	办公室	秘书Ⅱ
食品科技学院	办公室	秘书Ⅲ
食品科技学院	办公室	秘书Ⅳ
食品科技学院	办公室	秘书Ⅴ
食品科技学院	办公室	中国畜产品加工研究会秘书，租赁岗位
食品科技学院	学生工作办公室	辅导员
食品科技学院	学生工作办公室	"2+3"辅导员
食品科技学院	国家肉品质量控制工程技术研究中心办公室	秘书
食品科技学院	国家肉品质量控制工程技术研究中心办公室	实验技术
食品科技学院	农产品加工贮藏与质量控制实验教学示范中心	实验技术
食品科技学院	农产品加工贮藏与质量控制实验教学示范中心	实验技术
食品科技学院	农业农村部农产品贮藏保鲜质量安全风险评估实验室（南京）	实验技术Ⅰ

（续）

单位	内设机构	岗位名称
食品科技学院	农业农村部农产品贮藏保鲜质量安全风险评估实验室（南京）	实验技术Ⅱ，租赁岗位
食品科技学院	农业农村部肉及肉制品质量安全监督检验测试中心（南京）	实验技术
食品科技学院	农业农村部肉及肉制品质量安全监督检验测试中心（南京）	实验员，租赁岗位
食品科技学院		江苏省肉类生产与加工质量安全控制协同创新中心办公室秘书，租赁岗位
经济管理学院	办公室	秘书Ⅰ
经济管理学院	办公室	秘书Ⅱ
经济管理学院	办公室	秘书Ⅲ
经济管理学院	办公室	秘书Ⅳ
经济管理学院	办公室	图书资料员
经济管理学院		实验技术（"长江学者"科研助理）
经济管理学院	学生工作办公室	辅导员
经济管理学院	学生工作办公室	"2＋3"辅导员
经济管理学院	经济管理学科综合实验教学示范中心（省级）	实验技术
公共管理学院	办公室	秘书Ⅰ
公共管理学院	办公室	秘书Ⅱ
公共管理学院	办公室	秘书Ⅲ
公共管理学院	办公室	秘书Ⅳ
公共管理学院	办公室	图书资料员
公共管理学院	学生工作办公室	辅导员
公共管理学院	学生工作办公室	"2＋3"辅导员
公共管理学院	公共管理学科综合训练中心（省级）	实验技术Ⅰ
公共管理学院	公共管理学科综合训练中心（省级）	实验技术Ⅱ
理学院	办公室	秘书Ⅰ
理学院	办公室	秘书Ⅱ
理学院	办公室	秘书Ⅲ，租赁岗位
理学院	学生工作办公室	辅导员
理学院	学生工作办公室	"2＋3"辅导员

（续）

单位	内设机构	岗位名称
理学院	化学实验教学示范中心（省级）	实验技术Ⅰ
理学院	化学实验教学示范中心（省级）	实验技术Ⅱ
理学院	化学实验教学示范中心（省级）	实验技术Ⅲ
理学院	化学实验教学示范中心（省级）	实验技术Ⅳ
理学院	物理实验教学示范中心（省级）	实验技术Ⅰ
理学院	物理实验教学示范中心（省级）	实验技术Ⅱ
理学院	物理实验教学示范中心（省级）	实验技术Ⅲ
人文与社会发展科学学院	办公室	秘书Ⅰ
人文与社会发展科学学院	办公室	秘书Ⅱ
人文与社会发展科学学院	办公室	秘书Ⅲ
人文与社会发展科学学院	办公室	图书资料员Ⅰ
人文与社会发展科学学院	办公室	图书资料员Ⅱ
人文与社会发展科学学院	学生工作办公室	辅导员Ⅰ
人文与社会发展科学学院	学生工作办公室	辅导员Ⅱ
人文与社会发展科学学院	学生工作办公室	"2+3"辅导员
人文与社会发展科学学院	人文综合实验教学中心（校级）	实验技术Ⅰ
人文与社会发展科学学院	人文综合实验教学中心（校级）	实验技术Ⅱ，租赁岗位
人文与社会发展科学学院	人文综合实验教学中心（校级）	实验技术Ⅲ，租赁岗位
人文与社会发展科学学院		中华农业文明研究院秘书
外国语学院	办公室	秘书Ⅰ
外国语学院	办公室	秘书Ⅱ
外国语学院	办公室	图书资料员
外国语学院	办公室	管理员
外国语学院	办公室	管理员
外国语学院	学生工作办公室	辅导员
外国语学院	外语教学综合训练中心（省级）	实验技术Ⅰ
外国语学院	外语教学综合训练中心（省级）	实验技术Ⅰ
外国语学院	外语教学综合训练中心（省级）	实验技术Ⅱ
生命科学学院	办公室	秘书Ⅰ
生命科学学院	办公室	秘书Ⅱ
生命科学学院	办公室	秘书Ⅲ
生命科学学院	办公室	秘书Ⅳ
生命科学学院	学生工作办公室	辅导员

（续）

单位	内设机构	岗位名称
生命科学学院	生物学实验教学中心（省级）	实验技术Ⅰ
生命科学学院	生物学实验教学中心（省级）	实验技术Ⅱ
生命科学学院	生物学实验教学中心（省级）	实验技术Ⅲ
生命科学学院	生物学实验教学中心（省级）	实验技术Ⅳ
生命科学学院	生物学实验教学中心（省级）	实验技术Ⅴ
生命科学学院	生物学实验教学中心（省级）	实验技术Ⅵ
生命科学学院	生物学实验教学中心（省级）	实验技术Ⅶ
生命科学学院	生物学实验教学中心（省级）	实验技术Ⅶ
生命科学学院	生物学实验教学中心（省级）	实验技术Ⅷ
生命科学学院	生物学实验教学中心（省级）	实验技术Ⅸ
生命科学学院	农业生物学虚拟仿真实验教学中心（国家级）	实验技术Ⅰ
生命科学学院	农业生物学虚拟仿真实验教学中心（国家级）	实验技术Ⅱ，租赁岗位
生命科学学院		实验技术Ⅰ
生命科学学院		实验技术Ⅱ
金融学院	办公室	秘书Ⅰ
金融学院	办公室	秘书Ⅱ
金融学院	MPAcc教育中心办公室	秘书
金融学院	学生工作办公室	辅导员Ⅰ
金融学院	学生工作办公室	辅导员Ⅱ
金融学院	学生工作办公室	"2＋3"辅导员
金融学院	金融学科综合训练中心（省级）	实验技术
草业学院	办公室	秘书Ⅰ
草业学院	办公室	秘书Ⅱ，租赁岗位
马克思主义学院（政治学院）	办公室	秘书Ⅰ
马克思主义学院（政治学院）	办公室	秘书Ⅱ，租赁岗位
体育部	办公室	秘书Ⅰ
体育部	办公室	秘书Ⅱ
体育部	办公室	实验技术Ⅰ
体育部	办公室	实验技术Ⅱ
体育部	办公室	实验技术Ⅲ
体育部	办公室	管理员Ⅰ
体育部	办公室	管理员Ⅱ，租赁岗位
体育部	办公室	管理员Ⅲ
前沿交叉研究院	交叉研究中心办公室	秘书

（续）

单位	内设机构	岗位名称
前沿交叉研究院	交叉研究中心办公室	秘书，租赁岗位
前沿交叉研究院	生物信息学中心	秘书
前沿交叉研究院	生物信息学中心	管理员，租赁岗位
前沿交叉研究院		实验技术Ⅰ
前沿交叉研究院		实验技术Ⅱ
浦口校区管理委员会	综合工作办公室	网络信息事务主管（相当科级）
浦口校区管理委员会	综合工作办公室	网络信息事务副主管（相当副科）
浦口校区管理委员会	综合工作办公室	综合事务文员Ⅰ
浦口校区管理委员会	综合工作办公室	综合事务文员Ⅱ
浦口校区管理委员会	综合工作办公室	综合事务文员Ⅲ
浦口校区管理委员会	综合工作办公室	网络信息事务管理员
浦口校区管理委员会	综合工作办公室	文员Ⅰ
浦口校区管理委员会	综合工作办公室	文员Ⅱ
浦口校区管理委员会	综合工作办公室	文员Ⅲ
浦口校区管理委员会	综合工作办公室	
浦口校区管理委员会	教学与科研工作办公室	本科生教务运行事务文员Ⅰ
浦口校区管理委员会	教学与科研工作办公室	本科生教务运行事务文员Ⅱ
浦口校区管理委员会	教学与科研工作办公室	本科生教务运行事务文员Ⅲ
浦口校区管理委员会	教学与科研工作办公室	本科生教务运行事务文员Ⅳ
浦口校区管理委员会	教学与科研工作办公室	研究生培养事务文员
浦口校区管理委员会	教学与科研工作办公室	文员
浦口校区管理委员会	教学与科研工作办公室	
浦口校区管理委员会	学生工作办公室	团学事务文员
浦口校区管理委员会	学生工作办公室	学生管理事务文员
浦口校区管理委员会	学生工作办公室	文员
浦口校区管理委员会	学生工作办公室	
浦口校区管理委员会	财务与资产工作办公室	会计核算事务文员Ⅰ（会计）
浦口校区管理委员会	财务与资产工作办公室	会计核算事务文员Ⅱ（会计）

（续）

单位	内设机构	岗位名称
浦口校区管理委员会	财务与资产工作办公室	房产与资产事务文员Ⅰ
浦口校区管理委员会	财务与资产工作办公室	房产与资产事务文员Ⅱ
浦口校区管理委员会	财务与资产工作办公室	文员
浦口校区管理委员会	财务与资产工作办公室	
浦口校区管理委员会	安全保卫工作办公室	安全保卫事务文员Ⅰ
浦口校区管理委员会	安全保卫工作办公室	安全保卫事务文员Ⅱ
浦口校区管理委员会	安全保卫工作办公室	安全保卫事务文员Ⅲ
浦口校区管理委员会	安全保卫工作办公室	
浦口校区管理委员会	后勤保障工作办公室	医疗卫生事务主管（相当科级）
浦口校区管理委员会	后勤保障工作办公室	医疗卫生事务副主管（相当副科）
浦口校区管理委员会	后勤保障工作办公室	维修和水电事务文员
浦口校区管理委员会	后勤保障工作办公室	维修和水电事务管理员Ⅰ
浦口校区管理委员会	后勤保障工作办公室	维修和水电事务管理员Ⅱ
浦口校区管理委员会	后勤保障工作办公室	公共服务事务管理员Ⅰ
浦口校区管理委员会	后勤保障工作办公室	公共服务事务管理员Ⅱ
浦口校区管理委员会	后勤保障工作办公室	公共服务事务管理员Ⅲ
浦口校区管理委员会	后勤保障工作办公室	驾驶员
浦口校区管理委员会	后勤保障工作办公室	饮食服务事务管理员Ⅰ
浦口校区管理委员会	后勤保障工作办公室	饮食服务事务管理员Ⅱ
浦口校区管理委员会	后勤保障工作办公室	医生
浦口校区管理委员会	后勤保障工作办公室	护士
浦口校区管理委员会	后勤保障工作办公室	文员
浦口校区管理委员会	后勤保障工作办公室	医生
浦口校区管理委员会	后勤保障工作办公室	护士
浦口校区管理委员会	后勤保障工作办公室	
图书馆（文化遗产部）浦口校区分馆	读者服务部	主任（相当科级）
图书馆（文化遗产部）浦口校区分馆	读者服务部	副主任（相当副科）
图书馆（文化遗产部）浦口校区分馆	读者服务部	管理员
图书馆（文化遗产部）浦口校区分馆	文献资源建设和档案管理部	主任（相当科级）
图书馆（文化遗产部）浦口校区分馆	文献资源建设和档案管理部	副主任（相当副科）
图书馆（文化遗产部）浦口校区分馆	文献资源建设和档案管理部	管理员
图书馆（文化遗产部）浦口校区分馆	其他	文员Ⅰ

（续）

单位	内设机构	岗位名称
图书馆（文化遗产部）浦口校区分馆	其他	文员 II
图书馆（文化遗产部）浦口校区分馆		
工学院	办公室	秘书 I
工学院	办公室	秘书 II
工学院	办公室	秘书 III
工学院	办公室	秘书 IV
工学院	办公室	
工学院	学生工作办公室	辅导员 I
工学院	学生工作办公室	辅导员 II
工学院	学生工作办公室	"2＋3" 辅导员
工学院	农业工程教学实验中心（省级）	实验技术 I
工学院	农业工程教学实验中心（省级）	实验技术 II
工学院	农业工程教学实验中心（省级）	实验技术 III
工学院	农业工程教学实验中心（省级）	
工学院	机械工程综合训练中心（内含两个分中心）	实验技术 I
工学院	机械工程综合训练中心（内含两个分中心）	实验技术 II
工学院	机械工程综合训练中心（内含两个分中心）	实验技术 III
工学院	机械工程综合训练中心（内含两个分中心）	实验技术 X
工学院	机械工程综合训练中心（内含两个分中心）	实验技术 IV
工学院	机械工程综合训练中心（内含两个分中心）	实验技术 V
工学院	机械工程综合训练中心（内含两个分中心）	实验技术 VI
工学院	机械工程综合训练中心（内含两个分中心）	实验技术 VII
工学院	机械工程综合训练中心（内含两个分中心）	实验技术 VIII
工学院	机械工程综合训练中心（内含两个分中心）	实验技术 IX
工学院	机械工程综合训练中心（内含两个分中心）	
工学院	方真团队	科研助理
人工智能学院	办公室	秘书 I
人工智能学院	办公室	秘书 II
人工智能学院	办公室	秘书 III
人工智能学院	办公室	秘书 IV
人工智能学院	办公室	
人工智能学院	学生工作办公室	辅导员
人工智能学院	学生工作办公室	"2＋3" 辅导员
人工智能学院	农业电气化与自动化学科综合训练中心（省级）	实验技术
人工智能学院	农业电气化与自动化学科综合训练中心（省级）	实验技术 IV

（续）

单位	内设机构	岗位名称
人工智能学院	计算机与信息技术实验教学示范中心（省级）	实验技术Ⅰ
人工智能学院	计算机与信息技术实验教学示范中心（省级）	实验技术Ⅱ
人工智能学院	计算机与信息技术实验教学示范中心（省级）	实验技术Ⅲ
人工智能学院	计算机与信息技术实验教学示范中心（省级）	
人工智能学院	舒磊团队	科研助理Ⅰ
人工智能学院	舒磊团队	科研助理Ⅱ
人工智能学院	舒磊团队	科研助理Ⅲ
人工智能学院	舒磊团队	
信息管理学院	办公室	秘书Ⅰ
信息管理学院	办公室	秘书Ⅱ
信息管理学院	办公室	秘书Ⅲ
信息管理学院	办公室	
信息管理学院	学生工作办公室	辅导员
信息管理学院	学生工作办公室	"2+3"辅导员
信息管理学院	管理科学与工程学科综合训练中心	实验技术
后勤保障部	综合科	科员Ⅰ
后勤保障部	综合科	科员
后勤保障部	综合科	
后勤保障部	综合科	
后勤保障部	监管科	科员Ⅱ
后勤保障部	监管科	科员Ⅲ
后勤保障部	监管科	
后勤保障部	监管科	
后勤保障部	公共服务中心	管理员Ⅰ
后勤保障部	公共服务中心	管理员Ⅲ
后勤保障部	公共服务中心	管理员Ⅳ
后勤保障部	公共服务中心	管理员Ⅴ
后勤保障部	公共服务中心	驾驶员
后勤保障部	公共服务中心	驾驶员Ⅱ
后勤保障部	公共服务中心	管理员Ⅵ
后勤保障部	公共服务中心	管理员Ⅶ
后勤保障部	公共服务中心	管理员Ⅷ
后勤保障部	膳食服务中心	管理员Ⅰ
后勤保障部	膳食服务中心	管理员Ⅵ
后勤保障部	膳食服务中心	管理员Ⅷ

（续）

单位	内设机构	岗位名称
后勤保障部	膳食服务中心	管理员 Ⅸ
后勤保障部	膳食服务中心	管理员 Ⅹ
后勤保障部	膳食服务中心	管理员 Ⅺ
后勤保障部	膳食服务中心	管理员 Ⅻ
后勤保障部	膳食服务中心	驾驶员
后勤保障部	膳食服务中心	
后勤保障部	维修能源中心	工程师
后勤保障部	维修能源中心	管理员 Ⅰ
后勤保障部	维修能源中心	管理员 Ⅲ
后勤保障部	维修能源中心	管理员 Ⅳ
后勤保障部	维修能源中心	管理员 Ⅴ
后勤保障部	维修能源中心	管理员 Ⅵ
后勤保障部	维修能源中心	管理员 Ⅸ
后勤保障部	维修能源中心	管理员 Ⅺ
后勤保障部	维修能源中心	管理员 Ⅻ
后勤保障部	维修能源中心	管理员 ⅩⅢ
后勤保障部	维修能源中心	管理员 ⅩⅣ
后勤保障部	维修能源中心	管理员 ⅩⅤ
后勤保障部	维修能源中心	
后勤保障部	物业服务中心	管理员 Ⅱ
后勤保障部	物业服务中心	管理员 Ⅲ
后勤保障部	物业服务中心	管理员 Ⅳ
后勤保障部	物业服务中心	管理员 Ⅴ
后勤保障部	物业服务中心	管理员 Ⅶ
后勤保障部	物业服务中心	管理员 Ⅷ
后勤保障部	物业服务中心	管理员 Ⅸ
后勤保障部	物业服务中心	管理员 Ⅺ
后勤保障部	物业服务中心	管理员 Ⅻ
后勤保障部	物业服务中心	管理员 ⅩⅣ
后勤保障部	物业服务中心	管理员 ⅩⅤ
后勤保障部	物业服务中心	管理员 ⅩⅥ
后勤保障部	物业服务中心	管理员 ⅩⅦ
后勤保障部	物业服务中心	管理员 ⅩⅧ
后勤保障部	物业服务中心	管理员 ⅩⅨ
后勤保障部	物业服务中心	管理员 ⅩⅪ

（续）

单位	内设机构	岗位名称
后勤保障部	物业服务中心	管理员 XⅢ
后勤保障部	物业服务中心	
后勤保障部	幼儿园	幼儿教师 Ⅰ
后勤保障部	幼儿园	幼儿教师 Ⅱ
后勤保障部	幼儿园	幼儿教师 Ⅲ
后勤保障部	幼儿园	幼儿教师 Ⅳ
后勤保障部	幼儿园	幼儿教师
后勤保障部	幼儿园	保健医生
后勤保障部	医院	副院长兼大内科主任
后勤保障部	医院	内科医生
后勤保障部	医院	中医科医生
后勤保障部	医院	儿科医生
后勤保障部	医院	预防保健医生
后勤保障部	医院	预防保健护士
后勤保障部	医院	预检分诊护士
后勤保障部	医院	副院长兼大外科主任
后勤保障部	医院	外科医生
后勤保障部	医院	妇科医生
后勤保障部	医院	口腔科医生
后勤保障部	医院	五官科医生
后勤保障部	医院	针灸理疗医生
后勤保障部	医院	针灸理疗护士
后勤保障部	医院	放射科医生
后勤保障部	医院	B超、心电图医生
后勤保障部	医院	检验师
后勤保障部	医院	护理组护士长
后勤保障部	医院	护士
后勤保障部	医院	护士
后勤保障部	医院	药剂科副主任
后勤保障部	医院	门诊药房（药剂师）
后勤保障部	医院	药库管理（药剂师）
后勤保障部	医院	秘书

离 退 休 工 作

【概况】离退休工作处（党工委）是学校党委和行政领导下的负责学校离退休工作的职能部门，同时接受教育部和中共江苏省委老干部局的工作指导。离退休工作处下设老干部管理科、退休管理科 2 个科室。离退休工作处党工委下设 2 个党支部，分别为离退休工作处办公室党支部、离休党支部。学校对离退休教职工实行校、院系（部、处、直属单位）二级服务管理的工作机制。其中，离休干部以学校服务管理为主，退休教职工以院系（部、处、直属单位）服务管理为主。同时，充分发挥关心下一代工作委员会、退教协、老科协、老体协等协会，以及老年大学、二级单位（院系、部、处、直属单位）的集体力量，围绕学校中心工作，贯彻落实党和政府关于离退休教职工的政治待遇和生活待遇，全面做好离退休人员服务管理工作。截至 12 月底，全校共有离退休教职工 1 715 人，其中离休 23 人、退休 1 692 人。

党工委组织建设及党建工作。离退休党工委对下属的 2 个党支部负责建设，同时统筹协调全校各二级党委下属的 24 个退休党支部相关工作。党工委认真落实学校党委关于全面从严治党的要求，抓好党风廉政工作。党工委中心组、处领导班子坚持执行学习制度，认真贯彻习近平总书记关于老干部工作的重要论述精神，注重理论学习与实践教育相结合，围绕抗疫战"疫"、抓紧抓实抓细老同志思想政治工作，扎实开展党性教育活动。在控制疫情的新常态下，采取每周定期发放学习材料居家学习的新颖形式，满足离休老同志的学习需求。以退休支部书记培训为抓手促进党建工作，邀请马克思主义学院葛笑如教授等人讲党课、学"四史"、学习《习近平谈治国理政》（第三卷）等，组织离退休党支部书记培训，发放各类学习材料；带领支部书记赴新四军纪念馆、红色李巷等多个红色教育基地参观，重温入党誓词，重走先烈革命之路，通过支部书记带动支部党员学习。离休支部党日活动——"党旗飘扬，我心向党"获 2020 年度学校最佳党日活动三等奖。

离退休队伍建设及服务管理工作。调整学校离退休工作领导小组及各二级单位离退休管理工作小组组成人员。认真开展调研，参观调研养老服务机构，学习好的管理经验，为老同志多渠道、多样化养老提供咨询服务。组织各二级单位离退休管理工作小组人员参加业务培训，提高理论水平，转变服务理念，提升服务质量。对因学校机构调整涉及的 400 多名退休人员归属进行了重新划分。建设离退休信息系统，做到当年立项、当年建成。制定、修订了学校离退休管理服务工作的相关规定，制定、修订管理文件 6 件。完成《南京农业大学离退休工作手册》，内容涵盖离退休管理服务工作的各个方面，是规范化管理的重要依据。学校主要领导和分管领导多次到离退休工作处调研指导工作，并参加离退休老同志有关活动，学校重大活动均邀请离退休老同志代表参加，相关重大决策均在离退休老同志中征集意见等。强化对离退休老同志的精准服务，做到离休老同志的服务一人一事一策，进行助医、助药、困难帮扶、生病慰问等。离退休老同志个别服务与集体活动相结合，特殊问题个别解决、共性问题集中解决，方式多样、灵活，效果明显。

开展主题活动和落实待遇工作。2020 年，新冠肺炎疫情在全球肆虐。6 月 30 日，离退休党工委离休支部在老干部活动室召开"讲抗疫故事，话党员初心"主题座谈会，庆祝中国共产党成立 99 周年；10 月 23 日，离退休工作处在教职工活动中心户外门球场举行"2020年离退休教职工集体祝寿活动"，校党委书记陈利根，机关党委、校离退休工作职能部门和寿星所在单位的负责人，以及学校七十、八十、九十华诞组的寿星等 100 余人欢聚一堂集体祝寿。邀请口腔、内科等专家，举办多场健康知识讲座。与校医院联合举办了《公费医疗报销政策解读》讲座，为离退休老同志答疑解惑。完成 13 位离退休老同志的"中国人民志愿军抗美援朝出国作战 70 周年"纪念章颁发工作。开展走访慰问离退休老同志工作，坚持"节日送祝福，床前送慰问"，做到两个全覆盖：一是离休干部年度慰问全覆盖，二是重病老同志慰问全覆盖。春节、"七一"、重阳节期间做到离休老党员、老同志走访慰问全覆盖。全年上门慰问和去医院走访慰问老同志百余人次。做好日常接待离退休老同志来访，做好解难帮困和去世善后等工作。组织每季度集中为离退休老同志报销医药费。认真做好 27 位离退休人员的去世善后工作。

老年群团组织管理服务工作。坚持每月例会制度，每月组织召开由校领导、职能部门，以及退教协、老体协、老科协等老年群团组织负责人参加的例会，进行工作交流，及时通报校情；组织开展多种多样的文体活动，丰富老同志精神文化生活。老科协认真组织学校老专家，对有需求的农企及农户开展科技咨询服务等工作。办好线上老年大学，为了丰富老同志居家抗疫生活，开设 3 门线上老年大学课程，满足离退休教职工的学习需求。

（撰稿：孔育红　审稿：卢忠菊　审核：张丽霞）

关　工　委

【概况】南京农业大学关工委是校党委领导下的工作机构，设秘书处，下设办公室，挂靠离退休工作处。关工委组织建设完善，工作责任明确。校关工委每月召开领导班子工作例会和委员工作会议，传达上级关工委指示精神，研究制订工作方案，重大事项经过集体研究讨论决定。组织老同志与兄弟高校开展调研学习交流活动，组织各二级关工委开展工作交流研讨活动。

调整充实二级关工委队伍。9 月，指导新成立的 3 个学院成立二级关工委，对全校二级关工委人员进行了补充调整，配强校关工委委员队伍；11 月，完成对关工委委员的换届工作。

深入学习宣传习近平总书记对关心下一代工作的重要指示。根据 11 月 26 日全国教育系统关工委深入学习贯彻习近平总书记对关心下一代工作重要指示精神视频会议精神，校、院两级关工委组织深入学习并认真贯彻执行。12 月 15 日，在关工委委员例会上对习近平总书记关于关心下一代工作的重要指示，以及孙春兰讲话精神、李卫红主任的报告进行了学习和交流。

推进关工委优质化建设，加强关工委队伍培训。不断提升全校关工委队伍的党性修养、理论水平和工作能力，全面提升关工委优质化建设的效率和效能。12 月 1 日，组织开展"网上重走长征路"暨推动"四史"学习教育活动。邀请马克思主义学院葛笑如教授作"全面加强新时代党的建设"的专题辅导报告，组织校级关工委委员、全校二级关工委常务副主任等 40 余人聆听了报告，并到茅山新四军纪念馆进行研学实践活动。

搭建关工委优质化建设平台。通过调研、摸底、申报、评选等环节，确定首批关工委优质化建设 27 个平台，其中校级 6 个、校院共建平台 6 个、院级平台 15 个；内容涉及党建指导、思政教育、教学督导、乡村振兴、心理咨询（人际交往）、关爱帮扶、就业指导、老少共建、"校友回母校"活动、"书香人生"读书会、强农兴农故事会等类型。成立优质化建设讲师团，首批聘请了江苏省讲师团成员、省委党校专家张加华及校内 16 位专家组成优质化建设讲师团，内容分为 6 个类别，即"党建思政""社会主义核心价值观""立德树人强农兴农好故事""学农爱农先进事迹""崇学尚术精彩故事""不忘初心　学好专业　牢记使命爱国报国"。资助建设"一院一品"项目。资助二级关工委品牌项目 18 个；其中，重点项目 7 个、每个 3 000 元，其余项目每个 1 000 元。

【关工委主题教育活动丰富多彩】开展"弘扬抗疫精神，厚植爱国情怀"线上系列主题宣讲活动。4 月，校关工委联合书法协会开展"共克时艰，共书新章"书法比赛活动，启动"同心战'疫'　劳动最美"线上主题活动；6 月，组织学生社团——德馨书画社，开展"寸草心生，依依向父"主题书画比赛活动，开展"同心战'疫'　劳动最美"线上线下主题教育活动；开展"读懂中国"等系列主题活动；组织青年学生围绕"读懂中国——全面小康，奋斗有我"的主题，以线上线下相结合的方式，与亲身经历重大事件的本校、本地"五老"进行深入交流；组织关工委老教授参加"尊老敬贤、礼敬重阳"主题活动。

【关工委作品获佳绩】在 2020 年"读懂中国——全面小康，奋斗有我"主题活动中，农学院关工委的舞台剧《金善宝》获评教育部"优秀舞台剧"，学校获优秀组织奖；农学院、植物保护学院、经济管理学院、公共管理学院、食品科技学院、人文与社会发展学院、外国语学院、信息管理学院 8 个学院关工委获学校优秀组织奖；在"小康大美""小康之路"主题读书征文活动中，学校选送的征文荣获省级一等奖 1 篇、二等奖 2 篇、三等奖 3 篇，园艺学院、动物科技学院、公共管理学院、食品科技学院、人文与社会发展学院、外国语学院、金融学院、工学院 8 个学院关工委获学校优秀组织奖；在 2020 年社会主义核心价值观精品案例评比中，学校选送的经济管理学院关工委钟甫宁老师的案例《"三农"情怀助推美好未来》获省级二等奖。

（撰稿：孔育红　审稿：卢忠菊　审核：张丽霞）

八、人才培养

大学生思想政治教育与素质教育

【概况】贯彻落实全国高校思想政治工作会议及全国教育大会精神，围绕"立德树人"根本任务，推进"三全育人"工作，深入实施"四大工程"建设，结合学校学生思想政治教育与素质教育工作的实际情况，为学生成长成才提供具有南农特色的科学化管理服务，全面提升大学生思想政治工作质量。完善大学生教育管理服务工作体系，扎实开展大学生思想政治教育与素质教育等各项工作。

思想政治教育。完善大学生思想政治理论课程体系，形势与政策、中国近代史纲要、思想道德修养与法律基础、毛泽东思想和中国特色社会主义理论体系概论、马克思主义原理5门课程覆盖全校本科生；中国特色社会主义理论与实践研究、自然辩证法概论、马克思主义与社会科学方法论、中国马克思主义与当代4门课程覆盖全校一年级研究生。深化实践教学改革，在中山陵等处创新开展现场教学，举办首届"法庭进校园"实践教学活动，首次思政课"走进"校史馆；组织"与子同袍，齐心战疫"抗疫读书征文比赛、首届"献礼建党百年微视频比赛"活动，组织研究生党员深入学生、深入乡村理论宣讲，以多元的视角和丰富的案例引领青年理论学习风尚。依托"青年大学习"网上主题团课，广泛开展"青年大学习"行动。学校各级团学组织通过座谈会、报告会等形式开展专题学习研讨23次，推动习近平新时代中国特色社会主义思想在青年中入脑、入心、见行动；依托基层团支部"三会两制一课"，引导青年在思想上、政治上、行动上与以习近平同志为核心的党中央保持高度一致。推进团委融媒体中心建设，完善共青团育人矩阵，培育了"卫岗1号"文创工作室为主的青年工作室，设计制作了毕业献礼原创MV《贰零而已》等一批文创产品，引导学校各类团学传媒平台和学生自媒体有序发展，将思想政治教育融入青年生活点滴。

引导青年坚定理想信念。抓住中国共产党成立99周年、五四青年节等重要时间节点，开展"学党史，强信念，跟党走"学习教育、全面实施信仰公开课计划，引导青年坚定理想信念；开展"青穗讲堂"，邀请江苏省楹联学会周游、红山森林动物园沈志军，与学生面对面交流思想，提升学生人文素养。举办"瑞华杯"南京农业大学最具影响力学生评选表彰活动，树立青年身边的先进典型，发挥榜样引领作用。举办全校规模的开学典礼、入学教育、线上毕业典礼等活动，发挥"第一课""最后一课"的教育作用。

心理健康教育。及时启动并不断探索不同疫情防控形势下的心理健康教育工作模式。寒假疫情暴发初期，学校通过QQ心理支持服务平台、微信公众号、校心理委员系统3个渠道，点面结合，系统开展疫情防控期间心理支持与服务工作；线上开学阶段，通过组织开展

"说说心里话"等主题网络团体辅导、"悦享生活"系列网络主题活动，推送线上《暖阳》、系列音频节目"携声抗疫"，指导心理委员开展相关主题班会等形式，引导学生积极的心理和生活状态；陆续返校阶段，开展心理状况调查并对有需要的学生进行针对性干预，编写并推送《返校心理自助手册》，帮助学生适应返校生活，并对拟定校内突发情况制订心理干预预案；秋季学期，完成新生心理普查及建档工作，并重点探索两校区联动的心理健康教育工作体制。完成 2020 级新生心理健康教育必修课的授课工作，全年提供个体咨询服务约 800 人次。开展学工队伍心理健康专题培训 1 场，心理委员培训 2 轮 5 场，组织专兼职心理健康教师业务学习及见习咨询师培训近 30 场。16 名年轻教师参与了见习咨询师培训，目前 2 名教师成为校兼职咨询师。

素质教育。以国家大学生文化素质教育基地为平台，开展丰富多彩的素质教育活动，发挥基地的示范和辐射功能。举办"江苏戏曲名作高校巡演"系列活动、江苏省高雅艺术进校园拓展项目"我们都是追梦人"南京农业大学专场文艺演出，参与录制中央电视台综合频道国庆大型公益音乐短片《坚信爱会赢》，参加 2020 年中俄农业教育科技创新联盟线上文艺汇演活动、江苏省第六届大学生艺术展演活动，举办"廿想启航"南京农业大学 2021 年元旦晚会暨优秀文艺作品汇报演出活动及大学生艺术团专场演出等，展示学生才华，塑造美好心灵，提升人文素养。

志愿服务。组建新冠肺炎疫情防控青年突击队，组织 2 000 余名学生参与疫情防控服务工作。先后招募 1 200 余名学生参与全国马拉松锦标赛（南京站）、全国高等农林水院校党建与思想政治工作研讨会第 19 次会议、第七次全国人口普查孝陵卫街道普查等 17 次志愿服务工作。选送 23 名研究生支教团、西部计划、苏北计划志愿者到新疆、贵州和苏北基层服务锻炼。围绕"世界艾滋病日""献血车进校园"等时间节点，组织红十字志愿者开展急救技能培训、生命健康教育等活动，累计吸引 13 000 多名师生参与。组织卫岗校区、浦口校区 1 553 名师生参与无偿献血活动，累计献血量 42.8 万毫升；另有 54 人志愿加入中华骨髓库。学校选送的项目先后获江苏省青年志愿服务项目大赛一等奖、江苏省十佳青年志愿服务项目和江苏省优秀项目奖。

社会实践。聚焦"受教育、长才干、作贡献"目标，切实发挥社会实践助力脱贫攻坚、复工复产等作用，创新探索"互联网＋社会实践"新模式，引导学生"线上为主，就近就便"组建 204 支团队在家乡、社区开展助力脱贫攻坚和复工复产实践活动。累计服务村镇、社区 1 100 余个，举办培训讲座 142 场，制作视频 389 个，发放资料 15 000 余份。汇编《决战脱贫攻坚投身强国伟业》征文优秀作品集 1 册。活动受到新华社、中青网、现代快报、交汇点等省级以上媒体 85 篇次报道。5 名教师、6 个团队、9 名学生受到省级以上表彰，校团委同时荣获团省委和团中央"社会实践先进单位"称号。

社团建设。学校登记注册校级社团 82 个。其中，思想宣传类社团 8 个、文化艺术类社团 11 个、学术科技类社团 19 个、体育竞技类社团 17 个、公益实践类社团 12 个、助理类社团 15 个。8 月，自然语言处理学社的"基于深度学习的食品安全事件自动问答系统"获得第十四届中国大学生计算机设计大赛人工智能组（百度杯）二等奖、"基于深度学习的野生保护动物自动识别系统"获得第八届"发现杯"全国大学生互联网软件设计大奖赛总决赛二等奖。11 月，大学生企业管理与商务策划协会在"浦创杯"两岸青年大学生创业大赛中获得"优秀组织奖"。

国防教育。继续开展军事理论精品在线开放课程建设，完成国家安全教育通识核心课开课准备，设计培养方案。聚焦防务安全教育领域，邀请国家安全学学科创始人刘跃进教授等名家来校讲学 6 场。开展形式丰富的安全演练与培训活动，组织本科生赴"平安 N 次方"警务体验基地开展沉浸式安全教育，组织各学院消防安全员参加江苏省科技馆"安全星训练营"消防主题系列培训，在"11·9 消防安全宣传月"开展两校区消防疏散演练、各单位消防培训及应急演练 20 余场。强化校园安全文化传播，开展丰富的安全教育活动，依托"11·9 消防安全宣传月"组织的水带大挑战、消防隐患火眼金睛、灭火毯模拟灭火、营救伤员等趣味活动吸引大量学生参与，主题展板"119 消防安全专列""消防安全专栏"更加系统地普及消防安全知识。全校范围内组织的"大学生安全知识竞赛""短视频大赛"丰富了学生们的校园安全文化生活。营造安全氛围，依托"平安南农"微信公众平台做好线上线下联动式安全宣传。

军事技能训练。组织开展 2020 级共 4 461 名本科新生军训，东部战区临汾旅 70 多名官兵担任教官，各院系辅导员担任政治指导员；通过严密组织，完成大纲规定的军训内容，达成军事训练目标。军训期间，开展征文、摄影及板报比赛，以及安全宣传页评比、教唱校歌等活动，深化学生的自我教育，体现强有力的思想政治工作保障功能。响应教育部"消防安全进军训"号召，军训期间组织学生进行"安全讲座＋应急演练＋灭火实战＋应急救护＋卫生防疫"五大模块教育。

［附录］

附录 1 2020 年校园文化艺术活动一览表

序号	项目名称	承办单位	活动时间
1	"'五四精神·传承有我'青年有话说"线上接力活动	团委	5 月
2	2020 中俄农业教育科技创新联盟线上文艺汇演活动	公共艺术教育中心	9 月
3	电影点映会｜《蓝色防线》南京农业大学观影活动	大学生艺术联合会	10 月
4	扶贫艺术实践工作坊直播展销活动	公共艺术教育中心	10 月
5	南京农业大学 2020 年"百团大绽"风采秀	团委	10 月
6	2020 年"我们都是追梦人"高雅艺术进校园活动走进扬州中学姜堰中学	大学生艺术联合会	10 月
7	中央电视台综合频道国庆大型公益音乐短片《坚信爱会赢》录制活动	公共艺术教育中心	10 月
8	第十二届"腹有诗书气自华"读书月活动暨第三届"楠小秾"读书嘉年华活动	图书馆（文化遗产部）、党委宣传部、团委	10 月
9	南京农业大学第八届汉字英雄暨诗词大赛	人文与社会发展学院	11 月
10	高雅艺术进校园｜民族舞蹈诗剧《节气江南》走进南京农业大学	公共艺术教育中心	11 月
11	"美好'食'光，拒绝浪费"青年形象大使选拔赛	团委	11 月

（续）

序号	项目名称	承办单位	活动时间
12	戏曲名作进校园｜淮剧《村里来了花喜鹊》走进南京农业大学	公共艺术教育中心	12月
13	"携手防疫抗艾，共担健康责任"生命健康周暨世界艾滋病日主题活动	团委	12月
14	戏曲名作进校园｜锡剧《董存瑞》走进南京农业大学	公共艺术教育中心	12月
15	南京农业大学"新生文化季"系列活动之"照亮南农告白祖国"荧光夜跑活动	学生会	12月
16	第二十三届孙中山纪念馆义务讲解员选拔大赛暨"四史"精神学习会	动物科技学院	12月
17	南京农业大学第十四届新农村建设规划设计大赛	农学院	12月
18	"铭记历史勿忘国耻，不忘初心砥砺奋进"纪念"一二·九"运动85周年火炬接力活动	学生会	12月
19	"重塑2020的权利"摇滚社专场	大学生艺术联合会	12月
20	"哝语九州，故土风华"第五届紫金中国传统文化节暨民俗风采演艺大赛	人文与社会发展学院	12月
21	"江苏戏曲名作高校巡演"系列活动	公共艺术教育中心	12月
22	"廿想启航"南京农业大学2021年元旦晚会暨优秀文艺作品汇报演出活动	大学生艺术联合会	12月
23	第二届"瑞华杯"南京农业大学最具影响力学生表彰暨风采展示大会	团委	12月
24	南京农业大学2021年新年游园会	大学生艺术联合会	12月
25	电影点映会｜《温暖的抱抱》点映会暨主创见面会南农站	公共艺术教育中心	12月

附录2　百场素质报告会一览表

序号	讲座主题	主讲人及简介
1	"同心战疫"微团课——与焦虑"交朋友"	武昕宇　南京农业大学草业学院团委书记
2	纸短情长，无畏战"疫"｜导员微语专栏微文《不负韶华与春光，"四有"青年显担当》	董宝莹　南京农业大学草业学院本科生辅导员
3	"On Air"云上·悦听｜邀请你用吃一颗糖的时间"听"一堂主题教育课（十九）	董宝莹　南京农业大学草业学院本科生辅导员
4	Peer Talk 朋辈领航说	张敬　南京农业大学草业学院讲师
5	共读《共产党宣言》，做新时代坚定有为的青年马克思主义者	武昕宇　南京农业大学草业学院团委书记

（续）

序号	讲座主题	主讲人及简介
6	新闻摄影技能培训	高务龙　南京农业大学草业学院党总支副书记
7	第一期"草业学子求职路"主题座谈会	薛轶凡、关汉民、许茜茜　2020届优秀毕业研究生
8	第二期"草业学子求职路"主题座谈会	刘芳、卫玲玲、王怡超　2020届优秀毕业研究生
9	第三期"草业学子求职路"主题座谈会	徐卓、崔文杰、汪雨晴　2020届优秀毕业研究生
10	"四史"和《习近平谈治国理政（第三卷）》专题宣讲会	吴国清　南京农业大学马克思主义学院教授
11	纪法教育与作风建设专题学习报告会	梁立宽　南京农业大学纪委办公室副主任、监察处副处长
12	运动场草坪发展现状与展望	王兆龙　上海交通大学农业与生物学院植物科学系教授
13	草坪生产技术案例分析	杨志民　南京农业大学草业学院教授，《草业科学》杂志社编委
14	荒漠植物霸王适应逆境的机制及应用	王锁民　兰州大学草地农业科技学院教授
15	iFAST报告：简单的优势与复杂的挑战——多重全球变化时代的物种性状、生态权衡以及尺度推绎	Peter B. Reich　明尼苏达大学教授、美国科学院院士
16	农化物资的合理利用	徐彬　南京农业大学草业学院教授、副院长
17	退化草地免耕补播修复理论与实践	张英俊　中国农业大学草业科学与技术学院教授
18	苜蓿育种研究进展	杨青川　中国农业科学院北京畜牧兽医研究所草业学科主任
19	植物表面微生物的研究与应用	张建国　华南农业大学教授
20	苜蓿基因资源挖掘与利用研究	林浩　中国农业科学院生物技术研究所研究员
21	根瘤菌接种对苜蓿抗逆性的影响	呼天明　西北农林科技大学草业与草原学院教授
22	狗牙根耐盐分子生理解析	付金民　鲁东大学资源与环境工程学院教授
23	实证会计研究经验总结——兼论科研效率的提高	张飞达　昆士兰大学教授
24	Dual ownership and risk - taking incentives in managerial compensation	陈涛　南洋理工大学教授
25	An overview of China accounting research	曾诚　英国曼彻斯特大学会计系副教授、博士生导师
26	Literature review & Systematic literature review	樊影菡　澳大利亚科廷大学教授
27	CSMAR数据库与实证研究讲座	杨曼莎　中国农业大学经济学博士、深圳希施玛数据科技有限公司高级研究员
28	Digital footprints as collateral for debt collection	石劲　澳大利亚麦考瑞大学教授
29	万得（Wind）数据库培训	钱旭明　万得总部培训师、高级讲师
30	Finance and firm volatility: Evidence from small business lending in china	陈涛　南洋理工大学教授
31	分类申请与评审背景下的自科项目申请书准备与写作	刘西川　华中农业大学教授

（续）

序号	讲座主题	主讲人及简介
32	互联网使用对居民金融素养的影响	张正平　北京工商大学教授、金融研究中心主任
33	大型国企共享财务发展之路	郭燕　中国石化集团共享服务公司扬州公司经理、高级会计师、注册会计师
34	Do chief audit executives matter? Evidence from turnover events	章红波　孟菲斯大学会计学院教授
35	移动支付改变了中国家庭吗?	尹志超　首都经贸大学金融学院教授
36	农村保险发展的几个问题	庹国柱　首都经贸大学金融学院教授
37	现代乳品技术	赵健　中国农业大学、天津科技大学客座教授，湖南林业科技大学特聘教授
38	食品院开学第一课学术讲座——品、坚、做、写、参、合	周光宏　原南京农业大学校长，国际标准化组织(ISO)"肉禽鱼蛋及其制品"委员会主席，2018年当选国际食品科学院院士和美国食品工程院院士
39	食品未来之星——青年教师学术论坛	隋晓楠　东北农业大学教授、博士生导师 李媛　中国农业大学研究员、博士生导师
40	食源性生物活性物质分离纯化中的色谱	吕波　南京农业大学理学院副教授、硕士生导师
41	母乳成分研究对婴幼儿配方奶粉发展的启示	张玉梅　北京大学公共卫生学院教授、国际沙棘协会技术委员会委员、医学营养专业委员会主任委员
42	西北特色发酵食品微生物挖掘与特性	吕欣　西北农林科技大学第五届学术委员会委员、院长，农业农村部食品质量监督检验测试中心常务副主任
43	细胞培养肉研究进展	丁世杰　南京农业大学食品科技学院副教授
44	食品合成生物制造实现变"废"为"油"	吴俊俊　南京农业大学食品科技学院副教授、江苏高校"青蓝工程"优秀青年骨干教师、南京农业大学第四批"钟山学者"学术新秀
45	从STS到STSE，一种编史纲领	田松　南方科技大学教授、南方科技大学人文社会科学学院科学与文明研究中心主任
46	布鲁尔SSK强纲领"科学"与"社会"之间的分形交织	刘华杰　北京大学哲学系教授、博士生导师
47	国外马克思主义的当代效应	蓝江　南京大学哲学系教授、博士生导师，南京大学马克思主义社会理论研究中心研究员
48	学习百年党史，永葆党的先进性	梁玉泉　南京农业大学马克思主义学院形势与政策教研室主任
49	总体国家安全观解析	刘跃进　北京国际关系学院公共管理系、国家安全学教研室主任、教授，国家安全学学科创始人

（续）

序号	讲座主题	主讲人及简介
50	新闻稿写作与新媒体运营指导	赵烨烨　南京农业大学党委宣传部、党委教师工作部主任 郭嘉宁　南京农业大学党委宣传部、党委教师工作部科员
51	人工智能的伦理问题及其治理研究	毛新志　湖南师范大学公共管理学院院长、教授，湖南省自然辩证法研究会副理事长，《自然辩证法》编委
52	江苏省公考备战技巧讲座	付莉娜　中公教育（江苏分校）机构讲师
53	如何提高研究生学术能力	焦阳　南京农业大学马克思主义学院讲师
54	人工智能理论框架与应用	刘鹏　清华大学博士，南京大数据研究院院长、中国大数据应用联盟人工智能专家委员会主任
55	多尺度植物表型监测与智能分析	周济　英国生物科学理事会下属厄尔汉姆研究中心准终身研究员、实验室主任
56	智慧养殖业——现状与未来	李道亮　中国农业大学信息与电气工程学院教授、博士生导师
57	农业机器人技术现状与发展趋势	刘成良　上海交通大学教授，现任机电控制研究所所长
58	大数据与 AI 的农业应用	张弓　佳格天地科技有限公司创始人兼 CEO
59	精准农业航空技术在"生态无人农场"中的应用	兰玉彬　华南农业大学电子工程学院院长，国家级人才特聘专家
60	全球农业智能化发展趋势	龚槚钦　极飞科技联合创始人，2018 年福布斯中国"30 岁以下精英"，《国家地理》制片人
61	成像光谱与激光雷达的应用研究	冷寒冰　中国科学院西安光学精密机械研究所博士
62	植物的突变、重组及其利用	杨四海　南京大学生命科学学院教授、博士生导师
63	Variation of plant metabolism—from single gene to gene cluster	罗杰　博士，海南大学热带作物学院教授
64	水稻两用核不育系 C815S 的选育与育种思考	唐文帮　湖南农业大学农学院院长、学术委员会副主任，湖南省品种审定委员会委员，湖南省水稻油菜重点实验室主任
65	叶片内 CO_2 传输与作物高光效	熊栋梁　博士，华中农业大学教授
66	孤儿作物稗子的基因组学研究	叶楚玉　博士，浙江大学作物科学研究所副教授、副所长
67	稻米蛋白质含量 QTLqGPC‐10 的图位克隆与功能研究	杨宜豪　扬州大学博士
68	双碱基编辑系统的开发和应用	李超　南京农业大学遗传育种系教授、博士生导师

（续）

序号	讲座主题	主讲人及简介
69	作物生长模型和结构功能模型辅助下的作物表型	刘守阳　法国农业科学研究院作物表型学博士，IN-RA-CAPTE 和 INRA-LEPSE 联合博士后
70	大豆育种新技术	盖钧镒　南京农业大学作物遗传育种学教授、国家大豆改良中心主任、中国工程院院士
71	玉米育种新技术	徐云碧　博士，中国农业科学院作物科学研究所研究员，CIMMYT-中国玉米分子育种高级科学家，中国农业科学院"玉米分子育种技术和应用"创新团队首席科学家
72	信息化技术在育种上的应用	赵晋铭　南京农业大学副教授、硕士生导师，农学院副院长，国家大豆改良中心副主任
73	基因编辑与作物育种	黄骥　南京农业大学教授、博士生导师
74	水稻育种新技术	程式华　中国水稻研究所所长、研究员、博士生导师
75	小麦生物育种新技术	王秀娥　博士，教授，南京农业大学农学院副院长，作物遗传与种质创新国家重点实验室常务副主任，农业农村部华东区作物基因资源与种质创制重点实验室主任
76	种子法律法规相关知识	洪德林　博士生导师，南京农业大学农学院教授
77	种子生产加工与处理新技术	胡晋　浙江大学农业与生物技术学院农学系教授、博士生导师，浙江大学作物科学研究所所长助理
78	国际种业发展主要趋势	张红生　南京农业大学农学院种业科学系主任、博士生导师
79	TCP 转录因子调控植物可塑性发育	秦跟基　北京大学生命科学学院教授、博士生导师
80	植物染色质修饰的分子机制与功能	何新建　博士，北京生命科学研究所高级研究员
81	效应蛋白调控靶标蛋白磷酸化发挥毒性功能的分子机制	孙文献　俄亥俄大学博士、"长江学者"，现吉林农业大学植物保护学院院长，《植物病理学报》副主编
82	天然产物分子的转化医学研究	王宏林　上海交通大学附属第一人民医院临床研究院执行副院长，上海交通大学医学院/上海市免疫学研究所研究员，国家杰出青年科学基金获得者
83	我国棉花生产发展与遗传改良	肖松华　江苏省农业科学院研究员、棉花资源创新与利用研究方向学科带头人
84	XEG1 的故事——植物与病原菌共进化的多层免疫模式	王燕　副教授、硕士生导师，荷兰瓦格宁根大学农学博士
85	更加简单方便的创制植物遗传材料	和玉兵　博士，南京农业大学副教授
86	鬼吹灯之数据挖掘	宋庆鑫　教授，博士生导师

（续）

序号	讲座主题	主讲人及简介
87	智慧农业的全过程无人作业和生态无人农场建设	张春林　中国第一汽车集团有限公司原高级经理，现任国家智能网联汽车应用北方示范区高级顾问，长春三合通科技公司副总经理
88	食用植物油品质与风味鉴别研究前沿与进展	李培武　中国工程院院士，现任农业农村部油料及制品质检中心常务副主任
89	Advancing CRISPR－Cas technologies through protein engineering	Ben Kleinstiver　博士，哈佛医学院助理教授，麻省总医院助理调查员
90	农产品挥发物的激光光谱探讨方法与传感器	董大明　国家农业智能装备工程技术研究中心光学传感实验室教授
91	全球变化梯度控制实验——生态系统响应及机理	牛书丽　中国科学院地理科学与资源研究所研究员、博士生导师，现担任 Ecology Letters、Functional Ecology、J GEOPHYS RES－BIOGEO 等国际期刊编委
92	小麦传入中国后的故事	张学勇　二级研究员、博士生导师，农业农村部作物基因资源与种质创制综合性重点实验室主任
93	诱发突变与作物改良进展	刘录祥　中国农业科学院作物科学研究所副所长、研究员
94	转基因作物研发进展	马有志　二级研究员，中国农业科学院作物研究所副所长，博士生导师
95	智慧农业创新与现代农业发展	曹卫星　教授、博士生导师，现任南京农业大学智慧农业研究院院长，全国政协常委，民盟中央副主席，欧美同学会副会长，自然资源部原副部长
96	作物科学的使命、追求与贡献	马正强　南京农业大学教授、博士生导师，教育部"长江学者"特聘教授
97	在水稻基因组"安全港"插入 DNA 片段创制黄金大米	董小鸥　南京农业大学农学院教授、博士生导师
98	麦田的守望者——从冬种夏收到麦香四溢	姜东　教授、博士生导师，现任南京农业大学科学研究院院长，农业农村部小麦区域技术创新中心主任
99	大豆耐逆及品质性状重要基因的功能及其多样性研究	喻德跃　教授、博士生导师，世界大豆研究大会常务理事
100	种子生物学及相关性状研究进展	张红生　南京农业大学农学院种业科学系主任、博士生导师
101	农业生态进展	李凤民　兰州大学教授、博士生导师，教育部"长江学者"特聘教授
102	水稻丰产和稻田温室气体减排的协同研究	江瑜　南京农业大学教授、博士生导师
103	植物多倍化的那些事	宋庆鑫　南京农业大学农学院教授、博士生导师

（续）

序号	讲座主题	主讲人及简介
104	减肥增效——促进绿色农业发展的机理研究	李姗　南京农业大学教授、博士生导师
105	动物健康营养理论新理念和应用技术体系的构建	卢德勋　全国动物营养学分会名誉会长，全国"动物营养学报"常务副主编，内蒙古畜牧科学院动物营养学研究员
106	动物消化道营养	朱伟云　南京农业大学动物科技学院教授、博士生导师，动物消化道营养国际联合研究中心主任，国家重点基础研究发展计划课题（"973"项目）首席科学家
107	提高动物抗病力的系统营养策略	陈代文　教授、博士生导师，四川农业大学党委常委、副校长，国家教学名师
108	反刍动物幼龄期营养调控与健康成长	刁其玉　中国农业科学院饲料研究所研究员、博士生导师、反刍动物饲料创新团队首席科学家
109	瘤胃酸中毒的发生机制及营养调控	王洪荣　教授、博士生导师，中国畜牧兽医学会动物营养学分会理事，江苏省饲料营养研究会理事
110	我国地方猪肠道微生物特征与营养物质代谢利用	晏向华　华中农业大学教授、博士生导师
111	热应激影响奶牛泌乳及乳成分合成的机理	卜登攀　研究员，国家牛奶质量改良中心副主任
112	基于原料消化和发酵动力学的新型猪日粮配制理念与实践	王军军　博士，中国农业大学动物科学技术学院教授
113	高精氨酸代谢机制研究进展	车东升　博士，吉林农业大学教授，动物生产及产品质量安全教育部重点实验室副主任
114	基于青藏高原草畜系统营养平衡的牦牛生态高效生产模式研究	郝力壮　博士，青海大学副研究员、硕士生导师，青海省自然科学与工程技术学科带头人
115	植物活性成分调控仔猪肠道损伤修复的作用及机制研究	蒋显仁　中国农业科学院饲料研究所副研究员、硕士生导师
116	沙葱提取物对乌鳢抗氧化和免疫功能的影响	李沐阳　博士，黑龙江八一农垦大学教授
117	肉鸡矿物元素吸收和代谢利用机制研究	廖秀冬　博士，中国农业科学院北京畜牧兽医研究所副研究员
118	奶牛微生物抗性组及其环境转移	刘金鑫　博士，南京农业大学动物科技学院教授
119	猪的营养代谢与肠道免疫发育	魏宏逵　博士，华中农业大学动物营养与饲料科学系副教授
120	单次使用抗生素治疗腹泻对犊牛肠道菌群多样性和稳定性的影响	马涛　博士，中国农业科学院饲料研究所副研究员
121	奶牛乳蛋白合成相关的系统生物学机制	孙会增　浙江大学研究员、博士生导师
122	石斑鱼肠道功能微生物与宿主互作机制研究	孙云章　博士，集美大学教授
123	呕吐毒素导致仔猪肠道防御肽表达紊乱的分子机制及其营养调控	王帅　博士，华中农业大学副研究员

（续）

序号	讲座主题	主讲人及简介
124	基于肠肝轴研究植物多酚改善脂肪沉积的作用机理	伍树松　湖南农业大学教授、博士生导师，湖南省"百人计划"青年学者
125	幼龄反刍动物营养代谢与肠道健康	贺志雄　博士，中国科学院热带农业生态研究所研究员
126	胰岛素信号与雌激素信号互作调节糖和能量代谢机制	阎辉　博士，四川农业大学副教授
127	精氨酸和N-氨甲酰谷氨酸调控宫内发育迟缓湖羊胎儿及出生后哺乳羔羊生长发育的研究进展	张浩男　博士，扬州大学教师
128	胃肠道线虫感染对绵羊生理代谢和肉品质的影响	钟荣珍　中国科学院东北地理与农业生态研究所研究员、博士生导师
129	不同剩余采食量肉牛小肠微生物区系和黏膜功能差异研究	周振明　中国农业大学副教授、博士生导师，中国农业大学肉牛研究中心/中法肉牛研究与发展中心主任
130	畜禽肉品性状的营养调控	高峰　南京农业大学动物科技学院党委书记、教授
131	推动新时代江苏畜牧业高质量发展	袁日进　研究员，江苏省农业农村厅副巡视员
132	我国鹅遗传资源现状与利用方案	陈国宏　二级教授、博士生导师，享受国务院政府特殊津贴专家，现任扬州大学党委常委、副校长
133	免疫母猪预防新生仔猪腹泻	杨倩　南京农业大学教授、博士生导师
134	靶标抗原抗体复合物聚合体技术	朱国强　教授、博士生导师，扬州大学兽医学院预防兽医学国家重点学科教授
135	"黄金替抗"——姜黄素调控断奶仔猪肝脏脂代谢的m6A甲基化机制及其在无抗饲料中的应用	钟翔　南京农业大学教授
136	转录延伸因子Paf1调控了真核生物RNA聚合酶Ⅱ的转录延伸率	侯黎明　南京农业大学高层次人才
137	畜牧学研究生精品学术创新论坛之"硕本交流会"第三期	林红　南京农业大学动物科技学院2019级硕士 单蒙蒙　南京农业大学动物科技学院2019级硕士
138	实时荧光定量PCR培训	孙坤　赛默飞现场服务工程师
139	国家肉羊产业技术体系首席科学家金海研究员学术报告	金海　博士、研究员，国家肉羊产业技术体系首席科学家、国家草食动物健康生产科技创新联盟副理事长
140	高效液相色谱理论学习和仪器使用培训	向小娥　南京农业大学动物科技学院实验教学中心实验师
141	实时荧光定量PCR理论学习和仪器使用培训	向小娥　南京农业大学动物科技学院实验教学中心实验师

（续）

序号	讲座主题	主讲人及简介
142	凯氏定氮仪理论学习和仪器使用培训	丁立人　南京农业大学动物科技学院实验教学中心实验师
143	微波消解和 ICP 理论学习和仪器使用培训	时晓丽　南京农业大学动物科技学院实验教学中心实验师
144	动物医学院第六届第九期"青年学术论坛"系列讲座	杨晓静　南京农业大学教授，现任全国动物生理生化学会秘书长
145	动物医学院第六届第十期"青年学术论坛"系列讲座	宋小凯　南京农业大学教授，中国畜牧兽医学会兽医食品卫生学分会理事，中国动物学会寄生虫学委员会青年委员会委员
146	动物医学院第六届第十一期"青年学术论坛"系列讲座	马喆　南京农业大学教授，2013 年获聘南京农业大学"钟山学术新秀"
147	动物医学院第六届第十二期"青年学术论坛"系列讲座	吕英军　南京农业大学副教授，中国病理生理学会动物病理生理学分会理事
148	动物医学院第六届第十三期"青年学术论坛"系列讲座	闫丽萍　南京农业大学副教授，中国畜牧兽医学会禽病学分会理事，江苏省陆生野生动物疫源疫病检测中心负责人
149	动物医学院"如何撰写课题基金申请书"讲座	苗晋锋　南京农业大学教授，中国畜牧兽医学会兽医公共卫生分会理事
150	动物医学院 2020 级研究生新生入学教育——心理健康教育讲座	王世伟　国家二级心理咨询师，南京农业大学心理健康教育中心主任
151	动物医学院 2020 级研究生新生入学教育——实验安全教育讲座	平继辉　南京农业大学动物医学院教授
152	动物医学院 2020 级研究生新生入学教育——学术道德教育讲座	陆承平　南京农业大学动物医学院教授
153	动物医学院"拓维学术讲堂"之科技论文绘图专题讲座	孙钦伟　南京农业大学动物医学院教授
154	动物医学院罗清生大讲坛：兽医公共卫生学术报告	姜平　教授，南京农业大学动物医学院院长，农业农村部动物细菌学重点实验室主任
155	动物医学院第七届第一期"青年学术论坛"系列讲座	范红结　南京农业大学教授，中国微生物学会理事，中国免疫学会兽医免疫学专业委员会委员，中国畜牧兽医学会兽医公共卫生学分会常务理事
156	农业转基因科普进校园暨实验室安全专题讲座	田永超　教授，南京农业大学农学院副院长，兼任国家信息农业工程技术中心常务副主任、江苏省信息农业重点实验室常务副主任
157	动物医学院"拓维学术讲堂"之生物医学中的光学应用	刘斐　南京农业大学教授，教育部"动物健康与食品安全"国际合作联合实验室副主任，中国畜牧兽医学会动物生理生化学分会理事

（续）

序号	讲座主题	主讲人及简介
158	动物医学院第七届第一期"青年学术论坛"系列讲座	赵茹茜　教授，南京农业大学动物医学院基础兽医学国家重点学科负责人，农业农村部动物生理生化实验室主任
159	20年科研经历——从一篇文章讲起	邹建文　南京农业大学资源与环境科学学院院长，二级教授、博士生导师，国家杰出青年科学基金获得者
160	农田微生物地理格局及对扰动响应	焦硕　西北农林科技大学教授、博士生导师
161	简化合成菌群在植物-微生物互作研究中的应用	牛犇　东北林业大学生命科学学院/林木遗传育种国家重点实验室教授、博士生导师
162	土壤微生物生态网络的理论与应用	马斌　浙江大学"百人计划"特聘研究员、博士生导师，浙江大学水土资源与环境研究所副所长
163	宏基因组技术与微生物生态学研究	邓晔　中国科学院生态环境研究中心研究员，中国科学院大学岗位教授、博士生导师
164	真菌组与生态功能	高程　中国科学院微生物研究所博士、加利福尼亚大学伯克利分校博士后
165	噬菌体组和噬菌体在防治细菌感染中的应用	马迎飞　研究员、博士生导师，中国科学院深圳先进技术研究院合成微生物组学研究中心副主任
166	根际免疫与噬菌体靶向调控	韦中　南京农业大学资源与环境科学学院教授、博士生导师
167	关于噬菌体疗法的困境的一点想法	张全国　北京师范大学教授
168	大噬菌体的多样性和功能	陈林兴　美国加利福尼亚大学伯克利分校博士后
169	土壤病毒的研究机遇与挑战	王光华　中国科学院东北地理与农业生态研究所研究员、博士生导师，中国科学院"百人计划"入选者
170	噬菌体羊皮卷——生命体模式	何俭　广州金羿噬菌体生态实验室主任
171	土传病原菌与作物土传病	蔡祖聪　南京师范大学地理科学学院教授、博士生导师
172	根系微生物组与植物互作在绿色农业中的潜力和应用	白洋　中国科学院遗传与发育生物学研究所研究员
173	根际微生物与根系互作：从益生菌根际定殖到根际微生物组装配	张瑞福　南京农业大学资源与环境科学学院教授、博士生导师
174	植物叶围微生物组与植物健康	陈桃华　中国农业大学植物科学技术学院副教授
175	"国家杰青"王二涛：植物-根际微生物同盟的建立	王二涛　中国科学院植物生理生态研究所研究员、博士生导师，国家杰出青年科学基金获得者

（续）

序号	讲座主题	主讲人及简介
176	气候-作物-施肥-土壤对养分转化微生物的影响	孙波　中国科学院南京土壤研究所研究员、博士生导师，中国科学院特聘研究员
177	从土壤线虫剖析入侵植物对地下生物多样性的影响	吴纪华　复旦大学教授、博士生导师，生物多样性与生态工程教育部重点实验室副主任
178	土壤微食物网对全球变化的响应与反馈机制研究	陈迪马　三峡大学教授、博士生导师
179	土壤微食物网对全球变化的响应与反馈机制的研究	李琪　中国科学院沈阳应用生态研究所研究员、博士生导师
180	干扰和恢复下农田土壤线虫群落研究及热点问题初探	刘满强　南京农业大学教授、博士生导师，江苏省土壤学会常务理事及多个学术期刊编委
181	喀斯特生态系统土壤微食物网组成与功能	赵杰　中国科学院亚热带农业生态研究所研究员、博士
182	红壤团聚体尺度养分转化的生物学过程：线虫-微生物互作机制	蒋瑀霁　中国科学院南京土壤研究所研究员、博士生导师
183	土壤微生物群落的时空演变	褚海燕　中国科学院南京土壤研究所研究员，中国科学院大学土壤生物学首席教授
184	土壤微生物多样性的空间分布模式	李香真　中国科学院成都生物研究所研究员、博士生导师
185	土壤微生物的岛屿生物地理学	黎绍鹏　华东师范大学研究员、博士生导师
186	水生微生物的地理分布与时空变化	杨军　中国科学院城市环境研究所研究员
187	全球变化下的山地水体微生物群落响应特征及机制	王建军　中国科学院南京地理与湖泊研究所研究员、博士生导师
188	微生物地理分布的分析方法与技术	时玉　副研究员，2015 年获得中国科学院南京土壤研究所博士学位
189	智能网联汽车智能融合感知与车路协同研究与实践	殷国栋　东南大学教授、博士生导师，机械工程学院副院长
190	多体机械系统动力学与智能控制研究	郑恩来　南京农业大学教授、硕士生导师，"钟山学术新秀"获得者
191	一类非线性多智能体网络系统的动态行为	朱建栋　南京师范大学教授、博士生导师，江苏省"333"高层次人才，江苏高校"青蓝工程"优秀青年骨干教师
192	非线性系统神经网络控制中的紧集存在性分析	向峥嵘　南京理工大学教授、博士生导师
193	数据驱动的滚动轴承健康监测及寿命预测研究	贾民平　东南大学教授、博士生导师，中国振动工程学会理事
194	随机分布系统智能建模及抗干扰控制	畜扬　扬州大学教授、博士生导师
195	Markov 跳变奇异摄动系统的分析与综合	沈浩　安徽工业大学教授、博士生导师，电气与信息工程学院副院长
196	基于输入输出模型的新型干扰观测器设计	丁世宏　江苏大学教授、博士生导师

（续）

序号	讲座主题	主讲人及简介
197	新技术革命与空间治理转型研究	岳文泽　浙江大学土地管理系教授、博士生导师
198	"双评价"与国土空间规划	顾朝林　中国地理协会副理事长，清华大学长聘教授、博士生导师
199	乡村振兴与农业供给侧结构性改革——基于有关政策与实践的调研思考	朱守银　研究员，农业农村部管理干部学院副院长，党校副校长
200	国土空间规划双评价的理论与方法	樊杰　研究员、博士生导师，中国科学院科技战略咨询研究院副院长，中国科学院可持续发展研究中心主任
201	经济高质量发展的理论要义和实现路径：以江苏省为例	曲福田　南京农业大学公共管理学院教授、博士生导师，现任江苏省人大常委会副主任
202	学术论文的选题、结构与规范	吕新业　农业经济问题杂志社社长、博士生导师
203	学术论文写作规范研讨	刘志民　教授、博士生导师，中国教育学会教育经济学分会副理事长、江苏高教学会教育经济研究委员会理事长
204	从规划人生谈人生规划	王万茂　教授、博士生导师，曾任南京农业大学土地管理学院院长，兼任不动产研究所所长，农业经济研究所副所长，中国土地学会副理事长、学术工作委员会主任
205	生态产品价值实现机制的若干理论问题	石敏俊　浙江大学求是特聘教授、博士生导师，文科领军人才，浙江大学雄安发展中心主任，浙江大学城市发展与管理系主任
206	社区技术治理的助推逻辑及其时代价值	杨杨　南京农业大学行政管理博士生
207	老年人养老机构选择偏好与养老服务资源配置研究	江燕娟　南京农业大学社会保障博士生
208	学术论文的形式与理论要求	肖地生　《江苏高教》编辑部副主编、编审，教育学博士，兼任南京工业大学外国语言文学学院特聘教授、硕士生导师
209	课题申报、论文及咨询报告写作	于法稳　中国社会科学院农村发展研究所生态经济研究室主任、研究员
210	新冠肺炎与中美关系	耿焱　中国延安精神研究会副会长，清华大学国家战略研究院资深研究员
211	弥补非常态治理体系和治理能力短板	朱德米　上海交通大学国际与公共事务学院教授、博士生导师
212	汶川地震对口支援与可持续恢复	张海波　南京大学政府管理学院副院长、教授、博士生导师
213	长三角区域协同发展绩效评价研究	高小平　中国行政管理学会执行副会长兼秘书长
214	传统农耕文化，推进乡村振兴	朱宏斌　西北农林科技大学人文社会发展学院院长

（续）

序号	讲座主题	主讲人及简介
215	农村集体土地增值收益治理	冯淑怡　南京农业大学公共管理学院院长
216	台湾生物科技园区	汪明生　台湾中山大学公共事务管理研究所永久聘任教授
217	两岸南南合作跨域分析	汪明生　台湾中山大学公共事务管理研究所永久聘任教授
218	我国宏观经济政策分析	崔军　中国人民大学公共管理学院副院长兼党委副书记、教授、博士生导师
219	全面推进乡村振兴——农村公共服务高质量发展的现实逻辑	李燕凌　湖南农业大学公共管理与法学院院长、教授、博士生导师
220	城归：乡村振兴中"人的回归"	刘祖云　南京农业大学公共管理学院教授、博士生导师
221	从碎片走向整合——中国社会保障治理的进程与展望	李连友　湖南大学公共管理学院院长、教授、博士生导师
222	中国之治的地方样本：一个纵向共演的理论框架	倪星华　南京师范大学政治与公共管理学院教授、博士生导师
223	台湾农村振兴与小旅行	郑博文　台湾屏东大学副教授
224	绿色治理：实现人民美好生活的理论阐释与路径创新	史云贵　教授，四川大学公共管理学院院长，中国教育部高等学校公共管理类教学指导委员会委员
225	转型中的国人正义观念	麻宝斌　首都经济贸易大学教授，全国公共管理专业学位研究生教育指导委员会委员
226	对脱贫攻坚过渡期的调研与思考	章文光　北京师范大学政府管理学院院长、教授
227	国家治理现代化进程中的边疆治理	方盛举　教授，云南大学政府管理学院院长、中国陆地边疆治理协同创新中心主任、中国政治学会理事
228	民生建设的三重维度：价值旨归、实践困境与可循路径	于水　南京农业大学公共管理学院副院长、教授，国务院政策研究中心智库专家、江苏省行政管理学会常务理事兼副秘书长
229	精准扶贫与乡村振兴的有效衔接	唐任伍　北京师范大学政府管理学院教授
230	脱贫致富后的农村社区建设	张雷　东北大学文法学院院长、教授
231	生态产品价值的实现与治理机制	谭荣　浙江大学公共管理学院副院长、教授
232	垃圾分类政府动员有效性分析及改进展望	黄涛珍　河海大学公共管理学院院长、教授
233	中国的城市转型与精细化管理	孙涛　南开大学周恩来政府管理学院院长、教授
234	台湾休闲农渔业旅游效益评估	吴明峰　高雄师范大学人力知识管理研究所助理教授
235	中国公共管理话语的建构与创新	程倩　南京理工大学公共事务学院教授
236	食物本地化、农业转型与城市食物保障	钟太洋　南京大学地理与海洋科学学院副教授
237	资源与环境投资的重要经济学概念	洪银兴　南京大学资深教授

（续）

序号	讲座主题	主讲人及简介
238	高质量发展的绿色转型	王一鸣　中国社会科学院博士生导师、中国人民大学兼职教授
239	发达国家碳中和的轨迹与中国的路径选择	潘家华　中国社会科学院城市发展与环境研究所研究员
240	全球食物安全和对自然资源的挑战	樊胜根　中国农业大学经济管理学院讲席教授
241	江苏长江经济带高质量发展的成效与展望	沈和　江苏省政府研究室副主任
242	有机肥产业与农业绿色发展	沈其荣　南京农业大学学术委员会主任、教授
243	展望"十四五"国土整治与生态修复	郧文聚　自然资源部国土整治中心副主任
244	资源环境政策研究的新视角新方位	谷树忠　国务院发展研究中心资源与环境政策研究所副所长
245	长江经济带城市群时空格局演化与区域协同发展	刘耀林　国际欧亚科学院院士、武汉大学教授
246	关于长江保护立法的几点思考	张梓太　复旦大学环境资源与能源法研究中心主任
247	"水-能-粮"协同治理与实践	王慧敏　河海大学商学院教授
248	江苏国土空间规划与高质量发展	李如海　江苏省自然资源厅党组成员、副厅长
249	国土空间生态修复若干基本问题的思考	胡振琪　中国矿业大学能源资源战略发展研究院执行院长
250	关于耕地和生态保护政策优化	张凤荣　中国农业大学土地利用与管理研究中心主任
251	存量时代的规划管控与土地资源利用政策	欧名豪　南京农业大学农村土地利用与整治国家地方联合工程中心主任、教授
252	生态系统服务与国土空间生态修复	傅伯杰　中国科学院院士
253	长三角空间开发保护与环境协同治理	杨桂山　中国科学院南京分院院长
254	"十四五"时期健全自然资源资产产权制度的几个重大问题	郭贯成　教授、博士生导师，南京农业大学公共管理学院副院长
255	有效提升近地臭氧治理能力，切实增强粮食安全保障水平	易福金　长江经济带环境治理研究室主任
256	江苏省"十四五"土地管理法制建设	陈利根　教授、博士生导师，南京农业大学党委书记、江苏省土地学会副理事长、中国法学会环境资源法学研究会常务理事、中国农业资源与区划理事
257	"十四五"期间江苏省农业农村发展和乡村振兴	杨时云　江苏省农业农村厅厅长、党组书记
258	"十四五"时期江苏自然资源保护与利用	刘聪　江苏省自然资源厅厅长
259	钟山农业经济研究前沿讲坛第 10 期——马克思的农业发展观和土地产权分析框架	于晓华　德国哥廷根大学经济学教授，美国宾夕法尼亚州立大学农业经济学和人口学双博士
260	钟山农业经济研究前沿讲坛第 11 期——家庭农场的经济理论与政策分析	高鸣　农业农村部农村经济研究中心副研究员

（续）

序号	讲座主题	主讲人及简介
261	全球疫情下优化健康政策的经济学思考	陈希　博士、耶鲁大学健康政策与经济学副教授，联合国咨询专家、IZA 劳动经济研究中心研究员
262	Uncertainty, labor adjustment costs and firm-level inefficiency gap	谭用　经济学博士，2013 年毕业于美国范德堡大学
263	机器学习、遗传特诊—交叉学科下的农经研究	赵启然　中国农业大学经济管理学院副教授、博士生导师、农业经济系主任
264	基于科技视角的粮食安全	李成贵　研究员，北京市农林科学院院长，第十一届、十二届、十三届全国政协委员，第十二届民盟中央常委
265	学术论文的写作与投稿	潘劲　中国社会科学院农村发展研究所研究员，《中国农村经济》《中国农村观察》创新工程总编辑兼编辑部主任
266	进口竞争还是产业转移?——反驳"中国综合征"的新证据	李兵　中山大学岭南（大学）学院副教授
267	疫情背景下的粮食安全：中国与世界	胡冰川　中国社会科学院农村发展研究所研究员，兼任中国国外农业经济研究会秘书长及中国农业经济学会副秘书长
268	清洁生产规制与全球价值链升级	孙传旺　厦门大学经济学院教授、博士生导师
269	农产品贸易非关税壁垒的成因与影响	茅锐　浙江大学公共管理学院教授，"仲英青年学者""求是青年学者"，中国农村发展研究院院长助理
270	连接思维方式下经济学论文的选题思考和写作素养	施祖辉　上海财经大学学术期刊社编审，上海财经大学长三角与长江经济带发展研究院特邀研究员，华东师范大学特邀研究员
271	两个"大局"背景下世界经济研究前沿问题思考	蔡宏波　北京师范大学经济与工商管理学院副院长、自贸区研究中心主任，北京师范大学教育机器人产业研究中心主任
272	中国农业保险保障评价及前沿热点问题	王克　中国农业科学院农业信息研究所研究员
273	全球价值链下的中国企业"产品锁定"破局：基于产品多样性视角的经验证据	吕越　对外经济贸易大学国际经济贸易学院教授、博士生导师、经济学博士
274	江苏七洲绿色科技研究院南农理学院专场宣讲会	刘玉超　博士，江苏七洲绿色科技研究院院长
275	"基于天然产物的绿色仿生杀菌剂研究"和"化学遗传学解析植物根系发育的分子机制"学术报告会	宣伟　南京农业大学资源与环境科学学院教授 张明智　南京农业大学理学院副教授
276	高比能量锂空气电池研究学术报告	何平　南京大学教授
277	2020 级新生院史院情教育	各学院领导、教师和学生代表
278	"四史"学习教育报告会：弘扬伟大的抗美援朝精神	邵玮楠　南京农业大学马克思主义学院教师

（续）

序号	讲座主题	主讲人及简介
279	院士讲坛：从诺贝尔奖碳创新能力的养成	金涌　清华大学院士
280	钟山讲堂：红灯永远照亮中国——"易学习"带你学党史	黄品沅　著名影视表演艺术家，吴振鹏烈士的外孙
281	理学院杰青论坛	屈长征　宁波大学教授、博士生导师，浙江省特级专家
282	单细胞特异网络构建及应用	陈洛南　中国科学院生物化学与细胞生物学研究所教授
283	Chemical biology with ubiquitin signaling（泛素信号的化学生物学研究）	Ashraf Brik　以色列理工学院教授
284	中国共产党为什么能	程正芳　南京农业大学理学院副教授
285	马克思主义为什么行	桑运川　南京农业大学理学院副教授
286	清代盗宰耕牛之风及其治理	熊帝兵　博士（博士后）、副教授、硕士生导师，安徽文献整理与研究中心兼职研究人员
287	文化生态视野下的中国农史研究	邵侃　吉首大学历史与文化学院副院长、副教授
288	全球视阈下中华农业文明的发展	王思明　南京农业大学人文与社会发展学院院长，中华农业文明研究院院长、教授
289	小麦覆垄黄——中国古代麦作与面食文化	惠富平　南京农业大学教授、硕士生导师、博士生导师
290	传统农业文明的当代价值及其借鉴	樊志民　西北农林科技大学人文学院副院长，教授、博士生导师，农业历史研究所所长、民盟西北农林科技大学委员会副主委
291	"蓝色革命"：新石器生活方式的发生机制及指标问题	郭静云　史学博士，现任台湾中正大学历史系教授，广州中山大学珠江学者讲座教授
292	神话传说与中外农业起源	沈志忠　南京农业大学人文与社会发展学院教授
293	传统农业与农业文化遗产	刘兴林　历史学博士，现任南京大学历史系教授、博士生导师
294	传统畜牧与现代畜牧的重要交汇：近代中国畜牧业发展及其历史启示	李群　中华农业文明研究院农业科技史研究室主任，南京农业大学中国畜牧兽医史研究中心主任
295	金末汴京大疫考论与思考	王星光　郑州大学学部委员、历史学院教授、历史学博士、博士生导师、中国史重点学科负责人
296	从蒙古草原到江南水乡：农牧业的类型与乡村社会的变迁	王建革　复旦大学中国历史地理研究所教授、博士生导师
297	环境口述史料生成路径探微	周琼　云南大学西南环境史研究所长，西南古籍研究所、历史系教授，硕士生导师、博士生导师
298	历史时期鳖的认识、利用及其在岭南的地理分布变迁	倪根金　中国农业历史学会副理事长，兼任华南农业大学广州市农业文化遗产与美丽乡村建设研究基地主任

（续）

序号	讲座主题	主讲人及简介
299	乡村振兴视野下的农业文化遗产保护与开发	卢勇　中华农业文明博物馆常务副馆长，南京农业大学教授
300	千年之物产整序与时空变迁	包平　博士生导师，南京农业大学人力资源部部长、人才工作领导小组办公室主任
301	工业化与近代江南地区的乡村建设	马俊亚　南京大学历史系教授、博士生导师
302	漕运线路的变化与社会经济格局变动	吴琦　华中师范大学教授
303	大运河文化遗产与国家形象建构	路璐　南京农业大学人文与社会发展学院教授、博士生导师
304	清末重商背景下对发展农业的新认识及其影响	朱英　华中师范大学中国近代史研究所所长、教授、博士生导师
305	云南的普洱茶与茶马古道	方铁　云南大学民族与社会学学院教授、博士生导师
306	万国鼎学术讲座：从 STS 到 STSE，一种编史纲领	田松　南方科技大学人文社会科学学院人文科学中心教授，科学与文明研究中心主任
307	万国鼎学术讲座：布鲁尔 SSK 强纲领"科学"与"社会"之间的分形交织	刘华杰　北京大学哲学系教授、博士生导师
308	第六期乡村振兴系列讲座：从荷兰三角洲到江苏沿海滩涂——浅谈沿海资源开发与生态工程建设	姚宇阗　江苏省沿海开发集团有限公司投资发展部业务经理兼现代农业科技服务中心主任
309	第六期乡村振兴系列讲座：从荷兰三角洲到江苏沿海滩涂——乡村振兴与农业社会化服务体系建设	袁灿生　全国农业技术推广研究员，江苏省科协农村技术服务中心主任、江苏省农村专业技术协会副理事长
310	第十七届研究生神农科技文化节之我与博士面对面（人文与社会发展学院专场）	侯玉婷　2017 级科学技术史博士生 郭云奇　2019 级科学技术史博士生 李俊硕　2020 级预防兽医学专业博士生 杨琼　2019 级科学技术史博士生 王羽坚　2019 级科学技术史博士生
311	万国鼎学术讲座：流动的运河，整体的运河——加强运河内涵研究的思考	吴琦　华中师范大学历史文化学院院长、教授、博士生导师，中国古代史学科带头人，国家精品课程"中国古代史"负责人
312	万国鼎学术讲座："阅读·思考·研究·写作：习史随感举凡"	孙竞昊　浙江大学人文学院教授、博士生导师、江南区域史研究中心主任，获教育部"新世纪优秀人才支持计划"项目
313	人文与社会发展学院法学论坛——知识产权法的前沿问题	林秀芹　厦门大学法学院教授、博士生导师，中国法学会知识产权法学研究会副会长，厦门大学知识产权研究院院长

（续）

序号	讲座主题	主讲人及简介
314	"文化遗产与当代社会"田野工作坊（第四期）系列学术讲座——形式即意义：重农、劝农传统与中国古代耕织图绘制	王加华　山东大学儒学高等研究院副院长、教授、博士生导师，《民俗研究》副主编、《节日研究》杂志主编、山东省民俗学会副会长
315	"文化遗产与当代社会"田野工作坊（第四期）系列学术讲座——民俗遗产与记忆	王晓葵　南方科技大学社会科学中心暨社会科学高等研究院教授、副主任、博士生导师，《遗产》辑刊执行主编
316	"文化遗产与当代社会"田野工作坊（第四期）系列学术讲座——非遗保护的国家实践：案例解析	高丙中　北京大学世界社会研究中心主任、北京大学博雅特聘教授
317	"文化遗产与当代社会"田野工作坊（第四期）系列学术讲座——传统节日纵横谈	萧放　北京师范大学社会学院人类学民俗学系主任、教授、博士生导师
318	民俗学系列讲座——"实践民俗学：文化主体性反思"	刘铁梁　北京师范大学中文系民俗学教研室主任，文学院民俗学与文化人类学研究所所长、教授
319	万国鼎学术讲座——华北梅花拳宝卷的叙事结构与社会面向	张士闪　山东大学儒学高等研究院民俗学研究所所长、教授、博士生导师，中国民俗学会副会长、中国艺术人类学学会副会长、山东省民俗学会会长
320	结合基因组学和生物信息学进行玉米功能基因的挖掘	董家强　中国科学院上海生命科学研究院植物生理生态研究所博士
321	基于FACS-iChip的单细胞分选和培养技术	马斌　浙江大学"百人计划"特聘研究员，浙江大学土水资源与环境研究所副所长
322	水体微生物宏基因组研究	郑越　中国科学院城市环境研究所助理教授
323	沙门菌遗传与进化	周哲敏　先后在爱尔兰国立科克大学和英国华威大学任研究员和高级研究员
324	近海沉积物中未培养古菌多样性和代谢潜能	李猛　深圳大学高等研究院副院长，香港大学生物科学学院荣誉助理教授
325	典型烃类物质的微生物降解过程与机制	陈松灿　中国科学院生态环境研究中心博士
326	Microbial electron transfer	郑越　中国科学院城市环境研究所博士，现为中国科学院城市环境研究所助理教授
327	WUSCHEL triggers innate antiviral immunity in plant stem cells	武海军　中国科学技术大学副研究员
328	猕猴脑研究的新兴非人灵长类模型	刘赐融　澳大利亚昆士兰脑研究所（QBI）博士，中国科学院脑科学与智能技术卓越创新中心转化脑影像研究组组长
329	基因编辑技术的开发及其在神经系统疾病治疗中的应用	周海波　荷兰鹿特丹伊拉斯谟斯大学博士，中国科学院脑科学与智能技术卓越创新中心基因编辑与脑疾病研究组组长

（续）

序号	讲座主题	主讲人及简介
330	植物适应盐胁迫环境的分子机理	赵春钊　荷兰瓦格宁根大学博士，中国科学院分子植物科学卓越创新中心研究员
331	植物基因组编辑工具的开发和应用	毛妍斐　中国科学院上海植物生理生态研究所博士
332	细胞衰老与肿瘤微环境	孙宇　中国科学院上海营养与健康研究所研究员，中国科学院肿瘤与微环境重点实验室肿瘤耐药课题组组长
333	基因组时代的理论群体遗传学	李海鹏　中国科学院上海营养与健康研究所研究员，中国科学院计算生物学重点实验室进化基因组学课题组组长
334	极端耐逆植物与未来农业	张蘅　中国科学院分子植物科学卓越创新中心研究员
335	分子克隆、基因组编辑和植物基因表达调控	陆钰明　中国科学院分子植物科学卓越创新中心研究员，江苏省"双创人才""中国科学院-赛诺菲优秀青年科学家"
336	活性污泥细菌分解代谢抗生素的过程与机理	梁斌　中国科学院环境生物技术重点实验室助理研究员
337	单分子尺度的核酸生物化学	刘珈泉　中国科学院生物化学与细胞生物学研究所研究员、研究组长、博士生导师
338	肺发育及损伤修复	隋鹏飞　中国科学院生物化学与细胞生物学研究所研究员、研究组组长
339	日本学领域期刊论文编写规范及引证规范	李广悦　《日语学习与研究》杂志主任
340	融合人文属性和跨学科性的外语学科	彭青龙　上海交通大学特聘教授、博士生导师
341	新时代翻译实践与翻译学习	黄友义　中国译协常务副会长、中国翻译研究院副院长
342	科研项目申报辅导讲座	黄水清　教授，南京农业大学人文社科处处长
343	中国文化外译的世界性意义与文化自信	王银泉　南京农业大学外国语学院教授
344	交叉学科背景下外语研究的转型发展	陈世华　教授，南京工业大学外国语学院院长
345	2020级新生院史院情教育	南京农业大学外国语学院领导、教师和学生代表
346	公文写作实务培训	刘志斌　南京农业大学机关党委常务副书记、党委办公室副主任、统战部副部长
347	"新时代"大学生跨文化英语能力培养实践与创新	赵雪琴　教授，南京理工大学外国语学院院长
348	学术英语课程建设、跨学科教学及研究	邹斌　西交利物浦大学应用语言学系副教授

（续）

序号	讲座主题	主讲人及简介
349	新闻报道撰写及摄影指导	赵烨烨、王爽　南京农业大学党委宣传部工作人员
350	"四史"学习教育报告会	邵玮楠　南京农业大学马克思主义学院教师
351	理论对现象的解释力	周领顺　扬州大学教授
352	新时代外语教师科研的"三支笔"	董晓波　南京师范大学教授
353	新老生交流会——英语专场	南京农业大学高年级优秀学生代表
354	印第安生态观与美国印第安文学	刘克东　哈尔滨工业大学教授
355	沟通与人际关系事务	郑永兰　南京农业大学人文与社会发展学院教师
356	英语写作与教学研究系列论坛系列———二语写作研究	王俊菊　香港中文大学教授 Icy Lee　山东大学特聘教授
357	（美国）生态批评的研究内容、理论动向与热点话题	朱新福　苏州大学教授
358	纪念"一二·九"运动主题党课暨"四史"主题学习教育	陈蕊　南京农业大学马克思主义学院教师
359	表演性理论与人文研究的新方向	何成洲　南京大学教授
360	2020级研究生新生入学教育讲座	黄水清　教授，南京农业大学人文社科处处长
361	2020级研究生新生入学教育讲座	张兆同　南京农业大学教授
362	2020级研究生新生入学教育讲座	李静　南京农业大学教授
363	O2O模式下政府主导的网购供应链低碳激励模型研究	吴义生　教授，南京工程学院供应链与创新管理研究所所长，中国物流学会常务理事
364	钟山学者（新秀）访谈学术报告	王东波　南京农业大学教授
365	我国公共文化发展态势与公共图书馆十四五规划前瞻——公共图书馆服务体系建设的江苏实践与系统思考	许建业　南京图书馆副馆长
366	南京农业大学信息管理学院建设与发展论坛专题报告会	李敏　江苏省科学技术情报所所长、党委书记 孙建军　南京大学信息管理学院院长
367	学术讲座——新时代图书馆学情报学教育之展望	苏新宁　南京大学信息管理学院教授，首席学科带头人，教育部"长江学者"特聘教授
368	研究生新生文献检索培训	胡以涛　南京农业大学教师 张彬　南京农业大学教师
369	我与博士面对面	汪汉清　南京农业大学信息管理学院博士研究生
370	我与博士面对面	翟冉冉　南京农业大学信息管理学院博士研究生
371	我与博士面对面	戚筠　南京农业大学信息管理学院博士研究生

（续）

序号	讲座主题	主讲人及简介
372	科学精神和专业主义导向的阅读推广研究	范并思　华东师范大学经济与管理学部信息管理系教授
373	论文发表的经验和教训	刘勇　江南大学商学院副教授、江苏省"社科优青"
374	智慧图书馆实践与前沿研究讲座	邵波　南京大学教授
375	图书馆"疗愈系"文献资源建设及阅读推广讲座	徐雁　南京大学教授
376	网红经济背景下的特色化公共文化空间建设	钱军　南京邮电大学教授
377	研究生职业生涯规划讲座	王春伟　南京农业大学信息管理学院党委副书记
378	创意人生与文化艺术	赵明　知名策划人、设计师，全国设计"大师奖"联合创办人，同济大学艺术设计研究中心研究员，南京艺术学院客座教授
379	小龙虾养殖模式与发展趋势	唐建清　江苏省淡水水产研究所养殖与装备研究室主任，研究员
380	教育、扶智是摆脱能力贫困的有效途径	闵宽洪　中国水产科学研究院淡水渔业研究中心研究员（退休）
381	"Peer Talk—朋辈领航说"	魏斌　南京农业大学 2016 届毕业生，设施农业科学与工程专业硕士
382	园艺学院中药香囊制作培训讲座	史红专　南京农业大学园艺学院中药学副教授
383	Salt and heat responsive gene regulation in arabidopsis	施华中　博士，美国得克萨斯理工大学生物化学系副教授
384	Evolution of gene concept	孙根楼　加拿大圣玛丽大学生物系教授
385	园艺学院精艺讲堂	张绍铃　南京农业大学园艺学院教授（二级）、博士生导师，现任国家现代农业（梨）产业技术体系首席科学家，国家梨改良中心南京分中心主任 张清　副教授，南京农业大学园艺学院副院长 陈素梅　教授、博士生导师，南京农业大学园艺学院副院长
386	"拒绝焦虑"研究生团体辅导活动	王世伟　南京农业大学心理健康教育中心主任
387	英雄复兴创新信念——园艺学院研究生会"四史"学习交流会	芮伟康　南京农业大学园艺学院研究生辅导员
388	设施蔬菜绿色生产的思考	李天来　中国工程院院士，设施园艺专家，现任沈阳农业大学副校长、教授，兼任中国农业工程学会副理事长、中国园艺学会副理事长

（续）

序号	讲座主题	主讲人及简介
389	日本植物工厂的研究进展	Toru Maruo　日本千叶大学教授
390	十字花科植物受精机理研究	段巧红　山东农业大学园艺学院教授、博士生导师
391	十字花科蔬菜病毒病抗性基因挖掘与利用	杨景华　浙江大学教授、博士生导师，入选教育部"长江学者奖励计划"青年学者（2017 年度）和科技部中青年科技创新领军人才（2019 年度）
392	南京农业大学园艺学院建院 20 周年发展概况	吴巨友　南京农业大学园艺学院院长，作物遗传与种质创新国家重点实验室教授、博士生导师
393	新农科建设和一流人才培养	张炜　南京农业大学教务处处长、教授
394	园艺领域重点专项"十三五"介绍及"十四五"展望	郭文武　华中农业大学园艺林学学院教授
395	蔬菜育种的组学路线图	黄三文　中国农业科学院深圳农业基因组研究所研究员
396	番茄对低温胁迫的应答与调控	周艳虹　浙江大学教授，国家杰出青年科学基金获得者，国家重点研发项目首席科学家，国家特色蔬菜产业技术体系栽培生理岗位科学家
397	利用合成代谢工程方法产生和调控植物色素	祝钦泷　博士，华南农业大学生命科学学院教授
398	苹果抗逆的生物学基础与种质创新	马锋旺　西北农林科技大学二级教授、博士生导师，陕西省"三秦学者"特聘教授，享受国务院政府特殊津贴获得者，国家苹果产业技术体系岗位科学家
399	柑橘驯化的基因组基础与设计改良	徐强　华中农业大学园艺林学学院教授
400	大健康时代的园艺作物代谢研究	闻玮玮　博士、教授，担任 Current Opinion in Plant Biology、JoVE 等期刊特邀编辑
401	利用可编程核酸酶对作物基因进行编辑	高彩霞　中国科学院遗传与发育生物学研究所研究员、博士生导师，植物细胞与染色体工程国家重点实验室副主任
402	梨砧木应用现状及砧穗互作机理研究	王然　教授，现为国家现代农业（梨）产业技术体系梨砧木评价与改良岗位专家
403	启迪思维，开拓梦想——"卓越园艺"学术论坛	尹欢　南京农业大学英文期刊编辑部主任 王玉　博士，先后在西北农林科技大学、浙江大学取得学士及博士学位

（续）

序号	讲座主题	主讲人及简介
404	Extracellular immunity in plant - microbe interactions	王一鸣　南京农业大学植物病理学系教授
405	寄生植物菟丝子与寄主间的相互作用研究	吴建强　中国科学院昆明植物研究所研究员
406	The application of functional metabolomics in plant mediated interactions	王明　南京农业大学植物病理学系教授
407	分泌蛋白介导的微生物与植物相互作用研究	张杰　中国科学院微生物研究所研究员
408	疫霉菌调控寄主 mRNA 可变剪切的机制初探	董莎萌　南京农业大学植物保护学院教授
409	基于小 RNA 的水稻抗病毒和病毒致病	吴建国　福建农林大学植物保护学院教授
410	分节段植物负链 RNA 病毒 10 年研究回顾（兼谈 R 基因介导的抗病毒机制）	陶小荣　南京农业大学植物保护学院教授
411	The interaction between plants and root microbiota in arabidopsis and rice	白洋　中国科学院遗传与发育生物学研究所研究员
412	青枯菌多态性及其根际精准阻控	韦中　南京农业大学资源与环境科学学院教授
413	干细胞介导的植物广谱抗病毒机制	赵忠　中国科技大学生命科学学院教授
414	烟粉虱传播双生病毒的分子机制	王晓伟　浙江大学农业与生物技术学院教授
415	植物模式识别受体介导的免疫	刘俊　中国科学院微生物研究所研究员
416	茉莉酸信号转导调控的结构基础	张峰　南京农业大学植物保护学院教授
417	Plant - microbe interactions in the phyllosphere	辛秀芳　中国科学院上海植物生理与生态研究所研究员
418	生物有机肥与抑病型土壤微生物区系调控	李荣　南京农业大学资源与环境科学学院教授
419	细胞自噬调控稻瘟病菌致病性的机制研究	邓懿祯　华南农业大学植物保护学院教授
420	Evolutionary mechanism underpinning metabolic diversity in plants	刘振华　上海交通大学农业与生物学院长聘副教授
421	Small RNA，No Small Feat	戚益军　清华大学教授
422	把"农田果园"建成"花园"——作物害虫控制的新理念和新方法	陈学新　浙江大学求是特聘教授
423	高效低风险农药创制、应用及风险控制	郑永权　中国农业科学院植物保护研究所教授
424	A pathway connecting plasma membrane and chloroplasts：learning from viruses	Rosa Lozano - Duran　中国科学研究院上海植物逆境生物学研究中心研究院工作人员
425	Engineering plant disease resistance through basic research	董欣年　美国科学院院士

（续）

序号	讲座主题	主讲人及简介
426	The bacterial root microbiota and its function in plant iron nutrition	Paul Schulze–Lefert　德国国家科学院院士
427	Discovery of novel broad–spectrum fungicides that block septin–dependent infection processes of pathogenic fungi	陈学伟　四川农业大学特聘教授
428	机械力感受调节昆虫进食行为	张伟　清华大学生命科学学院研究员
429	机械力感受通路调控昆虫产卵地点选择行为	张立伟　清华大学博士后
430	交配状态调控昆虫防御行为的神经环路研究	刘晨曦　清华大学生命科学学院博士
431	Speciation and adaptation in mimetic butterflies	张蔚　北京大学生命科学学院研究员
432	新岗山的故事——昆虫多样性监测与互作研究	朱朝东　中国科学院大学教授
433	顺硝烯新烟碱类杀虫剂创制	李忠　华东理工大学特聘教授
434	Reverse genetic studies of sonchus yellow net virus, a plant negative–strand RNA–virus	Andrew O. Jackson　加利福尼亚大学伯克利分校教授
435	光调控的农药化学生物学	邵旭升　华东理工大学教授
436	基于大健康背景下我国农产品质量安全发展战略的思考	陈剑平　中国工程院院士
437	加快农业绿色投入品创新，助力农业高质量发展	宋宝安　中国工程院院士
438	The bacterial root microbiota and its function in plant iron nutrition	Paul Schulze–Lefert　德国马普植物育种研究所教授
439	Research for everything towards a leading role	舒磊　教授、博士生导师，南京农业大学林肯智能工程研究中心主任，英国林肯大学林肯教授，IEEE工业电子学会云计算与无线系统专委会主席
440	A novel bioinformatics approach to reveal oscillatory patterns of gene expression in AD	计智伟　南京农业大学人工智能学院教授、博士生导师，大数据智能计算研究中心负责人
441	5G＋AIOT	刘彦宾　中兴通讯研发总工程师，公司大视频技术委员会委员，江苏省人工智能学会数据挖掘专委会委员
442	"师"意"农"新媒体交流会	金雨　南京师范大学研究生会执行主席 郜蓉宇　南京师范大学研究生会主席团成员 侯亿、黄峥　南京师范大学研究生会新媒体负责人

　　注：收录内容和材料的时间为 2020 年 1 月 1 日至 2020 年 12 月 31 日。

（撰稿：田心雨　王　敏　瞿元海　赵玲玲　徐东波　班　宏　杨海莉
审稿：吴彦宁　林江辉　谭智赟　张　炜　张　禾　崔春红　杨　博
审核：王俊琴）

本科生教育

【概况】学校深入学习领会习近平总书记给全国涉农高校书记校长和专家代表的回信精神，落实新时代全国高等学校本科教育工作会议各项要求，以立德树人为根本，以强农兴农为己任，以"新农科"研究与改革实践为契机，继续深化教育教学改革，提升本科教学质量。根据疫情防控要求，结合学校教学工作实际，坚持"统筹考虑、提前部署、加强保障"原则，制订在线教学实施方案、学业指导方案和各项教学预案，确保疫情防控期间教学顺利运行。

学校组织申报教育部新农科研究与改革实践项目，5个项目获批，为推进教育教学改革奠定了基础。开展新工科研究与实践项目申报，再次获得3项教育部"新工科"认定。组织开展校级教学成果奖申报与评选，评选出校级教学成果奖特等奖12项，组织专家对特等奖项目提出修改建议，为后期申报省级教学成果奖培育成果。

推进一流专业建设，组织开展2020年国家级一流本科专业建设点申报，学校共遴选出16个专业报送教育部参加评选。开展专业认证工作，材料成型及控制工程专业接受了中国工程教育专业认证协会专家现场考察，并通过认证，有效期至2025年12月；车辆工程专业和机械制造及其自动化专业已经获得认证受理，提交自评报告，正在准备专家现场考察等相关后续工作；食品质量与安全专业和生物工程专业撰写了《工程教育认证申请书》，提交了2021年工程教育认证申请。通过"以评促强、追求卓越"推动专业建设内涵式发展，切实达到不断提高人才培养质量的目的。加强新专业建设，结合学科特色与优势，加强专业布局顶层设计，主动培育新兴产业发展和民生急需相关专业。学校数据科学与大数据技术专业获批2019年度普通高等学校新增备案本科专业。2020—2021学年，数据科学与大数据技术专业招生60人，同时网络工程专业于2020年起停招。学校在充分调研的基础上，集结相关专业教师及相关领域专家，申报"肉品工程"和"文化遗产"2个新专业。

学校制订了《南京农业大学课程思政建设实施方案》，成立"课程思政"教育教学工作领导小组，研究部署和组织实施"课程思政"改革措施。首批立项25门校级示范课程，以中期检查为契机，组织青年教师观摩课程建设经验与成效，第二批立项建设100门"课程思政"示范课程，覆盖所有学院所有学科。将"课程思政"作为培养大学生"三农"情怀，响应农业农村现代化、乡村振兴、生态文明等国家战略，立志成为美丽中国建设者的重要内容。

学校有30门课程被教育部认定为首批国家级一流本科课程，其中线上一流课程13门、虚拟仿真实验教学一流课程5门、线下一流课程6门、线上线下混合式一流课程6门；在全国600余个首批国家级一流本科课程建设单位中名列第37位，省内排名第4位，全国农林院校排名第3位。学校推进一流课程建设与应用，2020年立项53门校级一流本科课程，其中36门校级一流课程、17门校级通识课思政选修课在线开放课程。

学校获江苏省重点教材13种、全国农业教育优秀教材资助项目15种。开展首届全国教材建设奖评选工作，推荐教材建设先进集体2个、教材建设先进个人2人参加全国评选；共有7本教材被江苏省推荐参加全国教材建设奖评选。首批立项建设校级"大国三农"系列课程与教材 10 项，该项目将与中国农业出版社全面合作，推进系列教材建设与推广应用。加强马克思主义理论研究和建设工程（以下简称马工程）重点教材在学校的统一使用，成立南京农业大学马工程重点教材统一使用工作领导小组，制订《南京农业大学统一使用马克思主义理论研究和建设工程重点教材工作实施方案》，督查学校马工程重点教材统一使用情况。对全校范围内开设的马工程类课程进行自查与整改，确保马工程重点教材使用率 100%。

全员参与招生宣传，吸引优质生源。创新宣传方式，开展"云识南农·名师开讲""云识南农·招生政策""云识南农·听校友说"系列线上直播讲座 55 场，累计浏览量超千万人次；细化宣传对象，设计制作分省招生政策单页系列材料，组建分省（地区）招生咨询 QQ群，开展分省招生政策线上宣讲；下移宣传重心，突出专业宣传，制作"一图看懂专业"系列长图 12 个；优化宣传材料，制作"新遇南农、星耀南农"主题录取通知书，多家媒体争相报道。在高考志愿填报期间，组织 524 名师生面向全国 26 个省份开展线上、线下中学宣讲及高招咨询会 517 场，宣传场次较 2019 年提高 19.40%。积极组织重点生源中学全年常态化的共建活动近 40 次；面向全国 1 100 余所生源中学邮寄保研及奖学金喜报 1 500 余份；发挥专家教授、联络专员、优秀学生、优秀校友等不同群体在招生宣传工作中的重要作用。招生微信公众号开设多个原创专题，累计关注用户超 2 万；年阅读量累计达 42.8 万次，较2019 年增加 10 万次，单篇推送阅读量最高达 5.1 万，有效扩大了学校的影响力和美誉度；召开全校 2020 年招生就业工作会议。研究制订各类招生简章及工作方案，顺利完成各项招生录取工作，完成 2020 年普通本科招生总结白皮书。2020 年录取本科生 4 413 人，生源质量继续稳步提升，在全国 31 个省（自治区、直辖市）录取分数线高于一本线的平均值继续增长，文科达 52 分、理科达 67 分，综合改革省份山东录取分数线超特殊类型招生控制线（相当于原一本线）69 分。17 个文科招生省份的录取分数线均超一本线 40 分以上；在 24 个理科招生省份中，21 个省录取分数线超一本线 40 分以上。江苏录取分数线再创新高，文科超一本线 33 分，理科超一本线 30 分。

紧扣"立德树人"根本任务和学生成长成才需求，优化"一核四维"发展型资助育人模式。开展 2020 年疫情防控期间特殊学生学习与家庭经济情况调查工作，保障资助工作精准化；全年累计发放各类资助近 6 000 余万元，100% 覆盖在校家庭经济困难学生，助力教育脱贫攻坚；开展"国家励志奖学金资助宣传大使"评选、聘任工作，提升资助政策宣传成效；完善资助类社团育人项目，夯实社团育人载体。连续第九年获评江苏省高校学生资助绩效评价优秀。

健全"双促双融"民族学生教育管理服务工作机制。通过新生入学教育、爱国主义教育、296 位学生一对一谈心谈话做到全覆盖、累计走访学生宿舍 141 次、建立学生成长档案、定期开展座谈会、掌握学生思想动态和心理需求，更好地服务于少数民族学生；发挥榜样的力量，以"南农夏木夏提工作室"公众号为平台，推送"我的大学""谈就业"系列作品，讲述优秀少数民族学生成长、就业典型个人事迹（阅读量最高达 760 人次）。组织英语、普通话等学业辅导班（为期 8 周），评审发放"新疆籍、西藏籍少数民族学生学业进步奖"等 10 万余元，帮助学生提升学习能力，激发学生学习热情；加强少数民族学生干部培养，进行常用应用文写作、微信推送写作等培训，加强其自我服务意识；组织学生参加 2020"哝语九州，故土风华"民俗风采演艺大赛、前往孝陵卫街道 T80 园区红石榴家园领略中华民族传统文化之美，促进其交往交流交融；召开毕业生就业动员会，组织新疆籍和西藏籍少数民族毕业生开展简历制作、面试技巧等培训,线上线下双线推送就业信息等。2020 年,3 名少数民族学生发展成为预备党员,5 名学生保送、考取研究生;60%以上新疆籍和西藏籍毕业生回乡就业,分别就职于西藏自治区农牧科学院、乡镇农牧综合服务中心、乌鲁木齐工商银行等企事业单位。

调整就业工作思路,应对疫情影响。研究制定《南京农业大学关于做好疫情防控期间毕业生就业工作的通知》等多个就业工作文件。建立"中心-学院就业工作联系人制度",坚持工作重心下移,运用信息化手段,进一步加强全校就业管理工作的协同性。通过线上线下相结合的形式开展校园招聘工作,共在线下举办大型综合类招聘会 1 场、各主题中型招聘会 5 场,线上举办大型综合类招聘会 3 场、各主题中型招聘会 21 场;共在线下举办宣讲会 227 场,推送"空中宣讲会"556 场;"南农微就业"公众号共推送就业信息 1 867 条。毕业生年终就业率达 90.04%,其中全校本科生深造率达 45.30%,创历史新高,农科专业直接就业的本科毕业生到涉农领域就业的比例超过 50%。组织 2 000 余名学生参加"南京农业大学首届生涯体验周"活动。在线开展"朋辈领航说"系列活动 10 期、就业团体辅导 2 期,推出就业战"疫"巡礼 6 期、战"疫"故事汇 18 期。以线下线上相结合的形式,举办"'禾苗'生涯网上课堂"系列活动 10 期,开展学校职业生涯规划季系列活动 20 多项。学校参加"江苏省第十五届大学生职业规划大赛",获特等奖 1 项、一等奖 1 项、二等奖 3 项,"优秀指导教师"1 项,学校获"最佳组织奖"。在校博士生陆超平获"2020 年度江苏省大学生就业创业年度人物"荣誉称号。

提升辅导员职业能力,推进学工队伍发展工程。进一步健全专职、兼职辅导员选聘机制,招聘专职本科生辅导员 17 人、"2+3"模式辅导员 10 人、兼职辅导员 26 人。构建分层次、多形式的辅导员培训体系,先后举办新入职辅导员培训班、学工系统素质拓展活动、赴在宁高校连续组织 5 期专题辅导员沙龙共建活动,打造辅导员"微课堂",推进"一员一品"项目建设,进一步促进辅导员专业化、职业化发展。开展班主任队伍建设调研,优化班主任队伍机制建设,修订《南京农业大学本科生班主任队伍建设规定》,举行 2020 级本科生班主任聘任仪式暨培训会。学工干部累计发表研究论文 23 篇,获省级奖项 10 余项,其中 1 人获江苏高校辅导员年度入围奖。

学校有本科专业 64 个,涵盖了农学、理学、管理学、工学、经济学、文学、法学、艺术学 8 个大学科门类。其中,农学类专业 13 个、理学类专业 8 个、管理学类专业 14 个、工学类专业 21 个、经济学类专业 3 个、文学类专业 2 个、法学类专业 2 个、艺术学类专业 1 个。在校生 17 388 人,2020 届应届生 4 139 人,毕业生 4 046 人,毕业率 97.75%;学位授予 4 046 人,学位授予率 97.75%。

【高等农业教育改革座谈会】8 月 27 日,在习近平总书记给全国涉农高校的书记校长及专家代表回信一周年即将到来之际,农业农村部在南京召开高等农业教育改革座谈会,邀请中国农业大学、南京农业大学、西北农林科技大学、华中农业大学、西南大学、华南农业大学、东北农业大学、福建农林大学、江苏大学 9 所省部共建高校专家代表重温总书记回信精神,深入研讨促进新时代高等农业教育发展的意见,推进新农科建设,着力破解制约农业高校发展的瓶颈,推动农业高等教育更好地服务乡村振兴。

【金善宝书院】全面推进拔尖创新型学术人才培养的书院制荣誉教育模式,制定了《南京农业大学金善宝书院人才培养实施细则》,进一步明确书院学生培养分工,建立并完善书院本研贯通培养制度，优化书院学生评奖评优机制。10月31日，学校召开金善宝书院成立大会暨首届新生大会，聘任盖钧镒院士、万建民院士、钟甫宁教授为金善宝书院特聘导师，聘任王锋、冯淑怡、朱艳、朱晶、吴巨友、邹建文、张正光、周光宏、赵茹茜、章文华为首席导师，聘任王思明等26位教授为首批通识教育核心课程首席教授。启动金善宝大讲堂，邀请各领域的专家学者、知名人士开展系列专题讲座，使学生感受名家风采，体悟名家思想。

【江苏省"服务发展促就业"（农林生物类）暨南京农业大学2021届毕业生供需洽谈会】10月31日，江苏省"服务发展促就业"（农林生物类）暨南京农业大学2021届毕业生供需洽谈会在南京农业大学体育中心举行。来自全国各地的200家用人单位的近1.7万工作岗位，虚位以待，寻人才"归仓"。4 500余名学校毕业生参加了此次招聘会。南京农业大学党委副书记刘营军、江苏省高校招生就业指导服务中心副主任黄炜在现场与用人单位代表和部分应聘学生进行了交流。

[附录]

附录1　本科按专业招生情况

序号	录取专业	人数（人）
1	农学	90
2	种子科学与工程	64
3	人工智能	30
4	植物保护	120
5	环境科学与工程类	210
6	风景园林	60
7	中药学	55
8	植物生产类	274
9	动物生产类	182
10	国际经济与贸易	60
11	农林经济管理	89
12	工商管理类	90
13	动物医学类	147
14	食品科学与工程类	200
15	信息管理与信息系统	60
16	计算机科学与技术	60
17	数据科学与大数据技术	60
18	公共管理类	168
19	人文地理与城乡规划	30
20	英语	81
21	日语	87
22	社会学类	190

（续）

序号	录取专业	人数（人）
23	表演	40
24	信息与计算科学	60
25	应用化学	61
26	统计学	30
27	生命科学与技术基地班	50
28	生物学基地班	30
29	生物科学类	102
30	金融学	93
31	会计学	83
32	投资学	30
33	机械类	666
34	电子信息类	361
35	交通运输	63
36	工业工程	121
37	工程管理	121
38	物流工程	92
合计		4 410

附录 2　本科专业设置

学院	专业名称	专业代码	学制	授予学位	设置时间（年）
生命科学学院	生物技术	071002	4	理学	1994
	生物科学	071001	4	理学	1988
农学院	农学	090101	4	农学	1902
	种子科学与工程	090105	4	农学	2006
植物保护学院	植物保护	090103	4	农学	1921
资源与环境科学学院	生态学	071004	4	理学	2000
	农业资源与环境	090201	4	农学	1952
	环境工程	082502	4	工学	1993
	环境科学	082503	4	理学	2001
园艺学院	园艺	090102	4	农学	1921
	园林	090502	4	农学	1985
	中药学	100801	4	理学	1985
	设施农业科学与工程	090106	4	农学	2004
	风景园林	082803	4	工学	1985
	茶学	090107T	4	农学	2014

（续）

学院	专业名称	专业代码	学制	授予学位	设置时间（年）
动物科技学院	动物科学	090301	4	农学	1921
无锡渔业学院	水产养殖学	090601	4	农学	1994
经济管理学院	农林经济管理	120301	4	管理学	1921
	国际经济与贸易	020401	4	经济学	1983
	市场营销	120202	4	管理学	2002
	电子商务	120801	4	管理学	2002
	工商管理	120201K	4	管理学	1992
动物医学院	动物医学	090401	5	农学	2003
	动物药学	090402	5	农学	2004
食品科技学院	食品科学与工程	082701	4	工学	1986
	食品质量与安全	082702	4	工学	2003
	生物工程	083001	4	工学	2000
公共管理学院	土地资源管理	120404	4	管理学	1992
	人文地理与城乡规划	070503	4	管理学	1996
	行政管理	120402	4	管理学	2003
	人力资源管理	120206	4	管理学	2000
	劳动与社会保障	120403	4	管理学	2002
外国语学院	英语	050201	4	文学	1993
	日语	050207	4	文学	1996
人文与社会发展学院	旅游管理	120901K	4	管理学	1996
	社会学	030301	4	法学	1996
	公共事业管理	120401	4	管理学	1998
	农村区域发展	120302	4	管理学	2000
	法学	030101K	4	法学	2000
	表演	130301	4	艺术学	2008
理学院	信息与计算科学	070102	4	理学	2002
	统计学	071201	4	理学	2002
	应用化学	070302	4	理学	2003
草业学院	草业科学	090701	4	农学	2000
金融学院	金融学	020301K	4	经济学	1985
	会计学	120203K	4	管理学	2000
	投资学	020304	4	经济学	2013
工学院	机械设计制造及其自动化	080202	4	工学	1994
	农业机械化及其自动化	082302	4	工学	1952
	农业电气化	082303	4	工学	1960
	工业设计	080205	4	工学	2002

（续）

学院	专业名称	专业代码	学制	授予学位	设置时间（年）
工学院	交通运输	081801	4	工学	2003
	材料成型及控制工程	080203	4	工学	2005
	车辆工程	080207	4	工学	2008
人工智能学院	电子信息科学与技术	080714T	4	工学	2004
	自动化	080801	4	工学	2001
	人工智能	080717T	4	工学	2018
	计算机科学与技术	080901	4	工学	2000
	网络工程	080903	4	工学	2007
	数据科学与大数据技术	080910T	4	工学	2019
信息管理学院	工程管理	120103	4	工学	2006
	工业工程	120701	4	工学	2002
	物流工程	120602	4	工学	2004
	信息管理与信息系统	120102	4	管理学	1986

注：专业代码后加"T"为特设专业；专业代码后加"K"为国家控制布点专业。

附录3　本科生在校人数统计表

学院	专业名称	学制	学生数（人）	学生数合计（人）
生命科学学院	生物技术	4	126	699
	生物技术（国家生命科学与技术基地）	4	205	
	生物科学	4	141	
	生物科学（国家生物学理科基地）	4	114	
	生物科学（金善宝书院）	4	20	
	生物科学类	4	93	
农学院	植物科学实验班（金善宝书院）	4	60	801
	农学	4	411	
	农学（金善宝实验班）	4	51	
	植物生产类（金善宝实验班）	4	55	
	种子科学与工程	4	224	
植物保护学院	植物保护	4	456	456
资源与环境科学学院	环境工程	4	100	781
	环境科学	4	183	
	环境科学与工程类	4	181	
	农业资源与环境	4	209	
	农业资源与环境（金善宝书院）	4	20	
	生态学	4	88	

（续）

学院	专业名称	学制	学生数（人）	学生数合计（人）
园艺学院	茶学	4	62	1 264
	风景园林	4	262	
	设施农业科学与工程	4	78	
	园林	4	99	
	园艺	4	321	
	植物生产类	4	251	
	中药学	4	191	
动物科技学院	动物科学	4	267	433
	动物生产类	4	166	
无锡渔业学院	水产养殖学	4	89	89
经济管理学院	电子商务	4	60	1 134
	工商管理	4	103	
	工商管理类	4	191	
	国际经济与贸易	4	276	
	社会科学实验班（金善宝书院）	4	30	
	经济管理类（金善宝实验班）	4	30	
	农林经济管理	4	335	
	农林经济管理（金善宝实验班）	4	36	
	市场营销	4	51	
	土地资源管理（金善宝实验班）	4	22	
动物医学院	动物科学（金善宝实验班）	4	35	874
	动物科学（金善宝书院）	4	15	
	动物药学	5	104	
	动物医学	5	501	
	动物医学（金善宝实验班）	5	73	
	动物医学（金善宝书院）	5	20	
	动物医学类	5	126	
食品科技学院	生物工程	4	62	747
	食品科学与工程	4	125	
	食品科学与工程（金善宝书院）	4	20	
	食品科学与工程（卓越班）	4	55	
	食品科学与工程类	4	365	
	食品质量与安全	4	120	
信息管理学院	工程管理	4	455	1 484
	工业工程	4	443	
	物流工程	4	336	
	信息管理与信息系统	4	250	

（续）

学院	专业名称	学制	学生数（人）	学生数合计（人）
公共管理学院	公共管理类	4	163	857
	劳动与社会保障	4	88	
	人力资源管理	4	109	
	人文地理与城乡规划	4	115	
	土地资源管理	4	283	
	行政管理	4	99	
外国语学院	日语	4	322	692
	英语	4	370	
人文与社会发展学院	表演	4	161	901
	法学	4	194	
	公共事业管理	4	93	
	旅游管理	4	83	
	农村区域发展	4	83	
	社会学	4	98	
	社会学类	4	189	
理学院	统计学	4	149	582
	信息与计算科学	4	206	
	应用化学	4	227	
草业学院	草业科学	4	61	85
	草业科学（国际班）	4	24	
金融学院	会计学	4	351	885
	金融学	4	407	
	投资学	4	127	
工学院	材料成型及控制工程	4	147	3 225
	车辆工程	4	411	
	电子信息类	4	358	
	工业设计	4	231	
	机械类	4	656	
	机械设计制造及其自动化	4	604	
	交通运输	4	258	
	农业电气化	4	258	
	农业机械化及其自动化	4	302	

（续）

学院	专业名称	学制	学生数（人）	学生数合计（人）
人工智能学院	电子信息科学与技术	4	387	1 399
	计算机科学与技术	4	282	
	人工智能	4	61	
	数据科学与大数据技术	4	60	
	网络工程	4	192	
	自动化	4	417	
合计				17 388

附录4 本科生各类奖、助学金情况统计表

类别	级别	奖项	金额（元/人）	总计	
				总人数（次）	总金额（元）
奖学金	国家级	国家奖学金	8 000	152	1 216 000
		国家励志奖学金	5 000	503	2 515 000
	校级	三好学生一等奖学金	1 000	924	924 000
		三好学生二等奖学金	500	1 768	884 000
		单项奖学金	200	1 623	324 600
		金善宝奖学金	5 000	34	170 000
		大北农励志奖学金	3 000	22	66 000
		亚方奖学金	2 000	14	28 000
		先正达奖学金	5 000	6	30 000
		江苏山水集团奖学金	2 000	20	40 000
		刘宜芳奖学金	5 000	6	30 000
		林敏端奖学金	8 000	3	24 000
		瑞华杯·最具影响力人物奖	10 000	10	100 000
		瑞华杯·最具影响力人物提名奖	2 000	10	20 000
		燕宝奖学金	4 000	74	296 000
		唐仲英德育奖学金 * 4	4 000	122	488 000
		台湾奖学金（教育部）	4 320/3 600/2 880	3	10 800
		台湾奖学金（教育厅）	3 000/2 000	5	13 000
		新疆、西藏籍少数民族学生学业进步奖金和单项进步奖金	1 000/500	112	124 500
助学金	国家级	国家助学金	4 400/3 300/2 200	3 730/3 745	12 333 750
	校级	学校助学金一等助学金	2 000	1 677	3 354 000
		学校助学金二等助学金	400	15 681	6 272 400
		西藏免费教育专业校助	3 000	59	177 000
		姜波奖助学金	2 000	50	100 000
		瑞华本科生助学金	5 000	270	1 350 000
		伯藜助学金 * 4	5 000	199	995 000
		吴毅文助学金	5 000	10	50 000

附录5 学生出国（境）交流名单

序号	学院	学号	姓名	项目类型/名称	国别（地区）	邀请/主办单位	项目日期	备注
1	资源与环境科学学院	9171310504	王　童	访学项目（One health）	美国	加利福尼亚大学戴维斯分校	2020.1.19—2020.2.3	赴境外
2	资源与环境科学学院	9171310512	刘静怡	访学项目（One health）	美国	加利福尼亚大学戴维斯分校	2020.1.19—2020.2.3	赴境外
3	资源与环境科学学院	9171310114	陈天一	访学项目（One health）	美国	加利福尼亚大学戴维斯分校	2020.1.19—2020.2.3	赴境外
4	资源与环境科学学院	13616219	陈抒瑶	访学项目（One health）	美国	加利福尼亚大学戴维斯分校	2020.1.19—2020.2.3	赴境外
5	资源与环境科学学院	9171310111	杨惟肖	访学项目（One health）	美国	加利福尼亚大学戴维斯分校	2020.1.19—2020.2.3	赴境外
6	资源与环境科学学院	13616116	杨盛蝶	访学项目（One health）	美国	加利福尼亚大学戴维斯分校	2020.1.19—2020.2.3	赴境外
7	资源与环境科学学院	13616126	骆佳钰	访学项目（One health）	美国	加利福尼亚大学戴维斯分校	2020.1.19—2020.2.3	赴境外
8	资源与环境科学学院	9171310127	黄可含	访学项目（One health）	美国	加利福尼亚大学戴维斯分校	2020.1.19—2020.2.3	赴境外
9	园艺学院	14117422	周灿彧	访学项目（One health）	美国	加利福尼亚大学戴维斯分校	2020.1.19—2020.2.3	赴境外
10	园艺学院	14817113	李旭阳	访学项目（One health）	美国	加利福尼亚大学戴维斯分校	2020.1.19—2020.2.3	赴境外
11	园艺学院	14117222	彭家琳	访学项目（One health）	美国	加利福尼亚大学戴维斯分校	2020.1.19—2020.2.3	赴境外
12	园艺学院	14217118	陈语凡	访学项目（One health）	美国	加利福尼亚大学戴维斯分校	2020.1.19—2020.2.3	赴境外
13	植物保护学院	12117210	刘叶乔	访学项目（One health）	美国	加利福尼亚大学戴维斯分校	2020.1.19—2020.2.3	赴境外
14	植物保护学院	12117206	卢之皓	访学项目（One health）	美国	加利福尼亚大学戴维斯分校	2020.1.19—2020.2.3	赴境外
15	植物保护学院	12117310	李博一	访学项目（One health）	美国	加利福尼亚大学戴维斯分校	2020.1.19—2020.2.3	赴境外
16	植物保护学院	12117229	舒润国	访学项目（One health）	美国	加利福尼亚大学戴维斯分校	2020.1.19—2020.2.3	赴境外
17	植物保护学院	31117225	徐天禹	访学项目（One health）	美国	加利福尼亚大学戴维斯分校	2020.1.19—2020.2.3	赴境外

（续）

序号	学院	学号	姓名	项目类型/名称	国别（地区）	邀请/主办单位	项目日期	备注
18	植物保护学院	12117121	张译心	访学项目（One health）	美国	加利福尼亚大学戴维斯分校	2020.1.19—2020.2.3	赴境外
19	动物医学院	17116314	张萍	访学项目（One health）	美国	加利福尼亚大学戴维斯分校	2020.1.19—2020.2.3	赴境外
20	动物医学院	17116130	杨浴晨	访学项目（One health）	美国	加利福尼亚大学戴维斯分校	2020.1.19—2020.2.3	赴境外
21	动物医学院	14116414	李秦玲	访学项目（One health）	美国	加利福尼亚大学戴维斯分校	2020.1.19—2020.2.3	赴境外
22	动物医学院	17416123	徐楚	访学项目（One health）	美国	加利福尼亚大学戴维斯分校	2020.1.19—2020.2.3	赴境外
23	动物医学院	17416101	于红艳	访学项目（One health）	美国	加利福尼亚大学戴维斯分校	2020.1.19—2020.2.3	赴境外
24	动物医学院	17116218	易霞	访学项目（One health）	美国	加利福尼亚大学戴维斯分校	2020.1.19—2020.2.3	赴境外
25	生命科学学院	11317124	章雨婷	访学项目（One health）	美国	加利福尼亚大学戴维斯分校	2020.1.19—2020.2.3	赴境外
26	生命科学学院	13217104	刘丽	访学项目（One health）	美国	加利福尼亚大学戴维斯分校	2020.1.19—2020.2.3	赴境外
27	生命科学学院	10117208	江雯逸	访学项目（One health）	美国	加利福尼亚大学戴维斯分校	2020.1.19—2020.2.3	赴境外
28	草业学院	15517125	姬佳翼	访学项目（One health）	美国	加利福尼亚大学戴维斯分校	2020.1.19—2020.2.3	赴境外
29	草业学院	9173010909	黄诚晟	访学项目（One health）	美国	加利福尼亚大学戴维斯分校	2020.1.19—2020.2.3	赴境外
30	食品学院	9171810616	陈珊珊	访学项目（One health）	美国	加利福尼亚大学戴维斯分校	2020.1.19—2020.2.3	赴境外
31	食品学院	9171810405	王奕	访学项目（One health）	美国	加利福尼亚大学戴维斯分校	2020.1.19—2020.2.3	赴境外
32	食品学院	9171810310	张子玉	访学项目（One health）	美国	加利福尼亚大学戴维斯分校	2020.1.19—2020.2.3	赴境外
33	动物科技学院	35116117	周子琳	访学项目（One health）	美国	加利福尼亚大学戴维斯分校	2020.1.19—2020.2.3	赴境外
34	动物科技学院	15116214	张昆环	访学项目（One health）	美国	加利福尼亚大学戴维斯分校	2020.1.19—2020.2.3	赴境外

（续）

序号	学院	学号	姓名	项目类型/名称	国别（地区）	邀请/主办单位	项目日期	备注
35	农学院	12116324	高昊	寒假短期交流访学	美国	加利福尼亚大学戴维斯分校国际教育中心	2020.1.21—2020.2.13	赴境外
36	农学院	11116209	卢坤洵	寒假短期交流访学	美国	加利福尼亚大学戴维斯分校国际教育中心	2020.1.21—2020.2.13	赴境外
37	农学院	11116427	高强	寒假短期交流访学	美国	加利福尼亚大学戴维斯分校国际教育中心	2020.1.21—2020.2.13	赴境外
38	农学院	11116231	潘明升	寒假短期交流访学	美国	加利福尼亚大学戴维斯分校国际教育中心	2020.1.21—2020.2.13	赴境外
39	农学院	11216122	范诗濛	寒假短期交流访学	美国	加利福尼亚大学戴维斯分校国际教育中心	2020.1.21—2020.2.13	赴境外
40	农学院	11116327	徐利冰	寒假短期交流访学	美国	加利福尼亚大学戴维斯分校国际教育中心	2020.1.21—2020.2.13	赴境外
41	农学院	30116115	汪瑜辉	寒假短期交流访学	美国	加利福尼亚大学戴维斯分校国际教育中心	2020.1.21—2020.2.13	赴境外
42	农学院	11216220	顾志伟	寒假短期交流访学	美国	加利福尼亚大学戴维斯分校国际教育中心	2020.1.21—2020.2.13	赴境外
43	农学院	11116312	刘楯	寒假短期交流访学	美国	加利福尼亚大学戴维斯分校国际教育中心	2020.1.21—2020.2.13	赴境外
44	农学院	11216222	陶昱珺	寒假短期交流访学	美国	加利福尼亚大学戴维斯分校国际教育中心	2020.1.21—2020.2.13	赴境外
45	农学院	11116123	赵智	寒假短期交流访学	美国	加利福尼亚大学戴维斯分校国际教育中心	2020.1.21—2020.2.13	赴境外
46	农学院	11116409	江婷婷	寒假短期交流访学	美国	加利福尼亚大学戴维斯分校国际教育中心	2020.1.21—2020.2.13	赴境外
47	农学院	21116225	谢振威	寒假短期交流访学	美国	加利福尼亚大学戴维斯分校国际教育中心	2020.1.21—2020.2.13	赴境外
48	农学院	11116313	许志日	寒假短期交流访学	美国	加利福尼亚大学戴维斯分校国际教育中心	2020.1.21—2020.2.13	赴境外
49	农学院	11216207	朱雪爱	寒假短期交流访学	美国	加利福尼亚大学戴维斯分校国际教育中心	2020.1.21—2020.2.13	赴境外
50	农学院	11216230	蔡星星	寒假短期交流访学	美国	加利福尼亚大学戴维斯分校国际教育中心	2020.1.21—2020.2.13	赴境外
51	农学院	33316201	王国庆	寒假短期交流访学	美国	加利福尼亚大学戴维斯分校国际教育中心	2020.1.21—2020.2.13	赴境外

（续）

序号	学院	学号	姓名	项目类型/名称	国别（地区）	邀请/主办单位	项目日期	备注
52	农学院	11116111	刘杨琪	寒假短期交流访学	美国	加利福尼亚大学戴维斯分校国际教育中心	2020.1.21—2020.2.13	赴境外
53	农学院	11216201	马文玉	寒假短期交流访学	美国	加利福尼亚大学戴维斯分校国际教育中心	2020.1.21—2020.2.13	赴境外
54	农学院	11116115	李钰欣	寒假短期交流访学	美国	加利福尼亚大学戴维斯分校国际教育中心	2020.1.21—2020.2.13	赴境外
55	农学院	11116230	康敏	寒假短期交流访学	美国	加利福尼亚大学戴维斯分校国际教育中心	2020.1.21—2020.2.13	赴境外
56	农学院	12116203	王梓怡	寒假短期交流访学	美国	加利福尼亚大学戴维斯分校国际教育中心	2020.1.21—2020.2.13	赴境外
57	农学院	11116117	杨涛	寒假短期交流访学	美国	加利福尼亚大学戴维斯分校国际教育中心	2020.1.21—2020.2.13	赴境外
58	农学院	11216123	周林	寒假短期交流访学	美国	加利福尼亚大学戴维斯分校国际教育中心	2020.1.21—2020.2.13	赴境外
59	经济管理学院	16217114	张雅歌	赴美社会调研（中外服）	美国	美国教育资源发展基金会	2020.1.19—2020.2.8	赴境外
60	经济管理学院	16217111	吴迪	赴美社会调研（中外服）	美国	美国教育资源发展基金会	2020.1.19—2020.2.8	赴境外
61	经济管理学院	16218111	刘嘉仪	赴美社会调研（中外服）	美国	美国教育资源发展基金会	2020.1.19—2020.2.8	赴境外
62	人文与社会发展学院	9183011927	赵一凡	赴美社会调研（中外服）	美国	美国教育资源发展基金会	2020.1.19—2020.2.8	赴境外
63	人文与社会发展学院	9192210523	潘妍	赴美社会调研（中外服）	美国	美国教育资源发展基金会	2020.1.19—2020.2.8	赴境外
64	人文与社会发展学院	9192210104	陈逸雯	赴美社会调研（中外服）	美国	美国教育资源发展基金会	2020.1.19—2020.2.8	赴境外
65	人文与社会发展学院	9192210116	刘恋飞	赴美社会调研（中外服）	美国	美国教育资源发展基金会	2020.1.19—2020.2.8	赴境外
66	资源与环境科学学院	918310119	张滢	赴美社会调研（中外服）	美国	美国教育资源发展基金会	2020.1.19—2020.2.8	赴境外
67	资源与环境科学学院	9181310118	张琦	赴美社会调研（中外服）	美国	美国教育资源发展基金会	2020.1.19—2020.2.8	赴境外
68	植物保护学院	12117116	何颖诗	赴美社会调研（中外服）	美国	美国教育资源发展基金会	2020.1.19—2020.2.8	赴境外

（续）

序号	学院	学号	姓名	项目类型/名称	国别（地区）	邀请/主办单位	项目日期	备注
69	农学院	11218121	胡婷煊	赴美社会调研（中外服）	美国	美国教育资源发展基金会	2020.1.19—2020.2.8	赴境外
70	草业学院	30117123	买梓杰	赴美社会调研（中外服）	美国	美国教育资源发展基金会	2020.1.19—2020.2.8	赴境外
71	信息院	31417118	汪立睿	赴美社会调研（中外服）	美国	美国教育资源发展基金会	2020.1.19—2020.2.8	赴境外
72	金融学院	27117119	胡晋钒	全美国际访学项目	加拿大	麦吉尔大学	2020.1.25—2020.2.15	赴境外
73	经济管理学院	20217307	孙举	全美国际访学项目	加拿大	麦吉尔大学	2020.1.25—2020.2.17	赴境外
74	植物保护学院	12117208	吕涤	交换生课程	韩国	首尔大学	2020.3.16—2020.4.2	后因疫情放弃项目
75	经济管理学院	9173012012	鲁艺	国际农业行业发展现状在线项目	美国	普渡大学	2020.8.10—2020.8.21	线上课程
76	经济管理学院	9183010730	宗健	国际农业行业发展现状在线项目	美国	普渡大学	2020.8.10—2020.8.21	线上课程
77	经济管理学院	16116207	付泳易	国际农业行业发展现状在线项目	美国	普渡大学	2020.8.10—2020.8.21	线上课程
78	经济管理学院	33316402	包洁	国际农业行业发展现状在线项目	美国	普渡大学	2020.8.10—2020.8.21	线上课程
79	经济管理学院	27118122	陈梓琪	国际农业行业发展现状在线项目	美国	普渡大学	2020.8.10—2020.8.21	线上课程
80	经济管理学院	16118205	王馨源	国际农业行业发展现状在线项目	美国	普渡大学	2020.8.10—2020.8.21	线上课程
81	经济管理学院	33316416	张娴	国际农业行业发展现状在线项目	美国	普渡大学	2020.8.10—2020.8.21	线上课程
82	经济管理学院	16116129	高帅锋	国际农业行业发展现状在线项目	美国	普渡大学	2020.8.10—2020.8.21	线上课程
83	经济管理学院	16516114	陈思洁	国际农业行业发展现状在线项目	美国	普渡大学	2020.8.10—2020.8.21	线上课程
84	经济管理学院	19118123	金珊珊	国际农业行业发展现状在线项目	美国	普渡大学	2020.8.10—2020.8.21	线上课程
85	经济管理学院	9181310518	陈蕾	国际农业行业发展现状在线项目	美国	普渡大学	2020.8.10—2020.8.21	线上课程
86	经济管理学院	16117102	马家瑶	国际农业行业发展现状在线项目	美国	普渡大学	2020.8.10—2020.8.21	线上课程

（续）

序号	学院	学号	姓名	项目类型/名称	国别（地区）	邀请/主办单位	项目日期	备注
87	经济管理学院	9181610216	张一凡	国际农业行业发展现状在线项目	美国	普渡大学	2020.8.10—2020.8.21	线上课程
88	经济管理学院	14218122	林祺	国际农业行业发展现状在线项目	美国	普渡大学	2020.8.10—2020.8.21	线上课程
89	经济管理学院	32117117	刘月	国际农业行业发展现状在线项目	美国	普渡大学	2020.8.10—2020.8.21	线上课程
90	经济管理学院	9183011706	付晨佳	国际农业行业发展现状在线项目	美国	普渡大学	2020.8.10—2020.8.21	线上课程
91	经济管理学院	16218230	韩雨桐	国际农业行业发展现状在线项目	美国	普渡大学	2020.8.10—2020.8.21	线上课程
92	经济管理学院	12118214	张清扬	国际农业行业发展现状在线项目	美国	普渡大学	2020.8.10—2020.8.21	线上课程
93	经济管理学院	16218205	王哲	国际农业行业发展现状在线项目	美国	普渡大学	2020.8.10—2020.8.21	线上课程
94	经济管理学院	9183010326	孔苏扬	国际农业行业发展现状在线项目	美国	普渡大学	2020.8.10—2020.8.21	线上课程
95	经济管理学院	9182210328	陶冶	国际农业行业发展现状在线项目	美国	普渡大学	2020.8.10—2020.8.21	线上课程
96	经济管理学院	16218207	支春竹	国际农业行业发展现状在线项目	美国	普渡大学	2020.8.10—2020.8.21	线上课程
97	经济管理学院	16218229	崔佳媛	国际农业行业发展现状在线项目	美国	普渡大学	2020.8.10—2020.8.21	线上课程
98	经济管理学院	16218227	龚艺	国际农业行业发展现状在线项目	美国	普渡大学	2020.8.10—2020.8.21	线上课程
99	经济管理学院	16218122	陈铭	国际农业行业发展现状在线项目	美国	普渡大学	2020.8.10—2020.8.21	线上课程
100	经济管理学院	9171610203	王曼琪	国际农业行业发展现状在线项目	美国	普渡大学	2020.8.10—2020.8.21	线上课程
101	经济管理学院	16118234	章筱淳	国际农业行业发展现状在线项目	美国	普渡大学	2020.8.10—2020.8.21	线上课程
102	经济管理学院	22718106	乔世延	国际农业行业发展现状在线项目	美国	普渡大学	2020.8.10—2020.8.21	线上课程
103	理学院	23217206	王琛	大学生创新创业领导力在线项目	美国	加利福尼亚州立理工大学（波莫那）	2020.10.17—2020.11.15	线上课程
104	理学院	23217214	汪雨蝶	大学生创新创业领导力在线项目	美国	加利福尼亚州立理工大学（波莫那）	2020.10.17—2020.11.15	线上课程

（续）

序号	学院	学号	姓名	项目类型/名称	国别(地区)	邀请/主办单位	项目日期	备注
105	理学院	23217222	周思涵	大学生创新创业领导力在线项目	美国	加利福尼亚州立理工大学（波莫那）	2020.10.17—2020.11.15	线上课程
106	理学院	23217208	齐咏冰	大学生创新创业领导力在线项目	美国	加利福尼亚州立理工大学（波莫那）	2020.10.17—2020.11.15	线上课程
107	理学院	23217207	刘雨薇	大学生创新创业领导力在线项目	美国	加利福尼亚州立理工大学（波莫那）	2020.10.17—2020.11.15	线上课程
108	理学院	23217230	谭隽杨	大学生创新创业领导力在线项目	美国	加利福尼亚州立理工大学（波莫那）	2020.10.17—2020.11.15	线上课程
109	理学院	23118105	李思杰	大学生创新创业领导力在线项目	美国	加利福尼亚州立理工大学（波莫那）	2020.10.17—2020.11.15	线上课程
110	理学院	23118117	姜　胜	大学生创新创业领导力在线项目	美国	加利福尼亚州立理工大学（波莫那）	2020.10.17—2020.11.15	线上课程
111	理学院	23118116	姜雨沙	大学生创新创业领导力在线项目	美国	加利福尼亚州立理工大学（波莫那）	2020.10.17—2020.11.15	线上课程
112	理学院	23118110	陈海榕	大学生创新创业领导力在线项目	美国	加利福尼亚州立理工大学（波莫那）	2020.10.17—2020.11.15	线上课程
113	理学院	23118208	刘　可	大学生创新创业领导力在线项目	美国	加利福尼亚州立理工大学（波莫那）	2020.10.17—2020.11.15	线上课程
114	理学院	23118213	杨光昊	大学生创新创业领导力在线项目	美国	加利福尼亚州立理工大学（波莫那）	2020.10.17—2020.11.15	线上课程
115	理学院	23118220	胡芯玮	大学生创新创业领导力在线项目	美国	加利福尼亚州立理工大学（波莫那）	2020.10.17—2020.11.15	线上课程
116	理学院	23118203	王辰飞	大学生创新创业领导力在线项目	美国	加利福尼亚州立理工大学（波莫那）	2020.10.17—2020.11.15	线上课程
117	理学院	23218117	李梦娇	大学生创新创业领导力在线项目	美国	加利福尼亚州立理工大学（波莫那）	2020.10.17—2020.11.15	线上课程
118	理学院	23218110	刘敬瑞	大学生创新创业领导力在线项目	美国	加利福尼亚州立理工大学（波莫那）	2020.10.17—2020.11.15	线上课程
119	理学院	23218123	宋子龙	大学生创新创业领导力在线项目	美国	加利福尼亚州立理工大学（波莫那）	2020.10.17—2020.11.15	线上课程
120	理学院	23218221	胡宛辰	大学生创新创业领导力在线项目	美国	加利福尼亚州立理工大学（波莫那）	2020.10.17—2020.11.15	线上课程
121	理学院	9183010622	吴文新	大学生创新创业领导力在线项目	美国	加利福尼亚州立理工大学（波莫那）	2020.10.17—2020.11.15	线上课程
122	理学院	23218212	杨　晨	大学生创新创业领导力在线项目	美国	加利福尼亚州立理工大学（波莫那）	2020.10.17—2020.11.15	线上课程

（续）

序号	学院	学号	姓名	项目类型/名称	国别（地区）	邀请/主办单位	项目日期	备注
123	理学院	23318104	刘嘉雯	大学生创新创业领导力在线项目	美国	加利福尼亚州立理工大学（波莫那）	2020.10.17—2020.11.15	线上课程
124	理学院	9182210124	袁思奕	大学生创新创业领导力在线项目	美国	加利福尼亚州立理工大学（波莫那）	2020.10.17—2020.11.15	线上课程
125	理学院	15117329	程天晓	大学生创新创业领导力在线项目	美国	加利福尼亚州立理工大学（波莫那）	2020.10.17—2020.11.15	线上课程
126	理学院	23318105	关春莉	大学生创新创业领导力在线项目	美国	加利福尼亚州立理工大学（波莫那）	2020.10.17—2020.11.15	线上课程
127	理学院	23318102	王婷	大学生创新创业领导力在线项目	美国	加利福尼亚州立理工大学（波莫那）	2020.10.17—2020.11.15	线上课程
128	理学院	23318115	陈晓诺	大学生创新创业领导力在线项目	美国	加利福尼亚州立理工大学（波莫那）	2020.10.17—2020.11.15	线上课程
129	理学院	23318119	赵欣怡	大学生创新创业领导力在线项目	美国	加利福尼亚州立理工大学（波莫那）	2020.10.17—2020.11.15	线上课程
130	理学院	23318116	陈敏	大学生创新创业领导力在线项目	美国	加利福尼亚州立理工大学（波莫那）	2020.10.17—2020.11.15	线上课程
131	理学院	23318127	黄彦祚	大学生创新创业领导力在线项目	美国	加利福尼亚州立理工大学（波莫那）	2020.10.17—2020.11.15	线上课程
132	理学院	23119112	余博远	大学生创新创业领导力在线项目	美国	加利福尼亚州立理工大学（波莫那）	2020.10.17—2020.11.15	线上课程
133	理学院	23119122	黄璐雯	大学生创新创业领导力在线项目	美国	加利福尼亚州立理工大学（波莫那）	2020.10.17—2020.11.15	线上课程
134	理学院	23119208	汤子华	大学生创新创业领导力在线项目	美国	加利福尼亚州立理工大学（波莫那）	2020.10.17—2020.11.15	线上课程
135	理学院	23119220	钟裔	大学生创新创业领导力在线项目	美国	加利福尼亚州立理工大学（波莫那）	2020.10.17—2020.11.15	线上课程
136	理学院	23219101	王艺蓉	大学生创新创业领导力在线项目	美国	加利福尼亚州立理工大学（波莫那）	2020.10.17—2020.11.15	线上课程
137	理学院	23219219	胡瑞月	大学生创新创业领导力在线项目	美国	加利福尼亚州立理工大学（波莫那）	2020.10.17—2020.11.15	线上课程
138	理学院	23219215	张亚清	大学生创新创业领导力在线项目	美国	加利福尼亚州立理工大学（波莫那）	2020.10.17—2020.11.15	线上课程
139	理学院	23319123	胡冰馨	大学生创新创业领导力在线项目	美国	加利福尼亚州立理工大学（波莫那）	2020.10.17—2020.11.15	线上课程
140	理学院	23119213	邱文哲	大学生创新创业领导力在线项目	美国	加利福尼亚州立理工大学（波莫那）	2020.10.17—2020.11.15	线上课程

（续）

序号	学院	学号	姓名	项目类型/名称	国别（地区）	邀请/主办单位	项目日期	备注
141	理学院	23319125	高梓斐	大学生创新创业领导力在线项目	美国	加利福尼亚州立理工大学（波莫那）	2020.10.17—2020.11.15	线上课程
142	理学院	23319118	陈汝佳	大学生创新创业领导力在线项目	美国	加利福尼亚州立理工大学（波莫那）	2020.10.17—2020.11.15	线上课程
143	信息管理学院	31419118	钱金艳	大学生创新创业领导力在线项目	美国	加利福尼亚州立理工大学	2020.10.24—2020.11.22	线上课程
144	信息管理学院	31418404	储奕洋	大学生创新创业领导力在线项目	美国	加利福尼亚州立理工大学	2020.10.24—2020.11.22	线上课程
145	信息管理学院	31418424	吴 一	大学生创新创业领导力在线项目	美国	加利福尼亚州立理工大学	2020.10.24—2020.11.22	线上课程
146	信息管理学院	31418203	陈倬而	大学生创新创业领导力在线项目	美国	加利福尼亚州立理工大学	2020.10.24—2020.11.22	线上课程
147	信息管理学院	31418425	徐 昕	大学生创新创业领导力在线项目	美国	加利福尼亚州立理工大学	2020.10.24—2020.11.22	线上课程
148	信息管理学院	31318313	吕亚倩	大学生创新创业领导力在线项目	美国	加利福尼亚州立理工大学	2020.10.24—2020.11.22	线上课程
149	信息管理学院	31418417	马伊瑾	大学生创新创业领导力在线项目	美国	加利福尼亚州立理工大学	2020.10.24—2020.11.22	线上课程
150	信息管理学院	31418423	王咏婷	大学生创新创业领导力在线项目	美国	加利福尼亚州立理工大学	2020.10.24—2020.11.22	线上课程
151	信息管理学院	31118113	刘航江	大学生创新创业领导力在线项目	美国	加利福尼亚州立理工大学	2020.10.24—2020.11.22	线上课程
152	人文与社会发展学院	9182210108	刘新鹏	大学生创新创业领导力在线项目	美国	加利福尼亚州立理工大学（波莫纳）	2020.10.31—2020.11.29	线上课程
153	人文与社会发展学院	9182210612	李桂芳	大学生创新创业领导力在线项目	美国	加利福尼亚州立理工大学（波莫纳）	2020.10.31—2020.11.29	线上课程
154	人文与社会发展学院	9192210203	陈文燕	大学生创新创业领导力在线项目	美国	加利福尼亚州立理工大学（波莫纳）	2020.10.31—2020.11.29	线上课程
155	人文与社会发展学院	9172210224	陈洁玥	大学生创新创业领导力在线项目	美国	加利福尼亚州立理工大学（波莫纳）	2020.10.31—2020.11.29	线上课程
156	人文与社会发展学院	9192210524	宋怡颖	大学生创新创业领导力在线项目	美国	加利福尼亚州立理工大学（波莫纳）	2020.10.31—2020.11.29	线上课程
157	人文与社会发展学院	22818109	李梦宇	大学生创新创业领导力在线项目	美国	加利福尼亚州立理工大学（波莫纳）	2020.10.31—2020.11.29	线上课程
158	人文与社会发展学院	9192210516	何雅婷	大学生创新创业领导力在线项目	美国	加利福尼亚州立理工大学（波莫纳）	2020.10.31—2020.11.29	线上课程

（续）

序号	学院	学号	姓名	项目类型/名称	国别（地区）	邀请/主办单位	项目日期	备注
159	人文与社会发展学院	9192210428	徐湘婷	大学生创新创业领导力在线项目	美国	加利福尼亚州立理工大学（波莫纳）	2020.10.31—2020.11.29	线上课程
160	人文与社会发展学院	9192210409	黄学丽	大学生创新创业领导力在线项目	美国	加利福尼亚州立理工大学（波莫纳）	2020.10.31—2020.11.29	线上课程
161	工学院	9183011427	张 权	大学生创新创业领导力在线项目	美国	加利福尼亚州立理工大学	2020.10.24—2020.11.22	线上课程
162	工学院	9183011722	王炳文	大学生创新创业领导力在线项目	美国	加利福尼亚州立理工大学	2020.10.24—2020.11.22	线上课程
163	工学院	9183011728	张雪融	大学生创新创业领导力在线项目	美国	加利福尼亚州立理工大学	2020.10.24—2020.11.22	线上课程
164	工学院	9193011621	夏梓洋	大学生创新创业领导力在线项目	美国	加利福尼亚州立理工大学	2020.10.24—2020.11.22	线上课程
165	工学院	9183010109	李 磊	大学生创新创业领导力在线项目	美国	加利福尼亚州立理工大学	2020.10.24—2020.11.22	线上课程
166	工学院	9193011219	王 雪	大学生创新创业领导力在线项目	美国	加利福尼亚州立理工大学	2020.10.24—2020.11.22	线上课程
167	工学院	9193012220	翁楚涵	大学生创新创业领导力在线项目	美国	加利福尼亚州立理工大学	2020.10.24—2020.11.22	线上课程
168	工学院	9193010319	王婕好	大学生创新创业领导力在线项目	美国	加利福尼亚州立理工大学	2020.10.24—2020.11.22	线上课程
169	工学院	9203011425	向治昆	大学生创新创业领导力在线项目	美国	加利福尼亚州立理工大学	2020.10.24—2020.11.22	线上课程
170	工学院	9193010917	孙顾皓	大学生创新创业领导力在线项目	美国	加利福尼亚州立理工大学	2020.10.24—2020.11.22	线上课程
171	工学院	9183010924	夏业杰	大学生创新创业领导力在线项目	美国	加利福尼亚州立理工大学	2020.10.24—2020.11.22	线上课程
172	工学院	9203011326	于 锐	大学生创新创业领导力在线项目	美国	加利福尼亚州立理工大学	2020.10.24—2020.11.22	线上课程
173	工学院	9183012213	欧阳宇航	大学生创新创业领导力在线项目	美国	加利福尼亚州立理工大学	2020.10.24—2020.11.22	线上课程
174	工学院	9183012113	聂 飚	大学生创新创业领导力在线项目	美国	加利福尼亚州立理工大学	2020.10.24—2020.11.22	线上课程
175	工学院	9203010822	王陈阳	大学生创新创业领导力在线项目	美国	加利福尼亚州立理工大学	2020.11.21—2020.12.20	线上课程
176	工学院	9193010830	周湛荟	大学生创新创业领导力在线项目	美国	加利福尼亚州立理工大学	2020.10.24—2020.11.22	线上课程

（续）

序号	学院	学号	姓名	项目类型/名称	国别（地区）	邀请/主办单位	项目日期	备注
177	工学院	9203010912	汪宇泉	大学生创新创维领导力在线项目	美国	加利福尼亚州立理工大学	2020.10.24—2020.11.22	线上课程
178	工学院	30220220	王琴	大学生创新创业领导力在线项目	美国	加利福尼亚州立理工大学	2020.11.21—2020.12.20	线上课程
179	工学院	9193010412	梁方颖	大学生创新创业领导力在线项目	美国	加利福尼亚州立理工大学	2020.10.24—2020.12.22	线上课程
180	工学院	9203010925	赵倩莹	大学生创新创业领导力在线项目	美国	加利福尼亚州立理工大学	2020.11.21—2020.12.20	线上课程
181	工学院	9193010914	马晨辉	大学生创新创业领导力在线项目	美国	加利福尼亚州立理工大学	2020.10.24—2020.12.22	线上课程
182	工学院	9193010120	王思遥	大学生创新创业领导力在线项目	美国	加利福尼亚州立理工大学	2020.10.24—2020.12.22	线上课程
183	工学院	9203010205	黄奕	大学生创新创业领导力在线项目	美国	加利福尼亚州立理工大学	2020.11.21—2020.12.20	线上课程
184	工学院	9183011923	徐兆禾	大学生创新创业领导力在线项目	美国	加利福尼亚州立理工大学	2020.10.24—2020.11.22	线上课程
185	工学院	9183012226	张博文	大学生创新创业领导力在线项目	美国	加利福尼亚州立理工大学	2020.11.21—2020.12.20	线上课程
186	工学院	9193010225	杨博钦	大学生创新创业领导力在线项目	美国	加利福尼亚州立理工大学	2020.10.24—2020.11.22	线上课程
187	工学院	923010131	周旋	大学生创新创业领导力在线项目	美国	加利福尼亚州立理工大学	2020.11.21—2020.12.20	线上课程
188	工学院	9203011820	刘佳怡	大学生创新创业领导力在线项目	美国	加利福尼亚州立理工大学	2020.11.21—2020.12.20	线上课程
189	工学院	9203011320	王嘉欣	大学生创新创业领导力在线项目	美国	加利福尼亚州立理工大学	2020.10.24—2020.11.22	线上课程
190	工学院	9183011122	虞思珑	大学生创新创业领导力在线项目	美国	加利福尼亚州立理工大学	2020.10.24—2020.11.22	线上课程
191	工学院	9193010115	马一文	大学生创新创业领导力在线项目	美国	加利福尼亚州立理工大学	2020.10.24—2020.11.22	线上课程
192	工学院	9183012229	张稳	大学生创新创业领导力在线项目	美国	加利福尼亚州立理工大学	2020.11.21—2020.12.20	线上课程
193	工学院	9193010121	韦腾单	大学生创新创业领导力在线项目	美国	加利福尼亚州立理工大学	2020.10.24—2020.11.22	线上课程
194	工学院	32117225	俞格格	大学生创新创业领导力在线项目	美国	加利福尼亚州立理工大学	2020.10.24—2020.11.22	线上课程

（续）

序号	学院	学号	姓名	项目类型/名称	国别（地区）	邀请/主办单位	项目日期	备注
195	工学院	9193011915	牟旭东	大学生创新创业领导力在线项目	美国	加利福尼亚州立理工大学	2020.10.24—2020.11.22	线上课程
196	工学院	9203010121	夏紫薇	大学生创新创业领导力在线项目	美国	加利福尼亚州立理工大学	2020.11.21—2020.12.20	线上课程
197	工学院	30219127	张英博	大学生创新创业领导力在线项目	美国	加利福尼亚州立理工大学	2020.10.24—2020.11.22	线上课程
198	工学院	9183010907	蒋子豪	大学生创新创业领导力在线项目	美国	加利福尼亚州立理工大学	2020.10.24—2020.11.22	线上课程
199	工学院	9183012204	洪典晗	大学生创新创业领导力在线项目	美国	加利福尼亚州立理工大学	2020.10.24—2020.11.22	线上课程
200	工学院	9203010424	杨振凯	大学生创新创业领导力在线项目	美国	加利福尼亚州立理工大学	2020.11.21—2020.12.20	线上课程
201	工学院	30220225	杨慧林	大学生创新创业领导力在线项目	美国	加利福尼亚州立理工大学	2020.11.21—2020.12.20	线上课程
202	工学院	32319329	朱思尧	大学生创新创业领导力在线项目	美国	加利福尼亚州立理工大学	2020.10.24—2020.11.22	线上课程
203	动物医学院	17119402	丁培婷	首届国际化兽医交流大会	美国	PetcareAbc 与堪萨斯州大学美中动物卫生中心	2020.11.21	线上课程
204	动物医学院	17117407	李南南	首届国际化兽医交流大会	美国	PetcareAbc 与堪萨斯州大学美中动物卫生中心	2020.11.21	线上课程
205	动物医学院	17117322	俞思勇	首届国际化兽医交流大会	美国	PetcareAbc 与堪萨斯州大学美中动物卫生中心	2020.11.21	线上课程
206	动物医学院	17117312	许 杨	首届国际化兽医交流大会	美国	PetcareAbc 与堪萨斯州大学美中动物卫生中心	2020.11.21	线上课程
207	动物医学院	17119314	迟 茗	首届国际化兽医交流大会	美国	PetcareAbc 与堪萨斯州大学美中动物卫生中心	2020.11.21	线上课程
208	动物医学院	17119221	林浩熙	首届国际化兽医交流大会	美国	PetcareAbc 与堪萨斯州大学美中动物卫生中心	2020.11.21	线上课程
209	动物医学院	14117105	朱超兰	首届国际化兽医交流大会	美国	PetcareAbc 与堪萨斯州大学美中动物卫生中心	2020.11.21	线上课程
210	动物医学院	17117103	王 炜	首届国际化兽医交流大会	美国	PetcareAbc 与堪萨斯州大学美中动物卫生中心	2020.11.21	线上课程
211	动物医学院	17117417	陈 尧	首届国际化兽医交流大会	美国	PetcareAbc 与堪萨斯州大学美中动物卫生中心	2020.11.21	线上课程

（续）

序号	学院	学号	姓名	项目类型/名称	国别（地区）	邀请/主办单位	项目日期	备注
212	动物医学院	17419128	徐靖妍	首届国际化兽医交流大会	美国	PetcareAbc 与堪萨斯州大学美中动物卫生中心	2020.11.21	线上课程
213	动物医学院	17119327	葛子枫	首届国际化兽医交流大会	美国	PetcareAbc 与堪萨斯州大学美中动物卫生中心	2020.11.21	线上课程
214	动物医学院	9201710204	王怡璎	首届国际化兽医交流大会	美国	PetcareAbc 与堪萨斯州大学美中动物卫生中心	2020.11.21	线上课程
215	动物医学院	17117313	孙千惠	首届国际化兽医交流大会	美国	PetcareAbc 与堪萨斯州大学美中动物卫生中心	2020.11.21	线上课程
216	动物医学院	17418116	张梦醒	首届国际化兽医交流大会	美国	PetcareAbc 与堪萨斯州大学美中动物卫生中心	2020.11.21	线上课程
217	动物医学院	31418112	李靖红	首届国际化兽医交流大会	美国	PetcareAbc 与堪萨斯州大学美中动物卫生中心	2020.11.21	线上课程
218	动物医学院	23319105	刘 棋	首届国际化兽医交流大会	美国	PetcareAbc 与堪萨斯州大学美中动物卫生中心	2020.11.21	线上课程
219	动物医学院	17117115	吴静文	首届国际化兽医交流大会	美国	PetcareAbc 与堪萨斯州大学美中动物卫生中心	2020.11.21	线上课程
220	动物医学院	17418113	闵 敏	首届国际化兽医交流大会	美国	PetcareAbc 与堪萨斯州大学美中动物卫生中心	2020.11.21	线上课程
221	动物医学院	17119302	王语非	首届国际化兽医交流大会	美国	PetcareAbc 与堪萨斯州大学美中动物卫生中心	2020.11.21	线上课程
222	动物医学院	17117416	陆佳萱	首届国际化兽医交流大会	美国	PetcareAbc 与堪萨斯州大学美中动物卫生中心	2020.11.21	线上课程
223	动物医学院	17118211	杨佳茂	首届国际化兽医交流大会	美国	PetcareAbc 与堪萨斯州大学美中动物卫生中心	2020.11.21	线上课程
224	动物医学院	11319224	彭豪杰	首届国际化兽医交流大会	美国	PetcareAbc 与堪萨斯州大学美中动物卫生中心	2020.11.21	线上课程
225	动物医学院	35118223	姜彦竹	首届国际化兽医交流大会	美国	PetcareAbc 与堪萨斯州大学美中动物卫生中心	2020.11.21	线上课程
226	动物医学院	17117310	闫卓君	首届国际化兽医交流大会	美国	PetcareAbc 与堪萨斯州大学美中动物卫生中心	2020.11.21	线上课程
227	动物医学院	17117308	刘国庆	首届国际化兽医交流大会	美国	PetcareAbc 与堪萨斯州大学美中动物卫生中心	2020.11.21	线上课程
228	动物医学院	20418130	戴 琦	首届国际化兽医交流大会	美国	PetcareAbc 与堪萨斯州大学美中动物卫生中心	2020.11.21	线上课程

（续）

序号	学院	学号	姓名	项目类型/名称	国别（地区）	邀请/主办单位	项目日期	备注
229	动物医学院	9201710522	孟圣睿	首届国际化兽医交流大会	美国	PetcareAbc 与堪萨斯州大学美中动物卫生中心	2020.11.21	线上课程
230	动物医学院	19317203	王文哲	首届国际化兽医交流大会	美国	PetcareAbc 与堪萨斯州大学美中动物卫生中心	2020.11.21	线上课程
231	动物医学院	17118412	杨依晨	首届国际化兽医交流大会	美国	PetcareAbc 与堪萨斯州大学美中动物卫生中心	2020.11.21	线上课程
232	动物医学院	17118232	谢沛柔	首届国际化兽医交流大会	美国	PetcareAbc 与堪萨斯州大学美中动物卫生中心	2020.11.21	线上课程
233	动物医学院	31118317	钱佳瑜	首届国际化兽医交流大会	美国	PetcareAbc 与堪萨斯州大学美中动物卫生中心	2020.11.21	线上课程
234	动物医学院	17119329	瞿颖	首届国际化兽医交流大会	美国	PetcareAbc 与堪萨斯州大学美中动物卫生中心	2020.11.21	线上课程
235	动物医学院	17117324	袁海涛	首届国际化兽医交流大会	美国	PetcareAbc 与堪萨斯州大学美中动物卫生中心	2020.11.21	线上课程
236	动物医学院	11317106	李姿萱	首届国际化兽医交流大会	美国	PetcareAbc 与堪萨斯州大学美中动物卫生中心	2020.11.21	线上课程
237	动物医学院	17118113	李悦	首届国际化兽医交流大会	美国	PetcareAbc 与堪萨斯州大学美中动物卫生中心	2020.11.21	线上课程
238	动物医学院	17418126	谢国玉	首届国际化兽医交流大会	美国	PetcareAbc 与堪萨斯州大学美中动物卫生中心	2020.11.21	线上课程
239	动物医学院	17418115	张莹莹	首届国际化兽医交流大会	美国	PetcareAbc 与堪萨斯州大学美中动物卫生中心	2020.11.21	线上课程
240	动物医学院	17418123	梁家玮	首届国际化兽医交流大会	美国	PetcareAbc 与堪萨斯州大学美中动物卫生中心	2020.11.21	线上课程
241	动物医学院	17118118	张佩豪	首届国际化兽医交流大会	美国	PetcareAbc 与堪萨斯州大学美中动物卫生中心	2020.11.21	线上课程
242	动物医学院	17119313	宋许航	首届国际化兽医交流大会	美国	PetcareAbc 与堪萨斯州大学美中动物卫生中心	2020.11.21	线上课程
243	动物医学院	17117114	李梦雅	首届国际化兽医交流大会	美国	PetcareAbc 与堪萨斯州大学美中动物卫生中心	2020.11.21	线上课程
244	动物医学院	17117109	祁子泰	首届国际化兽医交流大会	美国	PetcareAbc 与堪萨斯州大学美中动物卫生中心	2020.11.21	线上课程
245	动物医学院	17116218	易霞	首届国际化兽医交流大会	美国	PetcareAbc 与堪萨斯州大学美中动物卫生中心	2020.11.21	线上课程
246	动物医学院	9193010805	冯亿秋	首届国际化兽医交流大会	美国	PetcareAbc 与堪萨斯州大学美中动物卫生中心	2020.11.21	线上课程

（续）

序号	学院	学号	姓名	项目类型/名称	国别（地区）	邀请/主办单位	项目日期	备注
247	动物医学院	17117321	林佳坤	首届国际化兽医交流大会	美国	PetcareAbc 与堪萨斯州大学美中动物卫生中心	2020.11.21	线上课程
248	动物医学院	21117103	方湘芸	首届国际化兽医交流大会	美国	PetcareAbc 与堪萨斯州大学美中动物卫生中心	2020.11.21	线上课程
249	动物医学院	17118317	陈文斌	首届国际化兽医交流大会	美国	PetcareAbc 与堪萨斯州大学美中动物卫生中心	2020.11.21	线上课程
250	动物医学院	17119226	秦夏妍	首届国际化兽医交流大会	美国	PetcareAbc 与堪萨斯州大学美中动物卫生中心	2020.11.21	线上课程
251	动物医学院	9201710204	王怡樱	首届国际化兽医交流大会	美国	PetcareAbc 与堪萨斯州大学美中动物卫生中心	2020.11.21	线上课程
252	动物医学院	35117203	王思淇	流行病学	美国	加利福尼亚大学戴维斯分校	2020.10.11—2020.12.20	线上课程
253	动物医学院	31118317	钱佳瑜	流行病学	美国	加利福尼亚大学戴维斯分校	2020.10.11—2020.12.20	线上课程
254	动物医学院	31417220	王楠	流行病学	美国	加利福尼亚大学戴维斯分校	2020.10.11—2020.12.20	线上课程
255	动物医学院	30217316	连倩源	流行病学	美国	加利福尼亚大学戴维斯分校	2020.10.11—2020.12.20	线上课程
256	动物医学院	17117203	王奕青	流行病学	美国	加利福尼亚大学戴维斯分校	2020.10.11—2020.12.20	线上课程
257	动物医学院	17118223	姜秋宇	流行病学	美国	加利福尼亚大学戴维斯分校	2020.10.11—2020.12.20	线上课程
258	工学院	19980525	陈浩然	学期交流访学	美国	伊利诺伊大学	2020.1.15—2020.5.10	赴境外
259	工学院	19971112	王悦	学期交流访学	美国	伊利诺伊大学	2020.1.15—2020.5.11	赴境外
260	工学院	32317322	喜卡	全美国际访学项目	美国	哥伦比亚大学	2020.1.16—2020.5.14	赴境外
261	植物保护学院	12117123	陆潇楠	交换生项目	瑞典	哥德堡大学	2020.1.16—2020.4.26	赴境外
262	植物保护学院	12116302	马悦舒	交换生项目	瑞典	哥德堡大学	2020.1.16—2020.3.26	赴境外
263	资源与环境科学学院	31417305	高萌	交换生项目	瑞典	哥德堡大学	2020.1.18—2020.6.14	赴境外
264	资源与环境科学学院	12117115	邱予	交换生项目	瑞典	哥德堡大学	2020.1.18—2020.6.14	赴境外
265	经济管理学院	31417311	梁怀文	交换生项目	韩国	首尔大学	2020.2.28—2020.6.15	线上课程
266	外国语学院	21217104	王挹	"2+2"双学位项目	日本	北陆大学	2020.11.19—2022.3.19	赴境外
267	外国语学院	21217202	王春蕾	"2+2"双学位项目	日本	北陆大学	2020.11.19—2022.3.19	赴境外
268	人工智能学院	20000129	王心怡	学位项目	法国	梅斯国立工程师学院	2020.9.8—2021.9.8	赴境外
269	人工智能学院	19980528	王子钰	学位项目	法国	梅斯国立工程师学院	2020.9.15—2021.9.15	赴境外
270	人工智能学院	19980304	杨俊禹	学位项目	法国	梅斯国立工程师学院	2020.9.16—2021.9.16	赴境外
271	工学院	19990809	倪博文	学位项目	法国	梅斯国立工程师学院	2020.9.16—2021.9.16	赴境外

附录6 学生工作表彰

表1 2020年度优秀辅导员（校级）（按笔画姓氏排序）

序号	姓名	学院
1	王未未	资源与环境科学学院
2	王雪飞	食品科技学院
3	王誉茜	人文与社会发展学院
4	吉良予	人工智能学院
5	李扬	经济管理学院
6	李鸣	资源与环境科学学院
7	李艳丹	植物保护学院
8	汪薇	动物科技学院
9	陈宏强	食品科技学院
10	武昕宇	草业学院
11	罗舜文	植物保护学院
12	金洁南	动物医学院
13	周玲玉	理学院
14	郑冬冬	资源与环境科学学院
15	赵瑞	园艺学院
16	夏丽	园艺学院
17	顾潇	动物科技学院
18	徐刚	动物医学院
19	章棋	人工智能学院
20	湛斌	人工智能学院
21	甄亚乐	外国语学院
22	窦靓	园艺学院

表2 2020年度优秀学生教育管理工作者（校级）（按姓氏笔画排序）

序号	姓名	序号	姓名	序号	姓名	序号	姓名
1	王薇	12	严燕	23	郑冬冬	34	郭辉
2	王东波	13	李迎军	24	赵广欣	35	展进涛
3	王虎虎	14	杨思思	25	胡滨	36	黄颖
4	王梦璐	15	肖伟华	26	侯硕	37	黄瑾
5	王雪飞	16	邹修国	27	侯毅平	38	常姝
6	文习成	17	汪越	28	施海帆	39	彭澎
7	刘康	18	张月群	29	姚敏磊	40	傅秀清
8	刘照云	19	陈晨	30	顾潇	41	谭小云
9	闫相伟	20	陈晓恋	31	钱春桃	42	颜玉萍
10	安琪	21	邵春妍	32	徐刚		
11	芮伟康	22	周玲玉	33	高新南		

表3　2020 年度学生工作先进单位（校级）

序号	单位
1	园艺学院
2	动物医学院
3	资源与环境科学学院
4	食品科技学院
5	经济管理学院
6	植物保护学院

表4　2020 年度学生工作创新奖（校级）

序号	单位
1	食品科技学院
2	园艺学院
3	动物医学院
4	植物保护学院
5	资源与环境科学学院
6	金融学院

附录 7　学生工作获奖情况

序号	项目名称	颁奖单位	获奖人
1	中国环境科学学会 2020 年"大学生在行动"优秀指导教师	中国环境科学学会	李　鸣
2	第十一届"挑战杯"江苏省大学生创业计划竞赛优秀指导教师	共青团江苏省委、江苏省教育厅、江苏省科学技术协会、江苏省学生联合会	王未未
3	江苏省千乡万村环保科普行动优秀指导老师	江苏省环境科学学会	郑冬冬
4	江苏省千乡万村环保科普行动优秀指导老师	江苏省环境科学学会	李　鸣
5	江苏省千乡万村环保科普行动优秀指导老师	江苏省环境科学学会	聂　欣
6	江苏省大中专学生志愿者暑期"三下乡"社会实践活动"先进工作者"	中共江苏省委宣传部、江苏省文明办、江苏省教育厅、共青团江苏省委、江苏省学生联合会	郑冬冬
7	2020 年度江苏省高校思想政治工作优秀论文二等奖	江苏省高等教育学会辅导员工作研究委员会	窦　靓
8	第八届江苏高校辅导员素质能力大赛南京师范大学基地复赛"优秀奖"	江苏省高校辅导员培训与研究基地	赵　瑞
9	江苏省高校辅导员工作案例二等奖	江苏省高等教育学会辅导员工作研究委员会	金洁南

（续）

序号	项目名称	颁奖单位	获奖人
10	第十一届"挑战杯"江苏省大学生创业计划竞赛优秀指导教师	共青团江苏省委、江苏省教育厅、江苏省科学技术协会、江苏省学生联合会	王誉茜
11	2019江苏高校辅导员年度人物入围奖	中共江苏省委教育工委、江苏省教育厅	王春伟
12	第十一届蓝桥杯全国软件和信息技术专业人才大赛全国总决赛优秀指导教师	工业和信息化部人才交流中心	湛　斌

附录8　就业工作表彰

表1　2020年度就业工作先进单位（校级）

序号	学院
1	园艺学院
2	食品科技学院
3	动物医学院
4	农学院

表2　2020年就业工作单项奖（校级）

奖项	学院
毕业生深造工作先进单位	外国语学院
就业市场建设先进单位	食品科技学院
创业指导先进单位	工学院

表3　2020年就业工作先进个人（校级）

序号	姓名	序号	姓名	序号	姓名	序号	姓名
1	王　恬	11	刘红光	21	张嫦娥	31	郭振飞
2	王未未	12	江　玲	22	陈晓恋	32	唐晓清
3	王东波	13	严斌剑	23	林延胜	33	梁雨桐
4	王晓月	14	李迎军	24	金洁南	34	董立尧
5	王雪飞	15	吴俊俊	25	周玲玉	35	傅秀清
6	孔繁霞	16	汪　越	26	周振雷	36	甄亚乐
7	吉良予	17	汪　薇	27	赵方杰	37	颜玉萍
8	吕一雷	18	张龙耀	28	姜晓玥		
9	朱利群	19	张良云	29	夏　丽		
10	任守纲	20	张阿英	30	殷　美		

附录 9　2020 届参加就业本科毕业生流向（按单位性质流向统计）

毕业去向	本科	
	人数（人）	比例（%）
企业单位	1 432	84.98
机关事业单位	195	11.57
基层项目	33	1.96
部队	15	0.89
自主创业	10	0.60
总计	1 685	100.00

附录 10　2020 届本科毕业生就业流向（按地区统计）

毕业地域流向	合计	
	人数（人）	比例（%）
北京市	67	3.98
天津市	29	1.72
河北省	34	2.02
山西省	7	0.42
内蒙古自治区	7	0.42
辽宁省	7	0.42
吉林省	5	0.30
黑龙江省	8	0.47
上海市	111	6.59
江苏省	744	44.14
浙江省	110	6.53
安徽省	43	2.55
福建省	43	2.55
江西省	15	0.89
山东省	48	2.85
河南省	54	3.20
湖北省	26	1.54
湖南省	34	2.02
广东省	85	5.04
广西壮族自治区	24	1.42
海南省	4	0.24
重庆市	20	1.19
四川省	22	1.31

（续）

毕业地域流向	合计	
	人数（人）	比例（%）
贵州省	22	1.31
云南省	25	1.48
西藏自治区	29	1.72
陕西省	10	0.59
甘肃省	13	0.77
青海省	13	0.77
宁夏回族自治区	6	0.36
新疆维吾尔自治区	20	1.19
合计	1 685	100.00

附录 11 2020 届优秀本科毕业生名单

农学院（69 人）

古画　沈醉　马文静　吴嘉琛　应皓　周林　陶昱珺　陈琪　凌一民
周波　吴仪　史卓琳　李琬腾　汪伦　雷源　张颖淇　裴梓汐　范艳飞
畅超艳　赵文杰　杨彦钊　王建　李展　王宁　江莉平　李长庆　徐利冰
栾欣宁　范诗濛　陈玲玲　顾传炜　康敏　顾志伟　潘明升　刘楯　刘颖超
罗兰　王思嫒　王梓怡　朱慧　刘杨琪　王潘婷　郭迎新　刁素　董其妙
朱雪爱　高昊　徐浩森　陈禹锡　卢坤润　陈柯岐　高强　栗颖怡　徐进
何祎银　宛心怡　杨涛　卫俊杰　黄民华　王国庆　崔家祺　李华祖　谢振威
苏文欣　蒋佳丽　韦冬仙　许志日　江婷婷　马艳琴

植物保护学院（29 人）

赵梓辰　吴贺　徐皓榕　谢芷蘅　王文亚　郑芷若　殷盛梅　马寅君　荆诗韵
戚朵　邹萍　马悦舒　王嫒　孙文慧　李冉　王泓力　汪燊　陈舒娴
王姝瑜　朱琳莉　杨子通　张思雨　王钲霖　荆冬　沈舒　陈雪　彭曼琪
欧阳雪　李同鑫

资源与环境科学学院（60 人）

杨敏慎　喻清鑫　张晓洁　张科达　杨博文　任瑞睿　毛雪颖　樊哲　邵晓晴
刘雅宣　李若其　潘小天　杨辉　顾茜　许一飞　间婧妍　邓娜　王雅婷
杜春钰　顾馨悦　张海丽　李玉亮　李梦瑶　葛元瑗　任姿蓉　徐艳玲　林辰昕
谢文倩　骆佳钰　马颖骏　于原　魏芯蕊　张桐　吴邦　黄文妍　戴劲成
鲁加南　解继驭　胡鑫月　耿玲侠　宋芯玮　李轶涵　黄姝晗　王宇歆　王艳妮

| 杨盛蝶 | 金君瑶 | 庄雅娟 | 蔡　畅 | 翟丁萱 | 谢雨欣 | 张佳雯 | 徐梦凡 | 仝书剑 |
| 陈抒瑶 | 徐　灵 | 马　旻 | 罗　遥 | 宋梦来 | 喻琪盛 | | | |

园艺学院（81 人）

林泽崑	李家曦	步　芳	蔡漪铃	孙　源	周　钰	朱牧云	徐迎雪	黄嘉慧
王周琴	张颜茹	陈姝延	顾　序	陈赛赛	严　佳	李祉澎	涂蓓玉	吴　颖
孙　琰	王　婷	吕美琪	陈梦颖	刘子祎	任少蕾	邰梅贵	黄艺清	申屠圆玥
陈璨梅	王　菁	李四菊	孟可欣	周佳琦	梁若琳	沈高典	黄　琪	兰崇方
曹惠舒	崔英静	王　硕	文建胜	刘光杨	徐　昇	张　臻	杨映辉	孙瑞恪
张慧博	李宏波	张　钰	扈朝阳	林文媛	陆荧鋈	陈伶俐	顾晓滢	穆新路
张睿珊	汪春凤	杨玉盈	王雨薇	林　姝	禹涵朴	陈宇楠	顾晨晖	李倩云
李　静	双　霁	徐　霏	白维祯	杨依青	徐逸楠	王　娴	连紫璇	诸葛雅贤
王新清	孙道金	单　柯	陈淑娜	李祉宣	万河妨	陈瑞琦	李宛骐	郝建楠

动物科技学院（39 人）

赵　艺	文雨晴	张昆环	孙　勇	刘　亮	张　磊	曾　佳	王邢艳	肖　琪
周子琳	吴雨珂	张　旭	陈　璐	张心培	彭　滢	张绮乐	曾文珺	石一凡
吴兰兰	王云云	张慧玲	黄钰琴	薛昱凡	陈健翔	汪茫茫	张　晨	李雪欣
华加敏	周钱阴	郭静怡	马晓娇	许萌原	李星泽	王飞雪	张　敏	刘筱怡
黄丽萍	樊慧珍	文　红						

经济管理学院（77 人）

纪浩杰	苏江华	黄佳玲	纪璐叶	冯　静	袁晓楠	李美萱	孙　昊	高帅锋
李佳熠	陶海金	杨倩文	张祖冲	吴　燕	刘佳慧	许斯睿	王　楠	陈思洁
包　洁	周雨晴	段瑞明	谭余霖	谭鹏燕	王　玉	柴　莉	王　巳	邓瑞琪
陆瑾瑜	于　森	贾亚杰	田惠文	雷馨圆	张轩婷	梁辛瑜	余露芸	金宇婷
吴　琪	李昭璇	贾　沁	龙子妍	李梦月	张　娴	宋笑涵	王镱如	蔡　恒
马伊卓	朱海璐	何小娇	贺笃志	潘婧毓	付泳易	史配其	王双玲	赵梦迪
张　晶	韩沁沁	杨　雪	杨珂凡	陈忆娴	任紫伟	张　晗	王　猛	李羽含
王欣悦	林晓玲	施慧敏	夏敬盈	杨天琦	姚秋子	甘　露	李　未	严泽轩
刘　静	王　曼	叶竹西	王　煜	李　璇				

动物医学院（63 人）

崔　媛	陈　艳	文柏清	嵇一鸣	徐彤彤	王雯祺	王聪聪	欧宇达	段晓阳
李旻婧	刘子冰	王金明	陶立梅	林立山	王思弈	樊昕怡	毛　墅	张飞跃
周　茜	杨　欢	康浩然	郭俊妍	杜凡姝	朱玥霖	张　媛	王芸菲	许秋华
黄昊洁	张　志	王昌迪	赵　晋	王克凡	谢罗兰	郭晶晶	苏霞珠	韩　雨
班今朝	李翎旭	刘　泽	金妍杉	盛楷茵	王义林	姜宜芯	安天赐	张乐天

黄佳玲　聂可方　李晓荷　袁　丽　李荷然　杨康哲　杨时玲　霍　然　周子铄
彭靖雯　赵欣月　张欣妍　何楚桥　史　钰　彭万柳　刘重阳　陈琳琳　张　旗

食品科技学院（49人）

蔡佳惠　徐　艳　肖丁娜　顾诗敏　张　琪　杨　濛　彭　璐　黄　蓉　赵玉琪
张馨丹　秦　岳　陈子晔　魏　媛　李　蕊　吴亚婕　崔智勇　陈熙林　徐鹤宾
邵良婷　周佳滢　李亚丽　殷兴鹏　殷嘉乐　刘　琪　孙玥琪　杜　楠　曹妍茹
郝雅婧　林锐敏　唐蒋芬　陈奕凝　吕芳鑫　朱　芮　陈　涵　阮圣玥　罗　琪
贺沁玉　张宏旭　杨兆甜　江梦薇　周子文　冯弋行　沙元栋　荀　冉　刘婉煜
莫乔雅　董桦林　缪慧敏　陈莎男

信息管理学院（54人）

陈誉炫　李欣颖　靳雪宁　王柯杰　秦瑞玥　李　可　刘　步　肖宇航　杜　悦
徐铭泽　王　倩　沈　珊　王子阳　潘洁滢　蒋佳佳　江　航　邱雨欣　夏雯娟
江梓枫　冯泽佳　王一帆　王子聪　丁港归　姜圣浩　雷　震　刘丽霞　安如心
张梦伟　徐欣桐　田心雨　刘锦源　巫佳卉　南　昕　潘培培　郭靖怡　赵　月
王佳睿　彭婉婷　杨鸿茜　陈炳言　田佳琪　刘云婷　车瑞悦　黄术玉　徐　昊
陈　扬　童佳星　李　鹏　左延辰　兰亚璇　骆慧颖　钱淑韵　郑朝友　李　公

公共管理学院（75人）

王婷婷　程倩倩　陆柳玲　段　敏　王　卓　汪　悦　于浩杰　鲍　晨　李　颖
杨鑫悦　邱澳玉　王诗雨　窦婧博　朱　彤　王林艳　李思雨　张　丹　马钰洁
刘冉冉　王文静　胡雨薇　阚瑶川　邹佳伦　田苗苗　王一芃　张润喆　姜　林
李　莹　蒋晓妍　陆晋文　曾国威　王语嫣　刘　迪　李卓君　李雨亭　车序超
施嫣然　彭洁敏　鲍佳星　刘丹晨　宋泽昕　罗成苗　连瑞毅　徐钰婷　胡成圆
徐　畅　刘浩榆　潘晶晶　孙杨缘　邹心怡　乐晨安　施羽乐　杨淇嘉　袁虞欣
王思睿　张姝颖　杜忻鸿　张文雅　朱彦澜　于浩洋　李　丹　邱和阳　唐　宁
董丽芳　安晓婕　王昕玥　汪　晖　李晓璇　李思祺　王峰慧　韩　宁　林玉朗
曹敏妍　杨林凡　张　猛

外国语学院（31人）

王易玮　徐　珺　汤晓钰　张凯璇　贾世璇　朱江霖　殷鑫菲　徐卓敏　殷雯昕
张睿杰　段方圆　刘燕平　傅诗泉　朱旦言　南子鑫　李薇杰　张亚琦　张一丹
惠晨程　翟睿婕　戴舒羚　王静怡　李祉娴　乐伊凡　方迦一　胡影月　韩　晴
王　源　朱奇欣　邱　雨　张婧楠

人文与社会发展学院（72人）

李　腾　王苗苗　高艺鑫　王　兰　徐凤倩　林慧勤　熊　娇　王梦媛　顾家明

冯　楠	杨　涵	刘颖健	吕志伟	范罗雨	汪雨梦	兰　鑫	孙款款	孙思远
冷　影	陈　颖	廖晓暄	陈赛汉	陈艳秋	应江宏	应佳妮	孔　蕾	冯君妍
陈玉元	茅昊天	张云婧	刘焕梅	陈　璐	潘　宁	祝文敏	赵　静	徐津安
陈薛妍	钟　逸	殷慧雅	周仲琪	丛柳笛	付嘉伟	谢晓娟	张海梅	朱雨晴
张俊伟	皮亚男	黄馨仪	于雪薇	梁　玥	张粟毓	徐紫璇	陈禹溪	景雪涵
王思敏	嵇欣华	卫丹璇	崔宇晨	黄宇芳	徐　艳	霍轲彤	李伟强	秦　阳
唐玉梓夷	李孟哲	刘　晨	孔晓霞	王　珂	朱海燕	李　皖	冯雨婷	秦金鑫

理学院（48 人）

李沛锴	史宇杰	沈　雪	陈佳琪	王绍为	李高宇	刘丰容	蒋金阳	冯小彧
蒋泽霖	朱闪闪	王帅帅	曹歆杰	王徽健	樊杜泽	孙　菲	魏琉琼	邵青清
曹爽琪	卢伟华	杨佳璇	沈振楠	杨嘉丽	陈　苗	陈雅琪	管　通	陈永琳
周俊鹏	赵浦羽	周劼苑	陆瑶涵	张月月	田　鹏	孙少锋	王子豪	刘　敏
金嘉敏	陈雨轩	常　鹤	赖依静	王明辉	唐　伟	胡佩文	宋云鹏	秦婉琦
罗紫嫣	刘　烨	何欣奕						

生命科学学院（46 人）

王一诺	勾润宇	张　弛	王子汇	杨辰思	庄宇辰	彭　程	钟　媛	葛吉涛
刘鑫月	彭　璇	王子岩	余梓琴	陈禹亭	甘　敏	张　宇	史　砚	焦凡珂
王震洲	徐明静	王　屾	黄　琴	刘曹云容	孟献雨	廖宇莹	殷明语	汤梦媛
刘逸珩	周家莉	夏丽梅	覃子倩	董哲含	丁相宜	范航平	朱　彧	邓鲤凌
尹雨欣	凌　巧	黄　恕	皇甫逸非	居　怡	朱逸凡	李晨昱	李昊阳	崔子怡
陈平萍								

金融学院（71 人）

慕德浩	康舒心	王雨彤	吴莎莎	石倩男	刁明明	谢凯祥	董文娟	汤梦悦
秦姝仪	李　宇	韩　玥	沈　熙	陈思瑜	陈文佳	孟　涵	沈　菲	张逸山
黄郑勤	祁　磊	石蕊秋	龚红名	李　昂	范　茹	陆　好	许丹琪	雷峪森
卞瑛琪	马科雯	朱倩倩	白雪茹	曹蔚宁	陈　玮	丁星友	王锡妍	石鸿越
王　丽	朱永琪	高　雅	阴龙鑫	刘思成	赵雅玮	郑净华	于辰欣	王珞嘉
薛远凤	张梓霖	张子豪	陈匡婷	金晓波	唐增瑞	蒋文静	张雪莹	谢诗颖
归鸿斐	和思嘉	陈佳品	王　絮	朱政廷	王婧宜	储　怡	王雪冰	郑　宇
彭燕娜	朱　玲	张安华	王恩泽	潘羽茜	任仲伟	韩丽颖	李　巧	

草业学院（10 人）

毛日新	王玉琪	钟友辉	温杨雪	黄辛果	吴浩然	冯冠楠	董子瑶	方甜梦
邓姣姣								

工学院（331 人）

刘熙宁	梁欢欢	谢 婕	熊阿敏	邬晓倩	黄 熠	赵若冰	杨寅初	廖洋洋
黄亚梅	王 颖	梁玉瑾	唐明铭	刘玲汛	孟逸飞	刘 琳	陶明珠	陈 波
付佳慧	储 颖	许璐璐	李 蕊	杨建峰	李 峨	董雅坤	靳元博	孙心笛
黎晓帆	李宏亮	李 也	石凌然	杨龙清	朱雪茹	廖佳鹏	杨若缌	熊雨萱
王 慧	肖慧雨诺	胡 会	王 妍	周珺晗	姚意诚	郝晓鹏	常 河	熊兴国
王明皓	李丽渝	孙雪澎	郭文娟	王鹏飞	杨 晨	陈奕雯	盛 航	孙齐悦
罗小跃	陈冉冉	徐功迅	熊成龙	石展晴	朱 萌	陈洁怡	高大枬	张贡硕
周雨砚	肖艺蕾	张啸天	那馨文	黄春香	朱 玉	孟诗君	曾 杰	齐 铭
汪 露	陈 上	欧阳义婷	杨潞铭	邱 畅	展可天	周 聪	袁科宇	邹文龙
郭子昕	单 铭	徐樱子	邢美君	韩 钊	王如意	邓 静	刘小源	葛乃飞
钟清清	尹 洁	范继元	罗漫漫	朱玉婷	郭 珊	罗 巍	孙玉慧	黄 敏
金 柱	曾梦洁	岳 洋	罗 欣	艾璞晔	杨 剑	扶 明	王 洁	周宏健
张书月	王 强	倪 杰	余晴云	杜佳诚	韩维霖	刘 倩	杨 盛	丁安澜
邢智雄	陈子轩	徐明皓	张锦文	蔡正阳	何梦梦	丁思超	向 清	闫 阳
卢子寅	杨博琳	陈奕同	彭竟德	沈 滢	罗 龙	叶 婷	朱萌宇	华 语
滕 菲	程婉君	屈佳蕾	宗晓娜	许 洁	胡红兵	舒翠霓	费韦婷	潘 浩
何 晴	陈 熹	冯思玉	彭诗瑜	刘立勇	王浩然	董夏耘	彭 茜	唐 印
缪佳佳	吴樟清	谭雨瞳	李家诚	江 佳	朱耀文	侯志莹	白涪瑶	陈 洁
刘依涵	崔清泓	赵浩泽	李 卓	仲新宇	卢 潼	石招林	童 瑶	顾玉芸
陈诗情	李培艺	姜明宜	刘帅君	王远卿	李上尚	宗振海	潘 昊	严 旭
薛宝山	周真伊	丁轶霄	唐亚婷	宋肇源	郝海超	管 翎	杜福琼	何培军
倪 征	田玉虎	张玲娜	李珍萍	张 博	张竞之	马 冲	程浩明	许文宁
王 达	刘雪峰	戚诗涵	杜元杰	沈牧野	丁 尧	贾克强	胡友成	周佳怡
杨亚如	张雪婷	雍心剑	魏 帆	罗 阳	郝又君	孙常雨	马文科	胡家荣
吕海云	刘银冬	凌 益	张 晓	伍新月	袁 超	卢军成	张智清	肖焱芸
李宁娜	孙 鑫	李天昊	李晋烜	辛一纯	段双陆	宁丽君	朱蓓媚	尹子璇
陈浏颜	丁 宁	彭 聪	刘 硕	陈慧莹	华子璇	廖 娜	丁月钰	黄慧娟
闫晨琳	郭意霖	游 索	熊梁达	肖彩阳	闫静宇	欧 盟	张文静	于银凤
侯世爽	郑乃山	陶益琛	李亚杰	陶唯一	吴 佳	陈凯玲	赵 慧	季钦杰
张旭辉	胡 昊	吴 江	李杉杉	王 凡	王晓宇	姜雯静	王 鹏	郭宇欣
姚晓辉	肖建涛	宋 喆	黄 南	吴芳芳	左丽诗	余路祎	姜芊卉	徐世昌
黄丽冉	刘 婷	邱伟国	陈嘉皓	王泽文	席 镝	罗志辉	杨 璐	郑嘉琪
陈 宁	冉 玲	田春月	李 威	谢 菲	潘华莉	唐 勇	怯士航	张 瑀
王梓璇	石 芳	王清玉	杨双泉	应雨希	白 洋	刘子健	袁佳慧	孙含颖
石 龙	殷发田	杨 洁	方敬杰	刘泽昊	戴钧杰	陈苡柠	杨姗姗	安子维
连心怡	丁 宇	王亚波	田小虎	孙 楠	唐雨昕	李涵蕊	盛宇君	周谈庆
凌鑫磊	邓子昂	杨 晨	赵晓彤	谢 颖	王佳丽	郭梦璇		

附录 12　2020 届本科毕业生名单

（统计时间为 2020 年 6 月）

农学院（199 人）

王法通	王　晨	韦小猜	冉华东	白智媛	朱昊天	乔伯文	任一静	刘子瑜
刘　丰	刘杨琪	刘俊哲	江莉平	李钰欣	杨　涛	肖明辉	张春堂	陈禹锡
郝淼艺	索生钊	徐铮辉	凌一民	彭梓励	蒋佳丽	锁　孟	裴梓汐	廖英豪
顾志伟	古　画	卫俊杰	马文静	马　星	马顺登	马燕燕	王文良	王潘婷
韦冬仙	卢坤洇	田子涵	包婉婷	曲　美	李长庆	李远鲲	吴　仪	沈　醉
宋明远	张文俊	陈思雨	陈煜灿	范艳飞	畅超艳	金正宇	周　波	胡　倩
袁旅商	潘明升	魏　畅	丁寅然	王诗圆	方龄玉	卢浩然	史卓琳	朱　炜
任　怡	邬博洋	刘　楯	许志日	许昭宇	李　仪	李　昕	吴桂英	吴嘉琛
陈柯岐	陈　跻	郑帝锦	赵逸杨	胡国森	索朗群宗	钱志君	徐利冰	郭迎新
郭海浩	黄民华	康邦丽	刁　素	马　荣	王昆仑	王智健	史海妹	白玛央珍
尼玛多吉	刘颖超	江婷婷	孙家臣	李琬腾	应　皓	张家伟	陈跃洪	周思劼
周　晗	赵文杰	赵盈迪	赵雅萍	姚一晨	栾欣宁	高春恒	高　强	梁丽敏
熊　财	潘红宇	李　壮	孟　雪	王国庆	李　展	赵　智	姜淞译	何祎银
陈　琪	康　敏	钱　昊	章　双	薛诗姵	王梓怡	朱力琪	张颖淇	徐浩森
高　昊	石晓静	杜杨婷	宛心怡	王一璇	张津沪	朱　慧	侯翰林	谢振威
汪瑜辉	张文才	王　宁	顾传炜	雷　源	王兆琪	王志涵	于瑞东	马文徽
马艳琴	王雪平	石传亮	边巴片多	任雨雯	严语萍	杜　昕	李文静	李树洁
杨彦钊	汪　伦	宋　雪	张济鹏	范诗濛	周　林	郑文涵	段博譞	徐昱斐
高文雅	唐　地	崔家祺	董其妙	强小乐	栗颖怡	罗　兰	马文玉	马　妍
王　建	王思媛	四郎卓玛	朱雪爱	刘肖玉	孙　嘉	牟　斌	苏文欣	李华祖
吴志洋	张天琪	张新渝	陈玲玲	桂春菊	徐　进	陶昱珺	喜　悦	韩秀花
程琳惠	谢润楠	蒙小兵	廉美婷	蔡星星	漆宏志	魏玉慧	古力尕尔·尼亚孜	

米热古丽·沙买提　伊巴迪古丽·热伊木

植物保护学院（101 人）

于盛杰	马淑慧	王丽斯	王　念	王　浩	史一苇	任一鸣	刘　丹	闫宇玲
孙长平	李亚妮	吴春南	吴　贺	吴晓涵	汪　燚	沈　舒	陈李一凡	赵梓辰
荆诗韵	袁瑞忠	高子杰	黄岚清	戚　朵	德吉卓玛	王小文	杨晨鹤	王姝瑜
王钲霖	王　鸽	刘　林	刘娟娟	刘毅然	芦　笛	李健丰	何　苗	宋鑫宇
张可欣	张　莉	张媛媛	陈　雪	陈舒娴	赵　鼎	荆　冬	格桑玉珍	徐皓榕
康锦瑞	彭曼琪	温伟东	谢子颖	撒　昀	徐丹阳	顾　岩	邹　萍	于丁容若
马悦舒	王文亚	王泓力	王　媛	白心竹	白奇蕊	朴敬文	朱琳莉	刘　银
李宇哲	岑至韶	张文静	张忠荣	陈　柔	陈鼎新	欧阳雪	徐秋轩	黄　曦
蒋　林	舒培涵	谢芷蘅	刘思彤	宋　琦	张瑞峰	马晓倩	马寅君	王咏坤

王修苗　田　璐　加参群培　朱文艺　刘胜男　孙文慧　李　冉　李同鑫　杨子通
宋国祯　张思雨　张颢城　武思文　周　鑫　郑芷若　胡明旦　顾燕娟　殷盛梅
古丽其曼·哈力克　日汗古丽·克然木

资源与环境科学学院（198 人）

王艺锦　王吕仑　王祎洁　王雅婷　元薪睿　毛杨毅　古君禹　任相鹏　刘雅宣
杜春钰　李若其　杨亦诺　杨振春　吴世芳　吴　邦　张晓洁　陆方正　罗　遥
周　旭　赵晓东　贾朝庭　徐艳玲　唐　健　喻清鑫　谢　军　廖远涛　翟丁萱
李轶涵　覃　晴　朱道旭　文智慧　姜　恬　刘昊觇　胡　睿　张伟莛　王璐然
王　巍　甘新宇　刘雨欣　牟晓妍　芮　雪　严纯耀　李　炀　宋梦来　张卓婷
张科达　张铜洋　陈　涵　林辰昕　周礼民　周佳信　赵　博　胡　杰　党永芳
殷泺渠　黄文妍　黄周轲　黄姝晗　商岑尧　敬雨晗　谢雨欣　赵睿涵　李炎璐
张新旋　旷蔓祺　郑惠丹　于小昱　马　菁　王宇歆　叶子涵　曲直卓尔　吕展硕
刘清秀　孙雨桐　李秋军　李　薇　杨博文　杨　辉　张佳雯　张海丽　陈　宇
陈杨沁　赵方慈　赵　瑞　贾少鹏　顾馨悦　梅昆彪　龚　洁　韩飞宇　喻琪盛
谢文倩　谢南希　潘小天　燕子萍　戴劲成　刘悦宁　肖丹琳　张　琳　杨　帆
汪　严　格根塔娜　马斯琦　马颖骏　王文荟　王姝艺　王艳妮　王道健　牛双慧
仝书剑　任瑞睿　庄雅娟　李玉亮　李　俊　李　婷　杨盛蝶　吴　婕　张夕雯
张子成　张芸滔　张晓晖　苑一琳　林湘岷　骆佳钰　顾　茜　徐　灵　徐　彦
徐梦凡　鲁加南　谢子涵　解继驭　谭　心　刘梦卓　张　一　于　原　于嘉宝
马　滢　王炜楠　王唯佳　毛雪颖　邓思合　卢善华　许一飞　孙雪萌　李俞婵
李梦瑶　杨心怡　吴若凡　何敏钰　张　卉　陈抒瑶　卓陈津　罗天乐　金君瑶
胡鑫月　间婧妍　耿玲侠　顾志壮　黄伟杰　崇　瑶　彭友镜　葛元瑗　嵇　晨
鲁从学　樊　哲　戴惠珺　魏芯蕊　王诗语　丁　建　马　旻　王嘉童　邓建军
邓　娜　付梦豪　朱欣宇　任姿蓉　米　扬　孙　悦　李雪梅　杨敏慎　肖　微
利浩男　宋芯玮　张叶灵　张　桐　张慧欣　邵晓晴　罗正祥　胡　博　袁贵香
夏　蓉　倪丹青　郭昊南　黄　馨　梁　玉　蔡　畅　马合帕丽·朱曼
江俄力·巴合提　阿卜杜赛麦提·吐鲁甫

园艺学院（315 人）

旦增曲增　包金艳　兰崇方　巩思愚　曲尼措姆　阮玉君　巫淑婷　杨依青　杨映辉
吴　青　汪宇欣　张　振　陈伶俐　陈佳路　陈淑娜　陈璨梅　周舒敏　胡子威
禹涵朴　耿枝欢　曹　语　覃　维　谢茂森　徐锦浯　赵闻鑫　严　佳　马金禹
王若环　王宗源　王校晨　王　硕　卢盈悦　叶　语　包浩飞　朱牧云　李宏波
况宇瑄　张星素　张睿珊　陈　好　陈畅源　陈淑琪　周画意　孟可欣　胡钐匀
胡　洋　姜骁轩　耿萌萌　徐冬琦　郭姝颖　程文浩　谢宇昂　谢晓仪　窦煜宁
薛梦洁　刘子祎　冯天敏　朱佳琪　朱浙楠　任少蕾　祁常鹏　李文超　李祉澎
李　倩　李倩云　李梦瑶　连紫璇　佐雨宸　余孟晗　陈乐婧　陈　思　陈梓楦
陈瑞琦　陈　睿　姜万晟　徐迎雪　高夏元汕　黄纤惠　曹棣菲　盖韵囡　谭晓燕

戴冰泓	马晓妍	文建胜	朱予顿	乔馨慧	刘方征	刘宏运	刘 昊	闫翊菲
苏梁轶楠	李宛骐	李 铮	李 静	汪春凤	张汉雄	张雨娇	张 钰	张梦燚
张婉静	罗朝旭	季 为	周佳琦	格桑德吉	索南布赤	唐雯琛	唐筱恬	诸葛雅贤
黄泽兰	薄 宇	崔昊宇	贺 颖	王佩琳	王 菁	吕美琪	刘佩凡	孙 源
杨 光	杨时宇	杨玺民	吴静懿	张涵洋	林小涪	林佳莹	姚传娣	夏丛婷
顾 序	倪雨淳	徐昭涵	曹安琪	曹惠舒	梁雨琪	韩秉仟	潘 军	于海洋
王敏卓	冯炜然	刘东贺	刘宸瑄	刘 婧	许 瞳	孙瑞恪	孙 燕	芮 雪
李祉宣	杨 扬	张艺萌	陈宇楠	陈赛赛	周 钰	官丽君	顾晓滢	徐逸楠
蔡 汭	王子康	王新清	双 霁	卢学礼	朱俊谕	乔怡明	刘光杨	刘 森
严瑾瑄	沈 妍	张碧蓉	陈文琼	陈 晖	陈 璨	范瑞霜	林泽崑	周丝雨
周 欣	郜梅贵	姚舜禹	格桑曲珍	顾冰洁	涂蓓玉	黄嘉慧	曹钰鑫	梁若琳
扈朝阳	覃潇凡	蔡晶晶	穆家壮	刁佳美	杨玉盈	雷滨畅	于祎湉	王雨薇
王周琴	王 桦	王舒寒	邢义鸣	朱品清	庄启菡	李秋果	李家曦	杨 昊
吴 颖	邱 吕	沈高典	张酒源	张 鑫	其美玉珍	林文媛	罗 婧	周钰怡
房鑫奇	郝建楠	段诚睿	徐 昇	黄艺清	黄百莎	康圣楠	温思为	朱振宇
虞 啸	么如意	马家靓	申屠圆玥	白竹谊	冯香桔	刘江南	刘 杰	孙 琰
孙道金	李晓凤	李 静	吴秀扬	张颜茹	张 臻	陆林娟	阿吉琼琼	罗 鑫
周冰姿	胡 睿	姜安泽	徐 霏	郭 霖	唐秀秀	黄 琪	喻梦潇	黄瑞琳
步 芳	莫颖慧	兰云希	向郭瑀	丁 莹	于汶楷	王玉欣	王婉婷	王紫中
石一岑	田正君	白维祯	邢小丹	朱亚强	刘燕花	巫忞曦	杨 也	杨 鑫
冷雨茜	张乃心	陆荧銮	陈姝延	林 姝	周盼盼	单 柯	胡 杨	段玥彤
顾 添	蔡漪铃	黄涵宜	王 婷	周 飞	蒋雨翰	李弘翔	聂 敏	刘仙华
孙 瑜	杜 悦	李四菊	何昌芬	张慧博	陈玉江	陈梦颖	陈婉婷	范芙琳
周庄煜	胡镇关	姚浩铮	黄 鑫	崔英静	谢 申	谭曦曦	穆新路	周 璇
万河妗	王 娴	石蓉畅	李晓悦	杨菁菁	张玮婷	陆振宇	周康阳	胡明月
柏欣月	施怡娜	秦语浩	顾晨晖	郭蕙筠	黄宸羽	庚 燕	梁夏燕	曾 瑜

动物科技学院（无锡渔业学院）（111 人）

孙竞文	冯烨芷	边佳伟	齐 茜	孙利鑫	李星泽	杨子熙	肖 琪	汪茫茫
沈金澄	季铮渝	孟慧园	赵 艺	郭鸿运	梁竞文	曾文珺	雷智琦	虞晶晶
徐银莹	王亚男	文雨晴	丁爱芹	王飞雪	方 健	尹莉丽	朱丘仪	李浩琳
张昆环	张 晨	张 鑫	陈 成	夏秋雨	黄绿华	石一凡	周子琳	胡兰心
王云云	王梓乔	伏 晨	李雪欣	杨雪琴	吴兰兰	吴雨珂	宋榜桂	张 旭
张 敏	昌小杰	侯咏微	冯乙芮	孙 勇	华加敏	刘 成	刘 迎	刘 亮
刘筱怡	李雪嫣	李静雯	吴家敏	沈嘉宁	张宇辰	张 晴	张熙鹏	张慧玲
陈济源	陈 璐	耿亚田	黄丽萍	靳思卿	张紫玥	廖开敏	周钱阴	张心培
崔雷鸿	李进豪	张俊亮	张 磊	顾岩青	彭 滢	曾 佳	薛昱凡	王 锐
史岳兰	林若冲	段 颖	郭静怡	黄钰琴	黄道凤	樊慧珍	马晓娇	陈弈合
李 璐	陈 舜	马 菁	王小豪	王邢艳	文 红	刘 简	杨团义	张绮乐

罗晨皓　袁宇哲　顾佳林　卢泽宇　朱悦洁　刘家明　许萌原　肖锦程　宋　卓
陈健翔　周立水　潘楚娟

经济管理学院（282 人）

刘成翰　王双玲　王春辉　朱雨菲　仲　成　刘可人　刘　颖　孙雪晴　杜垚垚
李正明　李宝琪　肖宸凤　吴小虎　吴　琪　张　晗　陈梦圆　陈　瑶　周甜甜
王傲铤　胡　冰　姜　雪　袁　航　钱佳苇　彭家钦　蒋　杨　王微微　邓正威
余晶晶　单圣涵　孙娇阳　范曹雨　许逸凡　马伊卓　姚秋子　李素素　袁晓楠
田　镯　陈孜荣　孔令阳　丁元景　王秋实　王俊龙　王桂叶　孔令鹏　石胜男
叶　贝　成雨婴　刘　燕　李思懿　吴佩达　吴　燕　赵凯强　赵　瑞　俞　静
徐　璐　郭正辉　曹宇泽　梁　杰　彭智其　葛敏思　董润宇　蒋　睿　韩华宇
程译漩　谭余霖　樊春源　戴林娜　李　璇　过诚加　李昭璇　马小洲　叶奕聪
贾亚杰　杨倩文　夏敬盈　白玉洁　王镱如　邓漫婷　叶竹西　付喜婷　邢　玥
朱雨恬　任家瑶　刘　冉　刘筱娅　纪璐叶　李宁燕　李雪蓉　李　婧　李默然
李　璐　何佳亮　何祥宇　辛明远　张一峰　张　皓　陈忆娴　陈庆怡　周雨晴
周诗宇　黄建赫　黄慧君　蒋梦露　缪莎莎　魏旭媛　汪　蓓　陆瑾瑜　陈宇轩
金宇婷　周璟琳　王　煜　邓　燕　申美晴　史沁晖　史雨雯　史配其　冯　静
任紫伟　许晓蒙　苏　婷　李　琳　李　婷　杨天琦　杨　琳　肖延方　肖承博
邱润竹　汪蓓蓓　张　曼　段芳彩　徐丹妮　徐昊月　徐荷怡　唐子昂　黄　朝
韩嘉琦　程治淏　谢子琳　霍奕璇　于　森　段瑞明　张祖冲　秦　铮　安以恒
欧阳文哲　张佳琪　王　楠　刘子寒　苏江华　顾　倩　王怡蘭　贺笃志　李佳熠
于珊珊　王金宁　王相宜　王浩宇　王渝画　刘学峰　纪浩杰　李子杰　李梦月
李　瑶　杨　雪　沈文浩　张燕华　苟思懿　林晓玲　钟欣宇　钟　铸　贾　森
顾佳雯　顾海天　柴　莉　钱裕慧　倪　俊　徐方璐　高帅锋　高培华　滕　高
陈思洁　刘　静　蔡　恒　张轩婷　王彦钦　王　巳　王子勖　巴　桑　付泳易
达　措　刘乐萍　刘铭旭　江晨嘉　李成飞　杨皓淋　吴　倩　余露芸　宋笑涵
张毓航　陈宇晗　陈观汉　郑以充　郑玉婷　施董妍　施慧敏　骆淑婷　郭泽航
陶　鑫　黄馨予　邓瑞琪　梁辛瑜　王　曼　王维祯　姜　宁　陶海金　杨珂凡
潘婧毓　黄佳玲　王　璐　包　洁　张　娴　顾寅正　崔家南　苏　同　谢志扬
朱海璐　李　未　曹钰琳　许斯睿　张　晶　王欣悦　王智宣　龙子妍　朱　茜
陆　宇　贾　沁　雷馨圆　孙　昊　肖永河　史怡宁　陆铭宇　王禹钦　李荣倩
王　猛　孔令彤　邓益婷　甘　露　田惠文　刘佳慧　刘美冉　刘恬恬　刘晨晨
严泽轩　李美萱　杨雨然　吴楚仪　张义天真　陈奕敏　陈　歌　范馨楠　罗　超
岳金明　周　锐　赵梦迪　赵梦雅　陶　婉　谭鹏燕　薛云凤　朱　巍　史怡芳
王　玉　谢心仪　韩沁沁　李青林　郭　玲　杨虎成　沈　荻　左新茹　李羽含
何小娇　竺青青　阮子玲

动物医学院（168 人）

李晓荷　张丽萍　张男吉　徐　洁　杨瑛楠　赵梓君　许济涛　赵欣月　吴昊泽

张启凡	金妍杉	王思弈	王聪聪	冯凌雁	吕 茜	刘 洋	刘 娅	杜凡姝
吴诗敏	陆晓妍	陈琳琳	周子铄	赵 晋	段 锻	黄佳玲	曹艳容	解玉鑫
张欣妍	王芸菲	王思源	王益祥	毛 曌	冉 茜	冯永超	邢之晨	毕伦川
仲 琦	刘冰青	孙瑞妮	杜 恒	李天琦	李旻婧	李梓君	李逸群	李瑞欣
杨 晨	张学亮	张 茜	张 媛	陈 艳	赵丹杨	段晓阳	袁 丽	郭笑楠
彭瑞楠	曾逸菲	谢罗兰	张飞跃	崔 媛	盛楷茵	沈冰儿	何楚桥	文柏清
王小磊	王义林	王志学	白欣欣	刘子冰	许秋华	苏霞珠	李松睿	李荷然
杨康哲	张文清	陈普泽	陈 曦	周 茜	孟繁荣	段 钰	俞 德	施穰书
姜国韬	姜宜芯	郭 昭	郭晶晶	董泽源	温 晨	谭 聪	翟文卿	王月明
燕诗雨	薛 甜	杨 欢	徐彤彤	王 越	王金明	尹刘雯	史 钰	刘 广
刘寰涵	李小伟	杨时玲	杨奇峰	杨智仁	陈博渊	陈墨涵	林璐滢	周小涵
项铭皓	袁 野	贾丹阳	高 炀	陶立梅	黄昊洁	彭万柳	韩 雨	稽一鸣
曾敏倩	窦体馨	薛婧祎	安天赐	周宇恒	王铭真	袁晶叶	郭俊妍	王安蕊
王志华	王昌迪	王洪俊	刘重阳	李翱旭	李紫彤	吴 冰	何智玲	邹剑文
邹 萌	张乐天	张 志	张政哲	林立山	侯崧玥	班今朝	黄 凡	康浩然
程 晗	霍 然	王雯祺	林晓茜	廖 登	聂可方	刘 泽	陆涛涛	罗瑞新
宋熠苏	陈 驰	任方勋	张 旗	陈丽婷	陈晓镓	彭靖雯	王克凡	欧宇达
朱锦慧	张臻玮	樊昕怡	朱玥霖	李思雅	蒋一丹			

食品科技学院（181 人）

王 幸	王 威	牛欣宇	仇 昊	冯世昌	吕芳鑫	孙扬名	麦贤梓	李亚丽
李典昭	李鹏鹏	肖云飞	张玉婷	张 琪	陈波宇	武俊英	林锐敏	周 舟
周 林	周 楠	贺沁玉	郭艺心	蒋 梁	舒逸凡	蔡羽欣	蔡浩天	魏 媛
何淇会	王 帆	王雨叶	王 昱	王雪君	朱 芸	朱容容	刘平成	刘诗语
刘 恒	刘婉煜	刘 琪	许雨娟	杜立宇	李雪铭	李 蕊	杨孝宇	杨 濛
吴 昌	张宏旭	庞 臻	郑文轩	赵佳钰	顾思贤	殷兴鹏	高祝卫	唐蒋芬
黄凯寅	黄静雯	谢雨佳	丁 裕	王 文	王心琪	王 莹	王雅静	甘国璇
冯 岑	朱 芮	朱 蕾	刘 漫	许嘉敏	孙玥琪	严龙飞	李宛泽	邱玉芸
张 雪	张维义	陈熙林	周子文	赵玉琪	郭嘉文	黄小桐	韩伊清	蒙奎贤
蔡佳惠	魏芷茜	王兆为	王丽娴	王 玥	王瑛瑶	冯天琳	冯思毅	芦家靖
杜 楠	李文博	杨紫晴	邹建晟	张馨丹	陈莎男	陈培璇	周静滢	郑 瑶
姚 婕	徐 艳	徐鹤宾	郭昊宇	黄思宇	杨兆甜	董桦林	陈奕凝	殷嘉乐
黄 蓉	杨子懿	赵文瑞	徐逸群	曹嘉悦	崔智勇	彭 璐	蒋思睿	马馗伦
吴若彤	陈月月	王 悦	莫乔雅	吴亚婕	朱旭浩	陈彦臻	王俊姣	王超炜
王 霖	戈晓吟	卢 纯	冯弋行	齐 聪	许 多	许 淳	阮圣玥	苏秋婷
李瑞晨	肖丁娜	陈方圆	陈晓岑	陈 涵	邵良婷	林文昱	赵穗润	秦 岳
栗瑞杰	曹妍茹	谭丽琴	缪慧敏	霍诗薇	朱宁怡	齐鲁艺	丁海臻	王露丹
朱汉文	仲安琪	刘红霞	刘 畅	孙雨箫	李晓逸	李雪菲	杨明哲	沙元栋
张冯杰	张庆超	张艳丽	陈子晔	范培培	罗 琪	周佳滢	周 琳	荀 冉

胡梦垚　顾诗敏　钱天润　凌春榕　唐菡颀　曹雪珂　熊正俣　江梦薇　郝雅婧
阿依努尔·艾沙

信息管理学院（184 人）

王子阳　赵　月　石　珂　王立志　王宇锋　王泽宇　王柯杰　王　清　冯泽佳
朱梦蝶　庄　硕　江文冲　李思哲　沈　珊　张顺杰　张梦伟　陈健祥　姜钰铭
姜雱芸　秦瑞玥　徐田林　徐　烽　唐　毅　黄术玉　黄诗溦　梁嘉文　童佳艳
潘玥永　潘嘉亮　薛铭家　常　亮　钱淑韵　李润隆　王子聪　王　磊　尹梦杰
田心雨　皮紫嫣　李　可　李伟东　李思怡　肖　聪　吴永锟　陈佳婕　陈　锋
邵若芷　郑　诚　郑朝友　徐家睦　郭一帆　郭　赐　黄诗怀　龚千谒　彭婉婷
舒钟卫　鲁添元　黎远波　潘洁滢　魏宇航　徐　昊　王一帆　王佳睿　朱　凯
徐欣桐　丁港归　王一清　王雅云　冯　琳　刘永杰　刘　步　刘锦源　李　公
李志北　李知璋　李　鹏　杨鸿茜　张宽路　陈　扬　陈美男　金银涛　娄　皓
姚子聪　袁嘉豪　黄鸿亮　蒋亦鑫　蒋佳佳　程泽华　童佳星　李思蕾　马新宇
王　点　朱光祥　朱浩宇　任　洁　江　航　肖宇航　邹安琪　汪小义　宋紫钰
张业超　陆佳琦　陈钦依　陈禹廷　陈炳言　陈博文　周春颖　郝英清　姜圣浩
徐　祥　黄晟元　康黄震　阎关丞　喻建宇　雒　熙　魏寅文轩　陈健超　阮文博
巫佳卉　杨世坤　王心悦　仇辛月　王小珂　卜嘉欣　左延辰　田佳琪　刘欣星
杜　悦　李欣颖　李黎龙　邱雨欣　邱壹浠　何　扬　张　露　陈誉炫　苟学婧
欧　洋　季月侣　南　昕　施　畅　夏雯娟　徐铭泽　高胜钰　高晨阳　崔恩瑜
程　为　曾丽霞　雷　震　谭泽仁　戴崇丞　翁翔宇　王文昊　王　倩　车瑞悦
兰亚璇　刘云婷　刘丽霞　齐家文　江梓枫　安如心　孙诗雅　杨沄涛　杨硕琦
杨惠迪　谷　飞　闵馨冉　汪　琳　沈烨清　宋子安　张　兰　张笑宇　张嘉珺
陈诗雨　陈嘉诚　周赛月　宗　睿　骆慧颖　郭靖怡　黄　舜　熊福华　潘培培
季劼旻　李　月　靳雪宁　闫羽晖

公共管理学院（236 人）

王宇茜　王若凡　王家泰　毛　宁　方　波　乐晨安　朱彦澜　刘冉冉　李雨亭
李　浩　杨婉莹　连瑞毅　余　圣　汪　晖　张小顺　张抑非　张　猛　陈子言
孟繁鑫　郝伟光　段　敏　侯　祺　姜　林　姜　梅　钱依琳　黄稚乔　崔文杰
章泽忠　谢志颖　汪　璇　施一苇　谢久祥　于明扬　王诗寅　王语嫣　王家悦
尹　蕾　田苗苗　刘丹晨　刘雨婷　孙　旺　孙樱嘉　李诗雯　李思雨　李雪莹
杨惠歌　宋文杰　张一落　张书生　张毅唯　陈　颖　陈赛赛　周佳宁　赵金普
唐　宁　韩　宁　鲍　晨　廖文静　德　吉　潘晶晶　马倪苗　王一芃　王婷婷
尹　敏　史　千　代新宇　刘　迪　孙杨缘　杜忻鸿　李郑玉　李瑞鑫　李　颖
肖智识　何惠娟　宋泽昕　宋　疆　张　丹　林墨涵　庞博安　赵安洋　徐子涵
徐浩桐　郭　亮　桑晨晨　剪　悦　翟羽佳　颜逸棋　穆鸿雁　安晓婕　丁天煜
马　玥　马钰洁　王昕玥　王怡宁　王　涛　白玛卓嘎　冯敏雪　任怡萍　苏小涵
李卓君　杨文青　杨林凡　杨航青　杨鑫悦　邱澳玉　张文雅　张润喆　陆柳玲

罗成苗　姚菊梅　曹敏妍　彭扶风　程倩倩　曾思翰　薛舒允　杜青原　邹心怡
于浩杰　马本燕　王林艳　王思睿　王剑飞　王峰慧　达瓦次仁　刘浩榆　江鹏翀
孙宇清　何嘉彤　邹佳伦　宋孝哲　张天恩　张姝颖　张高峰　季欣颖　周　茜
孟子柔　郝甲蒙　郭莹馨　曹宇婷　曾国威　鲍佳星　德青巴姆　徐　达　乔　棋
杨超群　廖芷暄　李　莹　杜可心　蒋希睿　于浩洋　王文静　王诗雨　车序超
刘浩然　许锦伦　严雪明　李文涛　李彦波　李晓璇　张逸飞　张　巍　陈生军
林玉朗　郁　婧　周　馨　施羽乐　贾晗悦　顾钰娟　徐钰婷　徐萱婷　章秋慧
程　涛　鲁　毅　朱梦勤　马铭彤　王　卓　尹朴杰　陈韵雯　付子浩　令狐念慈　庄涵方
刘　洋　刘浩辰　刘梓萱　汤宸凯　杨淇嘉　陈红蕾　陈韵雯　季梦娇　周凌云
郑　程　施嫣然　袁舟镇　顾菲洋　葛冰聪　蒋晓妍　窦婧博　刘兆熹　李　丹
孙紫薇　李思祺　江佳伦　胡雨薇　胡成圆　王英杰　王晶晶　王　鹏　朱　彤
刘广宇　刘　泽　孙　宁　李欣怡　杨津岩　杨雅茹　邱和阳　张钰琦　陆晋文
陈思纯　林培艺　尚柏成　袁虞欣　徐　畅　徐　倩　彭洁敏　董丽芳　程丝雨
甄皓丞　阚瑶川　李沛澍　林晶钿　汪　悦　王心悦　白亚婷　胡斌斌
托合提·吐拉普　祖丽娜尔·喀迪尔　阿力木·阿卜杜热伊木

外国语学院（148 人）

王静怡　朱旦言　朱语嫣　刘怡婧　孙　婉　李雨桐　李欣语　李　娉　吴晓天
别享鑫　沈志荷　张嘉烜　张瀚引　陈　诺　胡　诗　南子鑫　钱雪纯　侯选选
殷鑫菲　雷欣宜　孙晨博　王伟杰　俞慎怡　唐紫彤　谷　茵　丁孝茹　于韫之
马郭昊　方矢帆　史旭峰　李丹蓝　李祉娴　李晓琰　吴阳飞　张桎柳　张婧楠
林　蓉　周星熠　赵　雪　胡宇凌　钟海维　钟　锐　秦恬甜　夏　萌　徐卓敏
高　嘉　谢　雨　王　芮　江添琦　王昊阳　王祎珣　左雪妍　乐伊凡　朱双双
李国圣　李珍珍　李家辉　李薇杰　肖书彤　张　艳　张　栩　陆　艳　陈翰逸
郝佳宁　姚紫凌　谈静雯　桑瑞杰　黄慧娜　鲁春辉　童泽禹　杨晓萌　张一丹
方迦一　马　云　须俞快　王红云　王易玮　朱　冉　闫柯印　汤晓钰　李艾霖
李　薇　杨佳琳　吴姝颖　邱　雨　宋棉棉　张亚琦　张陈治　张睿杰　赵慧贤
胡影月　莫美玉　徐胜楠　徐　珺　殷雯昕　高　原　鲁紫嫣　杨　妍　马　蕊
王韵佳　王　源　文　涵　刘红鑫　刘燕平　李俊兰　李舒婷　杨雨欣　杨梦帆
宋　洁　张园梦　张凯璇　张慧君　段方圆　贾世璇　韩　晴　惠晨程　童敬玲
蔡　妍　翟睿婕　杨宛妮　唐　雪　刘炳见　徐　颖　王俊峰　王　雪　王逸捷
邓嘉欣　冯　曦　朱江霖　朱奇欣　朱茜妮　刘芳彦　汪雪萍　沈继鹏　张炎清
陆歆予　陈秋霏　陈　晨　陈　愉　范一菲　周艺伟　赵超越　徐　尧　傅诗泉
鲁苏敏　解立夫　戴舒羚　周凡群

人文与社会发展学院（210 人）

王东媛　徐宇航　马智颖　王元申　王梦媛　冯雨婷　兰　鑫　刘文欣　刘　真
汤芳玲　许雅妮　李希嘉　李奇璇　李佳琳　李思敏　李维婕　李　蕊　吴紫吟
何　佳　应江宏　汪　洋　张　晗　张紫懿　陈闻婕　陈　璐　周仲琪　赵欣薇

赵海韬	秦　阳	秦金鑫	唐玉梓夷	黄馨仪	章龄之	嵇欣华	楼靖霄	虞　凌
戴　源	陈禹溪	刘一凝	金　天	王可佳	王　昕	白彬宏	朱雨晴	朱佳欣
朱海燕	闫名扬	肖一男	肖　尧	张云婧	张馨悦	陆丹婷	陈赛汉	陈薛妍
范罗雨	林慧勤	赵　越	钟　逸	秦志超	莫　纳	索朗曲珍	夏　烨	黄肖呈
曹　阳	鄢浩然	燕博宏	霍轲彤	刘恺宁	江盼慧	王天禹	王思敏	王浩存
皮亚男	朱以晴	刘西岚	刘焕梅	李伟强	李　皖	杨　岚	吴地委	吴家聪
汪雨梦	沈琼如轩	陆　睿	陈诗洁	陈艳秋	范豪豪	卓　瑾	殷慧雅	郭嘉莉
黄　捷	韩永琨	韩卓霖	景雪涵	管　文	翟栩滢	熊　娇	穆寅庆	董力嘉
张俊伟	段森磊	杨雨彤	鲁佳斌	王　珂	旦增白玛	吕志伟	刘　敏	李艺璇
杨致远	张海梅	陈玉元	陈润康	陈清梅	茅昊天	罗家鹏	罗锋烽	徐凤倩
徐津安	徐　艳	徐紫璇	高　灿	崔雅馨	嘎松拉西	廖晓暄	潘琪琪	林　锐
艾典儒	辛　岑	王　兰	王福英	扎西次仁	孔晓霞	冯君妍	朱云桢	刘颖健
江佳雯	李　航	李琳玉	吴鸿荣	冷　影	张子越	张红帅	张胜男	张高瑜
张清璇	张粟毓	陆小芳	陈　洁	陈　颖	陈燕梅	赵　静	柳兆银	倪佳颖
黄宇芳	曾　波	谢晓娟	登增成列	秦　潇	于雪薇	王小雨	王羽涛	丛柳笛
多吉旺久	刘龙超	刘　鹏	孙款款	赤列曲吉	李　恺	李　腾	应佳妮	张　沅
张雅婷	陈志霞	孟登文	桂　权	顾家明	殷姝惠	高露梅	黄　诚	程茂森
潘　宁	代　维	卫丹璇	马文熙	王苗苗	王明晓	孔　蕾	付嘉伟	冯　楠
刘　浩	刘　晨	孙思远	李孟哲	李　悦	杨　涵	周子扬	周　苗	於周敏
姜心慧	祝文敏	徐　美	高艺鑫	高姝琰	常江涛	崔宇晨	梁　玥	董　雨
詹晓莹	慕惠荞	图尔苏阿依·麦麦提						

理学院（146 人）

常　鹤	袁典飘	杜少康	万　静	王茗萱	王胜孟	白潇一	冯　羽	乔星华
刘丰容	刘　洋	刘　烨	杨　凯	杨嘉丽	肖小琪	吴　婕	何欣奕	张月月
陆瑶涵	陈　苗	陈雨轩	罗紫嫣	周劼苑	郑惜之	赵志奇	高　宇	龚景昱
梁梦璇	蒋金阳	赖依静	廖细桃	樊杜泽	王文轩	冯一轩	丁　杰	王艺霏
王明辉	田　鹏	史宇杰	冯小彧	朱　宇	朱丽雅	刘惠丽	闫　旭	孙　菲
李宇晗	李觉罡	杨尚儒	陈雨晴	陈雅琪	荣　昊	侯沁中	凌梓轩	梁永扬
蒋泽霖	谢镇涛	雍　乾	魏明岚	魏琉琼	李沛锴	王　媛	牛溢漩	化　珍
石伟杰	毕良涛	朱闪闪	闫汝海	孙少锋	苏　麟	李雨帆	吴江斌	沈　雪
张昱昊	张嘉义	夏江林	徐毅正	高　升	唐　伟	曹爽琪	董永江	温彦博
谢雨汐	管　通	邵青清	徐孜成	李嘉骜	王子豪	王帅帅	韦金伟	卢伟华
史小刚	付梓桐	刘　敏	闫　辉	阮铭基	张辰风	陈永琳	陈佳琪	范佳成
周俊鹏	胡佩文	胡泽恩	侯美廷	施惠民	秦本源	莫艳阳	顾玙璠	郭宇轩
黄　超	董孟园	曾文军	蒲虹辰	沈雅文	王朋运	宋云鹏	梅万程	王立婷
王绍为	王徽健	巩　涛	朱　赟	刘　羽	李高宇	杨佳璇	辛　源	沈振楠
张佩嘉	张　静	金嘉敏	郑天瑜	赵佳慧	赵浦羽	秦东升	秦婉琦	秦鹏举
贾冬民	黄煜东	曹歆杰	梁　鑫	彭书昭	鄢志超	阚　鑫	薛艳琪	魏　宇

许倬俊　朱　威

生命科学学院（161人）

马晨凯	王　屾	王　委	王雪纯	王曼莉	尹雨欣	石书琪	刘　通	安佳璐
杨小昆	杨辰思	余梓琴	张　希	陈文昱	陈宇航	周家莉	曹　雄	王思远
邓智多	包　炜	朱　旃	庄宇辰	汤竹昀	杜松泽	吴思雨	张丽晨	张富海
陈禹亭	陈　晨	陈楷文	夏丽梅	凌　巧	郭广阔	黄　琴	崔子怡	蔡世成
戴旻珺	于吉啸	王一诺	勾润宇	史　砚	仲可成	任知韵	任逸飞	刘安琪
刘鑫月	李诗欣	杨晨滟	肖　楠	时静远	张宇欣	张玮琪	张梓洋	张嘉琛
陈清扬	周子言	居　怡	郝文琦	姜　尧	贾琪源	葛吉涛	谢怡峰	王韵涵
焦凡珂	丁相宜	廖宇莹	贾辛怡	韦思齐	朱逸凡	孙棹伟	李心睿	李金峻
杨雪梅	汪逸薇	张伟娇	张　弛	陈　琛	范航平	周德伟	胡桑宇	段　翔
姚敏敏	钱　伟	殷明语	黄仲煜	黄　铖	梁成程	彭　璇	蔡梦茹	濮定哲
许魏枫	王震洲	尹　昊	鲁人玮	虞濠华	李晚笛	甘　敏	刘曹云容	孙宁昱
苏　杨	张　睿	陈平萍	陈柏澔	邰英平	娄孔寅	郭勇佳	黄君杰	彭　程
韩富港	薛丁源	魏　彬	黄　恕	王雨璇	王诗韦	王悦越	方美玲	张　宇
张魏昱	陈　琳	林泽彬	孟献雨	钟　媛	皇甫逸非	姜文艳	姚东作	秦昌盛
徐俊宇	徐雪婷	徐博扬	董哲含	覃子倩	傅晓莉	邓鲤凌	干宇枫	马凤琳
王子汇	王子岩	尹鑫涛	龙天一	朱　彧	刘江原	刘逸珩	汤梦媛	李一璠
李昊阳	李晨昱	张世卿	张慧明	邵玛珂	邵慕涵	武　彤	周财宇	赵祥明
胡　勇	贾　真	徐明静	曹曼龄	阎致广	裴嘉祺	熊阳杰	薛昊安	

金融学院（233人）

于辰欣	王婧宜	牛慧文	石倩男	石鸿越	石蕊秋	乐鑫淋	刘佳蕊	李博夫
吴大然	何奔宸	沈莹娇	沈　熙	张润轩	张维乐	邵新宇	和思嘉	赵钰莹
钟梦迪	姜晓悦	徐　颖	盖业瑄	彭　丹	蒋文静	雷怡然	窦元熹	臧子源
潘羽茜	王　丽	马科雯	王珞嘉	王笑哲	方颖妍	田旭林	朱倩倩	任仲伟
祁怡臻	孙禹洋	杨非凡	余宁霞	沈　阳	宋佩佳	张子豪	张美玲	张雪莹
陈思瑜	林晓玲	金思含	周鑫彤	袁胤栋	顾双双	倪　璇	龚红名	梁志远
密继允	储　怡	廖冰滢	刁明明	马　恪	王　田	王雪冰	王琪钰	卞　蕊
卢　丹	白雪茹	朱咏妍	刘思宇	孙晨洁	阴龙鑫	苏耀芸	李　丹	李　昂
李城开	杨云昆	张梦真	张雅心	陈文佳	林嘉渝	赵世欣	徐张帆	桑留叶
韩丽颖	谢凯祥	谢诗颖	薛远凤	朱永琪	肖瑞芸	李秋梓	陈翔宇	陈　玮
陈匡婷	杨希凡	唐　礼	马新贺	马　静	王小梦	王子妍	王宇轩	王　纯
王景瑞	龙晓海	华敏慧	刘思成	汤梦悦	李宛莹	沈　菲	张　琼	陆　好
陈　畅	周　源	郝浥茗	徐紫薇	郭竞舸	韩一楠	慕德浩	蔡何淼	陈佳品
朱　玲	丁星友	丁　晶	王文杰	王苏雅	王　晨	石玉婷	石华义	冯　璐
朱文睿	刘嘉琪	杨　敏	沈怀兴	张逸山	金晓波	周星宇	郑承钰	赵泽平
赵雅玮	俞鑫慧	施　琦	袁思远	徐婧妍	康舒心	韩　雪	许丹琪	赵丹宁

盛晓丽	秦姝仪	归鸿斐	陈梦笔	王雨彤	王　絮	王锡妍	王繁阳	刘亚辉
刘奕含	李　宇	李承泽	李　雪	张敬一	武树言	杭雨萌	周小琛	郑净华
袁静宜	徐　淳	黄郑勤	黄　泽	黄　娟	龚佳佳	雷屿森	赛凌冰	董文娟
郭永欣	马宇晴	张安华	罗颜昱	刘子叶	吴莎莎	王双双	王思毅	王　晓
卞瑛琪	朱李优	朱政廷	刘　易	祁　磊	牟萍萍	李一涵	李成镇	张天一
林屹嵘	周少康	孟嫣然	徐昊男	黄　馨	曹　燕	彭燕娜	董　伟	韩　玥
薛思琦	卢雪梅	糜　谦	王恩泽	唐增瑞	王远卓	王佳琛	王森玥	石玉玉
平　虞	朱董旖	刘昕仪	李　见	李　巧	吴逸凡	宋正阳	张宇曼	张严严
张梓霖	张逸超	陈　旻	范　茹	范家康	郑　宇	孟　涵	胡晓雨	段子蒙
徐晓倩	高冰纯	高河莲	高　雅	曹蔚宁	裴心语	谭笑笑	张　旺	

草业学院（39人）

王玉琪	王丽英	王　恩	王耀川	毛日新	邓姣姣	成思睿	米　吉	许慧中
孙佳琦	张蓝艺	陈　黔	其　初	钟友辉	昝看卓	姚思欢	徐文楷	黄辛果
黄　岳	蒋守臻	蒋　勇	童　鑫	温杨雪	蔺宝珺	杨雅杰	宣　卉	张欣怡
冯冠楠	陈逸佳	方甜梦	陈冬华	蒲柚蓉	卢泳仪	吴浩然	杨朝伟	董子瑶
储雅诗	张宇晨	任可文						

工学院（1 124人）

胡江江	葛岚岚	雷霆钧	孟令威	李　帆	杨　帆	何明俊	房霄汉	谢　鑫
江靖雯	李昌鑫	吕卓峰	顾钦皓	雷雨鑫	潘　誉	韦盛瑶	白茂荣	刘俊麟
孙　岩	赵岩松	张朕鑫	康旭辉	罗　晶	柴文静	王品一	崔清泓	朱凤阳
王天翔	王　恒	牛伟娜	朱永宸	朱雪茹	刘熙宁	李雪梅	李晨达	吴　杰
吴凯泰	张幸岗	周珺晗	徐家良	郭宇舟	陶明珠	董雅坤	靳晓彤	雷吉英
廖洋洋	魏　昌	王　昊	孙立彬	李　林	杨仁樘	肖艺蕾	肖芬芳	邹文龙
汪　露	宋世圣	张熠强	林青青	罗　巍	周利强	周　银	周　麟	赵文萱
钱建泳	徐功迅	郭文娟	商铤洲	蒋　禹	程　真	薛明帅	魏　选	安雅静
杜佳诚	李永坤	李俊乐	杨　剑	何晨露	何　晴	张锦文	陈奕同	孟诗君
敖思音	贾俊民	高英祥	黄　鹏	蒋志成	韩浩宇	程婉君	焦　媛	蔡梦媛
卜佳河	王子昂	王　喆	石招林	白涪瑶	齐云博	孙浩田	汪　瀚	张　颖
陈明颖	范继元	屈北川	赵泯泽	徐　晨	郭　鑫	唐　印	谢观生	王盼盼
邓依格	吕海云	孙宇铎	李上尚	李雨航	李珍萍	吴宝双	宋肇源	宋璇白
张雪婷	陈　金	陈奕雯	欧阳柳芊	胡立渝	施清心	洪千叶	徐晨晨	戚诗涵
韩　爽	谢春香	嘎玛拉泽	刁梦潇	于淏波	王本婷	毛宏立	孔祥希	朱蓓媚
任　韵	刘德馨	闫静宇	李杉杉	李培炎	杨　婧	肖焱芸	吴　磊	宋　喆
罗伟光	郑昊文	姚　瑶	党珍珠	徐　晴	凌　垚	陶唯一	崔思源	廖　娜
王小禄	王艺颖	王景颐	刘　婷	孙瑞泽	杨雅婷	张　洁	张　瑀	张　慧
陆裕家	陈　宁	袁佳慧	党敬杰	梁冬菊	韩　吉	韦凌宇	方明仪	邓华朴
白玛央宗	杜佳欢	李　滔	宋文欣	陈苢柠	邵　帅	罗文浩	周　锐	秦　凌

袁科宇	唐雨昕	黄亚梅	梁欢欢	谢　颖	廉峥峥	裴正莹	潘　霞	喻海洋
王鹏飞	田时禾	田　畅	李炎静	杨庆伟	杨　佳	肖　璨	宋正根	张啸天
张　琴	陈　上	陈　波	陈晓英	周俊博	赵盛炜	姚意诚	莫生亮	徐　宾
郭子昕	郭兆勇	章圳鑫	韩卓群	靳元博	廖佳鹏	熊成龙	颜威邦	穆　超
于　涵	王辰霄	王欣宇	吕科余	汤安书	安宇辉	农凯星	孙玉慧	扶　明
李奕萱	罗家山	杨　铮	余子流	汪德强	张雨乐	周礼婷	屈佳蕾	彭竟德
葛乃飞	韩维霖	谢雨航	蔡正阳	丁安澜	王曰鹏	王成维	王诗媛	王晨阳
邓荣兴	任石磊	刘英琦	杨云皓	余正军	张子尧	张文浩	陈　洁	陈　熹
周宗铸	赵　伟	胡诣远	钟秋梅	宫廷相	贾克强	钱俊学	郭杨娟	童诗旻
缪佳佳	牛显丰	付成可	刘瀚屿	刘　乾	刘银冬	刘翰霖	杜元杰	李宁娜
李卓然	吴文俊	何培军	宋　鹏	张陆达	张若轩	张　博	陈达民	宗振海
郝海超	胡　涛	董　扬	韩龙翔	童　瑶	谢晓玮	雍心剑	张元龙	丁月钰
王　凡	尹子璇	田秀芳	庄泽圣	刘思远	李文琦	吴　佳	何婉婷	汪玉亮
张立炳	张　阳	张　璐	陈肖钰	陈晓敏	欧　盟	罗　杰	胡　邈	洪英凯
倪庐宁	郭毛毛	黄　南	葛剑飞	熊雪亭	魏　征	王　帅	王　妍	王雨辰
王　昊	王佳丽	王枭颖	王梓璇	冉　玲	代　欣	刘泽阳	孙含颖	李亚奇
李　林	李涵蕊	李　楠	杨姗姗	邱伟国	张　琦	张　璐	陈彦文	陈闻曦
林峥岳	周　贺	柳　琪	倪彩霞	韩　浩	王一静	王文宝	王　颖	石展晴
付佳慧	邬　茜	刘　颖	孙心笛	孙梦瑶	李贤圣	李易维琬	李婉玉	杨若绬
杨　晨	吴建民	何杨海	何嘉雯	赵文婧	赵晶东	郝晓鹏	侯祖昌	姜　源
顾佳慧	徐振坤	曹鑫辉	谢　婕	霍瑞瑞	马继红	王浩然	王曦照	叶胜凯
朱　启	朱润泽	刘　伟	刘航天	那馨文	李　沛	豆女霞	余炀洋	欧阳义婷
底琮瀚	单　铭	钟清清	凌祥涛	郭　柯	黄　敏	谢家乐	瞿华欣	姚敦樟
王红媛	王　洁	冯思玉	朱思麒	刘依涵	刘泓靖	刘　倩	刘　磊	汤喻阳
孙佳璐	杨　超	吴佳怡	吴樟清	何思琪	何梦梦	沈　滢	张雪花	林　虎
虎辰瑞	周泽振	宗晓娜	赵　雪	侯星宇	顾玉芸	龚敏平	傅钰迪	潘佳雨
王　亮	王　乾	王　露	边旭彤	刘　广	孙　鑫	杨　琴	吴紫云	汪宇馨
沈牧野	张文静	张贺祺	张竞之	张梦鋆	陈　文	陈凯玲	陈浏颜	茅雪莹
金小楚	郑春连	赵满呈	凌　益	容代言	黄慧娟	温文聪	鄢礼钰	靳念慈
管　翎	潘　昊	魏　帆	马梦颖	王艾敏	王思璇	王晓宇	石　龙	石　芳
卢　琳	叶剑华	田春月	冯宇杰	刘子钊	刘　峣	安子维	孙浩然	李明伟
李星平	李琳琳	吴芳芳	邸旭阳	张　文	张轶帆	陈嘉皓	夏雪洁	徐苏晨
房德龙	毛银梦	田家臣	冯　琳	朱　萌	刘禹含	许馨梦	李旭红	李欣颖
杨宗保	吴瑞丰	邱羽嘉	邱青峰	邹　胜	苟启昆	赵冰洁	赵若冰	胡　蕊
聂钰菲	郭梦璇	盛宇君	常　河	崔闻骅	梁玉瑾	储　颖	熊阿敏	熊雨萱
黎晓帆	丁思超	王心莹	王乾伟	尹　洁	石　薇	成佳慧	许　洁	李志威
李剑楠	杨　盛	杨潞铭	吴雨薇	张朝阳	罗　龙	金　柱	周宏健	郝慧超
侯雅雯	袁　媛	徐樱子	黄春香	黄裕阳	彭诗瑜	丁　尧	马　冲	王淑荣
牛向鑫	孔玉波	石沁宇	尧建友	任孟倩	刘　浩	严　旭	杜梦婷	杜福琼

杨蓉蓉	肖 棠	张宇涵	张啸琳	张清颖	陈诗情	林 斌	罗 阳	郑梦浩
孟 朗	郭瑞敏	梁忠明	梁浩骏	谭雨瞳	丁 宁	于银凤	王梓怡	王璐琪
邢甜甜	刘昕玥	闫晨琳	李天昊	李彦瑶	吴 斌	张亚男	张 晓	张海燕
武涵文	赵雨萌	赵 爽	赵 慧	侯明琛	黄 瑞	王泽文	王清玉	古丽巴努
左丽诗	邬晓倩	刘业斌	刘雨薇	李 威	连心怡	肖锐恒	闵应昌	张 明
陈子轩	陈子康	陈洋妃	周谈庆	赵 鼎	段 清	姜雯静	贾启彤	殷发田
崔 洋	赖丽婷	潘 浩	王 慧	牛飞凡	邢美君	朱 玉	许璐璐	孙小泉
李宏亮	李青坦	杨何雨柯	邱 畅	陈洁怡	陈浩然	宣 磊	栾吉东	唐明铭
盛 航	常博仁	熊兴国	潘一鸣	王 娜	王 珒	牛元纯	仇宇俊	卢禹翰
叶 婷	向 清	刘立勇	苏星宇	李家诚	张书月	张跃坤	张嘉玮	林敏峰
赵浩泽	胡尔康	胡红兵	胡彦劼	胡 铖	胡 斌	施鸿森	贾孟宇	徐 航
郭子杰	诸弘煜	黄景新	蒋喆臻	曾姝瑶	曾梦洁	王东源	王 聪	边 妍
吉舒培	伍新月	任 超	刘悦如	刘镇东	杜开炜	李江锋	李泽林	李晋烜
李培艺	余林琦	张亚兵	金利军	金国晓	郝又君	胡涵文	姚义豪	姚玉鹏
耿 昊	常 松	梁启铭	彭 聪	韩文笑	程浩明	曾润安	薛宝山	王玉轩
王美淋	王 鹏	刘星童	闫凯凯	杨双泉	杨建华	杨家赫	余路祎	沈 豪
张立群	陈志锋	季钦杰	赵子德	赵 腾	胡逸兰	钟 飞	侯世爽	施豪杰
席 镝	黄思良	黄峻淞	黄 鑫	彭吉祥	董 桢	谢 菲	丁 宇	龙爱江
白宇豪	刘玲汛	刘富强	孙震霖	李 也	李 冉	李昌昊	李鸿岩	李 蕊
杨 洁	肖慧雨诺	吴 超	吴 鑫	汪增成	张泰瑞	陈天腾	周璟涛	郝 晟
夏青柏	徐明皓	凌鑫磊	黄 熠	梅柏君	谢汶锦	王文良	王华瑞	王明皓
王 琦	孔 岩	卢 婷	冯大露	朱立志	仲 超	刘丽艳	刘佩瑶	刘逸丹
许 杰	孙齐悦	杨舒玉	张力公	罗漫漫	岳 洋	都雪帆	高大枂	展可天
黄衍林	龚帅阁	崔寅波	董 植	韩子凡	韩 钏	甄梁嫒	于 欣	马铁磊
王 淦	牛亚华	甘润廷	田真金	邢智雄	朱萌宇	刘汉俊	闫 阳	江 佳
李松朝	李 卓	李佩翰	李烨姗	杨富国	宋博乐	张业成	林建雄	周花杰
周 燃	赵玉涵	舒翠霓	普汉里	王志康	王思凯	王胜男	王 悦	王路阳
朱峰峣	刘 京	许文宁	孙常雨	何 畅	辛一纯	宋 峰	陆骁威	陈明浩
陈 洲	易 旺	周真伊	胡友成	姜明宜	袁 超	倪 征	郭展宏	梅思怡
于 彤	马双杰	王 丹	王杰华	王婧婧	王 露	刘 硕	孙 悦	李 欢
王子岳	吴俊逸	李辰升	高玉麟	马准成	李佳豪	王 剑	黄诗怡	曾青钰
李家宇	何岑杰	应雨希	张文翔	张旭辉	邵天岳	范旅铭	罗志辉	王际凯
周伟泽	郑乃山	姜芊卉	李晟豪	徐嘉琪	钱若兰	郭宇欣	诸葛婉桃	韩嘉骐
游 索	谢思诚	潘华莉	李盛煜	王亚波	王淑杰	王 强	王瑞文	韦宏彪
方敬杰	巴 苏	邓子昂	邢 鸿	任 颖	苏冰乾	杨 盛	杨婉怡	肖雨楠
吴焕炆	何宗阳	何振亚	余发源	张余杭	季 成	金雪隐	胡营涛	揭景怀
潘 放	鞠 涛	丁嘉成	王 坤	王嘉明	牛朝汇	石凌然	吕倬宇	朱永刚
刘 侠	汤雅萌	李丽渝	李洪源	蒋张泽	杨建峰	汪志远	罗小跃	罗 栋
周学樑	周铃松	屈晓辉	孟逸飞	赵凯迪	杜雨燕	赵政斌	胡 会	郜益磊

刘 儒	徐田昊	谢 康	王如意	王志强	王建军	石皓天	冯少秋	冯高山
朱玉婷	仲崇颖	李 义	李玉龙	李超严	宋 扬	张贡硕	张 泰	张 鑫
陈子轩	罗 欣	周 聪	赵逸颖	赵福阳	倪 杰	黄嘉鹏	梁雄彬	曾 杰
赖传鑫	蔡永祥	熊小明	潘佳成	丁轶霄	万福应	王善杰	韦兴鸿	卢子寅
卢 本	朱耀文	仲新宇	华 语	刘帅君	闫 慧	李晓宇	张德龙	陈之曦
陈孟新	茆虎成	郝鸿儒	费韦婷	夏智鹏	曹虹宇	董夏耘	蒋馨慧	潘伯煜
马文科	王 达	王和龙	王桦彬	石 伟	卢军成	叶帅宾	田胜亮	任思璇
刘育彤	李 杨	李 佳	束长青	何西亚	何勇乐	张旭明	陈慧莹	欧阳鸿宇
周佳怡	胡 昊	段双陆	陶益琛	黄增华	董文铜	熊梁达	丁 航	艾璞晔
田小虎	冉杰涛	白 洋	巩旭辉	刘泽昊	刘校楠	刘 琳	杜心慧	李 峨
李德贤	杨 晨	杨寅初	杨 璐	邵良伟	罗国财	金治文	郝煜坤	姚晓辉
倪向鹏	徐世昌	绳 通	高兴平	唐 勇	黄守国	熊格平	马成龙	王语谊
邓 静	占善斌	华诗瑶	齐 铭	孙雪澎	李先剑	杨龙清	何雯晶	何擎阳
沈星星	张建伟	陈冉冉	林 泓	周雨砚	郭 珊	隋思哲	曾祥炜	王远卿
牛 昀	卢 潼	吕 茵	齐东楷	苏绮旋	杨博琳	吴怡凡	余晴云	张阳炀
张玲娜	张敏慎	陈泽峰	林 博	周可欣	侯志莹	唐亚婷	黄佳敏	章忠伟
彭 茜	焦嘉伟	滕 菲	戴昊越	刘志遥	王茂芮	王照予	方 艺	吕 奇
刘泽宇	刘雪峰	李 力	杨亚如	肖琳嫒	陈 璇	钮明越	梁银学	冀力铭
王耀慷	石昆立	宁丽君	华子璇	刘 康	杨 政	杨晶莹	肖彩阳	吴兴贝
冷 肃	张 羽	张智清	陈志远	罗诗琪	郝 雯	胡家荣	秦 磊	钱 凯
钱 娅	高钱钱	郭意霖	黄银锋	薛佩欣	王俞翔	田玉虎	朱程彦	刘子健
李亚杰	肖建涛	肖剑琴	吴 江	邱璐瑶	张 可	张穗鹏	武文杰	罗文豪
郑嘉琪	怯士航	赵子越	施吴睿	姚祖芝	贺球民	袁旻旻	钱金珠	黄丽冉
曹弘毅	戴钧杰	冯国威	冯 傲	刘小源	刘浩浩	孙 楠	李金宏	吴 伟
吴 昊	陈天缘	赵晓彤	聂凯琦	倪存超	高立伟	郭亚捷	常晓宇	谢可凡

吴滔滔 阿依凯麦尔·斯迪克阿吉 灭勒哈孜·恰依木拉提 阿依努尔·图尔苏
海力切木·阿不都热显提 艾克然木·艾尼瓦尔 努尔比耶·木沙江
阿迪力·阿不都肉苏力 木也赛尔·玉素因 乌加勒哈斯·叶里不哈买提
哈依尼·哈布阿红 祖力皮娅·买买提 古丽扎坦·买买提 艾山·艾买提
古丽沙提·巴合拜尔干 阿依格尔木·达马依 阿曼妮萨·麦麦提

附录 13 2020 届本科生毕业及学位授予情况统计表

学院	应届人数（人）	毕业人数（人）	毕业率（％）	学位授予人数（人）	学位授予率（％）
生命科学学院	166	161	96.99	161	96.99
农学院	199	199	100.00	199	100.00
植物保护学院	104	101	97.12	101	97.12
资源与环境科学学院	203	198	97.54	198	97.54

（续）

学院	应届人数 （人）	毕业人数 （人）	毕业率 （%）	学位授予人数 （人）	学位授予率 （%）
园艺学院	319	315	98.75	315	98.75
动物科技学院（无锡渔业学院）	113	111	98.23	111	98.23
草业学院	40	40	100.00	40	100.00
经济管理学院	284	282	99.30	282	99.30
动物医学院	169	168	99.41	168	99.41
食品科技学院	185	181	97.84	181	97.84
信息管理学院	192	184	95.83	184	95.83
公共管理学院	239	236	98.74	236	98.74
外国语学院	150	148	98.67	148	98.67
人文与社会发展学院	215	210	97.67	210	97.67
理学院	150	146	97.33	146	97.33
金融学院	235	233	99.15	233	99.15
工学院	1 176	1 133	96.34	1 133	96.34
合计	4 139	4 046	97.75	4 046	97.75

注：统计时间为 2020 年 12 月。

附录 14　2020 届毕业生大学外语四、六级通过情况统计表（含小语种）

学院		毕业生人数 （人）	CET4		CET6	
			通过人数（人）	通过率（%）	通过人数（人）	通过率（%）
生命科学学院		166	160	96.39	120	72.29
农学院		199	190	95.48	121	60.80
植物保护学院		104	100	96.15	62	59.62
资源与环境科学学院		203	195	96.06	133	65.52
园艺学院		319	307	96.24	180	56.43
动物科技学院		95	89	93.68	57	60.00
经济管理学院		284	275	96.83	237	83.45
动物医学院		169	162	95.86	122	72.19
食品科技学院		185	179	96.76	132	71.35
信息管理学院		192	188	97.92	122	63.54
公共管理学院		239	222	92.89	151	63.18
外国语学院	英语专业	79	78	98.73	0	0.00
	日语专业	71	70	98.59	49	69.01
人文与社会发展学院		215	179	83.26	110	51.16
理学院		150	148	98.67	97	64.67
草业学院		40	39	97.50	23	57.50

（续）

学院	毕业生人数（人）	CET4		CET6	
		通过人数（人）	通过率（%）	通过人数（人）	通过率（%）
金融学院	235	227	96.60	192	81.70
工学院	1 176	1 090	92.69	612	52.04
无锡渔业学院	18	16	88.89	11	61.11
总计	4 139	3 914	94.56	2 531	61.15

注：统计时间为 2020 年 12 月。

附录 15　新农科研究与改革实践项目

序号	项目名称	项目负责人
1	新农科建设改革与发展研究	董维春
2	智慧农业类专业建设探索与实践	朱 艳
3	作物科学类传统专业集群改造提升的改革与实践	丁艳锋
4	农林特色通识教育课程体系的完善与实践	张 炜
5	农林高校国际化人才培养模式及路径研究	韩纪琴

附录 16　新工科研究与实践项目

序号	项目名称	项目负责人
1	产学研共赢联动实践教学运行机制和创新平台的构建与实践	汪小旵
2	基于多学科交叉融合的食品科学与工程专业人才培养模式改革与实践	辛志宏
3	农科院校环境工程传统工科专业的改造升级探索与实践	邹建文 周权锁

附录 17　国家级一流本科课程

学院	课程名称	课程负责人	类型	认定时间
生命科学学院	植物学	强 胜		2018 年
农学院	作物育种学	洪德林		2018 年
	生物统计学	管荣展		2018 年
资源与环境科学学院	普通生态学	胡 锋		2018 年
资源与环境科学学院	土壤、地质与生态综合实习	张旭辉	线上一流课程	2018 年
园艺学院	园艺植物生物技术	柳李旺		2018 年
公共管理学院	土地经济学	冯淑怡		2018 年
人文与社会发展学院	美在民间	胡 燕		2018 年
工学院	计算机网络	钱 燕		2018 年

（续）

学院	课程名称	课程负责人	类型	认定时间
公共管理学院	资源与环境经济学	石晓平	线上一流课程	2019 年
工学院	汽车拖拉机学	鲁植雄		2019 年
植物保护学院	农业植物病理学	高学文		2019 年
动物科技学院	动物繁殖学	王 锋		2019 年
生命科学学院	不同生态区生物学野外实习	崔 瑾	虚拟仿真实验教学一流课程	2017 年
动物科技学院	鸡胚孵化及蛋鸡饲养虚拟仿真实验教学项目	王 恬		2018 年
食品科技学院	乳化肠规模化生产虚拟仿真实验	周光宏		2018 年
生命科学学院	奶牛消化系统解剖及相关疾病诊疗	崔 瑾		2019 年
资源与环境科学学院	土壤剖面的形态特征观察与性质鉴定虚拟仿真实验	胡 锋		2019 年
马克思主义学院	毛泽东思想和中国特色社会主义理论体系概论	朱 娅	线下一流课程	2019 年
食品科技学院	畜产品加工学	吴菊清		2019 年
资源与环境科学学院	植物营养学（双语）	徐国华		2019 年
动物医学院	动物生理学	赵茹茜		2019 年
经济管理学院	市场营销学	常向阳		2019 年
经济管理学院	农业政策学	林光华		2019 年
工学院	计算机网络	钱 燕	线上线下混合式一流课程	2019 年
食品科技学院	食品安全控制	辛志宏		2019 年
生命科学学院	植物学	强 胜		2019 年
植物保护学院	农业昆虫学	洪晓月		2019 年
园艺学院	园艺植物生物技术	柳李旺		2019 年
农学院	作物育种学总论	洪德林		2019 年

附录 18　江苏省高等学校重点教材

学院	教材名称	出版社	主编
生命科学学院	植物学（第二版）	高等教育出版社	强 胜
生命科学学院	生物化学（第三版）	高等教育出版社	杨志敏 张 炜
园艺学院	设施农业导论	中国农业出版社	孙 锦 郭世荣
动物科技学院	生物统计学实验	高等教育出版社	李齐发
经济管理学院	农业资源与环境经济学	中国农业出版社	周 力

（续）

学院	教材名称	出版社	主编
食品科技学院	食品安全控制	中国农业出版社	辛志宏
	食品包装学（第四版）	中国农业出版社	章建浩
公共管理学院	土地经济学（第四版）	中国农业出版社	曲福田 诸培新
金融学院	金融学	中国农业出版社	周月书
	农村金融学（第二版）	科学出版社	张龙耀 董晓琳
人文与社会发展学院	民俗学导论	中国农业出版社	季中扬
	农村社会学	中国农业出版社	姚兆余
学工处	大学生创新创业理论与方法	上海交通大学出版社	刘　亮 张　炜 王春伟

（撰稿：赵玲玲　田心雨　满萍萍　审稿：张　炜　吴彦宁　董红梅　审核：王俊琴）

研 究 生 教 育

【概况】2020 年，研究生院（部）全面贯彻落实党的十九大、习近平总书记对研究生教育重要指示和全国研究生教育会议精神，以习近平新时代中国特色社会主义思想为指导，以世界一流为目标，以创新驱动为导向，坚持立德树人根本任务，紧紧围绕学校农业特色世界一流大学建设目标，构建"三全育人"格局，持续深化研究生教育综合改革，不断提升研究生培养质量。

全年度共录取博士生 611 人、硕士生 2 972 人，其中录取"推免生"467 人、"直博生"23 人、"硕博连读"142 人和"申请-审核"博士生 439 人。认真做好导师年度招生资格审定工作，审定博士生导师 471 人、硕士生导师 595 人。承担 2020 年全国硕士研究生报名考试考点工作，全面推进自命题科目改革，规范自命题工作流程，全面推行自命题网上阅卷，做好 2020 年全国硕士研究生招生南京农业大学考点相关工作。学校荣获 2020 年"江苏省研究生优秀报考点""江苏省研究生招生管理工作先进单位"荣誉称号。

累计获得国家留学基金管理委员会资助公派出国 78 人，其中联合培养博士 56 人、攻读博士学位者 11 人、攻读硕士学位者 1 人；博士生导师短期访学 4 人，CSC 乡村振兴人才专项联合培养博士 2 人、联合培养硕士 3 人；新获国家公派项目乡村振兴人才专项立项 1 项，拟派出联合培养硕士 2 人。

全年共授予博士学位 415 人，其中兽医博士学位 6 人；授予硕士学位 2 567 人，其中专业学位 1 423 人。共评选校级优秀博士学位论文 40 篇、优秀学术型硕士学位论文 50 篇、专业学位硕士学位论文 50 篇。获评江苏省优秀博士学位论文 6 篇、优秀学术型硕士学位论文 7 篇、优秀专业学位硕士学位论文 7 篇。

学校专项资助博士生学科前沿专题讲座课程 8 门，资助经费 17.1 万元。2020 年江苏省研究生科研与实践创新计划立项 74 项，其中科研创新计划 57 项、实践创新计划 17 项；江苏省研究生教育教学改革成果奖二等奖 1 项、优秀奖 1 项；获批新设立江苏省研究生工作站 40 家，获江苏省优秀研究生工作站 8 家；MBA 案例获评 "全国百篇优秀管理案例"，入选 2020 年中国专业学位案例中心主题案例 4 项；入选教育部学位中心案例库公共管理案例成果 3 篇；组织完成江苏省教育教学改革项目结题，其中重大委托课题 1 项、重点课题 3 项、一般课题 7 项。

严格按照《南京农业大学全面落实研究生导师立德树人职责实施细则》要求，开展导师遴选工作，研发导师遴选管理系统，实现在线申请和在线审核，实现多部门数据联网对接，较大地提高了数据的准确性和即时性，有效节约了资源。2020 年共增列博士生指导教师 53 人，增列学术型硕士生指导教师 92 人、专业学位硕士生指导教师 70 人；组织完成了 2020 年江苏省产业教授（兼职）岗位的需求备案和选聘工作，2020 年共获聘 10 人，完成 35 位在岗产业教授的年报和考核工作。荣获江苏省 "十佳研究生导师" 称号 1 人、江苏省十佳研究生导师团队 1 个，获评校级优秀研究生导师 29 人。

2020 年暑期共组织科技服务实践团 1 个，12 名硕士、博士研究生前往多地开展社会实践活动。荣获 "我是中国研究生，我为脱贫攻坚作贡献" 主题宣传活动优秀组织单位、2020 年江苏省暑期 "三下乡" 社会实践优秀团队、南京农业大学 2020 年大学生志愿者暑期 "三下乡" 社会实践优秀实践团队、江苏省社会实践和志愿服务 "十佳研究生团队"。

以决战脱贫攻坚、学习习近平总书记给全国涉农高校校长书记及专家代表的回信等重要事件节点为契机，深入开展思想教育和政治理论学习。在研究生中开展 "青春告白祖国" 系列活动，开展校园文化节，举办南农好声音歌唱大赛、主持人大赛等 10 余项文化艺术类活动。开展网络文化节、社区文化节、体育文化节、研究生 "文明宿舍" 评比，参加 "江苏省第十二届龙舟赛" 研究生龙舟赛获四等奖。

2020 年度共 9 192 人次获得各类研究生奖学金，总金额 8 239.64 万元；发放各类研究生助学金总额 7 381.02 万元，发放助教岗位津贴 211.56 万元，发放助管岗位津贴 49.64 万元。积极服务研究生办理助学贷款工作，为 1 072 人办理国家助学贷款，发放助学贷款 1 136.07 万元。

【研究生院建院 20 周年纪念活动】7 月 3 日，南京农业大学举行研究生院建院 20 周年纪念座谈会，全面总结研究生院建院以来学校学位与研究生教育事业发展的成绩和经验，探索 "十四五" 期间学校研究生教育的发展思路。

【第五届研究生教育工作会议】全面贯彻落实习近平总书记对研究生教育工作重要指示和全国研究生教育会议精神，以 "提高创新创造能力　服务经济社会发展" 为主题，召开第五届研究生教育工作会议，系统总结学校 "十三五" 期间研究生教育工作的成就，研究部署学校新时代高质量研究生教育改革方略，提出学校下一阶段深化研究生教育改革的二十条意见。

【全国兽医专业学位研究生教育指导委员会秘书处工作】开展第八届全国兽医专业学位研究生优秀学位论文评选工作，评选出全国兽医博士优秀学位论文 4 篇、全国兽医硕士优秀学位论文 30 篇。成功举办中国兽医专业学位研究生教育 20 周年纪念活动，通过教育成果展示、培养单位总结、"我与兽医专业学位教育 20 年"征文、"突出贡献的兽医博士、硕士学位获得者"表彰、专家报告等多种形式，系统总结了全国兽医专业学位教育发展历程，充分展示了 20 年来兽医专业学位的发展成果与人才培养成效，广泛推广兽医专业学位培养特色与典型经验，进一步推动全国兽医专业学位教育高质量发展。

【疫情防控期间研究生教学管理工作】按照教育主管部门"停课不停学"和学校保质保量完成教学任务要求，分类推进课程在线教学，春季学期开设 350 门课程在线教学，参与在线教学的教师 440 人，学生选课 7 582 人次。秋季学期实行线下教学的方案，全年研究生开课门数 1 460 门，选课 38 188 人次。首批建设 30 门"课程思政"示范课程，教育培养研究生的家国情怀和科学精神。自建 3 门在线课程，积极引入国内外知名在线课程，加强优质课程资源共享。首次开展优秀研究生课程评选，发挥优秀示范作用，激发课堂教学改革，提高课程教学水平与效果。

［附录］

附录 1　授予博士、硕士学位学科专业目录

表 1　学术型学位

学科门类	一级学科名称	二级学科（专业）名称	学科代码	授权级别	备注
哲学	哲学	马克思主义哲学	010101	硕士	硕士学位授权一级学科
		中国哲学	010102	硕士	
		外国哲学	010103	硕士	
		逻辑学	010104	硕士	
		伦理学	010105	硕士	
		美学	010106	硕士	
		宗教学	010107	硕士	
		科学技术哲学	010108	硕士	
经济学	应用经济学	国民经济学	020201	博士	博士学位授权一级学科
		区域经济学	020202	博士	
		财政学	020203	博士	
		金融学	020204	博士	
		产业经济学	020205	博士	
		国际贸易学	020206	博士	
		劳动经济学	020207	博士	
		统计学	020208	博士	
		数量经济学	020209	博士	
		国防经济学	020210	博士	

（续）

学科门类	一级学科名称	二级学科（专业）名称	学科代码	授权级别	备注
法学	法学	经济法学	030107	硕士	
	社会学	社会学	030301	硕士	硕士学位授权一级学科
		人口学	030302	硕士	
		人类学	030303	硕士	
		民俗学（含：中国民间文学）	030304	硕士	
	马克思主义理论	马克思主义基本原理	030501	硕士	硕士学位授权一级学科
		思想政治教育	030505	硕士	
文学	外国语言文学	英语语言文学	050201	硕士	硕士学位授权一级学科
		日语语言文学	050205	硕士	
		俄语语言文学	050202	硕士	
		法语语言文学	050203	硕士	
		德语语言文学	050204	硕士	
		印度语言文学	050206	硕士	
		西班牙语语言文学	050207	硕士	
		阿拉伯语语言文学	050208	硕士	
		欧洲语言文学	050209	硕士	
		亚非语言文学	050210	硕士	
		外国语言学及应用语言学	050211	硕士	
理学	数学	应用数学	070104	硕士	硕士学位授权一级学科
		基础数学	070101	硕士	
		计算数学	070102	硕士	
		概率论与数理统计	070103	硕士	
		运筹学与控制论	070105	硕士	
	化学	无机化学	070301	硕士	硕士学位授权一级学科
		分析化学	070302	硕士	
		有机化学	070303	硕士	
		物理化学（含：化学物理）	070304	硕士	
		高分子化学与物理	070305	硕士	
	生物学	植物学	071001	博士	博士学位授权一级学科
		动物学	071002	博士	
		生理学	071003	博士	
		水生生物学	071004	博士	
		微生物学	071005	博士	
		神经生物学	071006	博士	
		遗传学	071007	博士	
		发育生物学	071008	博士	

（续）

学科门类	一级学科名称	二级学科（专业）名称	学科代码	授权级别	备注
理学	生物学	细胞生物学	071009	博士	博士学位授权一级学科
		生物化学与分子生物学	071010	博士	
		生物物理学	071011	博士	
		生物信息学	0710Z1	博士	
		应用海洋生物学	0710Z2	博士	
		天然产物化学	0710Z3	博士	
	科学技术史	不分设二级学科	071200	博士	博士学位授权一级学科，可授予理学、工学、农学、医学学位
	生态学	不分设二级学科	0713	博士	博士学位授权一级学科
工学	机械工程	机械制造及其自动化	080201	硕士	硕士学位授权一级学科
		机械电子工程	080202	硕士	
		机械设计及理论	080203	硕士	
		车辆工程	080204	硕士	
	计算机科学与技术	计算机应用技术	081203	硕士	硕士学位授权一级学科
		计算机系统结构	081201	硕士	
		计算机软件与理论	081202	硕士	
	农业工程	农业机械化工程	082801	博士	博士学位授权一级学科
		农业水土工程	082802	博士	
		农业生物环境与能源工程	082803	博士	
		农业电气化与自动化	082804	博士	
		环境污染控制工程	0828Z1	博士	
	环境科学与工程	环境科学	083001	硕士	硕士学位授权一级学科，可授予理学、工学、农学学位
		环境工程	083002	硕士	
	食品科学与工程	食品科学	083201	博士	博士学位授权一级学科，可授予工学、农学学位
		粮食、油脂及植物蛋白工程	083202	博士	
		农产品加工及贮藏工程	083203	博士	
		水产品加工及贮藏工程	083204	博士	
	风景园林学	不分设二级学科	0834	硕士	硕士学位授权一级学科

（续）

学科门类	一级学科名称	二级学科（专业）名称	学科代码	授权级别	备注
农学	作物学	作物栽培学与耕作学	090101	博士	博士学位授权一级学科
		作物遗传育种	090102	博士	
		农业信息学	0901Z1	博士	
		种子科学与技术	0901Z2	博士	
	园艺学	果树学	090201	博士	博士学位授权一级学科
		蔬菜学	090202	博士	
		茶学	090203	博士	
		观赏园艺学	0902Z1	博士	
		药用植物学	0902Z2	博士	
		设施园艺学	0902Z3	博士	
	农业资源与环境	土壤学	090301	博士	博士学位授权一级学科
		植物营养学	090302	博士	
	植物保护	植物病理学	090401	博士	博士学位授权一级学科，农药学可授予理学、农学学位
		农业昆虫与害虫防治	090402	博士	
		农药学	090403	博士	
	畜牧学	动物遗传育种与繁殖	090501	博士	博士学位授权一级学科
		动物营养与饲料科学	090502	博士	
		动物生产学	0905Z1	博士	
		动物生物工程	0905Z2	博士	
	兽医学	基础兽医学	090601	博士	博士学位授权一级学科
		预防兽医学	090602	博士	
		临床兽医学	090603	博士	
	水产	水产养殖	090801	博士	博士学位授权一级学科
		捕捞学	090802	博士	
		渔业资源	090803	博士	
	草学	不分设二级学科	0909	博士	博士学位授权一级学科
医学	中药学	不分设二级学科	100800	硕士	硕士学位授权一级学科
管理学	管理科学与工程	不分设二级学科	1201	硕士	硕士学位授权一级学科
	工商管理	会计学	120201	硕士	硕士学位授权一级学科
		企业管理	120202	硕士	
		旅游管理	120203	硕士	
		技术经济及管理	120204	硕士	

（续）

学科门类	一级学科名称	二级学科（专业）名称	学科代码	授权级别	备注
管理学	农林经济管理	农业经济管理	120301	博士	博士学位授权一级学科
		林业经济管理	120302	博士	
		农村与区域发展	1203Z1	博士	
		农村金融	1203Z2	博士	
	公共管理	行政管理	120401	博士	博士学位授权一级学科，教育经济与管理可授予管理学、教育学学位
		社会医学与卫生事业管理	120402	博士	
		教育经济与管理	120403	博士	
		社会保障	120404	博士	
		土地资源管理	120405	博士	
	图书情报与档案管理	图书馆学	120501	博士	博士学位授权一级学科
		情报学	120502	博士	
		档案学	120502	博士	

表 2 专业学位

专业学位代码、名称	专业领域代码和名称	授权级别	备注
0854 电子信息		硕士	原农业工程专硕点
0855 机械		硕士	原机械工程专硕点
0856 材料与化工		硕士	原化学工程专硕点
0857 资源与环境		硕士	原环境工程专硕点
0860 生物与医药		硕士	原生物工程、食品工程专硕点
1256 工程管理		硕士	原物流工程专硕点
0951 农业硕士	095131 农艺与种业	硕士	对应原领域：作物（095101）、园艺（095102）、草业（095106）、种业（095115）
	095132 资源利用与植物保护	硕士	对应原领域：农业资源利用（095103）、植物保护（095104）
	095133 畜牧	硕士	对应原领域：养殖（095105）
	095134 渔业发展	硕士	对应原领域：渔业（095108）
	095135 食品加工与安全	硕士	对应原领域：食品加工与安全（095113）

（续）

专业学位 代码、名称	专业领域 代码和名称	授权 级别	备注
0951 农业硕士	095136 农业工程与信息技术	硕士	对应原领域：农业机械化（095109）、农业信息化（095112）、设施农业（095114）
	095137 农业管理	硕士	对应原领域：农村与区域发展（部分095110）、农业科技组织与服务（095111）
	095138 农村发展	硕士	对应原领域：农村与区域发展（部分095110）
0953 风景园林硕士		硕士	
0952 兽医硕士		硕士	
1252 公共管理硕士（MPA）		硕士	
1251 工商管理硕士		硕士	
0251 金融硕士		硕士	
0254 国际商务硕士		硕士	
0352 社会工作硕士		硕士	
1253 会计硕士		硕士	
0551 翻译硕士		硕士	
1056 中药学硕士		硕士	
0351 法律硕士		硕士	
1255 图书情报硕士		硕士	
0952 兽医博士		博士	

附录 2 入选江苏省普通高校研究生科研创新计划项目名单

(省立校助 57 项)

编号	申请人	项目名称	项目类型	研究生层次
KYCX20_0561	周 南	中国农村数字金融的发展逻辑——基于信息经济学的视角	科研计划	博士
KYCX20_0562	焦 健	色酮噻二唑砜类化合物的合成、抑菌活性及 3D-QSAR 研究	科研计划	博士
KYCX20_0563	韩肖飞	亚精胺在灵芝酸生物合成中的调控机制研究	科研计划	博士
KYCX20_0564	施佳乐	链格孢菌诱导拟南芥病害中 1O2 信号与 SA 信号的交叉对话	科研计划	博士
KYCX20_0565	李 腾	植物与根际促生菌交互作用的分子细胞机理研究	科研计划	博士
KYCX20_0566	赵 干	一氧化氮介导多壁碳纳米管诱导根毛发育的分子机理	科研计划	博士
KYCX20_0567	冯竹清	大运河江苏段漕运粮仓及相关文化遗产保护与利用研究	科研计划	博士
KYCX20_0568	陈旭文	$CoFe_2O_4/Ti_3C_2$ MXene 纳米复合材料催化降解多种天然毒素的机制研究	科研计划	博士
KYCX20_0569	杨培增	活化过硫酸盐高级氧化过程中硝基副产物的生成	科研计划	博士
KYCX20_0570	马晨斌	基于皮秒激光加工的无修饰超疏水 304 不锈钢表面获取	科研计划	博士
KYCX20_0571	侯 芹	蛋白质亚硝基化对牛肉成熟过程中细胞凋亡调控机理研究	科研计划	博士
KYCX20_0572	胡诗琪	组织蛋白酶在金华火腿加工过程中的作用机制研究	科研计划	博士
KYCX20_0573	周望庭	枸杞多糖调控肠道微生物改善糖尿病的机制研究	科研计划	博士
KYCX20_0574	巨飞燕	基于 RNA-Seq 分析钾素调控棉花根系响应盐胁迫的分子机理	科研计划	博士
KYCX20_0575	徐 可	基于 RGB-D 多源图像融合的麦田杂草识别研究	科研计划	博士
KYCX20_0576	余卫国	基于高分五号卫星高光谱影像的籼粳稻精细分类研究	科研计划	博士
KYCX20_0577	何庆飞	棉纤维次生壁优势表达基因 GhCOBL9 调控纤维发育的功能解析	科研计划	博士
KYCX20_0578	杨 航	水稻淀粉合成调控关键基因 ESG1 的图位克隆和功能分析	科研计划	博士
KYCX20_0579	李梦琪	日本晴和 93-11 亚基因组间结构差异对 R-loop 形成的影响	科研计划	博士
KYCX20_0580	朱沛文	水稻种子萌发期耐盐相关基因克隆与功能分析	科研计划	博士
KYCX20_0581	张培培	大豆异黄酮对大豆花叶病毒 SC7 抗性机理的研究	科研计划	博士
KYCX20_0582	周 恒	棉花内生菌中鞭毛蛋白诱导棉花抗黄萎病的机理研究	科研计划	博士
KYCX20_0583	曹姝琪	Pm21 互作蛋白的筛选及其抗性分子机理研究	科研计划	博士
KYCX20_0584	王 云	自噬基因 PbrATG6 在梨轮纹病抗性中的功能分析	科研计划	博士
KYCX20_0585	白梦娟	蔷薇属 KSN 基因第二内含子的调控机制研究	科研计划	博士
KYCX20_0586	张 雪	CmYAB1 在菊花花瓣形态发育中的功能分析	科研计划	博士
KYCX20_0587	白 杨	基于表观遗传分析梅雌蕊形态建成的分子机制	科研计划	博士
KYCX20_0588	王惠玉	不结球白菜冷胁迫相关基因 BcWRKY33 的鉴定及功能分析	科研计划	博士

（续）

编号	申请人	项目名称	项目类型	研究生层次
KYCX20_0589	董梦辉	番茄抑病型土壤微生物区系在团聚体中的抑病机制研究	科研计划	博士
KYCX20_0590	徐琪程	基于宏基因组学分析施肥对土壤活性微生物群落的影响	科研计划	博士
KYCX20_0591	张溪	生物质炭施加对设施菜地土壤 N_2O 产生过程辨析研究	科研计划	博士
KYCX20_0592	李托	温度对贵州木霉 NJAU4742 分解木质纤维素的影响及其机制研究	科研计划	博士
KYCX20_0593	吴大霞	提高水稻氮素利用效率的关键基因筛选及功能分析	科研计划	博士
KYCX20_0594	冯慧	RNA 结合蛋白 M90 调控终极腐霉卵孢子形成的机制研究	科研计划	博士
KYCX20_0595	戈昕宇	毛翅目昆虫比较基因组学研究	科研计划	博士
KYCX20_0596	张杰	Whi2 与 Psr1 蛋白对禾谷镰孢菌 DON 毒素合成影响	科研计划	博士
KYCX20_0597	范志航	基于调控根结线虫外泌蛋白的生防菌诱抗机理研究	科研计划	博士
KYCX20_0598	陈辉	不同季节草地贪夜蛾飞行行为差异研究	科研计划	博士
KYCX20_0599	何宗哲	环丙唑醇对水生生物的立体选择性毒理学研究	科研计划	博士
KYCX20_0600	陈芳慧	Ufbp1 缺失诱发肝硬化发生的分子机制	科研计划	博士
KYCX20_0601	陈作栋	氧化应激对肉鸡肌肉钙稳态的影响	科研计划	博士
KYCX20_0602	李诚瑜	低氧抑制猪卵巢颗粒细胞周期的机制研究	科研计划	博士
KYCX20_0603	孙大明	基于线粒体功能研究补饲开食料促进羔羊瘤胃发育	科研计划	博士
KYCX20_0604	曹际	基于 ROS-NLRP3 信号探究脱氢表雄酮缓解肠道炎症的分子机制	科研计划	博士
KYCX20_0605	曹青	luxS 介导非依赖 AI-2 的无乳链球菌免疫逃避机制研究	科研计划	博士
KYCX20_0606	闫书平	血管紧张素转化酶 2（ACE2）在乳腺炎中的作用及其转录调控机制	科研计划	博士
KYCX20_0607	王书杰	碳酸纳米羟基磷灰石对大鼠骨缺损修复的研究	科研计划	博士
KYCX20_0608	黄东宇	草鱼稚鱼饲料赖氨酸营养需求及糖脂代谢调控研究	科研计划	博士
KYCX20_0609	陶旭雄	暖季型牧草青贮发酵品质对不同生育期化学成分和表面微生物变化的响应机制	科研计划	博士
KYCX20_0610	张帆	基于基因组与转录组的中国晚疫病新发菌株的致病力解析	科研计划	博士
KYCX20_0611	陈娇	饮食结构视角下食物税收和补贴对农业温室气体减排的潜力研究	科研计划	博士
KYCX20_0612	江光辉	资本密集程度、交易成本与畜牧业产业链纵向整合研究	科研计划	博士
KYCX20_0613	江艳军	乡村旅游产业链 PPP 融资模式形成机理与提升路径研究	科研计划	博士
KYCX20_0614	史洋洋	农村宅基地流转的空间分异特征及其对乡村振兴影响研究	科研计划	博士
KYCX20_0615	陈尔东	博士迁移性能力框架构建及培养路径研究	科研计划	博士
KYCX20_0616	杨杨	社会治理现代化进程中群众工作机制创新研究	科研计划	博士
KYCX20_0617	朱玲玲	高校图书馆文化对服务绩效的作用机制研究	科研计划	博士

附录 3　入选江苏省普通高校研究生实践创新计划项目名单

编号	申请人	项目名称	项目类型	研究生层次
SJCX20_0200	王孟孟	犬流感病毒 DPO – PCR 检测方法的建立	自然科学	博士
SJCX20_0201	王娇文	企业金融化与僵尸企业关系研究	人文社科	硕士
SJCX20_0202	刘 凡	科技企业孵化器投融资服务对孵化绩效的异质性影响研究	人文社科	硕士
SJCX20_0203	雷棋文	宅基地保障功能视角下的居住权研究	人文社科	硕士
SJCX20_0204	王晶晶	中华农业文明博物馆文本英译实践	人文社科	硕士
SJCX20_0205	李 然	基于日本国立大学教育改革纲要的文本汉译研究	人文社科	硕士
SJCX20_0206	范安琪	基于谱图的草莓脆片品质检测研究	自然科学	硕士
SJCX20_0207	周凌蕾	秸秆/聚乳酸全降解复合材料制备及性能研究	自然科学	硕士
SJCX20_0208	金 勤	果树枝条资源化生产花菇的关键技术研究	自然科学	硕士
SJCX20_0209	王盼星	木霉组合菌生物有机肥对盐土改良的生物效应	自然科学	硕士
SJCX20_0210	周雅倩	彩色糯小麦的标记辅助选择及其品质分析	自然科学	硕士
SJCX20_0211	沈 宁	二十八星瓢虫 dsRNA 与纳米材料的增效复配制剂筛选	自然科学	硕士
SJCX20_0212	沈方圆	生态遮阴对茶叶品质和功能成分影响及茶园害虫防治	自然科学	硕士
SJCX20_0213	杨凯利	探究阻控水稻镉污染的有效措施	自然科学	硕士
SJCX20_0214	陈 尧	基于生成对抗网络的成熟期大田水稻亩穗数无人机测量	自然科学	硕士
SJCX20_0215	蒋林钫	不结球白菜游离小孢子培养高频胚诱导技术体系优化	自然科学	硕士
SJCX20_0216	杨诗扬	城市公共健康视角下水体景观设计策略研究	自然科学	硕士

附录 4　入选江苏省研究生工作站名单（40 个）

序号	所属单位	企业名称	负责人
1	植物保护学院	南京南农农药科技发展有限公司	段亚冰
2	植物保护学院	江阴苏利化学股份有限公司	周明国
3	植物保护学院	江苏中旗科技股份有限公司	董立尧
4	植物保护学院	江苏润果农业发展有限公司	张正光
5	植物保护学院	江苏邦盛生物科技有限责任公司	陈长军
6	植物保护学院	山东省烟台市农业科学研究院	王源超
7	植物保护学院	江苏省农业科学院农产品质量安全与营养研究所	叶永浩
8	资源与环境科学学院	南京农业大学泰州研究院	姜小三
9	资源与环境科学学院	泰州南农大新农村发展研究有限公司	姜小三
10	园艺学院	宿迁市设施园艺研究院	束 胜
11	园艺学院	睢宁县农业农村局	吴巨友
12	园艺学院	江阴市德惠热收缩包装材料有限公司	王 晨
13	园艺学院	南京天享生态农业有限公司	渠慎春
14	园艺学院	南京水一方文化旅游管理有限公司	徐迎春

（续）

序号	所属单位	企业名称	负责人
15	园艺学院	南京雨发农业科技开发有限公司	蒋芳玲
16	动物科技学院	太仓市东林生态养殖专业合作社	张艳丽
17	动物科技学院	启东瑞鹏牧业有限公司	万永杰
18	动物科技学院	南京农业大学淮安研究院	李平华
19	经济管理学院	江苏蟹联网科技有限公司	耿献辉
20	经济管理学院	江苏海外集团国际技术工程有限公司	刘爱军
21	动物医学院	光明食品集团上海海丰大丰禽业有限公司	陈兴祥
22	动物医学院	江苏鸿轩生态农业有限公司	马文强
23	动物医学院	南京朗博特动物药业有限公司	郭大伟
24	动物医学院	益诺思生物技术海门有限公司	吕英军
25	动物医学院	泗洪德康农牧科技有限公司	苗晋锋
26	食品科技学院	温氏食品集团股份有限公司	韩敏义
27	食品科技学院	南京泽朗生物科技有限公司	陶　阳
28	公共管理学院	江苏省土地勘测规划院	郭　杰
29	人文与社会发展学院	南京养老志愿服务联合会	姚兆余
30	工学院	太仓金马智能装备有限公司	肖茂华
31	工学院	江苏科岭能源科技有限公司	邱　威
32	工学院	连云港双亚机械有限公司	周　俊
33	生命科学学院	江苏博恩环境工程成套设备有限公司	钟增涛
34	金融学院	中汇江苏税务师事务所有限公司	刘晓玲
35	金融学院	江苏东台三仓润丰现代农业产业园有限公司	黄惠春
36	金融学院	江苏兴化农村商业银行股份有限公司	张龙耀
37	人工智能学院	上海蓝长自动化科技有限公司	熊迎军
38	草业学院	句容市南农大草坪研究院	杨志民
39	表型中心	南京慧瞳作物表型组学研究院有限公司	傅秀清
40	南京农业大学	麻江县农业农村局	吴益东

附录 5　入选江苏省优秀研究生工作站名单（8 个）

序号	所属单位	企业名称	负责人	认定期限
1	植物保护学院	江苏省苏科农化有限责任公司	董立尧	2021—2025 年
2	食品科技学院	江苏雨润肉类产业集团有限公司	徐幸莲	2021—2025 年
3	农学院	江苏金色农业科技发展有限公司	周治国	2021—2025 年
4	食品科技学院	南京农大肉类食品有限公司	黄　明	2021—2025 年
5	农学院	张家港市常阴沙现代农业示范园区管理委员会	丁艳锋	2021—2025 年
6	动物医学院	兆丰华生物科技（南京）有限公司（原南京天邦生物科技有限公司）	范红结	2021—2025 年
7	食品科技学院	江苏省食品集团有限公司	周光宏	2021—2025 年
8	动物科技学院	南京致润生物科技有限公司	毛胜勇	2021—2025 年

附录 6 荣获江苏省研究生教育教学改革成果奖名单

序号	成果名称	获奖等级	获奖者	主办方
1	兽医专业学位研究生实践创新能力培养探索与实践	优秀奖	苗晋锋、姜平、李祥瑞、周振雷、张阿英	江苏省研究生教育指导委员会
2	"量身定制、着力实效"博士生海外访学团模式创新与实践	二等奖	张阿英、康若祎、郭晓鹏、倪丹梅	江苏省研究生教育指导委员会

附录7　荣获江苏省优秀博士学位论文名单

序号	作者姓名	论文题目	所在学科	导师	学院
1	龚鑫	不同生境下蚯蚓对土壤微生物群落影响的机理研究	生态学	胡锋	资源与环境科学学院
2	王建	土壤多环芳烃污染的作物风险及材料阻控和内生细菌减毒技术研究	环境污染控制工程	凌婉婷	资源与环境科学学院
3	唐伟杰	水稻氮素利用效率相关性状全基因组关联分析和基因功能验证	作物遗传育种	王春明	农学院
4	乔鑫	梨等植物基因组中重复基因的鉴定与进化分析	果树学	张绍铃	园艺学院
5	王慧东	棉铃虫 CYP6AE 基因簇对异源化合物的代谢功能及其基因表达调控研究	农业昆虫与害虫防治	吴益东	植物保护学院
6	李昱辰	猪流行性腹泻病毒经鼻腔入侵引起肠道致病机制的研究	预防兽医学	杨倩	动物医学院

附录8　荣获江苏省优秀硕士学位论文名单

序号	作者姓名	论文题目	所在学科	导师	学院	备注
1	王震威	蚯蚓介导的微域中原生生物群落的变化及影响因素	生态学	胡锋	资源与环境科学学院	学硕
2	耿晶	基于非线性方法的拖拉机路径跟踪控制及扰动抑制研究	农业电气化与自动化	林相泽	人工智能学院	学硕
3	贡鑫	类半胱氨酸蛋白酶（Metacaspase）在梨石细胞形成中的作用	果树学	陶书田	园艺学院	学硕
4	毕云飞	基于寡核苷酸探针的染色体涂染技术及其在甜瓜属染色体研究中的应用	蔬菜学	娄群峰	园艺学院	学硕
5	张云娜	猪瘟病毒侵染猪肺泡巨噬细胞（3D4/21）的分子机制研究	预防兽医学	周斌	动物医学院	学硕
6	徐钰娇	不同环境规制对中国农业绿色生产率的门槛效应研究——基于环境成本的再测算	农林经济管理	展进涛	经济管理学院	学硕
7	张瑞霞	中青年农民工回流对父母养老支持的影响研究	社会保障	李放	公共管理学院	学硕
8	陆佳瑶	金融知识对农户信贷行为的影响研究——基于代际差异的视角	金融硕士	刘丹	金融学院	专硕
9	钱慧敏	基于 Beaugrande 程序模式探究《论语》英译本在"一带一路"国家的可接受性	翻译硕士	裴正薇	外国语学院	专硕
10	郑浩楠	基于稻穗 2D 图像建模的水稻田间快速测产方法的研究	电子信息	刘玉涛	工学院	专硕

（续）

序号	作者姓名	论文题目	所在学科	导师	学院	备注
11	黄 凯	不同类型猪舍内环境颗粒物及微生物气溶胶的污染特征研究	畜牧	李春梅	动物科技学院	专硕
12	凌 南	SD-PMA-qPCR 副溶血弧菌活菌检测方法的建立及应用	兽医硕士	薛 峰	动物医学院	专硕
13	沙俊涛	茶树凋落叶对菘蓝生长和生理生化的影响	中药学硕士	唐晓清	园艺学院	专硕
14	汪轩如	上市公司定向增发中利益输送行为及后果研究——以全通教育为例	会计硕士	王怀明	金融学院	专硕

附录9　校级优秀博士学位论文名单

序号	学院	作者姓名	导师姓名	专业名称	论文题目
1	经济管理学院	侯 晶	应瑞瑶	产业经济学	农户契约农业参与行为及契约关系稳定性研究——基于时间偏好与风险偏好实验的实证分析
2	生命科学学院	刘 锐	赵明文	微生物学	一氧化氮信号在热胁迫诱导灵芝酸生物合成中的调控机制研究
3	生命科学学院	王培培	张 群	植物学	拟南芥磷脂酶D调控生长素信号转导和应答盐胁迫的分子机理
4	资源与环境科学学院	龚 鑫	胡 锋	生态学	不同生境下蚯蚓对土壤微生物群落影响的机理研究
5	人文与社会发展学院	刘启振	王思明	科学技术史	西瓜引种中国及其本土化研究
6	食品科技学院	邢路娟	张万刚	食品科学与工程	宣威火腿中抗氧化肽的分离鉴定及抗氧化机理研究
7	食品科技学院	马 燕	顾振新	食品科学与工程	NaCl 胁迫下 GABA 介导的大麦芽苗酚酸富集机理
8	农学院	唐伟杰	王春明	作物遗传育种	水稻氮素利用效率相关性状全基因组关联分析和基因功能验证
9	农学院	仲迎鑫	姜 东	作物栽培学与耕作学	追氮时期对小麦籽粒蛋白品质空间分布的影响及其生理机制
10	资源与环境科学学院	陈 川	赵方杰	农业资源与环境	水稻土砷甲基化、脱甲基与挥发的微生物学过程与机制
11	资源与环境科学学院	郭俊杰	郭世伟	植物营养学	优化施肥下作物稳产增效潜力与土壤微生物学特征研究
12	植物保护学院	陈 汉	王源超	植物病理学	疫霉菌基因组 DNA 腺嘌呤六位甲基化（6mA）的调控机制与生物学功能研究
13	植物保护学院	王慧东	吴益东	农业昆虫与害虫防治	棉铃虫 CYP6AE 基因簇对异源化合物的代谢功能及其基因表达调控研究

（续）

序号	学院	作者姓名	导师姓名	专业名称	论文题目
14	园艺学院	乔鑫	张绍铃	果树学	梨等植物基因组中重复基因的鉴定与进化分析
15	园艺学院	张子昕	蒋甲福	观赏园艺学	菊花 CmTPL1-2 调控开花的分子机制研究
16	动物科技学院	陆壮	高峰	动物营养与饲料科学	慢性热应激对肉鸡糖脂代谢的影响及牛磺酸的缓解作用研究
17	动物医学院	李昱辰	杨倩	预防兽医学	猪流行性腹泻病毒经鼻腔入侵引起肠道致病机制的研究
18	动物医学院	伯若楠	王德云	临床兽医学	枸杞多糖脂质体的免疫增强作用及其机理的研究
19	无锡渔业学院	宋长友	徐跑	水产	大黄素对氧化鱼油诱导团头鲂应激损伤的修复机制研究
20	草业学院	李君风	邵涛	草学	牦牛瘤胃中高效纤维素降解菌的分离、鉴定及其在青贮中的应用研究
21	工学院	徐伟悦	姬长英	农业电气化与自动化	自然光照下基于超像素的识别和计数系统研究
22	资源与环境科学学院	王建	凌婉婷	环境污染控制工程	土壤多环芳烃污染的作物风险及材料阻控和内生细菌减毒技术研究
23	经济管理学院	顾天竹	钟甫宁	农林经济管理	城市扩张对低技能服务业发展与非农就业创造的影响研究
24	公共管理学院	张建	诸培新	土地资源管理	农地流转市场发育对农户生计策略和福利影响研究
25	信息管理学院	胡曦玮	刘磊	图书情报与档案管理	共生视角下的高校图书馆电子书馆藏建设政策研究
26	生命科学学院	叶现丰	崔中利	微生物学	珊瑚球菌 EGB 防控黄瓜枯萎病的生理生态学机制研究
27	农学院	方圆	张文利	作物遗传育种	水稻全基因组 R-loop 的鉴定及对基因表达和表观修饰的影响
28	农学院	焦武	陈增建	作物遗传育种	人工合成异源四倍体小麦 SlSlAA 和 AADD 胚乳中基因和小 RNA 表达变化的研究
29	农学院	郑天慧	万建民	作物遗传育种	光敏色素通过拮抗 OsGI 对 GHD7 的降解调控水稻抽穗期
30	农学院	高敬文	戴廷波	作物栽培学与耕作学	小麦幼苗光合特性对低氮营养的响应机理
31	资源与环境科学学院	段鹏鹏	熊正琴	农业资源与环境	温室菜地土壤氧化亚氮产生过程及其热力学特征研究
32	植物保护学院	杨丽娜	张正光	植物病理学	磷酸二酯酶 MoPdeH 与其相关蛋白在稻瘟病菌 cAMP 信号途径和致病中的调控机制研究
33	植物保护学院	徐晴玉	李国清	农业昆虫与害虫防治	马铃薯甲虫（Leptinotarsa decemlineata Taiman）介导的 20-羟基蜕皮酮信号转导途径

（续）

序号	学院	作者姓名	导师姓名	专业名称	论文题目
34	植物保护学院	李雁军	周明国	农药学	内含子和小分子 RNA 调控禾谷镰孢菌（Fusarium graminearum）对杀菌剂药物敏感性的机制研究
35	园艺学院	李晓龙	吴 俊	果树学	梨转录水平驯化和改良的遗传特征及 200K SNP 芯片开发应用
36	园艺学院	孙敏涛	吴 震	蔬菜学	番茄响应高温的规律及 H_2O_2 调控胁迫记忆的机理
37	动物科技学院	皮 宇	朱伟云	动物营养与饲料科学	不同方式干预对生长猪肠道微生物、机体代谢和肠道屏障功能的影响
38	动物医学院	单衍可	刘 斐	基础兽医学	单分子技术荧光显微平台的开发及其在动力学分析与检测中的应用研究
39	动物医学院	胡 云	赵茹茜	基础兽医学	糖皮质激素诱导的鸡脂肪肝发生机制与甜菜碱的缓解作用
40	经济管理学院	刘 畅	易福金	农业经济管理	子女外出务工、代际转移与农村老人营养健康

附录 10 校级优秀硕士学位论文名单

序号	学院	作者姓名	导师姓名	专业名称	论文题目	备注
1	人文与社会发展学院	佘燕文	惠富平	专门史	清代宠物饲养及其社会生活意义研究	学硕
2	经济管理学院	汪诗萍	葛继红	应用经济学	网络销售对生鲜农产品价值增值和零售商经营效率的影响分析——来自固城湖螃蟹产业的调查	学硕
3	理学院	韦 凯	吴 磊	化学	基于自由基历程的原子经济性碳-膦，碳-硫键切断与重排反应研究	学硕
4	生命科学学院	张艳婷	何 健	微生物学	Alcaligenes faecalis JQ135 中一种新型 3,6-二羟基吡啶-2 羧酸脱羧酶基因的克隆及功能研究	学硕
5	生命科学学院	王胜利	赵明文	微生物学	烟酰胺单核苷酸腺苷转移酶介导产生的 NAD+ 在调节灵芝三萜合成和纤维素酶活性中的作用	学硕
6	资源与环境科学学院	王震威	胡 锋	生态学	蚯蚓介导的微域中原生生物群落的变化及影响因素	学硕
7	资源与环境科学学院	王 吉	梁明祥	海洋科学	耐盐甘蓝型油菜转录因子 NF-Y 的抗逆功能及非生物胁迫下的转录组研究	学硕
8	公共管理学院	张 振	欧维新	地图学与地理信息系统	长三角地区景观格局变化对 PM2.5 浓度的影响研究	学硕
9	人文与社会发展学院	王 威	夏如兵	科学技术史	历史时期山西汾河流域水稻种植变迁研究	学硕
10	资源与环境科学学院	汪 明	张 隽	环境科学	不产氧光合细菌的分离、鉴定及砷代谢机制的研究	学硕

（续）

序号	学院	作者姓名	导师姓名	专业名称	论文题目	备注
11	食品科技学院	赵尹毓	张万刚	食品科学与工程	再生纤维素对低脂乳化肠品质的影响及机理研究	学硕
12	食品科技学院	吴越	韩永斌	食品科学与工程	蓝莓花色苷消化特性研究及益生菌果汁的研发	学硕
13	园艺学院	卫笑	郝日明	风景园林学	校园景观微气候特征及优化策略——以南京农业大学卫岗校区为例	学硕
14	农学院	李松阳	曹卫星	作物栽培学与耕作学	基于低空无人机平台的水稻生长指标遥感监测研究	学硕
15	农学院	陈莉芬	张文利	作物遗传育种	H3K27me3 对植物基因转录的正调控作用的研究	学硕
16	工学院	耿晶	林相泽	农业电气化与自动化	基于非线性方法的拖拉机路径跟踪控制及扰动抑制研究	学硕
17	资源与环境科学学院	周俊	熊正琴	土壤学	有机无机肥料配施对集约化蔬菜生产碳氮足迹的影响研究	学硕
18	植物保护学院	曲香蒲	侯毅平	农药学	三种杀菌剂对水稻恶苗病菌（Fusarium fujikuroi）的生物活性研究	学硕
19	植物保护学院	王国通	李圣坤	农药学	新型噁唑啉类酰胺的设计合成及抑菌构效关系研究	学硕
20	园艺学院	毕云飞	娄群峰	蔬菜学	基于寡核苷酸探针的染色体涂染技术及其在甜瓜属染色体研究中的应用	学硕
21	园艺学院	贡鑫	陶书田	果树学	类半胱氨酸蛋白酶（Metacaspase）在梨石细胞形成中的作用	学硕
22	草业学院	杨黎莉	邵涛	草学	外源微生物对牧草青贮发酵品质和微生物群落动态变化的影响	学硕
23	动物科技学院	兰梅	孙少琛	动物遗传育种与繁殖	褪黑素对霉菌毒素侵害的卵母细胞的毒性缓解	学硕
24	动物科技学院	曹秀飞	刘文斌	动物生产学	内质网应激 IRE1/XBP1 通路对高脂诱导团头鲂肝脏脂代谢的影响机制	学硕
25	无锡渔业学院	杨震飞	刘波	水产养殖	池塘跑道式养殖系统下密度应激对团头鲂生长、Nrf2 通路的影响及大黄提取物的调控研究	学硕
26	动物医学院	张云娜	周斌	预防兽医学	猪瘟病毒侵染猪肺泡巨噬细胞（3D4/21）的分子机制研究	学硕
27	动物医学院	刘洋	王丽平	基础兽医学	鸡常用药物生物药剂学分类（BCS）方法的建立及基于 BCS 原则的氟苯尼考优化剂型的渗透性研究	学硕
28	园艺学院	周莹	唐晓清	中药学	盐胁迫对荆芥生长生理及次生代谢的影响	学硕
29	经济管理学院	徐钰娇	展进涛	农林经济管理	不同环境规制对中国农业绿色生产率的门槛效应研究——基于环境成本的再测算	学硕

（续）

序号	学院	作者姓名	导师姓名	专业名称	论文题目	备注
30	公共管理学院	张瑞霞	李放	社会保障	中青年农民工回流对父母养老支持的影响研究	学硕
31	公共管理学院	戴芬园	张新文	行政管理	渔农村社区公共服务网格化供给研究——基于浙东 D 县的个案考察	学硕
32	信息管理学院	梁继文	王东波	情报学	基于多模型的先秦典籍汉英平行语料句子对齐研究	学硕
33	资源与环境科学学院	盛雪	高彦征	环境科学	蒙脱石吸附 DNA 对抗生素性基因水平转移的影响	学硕
34	农学院	孙英伦	万建民	作物遗传育种	水稻白条纹叶基因 WSL6 的图位克隆及功能分析	学硕
35	农学院	孙莉洁	管荣展	作物遗传育种	甘蓝型油菜种子相关性状及苗期耐湿性的 QTL 定位	学硕
36	农学院	张思宇	亓增军	作物遗传育种	寡核苷酸探针套 FISH 分析小麦演化过程中染色体变异	学硕
37	农学院	姬旭升	程涛	作物栽培学与耕作学	基于高分辨率卫星影像的农田边界提取及水稻生物量估算研究	学硕
38	生命科学学院	蒋旭敏	沈文飚	生物化学与分子生物学	谷胱甘肽和环鸟苷酸参与甲烷诱导不定根发生的分子机理	学硕
39	理学院	张奥	梁永恒	微生物学	酿酒酵母中 ESCRT 复合体通过抑制 Atg14 在液泡膜上的富集负调控脂滴自噬	学硕
40	生命科学学院	邢晓林	朱军	微生物学	褶皱型表型对霍乱弧菌与宿主相互作用过程中适应性的影响	学硕
41	食品科技学院	陈双阳	赵立艳	食品科学与工程	超声波处理对砷形态的影响及几种食用菌中砷的形态分析和风险评价	学硕
42	资源与环境科学学院	苏慕	胡水金	土壤学	CO_2 升高、溶磷肠杆菌和蒙脱石对土壤和磷矿物中磷释放的影响	学硕
43	植物保护学院	董昕	张海峰	植物病理学	SNARE 蛋白 FgVam7 和 FgPep12 调控禾谷镰孢菌子囊孢子释放和细胞自噬的分子机制研究	学硕
44	植物保护学院	刘迪	赵春青	农业昆虫与害虫防治	氟雷拉纳对斜纹夜蛾的活性及亚致死效应研究	学硕
45	植物保护学院	陶哲轩	王鸣华	农药学	基于纳米材料的吡虫啉和噻虫啉免疫分析方法研究	学硕
46	园艺学院	NADEEM KHAN	胡春梅	蔬菜学	白菜非生物胁迫及激素信号相关基因家族的全基因组分析	学硕
47	动物医学院	梁玉	陈秋生	基础兽医学	山羊瘤胃中 Telocytes 的功能形态学研究	学硕
48	动物医学院	李胜楠	马海田	基础兽医学	GPI 和 ALDH3A2 在介导 (−)-羟基柠檬酸调节鸡胚糖和脂代谢中的作用及其机制研究	学硕

（续）

序号	学院	作者姓名	导师姓名	专业名称	论文题目	备注
49	动物医学院	翟年惠	陈兴祥	临床兽医学	氧化应激通过自噬促进 PCV2 体外复制的机制及牛磺酸的调控作用研究	学硕
50	经济管理学院	王许沁	葛继红	农林经济管理	农机购置补贴对农机保有量和农机化水平的影响——基于激励效应与挤出效应的研究	学硕
51	人文与社会发展学院	郭玉珠	屈 勇	社会工作硕士	退休老人家庭关系改善的实务研究——以南京市 L 社区 H 为例	专硕
52	金融学院	陆佳瑶	刘 丹	金融硕士	金融知识对农户信贷行为的影响研究——基于代际差异的视角	专硕
53	经济管理学院	高梦茹	耿献辉	国际商务硕士	S公司海外建厂动力机制及策略优化的案例研究	专硕
54	外国语学院	钱慧敏	裴正薇	翻译硕士	基于 Beaugrande 程序模式探究《论语》英译本在"一带一路"国家的可接受性	专硕
55	外国语学院	郑联珠	曹新宇	翻译硕士	在华留学生对二十四节气相关谚语英译的接受度调查研究	专硕
56	工学院	彭昭辉	郑恩来	机械	多连杆超精密伺服压力机柔性加工误差主动补偿控制策略研究	专硕
57	工学院	郑浩楠	刘玉涛	电子信息	基于稻穗 2D 图像建模的水稻田间快速测产方法的研究	专硕
58	理学院	康 佳	董长勋	材料与化工	土壤含水量对蜈蚣草富集砷的影响及土壤砷环境基准推导	专硕
59	园艺学院	李竹君	张明娟	风景园林硕士	南京高校绿地自生草本植物物种组成与生态位结构研究	专硕
60	农学院	王永慈	陈长青	农艺与种业	基于温光资源的长江下游优质粳稻区划及种植适应性系统设计	专硕
61	动物科技学院	黄 凯	李春梅	畜牧	不同类型猪舍内环境颗粒物及微生物气溶胶的污染特征研究	专硕
62	动物医学院	凌 南	薛 峰	兽医硕士	SD－PMA－qPCR 副溶血弧菌活菌检测方法的建立及应用	专硕
63	动物医学院	徐 蓉	吕英军	兽医硕士	雏鹅痛风型鹅星状病毒的分离鉴定及其荧光定量 PCR 方法的建立	专硕
64	生命科学学院	金欣欣	沈文飚	生物与医药	甲烷调控植物生长发育和耐盐性的初步应用	专硕
65	园艺学院	沙俊涛	唐晓清	中药学硕士	茶树凋落叶对菘蓝生长和生理生化的影响	专硕
66	经济管理学院	刘 莹	耿献辉	工商管理硕士	咪咕善跑运动 App 社群营销案例研究	专硕
67	金融学院	汪轩如	王怀明	会计硕士	上市公司定向增发中利益输送行为及后果研究——以全通教育为例	专硕
68	金融学院	奚语遥	周月书	会计硕士	机构投资者对企业内部控制有效性的影响研究	专硕

（续）

序号	学院	作者姓名	导师姓名	专业名称	论文题目	备注
69	公共管理学院	陈怡伶	李放	公共管理硕士	新时代乡贤参与基层社会治理研究——以浙江省上虞区为例	专硕
70	公共管理学院	单延博	刘述良	公共管理硕士	项目制在县域治理中的运用——以 J 市创建国家级高新区为例	专硕
71	信息管理学院	陈雅玲	何琳	图书情报硕士	基于 CIDOC CRM 的先秦人物知识本体的构建	专硕
72	工学院	温凯	肖茂华	机械	深沟球轴承的故障诊断技术研究	专硕
73	农学院	王彦宇	刘小军	农艺与种业	基于固定翼无人机的水稻长势无损监测研究	专硕
74	食品科技学院	张裕仁	屠康	生物与医药	板枣热风-真空分段联合干燥的干燥动力学及工艺优化	专硕
75	食品科技学院	谭瑞心	张万刚	生物与医药	牛至精油-羧甲基纤维素活性包装膜制备及其对调理猪肉饼品质的影响机理研究	专硕
76	食品科技学院	蔡豪亮	陈志刚	食品加工与安全	湿态淀粉保藏技术研究及工厂设计	专硕
77	食品科技学院	仝瑶	赵立艳	食品加工与安全	毛豆风味物质分析及休闲毛豆产品开发	专硕
78	工学院	储磊	郑恩来	机械	多连杆超精密伺服压力机振动误差分析	专硕
79	资源与环境科学学院	吴义玲	胡水金	资源利用与植物保护	真菌腐蚀金属铅的表征测试技术比较	专硕
80	资源与环境科学学院	陈苏娟	隆小华	资源利用与植物保护	北高丛蓝莓（Vaccinium corymbosum）根际土壤性质、根系代谢组与植株生长不良的关系及其机制研究	专硕
81	资源与环境科学学院	赵彩衣	焦加国	资源利用与植物保护	不同水肥处理对云南/山东绿肥和主作物生长及土壤肥力的影响	专硕
82	植物保护学院	王梦斐	陈法军	资源利用与植物保护	CO_2 浓度升高对茶苗营养和功能成分影响及茶蚜种群动态研究	专硕
83	植物保护学院	袁艳梅	薛晓峰	资源利用与植物保护	马来西亚特鲁斯马迪山瘿螨总科的分类研究（蜱螨亚纲：前气门亚目）	专硕
84	植物保护学院	胡松竹	苏建亚	资源利用与植物保护	CncC 转录抑制剂的筛选及其在抗药性治理中的应用	专硕
85	园艺学院	马婉茹	管志勇	农艺与种业	切花小菊茎枝特性评价及适宜立面装饰品种筛选	专硕
86	园艺学院	马敏	张绍铃	农艺与种业	梨幼果防冻剂及疏花疏果技术的比较	专硕
87	园艺学院	孔镭	孙锦	农艺与种业	加工番茄菌根化育苗基质研制及其消减菜地盐碱化危害的作用机制	专硕
88	园艺学院	任爽	房婉萍	农艺与种业	重金属在茶园土壤-茶叶-茶汤中的含量变化及健康风险评价	专硕
89	动物科技学院	范丽娟	黄瑞华	畜牧	苏淮猪血液及肠道黏膜屏障与氧化应激指标对不同纤维水平日粮的响应	专硕

（续）

序号	学院	作者姓名	导师姓名	专业名称	论文题目	备注
90	无锡渔业学院	邹剑敏	陈家长	渔业发展	不同养殖方式对鲈鱼和中华绒螯蟹营养价值的影响	专硕
91	无锡渔业学院	陈宇舒	徐跑	渔业发展	基于稳定同位素技术的东太湖水生生物食物网结构研究	专硕
92	动物医学院	梅晓婷	姚大伟	兽医硕士	CT在犬头、胸部疾病诊断中的应用	专硕
93	经济管理学院	翟广萌	张兵兵	国际商务硕士	附加值贸易视角下中韩贸易隐含碳排放测算研究	专硕
94	经济管理学院	张吉冬	朱晶	国际商务硕士	上海梅林海外并购SFF的绩效研究——基于平衡计分卡的分析视角	专硕
95	经济管理学院	崔胜胜	陈超	农村与区域发展	农夫市集的自组织治理机制研究——以合肥市农夫市集为例	专硕
96	经济管理学院	安志杰	何军	农村与区域发展	肉鸡产业"公司＋农户"模式研究——基于LH集团的案例分析	专硕
97	经济管理学院	李少博	林光华	农村与区域发展	H智慧农贸公司经营模式及优化策略研究——基于利益相关者视角	专硕
98	公共管理学院	郭羽佳	唐焱	公共管理硕士	城乡规划中的公众参与研究——以阜宁县为例	专硕
99	人文与社会发展学院	余加红	卢勇	农业管理	农业文化遗产地的乡村生态宜居建设研究——以浙江绍兴吕岙村为例	专硕
100	信息管理学院	胡雪娇	薛卫	农业工程与信息技术	基于机器视觉的堆肥腐熟度识别研究	专硕

附录11　2020级研究生分专业情况统计

表1　全日制研究生分专业情况统计

学院	学科专业	总计（人）	录取数（人）					
			硕士生			博士生		
			合计	非定向	定向	合计	非定向	定向
南京农业大学	全小计	3 206	2 600	2 590	10	606	591	15
农学院（共355人，硕士生256人、博士生99人）	遗传学	19	15	15	0	4	4	0
	生物信息学	8	0	0	0	8	8	0
	作物栽培学与耕作学	69	47	47	0	22	22	0
	作物遗传育种	157	106	106	0	51	51	0
	农业信息学	35	22	22	0	13	11	2
	种子科学与技术	1	0	0	0	1	1	0
	农艺与种业	56	56	56	0	0	0	0
	农业工程与信息技术	10	10	10	0	0	0	0

（续）

学院	学科专业	总计（人）	录取数（人）					
			硕士生			博士生		
			合计	非定向	定向	合计	非定向	定向
植物保护学院 （共307人， 硕士生241人、 博士生66人）	植物病理学	97	64	64	0	33	33	0
	农业昆虫与害虫防治	63	43	43	0	20	20	0
	农药学	46	33	33	0	13	13	0
	资源利用与植物保护	101	101	101	0	0	0	0
资源与环境科学学院 （共316人， 硕士生241人、 博士生75人）	生态学	36	27	27	0	9	9	0
	环境污染控制工程	15	0	0	0	15	15	0
	环境科学	21	21	21	0	0	0	0
	环境工程	24	24	24	0	0	0	0
	资源与环境	39	39	39	0	0	0	0
	农业资源与环境	51	0	0	0	51	51	0
	土壤学	21	21	21	0	0	0	0
	植物营养学	54	54	54	0	0	0	0
	资源利用与植物保护	55	55	55	0	0	0	0
园艺学院 （共349人， 硕士生293人、 博士生56人）	风景园林学	8	8	8	0	0	0	0
	果树学	58	38	38	0	20	19	1
	蔬菜学	48	32	32	0	16	15	1
	茶学	14	10	10	0	4	4	0
	观赏园艺学	46	31	30	1	15	15	0
	药用植物学	1	0	0	0	1	1	0
	设施园艺学	5	5	5	0	0	0	0
	农艺与种业	126	126	125	1	0	0	0
	风景园林	25	25	25	0	0	0	0
	中药学	7	7	7	0	0	0	0
	中药学	11	11	11	0	0	0	0
动物科技学院 （共164人， 硕士生130人、 博士生34人）	动物遗传育种与繁殖	61	41	41	0	20	17	3
	动物营养与饲料科学	56	42	42	0	14	14	0
	动物生产学	2	2	2	0	0	0	0
	畜牧	45	45	44	1	0	0	0
经济管理学院 （共159人， 硕士生129人、 博士生30人）	区域经济学	1	0	0	0	1	1	0
	产业经济学	14	12	12	0	2	2	0
	国际贸易学	14	13	13	0	1	1	0
	国际商务	22	22	22	0	0	0	0
	农业管理	38	38	37	1	0	0	0
	企业管理	11	11	11	0	0	0	0
	技术经济及管理	9	9	9	0	0	0	0
	农业经济管理	50	24	24	0	26	25	1

（续）

学院	学科专业	总计（人）	录取数（人）					
			硕士生			博士生		
			合计	非定向	定向	合计	非定向	定向
动物医学院 （共276人， 硕士生204人、 博士生72人）	基础兽医学	46	33	33	0	13	12	1
	预防兽医学	73	54	54	0	19	19	0
	临床兽医学	27	22	22	0	5	5	0
	兽医	130	95	95	0	35	34	1
食品科技学院 （共199人， 硕士生162人、 博士生37人）	食品科学与工程	118	81	81	0	37	35	2
	生物与医药	50	50	50	0	0	0	0
	食品加工与安全	31	31	30	1	0	0	0
公共管理学院 （共110人， 硕士生80人、 博士生30人）	行政管理	31	25	24	1	6	6	0
	教育经济与管理	8	5	5	0	3	3	0
	社会保障	11	9	9	0	2	2	0
	土地资源管理	60	41	41	0	19	19	0
人文与社会发展学院 （共109人， 硕士生100人、 博士生9人）	经济法学	5	5	5	0	0	0	0
	社会学	5	5	5	0	0	0	0
	民俗学	5	5	5	0	0	0	0
	法律（非法学）	0	0	0	0	0	0	0
	法律（法学）	0	0	0	0	0	0	0
	社会工作	30	30	30	0	0	0	0
	科学技术史	22	13	13	0	9	8	1
	农村发展	39	39	38	1	0	0	0
	旅游管理	3	3	3	0	0	0	0
理学院 （共60人， 硕士生51人、 博士生9人）	数学	9	9	9	0	0	0	0
	化学	18	18	17	1	0	0	0
	生物物理学	3	2	2	0	1	1	0
	天然产物化学	8	0	0	0	8	8	0
	材料与化工	22	22	22	0	0	0	0
工学院 （共168人， 硕士生147人、 博士生21人）	机械制造及其自动化	4	4	4	0	0	0	0
	机械电子工程	1	1	1	0	0	0	0
	机械设计及理论	2	2	2	0	0	0	0
	车辆工程	4	4	4	0	0	0	0
	农业机械化工程	26	16	16	0	10	10	0
	农业生物环境与能源工程	6	4	4	0	2	2	0
	农业电气化与自动化	21	12	12	0	9	8	1
	电子信息	37	37	37	0	0	0	0
	机械	44	44	44	0	0	0	0
	管理科学与工程	4	4	4	0	0	0	0
	物流工程与管理	19	19	19	0	0	0	0

（续）

学院	学科专业	总计（人）	录取数（人）					
			硕士生			博士生		
			合计	非定向	定向	合计	非定向	定向
无锡渔业学院（共78人，硕士生70人、博士生8人）	水生生物学	2	0	0	0	2	2	0
	水产	6	0	0	0	6	6	0
	水产养殖	24	24	24	0	0	0	0
	渔业资源	1	1	1	0	0	0	0
	渔业发展	45	45	45	0	0	0	0
信息管理学院（共77人，硕士生70人、博士生7人）	计算机科学与技术	10	10	10	0	0	0	0
	电子信息	21	21	21	0	0	0	0
	图书情报与档案管理	7	0	0	0	7	7	0
	图书馆学	2	2	2	0	0	0	0
	情报学	11	11	11	0	0	0	0
	图书情报	26	26	25	1	0	0	0
外国语学院（共55人，硕士生55人、博士生0人）	外国语言文学	10	10	10	0	0	0	0
	翻译	45	45	45	0	0	0	0
生命科学学院（共195人，硕士生157人、博士生38人）	植物学	45	31	31	0	14	13	1
	动物学	3	3	3	0	0	0	0
	微生物学	56	43	43	0	13	13	0
	发育生物学	8	6	6	0	2	2	0
	细胞生物学	6	3	3	0	3	3	0
	生物化学与分子生物学	24	18	18	0	6	6	0
	生物与医药	53	53	53	0	0	0	0
马克思主义学院（共16人，硕士生16人、博士生0人）	哲学	5	5	5	0	0	0	0
	马克思主义理论	11	11	10	1	0	0	0
金融学院（共163人，硕士生155人、博士生8人）	金融学	24	16	16	0	8	8	0
	金融	45	45	45	0	0	0	0
	会计学	9	9	9	0	0	0	0
	会计	85	85	85	0	0	0	0
草业学院（共50人，硕士生43人、博士生7人）	草学	25	18	18	0	7	7	0
	农艺与种业	25	25	25	0	0	0	0

表2 非全日制研究生分专业情况统计

学院	学科专业	总计（人）	录取数（人）					
			硕士生			博士生		
			合计	非定向	定向	合计	非定向	定向
南京农业大学	全小计	377	372	0	372	5	0	5
经济管理学院	工商管理	150	150	0	150	0	0	0
动物医学院	兽医	9	4	0	4	5	0	5
公共管理学院	公共管理	172	172	0	172	0	0	0
金融学院	会计	46	46	0	46	0	0	0

附录12 国家建设高水平大学公派研究生项目派出人员一览表

表1 联合培养博士录取名单（56人）

序号	学院	学号	姓名	留学类别	国别	留学院校
1	农学院	2017201077	闫 岩	联合培养博士	荷兰	特文特大学
2	农学院	2018201007	胡金玲	联合培养博士	德国	霍恩海姆大学
3	农学院	2018201021	刘嘉俊	联合培养博士	美国	加利福尼亚大学戴维斯分校
4	农学院	2018201022	苟 倩	联合培养博士	荷兰	瓦格宁根大学
5	农学院	2018201088	左文君	联合培养博士	美国	田纳西大学诺克斯维尔校区
6	农学院	2018201092	唐一宁	联合培养博士	法国	法国国家农业研究所
7	农学院	2018201096	叶天洋	联合培养博士	澳大利亚	澳大利亚联邦科学与工业研究组织：农业和食物
8	植物保护学院	2018202033	李立坤	联合培养博士	美国	得州农工大学
9	植物保护学院	2017202050	陈稳产	联合培养博士	美国	普渡大学
10	植物保护学院	2018202031	冯 慧	联合培养博士	英国	邓迪大学
11	植物保护学院	2018202055	陈 贺	联合培养博士	乌拉圭	乌拉圭共和国大学
12	植物保护学院	2018202056	何宗哲	联合培养博士	美国	加利福尼亚大学戴维斯分校
13	资源与环境科学学院	2016203046	董梦晖	联合培养博士	荷兰	乌得勒支大学
14	资源与环境科学学院	2017203022	杨可铭	联合培养博士	英国	约克大学
15	资源与环境科学学院	2018203003	颜学宾	联合培养博士	美国	佐治亚理工学院
16	资源与环境科学学院	2018203004	白彤硕	联合培养博士	美国	艾奥瓦州立大学
17	资源与环境科学学院	2018203005	杨果果	联合培养博士	美国	佛罗里达大学
18	资源与环境科学学院	2018203020	余 凯	联合培养博士	英国	埃克斯特大学
19	资源与环境科学学院	2018203028	李春楷	联合培养博士	法国	法国国家农业研究所
20	资源与环境科学学院	2018203033	孙建飞	联合培养博士	美国	科罗拉多州立大学
21	资源与环境科学学院	2019203049	丁 明	联合培养博士	日本	名古屋大学
22	园艺学院	2017204016	宋蒙飞	联合培养博士	美国	威斯康星大学麦迪逊校区

（续）

序号	学院	学号	姓名	留学类别	国别	留学院校
23	园艺学院	2018204004	黄 霄	联合培养博士	日本	京都大学
24	园艺学院	2019204004	李琼厚	联合培养博士	美国	佐治亚大学
25	园艺学院	2019204012	孙聪睿	联合培养博士	美国	康奈尔大学
26	动物科技学院	2017205008	杜陶然	联合培养博士	丹麦	奥胡斯大学
27	动物科技学院	2017205022	郑肖川	联合培养博士	挪威	海洋研究所
28	动物科技学院	2017205025	郭长征	联合培养博士	法国	里昂第一大学
29	动物科技学院	2018205003	王彬彬	联合培养博士	丹麦	奥胡斯大学
30	动物科技学院	2018205007	李荣阳	联合培养博士	丹麦	哥本哈根大学
31	动物科技学院	2018205021	田时祎	联合培养博士	荷兰	乌得勒支大学
32	经济管理学院	2018206013	谭 鑫	联合培养博士	美国	宾夕法尼亚州立大学（帕克校区）
33	经济管理学院	2018206020	章珂熔	联合培养博士	美国	康奈尔大学
34	经济管理学院	2018206022	陈 娇	联合培养博士	瑞典	瑞典农业科学大学
35	经济管理学院	2018206023	刘馨月	联合培养博士	美国	艾奥瓦州立大学
36	动物医学院	2018207029	王金丽	联合培养博士	美国	美国农业部农业研究局贝尔茨维尔农业研究中心
37	动物医学院	2018207028	后丽丽	联合培养博士	英国	纽卡斯尔大学
38	动物医学院	2018207030	汪 艳	联合培养博士	美国	哈佛医学院
39	动物医学院	2018207049	贺 微	联合培养博士	美国	俄亥俄州立大学
40	食品科技学院	2017208026	涂传海	联合培养博士	加拿大	加拿大农业部圣亚森特研发中心
41	食品科技学院	2018208001	张瑶瑶	联合培养博士	英国	布里斯托大学
42	食品科技学院	2018208013	郭瑞瑞	联合培养博士	荷兰	莱顿大学
43	食品科技学院	2018208023	彭宇佳	联合培养博士	美国	马萨诸塞大学阿默斯特分校
44	食品科技学院	2018208026	侯 芹	联合培养博士	澳大利亚	墨尔本大学
45	食品科技学院	2018208029	赵睿秋	联合培养博士	美国	马萨诸塞大学阿默斯特分校
46	食品科技学院	2019208018	朱宗帅	联合培养博士	美国	密歇根州立大学
47	公共管理学院	2017209015	樊鹏飞	联合培养博士	美国	亚利桑那州立大学
48	公共管理学院	2019209014	吴文俊	联合培养博士	美国	亚利桑那州立大学
49	理学院	2018211004	戴 朋	联合培养博士	新加坡	新加坡国立大学
50	工学院	2018212002	祁睿格	联合培养博士	美国	田纳西大学诺克斯维尔校区
51	工学院	2018212008	孙元昊	联合培养博士	英国	林肯大学
52	工学院	2018212012	王锦涛	联合培养博士	意大利	米兰大学
53	工学院	2019212008	戚 超	联合培养博士	英国	林肯大学
54	信息管理学院	2018214003	范文洁	联合培养博士	荷兰	莱顿大学
55	生命科学学院	2019216014	刘森林	联合培养博士	英国	华威大学
56	金融学院	2018218005	尹鸿飞	联合培养博士	美国	加利福尼亚大学戴维斯分校

表 2　攻读博士学位人员录取名单（11 人）

序号	学院	学号	姓名	留学类别	国别	留学院校
1	农学院	2017101106	陈健泳	攻读博士学位	德国	德国植物遗传学和作物研究所
2	农学院	2017101175	杨天成	攻读博士学位	法国	法国国家农业研究所
3	植物保护学院	2016105053	葛晓可	攻读博士学位	荷兰	莱顿大学
4	植物保护学院	2017102084	谈潮忠	攻读博士学位	法国	图尔大学综合理工学院
5	园艺学院	2017104088	熊　飞	攻读博士学位	德国	马克思普朗克育种研究所
6	园艺学院	2017104114	李沛瞳	攻读博士学位	美国	田纳西大学诺克斯维尔校区
7	动物科技学院	2017105024	孙铭鸿	攻读博士学位	韩国	忠北大学
8	食品科技学院	2017108069	田筱娜	攻读博士学位	比利时	根特大学
9	理学院	2017111003	乔　宁	攻读博士学位	加拿大	拉瓦尔大学
10	理学院	2018811037	陈炳齐	攻读博士学位	美国	田纳西大学诺克斯维尔校区
11	生命科学学院	2017116116	沈　杰	攻读博士学位	德国	明斯特大学

表 3　草地管理和草地植物育种研究生联合培养项目录取名单（5 人）

序号	学院	学号	姓名	留学类别	国别	留学院校
1	公共管理学院	2020109020	陶兰兰	联合培养硕士	新西兰	怀卡托大学
2	公共管理学院	2020109028	朱明洁	联合培养硕士	新西兰	怀卡托大学
3	草业学院	2019120004	姜　珊	联合培养硕士	美国	新泽西州立罗格斯大学
4	草业学院	2019820020	李　晶	联合培养硕士	美国	新泽西州立罗格斯大学
5	草业学院	2019820032	肖婉莹	联合培养硕士	美国	新泽西州立罗格斯大学

表 4　"世界眼光　中国情怀　南农品质"的涉农公共管理人才培养项目录取名单（2 人）

序号	学院	学号	姓名	留学类别	国别	留学院校
1	公共管理学院	2020109020	陶兰兰	联合培养博士	新西兰	怀卡托大学
2	公共管理学院	2020109028	朱明洁	联合培养博士	新西兰	怀卡托大学

表 5　攻读硕士学位人员录取名单（1 人）

序号	学院	学号	姓名	留学类别	国别	留学院校
1	农学院	11116424	钱　昊	攻读硕士学位	荷兰	瓦格宁根大学

表 6　博士生导师短期出国交流人员录取名单（4 人）

序号	学院	姓名	留学类别	国别	留学院校
1	植物保护学院	胡　高	高级研究学者	美国	俄克拉荷马大学

（续）

序号	学院	姓名	留学类别	国别	留学院校
2	植物保护学院	王鸣华	高级研究学者	比利时	安特卫普大学
3	经济管理学院	耿献辉	高级研究学者	美国	佛罗里达大学
4	生命科学学院	谢彦杰	高级研究学者	西班牙	西班牙国家研究委员会植物生物化学与光合作用研究所

附录 13　博士研究生国家奖学金获奖名单

序号	姓名	学院	序号	姓名	学院
1	崔永梅	农学院	26	刘　慧	园艺学院
2	兰　杰	农学院	27	孙晶晶	园艺学院
3	鲁井山	农学院	28	程　康	动物科技学院
4	陆佳雨	农学院	29	蒋静乐	动物科技学院
5	陶申童	农学院	30	牛　玉	动物科技学院
6	余　珺	农学院	31	马宇贝	经济管理学院
7	张　静	农学院	32	王善高	经济管理学院
8	张培培	农学院	33	张　凡	经济管理学院
9	郑宝强	农学院	34	翟晓凤	动物医学院
10	董玉妹	植物保护学院	35	后丽丽	动物医学院
11	冯　慧	植物保护学院	36	李　亮	动物医学院
12	贾忠强	植物保护学院	37	刘丹丹	动物医学院
13	李连山	植物保护学院	38	彭宇佳	食品科技学院
14	李同浦	植物保护学院	39	钱　婧	食品科技学院
15	周俞辛	植物保护学院	40	谢允婷	食品科技学院
16	白彤硕	资源与环境科学学院	41	陈尔东	公共管理学院
17	常家东	资源与环境科学学院	42	肖善才	公共管理学院
18	胡正锟	资源与环境科学学院	43	易家林	公共管理学院
19	李　婷	资源与环境科学学院	44	戴　朋	理学院
20	刘志伟	资源与环境科学学院	45	张　银	工学院
21	王双双	资源与环境科学学院	46	姜万奎	生命科学学院
22	文　涛	资源与环境科学学院	47	刘　斌	生命科学学院
23	董雨菡	园艺学院	48	张　晶	生命科学学院
24	段奥其	园艺学院	49	周　南	金融学院
25	段　玉	园艺学院			

附录14　硕士研究生国家奖学金获奖名单

序号	姓名	学院	序号	姓名	学院
1	陈怡名	农学院	35	徐 谓	资源与环境科学学院
2	方 圆	农学院	36	杨 洁	资源与环境科学学院
3	郭子瑜	农学院	37	张 藤	资源与环境科学学院
4	胡壮壮	农学院	38	赵利梅	资源与环境科学学院
5	李怀民	农学院	39	曾维维	园艺学院
6	李逸凡	农学院	40	丁 旭	园艺学院
7	刘九杰	农学院	41	何 兰	园艺学院
8	韦海敏	农学院	42	贾浩然	园艺学院
9	熊传曦	农学院	43	贾丽丽	园艺学院
10	徐浩森	农学院	44	林士佳	园艺学院
11	于欣茹	农学院	45	马司光	园艺学院
12	张 春	农学院	46	杨培芳	园艺学院
13	周 聪	农学院	47	余 琪	园艺学院
14	郭 迪	植物保护学院	48	张婉婷	园艺学院
15	蒋 洁	植物保护学院	49	张雨馨	园艺学院
16	来继星	植物保护学院	50	张昱镇	园艺学院
17	李卓苗	植物保护学院	51	朱晓璇	园艺学院
18	林培炯	植物保护学院	52	蔡 玉	动物科技学院
19	沈方圆	植物保护学院	53	韩红丽	动物科技学院
20	宋章蓉	植物保护学院	54	沈家鲲	动物科技学院
21	陶 娴	植物保护学院	55	吴嘉敏	动物科技学院
22	尹毛珠	植物保护学院	56	徐 奕	动物科技学院
23	章 静	植物保护学院	57	张浩琳	动物科技学院
24	赵佳佳	植物保护学院	58	金俪雯	经济管理学院
25	赵维诚	植物保护学院	59	李慧奇	经济管理学院
26	周晓莉	植物保护学院	60	李若冰	经济管理学院
27	陈 宇	资源与环境科学学院	61	刘晓燕	经济管理学院
28	胡世民	资源与环境科学学院	62	许永钦	经济管理学院
29	李圆宾	资源与环境科学学院	63	赵谦诚	经济管理学院
30	连万里	资源与环境科学学院	64	贺 瑾	动物医学院
31	骆菲菲	资源与环境科学学院	65	乐冠男	动物医学院
32	沈浩杰	资源与环境科学学院	66	李孟聪	动物医学院
33	唐可欣	资源与环境科学学院	67	潘家良	动物医学院
34	徐 锋	资源与环境科学学院	68	万智信	动物医学院

（续）

序号	姓名	学院	序号	姓名	学院
69	王茗悦	动物医学院	95	周爽	工学院
70	杨博	动物医学院	96	陈士友	无锡渔业学院
71	张文艳	动物医学院	97	刘香丽	无锡渔业学院
72	朱琳达	动物医学院	98	张丽	无锡渔业学院
73	陈家辉	食品科技学院	99	季呈明	人工智能学院
74	董铭	食品科技学院	100	贾馥玮	人工智能学院
75	韩璐	食品科技学院	101	江川	信息管理学院
76	孔雅雯	食品科技学院	102	胡婷婷	外国语学院
77	李冉	食品科技学院	103	李然	外国语学院
78	王越溪	食品科技学院	104	陈晓培	生命科学学院
79	肖路遥	食品科技学院	105	郭妍婧	生命科学学院
80	诸琼妞	食品科技学院	106	王曰桥	生命科学学院
81	陈乐宾	公共管理学院	107	相云	生命科学学院
82	崔益邻	公共管理学院	108	徐鉴昳	生命科学学院
83	王昭雅	公共管理学院	109	张存智	生命科学学院
84	张健培	公共管理学院	110	赵迎月	生命科学学院
85	管哲	人文与社会发展学院	111	刘硕	马克思主义学院
86	郭海丽	人文与社会发展学院	112	蔡惠芳	金融学院
87	王新权	人文与社会发展学院	113	迟子凯	金融学院
88	尤峰	人文与社会发展学院	114	滕菲	金融学院
89	范亮飞	理学院	115	薛煜民	金融学院
90	孙立	理学院	116	郁丰榕	金融学院
91	卞贝	信息管理学院	117	朱璇	金融学院
92	王飞翔	工学院	118	吴金鑫	草业学院
93	张俊媛	工学院	119	赵卓均	草业学院
94	张婉丽	工学院			

附录 15　校长奖学金获奖名单

序号	姓名	学号	所在学院	获奖类别
1	陈爽	2017203009	资源与环境科学学院	博士生校长奖学金
2	高楚云	2017202005	植物保护学院	博士生校长奖学金
3	孟菲	2017211005	理学院	博士生校长奖学金
4	王利媛	2017202015	植物保护学院	博士生校长奖学金
5	杨阳	2017207010	动物医学院	博士生校长奖学金

（续）

序号	姓名	学号	所在学院	获奖类别
6	仲磊	2017208021	食品科技学院	博士生校长奖学金
7	周长银	2018205012	动物科技学院	博士生校长奖学金
8	丛文杰	2017212008	工学院	博士生校长奖学金
9	成孝坤	2017116073	生命科学学院	硕士生校长奖学金
10	胡坤明	2017102126	植物保护学院	硕士生校长奖学金
11	怀定慧	2018106018	经济管理学院	硕士生校长奖学金
12	阚旭辉	2017108065	食品科技学院	硕士生校长奖学金
13	李朋磊	2017101172	农学院	硕士生校长奖学金
14	林丽梅	2017105049	动物科技学院	硕士生校长奖学金
15	刘悦	2017111010	理学院	硕士生校长奖学金
16	沈杰	2017116116	生命科学学院	硕士生校长奖学金
17	孙铭鸿	2017105024	动物科技学院	硕士生校长奖学金
18	王聪聪	2017105076	动物科技学院	硕士生校长奖学金
19	王建	2017107057	动物医学院	硕士生校长奖学金
20	王莹莹	2017108068	食品科技学院	硕士生校长奖学金
21	谢霜	2017107027	动物医学院	硕士生校长奖学金
22	杨智宇	2018811030	理学院	硕士生校长奖学金
23	尤秀	2017108030	食品科技学院	硕士生校长奖学金
24	岳杨	2017103012	资源与环境科学学院	硕士生校长奖学金
25	张成才	2018804280	园艺学院	硕士生校长奖学金
26	赵恒轩	2017103050	资源与环境科学学院	硕士生校长奖学金
27	赵庆洲	2017103019	资源与环境科学学院	硕士生校长奖学金
28	赵迎月	2018116096	生命科学学院	硕士生校长奖学金

附录 16 研究生名人企业奖学金获奖名单

一、金善宝奖学金（20 人）

笪钰婕　方亚丽　高贝贝　贡鑫　顾毅　贾琼　梁雅旭　林陈桐　刘军委
孙启国　田海笑　王晓斌　吴龙华　杨阳　杨宗锋　杨宗耀　周海晨　周佳宁
周子俊　朱宗帅

二、先正达奖学金（4 人）

李晓江　刘洁霞　逯欣宇　王亮

三、大北农奖学金（21 人）

安睿　曹际　曹青　陈瑾　都玉　杜康　房琳琳　谷鹏飞　郭时惠

靳 蕊　李唯一　林善婷　刘 佳　罗明坤　马梓承　时东亚　肖雨涵　徐 洁
张彩燕　张若凡　张子珩

四、江苏山水集团奖学金（12 人）

查思思　郜 晴　刘兰兰　逯星辉　荣晗琳　王琳婷　徐鹤挺　徐 旻　杨培增
杨诗扬　张嵩楠　张智超

五、陈裕光奖学金（20 人）

毕 蓉　陈晓虹　樊鹏飞　范国强　房 帅　高 航　高霄霄　何培媛　黄明远
李开怀　李 鹏　李章超　刘镔皞　彭媛媛　太 猛　唐 松　阎明军　袁行重
赵 杰　赵勤政

六、中化农业 MAP 奖学金（8 人）

陈伟钟　章 申　李 婕　张海鹏　牛 雪　高 静　赵泽瑞　蔡新仪

七、吴毅文助学金（10 人）

范宁丽　封雨虹　韩桂馨　李东生　邱玉红　孙钰捷　涂传海　王坤鹏
魏媛媛　徐璐瑶

附录 17　优秀毕业研究生名单

一、优秀博士毕业研究生（78 人）

蔡 升　代渴丽　丰柳春　郭 泰　胡德洲　李 程　李慧杰　李 霄　林 静
吕 澜　吕晓兵　马林杰　宋炜涵　王汝琴　徐冰洁　徐 涛　杨 茂　陈虹宇
仇 敏　丁 园　高博雅　高楚云　韩 森　李晨浩　刘晓龙　刘艳敏　宋莹莹
杨明明　张召贤　陈宏坪　李 炜　刘秀丽　罗功文　任 伟　吴 震　冯 凯
侯华兰　李 辉　刘 慧　唐明佳　汪 进　王丽君　吴芯夷　程业飞　卢亚娟
李龙龙　刘 锦　刘雪威　明 珂　田晓薇　徐 蛟　钟孝俊　蔡洪芳　陈 丹
宋 丹　王 莉　赵 雪　周昌瑜　周丹丹　陈 磊　胡卫卫　李雪辉　闫曼娇
周佳宁　朱以财　周红冰　孟 菲　程 聪　胡顺利　姜万奎　刘 斌　刘 鸣
苏久厂　王成琛　陈继辉　鲁 伟　唐 松　阿得力江·吾斯曼

二、优秀硕士毕业研究生（489 人）

晁 旭　陈健泳　杜 清　杜宇笑　范亚丽　傅兆鹏　高 浩　郭凌凯　胡佳晓
黄建丽　黄彦郡　蒋孟娇　李乐晨　李孟珠　李朋磊　李双飞　李 伟　李艳慧
廖锡良　林堪德　刘欣怡　柳汉桥　秦 瑞　任秋燕　宋有金　孙淑珍　唐小涵
王海宇　王 睿　吴 琼　武月挺　夏树凤　项方林　余丽凤　占亚楠　张慧婷
张嘉懿　张鹏越　赵 鸿　周佳雯　周 萌　朱丽杰　朱 泽　宗亭轩　蔡晶晶
曾 荣　陈可欣　程 旭　杜 梅　费世芳　何杨兰　黄秋堂　蒋文敬　来 祺

李达	李锋杰	李明珠	李苏奇	李伟	李伟宁	卢飞	罗雪	马焕焕
毛菲菲	毛玉帅	倪晓璐	孙哲	谈潮忠	田佳华	王传鹏	王雨音	魏慧玉
魏令令	温勇	吴菲菲	武明飞	夏才贝	夏庆月	夏宇豪	效雪梅	徐乐
徐平	颜伯俊	杨倩	杨怡琳	俞舒杨	张香雪	张艳	赵琪	晁会珍
陈雅玲	董青君	杜琪雯	郭劲	郝月雯	何芳	何宙阳	胡小璇	花昀
黄健	蒋倩红	李冰青	李世杰	刘铠鸣	刘明	刘巍	刘正洋	缪颖程
秦如意	邵爱云	宋燕凤	孙志荣	王璐洋	王佩鑫	魏志敏	温馨	邬振江
吴思	殷小冬	于清男	俞珊珊	占国艳	张金羽	张岩行	张媛	张志龙
赵恒轩	赵庆洲	周梦佳	朱佳芯	朱俊文	朱庭硕	邹明之	曹艺雯	陈健秋
陈青青	陈书琳	段奥其	樊进补	冯炳杰	冯婧娴	冯文轩	龚倡	何莎莎
何盈	侯雅楠	侯忠乐	胡章涛	蒋道道	金玉妍	孔祥雨	李柯	李林
李梦霏	李瑞	李学馨	李忠钊	刘昊	刘婧愉	刘月园	泥江萍	屈仁军
曲晓慧	任杰	沈迪	沈昊天	孙攀	田春玲	王红尧	王鸿雪	王文然
王鑫	魏玉龙	吴艾伦	邢安琪	宿子文	徐鸿飞	薛灵姿	薛雍松	杨平
杨青青	翟育雯	张成才	张大燕	张凯鸽	赵晨晔	周杨	周宇航	安世钰
曾洪波	甘振丁	高凡	贺勇富	蒋能静	康瑞芬	李俊	李轩	林丽梅
刘佳岱	马键宇	曲恒漫	沈明明	施其成	石杨夏艳	孙铭鸿	童献	王聪聪
魏莹晖	徐荣莹	徐诣轩	许瑶	闫恩法	赵永伟	陈鹏程	陈鑫鸳	崔钊达
狄方强	邱帅	丰家傲	付晓伟	高亚楠	贾科	李佳敏	李琳	李倩玉
刘东辉	刘静	刘秀	刘艳	王楚婷	王梦雅	王薇	王文钰	王远浓
谢涵	谢清心	徐乔	余涛	张贝倍	周家俊	周梦飞	周沁楠	周湘余
曹明珠	曹亚男	常晓静	陈婧	陈雨晴	盖芷莹	高倩云	韩德敏	郝珊珊
黄蔚虹	李虎	李文倩	李志要	刘倩倩	陆晓溪	马水燕	梅文晴	潘中洲
强悦	樵明玉	沈艳玲	苏佳芮	苏玉鑫	王梦莉	王佩蓉	王茹怡	吴月
谢霜	游凤	于沛欣	张恩	张杰	张莉莉	张苗	张曦予	张越
张泽	赵柯杰	曹晔	丁若曦	范晓全	郭虹娜	侯翠丹	黄明远	黄志海
阚旭辉	冷超群	李婷婷	刘梦婕	刘育金	栾晓旭	马晨	施姿鹤	田亚冉
万佳佳	汪明佳	王莹莹	吴涛	徐冰冰	杨璐	杨茜	尤秀	余颐
臧园园	张莉	张美红	张玉梅	张泽	赵天娇	赵小惠	曹姣艳	陈敏
陈肖湄	高铭	鞠萍	康翔	李丽	刘壮壮	吕图	万洋波	汪业强
王茜月	王亚星	许泽宁	余莉雯	张晓媛	郑浩	陈倩	储睿文	高莉莉
胡校玮	胡洋	金家霖	李祥凝	李雪妍	鲁莉	马海娅	牛雪姚	石文倩
王玲玲	杨依卓	于珩	张超楠	张晓妮	周璐	周雨轩	程文静	董佳玥
刘保霞	聂克睿	孙学	王赛尔	熊伟宏	严佳玲	杨智宇	董媛媛	郝婧媛
黄铢玉	刘博	刘明阳	齐延凯	王钰钦	殷浩然	游磊	张晓	张禹宁
何自明	胡文琳	李中乾	刘国阳	刘雪琪	马仕航	乔粤	闫明壮	杨宸
张秀晨	周冰清	周明峰	邓玉萍	季艳龙	李玛丽	李梦瑶	莫嘉栋	孙越
武熠迪	徐畅	徐鹏浩	于博川	陈慧	陈静	陈龙	陈诗瑶	成孝坤
戴杰	房家佳	胡婷	籍梦瑶	江思容	蒋明里	李佳梦	李彦斌	刘镔皭

刘 烽	柳伟哲	罗嘉翼	彭 乾	任英男	沈 杰	盛梦瑶	唐 敏	田惠文
王 莹	王宇欣	王月荣	魏霄楠	邢子瑜	岳思宁	张 蕾	张学栋	张亚娟
赵莹莹	朱平平	贺 扬	李 创	陈慧宇	陈亮亮	程庆元	程 璇	邓涵月
方 婕	韩璐垚	姜敏婕	李辰哲	李莉莉	李天琦	凌 孟	马 萌	彭新宇
秦 佳	孙思远	谭星宇	陶 敏	王竞宜	王译萱	吴孝宇	奚 婧	杨 萱
于 一	张丽容	章晚萱	郑茵茵	周子寒	朱顾玥	祝云逸	蔡行楷	车叶叶
崔蓉菁	关汉民	林文静	王怡超	薛轶凡	程 彪	丁 静	董 倩	方恩泽
何 磊	黄宇珂	厉 翔	刘景娜	陆鹏宇	梅 斌	钱 煜	秦伏亮	沈莫奇
王清清	王项宇	魏宇宁	武妍慧	许建康	许 猛	杨中林	姚和阳	占彩霞
张海林	张世凯	周润东						

附录18　优秀研究生干部名单

（164人）

尹 帝	储靖宇	陈 菲	方佳欣	李璐璐	宫青涛	王 彤	刘志涛	胡慧敏
唐嘉君	孙丽园	陈敏珺	庞佳丽	徐华东	孙 硕	屈 琼	庄桂苓	张璐璐
聂韦华	夏芊蔚	曲苇苇	张 奥	张欣杰	林栩敏	张思聪	王 巧	郭 奇
石伟希	李柯婕	李竹燕	从炳成	斯天任	段华泰	吴文婷	黄 婷	李 婕
花钰潇	肖姝琪	水 晨	尹京京	李 菲	尹 桐	张榕蓉	韩妙华	周冉冉
魏 莲	周鑫鹏	郑琨鹏	郑 直	朱小磊	王迎港	黄思远	杨诗扬	张 亭
唐宇杰	杨彩霞	陈 莹	陈恒光	魏成恒	蔡懿慧	李 重	熊紫龙	庞俊雪
周 驿	王 宁	汪明煜	潘家良	梁 荣	倪 珺	姬姝婷	张迎鑫	杨 博
王 琦	王灿阳	丁佰韬	周天缘	吴睿智	俞莉莉	董 铭	陆文伟	诸琼姐
侯佳迪	李甜荣	丁丽萍	毛慧敏	叶子谦	汤 瑜	朱 莉	陈 鑫	孟 茹
王科新	马志远	王安琪	杨超群	陈天平	蒋乐畅	关 朕	袁 泉	周凌蕾
于 峰	蔡 辉	徐金元	柳 雷	阎明军	徐逾鑫	张明胤	刘建斌	吴 越
刘维杉	何培媛	魏媛媛	潘 妮	李 悦	董映华	汤茗宇	段云斌	付 月
黄中艺	徐珂珂	孙钰捷	葛云杰	王芷晴	薛煜民	迟子凯	罗曼徐	孙 婉
李 越	朱九刚	宋俊龙	吕筱雯	杨 煜	高若楠	张 春	金 宵	臧铭慧
高 幸	张子珩	王新权	王昭雅	刘明星	鲍永金	张紫超	夏 雷	周子俊
罗国舟	张念念	金俪雯	王 艺	陈兆玉	王 欣	雷棋文	马文杰	杨会敏
夏 婷	杨 扬	易慧琳	干婷婷	王钇霏	杨 密	苏泽楠	赵泽瑞	柏 宇
潘丽娟	王心璨							

附录19　毕业博士研究生名单

（合计415人，分17个学院）

一、农学院（73人）

王 方	杨宝华	胡金龙	林添资	柯小娟	马省伟	温阳俊	刘方东	赵丽娟

柴骏韬　张红梅　王瑞凯　黄晓敏　刘明明　刘延凤　王　茜　曾　鹏　刘金洋
王亚琪　邵丽萍　何骄阳　王杨铭　汤正宾　朱建平　王新芳　田　岳　鲁　宁
王勇健　刘一江　万文涛　费宇涵　杨　阳　丁　超　李瑞宁　张　恒　苗　龙
杨宇明　韩泽刚　林　静　马旭辉　张姗姗　张　芸　黄颜众　杨成凤　杜文凯
汪　翔　邵巧琳　贾　敏　蒋　理　李　栋　徐　浩　李　霄　胡德洲　何　蔚
王　湛　王　智　马林杰　徐　涛　丰柳春　朱星洁　张　静　代渴丽　宋炜涵
Karikari Benjamin　Muhammad Fahim Abbas　Nour Ali　Raheel Osman
Babar Iqbal　Ripa Akter Sharmin　Nguyen Thanh Liem　Aiman Hina
Ramala Masood Ahmad　Dina Ameen Mohamed Abdulmajid

二、植物保护学院（47人）

李传勇　王彩云　任广伟　姜良良　张　超　王　浩　王大成　李　莹　龚君淘
胡逸群　乔露露　仇　敏　王帅帅　何思文　王　朦　刘绍艳　丁　园　冯明峰
韩科雷　梁　栋　王　佶　周小四　李　萍　夏业强　张汲伟　管　放　黄建雷
杨　坤　张　旭　陈　磊　边传红　郝　佳　高楚云　杨明明　王　波　韩　森
陈嘉生　刘晓龙　李洪冉　宋莹莹　刘艳敏　周俞辛　王利祥　张召贤
Abdul Razzaque Rajper　Sheikh Taha Majid Mahmood　Alex Muremi Fulano

三、资源与环境科学学院（57人）

全思懋　於叶兵　孟　齐　张抒南　潘　上　黄兆琴　王蒙蒙　宋森泉　张　骏
李梦莎　王东升　徐　玉　郭　楠　李卫红　任　轶　张雯琦　王伏伟　王　露
熊　丽　林　志　孟晓慧　苏　律　刘秀丽　郑海平　庞　冠　陈　杰　郑　勇
蒋林惠　陆　超　颜　素　李金凤　郭金两　艾　昊　景　峰　石　维　隋凤凤
陶成圆　杨　兵　顾少华　赵梦丽　侯蒙蒙　陈家栋　刘文波　王　龙　顾泽辰
刘秋梅　任　伟　李　炜　耿亚军　范潇儒　陈宏坪　罗功文　吴　震
Sadiq Naveed　Mostafa Nagi Ramadan Bakri　Okolie Christopher Uche
Mohamed Ahmed Said Metwally Ibrahim

四、园艺学院（39人）

邓　英　侯亚兵　张普娟　余心怡　吴芯夷　王　永　刘伟鑫　曾晶珏　李　静
刘海楠　裴茂松　张　川　刘　哲　汪润泽　王国明　丁强强　高立伟　范莲雪
王盼乔　翟于菲　赵坤坤　张皖皖　陈慧杰　程培蕾　陈　希　陆　俊　仰小东
辛静静　陈兰兰　施　露　刘　慧　冯　凯　侯华兰　汪　进　申加枝　李　辉
王丽君　Ahmed Ashour Abdelsalam Ibrahim Khadr　Emmanuel Arkorful

五、动物科技学院（23人）

刘南清　邹雪婷　计　徐　胡　平　白凯文　何健闻　申俊华　唐　倩　王会松
薛艳锋　曹宇浩　卢亚娟　潘梦浩　程业飞　李志鹏　安外尔·热合曼
Ezaldeen Abdelghani Awad Ibrahim　Aneela Perveen　Sheeraz Mustafa

Mohamed Ahmed Fathi Mahmoud Ibrahim　Niaz Ali　Mudasir Nazar
Ehab Bo Trabi

六、经济管理学院（11 人）

陈立梅　吴　敏　王　恺　张　良　李　雨　董小菁　孙　杰　王　越　张宗利
Girma Jirata Duguma　Ryszard Tadeusz Gudaj

七、动物医学院（45 人）

唐泰山　倪国超　高　颖　郑亚婷　李佳容　蔡柳萍　刘　杰　任海燕　马　可
裴晓萌　王　晴　卜永谦　路云建　吕　林　王胜男　张　华　徐　蛟　张　帅
黄宇飞　李龙龙　田晓薇　李唯一　刘俊丽　李娅慧　张皓博　刘　锦　薄宗义
钟孝俊　刘雪威　李　亮　明　珂　朱孟玲　蔡丙严　刘　萍　刘素贞　陈　蓉
赵乐乐　卡力比夏提·艾木拉江　阿得力江·吾斯曼　Faiz Muhammad
Sahito Benazir　Zain Ul Aabdin　Waseem Ali　Imran Tarique
Naqvi Muhammad Ali‐Ul‐Husnain

八、食品科技学院（33 人）

刘亚楠　钟　蕾　刘世欣　黄正华　林福兴　杜贺超　鲍英杰　司文会　邱佳容
任晓镁　杨　静　张永柱　吕永梅　薛思雯　曹松敏　程轶群　陈春旭　周昌瑜
孟　玲　仲　磊　宋　丹　赵　雪　周丹丹　涂传海　蔡洪芳　王　莉　陈　丹
吐汗姑丽·托合提　Kimatu Benard Muinde　Muhammad Umair Ijaz
Yahya Saud Mohamed Hamed　Muhammad Ijaz Ahmad
Mohamed Ezzat Mohamed Ibrahim Abdin

九、公共管理学院（18 人）

陈前利　孙发勤　梁琛琛　王　珏　王雨蓉　张雯熹　杨皓然　杨　子　陈　振
王　健　王雪琪　雷　昊　王　丹　胡卫卫　朱以财　李雪辉　陈　磊
Aftab Ahmed Memon

十、人文与社会发展学院（3 人）

芮琦家　郭　欣　徐晨飞

十一、理学院（6 人）

戴存礼　郝炯驹　夏运涛　孟　菲　卢风帆　马丽雅

十二、工学院（12 人）

康　睿　霍连飞　黎宁慧　吴明清　程　准　李旭辉　杨振杰　王　磊　于镇伟
唐　松　鲁　伟　Ibrahim Eltayeb Ibrahim Elhaj

十三、无锡渔业学院（6人）

蒋书伦　高　进　王亚冰　闫允君　罗明坤　张慧敏

十四、信息管理学院（2人）

马坤坤　童万菊

十五、生命科学学院（30人）

程继亮　宣　云　宋　刚　赵沿海　芮庆臣　周惜时　卢延克　霍　垲　刘　磊
牟　帅　郝桂娟　姚　冲　吴　雪　胡朝阳　王胜晓　王武建　刘永闯　吴祖林
王远丽　叶　斌　陈　乐　宋　萍　栾　宁　王　慧　刘　鸣　史梦婷　程　诚
苏久厂　Nahmina Begum　Muhammad Zia Ul Haq

十六、金融学院（3人）

许玉韫　王成琛　Sohail Ahmad Javeed

十七、草业学院（7人）

张景龙　孙果丽　纪树仁　王淑敏　王思然　刘　宇　陈继辉

附录20　毕业硕士研究生名单

（合计2 567人，分20个学院）

一、农学院（189人）

张培培　程炜航　单　众　琚龙贞　潘　婷　安晓晖　沈　涛　张福鳞　江广帅
项方林　霍钰阳　郁　凯　孟　旖　张　军　张　骁　孙淑珍　张　震　王　端
马博闻　胡诗琪　赵　鸿　朱旭晖　史可佳　张嘉懿　孔　乐　蒋孟娇　杨年福
张雅玲　占亚楠　常悉尼　李延玲　吴　琼　邓　垚　李孟珠　尤　杰　苗　辰
李　伟　汪康康　夏树凤　庞保刚　张东正　代俊杰　武月挺　姚　悦　赵培悦
吕增帅　刘永顺　任秋燕　王　芳　李顺发　邵丹蕾　樊　浩　邓超阳　朱丽杰
李乐晨　张元卿　李艳慧　杨琴莉　叶　莉　陈　豪　朱天全　毛卓卓　王　睿
陈同睿　蔡梦颖　王向婷　朱　泽　王永胜　章宏亮　郭凌凯　王依隆　张　勇
曹守阳　张志蒙　王佳奇　陈健泳　张　琼　唐小涵　赵雅琴　章涵智　刘志鹏
周佳雯　陈燕宁　秦　瑞　张　友　晁　旭　牛　影　张　婷　吴　凯　胡佳晓
时一云　邢金铭　施晓波　李　蒙　黄建丽　李双飞　袁　璐　鲁　楠　盛　佳
果永超　戴佳容　殷雨萌　刘欣怡　李　强　余丽凤　廖锡良　杜　清　庞　巧
王左君　范亚丽　林堪德　张鹏越　葛鑫源　沈甲诚　肖云涛　王海宇　宗亭轩
罗敏轩　郭海悦　岳浩然　苏　俏　宋丹华　张慧婷　李朋磊　杨天成　周　萌
尹　航　颜天宇　王　虹　姜英维　崔梦佳　高文敬　张茜瑀　杜宇笑　陈　凯

陶伟科　刘浩然　吴佳雯　蒋　红　程　瑞　严宇剑　姬景丽　胡燕玲　岳镒繁
何　彬　罗锡坤　王国君　张　静　孙　亮　刘春炳　唐春兰　闻亦轩　张梦龙
付　旭　黄　震　倪荣冰　李　清　黄彦郡　刘一鸣　杨子豪　吴　皓　孟怡君
刘月欣　陆　波　宋有金　崔慧敏　高　浩　刘墨瑶　寇方圆　肖千爱　雒佳铭
闫永喆　柳汉桥　姜珊杉　时曼丽　孙佳丽　张春霆　于　豪　崔永春　许　昊
孙丽园　傅兆鹏　储伟杰　方建国　王　岩　周　鑫　Mahmood Hemat
Samo Allan Kiprotich　Mashiur Rahman Bhuiyan

二、植物保护学院（198 人）

张　明　李　烨　陈　瑜　许艳君　王　嵘　莫旭艳　刘　艳　马金彪　彭　倩
张香雪　白　甜　杜雅馨　赵晨迪　贾玉玲　张　凤　俞晨杰　陈　硕　罗　雪
曾　荣　宋肖宁　蔡晶晶　周仁鹏　刘星宇　俞舒杨　费世芳　任双双　宋康丽
杨同庆　闫娇玲　徐　畅　贺　祥　王雨音　蒋文敬　李平平　周瑞雯　何杨兰
刘　鹏　周其锟　丁绍晨　国宝焕　郑礼煜　李娅宁　邹　言　黄祖金　杨怡琳
王雪松　赵殿树　周春迎　陈　翰　王赞萍　武明飞　支昊宇　李发倩　王　琳
赵　琪　徐　平　李成聚　李思胜　李明珠　李梦月　王照英　林建慧　魏慧玉
谈潮忠　王　雨　许彦飞　朱　琳　马焕焕　李伟宁　张　琪　燕　茹　王传鹏
朱智杰　陆佳浩　东　洁　卢一萱　黄秋堂　李锋杰　魏令令　刘婷婷　颜伯俊
贾亚龙　张　素　张　艳　冯泽瑞　杨　倩　张洋洋　李　伟　田佳华　黄素芳
刘奎屯　吴菲菲　杜　梅　胡坤明　温　勇　王恺言　肖　程　赵　冉　效雪梅
段婷婷　卢　飞　张元帅　卫梦迪　王天硕　刘振国　原　征　白佳琦　贾曼曼
付瑞霞　徐　旭　孙　哲　杨慧萍　刘张默涵　叶　琴　毛玉帅　徐少华　梁必璐
吴　雁　张小娜　张　帅　吴靖涛　倪晓璐　周天宇　程　旭　李　辉　张雨霞
岳　琛　夏才贝　赵　婕　吴志文　贾　媛　李锦辉　刘伟美　张　旭　刘　静
段志慧　王　浩　杨　洋　刘静雅　施家裕　夏宇豪　欧阳萧晗　魏三月　王　伟
毛菲菲　赵娟娟　罗晓宇　冯晓倩　范荣荣　卞孟楠　韩晨阳　马　琳　葛程程
来　祺　王子雪　王　宇　杜逸晨　王　侠　常壮壮　戴　婧　薛洪富　尹明明
何燕飞　郑秋菊　李苏奇　李　达　马慧敏　周晓庆　柳泽汉　何亮亮　朱红利
赵云霞　何林凤　侯博锋　乔紫璇　王　楠　夏庆月　李　烨　尹丽娜　王玉琴
翟纯鑫　巩佳莉　钟　静　张皓然　龚元平　陈可欣　张　颖　刘江涛　柴　宁
张　莹　徐　乐　张华梦　李娅鑫　王珏瑜　田文艳　Haider Ali
Kipchoge Leviticus　Dilawar Khan

三、资源与环境科学学院（195 人）

祝雪丽　于清男　张金羽　周梦佳　朱庭硕　王　瞳　武　晨　刘　明　梁　婷
刘叶楠　魏　龙　岳　杨　王媛媛　薛敬荣　黄凯灵　张崇哲　赵庆洲　李世杰
孙　君　于　欢　黄　旭　俞珊珊　魏志敏　夏小园　杜琪雯　邵爱云　孙思路
王　珏　杨智瑶　张贵驰　薛佳婧　荆　珂　卢炳坤　韩　茜　王子萍　李苑禾
陈天民　卞　程　周　亮　陆玲丽　徐美才　张　凤　廖启杭　王佩鑫　赵恒轩

姜　楠　李金璞　何　芳　柴成薇　邬振江　庄　晶　王加俊　杨召顺　陈艳梅
王　威　张志龙　刘　巍　赵　姣　徐佳迎　吴　昊　黄兴洁　张舒昱　晁会珍
黄珍珍　杨　苏　时　薇　连梦莹　武　华　朱燕香　白浩然　宋燕凤　孙　斌
孙宝宝　刘秀霞　王佳盟　缪颖程　孙志荣　黄玉娟　田　媛　韩　岗　胡小璇
刘书华　郭雪雅　张峻伟　包淑慧　任胜林　刘正洋　郝月雯　陈雅玲　李淑君
何宙阳　严无瑕　朱佳芯　王小姣　秦如意　石鑫宇　暴彦灼　陈玲玲　张　驰
杨明超　刘　婷　赵向阳　唐　强　任　晶　刘铠鸣　张旭宏　朱宇菲　高　铖
金何玉　洪　刘　孔元杰　张天宇　方　宇　张嘉琪　汤　磊　阮金钊　郭　劲
李　越　张佾敏　赵　鸽　李冰青　朱俊文　花　昀　高　娣　华子麟　叶雪峰
占国艳　周　明　邹　希　陈　妮　占玲玲　吴之恒　孟东东　危亚云　徐佳蕊
黄　健　徐永成　张智颖　吕开萌　陈　骋　温　馨　吴文利　谢　鹏　范路瑜
谭博特　董银霜　麦远愉　殷小冬　董青君　吴　思　汪志鹏　申师境　王　杰
苗　雨　权宗耀　蒋倩红　何　颖　张岩行　曾雨琴　田　畑　罗晶晶　黄延汝
段婉冬　于思甜　赵青春　商美妮　王小松　罗　非　张　超　兰晓霞　王璐洋
江兆琪　王玉鑫　胡　康　李新艳　张　媛　王思瑶　薛妍生　宣明刚　高玉洁
王　怡　钟　斌　邹明之　贾明霖　张　远　陈　玲　成　峰　孙　进　周　浩
仇敏俊　丁晓勇　洪　昕　包　焱　Abeselom Ghirmai Woldemicael
Emmanuel Stephen Odinga

四、园艺学院（275 人）

张　飞　姚　潍　陈　莹　章加应　李　阳　王夏夏　彭　勃　李　柯　陈书琳
刘雪寒　张山峰　龚　倡　黄沁铭　胡雅馨　张　静　许　安　董天宇　潘振朋
孙子苟　高　洁　周宇航　董慧珍　陈星星　吕　燕　曹丽芳　刘天宇　董　阳
徐佳慧　陶慧慧　何莎莎　白云赫　王文然　刘　倩　陈　钱　泥江萍　薛雍松
刘月园　张　芩　陈健秋　郝紫微　黄咏丹　周　烨　曹苏豪　陈建伟　冯路路
周　霞　刘　丹　薛灵姿　王雪艳　林　莹　薛　娟　张　玮　李　林　张　铅
韩兰英　李梦雪　李思琦　李文旺　杨青青　段奥其　杨　康　李　瑞　张圣美
高　营　王海宾　张大燕　程思远　赵宇欣　邢安琪　熊　飞　刘　昊　王　瑜
夏伟康　朱文静　左雪乐　吴建鹏　杨顺超　孟　蕊　李仙梅　柳丽娜　张凯鸽
韩笑盈　王娟娟　冯婧娴　赵佳森　丁利平　江安琪　任　闽　蒋逍道　田春玲
任惠惠　范宏虹　李沛瞳　陶美奇　侯　坤　司鑫雨　任　杰　张月美　张文燕
郭　军　施咏滔　陈盼盼　曹艺雯　屈仁军　张军霞　孟　玥　董雨薇　曲晓慧
安素芳　杨雪敏　任晓政　陈莹莹　龚自珍　李梦霏　马惠芳　屈　薇　张　玉
刘大亮　翟小杰　傅伟红　魏新科　张赛行　秦　昊　邢弘擎　马　琦　王灵婧
周娟娟　胡　枫　李学馨　杨　平　张　晶　李晓宇　梁文怡　冯炳杰　胡金城
王羚核　何　盈　徐鸿飞　孔祥雨　马蓓蓓　金玉妍　王　娜　吴翠云　赵吉莹
刘明星　张　怡　李　萌　杨会晓　卢桂林　吴艾伦　任跃波　王　博　杨益宁
闫　静　咸志慧　汪家礼　潘静雯　王红尧　梅玉鑫　於扣云　王俐翔　高明亮
李忠钊　王　强　王鸿雪　王荣辕　赵　丹　田秘密　葛瑞栋　金　桐　张文泽

黄军波	刘 翔	刘 敏	陈子琳	吴慧君	吴 垠	李新媛	胡章涛	沈倩雅
宿子文	孙 攀	陶 莹	翁 渠	李 兴	魏玉龙	陈子倩	王 静	王倩倩
周 帅	孙 华	陶 靖	阮数婷	冯鑫慧	刘 帅	杨 敏	沈 迪	程 哲
蔡金霞	王 琴	刘路弘	张明昊	单昕昕	侯忠乐	张雪莲	汤肖玮	张正兰
张 凤	樊进补	潘必盛	王 鑫	汪 燕	周 杨	何莉芳	赵 雪	李可欣
刘婧愉	刘娅萍	邹定贤	冯紫君	侯雅楠	冯佳皓	王荔倩	曹 杰	刘常瑾
袁 媛	占媛园	武晓倩	眭 樱	梁停停	孙雪瑶	张媛元	冯文轩	褚晨晖
邱 易	沈昊天	翟育雯	甘 露	赵晨晔	赵俊潇	易姝芬	赵 怡	李浩文
张会宁	陈青青	褟汉美	毛晓敏	邓艳婷	高 真	张成才	陈佳敏	陈倩倩
王 威	陈少卿	赵荣幸	陈 堃	施光耀	孙玲玲	徐 蕾	秦骄龙	杨小兰
常馨月	季宛坤	毛丹玉	孙祎璠	王凯琪	尹博岩	于 镭	张 丹	张赢丹
朱文静	钱燕婷	周园园	Maazullah Nasim		Emal Naseri			

五、动物科技学院（124 人）

王秋实	邓世阳	汪 琴	贾 潇	何云侠	阳 晨	颜桂花	沈春彦	刘宏程
潘在续	史 凯	贺勇富	朱晓峰	王 欢	刘晨曦	韩萍萍	张童桐	李 建
刘 禄	魏莹晖	孟雪晴	李伟建	谢 锐	李曼曼	于 昊	黄 龙	史志成
孙铭鸿	许 瑶	李笑寒	马键宇	安世钰	史陈博	张增凯	张 玉	石杨夏艳
罗 武	赵 洁	施其成	徐苏微	潘晓娜	张玉宇	闫孟鹤	康瑞芬	刘俊泽
杨亚敏	张 丽	刘佳岱	林丽梅	曾洪波	王 晋	徐荣莹	冯 丹	赵方舟
沈明明	李思勉	赵永伟	杨珍珍	李琳倩	张云龙	高芳芳	高 凡	刘迎森
甘振丁	赵宇瑞	曲恒漫	李 俊	周 贝	李 轩	徐诣轩	刘 洋	孙文恺
王聪聪	梁 栋	曹锦承	曹秋瑜	童 献	张小寒	张志鹏	吕林雪	王 悦
马钰琛	王子文	谢 颖	张 桢	蒋能静	赵默然	熊 佩	钟秋明	崔萍萍
程文秀	尹 杭	何超凡	陈诗敏	张继友	姜志洋	杨晓阳	吴云鹤	胡晨辉
孙雪姗	李宗凯	薛天涵	王铭泽	王倩倩	顾估丽	闫恩法	常伟伟	房昊源
高庆翔	刘日亮	王春植	魏雨辰	汪 棋	刘鑫鹏	张鑫蕊	叶成智	孙梦馨
吴子辰	刘 峰	程 杨	吴承武	刘汉珠	Wael Ziad Hasan Ennab			
Enayatullah Hamdard								

六、经济管理学院（277 人）

徐 静	刘海霞	沈二伟	胡凤娇	陈玲红	谢 涵	邓 攀	牛妍然	王小峰
张小娣	陈 杰	宋彬彬	吴新林	许恒嘉	瞿婧怡	张 军	王文钰	周湘余
夏 瑜	王天玉	俞文静	颜明珠	王 薇	万安泽	张贝倍	李梦茹	储心怡
蔡晨晨	苏冬梅	周沁楠	田聪聪	李 琳	韩章鹤	丁 瑶	张映红	夏 冉
贾 科	刘传新	王楚婷	李倩玉	陈鑫鸳	杨 艳	高亚楠	王 萍	刘东辉
陈 瑾	刘 晨	韦 雪	朱成飞	沈怡宁	陈 露	石 颖	马明怡	吴 松
宋 博	李 潇	邢义青	韩叶梓	陈 慧	谢清心	李 冰	李 卉	刘 静
周梦飞	丰家傲	张慧仪	周家俊	冯建铭	陈鹏程	怀定慧	徐 乔	邸 帅

周 颖	李 婷	吕新田	付晓伟	王浩宇	蒋 梅	徐培芸	李 帅	王远浓
何 源	杨文静	孙姣姣	丁克宇	孔乐兰	王品懿	何 涛	牛文静	王 帅
戴陆明	郭露泽	刘 艳	余 涛	纪文轩	崔钊达	范红梅	陈 霞	王梦雅
陈 璐	赵庆凯	吴高琪	黄 莹	吴瑾璐	狄方强	刘 晶	戎耀武	孙 娜
张少惠	戎政仁	刘 秀	司加雷	田思蝶	陈 雪	张晓晴	董浩林	彭景美
李佳敏	任化梅	吴建辉	陈 和	王利群	陈小丽	龚培来	刘 丽	刘 随
吴炳袁	肖渔洪	杨卫革	王燕琴	葛伟鹏	王 蒙	王 骞	徐征宇	谷 曦
包芸芸	丁 翔	董汝洋	李志广	石 昊	王馨亿	张奇炜	张潇南	张 鑫
施乐玮	孙 洪	程 倩	崔建飞	范祥文	吴一舟	詹玲玲	张少君	王 芳
高 松	沈志贤	林 杉	潘 倩	陈 培	韩 阳	陈柯吉	宋风娟	戴天乐
樊 林	康 凯	陆洁萍	路林林	马 鸣	刘力田	陈 泓	陈 鹏	丁 薇
顾 鑫	侯文婷	吉 林	刘玉平	施海慧	童 瑶	汪 洋	王 琦	吴 越
张琳琳	周 超	周 娟	朱文杰	顾倩倩	魏 欢	李云云	毕道坤	曹嘉彦
张艳飞	董 颖	周爱卿	赵美玲	陈 健	戴文犁	窦 勇	杜 娟	冯 颖
高 媛	韩婷婷	后洪飞	黄 睿	李 琳	李梦秋	李 翔	李亚锟	刘发亮
刘 琦	陆 轶	祁福安	秦 律	施文亮	侍杉杉	宋 骏	孙 晨	唐骊珺
汪 楠	王丹丹	王 静	王绪彬	王 艳	王意锐	魏子豪	徐亚希	杨 成
杨国伟	袁燕生	赵 媛	周丽丽	宗晓溪	李东华	吴 婧	卜 岩	刘立涛
石佳能	汪怀俊	王逸凡	吴长春	吴善超	颜世婕	赵建明	堵丽晶	林 林
刘 莉	陆 峥	王聪瑞	王鹤宁	韦锟烨	罗龙腾	吴 彬	陈 辉	代悠悠
管 乐	朱海龙	周玉兵	夏长倩	胡 伟	艾秋燕	许树梅	岳昕洁	宋怡娜
周冰冰	黄雪莲	郭卓利	杨德林	陈婷婷	马国芳	Sajid Ali	Shakeel Ahmad	

Diallo Mouhamadou Foula　Hamidullah Elham　Humayoon Khan

Muratbek Baglan　Osewe Maurice Omondi　Abubakar Rasheed　Rafay Waseem

Kiprop Emmanuel Kiprotich

七、动物医学院（190人）

张新卓	熊甘爽	陈姁桦	金 娟	宋婷婷	李文倩	徐梦迪	杨 丹	宋昕昊
张莉莉	李志要	姜志浩	刘明妮	王旭东	周艺琳	梅文晴	姚志浩	万有娣
万 艳	王梦莉	李香秀	曹亚男	张 恩	马福利	张文阁	李 颖	蒋湘媛
谢 霜	陆晓溪	纪晓霞	姜婉茹	齐富磊	常长琳	杨莎莎	范 慧	李仕海
杨兴淼	张秋婷	姜 珊	刘 云	周栋梁	张中华	常晓静	李联悦	苏玉鑫
郝珊珊	曹明珠	张 杰	周而璇	王芳芳	季 刚	李纯静	王 欣	王 建
刘 婧	马水燕	韩德敏	喻丹丹	黄镜瑾	刘志远	赵诗莹	钟秋萍	曹 雨
靖传旭	王茹怡	朱梦岩	张钧彦	王硕玥	黄雨晴	陈雨晴	储 稳	廖书漪
张 泽	李艳秀	陈 婧	梁晓东	郑屠园	蔡煜琛	房 安	宋东峰	任绪倩
李 虎	马易超	苏佳芮	林佳珊	陈诗胜	赵亚男	石凤垚	樵明玉	何 森
苗懋东	高倩云	程肖晔	孙昭宇	辛思培	姜 敏	庞锴旖	程 艳	李泽华
王玉昊	谭 凯	史梦宇	吴佳鑫	王学飞	张 越	蒋 帅	牟佳欣	于沛欣

郭以哲	刘倩倩	郝琴芳	吕家轩	蔡佳希	蔡 莹	张冯奕驰	顾 聪	王佩蓉
刘婷婷	蔡云栋	孙苏霞	佟佳音	肖 迪	游 凤	耿金柱	吴万昆	骆燕秋
高 江	宋明彤	范亚娟	左庚亮	王智颖	赵雨婷	孙嘉豪	盖芷莹	赵锦华
潘 雪	王志文	沈丹琪	牛昊岩	张曦予	朱梦杰	潘中洲	叶 睿	黄蔚虹
李一昊	曾 颀	段琪武	王 玥	詹 晶	赵晨遥	俞金娜	周 丽	沈艳玲
张 苗	刘晨晨	冯伉梨	李 豪	强 悦	屈文佳	周孟云	张 萌	武 娴
肖 恩	赵柯杰	丁芳艺	任俊才	陆林豪	王敏娟	胡紫萌	王卓昊	何 晟
李志强	陈梦媛	吴许丹	吴 月	陈文镜	李逸凡	刘剑锋	刘伟伟	巫 泉
胡明英	胡姚斌	蔡 梦	陈继巧	韩林晓	刘 珊	吴佳珉	赵建民	于 永

Mohammad Malyar Rahmani

八、食品科技学院（151 人）

陆 洲	沈习习	陈亚然	姚明俊	张 敏	赵 雅	范晓全	张广红	李玉泉
岳海芸	范 芸	胡亚凡	万佳佳	臧园园	杨 茜	裴 旭	黄志海	林燕菲
陶开祥	叶太佳	雷 蕾	赵小惠	胡俊强	侯翠丹	王红梅	苗孝东	曹 晔
于诗婕	高 娟	李婷婷	李子颖	时 洁	尤 秀	韩媛媛	施姿鹤	王 茜
郭玛丽	许 超	吴 涛	吴宇博	李明通	史可歆	毛濛兰	马 晨	杜卿卿
方 芮	黄杨斌	杨 佳	张 慧	陈少霞	张 莉	郭虹娜	张月琦	胡海静
余 顿	黄明远	陈 叶	高 云	田 震	王红利	陶赛男	汪明佳	阚旭辉
刘育金	周 莹	王莹莹	田筱娜	史颖悟	袁 园	丛来欣	訾玉祥	刘常园
姜 玉	张 苗	丁大茗	吕青骏	于少藤	赵梦娜	何江燕	周丽琬	田亚冉
徐小飞	邢佳文	董尧君	王宏亮	陈玉茹	张美红	刘 磊	曾艳芳	贾晓楠
张 泽	丁秋霞	吴莹慧	贺 茹	赵晓娟	吴婷婷	欧阳芹芹	彭金月	徐 渊
居金明	丁若曦	仇晶晶	王 茜	杨 璐	栾晓旭	张传宇	许 斌	李宝花
谢东娜	张钰漩	仲秋冬	付靖超	管小庆	赵礼真	梁 依	赵 婧	刘文瑞
韦梦婷	何 芬	徐冰冰	曹 雪	沈 壮	陈文玉	邵 啸	瞿 旭	张玉梅
罗鑫涛	马晓惠	谢晓宇	彭 畅	孙思燕	朱林燕	王 瑶	张元元	杜雪梅
孙文丽	王 超	李润雪	周 姣	唐安康	张 洁	赵亚南	赵天娇	冷超群
刘梦婕	杜安宁	吴 颖	曹丽娜	Maina Sarah Wanjiku			Ahmadullah Zahir	

Atigan Komlan Dovene

九、公共管理学院（172 人）

朱卢玺	唐亚楠	朱新秋	郦 冰	张璇玑	张铭园	钟 慧	叶潞洁	闵 皓
姜 威	钱婧冰	杨俊杰	蔡 璇	周 峥	郑 浩	蔡璐莎	唐抗琴	唐亚娣
解华军	谢亚楠	周 楠	陈骏婧	李 薇	焦科文	汪婷欣	张祎婷	袁子坤
陈公太	陶 芹	康 翔	许俊杰	余 恒	何云婷	鲍 凤	汪业强	张慧妹
李紫衍	鞠 萍	许玲玲	马智源	王亚星	朱清源	吕 娜	高 琦	翁 倩
许泽宁	高 铭	陈 娜	王 颖	曹姣艳	万洋波	吴楚天	颜子洋	张仁慧
夏冰心	向家成	龚冠雄	李 丽	卢 婷	文 洋	吴天航	杨 茜	庄星月

盖璐娇　王茜月　李皖宁　翟孟颖　孙佳新　宋碧青　陈　敏　张子孟　徐　伟
张荣鹏　朱婷婷　丁瑶萍　张　颖　余莉雯　刘成铭　程新艳　全娇娇　戴　津
许如清　周文静　吕　图　刘　鹏　申立冰　刘壮壮　金　潮　任思博　张晓媛
陈肖湄　申　彤　刘禾雨　陈常非　肖　情　张　雷　张　文　顾效华　郝绍文
潘　晨　向新华　徐德宝　朱振飞　马江波　陶甘霖　王京琼　苑　野　朱雨婷
吴　悦　周　铮　金科成　刘　畅　魏金凤　蔡　丹　胡恬然　李　园　张月秋
李　月　金一丹　陈霏霏　秦　聪　刘　丹　施星妤　董安定　王佳森　杜　鹤
丁芳芳　仇　霞　储苗苗　徐欣阳　蒋超俊　钟海杰　樊海燕　孙　霏　周　鹏
朱灵燕　王圣盐　蒋　幸　徐　景　周　磊　张逸成　沈晓菁　蒋洪明　韩　俊
王先进　姜佳燕　肖佳音　张湛宇　龚玲琳　林　森　王露露　陈　燕　纪　平
李宇飞　仲恒逸　王珂雨　闻　章　陈韵迪　姜鲁阳　金燕飞　许君星　张赛春
徐向琴　姜婷婷　张　娟　胡　炜　陈好好　韦学艳　应　剑　张子健　栾　超
Irungu Ruth Wanjiru

十、人文与社会发展学院（98人）

张莉莉　陈园园　吴　倩　杨依卓　杨晋峰　黄　琍　高云先　方亚东　牛雪姚
牛宗萍　苏浩桦　邱梦娇　马海娅　陈媛媛　陈星旭　康泽楠　初莉雅　王　瑜
杨昭娣　高莉莉　石文倩　蒋　静　李祥凝　金家霖　冯　培　尧　捷　由　毅
徐雪桦　王秋艳　宋诗琪　吴爱莲　孙成伟　胡　洋　李学晶　张益茹　陈晶晶
周　璐　金石开　薛翰默　周雨轩　徐鹏飞　仇　阳　魏金丹　熊佳欣　黄玲玲
刘　芸　金梦洁　汪星辰　刘琨莹　孙丽红　臧　琳　高　静　张超楠　秦　敏
王玲玲　张　姝　林诗雨　李逍然　杨丽阳　戴雨舒南　陈　晨　王达尧　王志瑞
董永其　郭子末　董鄂川　胡校玮　王昌静　朱晓庆　陈子晗　赵　燕　徐子晋
章利华　杨　洁　储睿文　李开奇　杨子鹤　周义诺　李　然　袁　璟　鲁　莉
于　珩　李志强　冯嘉炳　史茹玉　何成灏　赵菁菁　李晶晶　张晶晶　张泽乾
杜　敏　张晓妮　陈　倩　王聚磊　李雪妍　王　亮　张孟莹　张　博

十一、理学院（45人）

冯大力　刘思瑶　乔　宁　孙嘉利　严佳玲　王赛尔　王俊珂　孙　学　刘　悦
梅玉东　严景华　李　娜　王馨蔷　张爱萍　孙玥清　朱宇川　程文静　李　洁
张念英　徐碧锐　李春然　杜维晨　杨智宇　周　玥　廖方敏　钟瑞雪　刘保霞
徐镱侥　陈炳齐　褚　阳　杨衍通　顾月杰　王志鹏　陈景涵　乔敬堂　耿春稳
张婷婷　张文圣　朱椿元　熊伟宏　董佳玥　聂克睿　雍　诚　王馨敏　方　勤

十二、工学院（122人）

李　玲　宋武斌　魏宇宁　刘景娜　沈莫奇　宋炳威　刘运通　刘海马　许建康
李晓波　卢　震　周润东　赵　静　夏成楷　邹　军　姜懿倬　陆鹏宇　张海林
王迎旭　祖广鹏　厉　翔　李天沛　张万里　孙　杰　张绪争　匡文龙　耿春雷
钱　煜　谢郁华　许　猛　占彩霞　张金然　刘宇峰　朱赛华　杨中林　丁　静

秦伏亮	浦 浩	王小雨	方恩泽	潘明志	王宪法	姚 浩	杨传雷	王清清
徐 烨	水存勋	周 强	张 梁	任钰汇	魏峥琦	袁宝繁	袁天琦	范超昱
朱 辰	李小龙	黄宇珂	徐 斌	孙振民	贾朝阳	李帅祥	孔维奇	何 磊
高茂庆	王天宇	周珍珍	杨远钊	仲昭阳	周 洁	高 旭	葛 涛	吕绪敏
张镇涛	董 倩	董国华	程 彪	孙萌萌	田 莉	董桓诚	胡成杰	钟 晖
韩东燊	闫一哲	柴喜存	池明媚	邓永恒	陈 浩	杨伟忠	段光辉	薛鸿翔
陈 凯	钟宏宇	丁 琦	王项宇	张世凯	姚和阳	戴 威	张致远	李玲玲
钮文超	梅 斌	吴天戈	向昌文	凌朋祥	陈曹亮	闫子彤	魏朝朝	李府旺
张 桃	王 健	颜文宗	吴伟根	武妍慧	张志明	李和清	汪鹏程	闻桢杰
朱占江	蔡 晨	洪 涛	Joseph Ndiithi Ndumia			Samuel Mbugua Nyambura		

十三、无锡渔业学院（70 人）

徐 畅	齐延凯	殷浩然	张禹宁	郝婧媛	张德康	储辛伊	刘 博	张 晓
高志鹏	孟雨潇	游 磊	鲜 博	陈炳霖	马银花	胡平各	刘剑羽	张 磊
陶 冶	封功成	祝骏贤	董媛媛	俞 明	谷心池	黄铢玉	罗文韬	原虎威
王孟啟	邰小飞	谷加坤	朱佳睿	蒋振廷	徐 喆	陆 璇	程 峰	吴伟伦
汪 洋	王钰钦	曾 鑫	吕国华	龚席磊	徐树晨	刘明阳	马文静	孙 勇
郑浩然	邓 超	李迎宾	陈柯宇	马祺聪	郑文明	Mawolo Patrick Y.		

Tumukunde Ezra Mutebi　Nakalembe Mary Stuart　Godfried Worlanyo Hanu
Sarah Bachon‑ene Mwinibuobu Bamie　Dagoudo Missinhoun　Maulu Sahya
Bonne Joseph Rodney　Monenaly Keokhamdy　Chansamone Vanthanouvong
Anousone Mingmeuangthong　Butros Simon Ajak Abba　Saidyleigh Momodou
Khamis Killei John Morris　Munganga Brian Pelekelo　Abdoulie B. Jallow
Makorwa Timothy Hamady　Said Mussa Ramadhan　Bebo Denise Bodarma

十四、信息管理学院（58 人）

桑江徽	胡文琳	贾立燕	朱金诚	徐 灿	刘国阳	李晓凡	宋 进	于楠楠
石晓迪	乔 粤	杜永峰	张 琪	何 超	刘崇鑫	徐孝臣	许俊杰	何自明
吴媛媛	连浩男	宋国浩	杨承林	宋子阳	马仕航	闫明壮	周冰清	邹 翔
易文鑫	杨 宸	林维潘	范艳翠	耿佩然	周明峰	马毛宁	刘雪琪	孙珂迪
黄和婧	吕晨辰	张 莉	董晓艺	陈 诗	李园月	凌 进	刘嘉琪	王维维
左明聪	程树文	李佳慧	王梦悦	刘亚泉	薛 依	李中乾	周 琪	许天恒
张秀晨	傅俊逸	沙凡凡	笪 奇					

十五、外国语学院（50 人）

闻 婷	蒋永超	任红磊	于博川	李玛丽	武熠迪	李青青	徐鹏浩	徐 畅
张 茜	董馨语	莫嘉栋	钱霜虹	杨雨杰	赵建青	龚成文	胡亚男	冯爱秀
冯慧贤	蒋 敏	滕 静	王 晨	张朦朦	李书辉	彭 健	赵 俊	刘馨圆

邓溪溪　刘　妍　孙　越　向梦诗　方　真　季艳龙　聂钧平　乔　莉　王春红
夏煜祺　周　游　吴晓茹　葛心语　刘国豪　刘国秀　严　洁　周　静　邹馨茗
邓玉萍　李梦瑶　李烁烁　汤家佳　吴昊文

十六、生命科学学院（163 人）

何　钥　朱永伟　陆　潭　马陈翠　章　甲　许灵俊　张雨飞　魏清鹏　薛佳旺
刘雪霞　郭嘉诚　张　婷　曹青青　张　腾　薛丽芳　孟令超　郑　植　郭雅芳
张红生　朱娟娟　朱　丹　房行行　干敏杰　孟　祥　肖　婉　宋吴昱　蒋明里
刘镔皞　陈　慧　魏霄楠　孔梦瑶　郭新亚　王　爽　张雅芬　施星雷　李思妍
徐　惠　黄　维　包义琼　关伊宁　胡玉琪　刘龙男　任英男　邢爱明　王　莹
刘　烽　房家佳　孙秀娟　狄鹏程　张学栋　陈　龙　施一渊　朱晓芳　金莹莹
马嫣然　唐　敏　邢美辰　祝腾宇　籍梦瑶　田惠文　杨程涌　郭丹丹　张潘杰
李佳梦　王　创　张亚娟　张　蕾　彭　乾　盛梦瑶　王宇欣　殷涂童　张　静
周倩倩　高琴琴　刘小安　胡　婷　邢子瑜　周希怡　成孝坤　杨牧骦　孟　迎
赵梦珠　王　茹　王亚萍　先春梅　岳思宁　刘　涛　朱平平　程　珊　王　婷
夏佳乐　杨　涛　朱　婷　邓硕雪　逯秀明　刘　格　郭东森　谢赛君　沈　涛
李彦斌　佟玥姗　腊玉梅　戴　杰　邵玉东　范　叶　张健镇　程鹏飞　贺君杰
赵莹莹　王晶晶　沈　杰　苏　野　焦东利　李　婷　王梦琦　王磊磊　吴雪纯
王月荣　马雨柔　李欣叶　柳伟哲　陆海宁　李　帅　马诗韵　李新臣　齐　琦
李佳鸿　杨　洲　周　颖　罗嘉翼　祁　鹏　孙　群　张鹏程　黄思雨　汤谨严
王晨赫　陟　涛　李　莹　陈　静　李光宁　陈子岩　张　帆　王元鑫　江思容
沈　旭　张晟泽　马志欣　侯铭萱　吕　惠　周　拓　马文秀　马昭弟　许志远
穆瑶佳　陈　婷　肖振华　陈诗瑶　唐金波　胡天娇　陈舒明　王　婷　周雨佳
邢桂培

十七、马克思主义学院（10 人）

杨志文　班峰伟　张启飞　贺　扬　陈乙童　童灵玲　陈明明　李　创　仲昱晓
费羽洁

十八、金融学院（149 人）

姜敏婕　王　霞　陶　敏　李　媛　付舒涵　潘子健　王竞宜　吴之伟　周岳阳
祝云逸　周　莹　生晗于　一　葛　雷　陈慧宇　张子伊　刘倩如　胡　云
童　玮　佘亚云　张艺娜　张丽容　奚　婧　梅匀译　杨　萱　徐康源　黄皓辰
程庆元　王　雪　寇　博　荣唐华　李雪婷　章　为　孙　靓　吴孝宇　陈枏沅
秦潇潇　周　健　程　璇　潘　哲　徐　玥　黄宗裕　解欣怡　朱　俊　王　慧
宋　叶　周子寒　鲍雪梅　吴雪琪　章　欣　徐彬香　任旭颖　李天琦　袁加洲
李良玉　李韵熙　方小凡　王亓玉　李莉莉　毛　引　刘迎娣　许澄澈　王　韬
宗嘉璐　韩思敏　许　鹏　李奕潼　胡雅旭　齐瑞旗　徐雅雯　秦　佳　朱　薇

徐晓琳	刘华建	薛鞠华	卢 珏	陆玲丽	王 玲	吴 玥	孙思远	崔亚亚
曹夏伟	蒋 淦	张 弛	章晚萱	邵 越	李 超	徐李珍	吴马兰	田 欣
温长桦	姚晓涵	金晓雯	鄢小馨	何 敏	毛婷婷	康雨薇	胡永莽	万雅婷
陈继鑫	李秋伊	邓家辉	程秋爽	金义婷	茅艳艳	顾晓迪	曾鸣祥	彭新宇
朱映彤	杜 婷	王续武	周 真	刘馨璐	郑超华	卜秋雨	方 婕	梁文宸
王怡宇	王译萱	郑茵茵	章玉叶	马 萌	仲 梦	王钰婷	李辰哲	黄春蕾
凌 孟	左 凡	顾静佩	吕丽雯	薛 静	周筱婧	李 谈	施心怡	黄丹丹
李佩媛	李梦醒	柏茂儒	邓涵月	杜 莹	朱玢瑶	曾未雨	陈梓翔	杨鑫仪
韩璐垚	朱顾玥	陈亮亮	方 梦	卫佳欣				

十九、人工智能学院（1 人）

王新宇

二十、草业学院（30 人）

陈 春	孙 雨	刘 芳	车叶叶	林文静	王 茜	许茜茜	蔡行楷	吴 昊
潘艺伟	蔡观容	张瑞芳	李 婕	汪雨晴	许少坤	毕馨颖	崔文杰	崔蓉菁
刘小慧	关汉民	陈思凡	徐 卓	袁乾慧	张延超	卫玲玲	王怡超	张晨晨
薛轶凡	娄金秀	陶柱君						

（撰稿：张宇佳 审稿：孙国成 审核：戎男崖）

继 续 教 育

【概况】继续教育学院在学校党委和行政的领导下，以习近平新时代中国特色社会主义思想为指导，弘扬伟大的抗疫精神，不忘初心、牢记使命，立足岗位、锐意进取、开拓创新。在工作中自觉加强理论学习和党性锻炼，不断增强"四个意识"，坚定"四个自信"，做到"两个维护"。紧紧围绕立德树人根本任务，以成人高等学历教学质量提升和服务"乡村振兴"为己任，不断推进学校继续教育事业健康发展。

录取函授、业余新生 6 691 人，累计在籍学生 19 172 人、毕业学生 7 743 人；录取二学历新生 72 人，累计在籍学生 486 人；专科接本科注册入学 1 056 人，累计在籍学生 2 032人；中专接大专招生 325 人，累计在籍学生 485 人。

组织二学历 1 338 门次课程考试，毕业学生 94 人，其中 90 人获学士学位。

组织专接本 610 人的毕业论文指导和论文答辩；毕业学生 609 人，其中授予学位263 人。

组织自学考试实践辅导及考核 4 场次，共 420 人参加，毕业 50 人；自学考试阅卷 13 220份；命题 25 门，试卷转排 25 门 103 套；集体备课 22 门。

完成函授和业余874个班级6 992门次课程的教学管理任务；完成2 584人省级类考试的报名、考务和成绩处理，以及760人的学位申报工作；完成7 743人的毕业生资格审核及注册验印工作。

完善以省统考、校统（抽）考、现场督导（听课、考勤）、问卷调查、师生座谈、电话抽查、过程资料档案管理为主要环节的函授站（点）质量控制体系。以校统（抽）考为重点监控措施，依据校统考课程目录或随机抽取课程进行考试，全年组织47 652人次学生参加了312门次课程的校统考，通过率99.69%（含免考）。根据考试通过率调整教学环节，保障教学效果。以档案资料与试卷抽查为落脚点，不定期对函授站（点）的教学过程资料进行检查梳理，全年现场督导（听课、考勤）1 835人次，抽查695名毕业生12 783门次试卷，发放并回收有效"教学质量效果评价"及"满意度调查"问卷表48 315份，抽样整体评价为满意。

聘请专职、兼职师资授课，不定期组织部分师资进行培训与集体备课，与教师签订师德师风承诺书6 992人次。

对76个专业类别进行教学计划调整。严格教材选用，思想政治课教材使用教育部指定教材。全年共有158名学生积极报名参军。

完成学习管理平台的招标工作，加快数字化课件资源建设。依据教学计划、函授站专业设置，整理并上线354门网络课件供学生学习，基本实现覆盖各专业基础课程和专业课程。在疫情防控期间根据教学计划安排，整理以中国大学MOOC为主的各大网络学习平台课程、开放情况和使用方法，及时向学员公布并定期更新课件开放状态。完成学院缴费系统的升级工作，实现了各类缴费项目的全面覆盖。

举办各类专题培训班60个，培训学员5 580人次。重点打造了"农业农村管理干部能力提升培训""乡村振兴专题培训""农业经理人培训""基层农技推广技术培训""农村基层党建培训""农业创新发展培训"等品牌培训项目。

【举办"2020年涉农专业大学生创新创业培训班"】12月6日，南京农业大学2020年涉农专业大学生创新创业培训班在学校体育中心开班，1 540名涉农专业大学生将接受为期6个月的专业化学习。江苏省农业农村厅副厅长蔡恒、南京农业大学校党委副书记刘营军出席开班典礼。蔡恒作了题为"书写新时代奋斗者之歌"的讲话，他希望大学生能突破自我、把握时势、勇于担当，带着对农民的感情、对农村的热情、对农业的激情走进农业类创新创业，用好平台、用好舞台、书写青春。南京农业大学已连续6年承担江苏省级高素质农民培育（项目编号2020－SJ－044－0）涉农专业大学生"双创"培训任务。

【举办发展论坛——研讨疫情形势下继续教育发展工作】新冠肺炎疫情严重影响了成人学历教育和非学历教育的发展，继续教育学院从2月初开始研究探索疫情形势下如何开展工作，为充分听取职工的意见，集思广益，学院从5月19～21日组织开展为期3天的继续教育发展论坛。论坛从招生、教学、自学考试、培训、远程教育5个主题展开。在3天的大讨论中，大家以主人翁的态度对学院工作进行了一次头脑风暴，提出了建设性的意见、建议。

［附录］

附录 1　成人高等教育本科专业设置

层次	专业名称	类别	学制	科类	上课站（点）
高升本	会计学	函授	5 年	文、理	南京农业大学卫岗校区、盐城生物工程高等职业学校
	国际经济与贸易	函授	5 年	文、理	南京农业大学卫岗校区
	电子商务	函授	5 年	文、理	南京农业大学卫岗校区、无锡立信高等职业技术学院
	人力资源管理	函授	5 年	文、理	南京农业大学卫岗校区、常州市天宁区江南职业培训学校、盐城生物工程高等职业学校
	金融学	函授	5 年	文、理	南京农业大学卫岗校区
	市场营销	函授	5 年	文、理	南京农业大学卫岗校区
	农林经济管理	函授	5 年	文、理	南京农业大学卫岗校区
	土地资源管理	函授	5 年	文、理	南京农业大学卫岗校区
	工商管理	函授	5 年	文、理	南京农业大学卫岗校区
	机械设计制造及其自动化	函授	5 年	理	南京农业大学卫岗校区、常州市天宁区江南职业培训学校
	计算机科学与技术	函授	5 年	理	南京农业大学卫岗校区、盐城生物工程高等职业学校
	工程管理	函授	5 年	理	南京农业大学卫岗校区
	物流工程	函授	5 年	理	南京农业大学卫岗校区
	农业机械化及其自动化	函授	5 年	理	南京农业大学卫岗校区
	环境工程	函授	5 年	理	南京农业大学卫岗校区
	园艺	函授	5 年	理	南京农业大学卫岗校区
	园林	函授	5 年	理	南京农业大学卫岗校区、盐城生物工程高等职业学校
	茶学	函授	5 年	理	南京农业大学卫岗校区
	植物保护	函授	5 年	理	南京农业大学卫岗校区
	食品科学与工程	函授	5 年	理	南京农业大学卫岗校区
	农学	函授	5 年	理	南京农业大学卫岗校区
	水产养殖	函授	5 年	理	南京农业大学卫岗校区
	动物医学	函授	5 年	理	南京农业大学卫岗校区、广西水产畜牧学校

（续）

层次	专业名称	类别	学制	科类	上课站（点）
专升本	工商管理	函授	3年	经管	南京农业大学卫岗校区、常州市天宁区江南职业培训学校、苏州农业职业技术学院
	会计学	函授	3年	经管	南京农业大学卫岗校区、常州市天宁区江南职业培训学校、徐州市农业干部中等专业学校、连云港职业技术学院、淮安生物工程高等职业学校、江苏农牧科技职业学院、南通科技职业学院、盐城生物工程高等职业学校、无锡立信高等职业技术学院、江苏农民培训学院、南京农业大学无锡渔业学院、南京农业大学工学院
	国际经济与贸易	函授	3年	经管	南京农业大学卫岗校区、南通科技职业学院
	电子商务	函授	3年	经管	南京农业大学卫岗校区、南通科技职业学院、无锡立信高等职业技术学院
	物流工程	函授	3年	经管	南京农业大学卫岗校区、连云港职业技术学院、南通科技职业学院、盐城生物工程高等职业学校
	市场营销	函授	3年	经管	南京农业大学卫岗校区、南通科技职业学院
	行政管理	函授	3年	经管	南京农业大学卫岗校区、南通科技职业学院
	人力资源管理	函授	3年	经管	南京农业大学卫岗校区、徐州市农业干部中等专业学校、连云港职业技术学院、盐城生物工程高等职业学校、无锡立信高等职业技术学院、南京交通科技学校、南京农业大学无锡渔业学院、南京农业大学工学院、常州天宁区江南职业培训学校
	农林经济管理	函授	3年	经管	南京农业大学卫岗校区、南京农业大学继续教育学院苏州分院、江苏农林职业技术学院、宝应县委党校
	行政管理	函授	3年	经管	南京农业大学卫岗校区、南京农业大学无锡渔业学院、南通科技职业学院
	土地资源管理	函授	3年	经管	南京农业大学卫岗校区
	金融学	函授	3年	经管	南京农业大学卫岗校区
	园林	函授	3年	农学	南京农业大学卫岗校区、淮安生物工程高等职业学校、南通科技职业学院、盐城生物工程高等职业学校、江苏农牧科技职业学院、江苏农民培训学院、连云港职业技术学院、徐州市农业干部中等专业学校、苏州农业职业技术学院
	动物医学	函授	3年	农学	南京农业大学卫岗校区、淮安生物工程高等职业学校、南通科技职业学院、江苏农牧科技职业学院、广西水产畜牧学校、南京农业大学无锡渔业学院、江苏农民培训学院、江苏农林职业技术学院、盐城生物工程高等职业学校、徐州市农业干部学校
	水产养殖学	函授	3年	农学	南京农业大学卫岗校区、江苏农牧科技职业学院
	园艺	函授	3年	农学	南京农业大学卫岗校区、淮安生物工程高等职业学校、南通科技职业学院、江苏农牧科技职业学院
	农学	函授	3年	农学	南京农业大学卫岗校区、南通科技职业学院、盐城生物工程高等职业学校、淮安生物工程高等职业学校、江苏农民培训学院、苏州农业职业技术学院、徐州市农业干部学校

（续）

层次	专业名称	类别	学制	科类	上课站（点）
专升本	植物保护	函授	3年	农学	南京农业大学卫岗校区、南通科技职业学院
	茶学	函授	3年	农学	南京农业大学卫岗校区
	环境工程	函授	3年	理工	南京农业大学卫岗校区、南通科技职业学院、常州市天宁区江南职业培训学校
	计算机科学与技术	函授	3年	理工	南京农业大学卫岗校区、南通科技职业学院、盐城生物工程高等职业学校
	食品科学与工程	函授	3年	理工	南京农业大学卫岗校区、南通科技职业学院
	工程管理	函授	3年	理工	南京农业大学卫岗校区、南京交通科技学校、南通科技职业学院、盐城生物工程高等职业学校、南京农业大学无锡渔业学院
	机械设计制造及其自动化	函授	3年	理工	南京农业大学卫岗校区、常州市天宁区江南职业培训学校、南通科技职业学院、盐城生物工程高等职业学校、无锡立信高等职业技术学校、南京交通科技学校、南京农业大学工学院
	农业机械化及其自动化	函授	3年	理工	南京农业大学卫岗校区、淮安生物工程高等职业学校

附录 2　成人高等教育专科专业设置

专业名称	类别	学制	科类	上课站（点）
物流管理	函授	3年	文、理	南京农业大学卫岗校区、南京交通科技学校、盐城生物工程高等职业学校、江苏农民培训学院
人力资源管理	函授	3年	文、理	南京农业大学卫岗校区、徐州市农业干部学校、连云港职业技术学院、无锡立信高等职业技术学院、南京交通科技学校、盐城生物工程高等职业学校、南京农业大学工学院、江苏农民培训学院
机电一体化技术	函授	3年	理	南京农业大学卫岗校区、盐城生物工程高等职业学校、南京农业大学工学院、连云港职业技术学院
铁道交通运营管理	业余	3年	文、理	南京农业大学卫岗校区、南京交通科技学校
农业经济管理	函授	3年	文、理	南京农业大学卫岗校区、淮安生物工程高等职业学校、盐城生物工程高等职业学校、徐州市农业干部学校、江苏农民培训学院、宝应县委党校、连云港职业技术学院

附录 3　各类学生数一览表

学习形式	入学人数（人）	在校生人数（人）	毕业生人数（人）
成人教育	6 691	19 172	7 743

（续）

学习形式	入学人数（人）	在校生人数（人）	毕业生人数（人）
自考二学历	72	486	94
专科接本科	1 056	2 032	609
中接专	325	485	
总数	8 144	22 175	8 446

附录4　培训情况一览表

序号	项目名称	委托单位	培训对象	培训人数（人）
1	涟水县农技人才（种植业）培训班	涟水县农业农村局	专业技术人员	48
2	南农＆龙灯"新型农业经营主体（生产型）带头人"线上培训班	江苏龙灯化学有限公司	农村实用人才	200
3	江阴市生态循环农业和安全生产专题培训班	江阴市农业农村局	农业干部	40
4	部级项目生产型新型农业经营主体带头人常州市金坛区线上线下融合培训班	江苏省农业农村厅	农村实用人才	100
5	淮北市杜集区村（社区）党组织书记示范培训班	淮北市杜集区委组织部	乡镇干部	55
6	部级项目生产型新型农业经营主体带头人常州市金坛区培训班	江苏省农业农村厅	农村实用人才	160
7	南京市浦口区、江北新区农技推广班	浦口区农业农村局 江北新区农业农村局	专业技术人员	70
8	部级项目生产型新型农业经营主体带头人灌云县培训班	江苏省农业农村厅	农村实用人才	150
9	富平县苏陕合作农业产业人员培训班	富平县农业农村局	专业技术人员	50
10	2020年南京市家庭农场主培训班	南京市农业农村局	农村实用人才	250
11	2020年如东县应急（安监）系统人员综合能力提升研修班	如东县应急管理局	农业干部	120
12	2020年桐乡、海宁市数字农业发展专题培训班	桐乡市农业农村局 海宁市农业农村局	专业技术人员	90
13	信阳市2020年度乡村振兴人才培训主体班	信阳市农业农村局	农村实用人才	120
14	信阳市2020年乡村振兴人才培训农业龙头企业班			
15	南京市栖霞区农技推广班	栖霞区农业农村局	专业技术人员	30
16	苏州市农村干部学院新型职业农民班现场教学部分	苏州市农村干部学院	农村实用人才	60
17	成都天府新区乡村振兴专题培训班	天府新区农业农村局	农业干部	38
18	常州金坛合作社高素质农民发展培训班	金坛区农业农村局	农村实用人才	50
19	广西畜牧业生态养殖与健康繁育	广西畜牧研究所	农业干部	50
20	海监总局培训班	中国海监江苏省总队	农业干部	90

（续）

序号	项目名称	委托单位	培训对象	培训人数（人）
21	苏州高新区农产品质量安全监管暨第一期新型职业农民培训班	苏州高新区城乡发展局	农村实用人才	50
22	发展改革委重庆万州区培训（扶贫）	南京市发展改革委	农业干部	50
23	甘肃省甘南藏族自治州畜牧兽医干部素质能力提升班第 1 期	甘肃省甘南藏族自治州畜牧兽医局	农业干部	50
24	甘肃省甘南藏族自治州畜牧兽医干部素质能力提升班第 2 期			50
25	勃林格动保公司畜禽培训解剖实训	南昌勃林格动物保健公司	农业干部	30
26	攀枝花市自然资源和规划系统专题培训班第 1 期	攀枝花市自然资源和规划局机关委	农业干部	39
27	攀枝花市自然资源和规划系统专题培训班第 2 期			38
28	南京市处级干部农业绿色可持续发展专题班	南京市委组织部	农业干部	102
29	淮安财政局系统培训	淮安区财政局	农业干部	50
30	东海畜牧专业培训班	东海县农业农村局	农业干部	40
31	2020 年苏州高新区农业技术推广暨第二期新型职业农民培训班	苏州高新区农业技术服务中心	农村实用人才	44
32	南京市处级干部乡村振兴战略背景下传统农业转型升级班	南京市委组织部	农业干部	113
33	丹阳农村产权交易专题培训班	丹阳市农业农村局	农业干部	45
34	发展改革委现代农业发展培训	南京市发展改革委	农业干部	50
35	徐州市铜山区农产品质量安全监管能力再提升培训班	徐州市铜山区农业农村局	农业干部	40
36	宿州埇桥区村党组织书记异地分类示范培训班	宿州埇桥区委组织部	农业干部	85
37	2020 年山西省基层农技骨干人才培训 1	山西养殖技术试验基地 山西农业产业化指导服务中心 山西省畜牧兽医学校	专业技术人员	80
38	2020 年山西省基层农技骨干人才培训 2			60
39	2020 年山西省基层农技骨干人才培训 3			75
40	2020 年山西省基层农技骨干人才培训 4			75
41	2020 年山西省基层农技骨干人才培训 5			57
42	2020 年山西省基层农技骨干人才培训 6			51
43	2020 年山西省基层农技骨干人才培训 7			55
44	部级项目农机涟水、盱眙班	江苏省农业农村厅	农村实用人才	80
45	盐城银宝集团入职员工培训	盐城银宝集团	企事业管理人员	95
46	2020 年基层农技推广省级畜牧班	江苏省农业农村厅	专业技术人员	100
47	2020 年基层农技推广省级种植班第 1 期	江苏省农业农村厅	专业技术人员	161
48	菏泽市郓城县、牡丹区农村经营管理班	菏泽市郓城县农业农村局 菏泽市牡丹区农业农村局	农业干部	97
49	2020 年基层农技推广省级种植班第 2 期	江苏省农业农村厅	专业技术人员	195

（续）

序号	项目名称	委托单位	培训对象	培训人数（人）
50	如东县农业农村经济发展专题培训班	如东县农业农村局	农业干部	50
51	太仓农产品质量安全	太仓市农业农村局	农业干部	40
52	麻江县工商联 2020 年理想信念教育培训班	麻江县工商联合会	农业干部	36
53	农村人居环境整治业务能力提升专题培训班	连云港市农业农村局	农业干部	50
54	2020 年涉农大学生创新创业培训 1	江苏省农业农村厅	涉农大学生	1 540
55	2020 年涉农大学生创新创业培训 2			
56	2020 年涉农大学生创新创业培训 3			
57	2020 年涉农大学生创新创业培训 4			
58	2020 年涉农大学生创新创业培训 5			
59	2020 年涉农大学生创新创业培训 6			
60	麻江县 2020 年政协委员和政协机关干部业务能力提升培训班	麻江县政协	农业干部	36

附录 5　成人高等教育毕业生名单

【常熟总工会职工学校】2017 级工商管理（专升本科）、2017 级会计学（专升本科）、2017 级机电一体化技术（专科）、2017 级机械工程及自动化（专升本科）、2017 级人力资源管理（专科）、2017 级人力资源管理（专升本科）、2017 级土木工程（专升本科）、2017 级物流管理（专科）、2017 级物流管理（专升本科）（358 人）

晏　莉	黄　勇	严晓娜	陆刚刚	平旭栋	夏　恒	马艳丹	高馨怡	苏志文
吕　祯	曹　佳	薛　娟	解　洋	顾振千	陈　倩	唐佳妹	宋明月	余叶丹
鱼玉丹	王　斐	严　蕾	顾志霞	顾　晨	高华翠	夏梦琪	赵　烨	严心宇
朱艳琴	沈　琼	朱　倩	丁　玮	刘万丽	陆敏亚	黄丽英	王亚萍	陈远霞
邵怡萍	沈华芳	唐　健	苏　洁	黄烨维	章梦亚	钱　瑜	谭　敏	顾英丽
许凌峰	赵振新	袁　胜	贾燕飞	师国伟	余乐荣	范志凡	金水明	刘　栋
周　峰	戴　青	薛黎明	王　超	吴　恩	吕　辉	谢周奎	毛晓光	徐　敏
张国强	祝长礼	张　鸽	徐澄琦	张志江	吴克安	钱　健	翟黎明	丛　森
李　科	苏如风	陈　晓	王柏斗	杨建华	单　柯	毛　健	王　军	蒋树进
严　猛	郝加明	朱文翰	黄怡佳	李钰铭	周经纬	刘青虎	林小灿	王明庆
周　建	曾康康	曹宇峰	高　赞	傅其纬	闻　超	侯县忠	魏玉辉	隋　鑫
白　华	杜银龙	王　胜	沈　波	俞　胜	田邵军	吴　熙	徐淦森	常晓波
孙怡恒	陈　朋	刘　豪	陶　胜	王子迎	崔　璨	王　舰	张　伟	雍　晨
陈鹏飞	刘欢欢	陈　渝	刘星杰	姜庆秋	姚　伟	温晓伟	李琳利	王亚杰
王怡婷	张开发	邹承路	郭　强	张　瑞	徐明聿	方文俊	周　源	曹后宇
施聪惠	王　烨	张召华	尚林士	钱　斌	鄢政雄	蔡　磊	徐檬霜	季宇君
钱虞清	戴明峰	王夏烨	王晓伟	杨　舜	沈一帆	叶玉飞	吴晓成	张文林

朱海磊	朱　昇	吴　昊	周晓铿	顾金燕	高　健	许　帆	凌静亚	黄东梅
殷　玲	张鑫森	许　迪	罗　毅	尹杨杨	季文斌	柏春龙	李帅帅	赵　伢
王　军	陆紫薇	金建华	王　瑶	叶心诚	周　德	张燊桐	黄兰兰	范益新
黄晓烨	黄安慧	秦玉雪	姚　呈	单正柱	陈红丽	林小燕	翁丽芳	仲婷婷
陈龙建	高　帅	徐金环	刘　明	倪　健	谷年有	李　艳	魏蒙蒙	蒋正元
赵兰兰	鲍晓静	顾　伟	胡雪丽	吴新光	张昭丛	王　燕	沈克敏	高凤丹
陈　冬	费　笑	何燕萍	刘　杰	张学清	邵丽花	张莉莉	温作月	侯少芬
王　笛	陈静奕	徐晓鸥	张月红	季祖元	朱剑威	陈　芳	孙妙英	张　希
吴楚韵	吴启秀	唐　吉	王晓怡	丁一奇	傅莉玲	王　健	张　咪	唐　叶
陈　双	翟金忠	叶　琳	张晓明	杨　攀	陈　静	毛睿思	卢　娟	邓志峰
马春芳	夏梦梅	张　恬	陆文雅	沈佳慧	黄　敏	钱子安	王中亚	殷礼宾
朱　凯	高　胜	宗艳军	顾晓丹	顾志军	陈国华	张　俊	俞建良	陈　健
钱兰兰	陆贤博	黄　征	许梦佳	陶　骢	钱　益	徐子沐	顾佳晨	张　叶
黄　俊	俞晓佳	张文进	丁孝军	姚国军	龚德彪	徐　婷	石丽花	翁忆青
陶敏燕	殷　健	刘朱轶	谢　方	程晓一	黄子倩	陈永杰	黄志中	张国庆
武文静	赵恒艳	韩开放	宋大伟	张永强	金小捷	乔　石	王　余	奚　晓
罗阳城	敖启武	郭　杰	王伟军	毛静益	陈利荣	周　倩	陈志军	陈志刚
奚国平	蒋　栋	孙小兵	钱　燕	陆　伟	张建刚	方金怡	杨冥明	杨益珉
李　静	徐　真	陈　涛	夏艳如	史倩倩	冯利鹤	付红红	钱志扬	薛　峰
钱怡刚	余以为	钱晓军	孙　平	奚炳华	颜成静	陶　炜	俞建春	朱雅兵
戴志渊	马　进	陈　钦	严宇清	周莉娜	许晓燕	王　磊	陈连登	李单东
许慷慨	吴颖超	卜　帆	徐　丹	范卫江	徐　轶	山　珝	徐海红	陈嘉铭
陈　苗	徐幸佳	顾星怡	吴　亿	倪　哲	张晓兰	马卫新		

【常州工会干部学校】2016级机械工程及自动化（专升本科）、2017级机械工程及自动化（专升本科）、2015级机械设计制造及其自动化（本科）、2015级人力资源管理（本科）、2017级人力资源管理（专科）、2017级人力资源管理（专升本科）、2017级园林（专升本科）、2017级园林技术（专科）（151人）

杨敬亮	刘　俊	朱庭潇	房小军	顾思文	吉云飞	朱晓凯	周文杰	张　宏
徐洋龙	杨　洋	滕　祥	吉思荣	沈海涛	张一峰	赵立江	李垠旭	谢成豪
邹小军	戴奇斌	舒远海	邓忠明	裴　军	陈宁波	戴嘉洛	丁传林	商佳平
丁　一	方子超	王　海	王　婷	蒋　乐	蒋　欢	魏小金	王飞飞	鲍　蒋
范洲洋	杜　峰	王　鹏	纪　伟	戈　鑫	李治君	何万才	陈智超	王新伟
朱广超	张　涛	邵　斌	沈　昊	方金龙	陈晓霞	薛　皎	张　帅	许靖靖
张　永	唐　奕	陆一洋	姜和平	童　越	刘　峰	顾士林	卢灿春	于文剑
唐叶斌	邢跃奎	杜　月	马洪冉	徐　晶	杨晓明	高从金	吴溶荣	秦俐芬
魏　帅	王　玉	查　辉	肖柔馨	朱世媛	张友强	李远波	邢琳娜	胡　引
高月圆	殷　静	阮　颖	周海霞	卞　菊	吴　萍	薛嘉奇	杨　玉	王倍娟
王翠丽	吴　超	戴成忠	陈晓惠	欧阳致远	赵　晖	潘嘉诚	蒋明阳	臧可人
顾小杰	俞文杰	张倍榕	赵勇平	倪　凯	陶　波	张立静	章胡芬	封　琴

黄 浩	管 旗	包 祺	吴 阳	王晓宇	龙婵娟	李芳华	万汝峰	吴 鑫
陆 游	何水清	朱 力	张 军	许 丽	鲁婷婷	李 倩	朱浩兰	戴亚芹
张黎黎	范璐璐	朱虹宇	孙华萍	韩东燕	霍秀梅	孙 洁	万 轲	陈晓庆
毛清钰	李 超	吕建国	王秋燕	吴 宽	仲 夏	任 进	倪 娟	徐 超
闵雷钢	蒋文庆	朱秋艳	徐 锋	朱金林	包丽萍	戴云祥		

【常州机电职业技术学院】2017级农业机械化及其自动化（专升本科）（2人）

周达辉　明晓强

【高邮建筑工程学校】2015级车辆工程（本科）、2017级会计（专科）、2015级会计学（本科）、2011级会计学（本科）、2017级会计学（专升本科）、2017级机电一体化技术（专科）、2017级机械工程及自动化（专升本科）、2015级机械设计制造及其自动化（本科）、2017级建筑工程管理（专科）、2015级金融学（本科）、2015级人力资源管理（本科）、2015级人力资源管理（专科）、2017级人力资源管理（专科）、2016级人力资源管理（专升本科）、2017级人力资源管理（专升本科）、2015级土地资源管理（本科）、2017级土地资源管理（专升本科）、2015级土木工程（本科）、2017级土木工程（专升本科）、2015级网络工程（本科）、2015级物流管理（专科）、2015级信息管理与信息系统（本科）、2015级园林（本科）、2016级农村行政与经济管理（专科）（364人）

李 进	秦徐海	蒋 斌	周国庆	赵光萍	高 威	蔡秀红	王业龄	祁海霞
许 丽	陈 美	卜桂平	肖 芸	王永琴	吴璐璐	王 霞	尹姜红	杨乐义
周业瑜	汪福元	周国梅	卜文娟	张爱军	徐海梅	刘玉花	翟崇凤	郭 莉
税钰鑫	张丽华	王宏伟	任 杰	王丽华	仇志芳	姜自强	章丽霞	金绍芬
王秋明	刘晓辉	张婷婷	韩晓秀	徐 萍	马开艳	王天一	朱卫梅	张伟伟
李 潇	孔秋凤	杨 俊	孙媛媛	马 健	韦余霞	李 雪	程晶晶	杨 青
顾芯宇	方晨峰	朱 妍	张 伟	王丹沁	谈文珍	汤 娟	殷 莲	申秉健
李春燕	钱 慧	刘月娥	蔡丹丹	陈 凯	王 潇	高天霞	刘燕琦	吴 锋
罗骏骋	赵蓉蓉	沈晓宇	吕 伟	黄 妍	张思倩	张 玮	葛恒玉	张 娅
陈 艳	张玉清	张 艳	史倩倩	殷小华	潘 红	严学志	金国栋	董德娟
王 燕	朱 蒙	鲍育萍	刘绘文	王 磊	朱立谷	张 艳	华 俊	张敏震
李国燕	韩 丹	华 卉	管菁菁	莫维伟	汪 湉	邹淑柯	沈 洁	唐 吟
田广慧	周美玲	杨少友	徐昌伟	张 娟	戚加美	何学勇	金 灿	薛 源
叶金荣	潘 琳	李 冬	任燕飞	程康峻	陈 林	吴林强	陆子瑜	沈仁华
陈仁涛	李 超	陆文彬	李 锐	蔡洁强	倪闯华	宋禹浩	朱本生	雷 浩
王亚杰	白福龙	金世瑜	倪 沈	沈 怡	施宇翔	张 进	孙尚俨	顾 曦
朱晓波	刘茂亮	叶 锋	陆 鹏	范达年	李 智	浦余新	蒋 力	薛梁金
沈施杰	鲁冰程	洪良群	许 静	周泽胜	窦朝卫	郭长斌	何小芹	何金秀
梁 勇	顾 刚	王达海	周志斌	张宝平	朱世松	钱 红	吴立珍	周国圣
方春卉	朱汝姗	葛文尧	赖腾基	葛德祥	沈志勇	潘 晔	王 煜	葛月强
陈 方	郭善军	陈修君	滕祖霞	钱 锟	秦 雅	杨 敏	刘 静	王 丽
陈雨墨	赵金金	周 雪	花 艳	李 芬	王建康	吴 峰	储红星	徐晓莉
李青云	张德利	刘百灵	朱 坤	张 娟	朱家祥	徐道红	张远方	左 青

史 埝	张峰一	姜永兵	徐晶晶	眭 上	李笑笑	郑 鹏	陈筱萱	曹 骏
王晓燕	豆修飞	刘传琴	徐珊珊	李莉娜	周伟亮	方萍萍	胡祥林	董萍萍
陈 莹	李 尖	薛 鹏	高 飞	王子敬	陈 培	柏亚文	张晓霞	王文妹
邹中荣	吕 成	陶永顺	王 露	宋宗璐	陈 芳	孙雨生	王忠芬	范 越
汤振心	卞啊梅	刘超仁	严嘉诚	周海涛	洪慧敏	尤 俊	杨彩妮	顾艳菁
朱海燕	崔高生	王璟钦	莫丽丽	罗恒香	胡定琴	俞 敏	张维勤	陈雪忠
陈永光	张宝玉	金元虎	祁 维	成 浩	宋 艳	蒋 杰	姚 莉	郭 丽
崔均军	蒋文婷	冯广月	李 丹	曹 阳	石 丽	耿飞虎	沈翠芳	严桂萍
梁 凯	钱 瑶	刘园园	刘铜山	林 俊	姜宏军	刘 宇	陶新成	张忠伟
管秋君	吴逸天	刘 莺	曹 雨	石慧文	管兴道	孟 俊	郭天星	陈爱华
仲 刚	卜树君	佟 川	吉斯远	黄 欣	俞 威	俞士庆	俞巳兵	董 莹
莫榕雪	刘跃洲	盛兵江	尚庆军	徐广军	刘世龙	谢士伟	邵 勤	闫茂乐
孙向阳	陈冬梅	朱善桥	韩 硕	邵 明	刘世健	高晶晶	蒋洪林	邵友生
徐志彩	于 亮	董 巍	何冰清	曾德阳	孙向春	孙 波	王 明	程 浩
江 昊	戚志跃	王金定	袁 洋	荀 祥	朱业兵	陆 路	杨 艳	顾 鸣
马立俊	邵子明	吴欣雨	江晨星	张玉生	王星光	王 磊	杨春军	金致成
衡 东	周道军	万 莉	窦陈飞	经朝飞	于思羽	周许裴	徐 雯	苗 健
禹 春	陈墨羽	陈 荣	黄亦来					

【南京农业大学工学院】2015 级车辆工程（本科）、2017 级工商管理（专升本科）、2015 级国际经济与贸易（本科）、2017 级国际经济与贸易（专科）、2015 级会计学（本科）、2017 级会计学（专升本科）、2015 级机械设计制造及其自动化（本科）、2013 级计算机科学与技术（本科）、2017 级计算机信息管理（专科）、2017 级建筑工程管理（专科）、2017 级人力资源管理（专科）、2017 级人力资源管理（专升本科）、2017 级铁道交通运营管理（专科）、2015 级土木工程（本科）、2017 级土木工程（专升本科）（250 人）

黄俊洲	刘 毅	郑芷雯	吕文静	张佳骏	杨 森	崔佳欣	原 敏	谢笑尘
黄相宜	范 银	顾桂程	王高凤	李 旋	苗津伟	瞿 琪	郑 远	翟汉军
张力文	张 驰	秦 伟	姚 婷	马 露	徐 慧	张国宝	刘 璐	徐 峰
吕树建	朱盼盼	许学峰	刘子豪	李广金	茅喆喆	姜晶晶	夏晓伟	赵 凯
冯思豹	夏 良	孙 彧	叶科元	王 昃	陈 雨	张鹏云	吴兆红	耿念念
刘 蜜	张 壮	张存凤	田安琪	李 玲	南雪利	周小龙	陈明贵	曹 红
胡沙沙	罗军超	李 晨	王 翔	杨语嫣	杨双双	司星星	刘吉红	马翠莲
乔 娜	庄 琪	郭莉艳	张健康	朱智豪	李嘉程	王 言	徐 海	戚 扬
陈雨新	李 建	金 杰	江 磊	郑 洋	张 艳	冯叶芬	李竹青	梅秀青
陈 敬	傅 伟	单莉莉	纪华东	凡 璐	王鹏程	张惠惠	解晓丽	董玉丹
范文梦	贺 帅	孙茂建	王召阳	万无忌	陈 驰	杨立猛	徐文祥	顾 达
唐 意	刘 冉	卞宗林	姚 飞	贾晓飞	余 凯	陶士祥	王玉柱	李欣欣
姚贝贝	童 浩	周晓飞	刘 巍	时玉林	卢 猛	陈有刚	蔡万春	方振伟
尹思思	蔡小杰	严思瑾	张 月	张 昆	杨巽捷	陈 才	郭 庆	陈 诚
黄贻钦	许本武	许程健	熊文文	毛慧蓉	陆中华	夏跃春	倪子凌	杨晓丽

闵小燕	毕晴晴	刘世家	庞 玥	刘泉云	邵银花	韩建华	王小琴	马凌洁
邓红云	吴月娥	高群群	邵 燕	高丽莎	郑杰雅	陈文志	徐 欣	张 玉
周发华	王 欣	王忠明	王 娟	陈梦春	徐道玲	杨 宁	詹明飞	孙 超
孙 玮	尤 维	骆鑫华	张 澄	洪文滨	焦婷婷	辛 萍	徐 晨	邵文文
周姝含	刘 权	叶小娟	张力友	纪 哲	姜青青	金豆豆	单玉清	张静娴
张 西	陈 璐	卜一鸣	王永康	王 箫	时 浩	魏 健	王 磊	张小飞
翁哲欣	聂州阳	成乐伟	薛灵恩	潘 超	朱媛媛	李兴江	翁敏慧	雍慕尧
张必根	李俊丽	宋述云	李 虎	胡宁俊	孔维云	张 建	梁 雪	董 亮
李登高	史 磊	贺森柯	李卓锦	唐沙沙	徐子其	袁 鹏	朱永林	金 龙
李绿丽	李其泽	顾 飞	张凯明	杨娇娇	杜 笑	何晓宇	陆王华	冯 凡
陈 彬	龚海峰	徐一鸣	白 鹏	高国太	殷承荣	陈 梅	周于勤	张才科
尹 维	刘 义	胡子强	杨 柳	廖卫红	采家文	石朋展	王 成	王 留
夏静文	陈 媛	崔 丽	何燕燕	胡婷婷	王锦琴	朱 榕		

【广西水产畜牧学校】2013 级畜牧兽医（专科）、2015 级畜牧兽医（专科）、2017 级畜牧兽医（专科）、2017 级动物医学（专升本科）（18 人）

陈运祥	陆春强	杨 明	陈东俊	覃宇文	黄凤晓	刘伟燕	陆海玉	张仙美
罗丁华	韦 铖	宁 芝	蔡文武	蒋道隆	莫开宗	唐保添	杨林生	潘裕明

【淮安生物工程高等职业学校】2017 级畜牧兽医（专科）、2017 级动物医学（专升本科）、2017 级会计（专科）、2015 级会计学（本科）、2017 级会计学（专升本科）、2017 级农学（专升本科）、2017 级农业经济管理（专科）、2017 级园林（专升本科）、2017 级园林技术（专科）、2017 级园艺（专升本科）、2017 级园艺技术（专科）（192 人）

袁建晨	赵 刘	杨正涛	何 培	何金桥	尚庆国	刘 虎	叶 婷	沈 璇
孙 影	陈 蓉	卢子迅	王茂轩	李 洁	沈 锋	宋传斌	居建秋	王 会
袁 鹏	屠梦林	杨 笑	高宇需	周柳琴	王鹏程	吴亚南	祁天雷	孙步浩
李姣姣	张 永	孔小雷	尹 群	冯莉莉	李 磊	高 艳	张玲艳	严 敢
郭月芹	邹国良	陈 珊	唐鑫昕	潘 丽	徐月俊	孟丽霞	魏 进	牛延晶
王君茹	胡珊珊	胡露露	孙丽莎	史爱鑫	赵 耀	夏学仁	丁 韬	孙梦娜
刘 娟	施云燕	庄永志	刘月芹	牛申海	钟 芹	汪海洋	丁 雪	陶春花
黄克松	陈伟丹	帅 程	吴宗蔚	陈宇超	高玲玲	李雅文	高 迪	王晓雅
张 瑾	张梦叶	邵 启	莫 琦	郝达峰	丁抗联	李 英	吕 雷	李凯康
姚 红	周 惠	邵 锐	张 铁	孙秀敏	孟娩娩	郭倩倩	王 惠	李 双
纪红宇	赵 洋	陈 曦	宋朦朦	张婷婷	靳子豪	范大鹏	王沁雨	王婷婷
刘 璐	许 颖	王陈丽	王 好	朱凤云	冯丹丹	梁 云	张 艾	陈 雨
郭海娟	曹金陵	周 梅	窦 艳	闫 茜	李 晗	范 玮	范齐媛	田雨露
王 妍	吉兰平	孔令芹	戴 娟	王纯勤	刘成余	丁晓花	李仁峰	李成红
何寿红	何 颖	李康璐	纪 静	张来飞	龚玉芹	刘 邦	邹修云	柏爱芹
李 刚	张祥俊	李 霖	徐新艳	姜 梅	邹开明	王厚春	何士涛	李秀芹
曾明红	季 云	王明海	张 雪	邢瀚元	胡 鹏	王 慧	江润清	任 泽
黄 政	王佳豪	安 琼	陈 爽	杨弋帆	薛海笑	杨 彬	盛梦成	滕 腾

孙　晨　张智维　孙东明　杨雨琴　金桢浩　刘　艳　赵　杰　李梓暄　朱道英
周业秋　刘　欣　缪　子　戚凤蕾　黄雅媛　周旭东　李　晶　王素娟　张钰涵
赵树林　刘　平　贺庆策　朱　珊　赵怀成　张海琴　乔云飞　姜永赶　周星星
谢　瑞　董　标　毕笑笑

【江苏农林职业技术学院】 2017 级动物医学（专升本科）、2017 级园林专升（本科）（31 人）

王　垚　冯红星　丁　丹　汤　潇　李益民　梁嘉慧　胡　鹏　朱尧舜　冯艳阳
周光浩　刘方圆　陈　准　曹　兴　黄　晶　兰　俊　刘宇一　许　璐　房栋森
姚　建　毛建祥　吴小云　王　珊　赵君妍　石饶饶　步素云　靖　盼　徐　迟
严　兵　王　节　李　源　邹昌振

【盐城市响水县广播电视大学】 2015 级电子商务（本科）、2015 级化学工程与工艺（本科）、2015 级金融学（本科）（3 人）

郎晓燕　张建东　李　云

【江苏农牧科技职业学院】 2015 级动物医学（专升本科）、2017 级动物医学（专升本科）、2016 级动物医学（专升本科）、2017 级会计学（专升本科）、2017 级农学（专升本科）、2017 级水产养殖学（专升本科）、2017 级园林（专升本科）（272 人）

马　伟　沈　鑫　郭海娟　钟文龙　杨晓磊　徐晨艳　王华东　刘　伟　夏晴晴
顾雪枫　徐金菁　吴卫华　陈琳佳　王红梅　傅冬升　顾　克　周　锋　杨艳秋
张鑫铎　金　涛　徐正东　胡启荣　刘德印　朱汉强　束伟荣　王　将　沈宏涛
缪明明　李定发　张自聪　魏　斌　许中秋　陈新剑　乔　双　徐　建　刘　娟
陈　旭　曹宝康　张海松　张亚林　唐　留　石　磊　蔡雨辰　陆　可　张云叶
陈丽霞　朱卫玲　严朝焕　叶　渊　陈　娟　杨君权　虞泰柱　宋雪峰　陆　鲜
孙　平　束方成　蔡河生　黄荣春　樊俊荣　魏欧阳　陶雨农　顾　勇　王　燕
方琼瑶　王　蜻　朱　飞　王锦标　纪　鸣　王　慧　刘治江　陆　军　边佳琪
柳　璇　程　前　许　莲　彭明忠　施雯婷　徐　迪　周开明　杨　毅　陈兆云
李晓东　王　鑫　姚露蓉　章斌华　奚洁霜　蒋　俊　杨晓宇　魏学雷　成　波
成　洁　孙井荣　崔家彬　席　蕾　董长华　赵思宝　刘成功　衡永创　邵煜波
王春青　陈　伟　季　烨　李雪锋　彭荣荣　黄永飞　章　涛　张婉停　蔡　冬
鞠德财　王　立　刘　颖　黄　洁　王彭玥　王天依　李雪媛　贾敏林　王昆明
张红珠　吴桂勇　李　礼　乔　清　马晓晴　陈　裕　赵　猛　潘石健　孙　洁
陈小惠　葛红梅　刘士德　王传青　顾　兵　卢　尧　杨凤奇　周　华　许艳侠
孙德康　唐善雷　张爱丽　沈　勇　顾才堂　谭　寅　车树广　徐静静　董俊祥
冯　春　刘　生　沈　辉　申　彬　施朝辉　张建荣　徐双丽　卞长虹　彭　伟
郑朝铸　贺　媛　江红星　朱明军　张昌超　宋兴国　支　元　马开柏　董　伟
李　媛　陈　诚　张长梅　徐　军　杨　丽　王　跃　张钦养　卢　曼　阮素珍
朱　威　张　帅　周　耿　赵朝阳　任荣荣　吴元申　刘　欢　费友谊　黄继鹏
杜庆伟　李维炜　陈　峰　孙纳纳　张加静　张　丽　钱梦晗　徐法文　刘红艳
孙　伟　金建强　李　勇　朱纪驰　许　飞　万为祝　杨行行　李伟明　顾海平
陈　炜　张小平　陈　慧　孔　祥　冯　静　段江林　高　鑫　钱素娟　申党凤
蒋　健　蒋　鹏　王　芳　夏　杰　袁雪华　孙　悦　毛　岩　杨　超　王　静

岳 凤	钱绪芹	于方越	徐晓华	周 鑫	李金奎	王友如	陶广文	韩正魏
孙仁华	崔明纪	刘 飞	李伍文	全志华	张 翼	徐明山	吴成云	王 磊
李宗群	薛成红	曹文景	丁仁武	李 鹏	翟双且	冯飞飞	陈国海	孙海华
顾光楼	颜士轮	吴 刚	赵阶峰	单 超	邵士进	王世江	孟庆山	吴战峰
于 燕	殷潇锡	叶晓祥	赵琳琳	徐 昌	潘 宁	毛洪杰	吕丹丹	陈 玲
李艾洋	曹 洋	郭 丹	黄 波	孙爱琴	奚 钊	苗 健	吴 浩	孙开友
朱晗奕	朱 迅							

【南京金陵高等职业技术学校】2015 级国际经济与贸易（本科）、2017 级国际经济与贸易（专升本科）、2015 级会计学（本科）、2015 级信息管理与信息系统（本科）、2015 级电子商务（本科）、2015 级旅游管理（本科）、2015 级烹饪工艺与营养（专科）、2014 级电子商务（专科）、2015 级会计（专科）（74 人）

陈梦廷	高 宇	徐道艺	黄辰思	陈 静	刘善星	李 林	夏 境	朱 琳
黄 静	韩 贤	陈裕顺	方 成	李 涵	何禹金	王 鑫	吴 慧	吴 冬
成安琦	徐智杰	立开娟	魏 超	刘 亮	李茗萱	汪 蕊	周 甜	祝婷婷
王 颜	刘 玲	岳玲娜	范彩云	黄秋萍	常灵芝	陈 悦	杜宝琴	高 镇
陈 粲	康天宇	成方岩	汤 坤	叶 婷	葛志鹏	张星星	夏 敏	朱海琪
王可欣	孙慧莹	黄雅馨	朱 旋	李 菁	吕文倩	邓小雨	耿天斤	江 倩
褚天昱	熊月来	李寅欣	李 然	何欣玥	严羽欣	孙 蕊	张淇杰	孙伟超
张宇新	徐永超	汪志航	仇 涵	张 阳	王 刚	王雪莹	郭浩然	魏国峰
付莉莎	于家懿							

【连云港职业学院】2017 级会计学（专升本科）、2016 级园林（专升本科）、2017 级园林（专升本科）（84 人）

王远冲	刘 梦	李原科	郑秋艳	历靖轩	王 凯	闫蒙蒙	丁美霞	何伏云
李 文	庄 静	孟 颖	陈艳艳	包金金	张晨阳	孙 涛	鲁 晗	王 璐
孙 娟	仲萍萍	吴玮昱	葛蔓婷	李 婧	惠 行	惠志丹	赵 睿	杨加威
惠亚青	汤梦阳	刘盈盈	王世峰	杨 露	蒋恒莲	沈 洁	陈 杨	吴昕怡
吕根洁	谌月岑	袁 静	张 黎	朱慧敏	孙宣涛	石祖义	刘明东	张 伟
姜 晟	王 汐	李 景	郝程程	张旭雯	胡志伟	江 震	荣 俊	韩乙锋
霍正航	王文明	江瑞捷	胡子强	陈 杰	江 猛	李鹏鹏	缪 也	王旖旎
赵金柱	刘铁铭	李立腾	姜明亮	乔 雯	杨 姗	杨海燕	许慧敏	于 欢
汪文健	朱必浩	刘若兰	李秋祥	王 瑄	谷 磊	袁万鑫	刘方芹	尹其超
魏礼洁	张剑龙	张紫雯						

【南京财经大学】2014 级会计（专科）、2014 级市场营销（专科）（2 人）

　　丁沛昕　许 春

【南京交通科技学校】2017 级工商管理（专升本科）、2015 级国际经济与贸易（本科）、2017 级航海技术（专科）、2017 级航空服务（专科）、2017 级会计（专科）、2015 级会计学（本科）、2017 级会计学（专升本科）、2017 级机电一体化技术（专科）、2017 级机械工程及自动化（专升本科）、2017 级计算机科学与技术（专升本科）、2017 级建筑工程管理（专科）、2017 级建筑工程管理（专科）、2015 级建筑工程管理（专科）、2017 级轮机工程技术（专科)、2016 级农村行政与经济管理（专科）、2015 级人力资源管理（本科）、2017 级人力资源管理（专科）、2017 级人力资源管理（专升本科）2017 级铁道交通运营管理（专科）、2015 级土木工程（本科）、2017 级土木工程（专升本科）、2017 级物流管理（专科）、2017级物流管理（专升本科）（3 998 人）

杨池俊	李明阳	张晶晶	蒋则栋	郜 政	缪东军	何 雯	柳佳瑞	黄 雷
魏慧颖	刘利超	赵 清	陈浩升	胡 晗	苏卫星	朱 涛	张金鑫	匡凌晨
倪超炜	许家杰	石兴林	陆鑫磊	王兴雨	张晋舜	蔡 琛	杨 健	景宇阳
王 进	李 瑞	施顾杰	王寒冰	时克勤	史忠峰	虞晨阳	韩晶晶	高腾飞
万 勐	张 恒	葛宇航	沈 鹏	管罗遥	周林虎	张子阳	孙英豪	蔡鹏鹏
陈洪志	董龙辉	刘 然	许 凯	曹佳敏	徐宇文	唐 丽	王佳怡	王 溪
徐梦莎	周诗杰	王家慧	任袁媛	钱 欣	吴文晶	师梁玉	陈海银	韦 静
韦 雯	嵇宇翔	朱明明	计 婕	孙 静	徐呈辉	黄 滟	王文涛	薛 蓉
刘宇涵	卢 仪	李文雅	李 红	李姝娴	孟婷苇	卢水卉	袁佳凡	丁佳敏
范陈龙	陈 航	张嘉麒	石泽鑫	钱家宇	潘天宇	徐康杰	吴木之	王 磊
周博文	刘志远	杨东川	刘祖宏	戴蔓莹	张婧文	徐敏捷	冯 誉	张 昊
陈 欣	戴 轩	李 莹	徐文令	周君成	何李枫	符 华	郑 军	陈志勇
贾晨薇	唐晶晶	林永翠	洪常会	尹 红	李文庆	毛庆玲	盛 杰	吴丹丹
樊 娜	赵 巧	盈晓蝶	朱梦薇	徐萌萌	顾 煜	杨 萍	徐寒梅	戴天航
王媛媛	臧 雨	高嘉伟	韦 玮	邓富胜	袁 园	吴文全	黄 露	胡昱盛
杨 涛	陈 严	许 惠	崔雅婷	张 娇	万子良	刘 颖	芮善婷	许志伟
王思诗	鞠 倩	李媛媛	郑梦雅	施鸿杰	陆俊呈	秦龙珠	黄鸿健	刘晶晶
陈 乐	饶 丹	杨 欣	黄佳忆	尹可心	石明星	王 琴	胡 月	储呈晨
李 慧	周子娟	郑 娜	肖明丽	郭姣姣	朱 跃	罗志童	高欣盈	颜 庆
孙加敏	张建强	熊 蕾	季 翔	薛剑烨	倪振宇	李文哲	李 杰	濮瑞雯
郭成悦	许 文	史 建	刘唐宇	周 伟	章星宇	刘彩云	张丹丹	徐鑫鑫
李明霞	王少杰	张 凯	朱鹏举	敢艺烜	赵宇航	陈 娟	薛竣杰	朱 静
笪雪慧	丁浩骑	陶亚文	何兆伟	朱齐军	徐星星	鲍荣斌	周晓倩	吕建芬
刘 荣	王志勇	王 颖	徐 丽	夏小娟	杨 晟	郭千元	赵晶晶	叶清华
羊 鑫	吉 萌	周 珊	朱 婧	邵菲菲	张 婧	黄丹萍	张颖芝	柳心言
林蕙君	梅 恺	袁 博	曹 磊	司 宇	昂 磊	刘 磊	沈启元	苗 壮
潘 旺	潘新全	魏 友	张 亚	肖剑聪	季如峰	陈思李	梁加伟	程飞翔
沈加祥	周锡成	徐啸轩	冯 驰	李宇航	贺世贵	张宜薇	言俊毅	苌 振
夏 磊	刘 玮	顾振华	侯宗林	张福全	金 龙	周 新	倪 明	徐晓宇
孙水源	邱 勇	杨登松	楚 苗	陈昌盛	丁博文	杨 振	田 远	邹 辉
杨友龙	杨 执	孙寅清	范 森	曹秀秀	蒋金淼	段媛媛	陈 琴	薛鸿筛
梅照刚	董惊东	吴宇扬	周玉婷	吴彦华	王 学	吴 轩	张 翔	彭 俊
郭凌霄	邱子献	张骏杰	胡 康	陈 龙	周唯昊	崔百顺	潘 弈	刘思雨
张治文	张 涛	霍高峰	王 坤	蒋清霞	江盛威	朱 洁	韦 康	张志新
王镓铭	钱 坤	许章赢	徐 澄	施晔恺	宗渝健	徐新杨	董少雄	卢旭磊

卢泽宇	魏腾宇	朱玉蓉	金 程	王家豪	韩丰阳	徐正益	韩佳慧	王 璠
陈 浩	张 烁	周孟成	殷春艳	冯 浩	甘雨洋	杨 轶	谈 彪	刘雨杰
陈钢铸	范新宇	黄欣语	侯 凌	陶 雷	解钧行	谢鹏翔	戴佳辉	王子建
解翼彤	郭 静	韩雪莲	张嵘琳	郑紫妍	蒋伟业	高 嵩	朱蒙蒙	赵 东
胡荣干	吴伟峰	杨清华	高 轩	戴祯焘	严 华	徐世伟	仇 寒	尤嘉琪
周开岩	刘才琛	周允腾	李 威	丛钰鑫	孙连俊	叶皓楠	睢亚楠	李晓东
刘瑞洋	刘义涛	林鹏程	陆 超	黄家豪	王苏洋	李 锋	钱明轩	邹 磊
卢 雷	程 浩	段 昊	刘 燕	蔡巧云	李 玲	李 勇	高友军	刘 娣
宋盼盼	路红云	李 华	徐茂东	靳燕燕	戴 昆	吴 昊	洪 红	何 平
李 扬	李 莉	孙岗岗	刘 玲	戴 平	赵宇生	徐晓斌	刘 伟	尹思凡
戴元杰	沈海霞	苪 燕	张 雪	岳德露	毛春云	魏小伟	范家强	朱 燕
张欢欢	陈亚嫚	张海鹏	张 涛	彭 陈	熊冬青	魏清清	黄 凡	成 鑫
刘 荣	李贝贝	郭训超	邹 丹	张祥兵	刘 军	张德全	刘 媛	王 娜
华合勇	王燕燕	韩 莹	张智赟	戴 莉	纪泓宇	朱梦琼	胡 雯	何浩然
马福平	凌 乐	林竑胜	王伟丽	秦 扬	张许立	张 蕊	朱榭韬	朱 艳
靖辰聪	孙广亮	安俊超	王 伟	薛正平	刘婷婷	王 静	倪小敏	王延栋
张梦婷	张利兰	徐 帅	李 成	杨 涛	贺开文	孙叶松	肖美娟	顾 琦
王 璧	管拥军	苏千芷	余 川	曹 玮	蒋 艳	王 宁	徐 燕	田 硕
杨 斌	曹 洋	戴 荣	陈曼玉	丁嘉楠	董 磊	孙 玮	戴建伟	吴山山
李 攀	袁雯雯	张 雷	姚沁忱	孙 鹏	胡玲玲	马梦芸	程小洁	徐 闯
卞晓彤	苏 磊	骆贝尔	林惠芬	姚茂剑	梁 洪	杨佳佳	陈雯丽	钱 雯
张孝文	殷剑桥	王姚彬	吕 菁	谢 伟	朱 玲	王静静	张月英	王艳义
董青青	丁其兵	张宛璘	许文杰	蔡徐群	单培双	李前进	蔡博韬	白传伟
王加俊	华安幸	申 杰	肖 煊	丁明浩	桑泽天	闫文政	胡铭恒	林 龙
刘建皓	罗 亮	杨 坤	周洋洋	宋雨强	李祥虎	周 亮	李振峰	王 琨
张春生	毛广旭	房 炜	王 凯	侯子龙	王海鹏	唐传龙	宋思维	何 龙
孙 冉	钱网锁	王海峰	熊 京	王子龙	郦 阳	孙守喜	张 祥	邱飞杨
盛鑫慧	谢文婷	王田林	薛 丽	陈婧馨	刘琳凤	张佳燕	陈宽平	贾 琦
项 停	钱海玉	王晓玉	朱 桥	田文玉	邱 瑞	闫东娜	孟琪琪	马文艺
李冰洋	王 敏	王文静	蒋佳晴	史雪倩	王珍珍	张冬玲	冯 巧	李双双
张 妍	吴洪香	潘 辰	顾爱玲	吕庆玲	杨 影	徐依凡	严莉莉	赵昕玥
朱雅婷	罗 洁	杨晶缘	李毓丽	孔思娇	许 倩	王莲燕	金 欣	庆小莉
张晓影	钱海敏	居盈妤	李 悦	李可欣	赵 茜	付龙霞	穆添锦	张同庆
罗言顺	范俊杰	徐心怡	李 娴	程 赟	张 鑫	吕 炎	赵 乐	成沛羽
祝子健	杨 旭	武 一	胡 栋	顾致远	李 亮	何 强	蔡晓龙	张佑乐
马伟强	李易展	王明绪	徐 帅	周智江	祝川成	张正来	赖志柳	杜松阳
徐 洋	金 坤	吴德龙	韩磊阳	夏 鹏	毕如意	李 宇	吕子青	赵欣月
崔 嫚	卞 融	胡雯雯	王 晶	刘锦轩	丰硕妍	王文静	郑诗宇	韩 露
盛宇欣	丁宇琦	宋池慧	颜 琴	周 莉	张 丽	王雨宁	杨维娜	吴雨婷

邹 月	王婷婷	马 清	吴梦婷	史媛媛	李先羽	张 颖	钟伊香	蒋欣钰
刘亚云	徐刘萍	张芮绮	孔唯乐	袁欣颖	傅维宵	王术玉	庞子怡	卞玉婷
骆媛媛	孙兴雯	杨 薇	尹思瑶	刘 云	陈 果	张鑫雨	胡珊珊	许晓萱
张 琳	孙继雯	虞萌萌	周文慧	朱雨婷	陈玲玲	王亚轩	朱 帆	陈兴娅
张 雨	俞 琴	沈晓蛟	郁皓阳	龙 龙	曹 宇	韩 鹏	宋兴盛	徐宏宇
陈 威	平继龙	刘 杰	吉云飞	朱富晨	杨 浒	李岩松	祝 成	戴海兵
孙华扬	朱奎峰	沈武阳	叶江湖	胡 浩	刘 晨	张国亮	刘皖鹏	陈云龙
孙远祥	李子杰	史平华	倪 磊	陈雨涵	潘宗跃	吴 彬	韩晨亮	张云飞
刘 猛	王 平	金冠东	施民升	汪 凯	徐超逸	高 伟	宋海波	方 旭
杨 皓	刘 鑫	宋 文	张文龙	李 力	李玉堂	戴 闯	周 书	姜亚奇
姚运筹	汪宇扬	周 涛	马春旭	何婷婷	胡 宇	施 蕾	唐善鑫	钱雅妮
杨 明	何正扬	张东明	陈军建	张亦菲	严子存	陈 悦	罗家蕾	邢艺景
吴昌茹	施洪叶	贾丽萍	邹福蓉	黄雨萱	严白俊	王婧恬	吴 敏	窦 蓉
张永雪	王玉萍	朱昱潞	陈秋月	蒋 卉	邵 周	袁国庆	刘文卓	吕加龙
李成磊	朱雨晨	陈 汉	徐 鑫	王午龙	陈 涛	袁帅帅	赵志南	王建新
徐传飞	张 龙	庞 昊	周天豪	胡志源	叶礼鑫	王吾杰	蒋 鹏	曹雯翔
丁正天	唐会玉	高俊杰	滕雪华	沈文杰	赵新宇	戴玉聪	周 浩	田中奥
高裕健	李新强	温萌萌	严富豪	董 彦	郑 宇	田 达	杨功浩	吕建胜
胡文涛	薛 坤	张鑫龙	王 超	杨若尘	陈亦邱	杨乃成	刘宇峰	武明松
张 雨	叶宇航	陈鹏飞	鲁 颖	王彦皓	褚宏权	王益坤	刘 冬	陈 尧
杨 杰	杨 乐	刘圣伟	曹锡骏	郑启帆	范金春	沈 靖	吴健宇	张 宇
范宸羽	徐礼鑫	朱自航	汤 茂	杨浩铭	茆 骞	於志辉	蒋 康	时 浩
鲁在寒	常以贞	刘明汉	李冬冬	周 辉	平 锁	姚欣梦	徐 周	于子昊
吴 樊	胡忠发	陈升亚	佟学成	王远强	赵 越	李子豪	郭明俊	李振浩
金凯鹏	何东阳	王小龙	唐家杰	夏志伟	成道阳	姬傅伟	王云洋	韦永圆
吕恒宇	朱 建	凡 波	王 超	殷 寅	王明海	任 宇	谭皓翔	张文帅
孙玉虎	钱星成	张鸿健	陶文鑫	蒋程城	欧阳德庚	张帅帅	曹世凯	刘 爽
郑 志	臧 骞	刘 宁	程盈智	王冠淙	徐 海	王德帅	王 帅	陈 圣
许 航	李明旭	蔡抒澎	王 越	薛双奇	杨 洋	赵 欣	李妙荣	吴晨康
蒋 晨	满希晨	叶 晖	王昊天	高 炎	邢子昂	潘体健	陶 磊	陶士祥
赵大鹏	单玉举	吴联硕	匡加成	曹 政	陈书星	李 劲	于 航	鲁 杰
刘忠元	施俊臣	赵阳阳	金宏学	彭阿杰	秦 崇	张德平	韩子龙	项贤宇
李春江	潘坤坤	包忠伟	李 锋	吴玉樟	施 展	沙黎明	印庆锐	魏小杰
丁 杰	杜成龙	许毅铭	殷 磊	王家成	黄锦程	钱苏淮	高思杰	杨 勇
卢 浩	孙世东	唐 帅	徐 向	宋 翔	程凯祥	周子豪	谈 振	郑子龙
郑 好	李 超	胡文泽	马耀辉	蒋元昊	吴松松	宋 帅	陈 康	高辰龙
孟全柱	刘一鸿	季 伟	张国胜	孙 钰	窦古硕	宋 浩	张合鑫	邹新晨
郑 赛	乔梓洋	范凌志	张远志	龚 健	陈 琪	陈 润	张 毅	鹿 鑫
李 鑫	郝宇辰	滕新春	张述飞	曹 坤	成宇豪	彭 程	王修贤	方海家

朱俊睿	吴卫星	孙榕泽	俞永健	任怡静	赵家欢	夏磊	汤兵	薛旻轩
万俊杰	陈龙	杨开乾	张俊宇	王嘉俊	梁政	刘佳辉	王娇娇	徐方芹
陈龙晖	张聪	陈方云	徐胜龙	薛瑾	熊天宇	刘佳琪	孙亚星	董玉
杜文雅	王威	李星	张志伟	蒋洁	柯方宇	陈昊	高馨悦	何倩
陈毅	曹辰宇	许洁	刘恒多	张旭	钱房成	潘磊	刘泽宇	邓管文睿
殷海楠	孙盼雨	朱明	孙海涛	傅康雯	曹悦	刘扬政	罗小伟	田岚
张雨萌	金鹏	王子怡	吴凯	章心健	袁子航	王雪	封金勇	侯开宇
经利利	方梦蛟	王婕	袁浩天	吴玥	陈玉洁	魏欣怡	吴镇宏	蒋语波
姜星宇	张白雪	汪善喆	董宇航	胡艺雯	潘阳	周炟	赵玲娜	唐锐
杨金玉	周军宇	霍甜甜	王皓楠	吉雯	张梦鑫	桑陈杰	周天宇	涂思
徐敏	胡娟	李欣如	赵婉如	吴紫叶	丁妮	吴仪	仲海燕	李婷
石群	吴红霞	涂雅丽	刘紫琰	刘懿锌	刘梅	杨蓉	许瑞彤	陈宁
李情	涂子静	贺怡	韩婷	陈璐	言洁	鲁精英	马梦兰	单敏
孙建婷	高金容	徐洁	陈慧如	贾蒙	李苗	徐心玥	高佳铨	陆奕桦
李荣飞	李敏慧	王雯倩	曾钥涵	冯亚群	茆中仁	杨一晨	谭敏	胡晨旭
胡静	孙淑敏	李颖	孙韦健	宋秋荣	夏梦瑶	焦欣雨	陈志强	许淑婷
李慧友	王佳灵	晁蓓蓓	仲崇扬	刘强	李庆	胡润霖	陆有龙	高海东
李兴庆	曹仲午	闻玺然	王昊	李世彬	叶志鹏	聂双龙	王亮	唐泽宇
王豪	郭欣然	吴烨鹏	杨周	李浩	余凯	徐嘉辰	张笑笑	凌子恒
陆俊辉	顾龙	于岑鑫	胡浩	郭贵祥	任俊	朱荣泽	唐宇	徐善豪
陈家乐	沈星耀	吴灏	陈杰	胡晨昊	尤纪星	杨振琪	翟昊天	郭杨
刘勇诚	李伟	腾凯旋	袁艺昊	王皓	陈忠举	惠志文	杨宇	刘宇琪
段博博	杨恺	曹杨	殷磊	朱天成	姚杰	缪嘉俊	蒋宇龙	陆佳龙
朱齐昀	何宇帆	高盛	尤浩强	季鑫贤	景浩伦	卢鑫宇	付研	石宇翔
顾诚旭	李雨清	季文康	孙羽	南涵	李东声	王资聪	石刘洋	於瑞满
季俊杰	黄天	周振	叶力佳	王子扬	陈皆润	吕佳男	赵玮	王鑫罡
张大庆	陈国平	陆思豪	曹文豪	李逸轩	郑欣	王宏伟	郭显辰	许越宇
沈嘉宇	桂鑫	朱尉华	葛安鹏	蒋龙	张子健	温开广	周康赐	翟欣宇
方星	高敬尧	周璟琛	徐程	周凡翔	浦俊周	徐亮	吴浩	顾泉
李闯闯	丁鹏	杨镇	骆星宇	陈光鑫	王一锋	孙健	朱嘉伟	马翌翔
陈昊宇	孙佳琪	倪天伦	董传顺	鞠晨	薛健飞	李泽宇	徐子瑞	张志明
沈凯龙	龚赐	曹文龙	管文涵	周泰田	卢涌	唐陈峰	徐文强	林添
周子涵	仲启跃	孙腾	魏东升	胡浩	李雨	田丰源	王明栋	赵文林
孙涛	鲍龙威	陈家鹏	孙同庆	谭谈	马天阳	孙超	李大壮	季晨晨
朱丁鹏	成嘉诚	刘昊	潘阳铭	史万雄	潘硕	何唐盼	张斌	杨章旭
吴神风	张陈棋	王轩	李雷发	张兆文	时彬彬	祝金波	徐岩	杨彬
陶振豪	麻传祥	王昊	厉林龙	高俊	间楷	陶炜	吴卓钢	徐超
余笑天	邱子扬	薛勇	严顺	黄涛	薛志杨	陈正志	孙志远	尹磊
周嘉辉	赵宇航	段明儒	孙朝阳	丁浩然	许家伟	顾浩	陈佳伟	周群

钟泽培	张佳乐	颜龙	徐梁	王英杰	孙伟杰	倪承志	鞠楠	曾鑫
吴云东	周洲	王良涛	张国栋	李康	马斌	丁永翔	郑善文	孙翔宇
殷宇渊	倪非凡	王韩	张伟	韩学	贾梦军	刘昊	韩龙	张成龙
李超	葛邦来	朱俊杰	王伟	李潇	高鹏	王龙飞	朱伟业	王英杰
侯冠宇	范家维	田昊楠	李卫星	张子轩	周耀慧	夏禹	孙汤成	王子鑫
张龙晨	王天龙	李晨	胡志良	韩宇翔	颜廷汭	王大威	张子潇	吴奇
姜沛源	葛仕豪	黄迪	高翔	宗洁	巫苏洋	赵海阳	田阳	彭子龙
张学桐	丁伟	陈宇航	唐晨斌	李晓兵	霍洪阳	殷志鑫	崔弘历	戈飞扬
张家旭	董泓洋	宋斌	陈嘉豪	刘庆瑞	周浩宇	凌洁	田世纪	周俣彤
曾海峰	刘彬鑫	张文昕	仇弘宇	许瑞	鞠凯	丁宇	徐雷	朱肇礼
沐阳	王杰	王帅	何雨轩	张磊	胡子昂	李祁	刘威	曹凯
刘继伟	赵凤鸣	张小闯	吕飞	郎丰磊	李骋	魏恒	狄鹏	杨周宇
赵佳伟	张晨	朱文卓	魏英健	程保保	刘阳杰	刘东	张海桂	唐伟
张大山	黄智琦	李昊然	张欣彭	章懿磊	郭言坤	徐帅	王鲁鹏	陈家琪
朱星宇	经海鑫	杨浩文	孙永康	钱骏骐	何世纪	吴梓良	李雨轩	蒋智程
徐浩博	蒋强强	秦龙浩	李健	杜洪光	朱聪	石婉倩	李治	梁世杰
毛文静	胡赛凤	朱琴	葛新如	刘德丽	陆玉婷	缪星宇	梁燕	李文君
谢昌冉	唐佳雯	王静	徐宝莹	陶慧娟	韦宗琴	夏美凤	鲍倩	周子惠
侯雪儿	施阳慧	金文定	刁雨婷	石星露	宋雨晴	徐琴	李梦祥	张宇凡
彭媛媛	马景虹	刘羽舒凡	唐雨辰	陈娜	程铭	朱熙莹	徐杭	高雯
汤瑞	刘静茹	姚琳娜	张正祥	朱卉洵	陈子怡	凌晨	席煜	张青原
张文琴	汤成杰	史航硕	浦金月	孙恒恒	朱彤	张蕾	周琛杰	贺龙丹
袁琪琪	李昕竹	蒋雯雯	谢朝阳	陈雨	李永琪	蒋益雯	周璇	朱修满
王雨露	卫灿灿	潘垚	刘志壕	王磊	陈光耀	叶磊	孙瑞	赵军
唐益	曹阳	栾健	徐睿	刘星宇	王宇	曹海龙	李欣岳	尹玉岩
马帅	朱泓光	李浩	陈华龙	宁梓辰	闵烨	许英彪	袁智强	吉嘉涵
王涛	张宏伟	胡峻恺	陈圳	杨士航	张健	季楠祁	韩占尚	王豪
杨凡	刘超	潘雨	郑伟杰	刘市成	吴豪杰	杨志成	刘义顺	陈坤
张力斌	臧天恩	金树威	胡永洲	倪浩	王璠	李超禹	严楷文	陆扬
徐先明	圣国文	肖王昊	杜陈	陈子琪	查群	左文龙	陆潇楠	葛欢乐
高峰	吴斌鑫	宋毅	武仁杰	胡杰	王俊杰	秦磊	韩俊杰	仇翔宇
李凌宇	赵家葆	顾陈晨	王再政	陶雨蒙	王星宇	张圆成	尚思源	顾月龙
施昱	张凯	刘凯文	张志恒	周刘齐	吴宇晨	戴政吉	金华明	伏胜杨
侍龙	王国霄	张洋	戴静文	况舒祺	李广腾	刘鹏	张应俊	严心慧
接文昊	郑宇	严廷欢	于星雨	金徐飞	冯智慧	李薇	曹潘杰	戴雯倩
周涔	谷逊	赵子淇	虞心悦	谭家龙	何梦	范一民	任静	汪磊
倪玲	王玉玉	傅明闯	陈昊	熊慧	史伟健	韦宝荃	孙志政	葛馨妤
卢慧	梁林	陆佳慧	徐梦玲	宋亚佳	王庆杨	李燕	章熙璐	佘星杰
任秋云	殷培佳	沈惠	于梦婷	任礼鹏	丁悦	吴仕杭	周妍	郝慧琳

胡文静	钱李杰	丁二江	赵翔	王宁	庞子涵	谢如蒙	冯亚峰	杨衡
胡永丰	蒋文豪	郑俊杰	刘子龙	丁文举	董鹏	周琪杰	邓伟豪	程元
翁兴阳	孔德治	潘婷	李禹岐	徐舒彦	丁雨婷	陈殷旭	周佳怡	姚池
尹雅茹	王璇	邹俊妮	罗小宇	张全坤	缪鹏鹏	秦露	丁文静	屠亚楠
张佳慧	朱燕岚	娄明哲	葛莉莉	马伟为	郁壮	王清	王文凯	宋钰
袁野	曹诗睿	姜岭	高绩文	苏夏怡	朱恩雨	韩甜甜	赵丹丹	高雅婷
陈贾洁	张梦娇	马敏	张振楠	顾叶慧	杨静	李嘉悦	刘雨晴	倪肇蔚
周璇	孙佳仪	王红梅	费楠蕊	谈晨慧	孙悦	王光羽	王宇	秦晟
崔诗雨	王星雨	于雪妮	杨梦男	孟紫	杨日霞	章雅菁	方美雯	傅晓
卜冉冉	刘媛媛	韩凯尔	周惠	瞿伊雯	孙苏怡	李莹	宋佳俐	万佳欣
徐雨珍	稽慧慧	蒋星雨	尹悦	赵丹妮	张乐研	赵薇	曹英崎	梁露露
王洁	任思琪	何宇勤	徐婷	赵欣悦	侍梦圆	沈畅	戚亚庆	汪敏慧
陈嘉宁	吕楠	陈宇	李雯	赵元琪	丁莹莹	杨子慧	杜慧	陆佳琳
赵悦婕	毛丽	张华赟	许玉蓉	陶星羽	邹林萍	王世雯	丁盼盼	许钰
张珂	陈玉梅	江妍妍	陆玲丹	李娜	杜凯威	刘星玥	刘萱	陈佳琳
周叶	骆燕	刘怡菲	李倩	刘雨竹	王雨晴	匡思颖	王思娴	王可
韩婉莹	王馨	任祥龙	蒋婷	黄子晋	陆婷	胡皓悦	张玥	邵子凌
刘爱美	洪佳琳	张潇允	沈宇欣	徐晓彤	翟苏停	钱思宇	杨冉	倪思怡
吴亚玲	卞治菲	胡梦月	卢雅丽	周悦	张永瑶	杨华	徐雯晶	朱浩然
罗依	盛佳佳	赵雅雯	刘莹	夏佳玉	陈心怡	眭敏	孙雯	郑勤
胡鸿雯	夏梦	黄雨茜	张年玉	朱佳雯	徐梦桐	颜佳雯	胡静	高佳静
纪雪	徐森	王文杰	储成艳	王琪	钱雯静	孙一畅	曹阿敏	杜秋艳
周高丽	眭佳玲	张文沁	曾美媛	王晶晶	满文清	步莹	王心禹	张晨阳
王慧	孙明珠	郁瑶	刘旭	高榕霞	朱婷婷	冒施林	刘洋	陈露
孙乾辰	张静	王冰悦	姜琦程	陶潇	潘婷瑜	金忆雯	曹译文	朱婷
陈静	袁梦	朱怡梅	张苏佳	尹克婷	陈菊	张雨欣	吴佳	曹施琪
薛雅	陈洁	袁舟	周石妍颖	李思雨	于丽娜	丁雅洁	郑采柠	荆雨睿
梅子墨	黄金燕	张紫嫣	吴聪琴	姜彦如	吴萍	许嘉欣	焦茜倩	谭仕佳
周春丽	龚向楠	李萍	颜晓宇	陈茜	蒋瑶	毛文雅	李苏宁	温川
刘雯婕	孙袁婕	王颖	孙玮	汪若琪	孟羽婵	李嘉馨	王晨秋敏	常佳慧
黄培培	刘星池	陈沁妍	方思琪	王磊	胡佳	王子怡	戴景豪	蒋蕾
徐严	黄佳	姚慧	张月	倪婷婷	戴昀	王丽芸	王瑞晨	袁园
梁晓	黄蕾	邓明	虞亚静	朱英	曹晨颖	马晨雨	仲雨露	苗新月
王宁	王新雨	徐雯雯	卞康佳	程姝婧	俞良月	王秋玟	蒋季暄	柳安妮
祁欣怡	缪雨	李炎憬	张漪文	王祖影	孙殷斐	蒋雨柔	陈薇	徐娜
邓钰炜	吴婷	宋婷婷	闫雪	房皆茹	吴慧琳	赵施佳	黄依婷	陆依靓
汪旭	翟敏	周露	张雪	蒋璇	张湘	曹园	何若妍	许雯雯
马倩文	胡玲	钱紫珺	薛羽枫	梁雨婷	杨颖	张玥	尹佩	陆敏
孟欣	尤慧	卢薇	王雅婧	陈书盼	陈颖	王子娴	赵严	卢君业

郑　蓉	顾子瑛	谢雨轩	陈　琦	吴怡婷	崔文花	陈淑慧	郁雨洁	陆虹羽
黄雨琦	陈　涵	伏亚文	吴新宇	陆　月	蒋　琳	曹凯丽	杨晓琴	张　羽
朱士楠	俞妮君	张呈珺	陆　妍	陈可欣	蒋烨然	曾　瑜	潮海心	马　悦
潘天晔	许　瑞	尹　琪	郭加欢	汤铭新	陈　锐	陈舒宜	蔡欣雨	李学文
颜　衡	王　静	李　凌	谢雨婷	徐佳乐	何晨辰	王欣欣	童宇洁	李菁菁
陈　琳	张永梅	付慧敏	孙艺萌	曹　欣	许　情	孔德怡	徐　月	刘　旋
张　璐	陆祉瑶	肖　菲	刘晓帆	刘妍慧	杨文慧	卢天钦	吕　颖	黄慧欣
徐　颖	蒋怡涵	王　羽	钱星彦	陈奕池	黄佳丽	钱雨阳	姜晓燕	沈袁园
何钰琦	朱小菲	丁　洁	杨丽云	段晓嘉	赵　也	蒋　月	徐　晨	丁　杰
虞安琪	周　婕	孙梦玲	徐　瑶	倪如萍	许雨婧	居美鲜	凌　婧	朱　江
刘萍萍	李佳俐	张君妍	吴敏燕	万　静	祁　颖	徐代宁	张　敏	孙晓燕
吴素雅	钱欣慧	沈佳瑞	韩　钰	王　旋	陈思怡	陆雨婷	祁婷婷	魏茹涵
王　畅	陈雨婷	邵立淑	朱　彬	张欣熠	刘宇辰	刘泉良	赵世杰	龚心蕊
刘念周	陈鑫杰	王梓宇	陈家豪	朱凯悦	王佳慧	朱以豪	何澜涛	李江川
史家蓉	刘　涛	王奕霖	张　涵	陈　泽	丁　强	丁维江	杨子威	胡鑫森
张雨生	韩　威	胡永康	刘天赐	周昊明	夏　雨	侯　凯	苗　源	王仁毅
丁博文	张乐愿	殷红达	赵沂晨	杨宇轩	韩　天	昌皓天	张志平	梁浩东
王宇翔	马　航	张冉旭	唐　旭	王　坤	姜厚臣	韩叶阳	陶　睿	周　盛
宗　伟	欧阳子豪	周宇龙	张　睿	耿裕宸	张　煜	丁志康	张　政	王雨龙
朱子寒	周　浩	张　亮	邱方圆	赵　鑫	陈昉涛	叶如山	单志祥	张　昆
许　伟	赵志远	陈国瑞	毛亚琪	曹清烨	鲁　鹏	王文余	李朱军	吴其飞
柳志刚	吕著友	张　晨	杨　亮	龚成龙	陈　洋	张金磊	陈　刚	盛　志
谢修文	李启正	武　岳	卢　威	张国庆	许志孝	付　宇	张凌镔	李大鹏
颜　杰	卫浩文	钱容江	孙　时	杜清宇	于振华	吴枭伟	王艺翔	杨　晨
管家尚	袁　艺	李子晨	许　磊	马文博	刘荣劲	江秉洋	韦子杰	徐定尧
黄鹏宇	于　森	周　群	赵广翔	毛郭庆	刘　闯	金振骞	王立科	王振宇
郦新龙	许　轲	罗梓航	吴阳宇	李圣夏	朱红宇	陆恒飞	周家君	金裕琪
赵　润	何成尧	朱　俊	吕　晨	曹　智	沈　杰	高子杭	缪正雨	丁子涵
张亚鹏	郑志放	肖　逸	李国瑞	殷振杰	唐振宇	冯志宏	陈泽宇	高　磊
杨晨宇	王　亮	叶啸宇	王乙杰	王承东	王　鑫	王宇晨	赵炜炜	王小华
秦　祺	林　涛	赵　鑫	胡雨哲	孙祺焜	于建华	陈教识	陈　健	袁　琦
侯　威	马志伟	肖腾腾	张成浩	徐　俊	郭　伟	季儒彬	卞昌学	郑宝玉
黄俊杰	陶　慧	方君彦	唐　晶	徐进升	张庭帅	黄蒙蒙	邹千禧	马　涛
戴叶盛	许康磊	任蔼彦	徐　锐	郭闻隆	孙　威	孙兴壮	王澳门	吴　雪
刘洪宽	郎　健	周陈成	刘　帅	林　欣	梁颢舰	黄文健	全欣颖	叶馨灿
孙雨洁	姚晶淞	周　翔	杨　玥	张　毅	王鑫儿	马　克	汤汶陶	高　洋
王　辰	闫婷婷	高序涛	杜海燕	李子豪	王秋怡	邹迎禧	金洁羽	施　洁
于文秀	朱　盈	曾　晞	宋　倩	陈芳莹	陶欣怡	郑倩文	沈陈悦	孔梦烨
朱倩玥	徐　梦	张晨莹	黎园媛	王　馨	徐　悦	耿金月	朱冬雯	周　舟

裴红慧	周艾智	韩雨晴	樊荣	朱佳露	龚信瑶	孔澜	卜纪文	曹克燕
李欣怡	顾媛媛	吕冰涵	韩梅	卞敏	朱思夜	李加萍	吕芏莹	颜蓓
戴富裕	朱梦玲	周舟	石雨燕	刘梦柯	徐瑶	韩玉珍	于欢	陈香
陈子云	陈露琴	韩晓敏	陈国庆	李冰	王祉璇	李蒙	王婷	陶然冉
孙天钰	宗乐	杨吉	朱美玲	潘颖	蔡佳佳	唐辰	章郑雯	何贤
谈雨思	陈敏慧	王岩	王玥	王晨	宋传媛	王敬萱	王万苗	崔艾葳
周璐瑶	杨晓琦	许文静	朱佳佳	朱伟	葛庆	朱文秀	赵玉荟	刘佳欣
许佳雪	张雨柔	吴雨扬	陈晓妍	丁紫玉	周子煜	鲍子涵	胡馨月	黄子晨
朱容	陈梦如	潘颖	刘萱	冯梦媛	张颖	杨千禧	汤子涵	黄圆圆
孙悦	徐蕊	费知翔	殷梦雨	段永洁	侯雪雨	曹烷榆	李澄	朱雯雯
朱雪莲	华雨	张柠波	庄雨荷	邓好	林心如	钱宇文	周之璇	朱玲
曹伟榕	宋居蔓	倪佳凤	田慧茹	王凡	滕馨然	单瑞雪	梁颖	墨婕婕
黄宇	艾迪	王丹丹	季张鹏	周可君	郭雅雯	董笑笑	王亚男	王倩
梁媛媛	姚洁	洪鑫	钱颖	窦思源	翟汝娜	范佳楠	张洁	李璇
花蕊	朱思慧	李雅婷	吴雨航	梁亚雯	薛辰璐	孙琳琳	胡睿	韩梦
王素梅	吴蕾	黄晶俞	夏昕	胡敏	袁雯	钱泽群	陈慧	季含月
倪璐	孟冉	刘雯颖	邹庆芳	吴苏	朱文萱	俌子仪	汤鑫蓉	刘俞琴
夏倩雯	朱佳玉	朱辰晖	丁琪	颜雨欣	石佳文	张颖	韩欣宇	孙银光
张程悦	朱丹丹	施淑烨	朱凡	沈佳	官美静子	刁心辰	陈金玲	柏涵婷
孙雯玉	胡鑫	卢海薇	侍万玲	解菁菁	崔佩玉	钱天宇	戴泳荷	陈沛楠
张雨婷	沈婷婷	陈洁	徐海涵	时佳露	杨梦杰	张苏云	房泉	李燕玲
王颖	张瑶瑶	王雪	聂伊苓	杨帆	王月星	殷梦媛	陆然然	孙子怡
苏莹莹	田雨凡	高文君	黄雯娴	唐冰冰	汤慧玲	秦爱钰	王子琦	高文雅
张荣庆	茆文杰	凌忆敏	刘研研	周梦如	丁翎娜	丁妍	陈晓燕	陈晓庆
刘钰	徐颖	黄慧	孙慧琳	王念慈	戴铭	刘国怡	徐慧婷	孟晓慧
张艺凡	陆海韵	倪于颖	马明月	仲静	刘天宇	时彩云	张宇欣	徐蓓
张佳晖	王金玲	杨姝琳	杨琳	王诗宇	李娇	杨正宵	李晓丽	张卓
张艺菊	张妍	陆丹	李子涵	潘雅洁	孙克茹	刘笑	万本珍	赵韦
卞玮	沈亚楠	石香雨	富怡雯	盛新宇	张心茹	陈瑶	刘文婷	朱彬
潘想	吉晓晨	杨迎迎	刘文静	张紫萱	高天裕	王思	李柄含	徐雪婷
曾文倩	张雪	滕雪	龚玉雁	贾文静	张思宇	陶奇玲	闻陈爱	熊陈洁
金宇	王皓雪	陈静	李然	冯程程	褚欣怡	姜南	孙燕妮	鲁玉
郭雨涵	沙弋鸣	胡玉婷	张梦月	徐诺	陈阳	王梅	光梅灵	应长月
赵秋月	彭惠	徐秋妍	葛亚男	顾莹	杨凡	胡敏	安雯	胡雅
林晶鑫	刘静茹	孔梦婷	周静	张欢	王薇	段沙沙	殷志飞	吴凡
余慧	赵敏	李晴	邓逸凡	湛佩雯	杨文文	高雅玲	任露露
厉月	孙悦	郭雨薇	栗玮晨	孟欣茹	苗彤	张俊	蔡帅帅	潘慧娟
顾凤	施春霞	张雨欣	张敏	颜月	孙芳	高莫凡	徐远悦	盛晓菲
孙瑞敏	戴凡	汪慧雅	金鑫	张晓敏	张君瑶	张璟仪	赵立梅	张涛

孙陈蓓　祝英敏　童兴如　王雨欣　杨欣雨　张　可　张立玉　林丹妮　陈子怡
钟　宇　宋　澍　刘　玥　王雨婷　韩　旭　高雨寒　周　珂　刘　妍　陈舒婷
张荣珍　孙　媛　成　颖　徐青苗　杨　莹　柳慧敏　王　琨　尹静雯　孙彩月
许　玥　裴芳婷　鲁静雯　马　甜　陈韩茹　刁晓雯　柯庆芳　雍甜甜　胡　倩
邵　茹　张雅婷　罗李逸　尚　烁　毛　威　成　红　王　欣　周纬君　花　培
朱永萍　周婷婷　韩　婷　任小倩　何紫倩　陈欣雨　庄恬菁　张晓凤　张倩茹
许丽娟　周奕龙　陈晓智　林志豪　郝大典　吴欣怡　邹雯婧　朱　敏　汪金香
张文文　侯孝宇　陈　雅　丁永祥　时　磊　赵学超　徐　燕　张　杨　安保龙
颜文婧　顾浩文　陈德文　徐书娴　仇　涛　拜雯霞　王晶晶　龚　靖　杨尚鹏
陈　诺　陈鑫田　吴培培　丁雪花　刘纪元　段　瑞　江　囡　宋鹏飞　纪欣雅
顾刘海　沈旻昊　王雅畑　夏文涛　丛徐浩　蔡创鑫　张　坤　艾　力　尚楚杰
许　鑫　夏　鹏　李　康　陆涛涛　严　聪　周秋言　袁　新　程洧欣　阮　露
付怀乐　张斯义　程訾怡　陈　成　朱　斌　贾一博　陈吉芳　刘　浩　武　文
高　静　俞　健　葛孝庆　李　星　李　彤　吴　洪　李伟康　吴孟茹　吴　昊
王　雨　姜泽群　周思琪　史　剑　仝　玥　叶露鸿　陆方成　卜世豪　张程航
孙晶晶　孟凡熙　刘家旭　刘　娜　沙才文　惠　子　吴可晴　施殷杰　李墨阳
陈乐乐　马　雯　陆　涛　李雪妮　林婧雯　王　哲　刘雅琪　郑唯一　刘朱琴
潘　缘　周　璇　丁　彤　李婷月　任加茹　刘彤彤　孙玉洁　王　煜　李　娜
王敬涵　徐嘉伟　胡　亮　刘　晗　张浩宇　孙　媛　管亚云　曹于龙　吴明智
高雨婷　刘子涵　曹　阳　周　柔　卜天河　郭　旺　陈佳怡　袁智怀　高焕杰
朱梦杰　李　澍　朱治衡　朱孟彬　陈霞霏　池雪贻　高　亮　袁嘉豪　郭　鑫
石　周　叶倩兰　陈柏丞　王心悦　任星宇　秦临轩　孙闵杰　高　伟　朱稼铭
褚朝君　李　赫　盛雪娇　于　昊　秦浩天　盛雪甜　蔡张超　李文凯　孙飞宏
杜百强　间明灿　张　庆　张一凡　程唯一　王圣杰　孟祉瑶　张楠江　马静雯
孙善成　袁铭霞　施家辉　姚春炎　刘家龙　许　悦　刘文政　黄奥妮　韩立政
张书洲　殷梦平　冯梦萍　朱希文　侯振波　经玲欣　王圣凯　钟宇行　王俊杰
赵　敏　周子翔　陈　宇　陈家倩　张程阳　王逸龙　徐梓涵　付　艳　姜力昊
王　凯　朱俐燕　张思会　薛梦桐　蔡洪胜　王泽成　茆明星　徐德强　朱麟轩
曹梦瑶　李浩燃　钟雨柔　庄辰阳　尚俊伟　王昱童　徐浩然　周　爽　徐俊康
王祖德　卢　慧　张耀峰　马祥彪　林　海　毛大媛　丁　凯　单　鑫　朱心雨
余世安　王书强　周靖婷　于家宇　张　旺　黄安凤　吴　磊　吴　悦　李克园
闫威威　薛　瑞　薛振宇　莫安奇　祝　敏　黄奕翔　叶涵焱　朱国茂　朱子彤
张金伟　常建业　罗燕丽　韩　琪　高　敏　朱　勋　傅其豪　宋芳芳　豆大鹏
王晓冬　张丹丹　汪长江　刘　勤　胡宇森　李欣瑶　成亚伦　吉　扬　邵　康
丁俊宇　王　储　陈子诺　陈沁娴　范冰洁　朱　琳　牛子瑞　葛成琪　杨清云
张诚然　侯祖豪　刘培杰　吕　超　李　毅　杨涵允　王国宇　王忠林　戚天翔
束　桢　车德雨　蒋文杰　王智巧　朱浩文　孔昱婷　张　峰　张　婷　金雍泽
孙丽萍　李其帅　杨　峰　薛勇松　尹延昊　陆昊南　王庆文　石　宇　徐尹俊
曹　宇　孙　正　陈宇龙　潘　俊　周　凡　俞　杰　何宇鑫　陆宇翔　马沈杨

王褚皓	陶强龙	刘欣宇	张启帆	李浩	叶佳伟	解亦剑	黄品贤	韦旺旺
马启家	罗玉帆	唐洪涛	相宇	管吉星	宗翔宇	燕梦宪	顾海洋	金浩然
王仁彪	武立志	侍成正	蔡永俊	杨孝瑞	谢飞	张诚	宋朱杰	李晨曦
吴林	黄志文	任明亮	王旭	王霞石	陈志鹏	蔡庭峰	倪志强	阚国庆
王斯旻	茆云瑞	宋佳	封海鹏	刘阳	涂佳露	汪建祥	时小豪	曹文凡
聂艺群	张程铭	左益贤	李正林	王川	刘宇轩	戴世斌	安鑫	朱太宇
曹世宁	杨玉海	王璋珩	王枭	高宁	王佳奥	成杜	万星宇	王明雨
刘昕辰	蔡淇	王龙	骆言	丁超	徐梦飞	徐培文	吕俊杰	王基伟
赵华伟	邹晨鸿	孙鹏	黄江龙	朱磊	郑韩	孙健强	谢金鑫	周宇鹏
李杰	周洁	孙哲	韩煜飞	杨志豪	袁凤奇	谢昊	刘曜瑄	刘春超
吴浩	陆剑	李国平	何鼎丞	胡天涵	尹雨寒	毕胜	魏晨皓	胡竹青
潘雨豪	王佐杰	王晰杰	陶立冬	马立坤	张星宇	陈源轩	王志祥	李磊
万明	王昕宇	单愉钧	周健	钱程	顾琪超	赵雨轩	王浩	陈磊
刘飞	杨元清	张赫	马岩	季亚龙	吕小晶	马建洋	付其响	赵磊
傅亦达	马士祥	王雷	蔡钰文	邓文阳	潘炳峰	李文强	钱景	朱子豪
孙涛	耿凯	刘星宇	丁攀	任平生	王首卿	苑付超	宦明奇	茅水龙
关凯文	李志远	盛舒桐	吴子健	杜松	胡杰	张豪杰	黄俊豪	孙文军
李祥文	胡中旭	李文浩	宋京驰	郁聪	王体民	臧宏嵩	钱勤伟	陈宁狄
李冬	李文飞	管江辉	白逸飞	苏浩	吴一帆	顾康	瞿楚啸	杨帅
殷风云	岳永庆	丁田军	徐兴宇	张榆晗	周成桃	邱越	吴小兵	张伦
陈嘉豪	崔恒森	刘伟安	王留成	华鹏	陈宇杰	尹文轩	赵康	鲁德泉
陆炜	陈泽友	王玉豪	李湘宁	光雨轩	姚鹏	唐磊	钱雨龙	王凯
徐铮	郁强	缪峰	李宁	陆杨	杨辉宏	郑皓轩	陈前	李家文
翁佳伟	陆程	李晨阳	翁伟龙	徐通	薛吉	吴剑辉	章鹏	王健华
池伟	徐伟强	陈亦龙	周龙	卞春庭	孔恒贤	张海洋	赵高宇	李祥龙
陈昂	乐言	徐梓沁	蒋小龙	杭天晨	李杰	贺天乐	丁晋	顾景坤
吕鸣谦	周浩	龚梓豪	张伟伟	毛俊安	赵龙	朱浩南	王颢	夏梓豪
常曹林	陆嘉辉	刘亚鑫	曹航	杜广涛	於金秋	罗杨	姚壮	杨浩
翟涛	耿思敏	刘轩成	孙进	孙通	田坤	石祥懿	周凡	李加乐
陈志雄	石尚	赵灵杰	于洋	武勇	杨一凡	许明春	董晓龙	陈凯
刘凌晔	朱涛	徐豪	王梓涵	付振发	胡成龙	张成	王统纪	金龙
钱煜杭	杨涛	黄俊杰	许诺	宋根成	张海宇	程可	张子浩	陈浩文
李周安	李立柱	潘朝龙	陈伟康	滕宇轩	吕康鑫	冒志宏	姜俊杰	冒正超
方晨	刘文畅	张恒	周礼钰	周勇	赵祖龙	王晋	王敬宇	郭远海
杨一涵	朱成杰	奚烁楠	万俊	朱子寒	方浩	李宗宇	罗文峰	侯宇凡
丁勇鹏	许多	张勇	唐家文	洪官培	孙桂兵	孙镇奇	吴郝	张强
薛蒋浩	高福德	刘一鸣	杨鲁林	袁超	袁乙丁	张立	侯淳耀	邱彬彬
郝嘉磊	朱云龙	沈智鸿	谢花宇	王言	陈昱恒	祖非凡	张洪招	袁野
金晶	贺凯	张祥	杨涛	周晓菁	魏振宇	朱孟浩	卢新龙	周坤

戴 磊	毕腾飞	贲旭燊	杨守康	姚玮辰	魏 霆	郑百桁	董鑫洋	孙 胜
杨月升	陆 铭	周国祥	江佳乐	艾唯悦	何子为	孙永军	张欣玮	范晓雨
杨 虎	叶 楠	李 玥	余 婷	江雨虹	汪文静	瞿文倩	周伊雯	于康杰
陈 欣	孟可欣	刘嘉懿	刘 璐	陈文熠	刘心语	庄 梦	王一早	杨 萱
毕敏可	张佳怡	陈 立	亢 艳	刘 乐	盛吟竹	齐 蕾	金婷婷	肖天强
李慧敏	周 欣	晏兴萍	屈 慧	陈梦平	陶 美	李沙憓	李 岗	吉欣怡
江苗森	顾俊伟	王天浩	朱佳琪	周宇轩	范 明	徐梦瑶	焦 朔	黄孟佳
周 娴	李婷婷	李丹丹	李子玉	朱 颖	李 菁	徐 苗	杨亚轩	李 艳
李 璇	王 者	仲思梦	蔡晶晶	陆从娣	耿雨晴	胡梦雨	汤如男	李贝缇
林思源	林 静	骆 婷	蔡汶秀	平雅倩	洪 莹	唐菊苹	朱令嵘	钟琴琴
张子怡	唐 玲	尹雪杰	王 瑾	李 梅	李 钰	夏劲娴	常 妍	沈 雪
王 洵	孙 玥	张雪婷	戴 袁	王新晨	陶雪琪	王 莹	代雨阳	朱珏钰
王毓志	胡清友	徐娅雯	沈 港	杨海秀	徐乐欣	傅媛媛	刘 盼	王馨雅
刘 雨	尚林平	成嘉佳	周 宇	张 倩	刘子墨	王 欢	吴雅楠	荣文秋
朱永康	易青青	李需要	周 泽	戴沁雯	徐娇娇	孙肖天	汤佳楠	武钰淞
祝茂凌	骆明轩	杨 光	段非凡	顾泽宇	王 鑫	张维阳	唐武龙	袁龙杰
程 琪	倪 萍	张静雯	王 倩	吴佳丽	姜靖轩	刘杨飞	高 楠	吉 利
蒋 磊	郎峰帆	强盛子豪	赵泽恒	顾施缘	顾 浩	谢 超	魏智豪	严义康
杨曜晖	孙子贵	侯志旺	刘子杰	汪 燕	陈烨爽	周 涛	颜 涛	袁婷婷
杨利红	吴皓楠	邵伟成	苏 杨	徐 鑫	尹元博	蒋焜丞	易 昇	葛相岑
孙艺嘉	邵文杰	刘许彬	陈孙新	刘中裕	高文杰	杨 清	汪成宇	郭泳鑫
张伟民	杨竣冉	惠霆趆	黄 卓	嵇苏鹏	李 志	张 洋	刘兆鑫	徐群华
徐 岩	糜成胜	马 靖	沈书柳	李昌明	张 恒	诸伟乐	尹 辰	蒋 文
张奕南	周文吉	杨金龙	王文涛	谢康伟	李浩珺	李家伟	杨源茜	袁自强
叶 鑫	张辰昊	蒋子恒	王相琪	陈 赢	李梓杰	胡明鑫	宋润东	侯德豪
王江凯	林平正	龚 鑫	李梦刘	林 聪	陈 龙	朱子月	麻丹妮	陆鑫杰
徐宏伟	田家兴	蒋 茹	陈俊伟	朱修贤	韩 睿	谈钰杰	朱俊伟	陈 聪
邱宇凡	赵宸荣	宋满哲	梅 杰	吴 州	王孔林	叶 峰	李黄晨	郭 洋
韩文豪	杨 林	陈 陶	王 威	程永杰	刘思宁	秦伟辰	万明强	焦志腾
王 辉	朱宁宇	樊霆锋	曹 清	王君贤	陈 岩	陈骁睿	刘芯宇	翟志亮
黄健能	汪煜浩	刘婷婷	丁 超	任天航	凌 力	武 洋	岳全响	龚浩伟
涂伟宇	郭若诚	周久龙	许彬彬	杜 洋	徐惜春	曹 毅	鲍健成	唐 轲
裴昌昊	黄子轩	卢 道	赵家华	王忠健	王震宇	钱 枫	王翎静	刘 栋
黄玉豪	韩谨旭	郑金帅	陈琎泽	朱浩宇	王 昭	李子豪	罗雅丹	陈先国
陈 可	葛 静	武 斌	王一帆	张 强	殷国康	张乐乐	邢 鹏	张梓馨
仇可一	奚 茜	印雨晟	汪 静	张安琪	黄嘉佳	张彩玉	朱利竹	邵 洁
杨 淦	赵雨微	刘梦杰	吴熙萌	张远远	赵青月	王大程	李 娜	陈财莲
徐佳蓉	赵银花	单旭婧	张雨欣	黄子莹	邓德奇	顾晨森	陈桂玲	李 超
陈思源	曹汉荣	殷伟栋	邵中驰	周 鑫	甘 露	陈雪颖	傅梦菲	袁 缘

赵月宾	李　超	周德靖	葛家航	姬　鹏	王铁成	何　澎	何子青	王　健
周友德	杨智超	许　琨	陈虹羽	韩俊杰	韦　海	程亚飞	吴敬坤	郭世康
陈　林	欧晓辉	沈　忱	刘　磊	徐谈栋	竺一凡	王　峰	左希仟	国京庆
朱晓露	姜秀婵	李雪峰	宋　诚	张宇阳	王　梓	李远杰	童鹏飞	谭雨江
陈笑笑	张笑笑	杨玉潇	袁　强	陈红亮	高　骏	吕　成	杨　程	项必海
王　浩	陆　言	韦雨春	姜俨森	孔慧萍	王加裕	王学林	周火桂	张　瑜
孙利传	谢　军	吴敬康	朱友利	胡　伟	陈楚宜	王硕硕	黄　斐	殷　菲
卢　郡	宁曙光	许　亮	谢　天	徐陈雨	黄俊榕	孙旭林	植　娟	马露露
严虎成	周文明	符秋平	苟立稳	吴俊辉	沈　赟	邹锦奇	吴　钰	余　瑶
曹丽萍	鲁　旭	刘　国	朱　陵	李佳娟	魏　然	郑钰雯	章　宇	陈　娅
陈秋艳	杜云蕾	杨云玉	陆张潇	陈　辰	王　杰	孙　宇	黄江东	高辰辰
庞宁宁	刘　尚	冯晨露	张孝阳	管　浩	李晟昂	陈许乐	侍新硕	周竞帆
张浩文	肖俊成	王　涛	凌志文	齐梦云	徐茹晗	张　赟	于婧瑶	汪慧琴
方　卉	张　瑶	马　荣	王　玉	柏　杨	廉晶晶	陈　涵	芮佳雯	葛士旺
许　聪	王志豪	何　鑫	陈千堃	陈千垚	刘佳宝	李　欣	张开鑫	钟天文
孙宇超	李　懂	王淑畅	程智超	李　琦	孙誉嫣	袁　颖	乔　洋	孙　艺
翟　恒	孙　丹	白大志	孙　君	庞　敏	张　杰	许文强	於成虎	张智康
李自强	王　震	戴金龙	刘金顺	陈正同	杨　程	许　梁	张宇霆	耿　霞
刘子平	郭　露	杨俊杰	王　荣	张文君	许晶晶	刘倩文	耿　魏	谢　晨
包春华	武云涌							

【南京农业大学继续教育学院】 2013 级畜牧兽医（专科）、2015 级电子商务（本科）、2017 级动物医学（专升本科）、2017 级国际经济与贸易（专升本科）、2017 级会计（专科）、2015 级会计学（本科）、2017 级会计学（专升本科）、2017 级机械工程及自动化（专升本科）、2015 级金融学（本科）、2016 级农学（专升本科）、2017 级农学（专升本科）、2017 级农业机械化及其自动化（专升本科）、2017 级人力资源管理（专升本科）、2017 级市场营销（专科）、2016 级土地资源管理（专升本科）、2015 级园林（本科）、2009 级国际经济与贸易（本科）、2017 级畜牧兽医（专科）、2016 级园林（专升本科）、2017 级园林（专升本科）、2015 级园艺（本科）、2017 级园艺（专升本科）、2017 级园艺技术（专科）、2016 级畜牧兽医（专科）、2013 级会计学（本科）、2014 级会计学（专升本科）、2015 级会计学（专升本科）、2015 级人力资源管理（专升本科）、（日升昌）2017 级畜牧兽医（专科）、（日升昌）2017 级动物医学（专升本科）（136 人）

王志龙	尹晓红	徐万龙	王志科	李　焱	王兴强	施　慧	李成云	强　磊
傅少军	曲春秋	龚　伟	武丽莎	朱成龙	卜坤堂	张玉玲	孙雨薇	温　燊
苏　洋	孟庆雨	耿　嘉	戎晓月	尹春彪	王平荣	夏晓梅	邵　阳	戎双琳
刘青青	袁海宏	仲明月	印志达	王　琅	曹亚坤	鲍　黎	戚旭国	刘承香
孙永娣	王曼丽	曹　浩	张秋虹	赵楚翔	许成露	倪小雨	刘　梅	柏　羽
万苏波	张　颉	杨延芳	蔡兆一	许永涛	汤德朋	张腊梅	陈　涛	张耀文
鲁　燕	姜明明	刘平平	张青云	董　莹	王　迪	庞　旭	栾丽萍	王思唯
刁浩南	顾佳尧	嵇　杨	孔梦齐	李广成	周　腾	吴佳泽	孙开敏	曹　薇

曹文祥	马雯瑜	高兴旺	潘伟康	王 涛	孔园园	史霞萍	张 逸	钱 庆
杨 阳	沈倩萍	孙建华	曹 露	苗秋林	王伦民	润云龙	王 猛	郑 静
尚芬芬	檀时山	王凌捷	王柳亭	祁 枫	殷 凯	高 婷	梁天成	李永强
黄沈阳	韩瑞敏	李玉峰	马俊捷	周书全	张秀华	朱晓平	王 涛	武晓凯
郭代鹏	侯吉丰	张忠华	任 伟	曾 慧	郭建昭	滕吉川	王馨梓	张玉化
刘 强	林福华	王修岗	刘文彬	冯建新	冒 静	王 丽	许 伟	谢仁成
陈 娟	潘 冰	王 效	张倩云	张晓婷	周德亮	董自仁	丁 洁	黄家林
王艳红								

【南通科技职业学院】2015 级电子商务（本科）、2017 级电子商务（专升本科）、2017 级动物医学（专升本科）、2015 级工商管理（本科）、2015 级国际经济与贸易（本科）、2017 级国际经济与贸易（专升本科）、2017 级行政管理（专升本科）、2015 级环境工程（本科）、2017 级环境工程（专升本科）、2015 级会计学（本科）、2017 级会计学（专升本科）、2017 级机械工程及自动化（专升本科）、2015 级机械设计制造及其自动化（本科）、2015 级计算机科学与技术（本科）、2017 级农学（专升本科）、2017 级食品科学与工程（专升本科）、2017 级市场营销（专升本科）、2017 级土木工程（专升本科）、2015 级物流管理（本科）、2017 级物流管理（专升本科）、2015 级信息管理与信息系统（本科）、2017 级园林（专升本科）、2015 级园艺（本科）、2017 级园艺（专升本科）、2017 级植物保护（专升本科）（318 人）

曹玉祥	周志鹏	邵翔宇	曹振新	朱益乐	谢阳龙	谭永盛	蒋嘉伟	许 杰
杨泽宇	何 鑫	李 健	许波涛	陈小峰	季 杭	王 佳	华秀伟	蒋文艳
张爱红	桑 勇	刘新宇	蒋玲玲	姚 澜	金旻睿	秦 磊	张 慧	沙 沙
陈 愉	薛 琴	蔡浩天	陆 鑫	顾 飏	蔡颖嘉	钱 鑫	马 珺	单 鹏
高 磊	秦江强	姜苏洋	汪楚楚	袁金燕	郭品元	洪 蕾	朱 仪	王启泉
朱 伟	蔡缪旭	季洵锃	季 敏	冯培昕	刘 萍	沈治圩	刘贝贝	张春秋
缪柠璐	朱清凤	姚 瑶	程 炜	顾丹彤	石 磊	贾 浩	施佳博	陈 旭
陆 敏	李 冰	蔡 姝	谢永俊	孙禄军	荐清祥	赵佳磊	万能仁	杜明晨
何 颖	尚伟强	孙 琪	张琳净	郑妙莲	崔睿玲	顾珺杰	钱 金	罗 霆
朱嘉仪	曹 曦	姚 彬	段雯捷	崔 宇	林佳佳	王 敏	陈 玥	窦胜楠
葛雪钰	马琳芝	孙晓莹	张栩杭	申思佳	朱倩于涵	严 林	缪秋婷	刘成希
丁寅莹	江雨凡	王 钰	杨 希	江 鸥	赵宇刚	程佳慧	吴吕曼	孙峰梅
吴婕绵	张燕华	沈 烨	陈炜东	王 淮	严 鼎	周圆圆	李 娟	葛云霞
刘莉莉	单添勇	高盼盼	朱慧蓉	石明华	张其芳	圣金燕	陈夏辉	施佳丽
胡 艳	徐 琴	袁允丰	葛 茜	纪传超	沈欣楠	徐 颖	李 群	陈 淋
陈明伟	陈 欢	朱田田	黄勇建	李 彪	彭 程	宗晓鸣	顾杭健	蔡 燕
李建华	严晓峰	王宇鹏	安 洲	朱厚启	朱飞龙	王 志	田 可	施育松
徐 迪	钮浩淳	顾一凡	冒钦耀	唐成杰	章正东	管 羑	钱明华	顾锋林
袁 箫	沈 军	马俞鑫	季程凯	张 锐	朱浩然	王志平	丁新红	郭振军
宋聪宇	葛金萍	陆 杨	成 宇	周珊珊	徐叔梅	李 胜	张 琳	樊 英
朱 军	陆 峰	唐丛焕	胡 毓	戴乾翔	姜莎莎	卞雅芹	孙 斌	章世勇
谢 宁	赵卫东	关亚彬	杜 艳	顾习蓉	陈 杰	樊 磊	葛 杰	羌毅凡

陆　琪　　陈　军　　陶　聪　　许　越　　徐嘉林　　樊旭东　　顾海军　　魏道荣　　纪小波
朱祥瑞　　曹　飞　　王香东　　张　春　　刘广州　　秦　杰　　杨　杰　　唐　琴　　朱志刚
季亚飞　　李晓峰　　王健琪　　陈　进　　冯建国　　顾培源　　陈　龙　　罗　俊　　王宇浩
仲　亚　　丁邦杰　　张嘉祺　　何润铭　　陈嘉正　　葛翔宇　　张欣顾　　徐高涵　　刘珊珊
黄美荣　　施鸿毅　　薛晓飞　　王　佳　　徐建明　　许文敏　　张　金　　季爱新　　邹春杏
朱星星　　王洪雷　　陆含天　　钱佳伟　　赵秦宇　　邵晓龙　　陈　杰　　俞冯军　　杨秀军
周　翀　　季恩懿　　蒋鹰龙　　张佳帅　　康玲玲　　浦天琦　　许　杰　　张宸珲　　周草清
张丹丹　　黄丽军　　吴　曼　　胡剑淮　　戴　翔　　马　潇　　骆仁勤　　张伟伟　　周璐璐
陈　佳　　杨　益　　闵泓澄　　史学伟　　王　晨　　唐王朋　　张楚琳　　叶　新　　于　洋
毛连军　　吴　娜　　周　燕　　李邓瑄　　姜　镭　　赵　严　　张吉寅　　张杨杨　　伏小坤
张宇航　　雷子牧　　陈　旺　　徐萌萌　　徐孙晗　　丁建宇　　杨宇雁　　徐　灿　　吴钰文芩
唐津津　　张　仪　　袁　俊　　曹卓尔　　王　颖　　陆鸿飞　　陆弘其政　　单佳馨　　沈　旭
吉　昊　　赵海红　　周海燕　　陈霄楠　　徐甲峰　　叶　兵　　李百陈　　陈阳敏　　沈剑峰
陈　叶　　林小波　　陈伟伟

【苏州农村干部学院】2017 级工商管理（专升本科）、2017 级会计（专科）、2017 级会计学（专升本科）、2017 级水产养殖技术（专科）、2017 级水产养殖学（专升本科）、2017 级物流管理（专科）、2017 级物流管理（专升本科）（33 人）

周思菲　　皋　娟　　黄芯兰　　张彩红　　张红芳　　林勇义　　杨蜜蜜　　徐秀莹　　周新宇
王小娟　　蒋微微　　俞琴华　　宋亚明　　毛觉生　　杜伟林　　缪建男　　李晓峰　　姚佳顺
叶文斌　　邹晓东　　刘绪兵　　王琪峰　　李建辉　　饶　魁　　吴文昊　　王　悦　　钱钦华
吕亚州　　杭　诚　　李金福　　俞乐明　　龚　桃　　马璐璐

【苏州农业职业技术学院】2017 级园林（专升本科）（10 人）

甄文彪　　姜蓉蓉　　季　承　　徐　斌　　陈健健　　钱家琦　　王　晨　　郭燕萍　　黄　维
陈一华

【无锡技师学院】2017 级会计（专科）、2015 级会计学（本科）、2017 级会计学（专升本科）、2017 级机械工程及自动化（专升本科）（95 人）

耿　璞　　朱瑾仪　　尤　优　　冯　茜　　王凯文　　魏德梅　　曹雯逸　　马宇婷　　唐　霞
崔梦梦　　罗莹瑛　　蔡秋钰　　陈智强　　胡晓洁　　徐　冰　　乐一平　　何　羽　　梁　茜
缪佳艳　　陈丹妮　　谭钱哲　　赵雪宁　　唐沛然　　顾晨婷　　王莉娜　　张　露　　刘　青
许莎莎　　李鸣宇　　吴梦姣　　乔镜蓉　　孙桃桃　　张立瑶　　萧　婷　　陶承轶　　卫凌波
华　倩　　郑鑫玉　　林慧丹　　刘子艳　　王利莉　　刘祥丽　　毛雅静　　毛源杰　　徐　磊
马嘉辰　　丁燕敏　　兰钦越　　徐心成　　薛睿娴　　卜碗娟　　陆　叶　　殷舒淼　　刘逗逗
杭玉涵　　秦荣烨　　张文婷　　施玲玉　　张林怡　　严雯婷　　蔡敏虹　　丁怡雯　　叶　佳
侯海娃　　邓钰洁　　张　珂　　徐天凤　　张新月　　李　慧　　王婷婷　　马珊珊　　朱美华
祖冠达　　孔英杰　　朱凌峰　　罗飞云　　薛景阳　　金晓磊　　周　兰　　黄梦佳　　张乔乔
陆紫丰　　浦　婷　　张　杰　　杨　勇　　谈嘉栋　　张　柯　　李阳阳　　景锡源　　陈　震
叶小龙　　陈伟杰　　杨　铭　　周　杨　　陆鈫豪

【无锡现代远程教育】2015 级国际经济与贸易（本科）、2015 级会计学（本科）（14 人）

周　帆　　刘恒旗　　李　涛　　许馨方　　范香凝　　章　玺　　孙俐君　　曹去非　　曹　洁

陆奕成　王霖翔　周天健　李紫萍　徐丹婷

【南京农业大学无锡渔业学院】 2015 级动物医学（本科）、2015 级工商管理（本科）、2015 级化学工程与工艺（本科）、2015 级环境工程（本科）、2015 级会计学（本科）、2017 级会计学（专升本科）、2015 级机械设计制造及其自动化（本科）、2015 级计算机科学与技术（本科）、2015 级农学（本科）、2015 级人力资源管理（本科）、2017 级人力资源管理（专科）、2017 级人力资源管理（专升本科）、2017 级水产养殖技术（专科）、2015 级土木工程（本科）、2017 级土木工程（专升本科）（80 人）

颜　寅	殷文坚	王周舟	徐慧中	刘玲玲	丁惠萍	何向丽	李正芳	孟幸子
万　娟	万　英	王维芳	任宇娟	汤　颖	王佳琳	陶　玲	史亚飞	何鑫霖
邵煜林	曹　瑞	金飞廷	左　青	印摄景	颜红霞	唐　娟	丁　静	王　倩
沈　娟	王甲虎	丁　玲	吴海霞	杨乐红	杨福平	汪梦茜	唐严娟	周　蕾
周　帅	尹　娣	胡雯雯	吴天杰	周　涛	许玉兰	郑则荣	张秀艳	张太辉
袁　凯	蒋　飞	应　康	高本领	施春艳	邢正权	何　欢	田维新	陈　峰
陈　洪	陆小娟	尤嘉庆	卢　奇	梁鸣杰	张　明	沈显宗	何佳宜	许　庆
丁仕龙	缪俊杰	倪晗宇	祝家青	祝家艳	吴　凯	卢　阳	卢　霄	何久乐
吴　涛	张凯壹	潘晨勇	季　婷	池　桢	陈春梅	马梓源	章　诚	

【江苏农民培训学院】 2017 级畜牧兽医（专科）、2017 级动物医学（专升本科）、2017 级会计（专科）、2017 级会计学（专升本科）、2017 级物流管理（专科）、2017 级物流管理（专升本科）、2017 级园林（专升本科）、2017 级园林技术（专科）（71 人）

魏从奎	冯雨柱	许　梅	何淑耀	赵　猛	杨卓林	王　强	魏从洋	张文娜
孙　敏	梁　跃	谷大秀	岳　燕	张　笑	陆　璐	张玉珍	王　灿	庄雨勤
韩雪纯	叶　永	韩　光	朱晓乐	张　洋	胡原瑞	田　汉	李媛媛	李欢欢
胡莹姣	马　骏	殷　燕	谭少棋	杨纫慈	谈钟友	张鹏飞	何金龙	陈　静
梁世伟	张　东	梁　敏	王寒旭	庄秋南	孙月振	王文秀	孙　军	陶亚辉
陈　磊	颜　磊	李成品	管晓萌	王利梅	高孝胜	徐乐意	侍　超	陈　建
谢红霞	仲　毅	张　树	朱友志	司　涛	朱泽波	蔡雪娇	钱　峰	石生鑫
唐　祥	张红梅	陈　余	王宪宏	谢　宇	王　森	郑北臣	姜　南	

【徐州市农业干部中等专业学校】 2017 级会计（专科）、2017 级会计学（专升本科）、2009 级国际经济与贸易（本科）（26 人）

魏丹丹	王华梅	郭家乐	王　巍	姚　奇	张　梦	李俊辰	张　健	宋淑玲
王兴国	孙明强	陈孝国	解　奥	张学映	郭现峰	刘　瑶	郝林静	代海涛
薛　永	赵亚州	张兴全	胡建军	鲍　颖	周　娜	刘　宾	李惠惠	

【江苏省盐城技师学院】 2017 级化学工程（专科）、2015 级化学工程与工艺（本科）、2015 级机械设计制造及其自动化（本科）、2017 级建筑工程管理（专科）、2017 级数控技术（专科）、2015 级土木工程（本科）、2015 级网络工程（本科）、2015 级信息管理与信息系统（本科）（293 人）

刘莉莉	韩月娇	刘生泉	唐　都	彭　瑶	陈安邦	崔志伟	周仕林	夏家宝
张　鹏	徐晓雨	徐春玉	陈　露	陈梦月	卞玉婷	严爱民	杨红欣	陈　萌
边才娟	蔡玲玉	卞姝姝	凌　晨	丁义婷	杨　杰	徐　蒙	单菲菲	陈思颖

李　萌　徐　静　严丹丹　于　叶　郭莹莹　陈海风　杨远航　苏常磊　蔡　辉
杨　浩　王义雷　胡　江　李玉钢　唐善玲　张跃龙　陈　双　顾　鑫　郑　靖
陈　冰　蔡伟东　俞学亮　孙国钰　徐生国　贾文建　周会浦　曹　树　陈　菲
李　春　高凤华　沈昶权　钱　俊　陈明磊　王一平　蒋天峰　吴翟佳　周　枞
苗继雷　成　浩　朱俊玮　胡志强　崔小华　袁永来　徐梓宴　陈经国　陈明轩
颜大超　王其祥　张　坚　许奇发　吴卫民　胡金超　胡志明　吴　雷　陈　辉
陈　浩　周　天　朱晓忠　王文浩　柏　鸣　梁　傲　陈炳鑫　孙宗林　安　稳
张香杰　彭广东　王思伟　丁　杰　蔡清晨　彭　旭　张永璐　宋强松　吉才臻
杨　爽　田顺辰　廖世林　朱明前　韩文韬　王建飞　宋玉华　王伟伟　陈鹏鹏
徐　勇　陈　晟　周永杰　王裕波　崔永进　周　超　邵建城　孟得成　许昕伟
顾明康　张袁龙　赵齐明　戚晋宇　陈永清　金志祥　王雄峰　黄　夏　张潘栋
吴海松　宋弘正　郭　鉴　崇庆贵　茆寿琛　丁建龙　张红明　刘　锋　徐　爽
邓海纳　杨　徐　赵文明　林　祥　武文甲　贺子豪　朱宇清　徐　凯　郝传勇
李　阳　张志龙　李金奇　丁　浩　严华胜　穆远洋　吴　文　李海园　张文年
陈苏俊　章少强　戴路通　秦　轩　周福来　费铭昊　周建华　程　扬　魏　奇
范冬华　蒋　珊　顾马勇　袁　超　韩晟君　胡蓝希　蔡　敏　徐庆功　张智健
董　璐　高　飞　袁一鸣　常　雷　吴锦奇　孙绍君　韩　涛　耿　雷　臧世强
周　驰　沈思佟　郑华磊　孙晓东　祁鑫驰　王玉洲　张　潇　尚钲翔　邱成军
侍泽伟　杨　鹏　沈孟苏　张凯强　严　聪　肖　虎　符倡铭　吴　兵　邵　文
李进鹏　沈洋洋　孙明虎　张　涛　许英颂　陈鸿青　沈健祥　朱兆良　宋立超
唐季江　陈月星　左　坤　潘元开　周　磊　孙　鹏　梁　骏　袁　慧　张　成
李张弛　李枫楠　王沫帆　曹兆琳　彭丽艳　蔡海鑫　井佳宝　顾子鑫　李　韧
胡　雨　王　捷　龚　凡　龚桂明　张　伟　霍春旭　林　强　丁义翔　王锦程
彭亚玲　蔡　唯　金晶晶　孙伟国　杨　悦　郭红玲　陈思远　夏丽丽　陈勇慧
谢邦芳　陈　丽　任付青　刘俊辰　花长鑫　徐　浩　周维秀　李苏婷　刘丹丹
袁宁宁　陈远飞　唐文清　陆思敏　徐　兵　宋　超　姜　楚　金宵宇　陈　艳
陈长炜　费星辰　陈炫尚　吕亚林　王秋香　苏林丽　史婷婷　应　行　贾维洋
王婷婷　王　玲　倪　明　周炫宇　陆炎炎　周志富　周庆林　王专超　袁铭祥
张开辉　周学良　陈明祥　顾正华　吉再东　蔡　荣　胡亚翔　倪清文　王海钊
严亚鹏　李　旭　朱小平　吴　唯　孙年欢

【盐城生物工程高等职业技术学校】2017级畜牧兽医（专科）、2015级电子商务（本科）、2017级动物医学（专升本科）、2015级国际经济与贸易（本科）、2017级会计（专科）、2010级会计学（本科）、2015级会计学（本科）、2017级会计学（专升本科）、2017级机电一体化技术（专科）、2017级机械工程及自动化（专升本科）、2017级计算机科学与技术（专升本科）、2008级计算机信息管理（专科）、2017级计算机应用技术（专科）、2017级建筑工程管理（专科）、2017级农学（专升本科）、2017级农业机械应用技术（专科）、2017级农业技术与管理（专科）、2017级汽车运用与维修（专科）、2017级人力资源管理（专升本科）、2015级土木工程（本科）、2017级土木工程（专升本科）、2013级物流管理（专科）、2017级物流管理（专科）、2017级物流管理（专升本科）、2015级园林（本科）、2017

级园林（专升本科）、2017 级园林技术（专科）、2015 级园艺（本科）（447 人）

陈建生	洪 艳	何春花	王 奇	花正浦	唐雨姗	刘佳伟	李冬冬	周 龙
谢 峰	王志源	王 静	王 玉	沈 冬	顾 斌	王梦凌	曹恒明	徐 伟
陈 龙	王 卉	洪 翔	周 露	于 雅	周美玲	陈丽娟	惠永蕊	高小艳
盛 颖	朱凤清	钱卫琴	费 丹	李姗姗	许玲倩	宋 培	张 玉	陆文艳
尤为艳	孙猛猛	包灵秀	殷亚男	蔡清清	刘星辰	梁栋梁	王 云	吴婧娴
王明航	卢政军	蔡万秀	蔡 亚	陈 斌	陈 雨	王 芳	成灵灵	蔡莺莺
李唐妍	邵凤燕	吴昊泽	杨 鞭	李 凯	李恒东	孙 慧	蒋婷婷	袁 橙
蔡 垚	倪青鹏	看着本	张巧云	王彬彬	于彩云	宋本花	于彩成	杨添凤
张平慧	孟 君	程 远	张海良	单 洪	戴晶晶	孙海群	王 蜜	蔡 静
郑雅倩	张潇潇	郭金梦	陈永刚	武国俊	练文婕	祁莎莎	蔡 翔	庄国聪
毛丽丽	王彩丽	何翠红	徐 慧	沈志颖	刘秋宁	张 进	周 娜	俞映红
还金生	杨东梁	黄 亮	赵 钰	李 虎	张 顺	邱士源	岳 阳	谭智升
卢阳阳	吴海森	王世聪	陈亚文	张佳佳	汪海洋	唐建祥	汪富贵	柏汉武
李明政	季兆伟	郑亮亮	于世杰	於维康	季益凡	古 建	袁春锦	吴 斌
姜基政	张维奇	陆立顶	朱丽华	吴吉潇	叶上尚	李孟孟	陈金诚	刘 射
范 鑫	冯质立	王 强	杨 迪	吕 学	王 兵	张佳成	沈浩冲	丁海娜
潘施宇	顾珍珍	张 悦	黎梦婷	蔡梦韦	胡建凤	项达龙	高 章	曹 塔
徐仕杰	何响龙	韩高名	余 军	文杰凌	李建权	韩晔锋	李青青	张倩莲
陈冰倩	徐 静	蔡紫薇	丁 颖	唐清婧	秦 羽	徐荣盛	周 斌	陈 扬
李双辰	吕文洲	王明尧	王宽清	李众旺	冯 磊	冯海霞	刘 兵	毛良松
王金鑫	金树林	单金海	张奥琪	还咸霖	范 宝	潘军民	蒋 一	刘 港
王加玥	张程程	王 辉	徐家杰	郭树庆	倪 伟	陈 洋	宋文芹	程永勇
许 业	王笃伟	薛 斌	仇秀华	桂 伟	蒋宝霞	黄培培	王亚杰	孙爱峰
武广斌	李 旭	杜顺祥	闫晨阳	马明杰	葛祥祥	张敬言	王远亮	金远辉
曹立仟	周德志	谭 昊	李晓瑞	陈 勇	郑 猛	乐 勤	许 灏	张春生
王 孟	张 权	王 成	施鲁堂	张卫军	李 强	宋 磊	张 鹏	金 涛
王 科	徐毅帆	李鑫源	周振远	胡 鑫	胡建龙	李增银	张仕锦	许德虎
王航航	曹 阳	朱瑞林	仇苏成	毛良杰	曹玉祥	姚 远	陈艳楠	陈柳霖
陆晓虎	张旭晨	陈 华	靳永新	余 朋	陈炳旭	江 锐	赵云峰	沈 威
盛晨欢	石甜甜	张正正	沈秋雨	郑冰清	陈 岩	吴 晨	刘 艳	徐美发
柏 煜	周立永	关健飞	张 健	李 兵	李长志	颜志远	管 杰	凌 慧
李正识	陈晓龙	陈 波	沈如根	赵海飞	姚博文	李 政	韩 超	赵 丹
曹成新	王 丽	赵文国	徐晓龙	邵礼梅	钱 婷	刘 丽	陈 尧	孙玉培
宋传明	王 镜	范哲铭	胥永锋	朱希诚	袁飞菲	王 研	胡玉才	成明星
张伟宏	钦晓黎	刘 冬	丁亚洲	吕逸龙	崔秋荣	郑刘东	朱辉明	赵 峻
张寅鉴	徐 亮	鲍佳溪	宗玉琴	苟雨晨	李川盈	卢海蓉	高万库	陆豪泽
蒋唯佳	倪 伟	相成花	蔡祥祥	王尉帅	孙领兄	倪晓冬	武卫俊	陈 祥
徐晓岗	朱汉琳	朱 伟	郭企芮	唐明祥	苟 月	杜 谦	陈 雅	高思佳

于荣容	张洁	张其艳	赵婷婷	邵正富	吴兴琪	顾丽	孙炜	邵安琪
辛豪	施霞	许练燕	顾俊银	张颖	曹东	蔡兵	陈超	陈东良
胡海洋	纪南	孙志鹏	薛蕾华	臧浩	施鹏	严磊	陈鹏	管生川
姜海文	李明利	王庆鑫	吴信贤	吴杨	夏文昊	徐祝伟	孙贵峰	刘少武
朱俊荣	王愿	唐浩	简华鹏	蒋旭波	刘宇	苗培	任野超	苏海洋
杨成章	杨金华	杨韬驰	李吕健	浦荣琳	徐晓冬	王兴乾	唐东阳	王夏斌
曹杰	袁笑忠	缪加卫	陈小静	陈旭	丁桂银	丁稷华	丁佐健	窦文祥
封加勇	顾靖峰	黄从亚	黄菲菲	江阳	开仁军	练波	潘利成	钱恒亮
时军	谈伟君	汤志	万德勇	王星宇	谢峰	徐精伟	徐石明	徐志成
杨旨言	张小琪	倪清开	叶康进	蔡播播	曹正达	陈长明	刘志剑	施文杰
孙秀琴	王胜跃	文慧	夏光智	杨大标	张志勇	周哲宇	李树江	洪沁
杨光	徐中耀	陈雨	余蓉	王超	汤海成			

【扬州技师学院】 2015 级车辆工程（本科）、2016 级电子商务（专科）、2017 级电子商务（专科）、2015 级工程造价（专科）、2016 级工程造价（专科）、2017 级工程造价（专科）、2017 级工业设计（专科）、2017 级家政服务（专科）、2017 级建筑工程管理（专科）、2016 级汽车检测与维修技术（专科）、2017 级汽车检测与维修技术（专科）、2014 级图形图像制作（专科）、2017 级图形图像制作（专科）、2015 级土木工程（本科）、2015 级网络工程（本科）、2015 级物流管理（本科）（421 人）

张少华	葛丹萍	刘元华	刘其振	汪洪胜	王明威	陆朝轩	张俊翔	张瑞
葛壮壮	殷健	金禹	高峰	孙涛	马井龙	范辰羲	陈启星	赵才云
仇雪竹	戈永鹏	张俊	李连飞	封昂	胡亚东	孙苏杰	王乙	郝臻扬
刘支超	赵一鸣	王雅薇	万艳	向宸	路飞	陈宇辉	居首	杨成
吴涛	刘强	戴朋宇	王长森	高诚	唐颜	陆云飞	纪风	刘秀雅
侯珍珍	窦雯雯	钱源	沈建艾	朱玲莉	纪雨	唐祺辰	薛逸凡	张丘豪
周飞	姚义威	曹心明	芦超	袁吕栋	杨治	庄年华	周健伟	赵伟伟
赵双全	姜建鹏	陈高浩	王炜超	高轩	李浩然	冯成	梅驰	张伟业
黄帝杰	季一宸	徐蒋超	邰有辰	周富涛	冯文正	姚明	杨深	刘一鸣
方思璇	仇城	杨浩然	何婧	周宇鹏	桂强健	朱星月	徐杨	邵琪
乔雪	杨欣怡	陈志萱	王盼	吴金洁	鲁怡萱	王嫚嫚	吴慧	王颖
嵇琳	吴倩文	刘超君	朱铫	穆星池	张敏	顾晓娜	何净	王青
陆存	陶诚	张波	林鹏	封宗佑	王威	于力	王量	梁皓祯
张元龙	花磊	周子扬	夏宇航	柳龙	吴江	徐嘉胜	蔡涛	李奎
高文龙	吕杰	黄兴钰	顾昊	廖子尧	葛盼洁	许俊豪	赵金彬	胡化鑫
顾叶磊	王麟顺	韩浩	徐亮	韦祎	夏世森	潘易钢	肖彪	王成伟
肖虎	康旭	施寿鹏	殷杰	顾龙园	崔杰	顾越	陈明洋	钱加兴
孙浩	颜京	吴庭旺	王旭	史洲宇	周成	褚伟程	高锋	曹立鹏
周昕禹	王友权	董成	吴忻明	梁思成	宋扬宇	钱国龙	周志强	张云帆
王飞	杜宇康	邹天明	严春雷	吴桐	杨林	李森	徐亦豪	杜鹏
邵刚	潘志伟	王劲锋	黄磊	苏鹏	郭志远	印彬江	张崔星	苏文翔

孙 远	徐 智	陈 旺	吴 涧	陆永恒	顾澳富	嵇欣宇	杨 阳	肖 亮
宦旭刚	李雨轩	衡相甫	孔徐鹏	王 磊	范茂勇	刘晓天	吴 旭	陈 宇
高志强	叶拉才让	丁明杰	于 鹏	衡 航	陈伟业	茆 锐	徐旭宝	金 波
陈 辰	张 宇	许 展	贾晨旭	赵 键	金 京	陈 智	周 凡	胡德伟
郭伟晨	常书姝	李秋月	沈建宇	封文杰	孙 颖	郑兴东	张学亮	胡 俊
俞建云	阚鹏磊	薛 琪	周 鹏	孙 龙	黄 洋	顾灿波	卜 伟	蔡志宇
王 鹏	卞启超	解勇干	丁 强	吴春生	贾林海	张 震	殷 鼎	邓 峰
陈永强	杨铭杰	周 涛	刘天澎	李亚辉	杨文龙	张普建	魏吉祥	王 琦
王佩强	李佳波	刘文涛	王国明	姜路鹏	陈志远	叶雨晨	王竞宇	陈啸天
罗恒杰	李金华	黄 超	王 杰	陈昱昊	吴启龙	苏 骏	钱 钰	朱 涛
董 健	刘 乾	谈 鑫	肖 涛	王冬冬	黄浩楠	卢 佩	张仁伟	徐 亮
鞠 鑫	任坛鑫	谭 杰	曹 斌	华俊杰	薛 超	董亚萌	王 鲲	高 超
王晓石	孙冬旭	李欣宇	朱崇锁	吉 睿	张 翔	王志诚	卢 鸿	刘 尧
印章磊	胡 寒	丁 菲	陈 成	陈湘山	曹 晨	蒋俊盛	洪雅凌	王世宇
周 彤	张 雨	郭首月	李美娜	沈州军	陈 毓	许 慧	华晨曦	郭 缘
孙可馨	潘正卿	张 奇	王 洪	周 颖	周福玲	于丹丹	陈 婧	董苏滇
孙海沛	张 敏	孔 杰	嵇华艳	万梅玲	张 丹	施辰悦	纪 杨	史怡颖
陈淑芳	王春雨	王慧雯	郑玲燕	王 敏	王元瑶	仲 恒	祝雯雯	周 瑞
佘巧玉	陈 霞	王玉佳	戚加薇	梁 浅	孙 康	陆楚文	王 海	徐 涛
江徐涛	钱 程	陈占飞	肖 烨	朱 池	王 岭	徐 峰	杨 超	李 杰
徐 杰	顾兵兵	陈 浩	李俊豪	韩 秋	沈国威	高 骥	张浩宇	严 杨
宗 岩	唐梦雨	赵 春	刘 冬	成国臣	陈冰清	杨 绒	陈 莉	杨舒雯
赵长康	孙睿妍	李坤城	黄 晨	陈义玲	余婷婷	周 洁	刘 涛	顾项洋
张 玲	刘天鹏	刘 娜	季艺文	杨 颖	冯丹彦	孙泽虔	杨 光	董箭南
顾君威	徐 印	杨世恺	陈 旭	韩辰雨	黄 鑫	蒋勇军	看卓才让	刘远波
孟志明	谭 俊	吴恩来	周 鹏	梁 杰	芦建明	范步成		

（撰稿：董志昕　汤亚芬　孟凡美　梁　晓

审稿：李友生　毛卫华　於朝梅　肖俊荣　审核：戎男崖）

国 际 学 生 教 育

【概况】2020 年度，学校长短期来华留学生 490 人，其中学历生 481 人、非学历生 9 人。学历生中，本科生 57 人、硕士生 149 人、博士生 275 人，研究生占比 88.1%。学历生来自 73 个国家；其中"一带一路"沿线国家 18 个，生源占比 24.7%。

来华留学生所学专业分布于 16 个学院，主要有农业科学、植物与动物科学、环境生态学、生物与生物化学、工程学、微生物学、分子生物与遗传学、管理学、经济学等重点优势学科。

2020 年度，学校围绕来华留学生教育初心，立足来华留学教育管理提质增效、服务"双一流"和农业特色世界一流大学建设目标，进一步夯实来华留学招生和培养过程的质量保障体系。

试点招生项目制和招生远程面试。创新招生思路。一方面，以高质量科研项目驱动招生供给侧改革，招生指标向重大科研项目倾斜，实现国际合作科研和国际人才培养"双向促进"。另一方面，在农学院等重点学院试点招生远程面试，进一步激发专业学院在来华留学生招生中的主动性和积极性。2020 年度，共获得中国政府奖学金 2 268 万元，项目和名额获批数创新高；"新农科高层次国际人才培养"项目获得教育部优先支持（全国仅 39 个）。

构建"四位一体"育人教育新模式。强化立德树人在教育国际化中的核心地位，培养"知华、友华、爱华"来华留学人才。2020 年度，以"安全教育""国际理解""感知中国""学在南农"为主题，组织了"第二课堂"系列活动 20 次，内容涉及来华留学生看"两会"、疫情下的国际农业合作、中国扶贫减贫案例等。

开展疫情常态化下的教育教学工作。直面疫情暴发带来的新挑战，采取多种形式优化来华留学生管理和服务体系。在保障境内 208 名来华留学生安全的同时，制订线上教学方案，帮助境外 208 名来华留学生"停课不停教、停课不停学"。2020 年度，来华留学生共发表 SCI 研究论文 76 篇。同时，毕业学位工作有序进行，95 人毕业（博士生 37 人、硕士生 43 人、本科生 15 人）、9 人结业。

【获得"江苏省来华留学生教育先进集体"荣誉称号】2020 年度，学校不断完善来华留学生教育管理体制机制，创新性地开展来华留学生育人教育系列活动，加强来华留学生管理队伍建设，来华留学各项事业发展态势良好，荣获了 2020 年度"江苏省来华留学生教育先进集体"。

【12 门课程被评为"江苏高校外国留学生英文授课省级精品课程"】根据"十三五"江苏高校外国留学生英文授课省级精品课程验收评定结果，学校 12 门课程被确定为江苏高校外国留学生英文授课省级精品课程，数量位列江苏省部属高校前 3 名。其中，由农学院洪德林教授负责的作物分子育种学被选作江苏教育英文网首批展示课程。

［附录］

附录 1   2020 年来华留学集体荣誉奖励情况统计表

序号	获奖单位	奖项	获奖时间	授奖单位
1	南京农业大学	第二届"中国与非洲"短视频大赛活动优秀组织奖	10 月	北京周报社
2	南京农业大学	2020"一带一路"青年体育交流周（江苏）优秀组织奖	11 月	江苏省人民政府外事办公室、江苏省教育厅、江苏省体育局
3	南京农业大学	江苏省来华留学生教育先进集体	12 月	江苏省高教学会外国留学生教育管理研究委员会

附录 2　2020 年来华留学生获奖及表彰情况统计表

序号	获奖学生	奖项	获奖时间	授奖单位
1	Bassey Anthony Pius	来华留学生疫情下"中非农业合作：挑战与机遇"征文比赛一等奖	6 月 23 日	国际教育学院
2	Obel Hesbon Ochieng、Faith Gowland	来华留学生疫情下"中非农业合作：挑战与机遇"征文比赛二等奖	6 月 23 日	国际教育学院
3	Sowadan Ognigamal、Frimpong Boateng Evans、Duguma Girma Jirata、Makange Nelson Richard、Cherinet Mekonen Tekliye、Brenya Robert、Abdulrahim Adam Ibrahim Yassin	来华留学生疫情下"中非农业合作：挑战与机遇"征文比赛三等奖	6 月 23 日	国际教育学院
4	Miilion Paulos Madeho、Zinabu Wolde	中国-中东欧国家农业应对疫情专家视频会征文比赛一等奖	9 月 18 日	国际教育学院
5	Luke Toroitich Rottok、Mekonen Teklive、Malko Maguje Masa、Robert Brenya	中国-中东欧国家农业应对疫情专家视频会征文比赛二等奖	9 月 18 日	国际教育学院
6	Fidelis Azi、Abdulmumini Baba Amin、Wael Hamdy Eliwa Ali Elgendy、Mohamed Mohamed Abdelgalel Abdelhamid	中国-中东欧国家农业应对疫情专家视频会征文比赛三等奖	9 月 18 日	国际教育学院
7	Bilal Muhammad	南京农业大学第四十八届运动会田径比赛男子垒球掷远第六名	11 月 6 日	南京农业大学体育运动委员会
8	Farias Gimena Abigail	南京农业大学第四十八届运动会田径比赛女子铅球掷远第二名	11 月 6 日	南京农业大学体育运动委员会
9	Samo Allan Kiprotich、Osewe Maurice Omondi、Azi Fidelis、Male Eric	2020"一带一路"国际青年男子 3×3 篮球邀请赛第七名	11 月 22 日	江苏省体育局
10	Irungu Ruth Wanjiru	定向越野训练营女子组一等奖（季军）	11 月 28 日	江苏省体育局
11	Mwangi Faith Njeri、Ann Wambui Wanjiru	定向越野训练营女子组三等奖	11 月 28 日	江苏省体育局
12	Mwangi Faith Njeri	第二届"中国与非洲"短视频大赛优秀参与奖	12 月 8 日	北京周报社

附录 3　2020 年来华留学生人数统计表（按学院）

单位：人

学院	本科生	硕士研究生	博士研究生	普通进修生	高级进修生	总计
人文与社会发展学院	1	1	1			3
公共管理学院	1	9	26			36
农学院	16	6	48			70

（续）

学院	本科生	硕士研究生	博士研究生	普通进修生	高级进修生	总计
动物医学院	19	5	31	1		56
动物科技学院	3	4	25			32
园艺学院		7	23			30
国际教育学院				1		1
工学院		8	21			29
无锡渔业学院		43	1			44
植物保护学院		13	22			35
生命科学学院	3	4	10		1	18
经济管理学院	6	36	25		2	69
草业学院			2			2
资源与环境科学学院	5	6	13	2		26
金融学院	1		3			4
食品科技学院	2	7	24	1	1	35
总计	57	149	275	5	4	490

附录4　2020年来华留学生长期生人数统计表（按国别）

单位：人

国别	本科生	硕士研究生	博士研究生	普通进修生	高级进修生	总计
中非	1					1
乌干达	1	4				5
也门			1			1
伊拉克		1				1
伊朗		1	2			3
佛得角			1			1
冈比亚		3				3
几内亚	1					1
利比里亚		3	1			4
加纳		6	12			18
南苏丹		5				5
南非	11	6				17
博茨瓦纳		2				2
卢旺达		2	1		1	4
印度			1			1
印度尼西亚	1					1
厄立特里亚		2				2

（续）

国别	本科生	硕士研究生	博士研究生	普通进修生	高级进修生	总计
叙利亚			1			1
古巴			1			1
哈萨克斯坦	3	4	1			8
喀麦隆			1			1
土库曼斯坦	2	1				3
坦桑尼亚		3	4		1	8
埃及		5	27			32
埃塞俄比亚		2	14			16
塔吉克斯坦	2					2
塞内加尔	1	1				2
塞舌尔		1				1
多哥		1	2			3
委内瑞拉	1					1
孟加拉国		3	5			8
安哥拉	1					1
密克罗尼西亚	1					1
尼日利亚			9			9
尼泊尔	3	4				7
巴基斯坦		19	127			146
摩洛哥		1				1
斐济	2					2
日本	1			1		2
柬埔寨		3				3
格林纳达	1					1
沙特阿拉伯		2				2
法国			1	1		2
波兰			1			1
波斯尼亚与黑塞哥维那			1	1		2
泰国		1	1			2
津巴布韦	1					1
澳大利亚			1			1
瓦努阿图	1					1
科特迪瓦			1			1
约旦			1			1
美国			1			1

（续）

国别	本科生	硕士研究生	博士研究生	普通进修生	高级进修生	总计
老挝	6	7				13
肯尼亚		24	32		2	58
苏丹		2	9			11
苏里南		1				1
荷兰			1			1
莫桑比克	1	1	1			3
贝宁		3	1	1		5
赞比亚	3	4	1			8
赤道几内亚	1					1
越南		3	4			7
阿塞拜疆		5	1			6
阿富汗		9	4			13
阿尔及利亚		2				2
阿根廷	1					1
韩国			1			1
马拉维	1	1				2
马来西亚	9			1		10
马达加斯加		1				1
马里			1			1
总计	57	149	275	5	4	490

附录 5　2020 年长期来华留学生人数统计表（分大洲）

单位：人

洲别	本科生	硕士研究生	博士研究生	普通进修生	高级进修生	总计
亚洲	27	59	150	2		238
大洋洲	4		1			5
欧洲			4	2		6
美洲	3	1	2			6
非洲	23	89	118	1	4	235
总计	57	149	275	5	4	490

附录 6　2020 年来华留学生经费来源人数统计表

单位：人

经费来源	学生人数
江苏省优才计划（TSP）项目	17
世界银行项目	4

（续）

经费来源	学生人数
中国政府奖学金	347
中非"20＋20"高校项目奖学金	20
南京市政府奖学金	25
南非自由州政府奖学金	9
商务部 MPA 项目	42
巴基斯坦政府奖学金	8
校级全额奖学金	1
校际交换	3
沙特政府奖学金	2
留学江苏全额奖	8
留学江苏部分奖	2
自费	2
总计	490

附录 7　2020 年来华留学毕业、结业学生人数统计表

单位：人

学院	毕业	结业	总计
公共管理学院	4		4
农学院	8		8
动物医学院	11	1	12
动物科技学院	6		6
园艺学院	4		4
国际教育学院		1	1
工学院	3		3
无锡渔业学院	18		18
植物保护学院	6		6
生命科学学院	5	1	6
经济管理学院	15	2	17
草业学院	2		2
资源与环境科学学院	6	2	8
食品科技学院	7	2	9
总计	95	9	104

附录 8　2020 年来华留学毕业生情况表

单位：人

学院	本科	硕士研究生	博士研究生	总计
公共管理学院	1	1	2	4
农学院		2	6	8
动物医学院	6	1	4	11
动物科技学院	1	1	6	8
园艺学院		2	2	4
工学院		2	1	3
无锡渔业学院		18		18
植物保护学院		3	3	6
生命科学学院	2		2	4
经济管理学院	3	10	2	15
资源与环境科学学院	2	1	4	7
食品科技学院		2	5	7
总计	15	43	37	95

附录 9　2020 年来华留学毕业生名单

英文名	中文名	专业
公共管理学院		
博士研究生		
Aftab Ahmed Memon	阿福	教育经济与管理
Syeda Mubashira Batool	巴赛姐	教育经济与管理
本科		
Fedorenko Alina	阿莉娜	行政管理
硕士研究生		
Irungu Ruth Wanjiru	露斯	教育经济与管理
农学院		
博士研究生		
Aiman Hina	希娜	作物遗传育种
Karikari Benjamin	本杰明	作物遗传育种
Nguyen Thanh Liem	阮清廉	作物遗传育种
Raheel Osman	拉赫尔	作物栽培学与耕作学
Ramala Masood Ahmad	马苏德拉	作物遗传育种
Ripa Akter Sharmin	夏敏	作物遗传育种

（续）

英文名	中文名	专业
硕士研究生		
Mahmood Hemat	荷马特	作物栽培学与耕作学
Samo Allan Kiprotich	艾伦	作物栽培学与耕作学
动物医学院		
博士研究生		
Imran Tarique	塔瑞克	基础兽医学
Muhammad Shafiq	沙菲克德	基础兽医学
Naqvi Muhammad Ali – Ul – Husnain	纳维	预防兽医学
Waseem Ali	瓦西姆	基础兽医学
本科		
Eric Foo Wen Hao	胡文豪	动物医学
Majoro Seipati Julia	苏蒂	动物医学
Malebo Onalenna	李娜	动物医学
Mhlambi Nobuhle Hyacinth	刘雅	动物医学
Radebe Stoffel Matjeke	马杰	动物医学
Sekiguchi Kosaku	关口幸作	动物医学
硕士研究生		
Mohammad Malyar Rahmani	马一尔	临床兽医学
动物科技学院		
博士研究生		
Ehab Bo Trabi	一波	动物营养与饲料科学
Ezaldeen Abdelghani Awad Ibrahim	瓦德	动物营养与饲料科学
Mohamed Ahmed Fathi Mahmoud Ibrahim	麦法西	动物营养与饲料科学
Mudasir Nazar	穆达席尔	动物营养与饲料科学
Niaz Ali	尼亚兹	动物营养与饲料科学
Sheeraz Mustafa	兹达发	动物遗传育种与繁殖
本科		
Khoza Isaac Sibusiso	斯卜西索	动物科学
硕士研究生		
Enayatullah Hamdard	哈姆达	动物遗传育种与繁殖
园艺学院		
博士研究生		
Ahmed Ashour Abdelsalam Ibrahim Khadr	阿硕	蔬菜学
Mushtaq Naveed	塔克	蔬菜学
硕士研究生		
Emal Naseri	易墨	蔬菜学

（续）

英文名	中文名	专业
Maazullah Nasim	纳斯穆	果树学

工学院

博士研究生

Ibrahim Eltayeb Ibrahim Elhaj	艾尔塔耶步	农业机械化工程

硕士研究生

Joseph Ndiithi Ndumia	乔瑟芬	农业机械化工程
Samuel Mbugua Nyambura	萨米尔	农业机械化工程

无锡渔业学院

硕士研究生

Abdoulie B Jallow	艾布杜力	渔业发展
Anousone Mingmeuangthong	阿索	渔业发展
Bebo Denise Bodarma	丹尼斯	水产养殖
Bonne Joseph Rodney	伯尼	渔业发展
Chansamone Vanthanouvong	钱萨莫	渔业发展
Dagoudo Missinhoun	米西	渔业发展
Godfried Worlanyo Hanu	沃兰由	渔业发展
Khamis Killei John Morris	凯累	渔业发展
Makorwa Timothy Hamady	马科瓦	渔业发展
Maulu Sahya	萨亚	渔业发展
Mawolo Patrick Y	帕崔克	渔业发展
Monenaly Keokhamdy	莫娜丽	渔业发展
Munganga Brian Pelekelo	布莱恩	渔业发展
Nakalembe Mary Stuart	玛丽	渔业发展
Said Mussa Ramadhan	让马当	渔业发展
Saidyleigh Momodou	莫默铎	渔业发展
Sarah bachon - Ene Mwinibuobu Bamie	敏波	渔业发展
Tumukunde Ezra Mutebi	以斯拉	渔业发展

植物保护学院

博士研究生

Abdul Razzaque Rajper	杜克	农业昆虫与害虫防治
Alex Muremi Fulano	艾利克斯	植物病理学
Sheikh Taha Majid Mahmood	塔哈玛希德	植物病理学

硕士研究生

Dilawar Khan	迪拉瓦	农药学
Haider Ali	海德利	植物病理学
Kipchoge Leviticus	勒维	农业昆虫与病害防治

（续）

英文名	中文名	专业
生命科学学院		
博士研究生		
Muhammad Zia Ul Haq	穆兹哈克	植物学
Nahmina Begum	那米娜	植物学
本科		
Mahlatsi Yorgan Dieketseng	马尧	生物技术
Mokoena Ntshetile	毛克南	生物技术
经济管理学院		
博士研究生		
Girma Jirata Duguma	基拉塔	农业经济管理
Ryszard Tadeusz Gudaj	理查德	农业经济管理
本科		
Keomany Bounloy	李晓乐	国际经济与贸易
Onsengsy Chekky	江格	国际经济与贸易
Vannalard Lodtana	陆达娜	国际经济与贸易
硕士研究生		
Abubakar Rasheed	拉希德	农业经济管理
Diallo Mouhamadou Foula	迪阿洛	农业经济管理
Hamidullah Elham	艾尔汗	农业经济管理
Humayoon Khan	胡美勇	农业经济管理
Kiprop Emmanuel Kiprotich	齐普	农业经济管理
Muratbek Baglan	暮然贝	农业经济管理
Osewe Maurice Omondi	毛里斯	农业经济管理
Rafay Waseem	瓦希	农业经济管理
Sajid Ali	赛义德	农业经济管理
Shakeel Ahmad	沙齐弟	农业经济管理
资源与环境科学学院		
博士研究生		
Bakri Mostafa	巴克里	应用海洋生物学
Mohamed Ahmed Said Metwally Ibrahim	梅特瓦	土壤学
Okolie Christopher Uche	吴澈	生态学
Sadiq Naveed	纳韦得	应用海洋生物学
本科		
Khasake Lehlohonolo Mervin Ronnie	荣立	环境工程
Shanica Christine Ann Chance	珊妮	农业资源与环境

（续）

英文名	中文名	专业
硕士研究生		
Emmanuel Stephen Odinga	欧丁加	环境工程
食品科技学院		
博士研究生		
Mohamed Ezzat Mohamed Ibrahim Abdin	扎特	食品科学与工程
Muhammad Ijaz Ahmad	德米安	食品科学与工程
Muhammad Umair Ijaz	贾木	食品科学与工程
Mukhtar Shanza	山楂	食品科学与工程
Yahya Saud Mohamed Hamed	穆海亚	食品科学与工程
硕士研究生		
Ahmadullah Zahir	阿赫马杜	食品科学与工程
Atigan Komlan Dovene	安提干	食品科学与工程

（撰稿：程伟华　王英爽　陆　玲　芮祥为　刘晨钰
审稿：童　敏　韩纪琴　审核：戎男崖）

创 新 创 业 教 育

【概况】贯彻落实《国务院办公厅关于深化高等学校创新创业教育改革的实施意见》（国办发〔2015〕36 号）与《江苏省深化高等学校创新创业教育改革实施方案》（苏政办发〔2015〕137 号）要求，进一步深化创新创业教育改革，培养造就创新创业生力军。2020 年推荐国家级大学生创新创业训练计划项目 100 项、江苏省大学生创新创业训练计划项目 98 项、校级大学生创新训练计划项目 486 项、校级大学生创业训练计划立项项目 10 项、实验教学中心开放立项项目 12 项、院级大学生创新训练计划项目 162 项，已形成国家、省、校、院 4 级大学生创新创业训练计划体系，增强学生的创新精神、创业意识和创新创业能力。

为指导学生开展创新创业，学校将创新创业教育纳入人才培养体系。组织专业教师、指导竞赛获奖教师、创业成功教师 25 人，面向全校大一学生开授大学生创新与创业基础必修课，计 1 学分。组织开展大学生创新创业大赛宣讲会，邀请省内专家学者围绕大学生创新创业大赛主题、解析项目实战案例、观摩项目实战路演等内容授课辅导。

新冠肺炎疫情防控常态情况下，通过线上开展"抱团分享会""在线课堂""大学生创新创业启蒙训练营"等"三创"学堂活动 19 场，参与学生 1 000 余人次，通过线上路演遴选 11 支创业团队入驻创客空间。大学生创客空间累计孵化创业团队 94 个，在园团队获批实用新型专利 10 项、软件著作权 15 项。全年实现营业收入 1 600 余万元，利润近 630 万元，缴税 40 余万元，带动就业 72 人。1 个项目获批国家级高新技术企业，2 个项目分别获批国家高新技术企业、国家科技型中小企业，3 个项目分别获批江苏省民营科技企业、江苏省高新技术企业、江苏省金种子项目。1 位学生被评为"江苏省大学生就业创业年度人物"，4 个创业项目获评南京市青年大学生优秀创业项目。

持续开展"新农菁英"培育发展计划，作为江苏省大学生涉农创业校地合作联盟秘书处单位，与继续教育学院合作，完成了对校内 2 653 名学生的涉农创业训练营培训工作。积极响应上级部门"稳就业"号召，联合共青团江苏省委、江苏省大学生涉农创业校地合作联盟，共同组织实施"新农菁英"就业见习计划，引导青年人才投身乡村振兴事业，招募涉农见习岗位 2 740 个，吸引到 1 135 名青年积极赴岗参与就业见习活动。扎实推进"百校千企万岗"2020 年江苏大学生就业帮扶"送岗直通车"直播荐岗活动，邀请江北新区劳动就业服务管理中心、南京健友生化制药股份有限公司等 40 余家优质企业开展学校专场就业招聘会；为毕业生特别是建档立卡经济困难毕业生提供线上就业岗位推荐、线下求职面试、就业观引导等就业服务，助力毕业生实现高质量就业，募集生物医药、科技创新等领域超 1 000 个就业岗位，成功帮扶 61 名建档立卡贫困学生成功就业。

举办"青春心向党，科技领未来"大学生科技文化节、"砥砺致远、筑梦领航"学习交流季等活动，设立"创客学堂""创业沙龙""涉农创业讲座"等专项辅导版块，为大学生提供"双创"政策、项目运营、企业管理等方面专业咨询指导，不断提升"双创"实践育人成效，年度辅导项目超 210 项；引导全校师生广泛开展科技创新活动，营造浓厚校园"双创"氛围，参与学生 5 500 余人。围绕学生专业核心技能培养和第一课堂教学，联合教务处立项支持以"第五届生态畜牧场规划设计大赛"为代表的 30 项本科生学科专业竞赛，持续激发"双创"活力，吸引全校近 5 100 名师生参与。2020 年，学生团体代表学校获"国际基因工程机器大赛"（iGEM）银奖、美国大学生数学建模竞赛一等奖等国内外赛事荣誉 200 余项。2020 年度"挑战杯"创业计划竞赛荣获国赛铜奖 5 项，以及省赛金奖 3 项、银奖 1 项、铜奖 3 项，并获得江苏省"优胜杯"；中国国际"互联网＋"大学生创新创业大赛时隔 5 年再次入围国赛，斩获国赛银奖 1 项，以及省赛银奖 2 项、铜奖 7 项。积极组建校内外"双创"教育导师团队，参与大学生"双创"项目评审、论证及实践指导，不断完善"双创"师资队伍建设，年度聘任行业协会专家、专业赛事评委等校外导师 3 人。

【学校获第十三届全国大学生创新创业年会"最佳创意项目奖"】10 月 31 日至 11 月 1 日，由教育部主办的第十三届全国大学生创新创业年会在重庆大学召开，来自全国各地的高校师生、企业家、投资人等 600 余名代表参会。该届年会以"智汇青春，开创未来"为主题，共有 1 000 余所高校推荐的 875 个项目成果参赛。经"国创计划"专家组评议，遴选出 202 篇创新学术论文、200 项经验交流项目和 58 项创业推介项目。南京农业大学园艺学院侯喜林教授和胡春梅副教授共同指导的大学生国家级创业实践项目"彩叶白菜新品种开发创业实践"、金融学院周月书教授指导的大学生国家级创新训练项目成果论文《合作社带动型产业链融资对农户收入的影响——以江苏省苏南县域为例》、人工智能学院邹修国副教授指导的大学生国家级创业实践项目"基于机器视觉和深度学习的大气能见度解析仪"分别入选年会经验交流项目、创新学术论文、创业推介项目，其中"彩叶白菜新品种开发创业实践"荣获年会"最佳创意项目奖"（全国共 21 项）。

【**第六届中国国际"互联网＋"大学生创新创业大赛取得新突破**】11 月 17～19 日，由教育部、中央统战部、中央网络安全和信息化委员会办公室、国家发展和改革委员会、工业和信息化部、人力资源和社会保障部、农业农村部、中国科学院、中国工程院、国家知识产权局、国务院扶贫开发领导小组办公室、共青团中央及广东省人民政府联合主办的第六届中国国际"互联网＋"大学生创新创业大赛总决赛在华南理工大学举行。在本次赛事中，学校时隔 5 年再次入围国赛，经济管理学院推报项目"渔管家：国内生态数字渔业领跑者"荣获国赛银奖。

【**大学生创新创业大赛宣讲会**】11 月 13 日，学校举办大学生创新创业大赛宣讲会。江苏省高等学校教学管理研究会创新创业教育工作委员会秘书长、东南大学教务处副处长沈孝兵，北京投智网络科技有限公司 CEO、创新创业引导研究院院长张文莉，南京农业大学教务处处长张炜，副处长吴震、李刚华，各学院教学院长、副书记、教学秘书、辅导员，"互联网＋"大赛和 SRT 指导老师，团委魏威岗老师等 100 余人出席会议。

【**产教融合实践育人基地建设座谈交流会**】12 月 30 日，召开南京农业大学-京博控股集团产教融合实践育人基地建设座谈交流会，山东京博控股集团有限公司 N1N 商校常务副校长岳晓彤，以及校企合作部副部长王思义等一行 7 人参加会议。南京农业大学党委常委、副校长董维春，教务处处长、国家级实验教学中心主任、创新创业学院院长张炜，副处长吴震、李刚华、周应堂，校友总会办公室副主任、教育基金会办公室副主任狄传华，研究生院副院长、培养办公室主任张阿英，以及植物保护学院、园艺学院、资源与环境科学学院、动物科技学院、工学院、食品科技学院副院长、相关系主任参加会议，会议由张炜主持。

［附录］

附录 1　国家级大学生创新创业训练计划立项项目一览表

学院名称	项目编号	项目类型	项目名称	主持人	指导教师
农学院	202010307001Z	创新训练	簇毛麦 NDPK 基因克隆及其抗小麦白粉病机制解析	马龙宇	王秀娥
	202010307002Z	创新训练	水稻粒长调控关键基因 XIK1 的分子功能解析	华子怡	张红生
	202010307003Z	创新训练	基于 RNA－seq 数据的植物转录因子靶基因数据库的构建	孙昱婷	黄　骥
	202010307004Z	创新训练	开花-灌浆期低温胁迫对水稻光合生产与干物质分配的影响	王偲媛	朱　艳
	202010307005Z	创新训练	氨基酸对小麦分蘖芽萌发的调控机理	李晓露	戴廷波
	202010307006Z	创新训练	水稻谷蛋白 57H 突变体 F968 的遗传分析与基因定位	王海旭	王益华
	202010307007Z	创新训练	生长素-糖调控水稻弱势粒灌浆的生理机制研究	王　震	陈　琳

（续）

学院名称	项目编号	项目类型	项目名称	主持人	指导教师
植物保护学院	202010307008Z	创新训练	番茄中与青枯菌三型效应子互作蛋白基因的功能与机制初探	陶乔	张美祥
	202010307009Z	创新训练	大豆种子携带根腐病菌的定量检测	刘天力	叶文武
	202010307010Z	创新训练	茶园生态遮阴对茶叶功能成分影响及其害虫种群发生和多样性研究	吕长宁	陈法军
	202010307011Z	创新训练	昆虫多肽类取食抑制剂的开发与应用	马俊宇	吴顺凡
园艺学院	202010307012Z	创新训练	提高葡萄杂交种子萌发率的最优处理方案筛选与鉴定	卢悦琴	王晨
	202010307013Z	创新训练	红色胡萝卜肉质根中番茄红素积累机理的初步研究	赵瑜涵	熊爱生
	202010307014Z	创新训练	文化景观遗产视角下桥梁与景观的融合研究——以京杭大运河苏州段为例	黎天伊	张清海
	202010307015Z	创新训练	人工补光对阴雨寡照设施黄瓜产量及品质的影响	张文晶	郭世荣
	202010307016Z	创新训练	忍冬（金银花）花发育进程的代谢组解析	苏煜楹	唐晓清
动物医学院	202010307017Z	创新训练	鲫鱼肠道乳酸菌来源的嗜水气单胞菌群体感应抑制剂的鉴定及抗菌特性分析	程泽凯	刘永杰
	202010307018Z	创新训练	刚地弓形虫 H2A1 纳米材料 DNA 疫苗的构建及对小鼠的免疫保护作用	刘昭懿	李祥瑞
	202010307019Z	创新训练	PRRSV NADC30 流行毒株 RT－PCR 检测方法的建立与应用	马舒啸	姜平
	202010307020Z	创新训练	基于计算机辅助技术的奶牛乳房炎致病菌大肠杆菌外膜蛋白 TolC 核酸适配体筛选	苗强强	苗晋锋
	202010307021Z	创新训练	等温扩增结合 CRISPR 技术检测牛冠状病毒	田陌童	潘子豪
	202010307022Z	创新训练	miR－144/451 簇作为猪卵泡闭锁的生物学标记和小分子抗氧化剂的可行性研究	陈芷希	李齐发
动物科技学院	202010307023Z	创新训练	鬼臼毒素对小鼠卵母细胞发育的影响及机制	卢平双	孙少琛
	202010307024Z	创新训练	细胞自噬相关通路 JAK2/STAT3 在山羊卵巢黄体形成与退化过程中的表达研究	梁丙坤	茆达干
	202010307025Z	创新训练	凝结芽孢杆菌-乳果糖合生元对 DSS 诱导的溃疡性结肠炎小鼠肠道健康的影响	黄桂青	姚文
	202010307026Z	创新训练	原花青素对仔猪断奶后早期背最长肌抗氧化能力与肌纤维类型的影响	金宏莉	王恬

（续）

学院名称	项目编号	项目类型	项目名称	主持人	指导教师
生命科学学院	202010307027Z	创新训练	硫化氢介导的硫巯基修饰在灵芝酸生物合成中的调控机制研究	董江晗	任昂
	202010307028Z	创新训练	镉毒生境中生物炭阻遏芸薹属蔬菜镉累积的机理解析及应用	张甲豪	夏妍
	202010307029Z	创新训练	水稻剪接因子 SRL3 在响应营养逆境中的功能初探	郑奕彤	郑录庆
	202010307030Z	创新训练	碳酸盐矿化细菌在修复铅污染土壤中的作用与机制研究	王倩瑜	盛下放
	202010307031Z	创新训练	利用 CRISRP 方法构建拟南芥去甲基化酶 ros1 dml2 dml3 dme 四突变体	周垚	腊红桂
	202010307032Z	创新训练	基于菌群代谢模型的除草剂 2,4-滴丙酸降解菌群代谢互作研究	赵子极	徐希辉
资源与环境科学学院	202010307033Z	创新训练	不同改良措施对土壤环境质量的影响——以南农大白马基地为例	曾凡美	郑聚锋
	202010307034Z	创新训练	卟啉锰仿生材料在土壤有机物污染修复中的应用	苑书建	高娟
	202010307035Z	创新训练	微塑料对抗生素抗性基因迁移转化的影响	李泽楷	高彦征
	202010307036Z	创新训练	不同功能群的线虫的相互作用对盐碱地土壤养分的影响	谢雨洁	李辉信 李滕
	202010307037Z	创新训练	畜禽有机肥氮素生物转化与促效机制	李雪琪	郭世伟 凌宁
	202010307038Z	创新训练	嗜酸性硫杆菌在厌氧消化污泥重金属去除中的作用	文嘉琪	方迪
	202010307039Z	创新训练	植物根系构型的原位检测方法的建立	宋青林	宣伟
食品科技学院	202010307040Z	创新训练	发酵剂对牛肉发酵香肠品质及多肽抗氧化活性影响	王秀丽	孙健
	202010307041Z	创新训练	超声波辅助腌制对羊肉品质的影响研究	余敏慧	张万刚
	202010307042Z	创新训练	NO 和 Ca^{2+} 介导 UV-B 胁迫下大豆芽菜异黄酮富集研究	王尧	顾振新
	202010307043Z	创新训练	茶叶中甲基化儿茶素对葡聚糖硫酸钠引起的急性结肠炎的抑制作用研究	肖可牧	曾晓雄
公共管理学院	202010307044Z	创新训练	工业用地弹性出让政策对用地效率的影响及理论机制探究——以江苏省苏州市为例	陈秋伊	刘向南
	202010307045Z	创新训练	工业用地复合利用的理论逻辑与现实路径——基于苏州工业园区实证分析	孔维龙	石晓平

（续）

学院名称	项目编号	项目类型	项目名称	主持人	指导教师
公共管理学院	202010307046Z	创新训练	农村集体经营性建设用地入市改革的基本共识与关键分歧——基于 33 个试点地区政策的比较研究与社会调查	曾丹盈	姜 海
	202010307047Z	创新训练	稳就业背景下流动人口就业能力提升研究——基于江苏无锡、安徽滁州和江苏南通的调查	盛益健	谢 勇
	202010307048Z	创新训练	乡村振兴背景下农村宅基地和农房利用效率提升研究——基于苏南、苏中、苏北的考察	徐梓畅	郭贯成
	202010307049Z	创新训练	土地二级市场对城市建设用地配置的影响机制及效率改善研究——以江苏省南京市为例	赵伊琳	吴 群
	202010307050Z	创新训练	多源大数据支持下基于人才偏好选择的南京市定向公共租赁房选址研究	孙珂瑶	郭 杰
	202010307051Z	创新训练	生态补偿对农户生态保护行为影响机制研究——以天目湖流域为例	刘文婷	欧名豪
经济管理学院	202010307052Z	创新训练	"保险＋期货"模式下农户生产要素投入行为研究——基于农户道德风险视角	章筱淳	易福金
	202010307053Z	创新训练	绿色存折制度实施及其对农户垃圾分类行为的影响研究	郭心怡	徐志刚
	202010307054Z	创新训练	沈阳市稻米产业链组织体系与利益机制研究——基于辽粮集团水稻生产基地的调查	陈 蕾	应瑞瑶
	202010307055Z	创新训练	跨境物流行业发展对中国-东盟水果进出口的影响	袁媛森	耿献辉
	202010307056Z	创新训练	新型农村社区建设下集中居住对老年人口健康状况的影响	王馨儿	林光华
	202010307057Z	创新训练	市场采购贸易方式下对小商品企业出口行为的分析——基于常熟、温州两地试点的研究	陈 林	吴蓓蓓
人文与社会发展学院	202010307058Z	创新训练	乡村振兴背景下农村公共文化空间再造研究	陈 扬	戚晓明
	202010307059Z	创新训练	景区游客对旅游垃圾分类投放的意愿与行为研究——以南京市夫子庙景区为例	徐星星	崔 峰
理学院	202010307060Z	创新训练	基于多样性导向的多组分一锅法合成 Pimprinine 衍生物及其杀菌活性研究	宋子龙	张明智
	202010307061Z	创新训练	(S)-异丙甲草胺及其衍生物的新型手性合成方法	陈逸波	高振博
	202010307062Z	创新训练	由 Euclidean Lie 代数构造 Poisson 代数	郑斯航	张良云

（续）

学院名称	项目编号	项目类型	项目名称	主持人	指导教师
信息管理学院	202010307063Z	创新训练	基于光谱参数的水稻秸秆养分含量估测系统的设计与研究	贾闵皓	朱淑鑫
	202010307064Z	创新训练	动物食品安全事件知识库构建及知识挖掘研究	汪 磊	王东波
	202010307065Z	创新训练	基于 mini 无人机与 YOLOv3 改进算法的大豆出苗率自动测量系统	雷罗子杰	姜海燕
	202010307066Z	创新训练	学术观点标注平台构建与文本特征分析	黄雨馨	桂思思 茆意宏
外国语学院	202010307067Z	创新训练	文本类型视阈下的对外传播英语新闻标题翻译研究	解欣然	王银泉
	202010307068Z	创新训练	外语通识教育核心课程满意度调查及其课程建设研究——以南京农业大学为例	郝晓华	钱叶萍
	202010307069Z	创新训练	博物馆文本英译的多维度研究——以南京博物院为例	蓝健闻	曹新宇
工学院	202010307070Z	创新训练	电黏附式仿生农业机器人抓手结构设计与无损抓取控制	赖 霜	张保华
	202010307071Z	创新训练	高产脂肪酶微生物筛选及生物柴油生物反应器制备的研究	李成龙	方 真
	202010307072Z	创新训练	移动式双臂协作蘑菇采摘机器人智能控制技术研究	李璋浔	蹇兴亮
	202010307073Z	创新训练	基于迁移学习的母猪分娩预警系统的设计与实现	周 杰	刘龙申
	202010307074Z	创新训练	喷砂处理后电沉积制备 Ni-P 合金镀层与电化学腐蚀行为研究	田 婷	康 敏
	202010307075Z	创新训练	"农-宅"直销模式下基于成熟度的水蜜桃采摘与配送联合优化研究	杨红雨	江亿平
	202010307076Z	创新训练	基于植物纤维和 PLA 全降解餐具材料制备及应用性能分析	张轩豪	何春霞
	202010307077Z	创新训练	基于多区域协调模式下的大型农机调度优化研究	文 丽	马开平 江亿平
	202010307078Z	创新训练	碳化温度对园林生物质废料生物炭性能的影响	钟炳林	李坤权
	202010307079Z	创新训练	仿生蚯蚓根系表型检测机器人研制	胡佳豪	卢 伟
	202010307080Z	创新训练	纳米颗粒改性聚乳酸复合材料制备及性能研究	陆鑫禹	路 琴
	202010307081Z	创新训练	面向散户订单的区域收割机配置与路径优化	陈小雨	汪浩祥
	202010307082Z	创新训练	自动变速箱湿式多片离合器的设计与试验分析	强文慧	鲁植雄

（续）

学院名称	项目编号	项目类型	项目名称	主持人	指导教师
草业学院	202010307083Z	创新训练	镉影响多花黑麦草光合作用的机理探索	孙琳杰	沈益新
金融学院	202010307084Z	创新训练	"互联网＋农业产业链"融资对农户收入的影响——以江苏宝应县"田田圈"为例	周小敏	王翌秋
	202010307085Z	创新训练	环境会计信息披露能提升企业价值吗？——以我国农业上市公司为例	王艾婧	张娆
	202010307086Z	创新训练	环保约谈对企业环保投资的影响研究	施雨	汤颖梅
	202010307087Z	创新训练	上市公司商誉减值影响因素研究——基于沪、深两市A股传媒娱乐业的实证证据	周睿思	吴虹雁
	202010307088Z	创新训练	家庭金融素养对消费信贷行为选择的影响——基于江苏省南京市调查研究	陈席远	惠莉
	202010307089Z	创新训练	金融支持对农户创业的影响——基于正规金融与非正规金融的比较	汤盈盈	董晓林
	202010307090Z	创新训练	数字金融视角下农户金融能力对融资行为的影响研究——以江苏连云港市为例	居雨昂	周月书
植物保护学院	202010307171E	创业训练	瓜稻虾菇有机种植体系	尚彬彬	郭坚华 汪越
园艺学院	202010307172E	创业训练	基于现代消费理念的云几茶馆特色茶食品开发	李瑞阳	朱旭君
动物医学院	202010307173E	创业训练	森信达：非洲猪瘟快速检测创造者，为万物健康保驾护航	江亦金	刘斐 金洁南
草业学院	202010307174E	创业训练	"后花园时代"创意微型景观	李文	徐彬 武昕宇
动物医学院	202010307187K	创业实践	欧贝威——汇集草本精华，护航宠物健康	胡聪	王德云 熊富强
食品科技学院	202010307188K	创业实践	基于pH变化的食用油新鲜度方便灵捷检测专利产品的商业化运作	常乐	韩永斌 邵士昌
经济管理学院	202010307189K	创业实践	申诺青：开拓宠物第三方检测服务的一片青空	申屠湘洁	夏敏 严超
人文与社会发展学院	202010307190K	创业实践	黔心助农——双线共推助力贵州麻江脱贫致富	魏泽昊	陈巍 郑华伟
工学院	202010307191K	创业实践	基于多目高清视觉技术和深度学习的工业烟雾定位分析系统	韩璐	邹修国 梅志蓉
金融学院	202010307192K	创业实践	南京泛在农业科技有限公司	曹惠姿	蓝菁 魏威岗

附录 2 江苏省大学生创新创业训练计划立项项目一览表

学院	项目编号	项目类型	项目名称	主持人	指导教师
农学院	202010307091Y	创新训练	一个棉花 m6A 甲基化酶基因 GhVIR1 在盐胁迫下的功能鉴定	张 梓	张大勇
	202010307092Y	创新训练	水稻抽穗期调节因子 DTH7 互作蛋白的筛选与功能研究	宋雨航	周时荣
	202010307093Y	创新训练	染色质重塑蛋白 OsCHR11 参与调控水稻叶枯病抗性的分子机制研究	韩佳彤	邹保红
	202010307094Y	创新训练	MLO 基因编辑大豆对白粉病抗性研究	牛宇星	赵团结
	202010307095Y	创新训练	大豆 GmBBX21 调控光周期开花分子机理研究	黄艳霞	许冬清
	202010307096Y	创新训练	增密减氮措施下小麦冠层光分布及氮流动态特征研究	乔立源	刘小军
植物保护学院	202010307097Y	创新训练	溴虫氟苯双酰胺对斜纹夜蛾的致死和亚致死效应研究	刘怀宇	赵春青
	202010307098Y	创新训练	不同寡雄腐霉菌株诱导大豆抗性及防治大豆根腐病的效果评估	张欢欣	景茂峰 窦道龙
园艺学院	202010307099Y	创新训练	环境因子对瓶子草叶色及理化指标的影响	任玥澎	房伟民
	202010307100Y	创新训练	多肽调控葡萄果实生长发育的生理及分子机理	詹哲栋	贾海锋
	202010307101Y	创新训练	杀虫抑菌控草药用植物资源梳理及资源圃初步建设	张颢骞	朱再标
	202010307102Y	创新训练	甜瓜气雾培装置开发及其栽培营养液配方研究	周诗博	束 胜
	202010307103Y	创新训练	乡村振兴背景下乡村景观的艺术化存在模式研究——以乡伴苏家文创小镇等为例	顾悠然	韩凝玉
	202010307104Y	创新训练	大数据视角下微气候对公众公园游赏行为的影响	张好雨	张明娟
动物医学院	202010307105Y	创新训练	PEDV 对猪肠黏膜屏障的损伤机制与猪源罗伊式乳杆菌 D8 维护猪肠黏膜结构的调控机理	石杪蕳	庾庆华
	202010307106Y	创新训练	致奶牛乳房炎病原菌Ⅵ型分泌系统潜在效应子鉴定	夏幔跃	姚火春
	202010307107Y	创新训练	一种以印楝素为原料的防治宠物体表寄生虫的生物药剂的开发和应用研究	闵 敏	江善祥
	202010307108Y	创新训练	非洲猪瘟病毒间接 ELISA 抗体检测方法的建立及应用	刘绪文	白 娟
	202010307109Y	创新训练	鸭圆环病毒样颗粒抗原的设计与表达	李靖红	曹瑞兵
	202010307110Y	创新训练	光谱型禽流感抗体的研制及其防控病毒感染效果评价	刘欣然	平继辉

（续）

学院	项目编号	项目类型	项目名称	主持人	指导教师
动物科技学院	202010307111Y	创新训练	菌酶发酵大豆皮及其营养价值的研究	曹新华	杭苏琴
	202010307112Y	创新训练	基于蛋白组学技术研究西荷杂交牛肌肉发育差异蛋白	蔡艳丽	李惠侠
	202010307113Y	创新训练	奶牛临床与亚临床酮病预警指标的筛选与鉴定	罗佳智	蔡亚非
生命科学学院	202010307114Y	创新训练	Vps4 缺失菌株中 microdomain 的变化与升高的脂滴自噬之间的关系	马瀚宇	梁永恒
	202010307115Y	创新训练	基于分子对接的麻杏石甘汤治疗新冠肺炎的药理分析	夏江龙	郭晶晶
	202010307116Y	创新训练	水稻 MYB80 转录因子与 pGao 启动子的互作分析	陈丽婷	刘 峰
	202010307117Y	创新训练	产链孢红素枯草芽孢杆菌调控家禽黏膜免疫的分子机制研究	卢一平	林 建
	202010307118Y	创新训练	多肉植物黑腐病病原菌鉴定及生防菌分离	王宇旸	闫 新
	202010307119Y	创新训练	植物 β-1,6-葡聚糖酶的分离鉴定及其对稻瘟病菌生防机制的研究	石国龙	黄 彦
资源与环境科学学院	202010307120Y	创新训练	喀斯特地区岩性对土壤团聚体组成及其稳定性的影响	吴闻澳	程 琨
	202010307121Y	创新训练	植物多样性维持的植物-土壤反馈机制	张奕玮	郭 辉
	202010307122Y	创新训练	水稻根系构型对矿质养分以及重金属离子吸收的影响	陶祎敏	赵方杰
食品科技学院	202010307123Y	创新训练	谷氨酰胺转氨酶应用于 3D 打印鸡肉肉糜凝胶中的适应性研究	贺美美	徐幸莲
	202010307124Y	创新训练	富含花青素的黑糯玉米汁的研究与开发	于铭心	赵立艳
	202010307125Y	创新训练	低温等离子体处理对呕吐毒素的降解效果	陈露语	严文静
	202010307126Y	创新训练	一种新型瘦身香肠的研制及功能性检测	朱晶靓	唐长波
公共管理学院	202010307127Y	创新训练	随迁儿童教育获得及公共政策研究——以江苏南京、苏州两地为例	张明慧	陆万军
	202010307128Y	创新训练	"三权分置"下林地产权的配置机制：基于林地经济与生态功能的协调	王清华	马贤磊
	202010307129Y	创新训练	基于农民视角的集体经营性建设用地入市增值收益分配的现状、满意度、改进机制研究——以江苏省为例	陆裔娜	冯淑怡
	202010307130Y	创新训练	集体经营性建设用地出让改革中农民土地财产权益实现的关键影响因素及其作用机制研究	郭锦涛	刘向南
	202010307131Y	创新训练	基于政策网络分析的福建省城乡建设用地增减挂钩政策收益分配研究	汤 凌	郭忠兴
	202010307132Y	创新训练	流动老人的养老状况及其影响因素研究——以南京市为例	薛雅方	谢 勇

（续）

学院	项目编号	项目类型	项目名称	主持人	指导教师
经济管理学院	202010307133Y	创新训练	新冠肺炎疫情下基于新型自媒体平台的消费者对农特产品的接受意愿研究	白芸梦	胡家香
	202010307134Y	创新训练	农户气候智慧型农业采纳意愿及其影响因素研究——基于安徽省怀远县的农户调研	何予涵	周 力
	202010307135Y	创新训练	一二三产业融合程度对于农民专业合作社成员增收的影响——以溧阳市白茶产业为例	陈梓琪	何 军
	202010307136Y	创新训练	种粮农户测土配方精准施肥技术采用及其对化肥施用减量的影响	金敏杰	徐志刚
	202010307137Y	创新训练	城乡居民基本医疗保险制度对农村居民健康及消费的影响——以南京市农村地区为例	吴小燕	刘 华
	202010307138Y	创新训练	食品国际生态标签的消费者支付意愿与购买行为研究——以 ASC 认证为例	龚 艺	周 力
人文与社会发展学院	202010307139Y	创新训练	稻虾共作模式农户采纳意愿及采纳行为决策影响因素分析——以江苏省为例	王澳雪	朱利群
	202010307140Y	创新训练	农业文化遗产保护的社会参与和利益分享机制研究——以江苏兴化垛田为例	续文刚	季中扬
	202010307141Y	创新训练	高标准农田建设农户有效参与及影响因素研究	赛伊真	郑华伟
理学院	202010307142Y	创新训练	钴钇双金属氧化物活化 PMS 降解有机砷及吸附次生无机砷的研究	时丰硕	兰叶青
	202010307143Y	创新训练	可见光诱导的硼/膦受阻路易斯酸碱对促进的 C-F/C-H 键的交叉偶联反应性能的研究	邹长宏	邓红平
	202010307144Y	创新训练	带有 Ermakov 结构的非线性方程解的研究	周铋洺	安红利
信息管理学院	202010307145Y	创新训练	基于知识图谱的谷类作物病虫害问答系统	李鸿洁	梁敬东
	202010307146Y	创新训练	基于多视角的植物三维重建方法	钟佳晨	伍艳莲
	202010307147Y	创新训练	基于深度学习的典籍引书关系抽取	布文茹	刘 浏 彭爱东
	202010307148Y	创新训练	关联思维导图的个性化题库	刘汇贤	赵 力
外国语学院	202010307149Y	创新训练	文本类 RPG 游戏对大学生英语词汇附带习得有效性研究	李 逸	贾 雯
	202010307150Y	创新训练	翻译目的论视角下江苏菜的英译研究	李思晴	李 平
	202010307151Y	创新训练	"一带一路"背景下沿线六国外语教育规划研究与启示	鲍 昕	裴正薇

（续）

学院	项目编号	项目类型	项目名称	主持人	指导教师
工学院	202010307152Y	创新训练	基于离散元法的小麦秸秆-刀具系统旋耕性能分析与优化	雍浩楠	郑恩来
	202010307153Y	创新训练	基于符号回归的谷物产量和化肥用量关系研究	胡梦洁	张冬青
	202010307154Y	创新训练	激光加工不锈钢表面扫描电沉积制备 Ni - P -ZrO$_2$ 镀层的试验设计与工艺研究	曹红兵	傅秀清
	202010307155Y	创新训练	基于人机工程学的拖拉机悬梯安全性与舒适性 BOB 仿生分析研究	王炳洪	杨 飞
	202010307156Y	创新训练	基于深度学习的玉米籽粒品质检测系统	李 楠	钱 燕
	202010307157Y	创新训练	基于 THz 光谱的叶菜及生长土壤中重金属积累效应检测	何林轩	罗 慧
	202010307158Y	创新训练	基于机器视觉技术的淡水鱼种类识别与重量估测研究	万啸栋	孙玉文
	202010307159Y	创新训练	既有建筑热环境舒适度模拟及节能优化分析	王文韬	赵吉坤
	202010307160Y	创新训练	PPP 模式下土地整理项目绩效评估研究	周于皓	韩美贵
	202010307161Y	创新训练	稻茬麦小区精密播种机的设计	朱承天	丁启朔
	202010307162Y	创新训练	履带自走式大蒜联合收获机的研制	傅杰一	李 骅
	202010307163Y	创新训练	微型车永磁同步扁线电机方案与关键参数设计	郭至鑫	邱 威
草业学院	202010307164Y	创新训练	狗牙根建坪初期杂草防除技术研究	白 缘	李志华
	202010307165Y	创新训练	海滨雀稗中一个 E3 泛素化连接酶 PvCH-YR1 的耐镉功能分析	陈 辰	陈 煜
金融学院	202010307166Y	创新训练	正规信贷约束对种粮大户收入的影响——基于黑龙江省的调研数据	吴卓航	高名姿
	202010307167Y	创新训练	数字信贷对农户生产和消费的影响比较研究——以浙江杭州为例	金佳怡	张龙耀
	202010307168Y	创新训练	甘肃省种养产业综合保险试点模式及运行绩效的研究	邵小蔚	黄惠春
	202010307169Y	创新训练	银保互动缓解新型农业经营主体融资困难了吗——以山东省潍坊市贷款保证保险试点为例	赵益琦	刘 丹
	202010307170Y	创新训练	完全成本保险对农户及新型农业经营主体收入的影响——以山东省肥城市与安徽省马鞍山市为例	齐晓雪	林乐芬
农学院	202010307175T	创业训练	水稻机插缓混肥的推广	董 钊	李刚华
植物保护学院	202010307176T	创业训练	"e植"植物医院	张 璀	叶永浩 张 聪

（续）

学院	项目编号	项目类型	项目名称	主持人	指导教师
园艺学院	202010307177T	创业训练	紫色蔬菜智能化生产关键系统——篮农云控	祖铭一	宋俊峰
	202010307178T	创业训练	葡萄转色肥生物标记专用检测试剂盒的开发	毛怡馨	王 晨
生命科学学院	202010307179T	创业训练	防治尖孢镰刀菌的昆虫病原线虫共生菌菌剂的研发	朱星宇	张克云
资源与环境科学学院	202010307180T	创业训练	一种新型重金属生物吸附装置的商业化开发	傅鸿宣	葛 滢
	202010307181T	创业训练	基于多光谱无人机的水稻生长监测	邹薪韵	李兆富
人文与社会发展学院	202010307182T	创业训练	人工智能在司法实践中的运用——法院案件分级系统的设计与开发	杜宇珠	周中建
理学院	202010307183T	创业训练	构建多酸基 MOFs 材料及其锂电池组装研发与应用	郑超艺	吴 华
信息管理学院	202010307184T	创业训练	智慧校园管理系统	徐银红	顾兴健 舒 欣
	202010307185T	创业训练	农作物采摘机器人的视觉系统设计与实现	赵 杨	谢元澄 蔡爱军
工学院	202010307186T	创业训练	基于 LoRa 技术和深度学习的空气质量检测系统	陈悦洁	陆静霞
农学院	202010307193P	创业实践	智能灌溉物联网装备推广	杨以清	倪 军
园艺学院	202010307194P	创业实践	基于电商直播的园艺产品销售模式创新研究	杨一名	吴巨友
	202010307195P	创业实践	基于现代消费理念的生态健康特色茶饮品开发与创新	何林彤	房婉萍
食品科技学院	202010307196P	创业实践	益生菌制剂开发与产业化应用推广	赵宇晴	陈晓红 岭 南
信息管理学院	202010307197P	创业实践	基于反卷积引导的植物叶部病害识别及病斑识别系统	曾 凡	任守纲 张立智
	202010307198P	创业实践	基于机器学习的涉农短评论情感倾向分析技术的推广应用	张欣然	胡 滨 孙 涵

附录 3　大学生创客空间在园创业项目一览表

序号	项目名称	项目类别	入驻地点	负责人	专业	学历
1	南农易农	A 农林畜牧＋C 互联网	牌楼基地大学生创客空间	马行聪	农业资源与环境专业	2017 级本科
2	微型耐阴荷花产品与服务的商业推广	A 农林畜牧	牌楼基地大学生创客空间	陈明菲	园艺	2018 级硕士
3	Mr.M 实用英语	P 教育	牌楼基地大学生创客空间	罗丞栋	园艺	2015 届硕士

（续）

序号	项目名称	项目类别	入驻地点	负责人	专业	学历
4	基于移动互联网的"无人农场"解决方案	A 农林畜牧＋C 互联网	牌楼基地大学生创客空间	朱建祥	农业机械化	2017 届硕士
5	中药类宠物医药保健品	农林、畜牧相关产品	牌楼基地大学生创客空间	刘振广	临床兽医学	2015 级博士
6	宠物第三方检测服务	生物技术、农业畜牧	牌楼基地大学生创客空间	寇程坤	生物工程	2015 届硕士
7	篮农云柜	农林畜牧＋互联网	牌楼基地大学生创客空间	马赞宇	人力资源管理	2017 级本科
8	水质生物检测和健康评价	环境监测、技术咨询、服务	牌楼基地大学生创客空间	秦春燕	农业昆虫与害虫防治	2017 级博士
9	欣家文旅	服务类	牌楼基地大学生创客空间	张宇欣	数学	2018 级硕士
10	牛至草类产品（爱牛至创业团队）	生物技术、农业畜牧	牌楼基地大学生创客空间	王怡超	农艺与种业	2018 级硕士
11	数字化-大学来了	科技教育＋互联网	牌楼基地大学生创客空间	张启飞	科学技术哲学	2020 届硕士
12	磁珠法核酸提取试剂盒项目	生物技术	牌楼基地大学生创客空间	林子博	农林经济管理	2018 级本科
13	森信达：非洲猪瘟快速检测创造者，为万物健康保驾护航	农林畜牧＋互联网	牌楼基地大学生创客空间	康文杰	基础兽医学	2019 届硕士
14	梅之青语	农林、畜牧相关产品	卫岗创客空间	郁仕哲	园艺	2018 级本科
15	朴麦文化	文化创意	卫岗创客空间	陈翔宇	金融	2016 届本科
16	南农信语文创工作室	A 农林畜牧	卫岗创客空间	高钲媛	农业资源与环境	2017 级本科
17	棚友科技	A 农林畜牧＋C 互联网	卫岗创客空间	朱琪瑶	农业电气化	2017 级本科
18	超客三维工作室	新材料	卫岗创客空间	唐伟	数学	2020 级硕士
19	中央厨房	互联网＋农业	卫岗创客空间	李世超	食品加工与安全	2019 级硕士
20	哈哈鲜花	文化创意	卫岗创客空间	江瀛	动物医学	2019 级本科
21	阿暖	服务类	卫岗创客空间	李文	草业科学	2018 级本科
22	优园美地有限责任公司	农林、畜牧相关产品	卫岗创客空间	韩庆远	设施农业科学与工程	2017 级本科
23	蝶梦金陵	生物技术＋互联网＋服务类	卫岗创客空间	邹欣芮	植物保护	2018 级本科

（续）

序号	项目名称	项目类别	入驻地点	负责人	专业	学历
24	导电金刚石薄膜（BDD）净水项目	生物技术＋互联网＋服务类	卫岗创客空间	周子斌	应用化学	2019 级本科
25	"龟梦想"爬宠乐园	农林畜牧＋互联网	卫岗创客空间	崔雷鸿	动物科学	2015 届本科
26	南京朴侬生态产品服务平台	农林畜牧＋互联网	卫岗创客空间	刘奂岑	园林	2017 级本科
27	道纪若水经济规划咨询工作室	农林畜牧＋互联网	卫岗创客空间	李玲秀	农业经济管理	2015 届本科
28	绛引珠——一款食用油新鲜度可持续检测产品	新材料＋互联网	卫岗创客空间	杨子懿	食品科学与工程	2020 级硕士
29	电商助力高原藏区脱贫致富	农林畜牧＋保健养身品＋互联网	卫岗创客空间	嘎松丁多	人文地理与城乡规划	2017 级本科
30	瓜稻虾菇有机种植体系	农业畜牧	卫岗创客空间	程 旭	资源利用与植物保护	2018 级硕士
31	南京摆渡人网络信息技术有限公司	互联网	卫岗创客空间	袁孝林	物流工程	2017 级本科
32	心田工坊	文化创意服务类	卫岗创客空间	李晗泚	表演	2017 级本科
33	像素小景——拼接式创意景观	农业畜牧＋互联网	卫岗创客空间	宋俊龙	农艺与种业	2019 级硕士
34	青提研习社	线下线上旅游活动＋就业实习考研等教育行业	卫岗创客空间	李嘉祺	中药	2019 级本科
35	绿信恒迅	社会服务＋互联网	卫岗创客空间	周小敏	金融	2018 级本科
36	木木速跑	互联网＋服务	卫岗创客空间	王 委	生命技术	2016 届本科
37	校内 e 健通高校服务平台	互联网＋	卫岗创客空间	杨盛琪	信息管理与信息系统	2015 届本科
38	艺考生 PLUS 艺考生一站式交流服务平台	教育培训	卫岗创客空间	李 全	表演	2018 届本科

附录4 大学生创客空间创新创业导师库名单一览表

序号	姓名	所在单位	职务	校内/校外
1	王中有	南京全给净化股份有限公司	总经理	校外
2	卞旭东	江苏省高投（毅达资本）	投资总监	校外

（续）

序号	姓名	所在单位	职务	校内/校外
3	石风春	南京艾贝尔宠物有限公司		校外
4	刘士坤	江苏天哲律师事务所	合伙人	校外
5	刘国宁	南京大学智能制造软件新技术研究院	运营总监	校外
6	刘海萍	江苏品舟资产管理有限公司	总经理	校外
7	闫希军	天士力集团	董事长	校外
8	许朗	南京农业大学经济管理学院	教授	校内
9	许明丰	无锡好时来果品科技有限公司	总经理	校外
10	许超逸	深圳市小牛投资管理有限公司	总经理	校外
11	孙仁和	华普亿方集团圆桌企管	总经理	校外
12	吴思雨	南京昌麟资产管理管理有限公司	董事长	校外
13	吴培均	北京科为博生物集团	董事长	校外
14	何卫星	靖江蜂芸蜜蜂饲料股份有限公司	总经理	校外
15	余德贵	南京农业大学人文与社会发展学院	副教授	校内
16	张庆波	南京微届分水生物技术有限公司	董事长	校外
17	张健权	南京方途企业管理咨询有限公司	总经理	校外
18	陈军华	上海闽泰环境卫生服务有限公司		校外
19	周应堂	南京农业大学发展规划处	副处长	校内
20	胡亚军	南京乐咨企业管理咨询有限公司	总经理	校外
21	段哲	求精集团	董事长	校外
22	姚锁平	江苏山水环境建设集团	董事长	校外
23	徐善金	南京东晨鸽业股份有限公司	总经理	校外
24	高海东	南京集思慧远生物科技有限公司	总经理	校外
25	黄乃泰	安徽省连丰种业有限责任公司		校外
26	曹林	南京诺唯赞生物技术有限公司	董事长	校外
27	葛胜	南京大士茶亭总经理		校外
28	葛磊	上海合汇合管理咨询有限公司	副总经理	校外
29	童楚格	南京美狐家网络科技有限公司	总经理	校外
30	缪丹	康柏思企业管理咨询（上海）有限公司	创始合伙人、高级培训师	校外
31	吴玉峰	南京农业大学农学院	教师	校内
32	徐晓杰	江苏（武进）水稻研究所	所长	校外
33	郭坚华	南京农业大学植物保护学院	教师	校内
34	杨兴明	南京农业大学资源与环境科学学院	推广研究员	校内
35	钱春桃	南京农业大学常熟新农村发展研究院	研究员、常务副院长、总经理	校外
36	王储	南京青藤农业科技有限公司	总经理	校外
37	黄瑞华	南京农业大学动物科技学院	淮安研究院院长	校内
38	张创贵	上海禾丰饲料有限公司	总经理	校外

（续）

序号	姓名	所在单位	职务	校内/校外
39	张利德	苏州市未来水产养殖场	场长	校外
40	刘国锋	中国水产科学研究院淡水渔业研究中心暨南京农业大学无锡渔业学院	副研究员	校外
41	黄 明	南京农业大学食品科技学院	教师	校内
42	李祥全	深圳市蓝凌软件股份有限公司	副总经理	校外
43	任 妮	江苏省农业科学院	信息服务中心副主任	校外
44	马贤磊	南京农业大学公共管理学院	教师	校内
45	刘吉军	江苏省东图城乡规划设计有限公司	董事长	校外
46	李德臣	南京市秦淮区朝天宫办事处	市民服务中心副主任	校外
47	吴 磊	南京农业大学理学院	副院长	校内
48	周永清	南京农业大学工学院	教师	校内
49	曾凡功	南京风船云聚信息技术有限公司	总经理	校外
50	单 杰	江苏省舜禹信息技术有限公司	总经理	校外
51	任德箴	南京市鼓楼区科技中心	副主任	校外
52	樊国民	英泰力资本、江苏诺法律师事务所	创始人	校外
53	连文杰	江苏创业者服务集团有限公司	董事长	校外
54	文 能	南京能创孵化器管理有限公司	总经理	校外
55	王 璟	高瞻咨询	董事长	校外
56	丁玉娟	南京中青汇企业管理有限公司	财务经理	校外
57	姜鹏飞	南京紫金科技创业投资有限公司	投资总监	校外
58	韩 晗	南京东南汇金融服务有限公司	投资总监	校外
59	刘 轶	南京兆峰文化传播有限公司	总监	校外
60	黄 轩	南京欣木防水工程有限公司	董事长	校外
61	仲祎东	中北联合集团	董事长	校外
62	崔中利	南京农业大学生命科学学院	教授	校内
63	陈 巍	南京农业大学新农村发展研究院	常务副院长	校内
64	陈良忠	南京本兆和农业科技有限公司	经理	校外
65	顾剑秀	南京农业大学公共管理学院	讲师	校内
66	刘 洋	齐鲁银行	营销部主任	校外
67	王德云	南京农业大学动物医学院	教授	校内
68	胡春梅	南京农业大学园艺学院	副教授	校内
69	侯喜林	南京农业大学园艺学院	教授	校内
70	高志红	南京农业大学园艺学院	教授	校内
71	陈龙云	南京市龙力佳发展有限公司	总经理	校外
72	王备新	南京农业大学植物保护学院	教授	校内

（续）

序号	姓名	所在单位	职务	校内/校外
73	李艳丹	南京农业大学植物保护学院	讲师	校内
74	娄群峰	南京农业大学园艺学院	教授	校内
75	李 真	南京农业大学资源与环境科学学院	教授	校内
76	陈 宇	南京农业大学园艺学院	副教授	校内
77	周建鹏	南京农业大学就业指导中心	副科长	校内
78	张春永	南京农业大学理学院	副教授	校内
79	金 梅	南京农业大学农学院	实验师	校内
80	刘国峰	中国水产科学研究院淡水渔业研究中心	副研究员	校外
81	胡 燕	南京农业大学教务处	副处长	校内
82	汪小昷	南京农业大学工学院	教授	校内
83	谈才双	华普亿方集团培训总监	总监	校外
84	黄 海	服务于百事可乐、摩托罗拉等公司	生涯规划师（CCP）	校外

附录5 "三创"学堂活动一览表

序号	主题	主讲嘉宾	嘉宾简介
1	2020电商流量格局分析	宋立铨	淘宝大学认证讲师、淘宝大学最高奖项"春蚕丝雨奖"获得者、2015—2019年"双11"天猫官方复盘分享会商家，曾在世界500强公司任销售经理
2	我眼中的硅谷·斯坦福·创业	罗承栋	南京农业大学园艺学院2017届毕业研究生、加利福尼亚大学戴维斯分校WIFSS高级翻译
3	多渠道的推广模式	刘 轶	同渡传媒运营总监、"赢在南京""ican"等多个创业大赛评委、2019年国家级优秀创业园评比评委、南京市人力资源和社会保障局大学生创业导师
4	创业公司合规管理	刘士坤	江苏天哲律师事务所管理合伙人、上市公司独立董事
5	欧贝威的成长之路	朱少武	南京农业大学中兽医在读博士
6	商业项目计划书的撰写	谈才双	华普亿方集团江浙沪培训总监、华普赢之道职业培训学校执行校长
7	创业者活好的底层逻辑	胡亚军	江苏省MBA企业家联谊会秘书长、南京市青年联合会教育界别副主任、樊登读书会江苏华章分会会长
8	企业知识产权管理与资金申请	窦贤宇	南京拓普知识产权代理有限公司总经理，具有10年专利代理从业经验
9	宠物第三方检测的市场推广+	寇程坤	南京农业大学2017届微生物学硕士毕业生、南京申诺青生物科技有限公司创始人
10	梦想和野心成就核心竞争力	张宇欣	南京农业大学2018级数学专业在读硕士、欣家民宿项目创始人
11	品牌故事和口碑传播	张晓丽	中国传媒大学南广学院讲师、南京番茄娱乐传媒联合创始人

（续）

序号	主题	主讲嘉宾	嘉宾简介
12	南京市青年大学生创业政策讲解	邱 添	南京市玄武区劳动就业管理中心科员，连续8年负责玄武区大学生创业服务工作
13	产业生态圈的选择与构建	强天宇	南京农业大学生命科学学院2017届本科毕业生，南京碧山青花卉园艺有限公司、安徽涂啸生态科技有限公司创始人
14	新冠肺炎疫情影响下农业创业项目如何转"危"为"机"	余德贵	南京农业大学人文与社会发展学院、副教授、系主任，电商经营、农业物联网、电子信息技术指导专家
15	后疫情时代少儿教培行业创业者说	相九州	兰博文体育创始人、小马来了儿童运动馆品牌创始人、江苏省篮协副秘书长
16	行走"江湖"博思科环境的环保创业路	秦春燕	南京农业大学植物保护学院2017级博士研究生、法国国家农业食品与环境研究所（INRAE）联合培养博士、南京博思科环境科技有限公司创始人
17	2020年大学生创客空间入驻路演活动	路演团队	路演人员为本次申报入孵的团队负责人
18	大学来了是如何走出来的	张启飞	南京农业大学2020届科学技术哲学硕士毕业生、大学生创客空间入驻项目"大学来了"创始人
19	大学生创新创业启蒙训练营	谈才双等	华普亿方集团江浙沪培训总监、华普赢之道职业培训学校执行校长

附录6 创新创业获奖统计（省部级以上）

序号	竞赛名称	奖项	级别	获奖人员	颁奖单位
1	2020年国际基因工程机械设计大赛（iGEM）	银奖	国际级	石国龙、曹臻、范丽郡、杨佳茂、江欣然、李艺星、刘红岩、宋天睿、陈昱成、张然、蒋欣玥、陈鹏、孙家兴、赵一霏、李雨浓、孙昱婷、陈尚平、袁凤至、曹煜、王秀丽、张蕊杰、吕紫晔	美国波士顿国际基因工程机械设计大赛组委会、美国麻省理工学院
2	瓦格宁根科技世界温室设计挑战赛	全球前十	国际级	孙毓琳	瓦格宁根大学
3	美国大学生数学建模竞赛	一等奖	国际级	周暄谌	美国数学及其应用联合会
4	美国大学生数学建模比赛	二等奖	国际级	李宇翰、李嘉巍、王艳萍、马若洵、赵家欣、居雨昂、张博威、王鹏、赵明明、黎凯、陈志远、阎雅璇	美国数学及其应用联合会
5	美国大学生数学建模大赛	三等奖	国际级	高阳、秦天允、谢雨霏、陶妍洁、陈晓诺、陆雨楠、何成	美国数学及其应用联合会

（续）

序号	竞赛名称	奖项	级别	获奖人员	颁奖单位
6	第六届中国国际"互联网＋"大学生创新创业大赛	银奖	国家级	陆超平、龚艺、漆家宏、张静、曹惠姿、周诗博、张子威、翟心悦、谭冬玥、张未曦	教育部、中央统战部、中央网络安全和信息化委员会办公室、国家发展和改革委员会、工业和信息化部、人力资源和社会保障部、农业农村部、中国科学院、中国工程院、国家知识产权局、国务院扶贫开发领导小组办公室、共青团中央和广东省政府
7	第十二届"挑战杯"中国大学生创业计划竞赛	铜奖	国家级	周沁怡、江亦金、刘妍、金佳怡、王瑜琪、涂佳钰、季晶、李嘉豪、王彬	共青团中央、教育部、中国科协、全国学联、黑龙江省政府
8	第十二届"挑战杯"中国大学生创业计划竞赛	铜奖	国家级	胡林伟、张祥洋、尚泽慧、耿源远、付瑶佳、寿文晖、傅鸿宣、徐敏、钟佳晨、吴一恒	共青团中央、教育部、中国科协、全国学联、黑龙江省政府
9	第十二届"挑战杯"中国大学生创业计划竞赛	铜奖	国家级	杨心怡、康敏、王艾婧、续文刚、何琼、倪妍、蒋妍、吴雅雯、郑燕燕、陆超平	共青团中央、教育部、中国科协、全国学联、黑龙江省政府
10	第十二届"挑战杯"中国大学生创业计划竞赛	铜奖	国家级	林子博、段云、潘玥、晏梓琴、孙子杰	共青团中央、教育部、中国科协、全国学联、黑龙江省政府
11	第十二届"挑战杯"中国大学生创业计划竞赛	铜奖	国家级	杜宇珠、范琮婧、邓晓倩、李为良、汪磊、刘佐、沈嫣然、徐子杰、许洮	共青团中央、教育部、中国科协、全国学联、黑龙江省政府
12	第三届全国大学生国土空间规划技能大赛	特等奖	国家级	孟春妍、陈沁怡、周飞瑶、李延欢	教育部高校公共管理类专业学科专业教学指导委员会、中国土地学会土地规划分会、全国高校土地资源管理院长（系主任）联席会
13	第四届全国大学生不动产估价技能大赛	一等奖	国家级	孟春妍、梅倩、孔维龙、梁栋	教育部高等学校公共管理类专业教学指导委员会、全国高校土地资源管理院长（系主任）联席会、全国土地资源管理专业大学生不动产估价技能大赛组委会
14	第二届全国大学生土地国情调查大赛	一等奖	国家级	曾丹盈、马志杰、陆裔娜、潘蕊、杨子晗、何诗淇、吴建勇、翁羽奇、朱佳瑶、郑可怡	教育部高等学校公共管理类专业教学指导委员会、中国土地学会土地经济分会、中国土地学会科普工作委员会、全国大学生土地国情调查大赛组委会
15	第十六届全国大学生"新道杯"沙盘模拟经营大赛全国总决赛	二等奖	国家级	宁轶凡、马畅、苏延潇、时梦竹、缪纯绎	中国商业联合会、新道科技股份有限公司
16	第六届大学生智能农业装备国际创新大赛	一等奖	国家级	张金涛、谢袁欣、李璋浔、李源、傅家莹、阎雅璇、王栋、王瑾、闫静怡、陈艺	国际农业和生物系统工程委员会、中国农业机械学会、中国农业工程学会、江苏省现代农业装备与技术协同创新中心、农业工程大学国际联盟

（续）

序号	竞赛名称	奖项	级别	获奖人员	颁奖单位
17	第六届大学生智能农业装备国际创新大赛	二等奖	国家级	李璋浔、李源、杨洋、陈轲言、赵薇、张耀予、张旭彪、王德州、李童凡、李天晴、阎雅璇	国际农业和生物系统工程委员会、中国农业机械学会、中国农业工程学会、江苏省现代农业装备与技术协同创新中心、农业工程大学国际联盟
18	全国三维数字化创新设计大赛	三等奖	国家级	陈晓琰、刘涵婧	全国三维数字化创新设计大赛组委会、科技部国家制造业信息化培训中心
19	全国三维数字化创新设计大赛	三等奖	国家级	郑家桐、杨俊杰、陈银和、曹尚	全国三维数字化创新设计大赛组委会、科技部国家制造业信息化培训中心
20	中国大学生计算机设计大赛	一等奖	国家级	杨帆、郭祥月、陈昱成	中国大学生计算机设计大赛组织委员会
21	中国大学生计算机设计大赛	二等奖	国家级	商锦铃、刘振辉、汪磊	中国大学生计算机设计大赛组织委员会
22	中国大学生计算机设计大赛	二等奖	国家级	王之韵、刘欢、林文卫	中国大学生计算机设计大赛组织委员会
23	中国大学生计算机设计大赛	二等奖	国家级	伊凡、秦天允、高阳	中国大学生计算机设计大赛组织委员会
24	中国大学生计算机设计大赛	三等奖	国家级	邓超伟、龚珣、邵小蔚、伍珂沁、颜子涵	中国大学生计算机设计大赛组委会
25	全国大学生计算机技能应用大赛	二等奖	国家级	王莹、程天晓、夏心语	中国软件行业协会培训中心
26	全国大学生计算机技能应用大赛	优秀奖	国家级	冯文喆	中国软件行业协会培训中心
27	全国大学生智能农业装备创新大赛	一等奖	国家级	胡佳豪	中国农业机械学会、中国农业工程学会
28	全国大学生智能农业装备创新大赛	一等奖	国家级	赖霜、于哗哗、吴健明	中国农业机械学会、中国农业工程学会
29	大学生智能农业装备国际创新大赛（C类）	二等奖	国家级	杨洋	中国农业机械学会
30	大学生智能农业装备国际创新大赛（B类）	优秀奖	国家级	杨洋	中国农业机械学会
31	中国大学生方程式汽车大赛	三等奖	国家级	杨洋、刘名正、李日川、张亚军、刘馨午、钱富坤、舒心雨、余梦成、戴巧玲、许海凡、苟一夫、王鑫、廖志翔、李皓月、牛晓敏、朱小峰	中国汽车工程学会、中国大学生方程式汽车大赛组织委员会
32	中国机器人大赛	一等奖	国家级	任权	中国自动化协会
33	中国机器人大赛	二等奖	国家级	胡佳豪、赖霜、符学敏、陈涛、王栋、傅家莹、李璋浔	中国自动化学会
34	中国机器人大赛	三等奖	国家级	杨琪	中国自动化学会
35	数字中国创新大赛机器人赛道智能机器人组	一等奖	国家级	李璋浔	中国仪器仪表学会
36	全国大学生嵌入式芯片与系统设计竞赛暨智能互联创新大赛总决赛	三等奖	国家级	陈涛	中国电子学会、全国大学生嵌入式芯片与系统设计竞赛暨智能互联创新大赛组委会

（续）

序号	竞赛名称	奖项	级别	获奖人员	颁奖单位
37	第十三届全国大学生节能减排社会实践与科技竞赛	三等奖	国家级	陈诗佳、史陈晨、刘洋、吴晟红、何子健、邓超伟	全国大学生节能减排社会实践与科技竞赛委员会
38	全国大学生企业模拟竞争大赛	一等奖	国家级	吴旗杨、张潇	中国管理现代化研究会决策模拟专业委员会
39	全国大学生企业模拟竞争大赛	二等奖	国家级	王文韬、张雨凌	中国管理现代化研究会决策模拟专业委员会
40	全国大学生企业模拟竞争大赛	三等奖	国家级	李宇翰、陈慧敏	中国管理现代化研究会决策模拟专业委员会
41	数字建筑创新应用大赛	一等奖	国家级	刘孟阳、周于皓、房小小	中国建设教育协会
42	数字建筑创新应用大赛	二等奖	国家级	宋玲	中国建设教育协会
43	全国第一届供应链大赛	三等奖	国家级	冯晨晨	中国物流与采购联合会
44	全国第一届供应链大赛	三等奖	国家级	张雨凌	中国物流与采购联合会
45	"高教杯"全国大学生先进成图技术与产品信息建模创新大赛	一等奖	国家级	曹红兵	全国大学生先进成图技术与产品信息建模创新大赛组委会
46	"高教杯"全国大学生先进成图技术与产品信息建模创新大赛	二等奖	国家级	陈晓琰、王浩	全国大学生先进成图技术与产品信息建模创新大赛组委会
47	"高教杯"全国大学生现金成图技术与产品信息建模创新大赛	三等奖	国家级	杨俊杰、郑家桐、顾昕凤、刘涵婧	全国大学生先进成图技术与产品信息建模创新大赛组委会
48	2020年第十三届全国大学生创新创业年会	最佳创意项目奖	国家级	韩庆远、梁文文、杨冰冰	"国创计划"专家组
49	墨子杯2020年第四届全国兵棋推演大赛	一等奖	国家级	葛龙飞	全国兵棋推演大赛组委会
50	华数杯全国大学生数学建模竞赛	一等奖	国家级	钟佳晨	中国未来研究会大数据与数学模型专业委员会
51	微信小程序应用开发赛	二等奖	省级	房梓晔、张欣然、钟佳晨	全国高等学校计算机教育研究会
52	第十二届"挑战杯"江苏省大学生创业计划竞赛	金奖	省级	周沁怡、江亦金、刘妍、金佳怡、王瑜琪、涂佳钰、季晶、李嘉豪、王彬	共青团江苏省委、江苏省科学技术协会、江苏省教育厅、江苏省学生联合会
53	第十二届"挑战杯"江苏省大学生创业计划竞赛	金奖	省级	杜宇珠、范琮婧、邓晓倩、李为良、汪磊、刘佐、沈嫣然、徐子杰、许洮	共青团江苏省委、江苏省科学技术协会、江苏省教育厅、江苏省学生联合会
54	第十二届"挑战杯"江苏省大学生创业计划竞赛	金奖	省级	胡林伟、张祥洋、尚泽慧、耿源远、付瑶佳、寿文晖、傅鸿宣、徐敏、钟佳晨、吴一恒	共青团江苏省委、江苏省科学技术协会、江苏省教育厅、江苏省学生联合会
55	第十二届"挑战杯"江苏省大学生创业计划竞赛	银奖	省级	杨心怡、康敏、王艾婧、续文刚、何琼、倪妍、蒋妍、吴雅雯、郑燕燕、陆超平	共青团江苏省委、江苏省科学技术协会、江苏省教育厅、江苏省学生联合会

序号	竞赛名称	奖项	级别	获奖人员	颁奖单位
56	第十二届"挑战杯"江苏省大学生创业计划竞赛	铜奖	省级	沈妍、万明暄、吴昌琦、王鹏、霍冰洁	共青团江苏省委、江苏省科学技术协会、江苏省教育厅、江苏省学生联合会
57	第十二届"挑战杯"江苏省大学生创业计划竞赛	铜奖	省级	程旭、张译心、陆潇楠、张竞一、杨纪潇、尚彬彬、张博威	共青团江苏省委、江苏省科学技术协会、江苏省教育厅、江苏省学生联合会
58	第十二届"挑战杯"江苏省大学生创业计划竞赛	铜奖	省级	林子博、段云、潘玥、晏梓琴、孙子杰	共青团江苏省委、江苏省科学技术协会、江苏省教育厅、江苏省学生联合会
59	"互联网＋"大学生创新创业大赛第六届"建行杯"江苏选拔赛暨第九届"花桥国际商务城杯"	二等奖	省级	刘振广、于琳、谷云菲、曹一丁、叶竹西、杨佳茂、陈超、朱少武	江苏省教育厅、江苏省委统战部、江苏省委网信办、江苏省发展改革委、江苏省科技厅、江苏省工信厅、江苏省人社厅、江苏省生态环境厅、江苏省农业农村厅、江苏省商务厅、共青团江苏省委、江苏省科协、江苏省扶贫办
60	"互联网＋"大学生创新创业大赛第六届"建行杯"江苏选拔赛暨第九届"花桥国际商务城杯"	二等奖	省级	程旭、杨纪潇、张竞一、张博威、陆潇楠、张译心、尚彬彬	江苏省教育厅、江苏省委统战部、江苏省委网信办、江苏省发展改革委、江苏省科技厅、江苏省工信厅、江苏省人社厅、江苏省生态环境厅、江苏省农业农村厅、江苏省商务厅、共青团江苏省委、江苏省科协、江苏省扶贫办
61	"互联网＋"大学生创新创业大赛第六届"建行杯"江苏选拔赛暨第九届"花桥国际商务城杯"	三等奖	省级	李嘉豪、单衍可、周沁怡、刘妍、汤悦坤、王瑜琪、王彬、康文杰	江苏省教育厅、江苏省委统战部、江苏省委网信办、江苏省发展改革委、江苏省科技厅、江苏省工信厅、江苏省人社厅、江苏省生态环境厅、江苏省农业农村厅、江苏省商务厅、共青团江苏省委、江苏省科协、江苏省扶贫办
62	"互联网＋"大学生创新创业大赛第六届"建行杯"江苏选拔赛暨第九届"花桥国际商务城杯"	三等奖	省级	常乐、欧阳新杰、席飞扬、杨子懿、王丹璇、张馨元	江苏省教育厅、江苏省委统战部、江苏省委网信办、江苏省发展改革委、江苏省科技厅、江苏省工信厅、江苏省人社厅、江苏省生态环境厅、江苏省农业农村厅、江苏省商务厅、共青团江苏省委、江苏省科协、江苏省扶贫办
63	"互联网＋"大学生创新创业大赛第六届"建行杯"江苏选拔赛暨第九届"花桥国际商务城杯"	三等奖	省级	陆明杰、孔令雪、陈小竹、蒋佳雯、黄欣桐、付金剑、陈芊芊	江苏省教育厅、江苏省委统战部、江苏省委网信办、江苏省发展改革委、江苏省科技厅、江苏省工信厅、江苏省人社厅、江苏省生态环境厅、江苏省农业农村厅、江苏省商务厅、共青团江苏省委、江苏省科协、江苏省扶贫办
64	"互联网＋"大学生创新创业大赛第六届"建行杯"江苏选拔赛暨第九届"花桥国际商务城杯"	三等奖	省级	张一宁、徐梓畅、姜秋宇、付金剑、尚泽慧、余迩、马笑晗、蔡姝悦、申屠湘洁	江苏省教育厅、江苏省委统战部、江苏省委网信办、江苏省发展改革委、江苏省科技厅、江苏省工信厅、江苏省人社厅、江苏省生态环境厅、江苏省农业农村厅、江苏省商务厅、共青团江苏省委、江苏省科协、江苏省扶贫办

（续）

序号	竞赛名称	奖项	级别	获奖人员	颁奖单位
65	"互联网＋"大学生创新创业大赛第六届"建行杯"江苏选拔赛暨第九届"花桥国际商务城杯"	三等奖	省级	田琪煜、邓超伟、朱琪瑶、丛正、林颖、谢珂、席扬越、常力凡、曾雯莲	江苏省教育厅、江苏省委统战部、江苏省委网信办、江苏省发展改革委、江苏省科技厅、江苏省工信厅、江苏省人社厅、江苏省生态环境厅、江苏省农业农村厅、江苏省商务厅、共青团江苏省委、江苏省科协、江苏省扶贫办
66	"互联网＋"大学生创新创业大赛第六届"建行杯"江苏选拔赛暨第九届"花桥国际商务城杯"	三等奖	省级	马行聪、陶嘉诚、魏泽昊、马尧、赛伊真、李梓涵、张以德、陈龙、陈俊同、李勇、徐敏轮	江苏省教育厅、江苏省委统战部、江苏省委网信办、江苏省发展改革委、江苏省科技厅、江苏省工信厅、江苏省人社厅、江苏省生态环境厅、江苏省农业农村厅、江苏省商务厅、共青团江苏省委、江苏省科协、江苏省扶贫办
67	"互联网＋"大学生创新创业大赛第六届"建行杯"江苏选拔赛暨第九届"花桥国际商务城杯"	三等奖	省级	强天宇、陈壮、陆艺艺、李郁、齐晓雪	江苏省教育厅、江苏省委统战部、江苏省委网信办、江苏省发展改革委、江苏省科技厅、江苏省工信厅、江苏省人社厅、江苏省生态环境厅、江苏省农业农村厅、江苏省商务厅、共青团江苏省委、江苏省扶贫办
68	第十六届全国大学生"新道杯"沙盘模拟经营大赛江苏省赛	特等奖	省级	宁轶凡、马畅、苏延潇、时梦竹、缪纯绎	中国商业联合会、新道科技股份有限公司
69	第十六届全国大学生"新道杯"沙盘模拟经营大赛江苏省赛	一等奖	省级	黄莉雯、杨洁林、陈丽红、周小敏、袁珂欣、刘孟阳、何震霖	中国商业联合会、新道科技股份有限公司
70	全国三维数字化创新设计大赛（江苏赛区）	特等奖	省级	陈晓琰、刘涵婧	全国三维数字化创新设计大赛组委会、科技部国家制造业信息化培训中心
71	全国三维数字化创新设计大赛（江苏赛区）	特等奖	省级	郑家桐、杨俊杰、陈银和、曹尚	全国三维数字化创新设计大赛组委会、科技部国家制造业信息化培训中心
72	全国三维数字化创新设计大赛（江苏赛区）	一等奖	省级	常力凡、龙泓帆、曾雯莲	全国三维数字化创新设计大赛组委会、科技部国家制造业信息化培训中心
73	全国三维数字化创新设计大赛（江苏赛区）	一等奖	省级	李雅诗、刘豪、黄艺林、谭周全、高佳慧	全国三维数字化创新设计大赛组委会、科技部国家制造业信息化培训中心
74	全国三维数字化创新设计大赛（江苏赛区）	一等奖	省级	李佳、蒋民杰	全国三维数字化创新设计大赛组委会、科技部国家制造业信息化培训中心
75	全国三维数字化创新设计大赛（江苏赛区）	一等奖	省级	奚特、王慧、姚新月、吴雯珺、周慎远	全国三维数字化创新设计大赛组委会、科技部国家制造业信息化培训中心
76	全国三维数字化创新设计大赛（江苏赛区）	一等奖	省级	奚特、王慧、姚新月、吴雯珺、周慎远	全国三维数字化创新设计大赛组委会、科技部国家制造业信息化培训中心
77	全国三维数字化创新设计大赛（江苏赛区）	一等奖	省级	周慎远、曾志强、李田、李超	全国三维数字化创新设计大赛组委会、科技部国家制造业信息化培训中心

序号	竞赛名称	奖项	级别	获奖人员	颁奖单位
78	全国三维数字化创新设计大赛（江苏赛区）	一等奖	省级	焦碧玉、田佳运、张波鸿、郭至鑫、杨帆	全国三维数字化创新设计大赛组委会、科技部国家制造业信息化培训中心
79	全国三维数字化创新设计大赛（江苏赛区）	二等奖	省级	简天山、吴正杰、程颖、张静于、潘子君	全国三维数字化创新设计大赛组委会、科技部国家制造业信息化培训中心
80	江苏省大学生计算机设计大赛	一等奖	省级	杨帆、郭祥月、陈昱成	江苏省大学生计算机设计大赛组织委员会、中国大学生计算机设计大赛组织委员会
81	江苏省大学生计算机设计大赛	二等奖	省级	商锦铃、刘振辉、汪磊	江苏省大学生计算机设计大赛组织委员会、中国大学生计算机设计大赛组织委员会
82	江苏省大学生计算机设计大赛	二等奖	省级	王之韵、刘欢、林文卫	江苏省大学生计算机设计大赛组织委员会、中国大学生计算机设计大赛组织委员会
83	江苏省大学生计算机设计大赛	三等奖	省级	伊凡、秦天允、高阳	江苏省大学生计算机设计大赛组织委员会、中国大学生计算机设计大赛组织委员会
84	全国大学生嵌入式芯片与系统设计竞赛暨智能互联创新大赛东部赛区	一等奖	省级	陈涛	中国电子学会、全国大学生嵌入式芯片与系统设计竞赛暨智能互联创新大赛组委会
85	全国大学生嵌入式芯片与系统设计竞赛暨智能互联创新大赛东部赛区	二等奖	省级	张朝阳、徐世杰	中国电子学会、全国大学生嵌入式芯片与系统设计竞赛暨智能互联创新大赛组委会
86	全国大学生嵌入式芯片与系统设计竞赛暨智能互联创新大赛东部赛区	三等奖	省级	赵中豪	中国电子学会、全国大学生嵌入式芯片与系统设计竞赛暨智能互联创新大赛组委会
87	江苏省大学生电子设计大赛	一等奖	省级	董彦萌	全国大学生电子设计竞赛江苏赛区组委会
88	江苏省大学生电子设计大赛	二等奖	省级	陈涛、仝曦熳、邱誉萱	全国大学生电子设计竞赛江苏赛区组委会
89	华东区大学生CAD应用技能竞赛	一等奖	省级	曹红兵、顾昕凤、陈晓琰	江苏省工程图学学会
90	华东区大学生CAD应用技能竞赛	二等奖	省级	杨俊杰、郑家桐、王浩、刘涵婧	江苏省工程图学学会
91	第十一届蓝桥杯全国软件和信息技术专业人才大赛	一等奖	省级	钟佳晨	工业和信息化部人才交流中心、中国软件行业协会、中国电子学会、中国半导体行业学会
92	第十一届蓝桥杯全国软件和信息技术专业人才大赛	二等奖	省级	王凌杰、马树凡、杨晟伟	工业和信息化部人才交流中心、中国软件行业协会、中国电子学会、中国半导体行业学会
93	第十一届蓝桥杯全国软件和信息技术专业人才大赛	三等奖	省级	高昊宇、贾闯皓	工业和信息化部人才交流中心、中国软件行业协会、中国电子学会、中国半导体行业学会

（续）

序号	竞赛名称	奖项	级别	获奖人员	颁奖单位
94	2020 年"领航杯"江苏省大学生信息技术应用能力比赛	一等奖	省级	贾馥敏、韩舸、杨宇航、毛辰元	江苏省高等学校教育技术研究会
95	2020 年"领航杯"江苏省大学生信息技术应用能力比赛	三等奖	省级	邵小蔚、蔡金洋、伍珂沁、俞依初、陆艺艺	江苏省高等学校教育技术研究会
96	全国大学生数学建模竞赛江苏赛区	一等奖	省级	袁思奕、刘佳妮、袁朴冰	全国大学生数学建模竞赛江苏赛区组委会
97	全国大学生数学建模竞赛江苏赛区	二等奖	省级	俞雪纯、夏心语	全国大学生数学建模竞赛江苏赛区组委会
98	全国大学生数学建模竞赛江苏赛区	三等奖	省级	税尧、余博远、马文慧	全国大学生数学建模竞赛江苏赛区组委会
99	全国大学生数学建模竞赛江苏赛区	优秀奖	省级	阚家敏、黄小溪、黄丹朱	全国大学生数学建模竞赛江苏赛区组委会
100	第十七届江苏省高校大学生物理与实验创新竞赛	一等奖	省级	李金凤、杜薇、李冉君	江苏省物理学会和江苏省高校大学生物理与实验创新竞赛组织委员会
101	第十七届江苏省高校大学生物理与实验创新竞赛	二等奖	省级	林德森	江苏省物理学会和江苏省高校大学生物理与实验创新竞赛组织委员会
102	第十七届江苏省高校大学生物理与实验创新竞赛	三等奖	省级	姚怡君、许馨木、陈曦	江苏省物理学会和江苏省高校大学生物理与实验创新竞赛组织委员会
103	江苏省第五届大学生水创意设计大赛	一等奖	省级	马笑晗、程天晓	江苏省发明协会、江苏省高等学校知识产权研究会、江苏省高等教育学会、江苏省水力发电工程学会
104	第五届江苏省科协青年会员创新创业大赛	二等奖	省级	张文数、法可依、苏芸颉、忻启谱、孙冉	江苏省科学技术协会

（撰稿：赵玲玲　田心雨　瞿元海　审稿：张　炜　吴彦宁　谭智赟　审核：戎男崖）

公 共 艺 术 教 育

【概况】2020 年度，公共艺术教育中心承担了学校公共艺术课程与艺术实践教学，开设了 32 门公共艺术选修课；组织实施校内各类大型文艺活动；管理指导大学生艺术联合会和校级学生艺术类社团，代表学校参加对外的艺术演出、交流活动和艺术竞赛。扎实推进美育改革创新工作，以"北大荒七君子"的事迹为蓝本，创作了朗诵《北方的篝火》、舞蹈《耕读筑梦》等一批弘扬南农精神、南农气派的艺术精品，让学生在教中学、在练中会、在演中精，通过艺术实践将美育精神外化于行、内化于心，切实发挥美育在实践育人中的作用。10 月 1 日，公共艺术教育中心微信公众号"南农美育"全新改版上线，实时推送学校美育工作动态，展示艺术风采，普及艺术知识，弘扬传统文化，打造南农线上艺术教育平台。

【承办江苏省第六届大学生艺术展演活动高校美育改革创新优秀案例评审会】8月27日，公共艺术教育中心承办了江苏省第六届大学生艺术展演活动高校美育改革创新优秀案例评审会。7位高校美育教学领域的资深专家对来自江苏省53所高校的114篇优秀案例进行评审。此次评审为江苏省首次开展的美育改革创新案例评审。

【承办江苏省第六届大学生艺术展演活动高校美育改革创新优秀案例培训研讨会】9月23日，公共艺术教育中心承办了江苏省第六届大学生艺术展演活动高校美育改革创新优秀案例培训研讨会。专家对教育部和江苏省教育厅相关文件要求作出详细解读，并从案例设计、文字表述、案例成果等内容进行针对性培训，部分参会代表也对省内高校美育工作创新开展了热烈讨论和广泛交流。

【举办2020年江苏省高雅艺术进校园拓展项目】10月21～23日，由江苏省教育厅和财政厅主办、公共艺术教育中心承办的2020年江苏省高雅艺术进校园拓展项目"我们都是追梦人"南京农业大学专场文艺演出在江苏省扬州中学、姜堰中学精彩上演。本次活动是对中共中央办公厅、国务院办公厅印发《关于全面加强和改进新时代学校美育工作的意见》的积极响应和重要实践，是学校首次中标江苏省高雅艺术进校园拓展项目，创作并推广了南农原创文化精品，讲好南农故事。

（撰稿：杜淼鑫　翟元海　审稿：谭智赟　审核：戎男崖）

九、科学研究与社会服务

科　学　研　究

【概况】 2020 年度，学校到位科研总经费 8.68 亿元，其中，纵向经费 6.74 亿元、横向经费 1.94 亿元。

国家自然科学基金获批 191 项，立项总经费 16 619 万元。沈其荣教授"土壤生物复合污染过程与调控"项目获重大项目资助；朱艳教授领衔的"粮食作物生产力检测预测机理与方法"团队获创新研究群体资助；获批重点类项目资助共 19 项；优秀青年科学基金项目 3 项。签订各类横向合作项目 878 项，合同金额 3.25 亿元。

新增国家重点研发计划项目 2 项，立项经费 1 774 万元；承担课题 5 项，立项经费 1 604 万元。新增江苏省重点研发项目 10 项、江苏省农业科技自主创新资金项目 35 项、江苏省现代农业产业体系新增 8 位岗位专家。新增江苏省自然科学基金项目 44 项，立项经费 1 109 万元，其中杰出青年基金 3 项、优秀青年基金 2 项。

新增人文社科类纵向科研项目 223 项。其中，获批国家社会科学重大招标项目 3 项，国家社会科学重点项目 1 项，国家社会科学其他类项目 12 项，教育部人文社科项目 5 项，江苏省社会科学基金项目 12 项。纵向项目立项经费 1 565.4 万元，到账经费 3 997.46 万元；横向项目到账经费 1 605.95 万元。到账总经费 5 603.41 万元。

以南京农业大学为第一完成单位获自然科学类省部级奖励 7 项，其中高等学校科学研究优秀成果奖一等奖 1 项、江苏省科学技术奖一等奖 1 项、江苏省推广奖一等奖 1 项、江苏省专利发明人奖 1 项。

以南京农业大学为第一完成单位获人文社科类省部级奖励 21 项。获教育部"第八届高校科学研究优秀成果奖（人文社科类）"4 项，其中一等奖 1 项、二等奖 1 项、三等奖 2 项；获"江苏省第十六届哲学社会科学优秀成果奖"17 项，其中一等奖 5 项、二等奖 7 项、三等奖 5 项；获"2020 年度江苏省社科应用研究精品工程奖"5 项，其中一等奖 2 项、二等奖 3 项。

吴群、朱艳、高彦征、徐阳春获国务院政府特殊津贴；陈发棣获全国创新争先奖；冯淑怡获百千万人才工程；沈其荣、周明国获光华工程科技奖；李荣、杨东雷、马贤磊、周力获"万人计划"青年拔尖人才；刘裕强获中国青年科技奖；江瑜、吴顺凡、李国强获国家优秀青年科学基金资助；何琳获宣传思想文化青年英才；吴巨友获江苏省十大科技之星；朱艳获江苏省有突出贡献中青年专家；刘树伟、余晓文、胡冰获江苏省杰出青年基金资助；顾沁、陈琳获江苏省优秀青年基金资助；贾海燕、李齐发、王东波入选江苏高校"青蓝工程"中青年学术带头人；马喆、田曦、张帆、张美祥入选江苏高校"青蓝工程"优秀青年骨干教师；高彦征、侯毅平、董慧入选江苏省特聘教授；许冬清获江苏省"双创计划"双创人才；陈海涛、陈美容、丁世杰、段道余、卢倩倩、王佩、薛清、严智超、杨馨越、朱慧劼获江苏省"双创计划"双创博士；石晓平获江苏紫金文化人才培养工程——文化人才；朱战国、纪月清、孟凯、戚晓明、廖晨晨获江苏紫金文化人才培养工程——文化优青。

以南京农业大学为通讯作者单位被 SCI 收录的论文有 2 157 篇，同比增长 3.01%。以第一作者单位（共同）或通讯作者单位（共同）在影响因子大于 9 的期刊上发表论文 92 篇，较同期增长 50.82%。36 位教授入选爱思唯尔"中国高被引学者"榜单，4 位教授入选科睿唯安"高被引科学家"榜单。授权专利 322 件，其中国际专利 7 件；获植物新品种权 27 件、审定品种 8 个，登记非主要农作物 2 个。获批"国家知识产权试点高校"，获江苏省高等学校知识产权研究会"知识产权工作先进集体"和玄武区"专利申请管理工作先进单位"。被 SSCI 收录学术论文 42 篇，被 CSSCI 收录论文 234 篇。

签订技术转让（许可）合同 45 项，合同金额 3 101.28 万元，到账金额 880 万元。主办大型成果实物展 2 次；线上线下对接企业 40 余家；组织参加成果展 12 场。智能蘑菇采摘机器人项目荣获第二十二届中国国际工业博览会高校展区优秀展品奖。

南京农业大学科协获得 2020 年江苏省科协"优秀组织单位"称号。通过科协渠道，1 人入选"第二届全国创新争先奖"，1 人入选"第十六届中国青年科技奖"，1 人入选第十七届江苏省青年科技奖暨"江苏省十大科技之星"，2 人入选江苏省科协"青年科技人才托举工程"，1 人入选"中国科协优秀中外青年交流计划"，新增 3 个"江苏省科普教育基地"。在校学术委员会的领导下，配合调查处理涉嫌学术不端事件 10 件。

新增 1 个国家级科研平台——南京水稻种质资源国家野外科学观测研究站；9 个部省级平台，分别为国家农业科技示范展示基地、华东地区花卉生物学重点实验室、长江中下游草种质资源创新与利用重点实验室、江苏省种业科技工程研究中心、江苏智慧牧业装备科技创新中心、南京农业大学牧草种质资源库、农机动力及耕作机械可靠性技术重点实验室、中国资源环境与发展研究院、人文与社会计算研究中心。积极筹备"作物遗传与种质创新"国家重点实验室重组。统筹资源，全面推进第二个国家重点实验室筹建。21 个科研平台通过考核评估。其中，1 个国家国际科技合作基地通过科技部绩效评估；13 个农业农村部学科群重点实验室通过"十三五"建设运行工作评估；3 个江苏高校协同创新中心通过第二建设期绩效评价，其中 2 个获评 A 类；2 个江苏省重点实验室通过评估，其中 1 个获优秀；2 个江苏省高校重点实验室通过考核验收。新增 5 个校级科研机构。3 个新型研发机构获市级备案。

设施建设受到江苏省委、省政府的高度重视，时任省委副书记任振鹤、副省长马秋林、副省长赵世勇先后到学校白马教学科研基地调研指导作物表型组学研究设施建设。完成国家重大科技基础设施申报，完成设施整体外观设计；顺利完成田间移动智能表型舱、根系观察室等预研设施建设。获批江苏省外国专家工作室。作物表型组学交叉研究中心获国家基金 3 项，发表高水平学术论文 10 篇，申请专利 98 项、获批专利 34 项。

《园艺研究》2020 年影响因子为 5.404，位于园艺、植物科学及遗传学领域一区，为 2020 年中国唯一——本学科排名第一的期刊；获第十二届江苏省科技期刊金马奖十佳精品期刊奖、江苏期刊明珠奖；通过中国科技期刊卓越行动计划领军期刊项目首年验收；主办第七届国际园艺研究大会，共 70 余个国家 1.3 万人注册。《植物表型组学》被 CABI、CNKI、DOAJ、PMC 数据库收录；入选中国科技期刊卓越行动计划高起点新刊项目，获批 CN 号。《生物设计研究》4 月正式刊发论文，组建含 1 位诺奖得主、11 位院士在内，国际编委比例达 96％的顶尖编委团队，已被 DOAJ 数据库收录。与斯坦福大学、华威大学联合主办第一届国际生物设计研究大会，共 85 个国家 7 300 多人注册参加。《南京农业大学学报》（自然科学版）在全球 134 种综合性农业科学期刊中排第 43 名（2019 年 45/107）；被 Scopus 数据库和 CSCD 核心库收录；获评中国高校百佳科技期刊、中国农业期刊最具传播力期刊、中国农业期刊优秀团队。《畜牧与兽医》被中国高校科技期刊研究会评为 2020 年度优秀期刊。

承办农业农村部"农村双创与科技"论坛，组织全国科技活动周、科普日、中国农民丰收节科普展。编写《科技工作年报》《科技工作要览》，完成"高校科技统计年报"等材料，为全校师生提供科研数据支持。

【国家自然科学基金】沈其荣教授牵头的"土壤生物复合污染过程与调控"项目获国家自然科学基金重大项目立项，资助直接经费 1 800 万元，是学校自 2003 年以来第二个重大项目。以朱艳、曹卫星、姜东、田永超、程涛和刘兵 6 位教师为核心的"粮食作物生产力监测预测机理与方法"研究团队获批国家自然科学基金创新研究群体，是我国作物栽培学与耕作学学科首个创新群体、学校第二个创新群体。

【国家级科研平台】王益华教授牵头的南京水稻种质资源国家野外科学观测研究站获科技部批复立项建设，是学校首个国家级野外科学观测站。

【省部级奖励】以南京农业大学为第一完成单位获省部级以上奖励 7 项，其中高等学校科学研究优秀成果奖一等奖 1 项、江苏省科学技术奖一等奖 1 项、江苏省推广奖一等奖 1 项、江苏省专利发明人奖 1 项。

【国际期刊】《园艺研究》2020 年影响因子为 5.404，位于园艺、植物科学及遗传学领域一区，为 2020 年中国唯一一本学科世界排名第一的期刊。《植物表型组学》入选中国科技期刊卓越行动计划高起点新刊项目。

【国家社会科学基金重大项目】徐志刚教授的"我国三大平原'资源-要素-政策'相协调的粮食和生态'双安全'研究"、朱晶教授的"健全对外开放下的国家粮食安全保障体系研究"和于水教授的"创新互联网时代群众工作机制研究"获批 2020 年度国家社会科学基金重大项目。截至 2020 年，南京农业大学共有 19 项国家社会科学基金重大项目获批，数量居全国农林高校之首。

【社科成果获教育部成果奖】人文社科研究成果获教育部"第八届高校科学研究优秀成果奖（人文社科类）"4 项，其中一等奖 1 项、二等奖 1 项、三等奖 2 项。曲福田教授团队成果"中国土地和矿产资源有效供给与高效配置机制研究"获一等奖。

【咨政工作】发布《江苏农村发展报告 2020》。7 篇咨询报告获省部级以上领导批示或采纳，其中黄惠春教授撰写的《农业固定资产投资大幅下滑值得高度重视》，朱娅副教授撰写的《东部地区农村社会事业发展状况调查与分析——以江苏、浙江为例》和参与撰写的《6 省 18 县农村社会事业发展状况抽样调查与分析简报》获中央领导批示。编写《江苏农村发展决策要参》共 5 期，其中 4 期以疫情为主题，报送国内及省内 40 多个相关上级单位、部门及领导。

[附录]

附录 1　2020 年度学校纵向到位科研经费汇总表

序号	项目类别	经费（万元）
1	国家自然科学基金	12 049
2	国家重点研发计划	21 439
3	转基因生物新品种培育国家科技重大专项	3 135
4	科技部其他计划	328
5	现代农业产业技术体系	1 462.5
6	教育部项目	86
7	其他部委项目	17
8	江苏省重点研发计划	1 103
9	江苏省自然科学基金	1 109
10	江苏省科技厅其他项目	163
11	江苏省农业农村厅项目	3 113
12	江苏省其他项目	2 400
13	其他省市项目	777
14	国家社会科学基金	941
15	国家重点实验室	2 146
16	中央高校基本科研业务费	3 545
17	南京市科技项目	95
18	其他项目	13 509
合计		67 417.5

说明：此表除包含科研院管理的纵向科研经费外，还包含国际合作交流处管理的国际合作项目经费、人事处管理的引进人才经费。

附录 2　2020 年度各学院纵向到位科研经费统计表一（理科类）

序号	学院	到位经费（万元）
1	农学院	15 106.8
2	园艺学院	9 528.3
3	资源与环境科学学院	7 843.1
4	植物保护学院	6 539.9
5	动物医学院	4 198.9
6	动物科技学院	3 302.5
7	生命科学学院	2 497.5
8	食品科技学院	2 325.2

（续）

序号	学院	到位经费（万元）
9	草业学院	729.1
10	工学院（老）	677.2
11	工学院（新）	589.7
12	人工智能学院	551.4
13	理学院	423.0
14	前沿交叉研究院	291.0
15	其他部门*	945.5
合计		55 549.1

* 其他部门：行政职能部门纵向到位科研经费，不含国家重点实验室、教育部"111"引智基地及无锡渔业学院等到位经费。

附录3 2020年度各学院纵向到位科研经费统计表二（文科类）

序号	学院	到位经费（万元）
1	公共管理学院	1 375.9
2	经济管理学院	889.5
3	人文与社会发展学院	461.8
4	信息管理学院	293.1
5	金融学院	150.5
6	马克思主义学院	102
7	外国语学院	47
8	体育部	7.9
合计		3 327.7

附录4 2020年度结题项目汇总表

序号	项目类别	应结题项目数	结题项目数
1	国家自然科学基金	164	163
2	国家社会科学基金	12	12
3	国家重点研发计划课题	1	1
4	国家转基因生物新品种培育重大专项	3	3
5	教育部人文社科项目	12	12
6	江苏省自然科学基金项目	44	37
7	江苏省社会科学基金项目	8	8
8	江苏省重点研发计划	12	11

（续）

序号	项目类别	应结题项目数	结题项目数
9	江苏省自主创新项目	8	7
10	江苏省农业三项项目	29	25
11	江苏省软科学计划	1	1
12	江苏省教育厅高校哲学社会科学项目	19	19
13	人文社会科学项目	17	17
14	校青年基金项目	19	19
15	中央高校基本科研业务费项目	154	150
16	校人文社会科学基金	77	60
	合计	580	545

附录5 2020年度发表学术论文统计表

序号	学院	论文		
		SCI	SSCI	CSSCI
1	农学院	206		
2	工学院	92		1
3	植物保护学院	215		
4	资源与环境科学学院	228		
5	园艺学院	219		
6	动物科技学院	234		
7	动物医学院	232		
8	食品科技学院	261		
9	理学院	93		
10	生命科学学院	146		
11	信息管理学院	15	2	15
12	草业学院	44		
13	无锡渔业学院	46		
14	公共管理学院	14	10	73
15	经济管理学院	32	20	69
16	金融学院	3	4	13
17	人文与社会发展学院	3	5	54
18	外国语学院	2		1
19	马克思主义学院	1	1	4
20	体育部			
21	人工智能学院	60		
22	前沿交叉研究院	7		
23	其他	4		4
	合计	2 157	42	234

附录6 各学院专利授权和申请情况一览表

学院	授权专利				申请专利			
	2020 年		2019 年		2020 年		2019 年	
	件	其中：发明/实用新型/外观设计	件	其中：发明/实用新型/外观设计	件	其中：发明/实用新型/外观设计	件	其中：发明/实用新型/外观设计
农学院	34	26/8/0 (2件美国发明)	35	32/3/0	45	43/2/0 (3件PCT)	55	51/4/0 (1件PCT)
工学院	97	14/83/0 (1件澳大利亚实用新型)	83	12/71/0	182	94/88/0 (2件PCT)	216	66/150/0 (1件PCT)
植物保护学院	19	17/2/0 (美国、日本、加拿大发明各1件)	19	17/2/0 (1件加拿大发明)	36	33/3/0 (1件PCT)	21	20/1/0 (1件PCT)
资源与环境科学学院	38	33/4/1	27	24/3/0 (美国、欧洲、印尼发明各1件)	55	53/2/0 (3件PCT)	57	53/4/0
园艺学院	51	35/12/4 (1件澳大利亚实用新型)	21	11/9/1	83	70/8/5 (3件PCT)	82	71/10/1 (1件PCT)
动物科技学院	7	5/2/0	8	6/2/0	21	20/1/0	31	27/4/0
动物医学院	15	13/2/0	14	11/3/0	59	58/1/0	32	27/5/0
食品科技学院	18	13/5/0	30	24/6/0 (1件美国发明)	68	65/3/0 (1件PCT)	62	54/8/0 (2件PCT)
经济管理学院		//		//	1	1/0/0		//
理学院	2	2/0/0	1	1/0/0	6	6/0/0	16	16/0/0
人文与社会发展学院	1	0/1/0		//	1	0/1/0		//
生命科学学院	23	22/1/0	19	15/4/0	31	30/1/0 (2件PCT)	23	22/1/0
人工智能学院	10	9/1/0		//	29	28/1/0		//
信息管理学院		//	2	2/0/0	1	0/1/0	9	9/0/0
草业学院	3	3/0/0	4	4/0/0		//		//
前沿交叉研究院	3	1/2/0		//	4	2/2/0		//
无锡渔业学院		//	1	0/1/0		//		//
其他	1	0/1/0	1	1/0/0	1	0/1/0	1	1/0/0
合计	322	193/124/5	265	160/104/1	623	503/115/5	605	417/187/1

附录7　2020年度新增科研平台一览表

级别	机构名称	批准部门	依托学院	负责人
国家级	南京水稻种质资源国家野外科学观测研究站	科技部	农学院	王益华
省部级	国家农业科技示范展示基地	农业农村部	园艺学院	陈发棣
省部级	华东地区花卉生物学重点实验室	国家林业和草原局	园艺学院	陈发棣
省部级	长江中下游草种质资源创新与利用重点实验室	国家林业和草原局	草业学院	郭振飞
省部级	江苏省种业科技工程研究中心	江苏省发展改革委	农学院	张红生
省部级	江苏智慧牧业装备科技创新中心	江苏省农业农村厅	人工智能学院	沈明霞
省部级	南京农业大学牧草种质资源库	江苏省林业局	草业学院	郭振飞
省部级	农机动力及耕作机械可靠性技术重点实验室	中国机械工业联合会	工学院	康　敏
省部级	人文与社会计算研究中心	江苏省教育厅	信息管理学院	黄水清
省部级	中国资源环境与发展研究院	中共江苏省委宣传部	公共管理学院	冯淑怡

附录8　主办期刊

《南京农业大学学报》（自然科学版）

共收到稿件546篇，录用141篇，录用率为26%。提前完成学报6期的出版发行工作，刊出论文141篇，其中特约综述8篇、自由来稿综述6篇、前沿快讯1篇、研究论文126篇。平均发表周期10个月。每期邮局发行105册，国内自办发行及交换486册，国外发行2册。学报影响因子为1.365，影响因子排名13/102，期刊影响力指数（CI）排名13/102，位于Q1区。总被引频次3339次，他引率0.97，WEB下载量为11.99万次。根据《世界学术期刊学术影响力指数（WAJCI）年报》，学报在入选的全球134种综合性农业科学期刊中排第43位，位于Q2区。中国入选的综合性农业科学期刊一共有19种。

收录学报的国外数据来源：荷兰Scopus数据库、美国《史蒂芬斯全文数据库》（EBSCO host）、英国《国际农业与生物科学中心》全文数据库（CABI）、英国《动物学记录》（ZR）、《国际原子能机构文集（中国）》（International Atomic Energy Agency）、《日本科学技术振兴机构数据库（中国）》（JSTChina）、美国《乌利希期刊指南（网络版）》（Ulrichsweb）。收录学报的国内数据来源：CSCD核心库、北大中文核心期刊、中国科技核心期刊。

获2020年度中国高校百佳科技期刊、2020年度中国农业期刊最具传播力期刊。

《南京农业大学学报》（社会科学版）

共收到来稿2247篇，其中校内来稿46篇、约稿30篇。全年共刊用稿97篇，用稿率为4.3%，其中刊用校内稿件11篇、校外稿件86篇，校内用稿占比11.3%。省部级基金项目资助论文81篇，基金论文占比达84%。用稿周期约为254天。

2020年是全面建成小康社会目标实现之年，是全面打赢脱贫攻坚战收官之年。学报（社会科学版）与国务院扶贫开发领导小组办公室中国扶贫发展中心黄承伟主任联合策划了"决胜全面小康　决战脱贫攻坚"专刊。先拟定选题，以约稿方式邀请李小云、汪三贵、张琦、左停、燕继荣、陆汉文、林闽钢、曹立等国内知名专家学者撰写相关论文19篇，并刊发于学报（社会科学版）2020 年第 4 期。其中，4 篇文章被人大复印资料全文转载，1 篇被《中国社会科学文摘》全文转载，1 篇被《新华文摘》论点摘编。

中国学术期刊影响因子年报（人文社会科学）（2020 版），学报复合影响因子 6.227，期刊综合影响因子 3.941，影响力指数在综合性经济科学期刊中排名第 4 位。2020 年四大文摘转载已达 28 篇次。

学报（社会科学版）被国家哲学社会科学文献中心评为 2019 年"综合性人文社会科学学科最受欢迎期刊"；"土地问题"栏目获"江苏期刊明珠奖•优秀栏目"；获中共江苏省委宣传部"2019 年度江苏省优秀社科理论期刊 B 类资助"；被中国学术期刊（光盘版）电子杂志社有限公司、清华大学图书馆、中国学术文献国际评价研究中心评为"中国最具国际影响力学术期刊"。

《园艺研究》

共收到 1 410 篇文章投稿，较 2019 年增长了 21.7%。共上线 212 篇，同比 2019 年涨幅 58.2%，其中原创性论文 197 篇、综述 12 篇、新闻与观点 1 篇，接收率 15%。2020 年高被引论文 3 篇。组织的"Horticultural plant genomes"专刊，已刊发论文 25 篇。

编委会现有副主编 35 人、顾问委员 18 人；2020 年 3 位副主编聘期到期离开，同年加入 9 位副主编。副主编来自 12 个国家的 40 个科研单位，均为活跃于科研一线的优秀科学家及高被引作者。

2020 年 JCR 影响因子 5.404，位于园艺一区（第 1/36 名）、植物科学一区（第 16/234 名）、遗传学一区（第 24/177 名）。首次进入遗传学领域，是 2020 年唯一学科领域排名第 1 位的中国期刊。

期刊主办的第七届国际园艺研究大会于 7 月 1～30 日成功召开，会议由 Horticulture Research 和西北农林科技大学联合主办。受新冠肺炎疫情影响，本届大会在线上举行，共有来自中国、美国、英国、意大利、法国、巴基斯坦、巴西、日本等 73 个国家或地区的 1.2 万多人注册参加在线会议。大会组织了 60 场大会报告、18 名青年科学家参加的青年学者论坛、9 本植物领域期刊参与的期刊论坛在线展示海报 268 个。每场会议平均在线收看人数达到 1 500 人次，最高单场观众数达 3 299 人。大会举办的参会者云合影活动，参与者达近 1 000 人。

《中国农业教育》

共收到来稿 431 篇；其中，校外稿件 387 篇、校内稿件 44 篇。全年刊用稿件 87 篇，用稿率约为 20%。刊用校内稿件 21 篇，刊用率为 48%；校外稿件 66 篇，刊用率 17%；校内外用稿占比约为 1∶3；基金论文比约为 80%。2020 年《中国农业教育》用稿周期约为 90 天。2020 年度《中国农业教育》编辑部通过参加各种学术会议等途径向农林高校党政主要领导约稿 33 篇，约稿及组稿占总发文量约 38%，稿源数量增加、质量继续改善。

全年共组织了 6 期"特稿"专栏，先后约请了湖南农业大学、青岛农业大学、江西农业大学、福建农林大学、东北农业大学、华中农业大学和山东农业大学等农林高校主要党政领导稿件 19 篇。先后不定期组织了"高等农业教育""高教纵横""新型职业农民培育""比较教育研究"等专栏。专题方面，组织刊发了"新冠疫情背景下高等农林院校云教学的探索实践与问题反思（笔会）"（2020 年第 2 期），有 10 位主要农林高校教务处主要领导撰稿支持，赢得了高等农林学界的关注和好评，部分文章在知网的下载量超过 2 700 次。2020 年第 4

期，推出了"高等农林院校课程思政建设专题（笔会）"，专题政治站位高、时效性强、作者来源多元，为构建"大国三农"课程思政体系提供了思路和借鉴。

在知网的影响因子由 2019 年的 0.522 提升为 2020 年 0.716，实现了历史性突破。期刊"高等农业教育"栏目被评为江苏期刊"明珠奖·优秀栏目"。

《植物表型组学》

共收到来自 17 个国家的 53 篇投稿，刊发了来自 11 个国家的植物表型领域知名科研院所的 32 篇文章，其中原创性论文 29 篇、前瞻 2 篇、综述 1 篇，接收率 60.4%。组织的 2 个专刊，已刊发论文 10 篇。

期刊 h-index 为 9，平均每篇文章引用次数为 4.75，总引用次数达 266。

编委会由 3 名主编及 26 名副主编组成，其中新增副主编 4 人；分别来自 10 个国家的 21 所大学或科研机构，均为活跃在科研一线的研究人员，国际编委占 90%。

已被 CABI、CNKI、DOAJ、PMC 等数据库收录，已申请 ESCI 收录，正在评估期。即将提交 Scopus、EI 的收录申请。

7 月，入选中国科技期刊卓越行动计划高起点新刊项目。

《生物设计研究》

共收到来自 7 个国家的 17 篇投稿，刊发了来自 2 个国家的合成生物学领域知名科研院所的 11 篇文章，其中原创性论文 2 篇、前瞻 3 篇、综述 4 篇、观点 2 篇，接收率 64.7%。

平均每篇文章引用次数为 1.08，总引用次数为 13。

编委会由 3 名主编、43 名副主编和 13 名顾问委员组成，其中新增副主编 18 名、顾问委员会全部为新增；分别来自 12 个国家的 54 所大学或科研机构，均为活跃在科研一线的研究人员，国际编委占 96.7%。

《生物设计研究》已被 DOAJ 数据库收录。

第一届国际生物设计研究大会于 12 月 1～18 日召开。大会由南京农业大学 *BioDesign Research* 期刊、美国斯坦福大学、英国华威大学共同主办。受新冠肺炎疫情影响，本届大会全程在线上举行，吸引了来自中国、美国、英国、德国等 86 个国家和地区近 1.5 万人注册。会议邀请了包括 6 位诺贝尔奖得主和 16 位多国院士在内的 64 名全球知名专家学者作大会报告，35 位学者作卫星视频报告。大会收到摘要 126 篇、海报 106 个。在大会云合影活动中，来自世界各地的参会者发来了 300 余张参会照片。

《中国农史》

共收到来稿 659 篇，其中校外稿件 639 篇、校内稿件 20 篇，全年刊用稿件 82 篇，用稿率为 12.4%，用稿周期约为 150 天。刊用校内稿件 12 篇，刊用率为 60%；校外稿件 70 篇，刊用率约为 11%；校内外用稿占比为 1∶5.8。全年稿件有国家社会科学基金资助论文 36 篇、省部级基金资助论文 14 篇、其他基金资助论文 11 篇，基金论文占比为 74.39%。《中国农史》继续被北京大学《中文核心期刊要目总览》收录，是 AMI 综合评价核心期刊，始终是中文社会科学引文索引（CSSCI）来源期刊。

2020 年度《中国农史》协办大型学术会议 1 次，开展小型研讨会 1 次。9 月 18～21 日，南京农业大学中华农业文明研究院召开百年华诞庆典学术交流会议，有 65 个高校和研究机构 150 余名专家学者参加了此次盛会。

影响因子由 2019 年的 0.537 提升为 2020 年的 0.844。据不完全统计，《中国农史》

2020 年度已有龙登高的《中国传统地权制度论纲》被《新华文摘》转摘；王云红的《华北民间契约文书中的家庭养老民事习惯》被《新华文摘》转摘；吕亚虎的《秦简中的浴蚕术及其相关俗信发微》被《高校学校文科学术文摘》论点编摘。2020 年度，期刊关注度和影响力均持续上升。

附录 9　南京农业大学教师担任国际期刊编委一览表

序号	学院	姓名	编辑委员会			刊名全称	ISSN 号	出版国别
			主编	副主编	编委			
1	农学院	万建民	√			*The Crop Journal*	2095 – 5421	中国
2	农学院	万建民	√			*Journal of Integrative Agriculture*	2095 – 3119	中国
3	农学院	黄 骥		√		*Acta Physiologiae Plantarum*	0137 – 5881	德国
4	农学院	陈增建			√	*Genome Biology*	1474 – 760X	美国
5	农学院	陈增建	√			*BMC Plant Biology*	1471 – 2229	英国
6	农学院	王秀娥			√	*Plant Growth Regulation*	0167 – 6903	荷兰
7	农学院	陈增建			√	*Frontiers in Plant Genetics and Genomics*	1664 – 462X	瑞士
8	农学院	陈增建			√	*Genes*	2073 – 4425	西班牙
9	农学院	罗卫红			√	*Agricultural and Forest Meteorology*	0168 – 1923	荷兰
10	农学院	罗卫红			√	*Agricultural Systems*	0308 – 521X	荷兰
11	农学院	罗卫红		√		*Frontiers in Plant Science - Crop and Product Physiology*	1664 – 462X	瑞士
12	农学院	罗卫红		√		*The Crop Journal*	2095 – 5421	中国
13	农学院	汤 亮			√	*Field Crops Research*	0378 – 4290	荷兰
14	农学院	姚 霞			√	*Remote sensing*	2072 – 4292	瑞士
15	农学院	程 涛			√	*ISPRS International Journal of Geo - Information*	2220 – 9964	瑞士
16	农学院	朱 艳			√	*Journal of Integrative Agriculture*	2095 – 3119	中国
17	工学院	方 真	√			*Springer Book Series - Biofuels and Biorefineries*	2214 – 1537	德国
18	工学院	方 真	√			*Bentham Science：Current Chinese Science，Section Energy*	2210 – 2981	阿治曼
19	工学院	方 真		√		*The Journal of Supercritical Fluids*	0896 – 8446	荷兰
20	工学院	方 真		√		*Biotechnology for Biofuels*	1754 – 6834	德国
21	工学院	方 真		√		*Tech Science：Journal of Renewable Materials*	2164 – 6325	美国
22	工学院	方 真			√	*Taylor&Francis：Energy and Policy Research*	2381 – 5639	英国

（续）

序号	学院	姓名	编辑委员会			刊名全称	ISSN 号	出版国别
			主编	副主编	编委			
23	工学院	方 真			√	*Green and Sustainable Chemistry*	2160 – 6951	美国
24	工学院	方 真			√	*Energy and Power Engineering*	1949 – 243X	美国
25	工学院	方 真			√	*Advances in Chemical Engineering and Science*	2160 – 0392	美国
26	工学院	方 真			√	*Energy Science and Technology*	1923 – 8460	加拿大
27	工学院	方 真			√	*Journal of Sustainable Bioenergy Systems*	2165 – 400X	美国
28	工学院	方 真			√	*ISRN Chemical Engineering*	2090 – 861X	美国
29	工学院	方 真			√	*Journal of Biomass to Biofuel*	2368 – 5964	加拿大
30	工学院	方 真			√	*The Journal of Supercritical Fluids*	0896 – 8446	荷兰
31	工学院	张保华	√			*Artificial Intelligence in Agriculture*	2589 – 7217	荷兰 & 中国
32	工学院	周 俊		√		*Artificial Intelligence in Agriculture*	2589 – 7217	荷兰 & 中国
33	工学院	舒 磊			√	*IEEE Network Magazine*	0890 – 8044	美国
34	工学院	舒 磊			√	*IEEE Journal of Automatica Sinica*	1424 – 8220	瑞士
35	工学院	舒 磊			√	*IEEE Transactions on Industrial Informatics*	2192 – 1962	荷兰
36	工学院	舒 磊			√	*IEEE Communication Magazine*	0163 – 6804	美国
37	工学院	舒 磊			√	*Sensors*	1424 – 8220	瑞士
38	工学院	舒 磊			√	*Springer Human – centric Computing and Information Science*	2192 – 1962	荷兰
39	工学院	舒 磊			√	*Springer Telecommunication Systems*	1018 – 4864	荷兰
40	工学院	舒 磊			√	*IEEE System Journal*	1932 – 8184	美国
41	工学院	舒 磊			√	*IEEE Access*	2169 – 3536	美国
42	工学院	舒 磊			√	*Springer Intelligent Industrial Systems*	2363 – 6912	荷兰
43	工学院	舒 磊			√	*Heliyon*	2405 – 8440	英国
44	植物保护学院	吴益东		√		*Pest Management Science*	1526 – 498X	美国
45	植物保护学院	吴益东			√	*Insect Science*	1672 – 9609	中国
46	植物保护学院	张正光			√	*Current Genetics*	0172 – 8083	美国
47	植物保护学院	张正光			√	*Physiological and Molecular Plant Pathology*	0885 – 5765	英国
48	植物保护学院	张正光			√	*PLoS One*	1932 – 6203	美国
49	植物保护学院	董莎萌			√	*Molecular Plant – Microbe Interaction*	0894 – 0282	美国
50	植物保护学院	董莎萌			√	*Journal of Integrative Plant Biology*	1672 – 9072	中国
51	植物保护学院	董莎萌			√	*Journal of Cotton Research*	2096 – 5044	中国
52	植物保护学院	洪晓月		√		*Systematic & Applied Acarology*	1362 – 1971	英国

（续）

序号	学院	姓名	编辑委员会			刊名全称	ISSN 号	出版国别
			主编	副主编	编委			
53	植物保护学院	洪晓月			√	*Bulletin of Entomological Research*	0007－4853	英国
54	植物保护学院	洪晓月			√	*Applied Entomology and Zoology*	0003－6862	日本
55	植物保护学院	洪晓月			√	*International Journal of Acarology*	0164－7954	美国
56	植物保护学院	洪晓月			√	*Acarologia*	0044－586X	法国
57	植物保护学院	洪晓月			√	*Scientific Reports*	2045－2322	英国
58	植物保护学院	洪晓月			√	*PLoS One*	1932－6203	美国
59	植物保护学院	洪晓月			√	*Frontiers in Physiology*	1664－042X	瑞士
60	植物保护学院	洪晓月			√	*Japanese Journal of Applied Entomology and Zoology*	0021－4914	日本
61	植物保护学院	王源超			√	*Molecular Plant Pathology*	1364－3703	英国
62	植物保护学院	王源超			√	*Molecular Plant－microbe Interaction*	1943－7706	美国
63	植物保护学院	王源超			√	*Phytopathology Research*	2524－4167	中国
64	植物保护学院	王源超			√	*PLoS Pathogens*	1553－7366	美国
65	植物保护学院	刘向东			√	*Scientific Reports*	2045－2322	英国
66	植物保护学院	陶小荣			√	*Pest Management Science*	1526－498X	美国
67	植物保护学院	王 暄			√	*Molecular Plant－Microbe Interaction*	1943－7706	美国
68	植物保护学院	徐 毅			√	*Frontiers in Microbiology*	1664－302X	瑞士
69	植物保护学院	张 峰			√	*PLoS One*	1932－6203	美国
70	植物保护学院	张海峰			√	*Frontiers in Microbiology*	1664－302X	瑞士
71	资源与环境科学学院	Drosos Marios		√		*Chemical and Biological Technologies in Agriculture*	2196－5641	英国
72	资源与环境科学学院	Irina Druzhinina			√	*Fungal Biology and Biotechnology*	2054－3085	英国
73	资源与环境科学学院	Irina Druzhinina			√	*Journal of Zhejiang University SCIENCE B*	1673－1581	中国
74	资源与环境科学学院	Irina Druzhinina		√		*MycoAsia*	2582－7278	中国
75	资源与环境科学学院	Irina Druzhinina		√		*Science of The Total Environment*	0048－9697	荷兰
76	资源与环境科学学院	Irina Druzhinina		√		*Applied and Environmental Microbiology*	0099－2240	美国
77	资源与环境科学学院	蔡 枫			√	*Applied and Environmental Microbiology*	0099－2240	美国
78	资源与环境科学学院	潘根兴			√	*Chemical and Biological Technologies in Agriculture*	2196－5641	英国

（续）

序号	学院	姓名	编辑委员会			刊名全称	ISSN 号	出版国别
			主编	副主编	编委			
79	资源与环境科学学院	潘根兴			√	*Journal of Integrated Agriculture*	2095 – 3119	中国
80	资源与环境科学学院	赵方杰		√		*European Journal of Soil Science*	1351 – 0754	美国
81	资源与环境科学学院	赵方杰		√		*Plant and Soil*	0032 – 079X	德国
82	资源与环境科学学院	赵方杰			√	*New Phytologist*	1469 – 8137	英国
83	资源与环境科学学院	赵方杰			√	*Rice*	1939 – 8433	德国
84	资源与环境科学学院	赵方杰			√	*Environmental Pollution*	0269 – 7491	荷兰
85	资源与环境科学学院	赵方杰			√	*Functional Plant Biology*	1445 – 4408	澳大利亚
86	资源与环境科学学院	胡水金			√	*PloS One*	1932 – 6203	美国
87	资源与环境科学学院	胡水金			√	*Journal of Plant Ecology*	1752 – 9921	英国
88	资源与环境科学学院	郭世伟			√	*Journal of Agricultural Science*	0021 – 8596	美国
89	资源与环境科学学院	汪 鹏			√	*Plant and Soil*	0032 – 079X	德国
90	资源与环境科学学院	汪 鹏			√	*Journal of Chemistry*	2090 – 9063	英国
91	资源与环境科学学院	刘满强		√		*Applied Soil Ecology*	0929 – 1393	荷兰
92	资源与环境科学学院	刘满强			√	*Rhizosphere*	2452 – 2198	荷兰
93	资源与环境科学学院	刘满强			√	*Biology and Fertility of Soils*	0178 – 2762	德国
94	资源与环境科学学院	刘满强			√	*European Journal of Soil Biology*	1164 – 5563	法国
95	资源与环境科学学院	刘满强			√	*Geoderma*	2662 – 2289	荷兰
96	资源与环境科学学院	刘满强			√	*Soil Ecology Letters*	2662 – 2289	中国

（续）

序号	学院	姓名	编辑委员会			刊名全称	ISSN 号	出版国别
			主编	副主编	编委			
97	资源与环境科学学院	高彦征			√	*Scientific Reports*	2045 - 2322	英国
98	资源与环境科学学院	高彦征			√	*Environment International*	0160 - 4120	英国
99	资源与环境科学学院	高彦征			√	*Chemosphere*	0045 - 6535	英国
100	资源与环境科学学院	高彦征			√	*Journal of Soils and Sediments*	1439 - 0108	德国
101	资源与环境科学学院	高彦征			√	*Applied Soil Ecology*	0929 - 1393	荷兰
102	资源与环境科学学院	郭世伟			√	*Journal of Agricultural Science*	0021 - 8596	美国
103	资源与环境科学学院	胡　锋			√	*Pedosphere*	1002 - 0160	中国
104	资源与环境科学学院	郑冠宇			√	*Environmental Technology*	0959 - 3330	英国
105	资源与环境科学学院	李　真			√	*Scientific Reports*	2045 - 2322	英国
106	资源与环境科学学院	张亚丽			√	*Scientific Reports*	2045 - 2322	英国
107	资源与环境科学学院	邹建文			√	*Heliyon*	2405 - 8440	英国
108	资源与环境科学学院	邹建文			√	*Scientific Reports*	2045 - 2322	英国
109	资源与环境科学学院	邹建文			√	*Environmental Development*	2211 - 4645	美国
110	资源与环境科学学院	徐国华			√	*Journal of Experimental Botany*	1460 - 2431	英国
111	资源与环境科学学院	徐国华		√		*Chemical and Biological Technologies in Agriculture*	2196 - 5641	英国
112	资源与环境科学学院	徐国华			√	*Scientific Reports*	2045 - 2322	英国
113	资源与环境科学学院	徐国华		√		*Frontiers in Plant Science*	1664 - 462X	瑞士
114	资源与环境科学学院	沈其荣			√	*Biology and Fertility of Soils*	0178 - 2762	德国

（续）

序号	学院	姓名	编辑委员会			刊名全称	ISSN 号	出版国别
			主编	副主编	编委			
115	资源与环境科学学院	沈其荣		√		*Pedosphere*	1002 – 0160	中国
116	资源与环境科学学院	张瑞福			√	*International Biodeterioration & Biodegradation*	0964 – 8305	美国
117	资源与环境科学学院	张瑞福			√	*Journal of Integrative Agriculture*	2095 – 3119	中国
118	资源与环境科学学院	凌　宁			√	*European Journal of Soil Biology*	1164 – 5563	法国
119	资源与环境科学学院	凌　宁		√		*Land Degradation & Development*	1099 – 145X	英国
120	资源与环境科学学院	王金阳			√	*European Journal of Soil Biology*	1164 – 5563	法国
121	资源与环境科学学院	韦　中		√		*Soil Ecology Letters*	2662 – 2289	中国
122	资源与环境科学学院	韦　中			√	*Microbiome*	2049 – 2618	英国
123	资源与环境科学学院	韦　中			√	*Environmental Microbiome*	2524 – 6372	英国
124	资源与环境科学学院	熊　武			√	*European Journal of Soil Biology*	1164 – 5563	法国
125	资源与环境科学学院	刘　婷			√	*Soil Biology & Biochemistry*	0038 – 0717	英国
126	资源与环境科学学院	孙明明		√		*Journal of Environmental Management*	0301 – 4797	美国
127	资源与环境科学学院	李　荣			√	*Scientific Reports*	2045 – 2322	英国
128	资源与环境科学学院	李　荣			√	*Frontiers in Plant Science*	1664 – 462X	瑞士
129	资源与环境科学学院	于振中			√	*Microbiological Research*	0944 – 5013	德国
130	资源与环境科学学院	孙明明			√	*Applied Soil Ecology*	0929 – 1393	荷兰
131	资源与环境科学学院	孙明明			√	*Journal of Hazardous Materials*	1873 – 3336	荷兰
132	园艺学院	陈发棣		√		*Phyton – International Journal of Experimental Botany*	1851 – 5657	阿根廷

（续）

序号	学院	姓名	编辑委员会 主编	编辑委员会 副主编	编辑委员会 编委	刊名全称	ISSN 号	出版国别
133	园艺学院	陈发棣		√		*Horticulture Research*	2052 – 7276	中国
134	园艺学院	陈发棣			√	*Horticultural Plant Journal*	2095 – 9885	中国
135	园艺学院	陈 峰		√		*BMC Plant Biology*	1471 – 2229	英国
136	园艺学院	陈 峰		√		*Plant Direct*	2475 – 4455	美国
137	园艺学院	陈 峰		√		*The Crop Journal*	2095 – 5421	中国
138	园艺学院	陈劲枫		√		*Horticulture Plant Journal*	2095 – 9885	中国
139	园艺学院	陈劲枫		√		*Horticulture Research*	2052 – 7276	中国
140	园艺学院	程宗明	√			*Horticultural Research*	2052 – 7276	中国
141	园艺学院	程宗明	√			*Plant Phenomics*	2643 – 6515	中国
142	园艺学院	程宗明	√			*BioDesign Research*	2693 – 1257	中国
143	园艺学院	侯喜林			√	*Journal of Integrative Agriculture*	2095 – 3119	荷兰
144	园艺学院	侯喜林		√		*Horticulture Research*	2052 – 7276	中国
145	园艺学院	李 义		√		*Horticulture Research*	2052 – 7276	中国
146	园艺学院	李 义		√		*Plant，Cell，Tissue and Organ Culture*	0167 – 6857	荷兰
147	园艺学院	李 义			√	*Frontiers in Plant Science*	1664 – 462X	瑞士
148	园艺学院	柳李旺			√	*Frontiers in Plant Science*	1664 – 462X	瑞士
149	园艺学院	汪良驹			√	*Horticultural Plant Journal*	2095 – 9885	中国
150	园艺学院	吴巨友			√	*Molecular Breeding*	1369 – 5266	荷兰
151	园艺学院	吴 俊			√	*Journal of Integrative Agriculture*	2095 – 3119	荷兰
152	园艺学院	吴 俊	√			*Horticultural Plant Journal*	2095 – 9885	中国
153	园艺学院	张绍铃			√	*Frontiers in Plant Science*	1664 – 462X	瑞士
154	动物科技学院	王 恬			√	*Journal of Animal Science and Biotechnology*	1674 – 9782	中国
155	动物科技学院	孙少琛			√	*Scientific Reports*	2045 – 2322	英国
156	动物科技学院	孙少琛			√	*PLoS One*	1932 – 6203	美国
157	动物科技学院	孙少琛			√	*PeerJ*	2167 – 8359	美国
158	动物科技学院	孙少琛			√	*Journal of Animal Science and Biotechnology*	1674 – 9782	中国
159	动物科技学院	朱伟云			√	*The Journal of Nutritional Biochemistry*	0955 – 2863	美国
160	动物科技学院	朱伟云			√	*Asian – Australasian Journal of Animal Sciences*	1011 – 2367	韩国
161	动物科技学院	朱伟云			√	*Journal of Animal Science and Biotechnology*	1674 – 9782	中国

（续）

序号	学院	姓名	编辑委员会			刊名全称	ISSN 号	出版国别
			主编	副主编	编委			
162	动物科技学院	石放雄			√	*Asian Pacific Journal of Reproduction*	2305 - 0500	中国
163	动物科技学院	石放雄			√	*The Open Reproductive Science Journal*	1874 - 2556	加拿大
164	动物科技学院	石放雄			√	*Journal of Animal Science Advances*	2251 - 7219	美国
165	动物科技学院	成艳芬		√		*Microbiome*	2049 - 2618	英国
166	动物科技学院	成艳芬		√		*Animal Microbiome*	2524 - 4671	英国
167	动物科技学院	张艳丽			√	*Animal Reproduction Science*	0378 - 4320	美国
168	动物科技学院	周 波			√	*Journal of Applied Animal Welfare Science*	1532 - 7604	美国
169	动物医学院	鲍恩东			√	*Agriculture*	1580 - 8432	斯洛文尼亚
170	动物医学院	李祥瑞			√	亚洲兽医病例研究	2169 - 8880	美国
171	动物医学院	严若峰			√	*Journal of Equine Veterinary Science*	0737 - 0806	美国
172	动物医学院	范红结			√	*Journal of Integrative Agriculture*	2095 - 3119	中国
173	动物医学院	吴文达			√	*Food and Chemical Toxicology*	0278 - 6915	英国
174	动物医学院	赵茹茜			√	*General and Comparative Endocrinology*	0016 - 6480	美国
175	动物医学院	赵茹茜			√	*Journal of Animal Science and Biotechnology*	2049 - 1891	中国
176	食品科技学院	李春保		√		*Asian - Australasian Journal of Animal Sciences*	1011 - 2367	韩国
177	食品科技学院	李春保			√	*Foods*	2304 - 8158	瑞士
178	食品科技学院	李春保			√	*Frontiers in Animal Sciences*	2673 - 6225	瑞士
179	食品科技学院	李春保			√	*Frontiers in Microbiology*	1664 - 302X	瑞士
180	食品科技学院	陆兆新			√	*Food Science & Nutrition*	2048 - 7177	美国
181	食品科技学院	曾晓雄		√		*International Journal of Biological Macromolecules*	0141 - 8130	荷兰
182	食品科技学院	曾晓雄			√	*Journal of Functional Foods*	1756 - 4646	荷兰
183	食品科技学院	曾晓雄			√	*Foods*	2304 - 8158	瑞士
184	食品科技学院	曾晓雄			√	*Food Hydrocolloids for Health*	2667 - 0259	美国
185	食品科技学院	Josef Voglmeir		√		*Carbohydrate Research*	0008 - 6215	荷兰
186	食品科技学院	Josef Voglmeir			√	*Carbohydrate Research*	0008 - 6215	荷兰
187	食品科技学院	张万刚		√		*Meat Science*	0309 - 1740	美国

（续）

序号	学院	姓名	主编	副主编	编委	刊名全称	ISSN 号	出版国别
			编辑委员会					
188	食品科技学院	张万刚			√	Trends In Food Science & Technology	0924 - 2244	荷兰
189	食品科技学院	张万刚		√		Food Science of Animal Resources	2636 - 0772	韩国
190	食品科技学院	郑永华			√	Postharvest Biology and Technology	0925 - 5214	荷兰
191	食品科技学院	陶　阳			√	Ultrasonics Sonochemistry	1350 - 4177	荷兰
192	食品科技学院	陶　阳			√	Bioengineered	2165 - 5987	英国
193	食品科技学院	陶　阳			√	Applied Sciences	2076 - 3417	瑞士
194	生命科学学院	蒋建东		√		International Biodeterioration & Biodegradation	0964 - 8305	英国
195	生命科学学院	蒋建东			√	Applied and Environmental Microbiology	0099 - 2240	美国
196	生命科学学院	蒋建东			√	Frontiers in MicroBioTechnology, Ecotoxicology & Bioremediation	1664 - 302X	瑞士
197	生命科学学院	章文华			√	Frontiers in Plant Science	1664 - 462X	瑞士
198	生命科学学院	章文华			√	New Phytologist（board of advisors）	0028 - 646X	美国
199	生命科学学院	杨志敏			√	Gene	03781119	荷兰
200	生命科学学院	杨志敏			√	Plant Gene	1479 - 2621	美国
201	生命科学学院	杨志敏			√	PloS One	1932 - 6203	美国
202	生命科学学院	强　胜			√	Pesticide Biochemistry and Physiology	0048 - 3575	美国
203	生命科学学院	强　胜			√	Journal of Integrative Agriculture	2095 - 3119	英国
204	生命科学学院	蒋明义			√	Frontiers in Plant Science	1664 - 462X	瑞士
205	生命科学学院	蒋明义			√	Frontiers in Physiology	1664 - 042X	瑞士
206	生命科学学院	腊红桂			√	Frontiers in plant science	1664 - 462X	瑞士
207	生命科学学院	鲍依群			√	Plant Science	0168 - 9452	爱尔兰
208	生命科学学院	朱　军			√	Molecular Microbiology	1365 - 2958	英国
209	生命科学学院	朱　军			√	Journal of Bacteriology	0021 - 9193	英国
210	生命科学学院	朱　军			√	Infection and Immunity	0019 - 9567	美国
211	生命科学学院	朱　军			√	Frontiers in Cellular and Infection Microbiology	2235 - 2988	瑞士
212	草业学院	郭振飞		√		Frontiers in Plant Science	1664 - 462X	瑞士
213	草业学院	郭振飞		√		The Plant Genome	1940 - 3372	美国
214	草业学院	张英俊		√		Grass and Forage Science	0142 - 5242	英国
215	草业学院	黄炳茹		√		Horticulture Research	2052 - 7276	英国
216	草业学院	黄炳茹			√	Environmental and Experimental Botany	0098 - 8472	英国
217	草业学院	徐　彬		√		Grass and Forage Science	0142 - 5242	欧盟

（续）

序号	学院	姓名	编辑委员会			刊名全称	ISSN 号	出版国别
			主编	副主编	编委			
218	理学院	张明智			√	*International Journal of Clinical Microbiology and Biochemical Technology*	2581 – 527X	美国
219	前沿交叉研究院	窦道龙			√	*Plant Growth Regulation*	0167 – 6903	荷兰
220	前沿交叉研究院	金时超		√		*Plant Phenomics*	2643 – 6515	中国
221	前沿交叉研究院	甘祥超			√	*Agronomy*	2073 – 4395	西班牙
222	外国语学院	杨艳霞			√	*TESOL International Journal*	2094 – 3938	荷兰
合计			10	47	165			

（撰稿：姚雪霞　毛　竹　审稿：俞建飞　马海田　陶书田　周国栋
陈　俐　姜　东　黄水清　卢　勇　宋华明　审核：童云娟）

社 会 服 务

【概况】学校各类科技服务合同稳定增长。截至 12 月 31 日，学校共签订各类横向合作项目（含无锡渔业学院、规划院、校外独立法人研究院）878 项，合同金额 3.25 亿元；到账金额 1.94 亿元。

获批 2020 年江苏省产学研合作项目 4 项；10 人入选江苏省"科技副总"；完成江苏省第四批产学研项目结题。获得江苏省技术转移联盟十大技术转移优秀案例和技术转移服务精英奖。与云南省开远市、江苏省海安市、南京鼓楼高新技术产业开发区、上海东方桃源集团、正邦集团等签署战略合作协议。出台《南京农业大学关于中央部门和单位财政性资金采购科技服务项目管理实施细则》（校社合发〔2020〕2 号）。

新建 11 个新农村服务基地。截至 12 月 31 日，共计准入建设基地 42 个，实验室面积 9 220 平方米，试验用地 16 416 亩。基地 2020 年度承担纵向项目 130 余个，经费合同金额 15 364 万元，到账 5 442 万元；横向项目 129 项，经费合同金额 2 735 万元，到账 2 053 万元。基地参与培养学生 556 人，其中参与培养研究生 481 人；培养青年教师 81 人，引进团队 87 个。基地荣获各类表彰 29 项，宣传报道 279 篇。泰州研究院获中广国际报道并获江苏省教育服务"三农"高水平基地。淮安研究、宿迁研究院在地方 2020 年考核中获优秀。句容草坪研究院和湖熟菊花专家工作站获批国家林业和草原局重点实验室。

各类推广项目有序开展。全年共承担各类农技推广项目 7 项，总金额达 1 850 万元。其中，新增"农业重大技术协同推广计划试点项目" 3 项，总经费 450 万元。农业重大技术协同推广项目共对接服务睢宁、盱眙等 17 个县（市、区）的 7 大主导产业，标准化建设 13 个区域示范基地、23 个基层推广站（专家工作室）、10 个协同推广联盟；举办江苏省梨产业发展交流会暨梨产业联盟成立大会，全省 60 多个高校、科研院所等 100 余人参加了会议。

深化推进科技服务乡村振兴工作。成功举办全国高校新农村发展研究院联盟第三届乡村振兴论坛，入选 2020 年"脱贫攻坚与乡村振兴"优秀案例，牵头筹备与共建"乡村振兴云学堂"。当选江苏省现代农业产业园区联盟第一届理事会理事长单位，参与共建六合区乡村振兴研究院，与洋河新区共建现代农业产业示范园。长三角乡村振兴研究院观察与咨询项目有序开展，共计调研案例 56 个，形成项目成果 35 篇。成功推荐镇江市和淄博市乡村振兴产业专家，组织专家承担滁州市和泗洪县基层干部乡村振兴业务能力培训、泗洪县和射阳县生态循环农业试点村建设、六合区和赣榆区农业农村"十四五"发展研究等项目 10 余项，与宿州市、阜阳市、郯城县等地对接乡村振兴服务。

截至 12 月 31 日，纳入集中统一监管的所属企业共有 34 家，包括全资企业 13 家、控股企业 3 家、参股企业 18 家。资产经营公司注册资本 14 609.234 8 万元。6 月 19 日，经学校研究决定，成立南京农业大学产业研究院；资产经营公司总经理许泉兼任产业研究院院长。9 月 18 日，校长办公会审议通过南京农业大学实验牧场注销事宜。

【调整学校科技成果转移转化领导小组】 3 月 4 日，学校发布《南京农业大学关于调整科技成果转移转化领导小组的通知》（校社合发〔2020〕47 号），对学校科技成果转移转化领导小组进行调整。领导小组设组长和副组长，陈利根、陈发棣为组长，丁艳锋、闫祥林为副组长。领导小组下设办公室，办公室设在社会合作处（新农村发展研究院办公室），负责日常工作。办公室主任由社会合作处领导担任，办公室成员单位包括监察处、人事处、计财处、社会合作处（新农村发展研究院办公室）、科学研究院、人文社科处、审计处、资产管理与后勤保障处、法律事务办公室、图书馆、资产经营公司、工学院。

【淮安市人民政府和南京农业大学举行进一步深化合作共建南京农业大学淮安研究院】 8 月 11 日，淮安市人民政府和南京农业大学在淮安举行了进一步深化合作共建南京农业大学淮安研究院的签约仪式。淮安市市长陈之常，副市长王向红，秘书长王苏君，南京农业大学党委书记陈利根，校长陈发棣，党委常委、副校长丁艳锋等 30 余人出席续签仪式。淮安研究院进一步发挥新农村服务基地在人才培养、科学研究、技术示范、科技推广和产业发展方面的作用。淮安市人民政府和南京农业大学于 2013 年建立了战略合作关系，双方在"三农"领域取得了一系列丰硕成果，实现了政校共赢良好态势。

【南京农业大学与后白镇人民政府成功续签共建草坪研究院 30 年深化合作协议】 11 月 12 日，南京农业大学与句容市后白镇人民政府共建句容草坪研究院深化合作签约仪式在句容草坪研究院举行。学校党委常委、副校长丁艳锋，句容市委党委、组织部部长汪丹宁，学校社会合作处处长陈巍，草业学院党总支书记李俊龙，句容草坪研究院院长杨志民，句容市后白镇人民政府相关同志及南京农业大学草业学院部分师生代表出席了签约仪式。句容草坪研究院在草坪品种、种植、管护等方面能孕育更多科技成果，为当地产业发展和南农学科建设培养更多专业人才，为草业从业者提供更多致富渠道。

【南京农业大学睢宁梨产业研究院成立】 10 月 14 日，南京农业大学与睢宁县人民政府合作框架协议暨共建睢宁梨产业研究院签约仪式在睢宁县王集镇鲤鱼山庄鲤堂举行，即南京农业大学睢宁梨产业研究院正式成立。睢宁梨产业研究院将以合理规划梨产业发展、培养梨产业专业技术人才、组建产业技术、管理模式创新平台、促进科技成果应用、推进农业品牌建设为目标，围绕产业技术研发、公共技术服务、人才队伍建设和科技成果转化四大功能定位，积极打造集研发、培训与技术服务于一体的现代农业技术创新试验基地、高层次人才的培养与创新基地、产业发展与技术推广的培训基地、新成果推广与应用的转化基地，为睢宁县乃至江苏省梨产业转型升级提供强有力的技术支撑。

【**南京农业大学与江苏叁拾叁信息技术有限公司共建智慧畜禽与水产研究院**】11 月 25 日，南京农业大学与江苏叁拾叁信息技术有限公司签署智慧畜禽与水产研究院合作协议，仪式在江苏叁拾叁信息技术有限公司举行。学校社会合作处处长陈巍与江苏叁拾叁信息技术有限公司总经理刘卫民分别代表学校和江苏叁拾叁信息技术有限公司签署智慧畜禽与水产研究院合作协议。叁拾叁智慧畜禽与水产研究院为企业提供人才支持，为智慧畜禽与水产产业发展提供解决方案，突破畜禽养殖核心关键技术，实现畜禽健康养殖、畜牧产业的可持续发展。

【**南京农业大学与南京雨发农业科技开发有限公司共建雨发园艺专家工作站**】12 月 1 日，南京农业大学与南京雨发农业科技开发有限公司共建雨发园艺专家工作站签约仪式在公司举行。学校社会合作处处长陈巍、南京雨发农业科技开发有限公司总经理刘东波分别代表学校和南京雨发农业科技开发有限公司签署了南京农业大学雨发园艺专家工作站协议。雨发园艺专家工作站共同构建集产学研创新体系、技术培训与成果转化、人才培养于一体的新农村服务基地，在优质蔬菜新品种培育、高效栽培技术方面实现成果转化，在蔬菜产业功能拓展等方面开展深度合作。

【**南京农业大学在溧阳天目湖镇成立溧阳茶产业研究院**】12 月 3 日，南京农业大学与溧阳天目湖镇、江苏平陵建设投资集团共建溧阳茶产业研究院签约仪式在溧阳举行。学校社会合作处副处长严瑾与平陵建设投资集团董事长沈建东、天目湖镇农村工作局局长彭攀分别代表学校、平陵建设投资集团、天目湖镇签署南京农业大学溧阳茶产业研究院建设协议。溧阳茶产业研究院是一个集产学研创新体系、技术培训与成果转化、人才培养于一体的新农村服务基地，学校将在茶叶品质提高、品牌升级、茶旅融合、茶业行业人才培训等方面与地方开展深度合作。

【**成功组织申报"农业重大技术协同推广计划试点项目"**】成功组织申报江苏省"农业重大技术协同推广计划试点项目"3 项（小麦、葡萄、根茎类蔬菜）并获得立项，总经费 500 万元。2019 年度"农业重大技术协同推广计划试点项目"实施成效显著，共建江苏省梨产业发展交流会暨梨产业联盟。

【**当选为江苏省现代农业产业园区联盟第一届理事会理事长单位**】10 月 29 日，江苏省现代农业产业园区联盟成立大会在江阴市华西村召开，南京农业大学当选为第一届理事会理事长单位，人文与社会发展学院副院长朱利群教授当选第一届理事会副秘书长，卞新民教授、王树进教授、陈巍教授、朱利群教授、吴巨友教授、李刚华教授、黄瑞华教授、许朗教授、韩永斌教授、刘小军教授等当选第一届专家咨询委员会成员。

【**组织承办高等学校新农村发展研究院第三届乡村振兴论坛**】12 月 18 日，南京农业大学组织承办高等学校新农村发展研究院第三届乡村振兴论坛暨第二届脱贫攻坚典型案例交流会。40 余家高校新农村发展研究院及相关企业齐聚南京农业大学，深入总结和推广在乡村振兴、脱贫攻坚方面的典型案例和宝贵经验，共同探讨高等学校服务脱贫攻坚与乡村振兴战略的思想与举措。《校地线下建联盟、专家线上做服务，南京农业大学探索与实践"双线共推"服务脱贫攻坚与乡村振兴新路径》入选优秀案例。

【资产经营】强化企业管理。制定《江苏南京农大科技开发有限责任公司总经理办公会议事规则》《江苏南京农大科技开发有限责任公司人事管理办法（试行）》。与全资企业负责人签订《经营目标责任书》《廉政建设责任书》《安全管理责任书》。制订《南京农业大学资产经营有限公司新型冠状病毒感染的肺炎防控工作方案》，组织排查资产公司及所属企业 425 名职工和长期合作供应商信息，落实疫情防控措施。

推进所属企业体制改革。10 月，根据《教育部　财政部关于全面推开中央高校所属企业体制改革工作的通知》（教财司函〔2020〕18 号）、《关于反馈南京农业大学校企改革方案审核意见的通知》（教财司便函〔2020〕186 号）文件要求，制订《南京农业大学所属企业体制改革方案》，明确改革任务为清理关闭企业 7 家、脱钩剥离企业 18 家、保留管理企业 9 家。

创新产业发展。与专业公司进行品牌宣推、创意策划合作，完成"南农印象"商标Ⅵ设计，完成 8 类商标注册申请工作。初步开发并形成三大系列品牌产品，包括优质农产品、菊花衍生品、特色文创产品。加强与地方政府合作，服务地方经济，提高产业效能。探索和实践"政府＋高校＋企业、科技支撑＋工程技术＋投资运营"的运作模式。与海南省乐东县政府展开全面合作，项目总金额达到 1 450 万元。

助力学校发展。全年实现上交 1 180 万元，提供幼儿园建设经费 200 万元。

【金善宝农业现代化发展研究院】2020 年度制定《南京农业大学新型智库建设专项经费使用管理实施细则》，印发《金善宝农业现代化发展研究院智库建设成果认定与奖励暂行办法》。完成并验收通过江苏省重点智库课题 10 项；报送专报 20 余篇；研究成果分别刊发在《智库专报》《决策咨询》、中央农办内参等共 5 次；获省部级以上领导肯定性批示及对省部级以上部门决策产生重要影响的代表性成果 10 余项，获中央领导、国务院领导肯定性批示 4 项。2 项成果获年度智库研究优秀成果评选一等奖；1 篇研究报告获年度江苏省乡村振兴软科学课题研究成果一等奖。9 月，上线社交媒体微信公众号和独立官方网站；建设中国土地经济调查（CLES）数据库、乡村振兴长期观察网络；承办农业农村部科技教育司等单位交办的论坛、专题研讨会等活动 10 余次；相关成果在中国政府网、新华网、光明网、央广网、江苏智库网、交汇点、新华报业网等网络新媒体平台累计发文 60 余次；组织开展的研讨会、论坛等活动通过新华社、新华日报、光明日报、澎湃新闻、农民日报、科技日报、江苏卫视、中国社会科学报等积极推送宣传报道，阅读量最高达 40 余万次。

【中国资源环境与发展研究院】4 月，南京农业大学中国资源环境与发展研究院获批成为江苏省重点智库培育单位。2020 年度报送决策咨询报告 11 篇，其中 2 篇被江苏省委宣传部内刊《智库专报》采纳，1 篇获江苏省委、省政府重要领导的肯定性批示；获年度智库研究优秀成果奖 1 项；承担农业农村部定向委托研究课题 1 项；承担"天目湖流域生态资源交易平台研发与应用试点"项目 1 项；在《南京社会科学》等核心期刊发表论文 7 篇；内刊《中国资源环境与发展研究院智库咨询报告》出版 1 期、《资政专报》出版 2 期。开通微信公众平台。联合农村土地资源利用与整治国家地方联合工程研究中心等多家单位举办主题研讨会 5 场，资政成果通过新华社、新华日报、江苏卫视、中国社会科学报等宣传报道，阅读量最高达百万余次；相关成果发表在新华社、新华日报、学习强国、江苏卫视等中央、省级智库平台，产生广泛社会影响；智库专家通过参加江苏省"十四五"农业农村现代化规划编制专家座谈会、接受江苏卫视采访等各种途径为江苏省建设发展建言献策。

［附录］

附录 1　学校横向合作到位经费情况一览表

序号	学院或单位	到位经费（万元）
1	农学院	813.74
2	工学院	207.20
3	植物保护学院	1 548.66
4	资源与环境科学学院	1 044.83
5	园艺学院	2 027.60
6	动物科技学院	964.05
7	动物医学院	1 531.62
8	食品科技学院	984.90
9	经济管理学院	393.09
10	公共管理学院	718.70
11	人文与社会发展学院	695.79
12	生命科学学院	389.84
13	理学院	31.15
14	信息管理学院	99.17
15	外国语学院	5.94
16	金融学院	146.15
17	草业学院	71.10
18	人工智能学院	169.06
19	其他（无锡渔业学院、资产经营公司、独立法人研究院、学校其他职能部门等）	7 611.57
	合计	19 454.16

附录 2　学校社会服务获奖情况一览表

时间	获奖名称	获奖个人/单位	颁奖单位
1 月	江苏省优秀科技特派员	范红结、郭世荣、渠慎春、於海明	江苏省科技厅
3 月	五一巾帼标兵	陈颖	昆山市总工会
4 月	苏州市高标准蔬菜生产示范基地	昆山市优来谷成科创中心	苏州市农业农村局
5 月	"乡村振兴科技在行动——科技富民故事"优秀奖	倪维晨	江苏省农业农村厅
5 月	十佳农业创新经营主体	昆山市优来谷成科创中心	昆山市人民政府

（续）

时间	获奖名称	获奖个人/单位	颁奖单位
6 月	全国最美绿色食品企业	昆山市优来谷成科创中心	中国绿色食品发展中心
6 月	昆山市农业农村创业创新示范基地	昆山市优来谷成科创中心	昆山市农业农村局
9 月	第二十二届中国国际工业博览会高校展区优秀展品奖	南京农业大学	中国国际工业博览会高校展区组织委员会
11 月	常熟市自然科学优秀论文	陶启威	常熟市人民政府
11 月	2020 年度昆山市劳动模范	陈颖	昆山市人民政府
12 月	宿迁市产业研究院绩效考核优秀	宿迁市设施园艺研究院	宿迁市政府
12 月	"逐梦乡村·创享彭城"大赛一等奖	新沂葡萄产业研究院	中共徐州市委组织部、中共徐州市委农村工作领导小组办公室、徐州市农业农村局
12 月	"共建校企研发平台助推成果转移转化——以动物疫苗研制开发与利用为例"获得十大优秀案例	姜平教授团队	江苏省技术转移联盟
12 月	技术转移服务精英奖	陈荣荣	江苏省技术转移联盟
12 月	高等学校科学研究优秀成果奖（人文社会科学）三等奖	陈巍	教育部
12 月	农业科研创新先进个人	席庆	江苏常熟国家农业科技园区管理委员会
12 月	2020 年"镜头中的三下乡"优秀组织单位	南京农业大学团委	团中央青年发展部、中国青年报社
12 月	2020 年全国大中专学生志愿者暑期"三下乡"社会实践活动优秀单位	南京农业大学团委	中央宣传部、中央文明办、教育部、共青团中央、中华全国学生联合会
12 月	2020 年江苏省大中专学生志愿者暑期文化科技卫生"三下乡"社会实践活动先进单位	南京农业大学团委	中共江苏省委宣传部、江苏省文明办、江苏省教育厅、共青团江苏省委、江苏省学生联合会
12 月	2020 年江苏省大中专学生志愿者暑期文化科技卫生"三下乡"社会实践活动优秀团队	"打造山村软实力"——山村反贫困调研团、南农贵大 2＋1"硕博学子麻江行"科技服务团、"青春聚力，服务'三农'发展"植物医院暑期实践调研团、"今"疫先锋、情系食品安全，共筑和谐家园、"智农惠农，科教兴村"农科学子暑期返乡实践宣讲团	中共江苏省委宣传部、江苏省文明办、江苏省教育厅、共青团江苏省委、江苏省学生联合会
12 月	2020 年江苏省大中专学生志愿者暑期文化科技卫生"三下乡"社会实践活动先进工作者	徐刚、孙小雯、邵春妍、郑冬冬、万洋波	中共江苏省委宣传部、江苏省文明办、江苏省教育厅、共青团江苏省委、江苏省学生联合会

（续）

时间	获奖名称	获奖个人/单位	颁奖单位
12 月	2020 年江苏省大中专学生志愿者暑期文化科技卫生"三下乡"社会实践活动先进个人	杨依晨、钟君如、李昱婵、孙冉、王润、关惠泽、尚彬彬、杨蔚桐	中共江苏省委宣传部、江苏省文明办、江苏省教育厅、共青团江苏省委、江苏省学生联合会
12 月	2020 年江苏省大中专学生志愿者暑期文化科技卫生"三下乡"社会实践活动优秀社会实践基地	新沂稻田综合种养产业研究院	中共江苏省委宣传部、江苏省文明办、江苏省教育厅、共青团江苏省委、江苏省学生联合会

附录 3 学校新农村服务基地一览表

序号	名称	基地类型	合作单位	所在地	服务领域
1	南京农业大学现代农业研究院	综合示范基地	南京农业大学（自建）	江苏省南京市	—
2	淮安研究院	综合示范基地	淮安市人民政府	江苏省淮安市	畜牧业、渔业、种植业、城乡规划、食品、园艺等
3	常熟乡村振兴研究院	综合示范基地	常熟市人民政府	江苏省常熟市	农业技术服务
4	连云港新农村发展研究院	综合示范基地	连云港市科技局	江苏省连云港市	综合
5	泰州研究院	综合示范基地	泰州市人民政府	江苏省泰州市	农业资源利用、农产品品牌创建、美丽乡村建设规划与设计、公共技术服务与科技咨询服务等
6	六合乡村振兴研究院	综合示范基地	南京市六合区人民政府	江苏省南京市	稻米、生物质炭、蔬菜、食品加工等
7	宿迁设施园艺研究院	特色产业基地	宿迁市人民政府	江苏省宿迁市	设施园艺
8	昆山蔬菜产业研究院	特色产业基地	昆山市农业农村局	江苏省苏州市	开展技术研发、技术推广和服务项目
9	溧水肉制品加工产业创新研究院	特色产业基地	南京黄教授食品科技有限公司	江苏省南京市	肉制品加工
10	句容草坪研究院	特色产业基地	句容市后白镇人民政府	江苏省句容市	草坪产业
11	建平炭基生态农业产业研究院	特色产业基地	辽宁省朝阳市建平县人民政府	辽宁省朝阳市	乡村振兴与现代化农业发展
12	新沂葡萄产业研究院	特色产业基地	新沂市人民政府	江苏省新沂市	葡萄技术推广

（续）

序号	名称	基地类型	合作单位	所在地	服务领域
13	蚌埠花生产业研究院	特色产业基地	固镇县人民政府蚌埠干部学校	安徽省蚌埠市	花生优新品种培育、花生食开发
14	如皋长寿特色农产品研究院	特色产业基地	如皋市人民政府	江苏省南通市	蔬菜学、园艺学、食品科学、植物保护、资源与环境、农业机械
15	怀远糯稻产业研究院	特色产业基地	怀远县人民政府	安徽省蚌埠市	糯稻
16	丰县果业研究院	特色产业基地	丰县人民政府	江苏省徐州市	果品
17	新沂稻田综合种养产业研究院	特色产业基地	新沂市合沟镇人民政府新沂合沟远方农业发展有限公司	江苏省新沂市	综合种养、农业产业化发展
18	安徽和县新农村发展研究院	特色产业基地	和县台湾现代农业产业园	安徽省马鞍山市	蔬菜
19	睢宁梨产业研究院	特色产业基地	睢宁王集人民政府	江苏省徐州市	梨
20	叁拾叁智慧畜禽与水产研究院	特色产业基地	江苏叁拾叁信息技术有限公司	江苏省南京市	畜禽与水产
21	溧阳茶产业研究院	特色产业基地	溧阳市人民政府	江苏省常州市	茶叶
22	云南水稻专家工作站	分布式服务站	云南省农业科学院粮食作物研究所	云南省昆明市	农学、育种等
23	如皋信息农业专家工作站	分布式服务站	如皋市农业技术推广中心	江苏省南通市	信息农业
24	丹阳食用菌专家工作站	分布式服务站	江苏江南生物科技有限公司	江苏省镇江市	食用菌、食品、饲料、肥料等
25	大丰大桥果树专家工作站	分布式服务站	江苏盐丰现代农业发展有限公司	江苏省盐城市	果树、生态农业等
26	南京湖熟菊花专家工作站	分布式服务站	南京农业大学（自建）	江苏省南京市	花卉、园艺、休闲农业等
27	山东临沂园艺专家工作站	分布式服务站	山东省临沂市朱芦镇人民政府	山东省临沂市	园艺
28	常州礼嘉葡萄产业专家工作站	分布式服务站	常州市礼嘉镇人民政府	江苏省常州市	葡萄、农学等
29	盐城大丰盐土农业专家工作站	分布式服务站	江苏盐城国家农业科技园区	江苏省盐城市	高科技农业
30	丁庄葡萄研究所	分布式服务站	句容市茅山镇人民政府	江苏省镇江市	葡萄等
31	龙潭荷花专家工作站	分布式服务站	南京龙潭街道	江苏省南京市	观赏园艺

(续)

序号	名称	基地类型	合作单位	所在地	服务领域
32	东海专家工作站	分布式服务站	东海县人民政府	江苏省连云港市	果树、蔬菜、花卉等
33	盱眙专家工作站	分布式服务站	盱眙县穆店镇人民政府	江苏省淮安市	果树、蔬菜等
34	南京云几茶叶专家工作站	分布式服务站	南京云几文化产业发展有限公司	江苏省南京市	茶叶等
35	溧水林果提质增效专家工作站	分布式服务站	南京溧水区和凤镇	江苏省南京市	林果等
36	盘城葡萄专家工作站	分布式服务站	南京盘城街道办事处	江苏省南京市	葡萄等
37	凤凰农谷专家工作站	分布式服务站	江苏凤谷现代农业科技发展有限公司	江苏省盐城市	蔬菜等
38	江阴益生菌专家工作站	分布式服务站	江苏佰奥达生物科技有限公司	江苏省无锡市	益生菌等
39	吴江（骏瑞）蔬菜产业专家工作站	分布式服务站	江苏骏瑞食品配送有限公司	江苏省苏州市	蔬菜、果树等
40	南通海安雅周现代农业专家工作站	分布式服务站	南通海安雅周现代农业园	江苏省南通市	果蔬
41	家惠美农奶业专家工作站	分布式服务站	南通家惠生物科技有限公司	江苏省南通市	养殖、生物饲料
42	雨发园艺专家工作站	分布式服务站	南京雨发农业科技开发有限公司	江苏省南京市	园艺作物高效栽培

附录4　学校科技成果转移转化基地一览表

序号	基地名称	合作单位	服务地区
1	南京农业大学-康奈尔大学国际技术转移中心	康奈尔大学	国内外
2	南京农业大学技术转移中心吴江分中心	江苏省吴江现代农业产业园区管理委员会	江苏省苏州市吴江区
3	南京农业大学技术转移中心高邮分中心	高邮市人民政府/扬州高邮国家农业科技园区管理委员会	江苏省扬州市高邮市
4	南京农业大学技术转移中心苏南分中心	常州市科技局	江苏省常州市
5	南京农业大学技术转移中心苏北分中心	宿迁市科技局	江苏省宿迁市
6	南京农业大学技术转移中心萧山分中心	杭州市萧山区农业和农村工作办公室	浙江省杭州市萧山区
7	南京农业大学技术转移中心如皋分中心	南通市如皋市科技局	江苏省南通市如皋市
8	南京农业大学技术转移中心丰县分中心	徐州市丰县人民政府	江苏省徐州市丰县
9	南京农业大学技术转移中心武进分中心	武进区科技成果转移中心	江苏省常州市武进区
10	南京农业大学技术转移中心大丰分中心	盐城市大丰区科技局	江苏省盐城市大丰区
11	南京农业大学技术转移中心盐都分中心	盐城市盐都区科技局	江苏省盐城市盐都区

（续）

序号	基地名称	合作单位	服务地区
12	南京农业大学技术转移中心栖霞分中心	南京市栖霞区科技局	江苏省南京市栖霞区
13	南京农业大学技术转移中心八卦洲分中心	江苏省栖霞现代农业产业园	江苏省南京市八卦洲街道
14	南京农业大学技术转移中心高淳分中心	南京市高淳区人民政府	江苏省南京市高淳区
15	南京农业大学技术转移中心溧水分中心	南京白马国家农业科技园科技人才局	江苏省南京市溧水区

附录 5　学校公益性农业科技推广项目一览表

执行年度	项目类型	主管部门	产业方向与实施区域		经费（万元）
2018—2020 年	农业重大技术协同推广计划	江苏省农业农村厅	蔬菜	溧水、昆山、宿城、泰兴	800
			生猪	泰兴、射阳、涟水	
2019—2021 年	农业重大技术协同推广计划	江苏省农业农村厅	稻米	睢宁、盱眙、金坛、张家港	600
			梨	睢宁、丰县、天宁	
2020—2022 年	农业重大技术协同推广计划	江苏省农业农村厅	葡萄	浦口、新沂	150
			小麦	姜堰、大丰	200
			根茎类蔬菜	泗洪、涟水	100
总计					1 850

附录 6　学校新型农业经营主体联盟建设一览表

序号	联盟名称	户数	理事长	成立时间
1	麻江县草莓产业新型农业经营主体联盟	12	贵州荣兴生态农业有限公司	1 月 3 日
2	江苏省梨产业联盟	100	张绍铃	7 月 18 日

（撰稿：陈荣荣　王克其　王惠萍　邵存林　蒋大华　毛　竹　徐敏轮　孙俊超
傅　珊　戴　婧　吴艾伦　审稿：陈　巍　严　瑾　许　泉　夏拥军　康　勇
　　　　　　黄水清　刘新乐　章利华　审核：童云娟）

扶 贫 开 发

【概况】深入学习贯彻习近平总书记关于扶贫工作的重要论述，严格落实党中央脱贫攻坚决策部署和"四个不摘"要求，全力做好中央单位定点扶贫贵州省麻江县与江苏省"五方挂钩"帮扶徐州市睢宁县的工作任务,充分发挥学校科技、人才等资源优势,顺利推进了脱贫攻坚各项工作并取得显著成效。

中央单位定点扶贫。严格落实定点扶贫工作责任书,向麻江县投入帮扶资金 305 万元,引进帮扶资金 1 342 万元,培训基层干部 988 人次,培训技术人员 1 425 人次,购买麻江县贫困地区农产品 305.3 万元,帮助销售麻江县贫困地区农特产品 474.18 万元,超额完成责任书各项目标任务。学校出台《南京农业大学打赢定点扶贫收官战总攻方案》(党发〔2020〕53 号),建立了以校党委书记、校长作为第一责任人,班子成员主动靠前作战,全校上下全部参战的大扶贫工作机制。深入实施"党建兴村 产业强县"行动,以 10 个学院对接帮扶10 个贫困村并向外辐射;通过党支部共建,开展特色主题党建活动,与村"两委"及驻村干部等座谈交流 200 余人次;把精准扶贫、乡村振兴与党建共建同谋划、同部署、同督导、同落实,充分调动各学院的积极性、主动性、创造性。跨学院遴选 60 位专家组建 10 个产业技术专班服务麻江县 10 大特色产业,实行校地"双班长"制。其中,锌硒米、菊花、果蔬产业技术专班致力于锌硒米、菊花、葡萄、红蒜、小白菜等产业发展,蓝莓、生猪产业技术专班以有机肥为纽带,开展蓝莓和生猪产业联合发展。林药产业技术专班帮助建设 1 000 亩林下黄精种植基地,并指导 500 亩白及种植;林下黄精种植基地采取"公司＋合作社＋农户"模式,亩产鲜黄精达 2 000~4 000 千克,亩均带动收入达 1 万~2 万元。林禽产业技术专班帮助引进正源农业公司,总投资达 2 000 万元;同时,该专班指导建立白条鸡屠宰生产线,12 月底,已建成一期投入 780 万元、日屠宰 2 万羽的白条鸡屠宰加工生产线。学校开展各类特色帮扶活动 30 余场次,解决麻江县关键技术问题近 20 项,引进新品种、新技术、新模式 50 余项(个),辐射服务农业生产面积超过 20 万亩次。学校与贵州大学、麻江县签订全面战略合作协议,共建"2＋1"校地合作基地,成立麻江乡村振兴研究院,全面服务麻江县乡村振兴和区域经济高质量发展。通过"组建一批团队、攻克一批难题、培养一批人才、富裕一批百姓",成立乡村振兴研究生工作站,充分发挥学校科技成果和人才优势。组织学校专家教授帮助麻江县申报"中国好粮油示范县"项目,获中央财政资金补助 1 132 万元。举办"高等学校新农村发展研究院第三届乡村振兴论坛暨第二届脱贫攻坚典型案例交流会",深入总结和推广在乡村振兴、脱贫攻坚方面的典型案例和宝贵经验。连续 6 年选派优秀研究生支教龙山中学、龙山小学等乡村学校,开展"助苗精准帮扶工作坊""兴苗计划""禾苗学子"等教育扶贫项目。继续开展"禾苗助学成长计划",累计资助"禾苗"近 100 人。开展"六次方"项目,为麻江县小学教师进行成长型思维培训,引导其以启发式思维教育孩子。捐建麻江县第三小学食堂,解决易地扶贫搬迁集中安置点配套学校学子的后顾之忧。实施"文创＋"计划,挖掘麻江县少数民族文化、非遗传承文化等特色文化,结合当地蓝莓产业,提炼元素设计特色麻江蓝莓 IP"麻小莓",助推产业品牌建设。积极推动"黔货出山",协助麻江县政府(企业)参加广州、杭州等地展销活动等 20 余场次。举办定点扶贫麻江蓝莓"线上直播、线下团购"5G 直播特色展销活动、"教育部直属在宁 5 所高校联合展销会"等,发动全校师生和校友企业等社会力量助力消费帮扶,以消费帮扶助力巩固、拓展脱贫攻坚成果同乡村振兴的有效衔接。校友企业向麻江县红十字会捐赠了全自动红外热像体温检测仪,在麻江县第一中学和龙山中学进行安装,确保返校师生的健康安全。积极联系华为有限公司向麻江县捐赠100 台移动办公设备。

江苏省"五方挂钩"结对帮扶。继续选派干部参加江苏省委驻睢宁县帮扶工作队，积极落实"五方挂钩"帮扶工作。按照"精准扶贫"的要求，共组织实施 6 个帮扶项目，直接拨付帮扶资金 20 万元。组织学校专家为王集镇农业公司和王集镇红卫村各设计了两套梨包装盒方案，与村干部一起更新了村农业合作社淘宝网站的销售产品，在睢宁县建立"梨产业研究院"，带动每户果农收入平均增加 1 万多元。为桃园镇帮扶村农户提供有关菊花病虫害防治等线上线下技术指导，吸纳当地农户 50 多人就业，每人每天收入 60~80 元，促使当地农户每亩劳动收入达 2 000 余元。与王集镇共同申报"花生产业强镇"项目，建设花生深加工生产线。向红卫村留守儿童捐赠 10 万元包括儿童意外险、安全防护书包、安全教育图书和安全小黄帽等的爱心套装。2020 年，王集镇红卫村村集体收入达 57 万元，比 2019 年增长了 30 多万元。

【获评 2019 年度中央单位定点扶贫成效分类考核"好"等级】 5 月，学校在国务院扶贫开发领导小组办公室、教育部等单位组织的中央单位定点扶贫工作年度成效考核中，首次获评"好"的等级。这是对学校 2019 年度"6 个 200"等定点扶贫工作和相关特色举措的全面、综合考核评价与高度肯定。

【入选第二届新农村发展研究院乡村振兴与脱贫攻坚典型案例】 12 月 18 日，高等学校新农村发展研究院第三届乡村振兴论坛暨第二届脱贫攻坚典型案例交流会在南京农业大学举行，40 余家高校的新农村发展研究院院长及相关企业代表齐聚，共同探讨高等学校服务脱贫攻坚和乡村振兴的思想与举措。南京农业大学"专家线上做服务　校地线下建联盟——南京农业大学'双线共推'服务模式助力脱贫振兴"入选典型案例并在会上作交流。

［附录］

附录 1　扶贫开发工作大事记

1 月 2~3 日，南京农业大学党委副书记、纪委书记高立国，党委常委、副校长丁艳锋、董维春带队赴贵州省麻江县开展实地调研，召开南京农业大学-贵州麻江乡村振兴研究生工作站建设推进会。

1 月 11~12 日，南京农业大学举办定点扶贫科技成果嘉年华活动，来自定点扶贫县麻江县的蓝莓、麻江酸汤、锌硒米、红蒜等绿色生态、富含科技特色的农产品深受喜爱。

1 月 20 日，中共黔东南州委、黔东南州人民政府再次发来感谢信，高度肯定了南京农业大学为黔东南苗族侗族自治州决战脱贫攻坚、决胜同步小康作出的积极贡献。

2 月 28 日，南京农业大学召开扶贫开发工作领导小组 2020 年第一次工作会议，全面部署年度定点扶贫工作。

4 月 15 日，南京农业大学召开扶贫开发工作领导小组 2020 年第二次工作会议暨南京农业大学-麻江县 2020 年定点扶贫工作推进视频会和南京农业大学定点扶贫工作集体学习研讨会，加快推进落实扶贫工作指标任务。

5 月 19 日，南京农业大学召开第一次定点扶贫工作调度会，深入学习贯彻教育部脱贫攻坚领导小组办公室关于定点扶贫工作信函的要求。

5 月 19~20 日，黔东南州政协副主席、麻江县委书记王镇义，麻江县人大常委会主任李文禹，县委副书记李烨，县委常委、县委统战部部长金显弟，副县长、县农文旅园区管理委员会主任吴亚栏，以及麻江县扶贫办、投促局、供销社、蓝莓办等部门负责人来宁对接推进定点扶贫工作，召开南京农业大学—麻江县定点扶贫工作联席会。

5月20日，南京农业大学在国务院扶贫开发领导小组办公室、教育部等单位组织的中央单位定点扶贫工作2019年度成效分类考核中，获评最高等级——"好"。

5月22日，南京农业大学党委常委会专题研究制订打赢定点扶贫收官战总攻方案，对打赢定点扶贫收官战作出总攻部署。

5月27日，南京农业大学召开第二次定点扶贫工作调度会，对扶贫工作年度考核目标提出了更加明确的要求。

6月1日，南京农业大学联合媒体和社会力量创新举办"与您'莓'好相约、助力脱贫攻坚"——定点扶贫麻江蓝莓"线上直播、线下团购"特色展销活动，超过10万名网友点击观看，1小时直播销售近500千克，活动带货24万元。

6月3日，南京农业大学组织召开第三次定点扶贫工作调度会，贯彻落实国务院扶贫开发领导小组办公室、教育部等部门对中央单位定点扶贫工作调度的要求，落实《南京农业大学打赢定点扶贫收官战总攻方案》，加快推进定点扶贫工作。

6月11~12日，南京农业大学党委书记陈利根，党委常委、副校长胡锋、丁艳锋一行赴贵州省麻江县全面深入推进麻江县定点扶贫工作，举行"南京农业大学、贵州大学-麻江县'2+1'校地战略合作签约仪式"。

6月15日，南京农业大学召开定点扶贫工作推进会暨第四次定点扶贫工作调度会，要坚决落实定点扶贫工作年度考核目标要求，不断提高政治站位，饱含感情推动落实，全力推进定点扶贫工作。

7月2日，南京农业大学召开第五次定点扶贫工作调度会，对扶贫日活动等工作进行调度部署。

9月16日，南京农业大学党委书记陈利根获邀在教育部"打赢教育脱贫攻坚战专题培训班"上分享介绍南京农业大学定点扶贫贵州省麻江县的实践经验。学校是获邀进行"直属高校经验交流"的两所部属高校之一。

10月20日，南京农业大学联合举办"教育部直属在宁5所高校联合展示会"，来自定点扶贫县麻江县的蓝莓汁、蓝莓果干、菊花茶、锌硒米等特色农产品受到了社会各界的广泛关注与好评。

11月26日，南京农业大学浦口校区管理委员会党工委常务副书记、浦口校区管理委员会常务副主任李昌新带队，代表后方单位，赴睢宁县王集镇开展帮扶慰问活动。

12月13~14日，南京农业大学党委常委、副校长胡锋、闫祥林带队赴贵州省麻江县调研部署定点扶贫工作，参加定点扶贫工作座谈会。

12月18日，"高等学校新农村发展研究院第三届乡村振兴论坛暨第二届脱贫攻坚典型案例交流会"在南京农业大学举行，40余家高校新农村发展研究院院长及相关企业代表齐聚南京农业大学，深入总结和推广在乡村振兴、脱贫攻坚方面的典型案例与宝贵经验，共同探讨高等学校服务脱贫攻坚和乡村振兴的思想与举措。

12月28日，中国扶贫发展中心向南京农业大学发来感谢信，感谢南京农业大学参与全国脱贫攻坚总结和减贫发展领域研究所付出的辛苦与努力。

附录 2 学校扶贫开发获奖情况一览表

时间	获奖名称	获奖个人/单位	颁奖单位
1月	"我是中国研究生，我为脱贫攻坚做贡献"主题宣传活动优秀组织单位	南京农业大学	教育部学位与研究生教育发展中心《中国研究生》
1月	《南京农大：科技帮扶为贵州麻江端上"金饭碗"》入选教育部"奋进之笔"行动扶贫工作优秀基层案例	南京农业大学	教育部
4月	《扶智扶志结合，浇灌希望禾苗》入选全国教育扶贫典型案例	南京农业大学	教育部脱贫攻坚工作领导小组办公室
5月	2019年度中央单位定点扶贫工作成效分类考核最高等级"好"	南京农业大学	国务院扶贫开发领导小组办公室
7月	全州脱贫攻坚优秀共产党员称号	李玉清	中共黔东南州委
7月	全县脱贫攻坚优秀共产党员	李玉清	中共麻江县委员会
7月	全县脱贫攻坚优秀党务工作者	裴海岩	中共麻江县委员会
10月	黔东南苗族侗族自治州2020年脱贫攻坚优秀援黔东南干部	裴海岩	中共黔东南州委黔东南州人民政府
12月	第二届高等学校新农村发展研究院脱贫攻坚典型案例	南京农业大学	高等学校新农村发展研究院协同创新战略联盟
12月	《新时期高校精准推进定点扶贫的实践理路——以南农大为例》评为获奖论文	严瑾	国务院扶贫办中国扶贫发展中心、全国扶贫宣教中心
12月	入选2020年志愿者扶贫案例50佳案例	李刚华	国务院扶贫开发领导小组办公室社会扶贫司

附录 3 学校扶贫开发项目一览表

执行年度	委托单位	帮扶县市	项目名称	经费（万元）	出资单位
2020年	教育部	贵州省麻江县	脱贫攻坚与乡村振兴咨询服务专班项目	10	南京农业大学
			蓝莓产业技术专班项目	15	
			果蔬产业技术专班项目	15	
			锌硒米产业技术专班项目	15	
			林禽产业技术专班项目	15	
			生猪产业技术专班项目	15	
			林药产业技术专班项目	15	
			林菌产业技术专班项目	10	
			农特产品产销指导专班项目	20	
			菊花产业技术专班项目	15	
			党建扶贫项目	55	

（续）

执行年度	委托单位	帮扶县市	项目名称	经费（万元）	出资单位
2020 年	教育部	贵州省麻江县	党费捐赠项目	20	南京农业大学
			教育扶贫项目	30	
			稻谷烘干厂房建设项目	15	
			第四届直属高校精准扶贫精准脱贫十大典型项目	20	教育部
2020—2021 年	江苏省	徐州市睢宁县	"五方挂钩"帮扶资金	20	南京农业大学
			农机购置项目	49	江苏省委驻睢宁县帮扶工作队、江苏省慈善总会、睢宁县扶贫办
			农业机井项目	12	
			高标准猪场建设项目（镇级，7 个村共同建设）	1 500	

附录 4　学校定点扶贫责任书情况统计表

	指标	单位	计划数	完成数
1	对定点扶贫县投入帮扶资金	万元	260	305
2	为定点扶贫县引进帮扶资金	万元	320	1 342
3	培训基层干部人数	名	400	988
4	培训技术人员人数	名	400	1 425
5	购买贫困地区农产品	万元	245	305.3
6	帮助销售贫困地区农产品	万元	245	474.2
7	其他可量化指标			
	全自动红外热像体温监测仪	套		2（价值 32 万元）
	"阳光玫瑰"葡萄	株		350（价值 3 500 元）
	"宁粳 8 号"种子	斤*		1 100（价值 9 000 元）
	电脑	台		66（价值 12 万元）
	鞋子	双		300（价值 3 万元）
	移动办公设备（荣耀平板 X6）	台		100（价值 16 万元）

　　指标解释：1. 投入帮扶资金，指中央单位系统内筹措用于支持定点扶贫县脱贫攻坚的无偿帮扶资金。2. 引进帮扶资金，指中央单位通过各种渠道引进用于支持定点扶贫县脱贫攻坚的无偿帮扶资金。3. 培训基层干部，指培训县、乡、村三级干部人数。4. 培训技术人员，指培训教育、卫生、农业科技等方面的人数。5. 购买贫困地区农产品，指中央单位购买 832 个国家级贫困县农产品的金额。6. 帮助销售贫困地区农产品，指中央单位帮助销售 832 个国家级贫困县农产品的金额。

---

　　* 斤为非法定计量单位。1 斤＝500 克。

附录 5　学校定点扶贫工作情况统计表

	指标	单位	贵州省麻江县	总计
1	组织领导			
1.1	赴定点扶贫县考察调研人次	人次	83	83
1.2	其中：主要负责同志	人次	1	1
1.3	班子其他成员	人次	5	5
1.4	是否制定本单位定点扶贫工作年度计划	是/否	是	是
1.5	是否形成本单位定点扶贫工作年终总结	是/否	是	是
1.6	是否成立定点扶贫工作机构	是/否	是	是
1.7	召开定点扶贫专题工作会次数	次	27	27
1.8	召开定点扶贫专题工作会时间	年/月/日	2020/1/7 2020/2/28 2020/3/24 2020/4/15 2020/4/21 2020/5/19 2020/5/20 2020/5/22 2020/5/27 2020/6/3 2020/6/15 2020/6/19 2020/7/2 2020/7/8 2020/7/22 2020/7/31 2020/8/12 2020/8/24 2020/9/4 2020/9/9 2020/9/13 2020/9/28 2020/10/14 2020/10/26 2020/11/17 2020/11/18 2020/11/25	2020/1/7 2020/2/28 2020/3/24 2020/4/15 2020/4/21 2020/5/19 2020/5/20 2020/5/22 2020/5/27 2020/6/3 2020/6/15 2020/6/19 2020/7/2 2020/7/8 2020/7/22 2020/7/31 2020/8/12 2020/8/24 2020/9/4 2020/9/9 2020/9/13 2020/9/28 2020/10/14 2020/10/26 2020/11/17 2020/11/18 2020/11/25
2	选派干部			
	挂职干部			
2.1	挂职干部人数	人	1	1

（续）

	指标	单位	贵州省麻江县	总计
2.2	其中：司局级	人	0	0
2.3	处级	人	1	1
2.4	科级	人		
2.5	挂职年限	年	2	2
2.6	挂任县委或县政府副职人数	人	1	1
2.7	分管或协助分管扶贫工作人数	人	1	1
	第一书记			
2.8	第一书记人数	人	1	1
2.9	第一书记挂职年限	年	2	2
3	督促指导			
3.1	督促指导次数	次	3	3
3.2	形成督促指导报告个数	份	2	2
3.3	发现的主要问题	个	4	4
4	工作创新			
	产业扶贫			
4.1	帮助引进企业数	家	2	2
4.2	企业实际投资额	万元	2 045.5	2 045.5
4.3	扶持定点扶贫县龙头企业和农村合作社	家	19	19
4.4	带动建档立卡贫困人口脱贫人数	人	611	611
	就业扶贫			
4.5	帮助贫困人口实现转移就业人数	人	211	211
4.6	本单位招用贫困家庭人口数	人		
4.7	贫困人口就业技能培训人数	人	599	599
	抓党建促扶贫			
4.8	参与结对共建党支部数	个	11	11
4.9	参与结对共建贫困村数	个	6	6
	党员干部捐款捐物	万元	6.095 5	6.095 5
4.10	贫困村"两委"班子成员培训	人次	84	84
4.11	贫困村创业致富带头人培训人数	人	255	255
	"两不愁三保障"			
4.12	义务教育投入资金数	万元	235	235
4.13	义务教育帮助困难人口数	人	1 319	1 319
4.14	基本医疗投入资金数	万元	32	32
4.15	基本医疗帮助贫困人口数	人	1 376	1 376
4.16	住房安全投入资金数			
4.17	住房安全帮助贫困人口数			

（续）

	指标	单位	贵州省麻江县	总计
4.18	饮水安全投入资金数			
4.19	饮水安全帮助贫困人口数			
5	工作机构			
5.1	是否成立定点扶贫工作机构	是/否	是	是
5.2	定点扶贫工作机构名称		南京农业大学扶贫开发工作领导小组（办公室挂靠社会合作处）；社会合作处增设扶贫开发科	南京农业大学扶贫开发工作领导小组（办公室挂靠社会合作处）；社会合作处增设扶贫开发科
5.3	定点扶贫领导小组组长	姓名/职务	陈利根/党委书记 陈发棣/校长	陈利根/党委书记 陈发棣/校长
5.4	定点扶贫办公室主任	姓名	主任：陈巍 副主任：严瑾	主任：陈巍 副主任：严瑾
5.5	定点扶贫工作联络员	姓名	蒋大华	蒋大华

（撰稿：蒋大华　傅　珊　审稿：陈　巍　严　瑾　审核：童云娟）

十、对外合作与交流

国际合作与交流

【概况】全年接待境外高校团组 3 批 5 人次，其中校长代表团 1 批；接待外宾总数 22 人次。全年新签和续签 14 个校际合作协议，包括 7 个校/院际合作协议和 7 个学生培养项目协议。

全年获得国家各类聘请外国文教专家项目经费 1 044 万元，完成"111 计划""高端外国专家引进计划项目"等 30 多个项目的申报、实施、总结工作，聘请境外专家 264 人次，作学术报告 150 多场，听众约 4 300 人次。2020 年新增 2 个"111 基地"。"作物遗传与种植创新学科创新引智基地"完成期终评估，以"优秀"的评估成绩成功进入 2.0 计划。"农业资源与环境学科生物学研究创新引智基地"顺利通过 5 年验收工作。组织动物科技学院新增"111 基地"的申报答辩工作，协助完成"肉类食品质量安全控制及营养学学科创新引智基地"的 5 年滚动验收工作。聘请英国纽卡斯尔大学细胞和分子生物学研究所研究员维克多·科罗丘克（Viktor Korolchuk）博士等 3 名外国专家为学校客座教授。新增 2020 年度"王宽诚教育基金会"资助项目 1 项、教育部促进与加拿大、澳大利亚、新西兰及拉美地区科研合作与高层次人才培养项目 1 项、江苏省教育厅中外合作办学平台联合科研项目 1 项和中国-中东欧国家高校联合教育项目 1 项。协助学院组织召开 5 个国际会议，会议总规模 500 人，其中线上参会外宾人数达 130 人次。获批 1 个"江苏省外国专家工作室"（前沿交叉研究院），接受科技部国际杰青计划访问学者缅甸籍明昂（Min Aung）博士赴动物消化道营养国际联合研究中心工作 1 年。

全年选派教师出国（境）访问交流、参加学术会议和合作研究等共计 18 人次。派遣学生出国（境）参加国际会议、短期交流学习、合作研究和联合培养等 108 人次，其中选派本科生出国（境）87 人次、选派研究生出国（境）21 人次；学生参加线上国际交流活动共计 186 人次。

【做好涉外疫情防控工作】向美国密歇根州立大学、加利福尼亚大学戴维斯分校、法国巴黎高科、意大利乌迪内大学、西班牙马德里理工大学等 20 家海外友好院校发送慰问信函，向美国田纳西大学、肯尼亚埃格顿大学捐赠口罩、温度计等防疫物资。及时收集掌握境外师生情况，每日上报更新境外人员数据和入境信息系统。对接江苏省教育厅、南京市出入境管理局等上级单位，坚持每日数据报送。关注在宁外籍教师、博士后健康状况，服务保障其在宁工作和生活；与学校在海外的外籍教师和外籍博士后保持联系，及时告知中国疫情防控相关涉外政策，协助其办理来华工作手续，以及履行隔离、检测等疫情防控要求。编写"涉外疫情防控周报"，全年共编写 41 期。

【承办农业农村部"农业外派人员能力提升培训班"】受农业农村部委托，承办"农业外派人员能力提升培训班"，共有来自农业农村部系统、地方农业主管部门、农业科研院所和高校的35名学员顺利完成培训班的学习并获得结业证书。开展"农业国际合作人才培养顶层设计和体系规划"和"国际农业磋商谈判技术支持和咨询服务"课题研究，着力打造农业对外合作人才培养品牌项目，为提升我国农业国际化水平提供人才储备和支撑，服务国家战略需求。

【举办2020年世界农业奖颁奖典礼暨2020世界农业对话学术论坛】12月1日，2020年GCHERA世界农业奖颁奖典礼在南京农业大学举行。颁奖典礼首次以"线上＋线下"方式举行，同时通过网络进行全球直播。来自美国、荷兰、哥斯达黎加、瑞士、西班牙、韩国、缅甸等8个国家的15位外国专家学者，以及国内高校的60多位代表参加了系列活动。中国工程院院士、中国农业大学张福锁教授，美国加利福尼亚大学戴维斯分校帕梅拉·罗兰教授凭借多年来在农业与生命科学领域教学科研工作中取得的突出成就获奖，这是中国科学家首次摘得该奖项。2020世界农业对话：农业绿色可持续发展论坛同时举办。

【承办中国-中东欧国家农业应对疫情专家视频会】9月18日，中国-中东欧国家农业应对疫情专家视频会在山东潍坊举行。本次会议由农业农村部主办，南京农业大学承办。农业农村部国际合作司参赞吴昌学、中东欧国家的8位驻华使节、学校引智基地海外学术大师德国哥廷根大学教授斯蒂芬·冯·克拉蒙-陶巴戴尔（Stephan von Cramon - Taubadel）等24位国内外专家学者出席了会议，会议聚焦新冠肺炎疫情对中国和中东欧国家的影响，就疫情下的各国农业经济应对措施展开讨论和交流。9月17日，2020年中国-中东欧国家特色农产品云上博览会在山东潍坊启动，时任农业农村部副部长张桃林出席启动仪式，中东欧国家驻华大使和外交官参加相关活动，南京农业大学作为唯一参会高校，校长陈发棣代表学校出席大会启动仪式并致辞。

【"作物遗传与种植创新学科创新引智基地"通过建设期评估进入2.0计划】"作物遗传与种植创新学科创新引智基地"项目获国家外国专家局和教育部批准立项。经过10多年的建设，顺利完成期终评估，以"优秀"的评估成绩成功进入2.0计划。

【学校新增"畜禽重要疫病发病机制与防控学科创新引智基地"和"农业转型期国家食物安全研究学科创新引智基地"】2020年新增两个"111基地"，分别是"畜禽重要疫病发病机制与防控学科创新引智基地"和"农业转型期国家食物安全研究学科创新引智基地"。自2006年教育部、国家外国专家局启动"高等学校学科创新引智计划"（简称"111计划"）以来，这是学校获批的第八个、第九个"111基地"，基地数量在全国高校中名列前茅。

[附录]

附录1　2020年签署的国际交流与合作协议一览表

序号	国家	合作方名称（中英文）	合作协议名称	签署日期
1	美国	密歇根州立大学 Michigan State University	2020秋季学期学生项目	8月20日
2			2021春季学期学生项目	12月9日
3		加利福尼亚大学戴维斯分校 The University of California，Davis	校际合作协议	12月7日

（续）

序号	国家	合作方名称（中英文）	合作协议名称	签署日期
4	日本	北海道大学 Hokkaido University	学术交流协议	6月26日
5			学生交换协议	6月26日
6		京都大学 Kyoto University	学术交流合作协议	9月30日
7			学生交换项目协议	9月30日
8		宫崎大学 The University of Miyazaki	学术交流协议	12月2日
9			学生交换项目协议	12月2日
10	比利时	根特大学 Ghent University	国际"真菌毒素国际合作网络"	7月31日
11			IMRD项目协议	6月28日
12	新西兰	怀卡托大学 The University of Waikato	校际合作协议	9月30日
13	韩国	江原大学 Kangwon National University	校际合作协议	11月18日
14	菲律宾	国际水稻研究所 The International Rice Research Institute	共建"国际粳稻联合研究中心"谅解备忘录	4月30日
	中国	中国水稻研究所 China National Rice Research Institute		
	中国	江苏省农业科学院 Jiangsu Academy of Agricultural Sciences		

附录2 2020年接待重要访问团组和外国专家一览表

序号	代表团名称	来访目的	来访时间
1	美国田纳西大学代表团	校际交流	1月

附录3 全年接待重要访问团组和外国专家一览表

序号	代表团名称	来访目的	来访时间
1	江苏外专百人计划专家（短期）、英国埃克塞特大学杰森（Jason Wayne Chapman）副教授	合作研究	远程合作
2	"111计划"海外学术大师、荷兰瓦格宁根大学欧文（Erwin Bulte）教授	合作研究	远程合作
3	"111计划"海外学术大师、国际农业经济学会执委、德国哥廷根大学杰出教授史提芬（Stephan von Cramon-Taubadel）博士	合作研究	远程合作
4	"111计划"海外学术大师、美国科学院院士、美国微生物学院院士、威斯康星大学麦迪逊分校河冈义裕（Yoshihiro Kawaoka）教授和欧洲科学院院士	合作研究	远程合作

（续）

序号	代表团名称	来访目的	来访时间
5	"111 计划"海外学术大师、国家友谊奖获得者、江苏友谊奖获得者、江苏省国际合作贡献奖获得者、美国俄勒冈州立大学布雷特（Brett Merrick Tyler）教授	合作研究	远程合作
6	"111 计划"海外学术大师、美国堪萨斯州立大学比克拉姆（Bikram Gill）教授	合作研究	远程合作
7	江苏友谊奖获得者、瑞士日内瓦大学雷托（Reto Strasser）教授	合作研究	远程合作
8	美国科学院院士、国家级人才外专项目（短期）专家、墨西哥生物多样性基因组学国家实验室路易斯（Luis R. Herrera‐Estrella）教授	合作研究	远程合作
9	FAO 前官员、IAEA 前官员 Harinder Makkar 教授	合作研究	远程合作
10	江苏外专百人计划专家、澳大利亚新南威尔士大学史提芬（Stephen David Joseph）教授	合作研究	远程合作
11	世界农业文化遗产基金会帕尔维兹（Parviz Koohafkan）主席	合作研究	远程合作
12	美国科学院院士、克雷格文特研究所克莱格（J. Craig Venter）教授	国际生物设计研究大会	远程合作
13	美国科学院院士、加州理工学院弗朗西斯（Frances H. Arnold）教授	国际生物设计研究大会	远程合作
14	美国科学院院士、华盛顿大学大卫（David Baker）教授	国际生物设计研究大会	远程合作
15	美国科学院院士、纽约大学格罗斯曼医学院杰夫（Jef D. Boeke）教授	国际生物设计研究大会	远程合作
16	美国科学院院士、哈佛大学乔治（George Church）教授	国际生物设计研究大会	远程合作
17	美国工程院院士、波士顿大学道格拉斯（Douglas Densmore）教授	国际生物设计研究大会	远程合作
18	美国工程院院士/美国艺术与科学院院士、加利福尼亚大学伯克利分校杰·基斯林（Jay D. Keasling）教授	国际生物设计研究大会	远程合作
19	美国科学院院士、洛克菲勒大学迈克尔（Michael W. Young）教授	国际生物设计研究大会	远程合作
20	美国工程院院士、瑞士苏黎世联邦理工学院马丁（Martin Fussenegger）教授	国际生物设计研究大会	远程合作
21	美国科学院院士、明尼苏达大学丹尼尔（Daniel Voytasr）教授	国际生物设计研究大会	远程合作
22	美国科学院院士、亚利桑那州立大学利兰（Leland Hartwell）教授	国际生物设计研究大会	远程合作

（续）

序号	代表团名称	来访目的	来访时间
23	联合国粮农组织方成（Fang Cheng）教授		远程合作
24	美国普渡大学王红（Holly Wang）教授		远程合作
25	国际食物政策研究所威廉（William J. Martin）高级研究员	钟山农业经济论坛2020——后疫情时代的农业发展国际研讨会、合作研究	远程合作
26	美国康奈尔大学卡勒姆（Calum G. Turvey）教授		远程合作
27	美国得州农工大学布鲁斯（McCarl，Bruce A）教授		远程合作
28	美国弗吉尼亚理工大学玛丽（Mary A. Marchant）教授		远程合作
29	美国里德学院经济系迪尼丝（Denise Hare）教授		远程合作
30	世界农业奖获得者、加拿大阿尔伯塔大学洛恩（Lorne Babiuk）教授	合作研究	远程合作
31	美国加利福尼亚大学戴维斯分校班尼（Bennie Osburn）教授	合作研究	远程合作
32	GCHERA世界农业奖评审委员会主席莫里斯（Maurice Moloney）		远程合作
33	GCHERA世界农业奖评审委员会主席何塞（José Zaglul）		远程合作
34	GCHERA世界农业奖评审委员会秘书长詹姆斯（James French）		远程合作
35	GCHERA世界农业奖评审委员会前主席约翰（John Kennelly）	GCHERA世界农业奖颁奖典礼暨农业绿色可持续发展论坛	远程合作
36	美国加利福尼亚大学戴维斯分校加里（Gary May）校长		远程合作
37	2020年度世界农业奖获得者、美国加利福尼亚大学戴维斯分校帕梅拉（Pamela Ronald）教授		远程合作
38	2018年度世界农业奖获得者、2020年度世界粮食奖获得者、美国俄亥俄州立大学拉坦（Rattan Lal）教授		远程合作
39	澳大利亚科学院院士、墨尔本大学艾里（Ary Anthony Hoffmann）教授	合作研究	远程合作

附录4 全年举办国际学术会议一览表

序号	时间	会议名称（中英文）	负责学院/系
1	9月18日	中国-中东欧国家农业应对疫情专家视频会（线上） Virtual Expert Meeting on China‐CEEC COVID‐19 Response in Agriculture	经济管理学院
2	11月8～10日	钟山农业经济论坛2020——后疫情时代的农业发展国际研讨会（线上） Zhongshan International Forum 2020—International Symposium on Agricultural Development in the Post‐epidemic Era	经济管理学院
3	11月30至12月2日	农业绿色可持续发展论坛（线上、线下） The Future of Agriculture：Green and Sustainability	国际合作与交流处
4	12月1～5日	国际生物设计研究大会（线上） International BioDesign Research Conference	科学研究院
5	12月27日	2020年生物质利用技术与装备国际论坛（线上） 2020 International Symposium on Technology & Equipment of Biomass Utilization	工学院

附录 5　学校新增国家级外国专家项目一览表

序号	项目名称	项目编号	项目负责人
1	畜禽重要疫病发病机制与防控学科创新引智基地	B20014	姜　平
2	农业转型期国家食物安全研究学科创新引智基地	B20074	朱　晶
3	作物遗传与种质创新学科创新引智基地 2.0	BP0820008	盖钧镒
4	土壤中典型有毒有机物降解与持久性自由基形成的耦合关系	GL20200010078	高彦征
5	基于大数据分析的猪精准育种与健康生产技术引进与创新	G20200010079	黄瑞华
6	动物肠道健康与营养素利用	G20200010080	朱伟云
7	越南茶树种质资源及其在育种上的应用研究	G20200010081	黎星辉
8	应激对条件致病菌在宿主体内致病性的机制	G20200010082	鲍恩东
9	呕吐毒素诱导猪平滑肌细胞损伤的机制研究	G20200010083	姚　文
10	真菌的生物矿化机理及其在重金属污染修复上的应用	G20200010084	李　真
11	重要跨境动物疾病防控理论和技术国际合作研究	G20200010085	钱莺娟
12	基于土地利用覆被变化动态的城市化、生态系统服务变化与人类福祉交互关系研究	G20200010086	吴　未
13	新型冠状病毒流行病学与国际化防控策略研究	GX20200010002	刘　斐
14	草食动物粗饲料资源开发与利用	DL20200010004	朱伟云
15	中国-肯尼亚作物分子生物学"一带一路"创新人才交流外国专家项目	DL20200010005	王秀娥

附录 6　2020 年国际合作培育项目立项一览表

序号	项目编号	项目名称	单位	学校专项经费资助金额（万元）	项目负责人
1	2020-FAO-01	联合国粮农组织网络课程 Reducing rural poverty: policies and approaches 汉化项目	公共管理学院	2	刘晓光
2	2020-FAO-02	联合国粮农组织网络课程 Understanding rural poverty 汉化项目	外国语学院	2	霍雨佳、李平

附录 7　学校新增荣誉教授一览表

序号	姓名	所在单位、职务职称	聘任身份
1	Anthony John Miller	英国约翰英纳斯研究中心研究员	客座教授
2	包晓辉	剑桥大学资深副教授	客座教授
3	Viktor Korolchuk	英国纽卡斯尔大学研究员	客座教授

（撰稿：丰　蓉　陈月红　何香玉　苏　怡　刘坤丽　陈　荣
审稿：陈　杰　魏　薇　董红梅　审核：童云娟）

教育援外与培训

【概况】坚持以队伍建设和制度建设为抓手，加强内涵建设和外延发展。开发"国际商务"和"农业机械"两个硕士专业学位储备项目。梳理援外培训项目实施环节风险点，完善《援外培训项目突发事件应急预案》，防范化解项目实施风险。

【举办"加强疫情下的中非农业合作：机遇与挑战"云端论坛】6月23日，南京农业大学举办"加强疫情下的中非农业合作：机遇与挑战"云端论坛。论坛通过线上线下相结合的形式举行，副校长胡锋莅会讲话，校内外知名专家和南京农业大学非洲留学生共110人参加研讨。会议指出，在疫情影响全球经济发展的大背景下，应化挑战为机遇，发挥人才和科技在经济发展和社会进步中的作用。加强中非农业合作将助力中国的农业技术落地于非洲，进一步提高农业科技进步在经济增长中的贡献率。

（撰稿：姚　红　吴　睿　审稿：李　远　韩纪琴　审核：童云娟）

孔　子　学　院

【概况】强化肯尼亚埃格顿大学孔子学院"中文＋农业"特色办学模式。以"非洲孔子学院农业职业技术培训联盟"为平台，与贝宁阿波美卡拉维大学孔子学院在贝宁首都科托努合作开展水稻栽培技术培训，致力提升当地农业技术水平和农作物产量。在中国国际中文教育基金会举办的"非洲孔子学院论坛"上，埃格顿大学孔子学院作为6个孔子学院代表之一，展示了农业职业技术联盟培训成效，扩大了学校的国际影响力。

受新冠肺炎疫情影响，肯尼亚当地大中小学和幼儿园采取停课措施，为确保学生"停课不停学"，埃格顿大学孔子学院从技术培训、课程设计等各方面精心谋划，开展线上汉语教学，保证教育教学的持续性并保质保量地完成教学任务。全年共计开设各级别汉语课程46个班次、授课4 467课时、学员1 339人；组织和参加"新春联欢会""埃格顿大学毕业典礼演出""孔子学院日"等线上、线下文化活动共59场次，活动受众11 030人次。

【选派农业专家赴贝宁举办水稻生产技术培训班】1月14日，由南京农业大学与贝宁阿波美卡拉维大学合作举办的"贝宁水稻生产技术培训班"在贝宁首都科托努开班。农学院李刚华教授和刘小军教授为来自贝宁7个水稻种植区的15名农业技术人员讲授了水稻精确定量栽培技术、稻田病虫草害防除技术、土壤轮作休耕与配肥技术等专题讲座，并向阿波美卡拉维大学赠送水稻高产技术书籍和作物生长监测诊断仪。贝宁当地主流媒体《民族报》、CANAL电视台和贝宁阿波美卡拉维大学校报对培训班进行了报道。

【参加2020年非洲孔子学院合作论坛并作主题发言】12月16日，国际教育学院和埃格顿大学孔子学院代表在线参加以"协同创新，共谋孔子学院新发展"为主题的2020年非洲孔子学院合作论坛。中非各孔子学院（课堂）合作院校的领导、各孔子学院中外方院长和相关负责人 300 多名代表云端参会。孔子学院外方院长奥格瓦诺（Joshua Ogweno）副教授应邀在论坛作主题发言，介绍了埃格顿大学孔子学院致力于"中文＋农业"特色教学，在提供平台交流、资源整合、促进"南南农业合作"等方面所取得的成绩。

【与非洲地区兄弟高校团结抗疫】 3 月中旬，南京农业大学积极筹措物资，克服物资管控、航线不通等种种困难，将医用口罩、护目镜、额温枪、防护服、一次性橡胶手套等防疫急需物资寄送至肯尼亚，以协助埃格顿大学及孔子学院师生积极应对疫情。

（撰稿：姚　红　吴　睿　审稿：李　远　韩纪琴　审核：童云娟）

中 外 合 作 办 学

【概况】 南京农业大学密歇根学院成立，与国际教育学院合署办公。根据《中共南京农业大学委员会干部任免通知》（党发〔2020〕36 号），缪培仁同志任国际教育学院、密歇根学院直属党支部书记，童敏同志任国际教育学院、密歇根学院直属党支部副书记。根据《中共南京农业大学委员会干部任免通知》（党发〔2020〕37 号），韩纪琴同志任密歇根学院院长，童敏同志任密歇根学院副院长，李远同志任密歇根学院副院长。

学院坚持人才培养与科学研究"一体两翼"的办学理念，依托南京农业大学和美国"公立常青藤"名校密歇根州立大学涉农学科优质资源，探索"新农科"背景下国际化人才培养新模式，培养具有国际视野、通晓国际规则、适应跨国学习工作的复合型卓越人才。

【启动招生工作】 完成办学成本核算及学费报批，密歇根学院本科生学费标准为每生每年56 000 元，硕士研究生学费标准为每生每年 58 000 元。启动农业信息学、植物病理学、食品科学与工程、农业经济管理 4 个硕士专业招生工作。其中，食品科学与工程、农业经济管理分别招生 9 人和 10 人。

【完成密歇根州立大学"中国秋季学期"项目】 签订《密歇根州立大学 2020 年秋季学期合作项目协议》，接收密歇根州立大学 11 名学生。开展文化素质报告、校内外文化考察、"庆中秋　迎国庆"主题班会沙龙、"1＋1 课程辅导"等活动 55 次。合作项目获得了密歇根州立大学和学生高度评价。双方续签春季项目合作协议。

（撰稿：刘素惠　审稿：韩纪琴　李　远　审核：童云娟）

港 澳 台 工 作

【概况】 认真做好港澳台师生的疫情防控工作；积极组织台籍学生参加教育部"不负青春不负韶华　不负时代"港澳台学生主题征文活动，动物医学院台籍学生张沁莹撰写的《大风起，云飞扬》文章获一等奖；组织学生参加港澳台学生国情教育学习平台课程；协助学生工作处开展港澳台学生的录取及奖学金评定工作；协助公共管理学院举办"互动与新局：乡村振兴与乡村治理现代化"两岸学术交流论坛、协助资源与环境科学学院举办"第十三届海峡两岸科普论坛生态文明与科技志愿服务分论坛"、协助经济管理学院举行"两岸大学生新农村建设线上交流活动"，共有来自台湾大学和中山大学等 8 所台湾高校的 23 名专家和 2 000余名师生参加了"云会议"。新增 2020 年度王宽诚教育基金会资助项目 1 项，获得资助 3.5万元。

（撰稿：郭丽娟　丰　蓉　审稿：陈　杰　魏　薇　审核：童云娟）

十一、办学条件与公共服务

基 本 建 设

【概况】严格落实施工现场新冠肺炎疫情常态化防控部署，基本建设工作有序推进，全年新建续建项目总建筑面积 9.49 万平方米，完成基建产值 1.11 亿元。其中，中央预算内投资 5 935 万元按期执行完毕。为学校新增办学用房 2.05 万平方米、高标准实验田 7.33 公顷、护坡 4 000 平方米，改造出新各类用房 3.1 万平方米。

全面总结学校"十三五"基建规划执行情况，立足学校发展目标和发展战略，依照《普通高等学校建筑面积指标》（建标 191—2018）及国家相关建设标准，坚持从严从紧、量力而行、重点补齐用房短板的原则，完成学校"十四五"基本建设发展规划编制并通过教育部审批，规划总建筑面积为 138.08 万平方米，总项目 40 项，总投资 61.35 亿元。

在建工程 6 项，其中卫岗校区 3 项、白马教学科研基地 2 项、土桥基地 1 项，各项工程有序推进。其中，第三实验楼（二期）地上部分和土桥基地水稻实验站实验楼工程竣工并交付使用；作物表型组学研发中心和植物生产综合实验中心完成主体结构验收并启动幕墙工程及室内外装修工程；第三实验楼（三期）和牌楼学生公寓 1 号楼、2 号楼完成施工总承包招标，并顺利开工建设。

年度承担幼儿园加建、综合楼加装电梯、学生宿舍改造出新等 30 万元以上专项维修改造工程 18 项，总投资 2 337 万元；完成日常零星维修工程论证立项 45 项，总预算 87 万元。主要建设内容包括房屋主体新建、屋面维修、宿舍内部出新、家具灯具检修、卫生间改造、热力、弱电、后厨改造、土方开挖、土地平整、排水沟灌溉、田间道路、设备安装等。除白马基地弱电管网工程及白马作物表型舱水务电务工程尚在施工之中，其余 16 项于 2020 年底前竣工交付投用。

推进农业农村部科技创新平台项目申报及管理工作。2020 年实施农业农村部农作物系统分析与决策重点实验室、生鲜猪肉加工技术集成科研基地、江苏省奶牛生产性能 DHI 测定中心 3 个项目，完成竣工验收 1 项、待验收 1 项。组织学校科研团队申报农业农村部 2020 年"三农"领域补短板项目储备入库，全校遴选推荐项目 13 项。组织申报 2021 年农业科技创新能力条件建设（高校）中央预算内投资计划，其中"农业农村部景观农业重点实验室建设项目"和"国家作物种质资源南京观测实验站建设项目"两个项目获中央投资 2 694 万元。

落实教育部党组巡视中关于基建方面问题的整改。完成多功能风雨操场、大学生实践和创业指导中心、青年教师公寓 3 个项目的固定资产转固工作，以及理科实验楼竣工财务决算审计和固定资产转固工作，总计为学校新增固定资产 33 306 万元，增加办学用房面积 88 156 平方米。

【基建信息化管理系统进入试运营】以智慧校园建设为契机，启动并积极推进基建信息化管理系统建设，进入试运营阶段，拟有效解决基本建设手续多、审批环节复杂、校内协调部门多、动态进度控制难等困难，为学校基本建设提供"一站式"服务。

【疫情防控和工程推进效果良好】克服基建工程施工地点分布广、参建单位多、用工人员流动性大等管理难度，严格落实新冠肺炎疫情常态化防控部署，建立健全疫情防控工作体系，完善疫情防控管理制度，制订《基本建设处新型冠状病毒感染的肺炎防控工作方案》，成立"卫岗校区（含牌楼）项目工作组""白马及土桥基地项目工作组""综合协调工作组"，协调督促参建各方各司其职，加强配合，切实履行疫情防控和质量安全主体责任，加强现场疫情防控力度，不断调整优化施工作业方案，各施工现场疫情防控取得良好成效，施工进度如期推进。

【廉政风险防控常抓不懈】扎实推进党风廉政建设主体责任和监督责任落实，组织作物表型组学研发中心、植物生产综合实验中心、第三实验楼（三期）等大型新建工程各参建单位开展进场谈话会并签订创"工程优质、干部优秀"廉政协议。同时外请专家进行纪法专题教育。

［附录］

附录 1　南京农业大学 2020 年度主要在建工程项目基本情况

序号	项目名称	建设规模（平方米）	总投资（万元）	进展
1	第三实验楼（二期）	16 813	7 000	地上部分已竣工并交付使用
2	土桥基地水稻实验站实验楼工程	2 329	960	已竣工并交付使用
3	作物表型组学研发中心	22 556	14 365	完成主体结构验收，目前正推进幕墙工程及室内外装修
4	植物生产综合实验中心	13 913	6 741	完成主体结构验收，目前正推进幕墙工程及室内外装修
5	第三实验楼（三期）	17 497	6 918	土建已进场施工
6	牌楼学生公寓 1 号楼、2 号楼	21 799	11 325	土建已进场施工

附录 2　南京农业大学 2020 年度维修改造项目基本情况

序号	项目名称	建设内容	进展
1	2020 年暑期南苑学生宿舍维修出新一标段	宿舍墙面铲除出新、窗帘清洗、更换纱窗、宿舍门出新、家具检修、灯具检修、屋面维修等	已竣工

（续）

序号	项目名称	建设内容	进展
2	2020 年暑期南苑学生宿舍维修出新二标段	宿舍墙面铲除出新、窗帘清洗、更换纱窗、宿舍门出新、家具检修、灯具检修等	已竣工
3	2020 年暑期北苑学生宿舍维修出新	宿舍墙面铲除出新、窗帘清洗、更换纱窗、宿舍门出新、家具检修、灯具检修、屋面维修等	已竣工
4	2020 年暑期留学生公寓维修出新工程（留学生一号、三号公寓）	宿舍墙面铲除出新、窗帘清洗、更换纱窗、宿舍门出新、家具检修、灯具检修、屋面维修、卫生间改造等	已竣工
5	南苑食堂局部及办公区域改造工程	热力、弱电、后厨改造和室内装饰层拆除改造等	已竣工
6	动物医学院动物解剖学教学实验室空气净化改造项目	拆除、出新、设备采购安装等	已竣工
7	逸夫楼等 5 部电梯购置、安装及旧电梯拆卸工程（逸夫楼 2 部、生科楼 3 部）	拆除原电梯、安装调试新电梯等	已竣工
8	幼儿园加建工程	新建二楼主体、真石漆喷刷、防水、装饰装修、空调安装、弱电工程等	已竣工
9	土桥水稻实验站电力增容项目	电力增容	已竣工
10	综合楼加装电梯工程	电梯采购、安装，幕墙工程，井道工程，钢结构工程，调试等	已竣工
11	校医院污水处理系统改造工程	开挖、回填土方、设备安装、调试等	已竣工
12	资环楼实验废水环保工程	开挖、回填土方、管道埋设、设备安装、新建配电房等	已竣工
13	白马基地 17 号地块改造工程	土方平整等	已竣工
14	白马基地临时食堂工程	新建主体、室外工程、厨具安装、装饰装修等	已竣工
15	白马动物实验基地隔离围栏工程	土方工程、基础工程、围栏安装等	已竣工
16	白马基地 37 号地平整及排灌工程项目	土方开挖、土地平整、排水沟灌溉、田间道路等	已竣工
17	白马基地弱电管网工程	土方开挖回填、设备安装、人孔井砌筑、混凝土加固等	施工中
18	白马作物表型舱水务电务工程	土方工程、电缆井工程、电缆敷设、排水沟砌筑等	施工中

（撰稿：华巧银　审稿：郭继涛　桑玉昆　审核：代秀娟）

新 校 区 建 设

【概况】2020 年，新校区建设指挥部、江浦实验农场紧紧围绕学校第十二次党代会关于新校区建设的决策部署，牢牢把握"高起点规划、高标准设计、高质量建设"总体要求，统筹开展规划设计、征地转用、报建报批、开工建设等各项工作，推进新校区建设取得了重要进展，实现了全面开建目标任务。

系统深化新校区各项设计工作。完成一期 77.7 万平方米建筑单体的初步设计、各建筑主要部位的精装修方案设计以及校门方案设计，实现建筑外形、结构与使用功能的有机统一，并正式取得新校区一期工程方案审定文件。在完成设计试桩及桩基检测工作基础上，启动桩基优化及建筑单体各专业施工图设计工作。完成市政初步设计和施工图设计、景观方案设计和初步设计，以及智能化初步设计。

加快推进新校区土地转用。与江北新区正式签订第一批交地协议，协调新区拆迁交地 2 200 亩，到位农场拆迁补偿资金 2.25 亿元。协调省、市、区各有关部门，牢牢把握审批关键环节，精心准备审批支撑要件，推进新校区土地转用取得重要进展：获得首批 895.7 亩建设用地不动产权证书；第二批 258 亩用地列入南京市中心城区土地利用规划调整方案，并获自然资源部批准同意，于 12 月底完成各项批前实施审批手续后组卷上报。

全面保障新校区开工建设。做好各项报批报建工作，先后完成新校区人防工程、地质勘查报告、文物勘测报告、节能报告等审批，交通影响评价、涉路工程安全技术评价已通过专家审批。完成新校区市政工程一标段中心环路建设，以及场地平整、河塘清淤、施工围挡、临水接入等，为全面开工建设提供保障。严格按照相应法规和招标程序，认真研究不同项目的特点和要求，扎实做好招标前期准备，精心编制招标文件和合同，顺利完成工程总承包单位、监理单位、跟踪审计、造价等各类招标 30 余项，完成招标金额约 40 亿元。12 月 19 日，召开全面建设动员大会，新校区建设首桩启动，全面进入大规模建设新阶段。

加强农场拆迁安置与管理。分片区、网格化开展农场土地巡查和管理，并协调地方政府执法部门，加强农场土地管护力度。配合学校国有资产部门全面开展国有资产清查和核销工作。协调政府拆迁部门，基本完成职工自建房拆迁补偿，并提高农场职工安置过渡费，妥善解决职工迫切诉求，确保农场和谐稳定。

【完成新校区一期工程单体初步设计】在单体方案设计成果基础上，对建筑、结构、电气、暖通、给排水、智能化等各专业进行深化设计，完成了 77.7 万平方米建筑单体的初步设计。同时，在学校确定的新校区学院入驻方案和学院楼分配方案基础上，对部分学院楼的功能布局进行优化调整，同步完成各专业的优化设计，满足调整后入驻学院使用要求。

【新校区首批建设用地获得不动产权证】4 月，新校区首批建设用地农用地转用和土地征收方案获得江苏省政府审批后，协调推进拆迁补偿、人员进保等批后实施工作和各项审批手续办理，取得了地勘定界成果报告、土地污染状况调查报告、划拨决定书等。11 月 3 日，获得新校区首批 895.7 亩建设用地不动产权证书，为新校区全面开工建设提供重要保障。同时，经多方多轮协调，第二批约 258 亩用地于 6 月列入南京市中心城区土地利用规划调整方案，并于 11 月获自然资源部批准同意。在此基础上，精心统筹各要素、各环节工作，先后完成了建设项目用地预审、选址意见书、地勘定界成果报告、拟征地公告、拟征收土地现状调查、社会稳定风险评估、征地补偿安置方案公告、征地补偿登记等征前实施工作，获得省级生态空间管制区、占用自然保护区、国家生态保护红线等审批和环境管控情况审核，签订了补偿安置协议，并于 12 月完成组卷上报。

【完成新校区一期工程建筑工程总承包单位招标】 协调相关单位，历时半年多时间，严格遵守相应法规和招标程序，深入研究一期工程的特殊性和招标要求，科学制订招标方案，认真编制招标文件与合同，于 9 月 21 日发出新校区一期工程 4 个标段建筑工程总承包单位招标公告，11 月 11 日完成项目招标，招标额约 40 亿元，上海建工四公司、中建八局三公司、中国十七冶、中建三局分别中标 4 个标段建筑工程总承包牵头单位。同时，完成了监理单位、跟踪审计单位等招标。

【南京农业大学江北新校区一期工程全面开建】 12 月 19 日，新校区一期工程全面建设动员大会在南京市江北新区隆重举行。学校党委书记陈利根、江北新区管理委员会常务副主任周金良、江北新区党工委委员、产业发展平台主任何金雪，南京市城建集团董事长李江新，浦口区委常委、区政府党组成员高昌玖，校党委常委、副校长胡锋，以及学校师生代表共同推动启动杆。图书馆项目第一根桩启动施工，标志着新校区一期工程全面进入大规模建设新阶段。南京市江北新区管理委员会工作人员，浦口区委、区政府工作人员，南京城建集团有关部门负责同志，新校区一期工程相关参建单位人员，以及南京农业大学全体在宁校领导、各学院各单位负责同志、在职和离退休教师代表、学生代表参加了动员大会。会上，陈利根、何金雪分别进行了讲话，各参建单位代表作了表态发言。

［附录］

南京农业大学江北新校区一期工程初步设计总体建筑指标

项目名称	建筑面积	地上建筑面积（平方米）	地下建筑面积（平方米）	人防面积（平方米）	层数	建筑消防高度（米）	建筑规划高度（米）	绿建等级	占地面积（平方米）
图书馆	52 482.32	46 432.76	6 049.56	0	7/1D	34.8	35.5	三星	12 986.60
公共教学楼	58 007.94	58 007.94	0	0	5	22.9	26.5	二星	17 661.84
大学生活动中心	17 052.08	17 052.08	0	0	3	22.8	24.3	二星	11 760.72
展览馆	4 835.90	4 835.90	0	0	2	15.40	17.00	二星	2 904.42
校史馆	4 316.83	4 316.83	0	0	1	6.00	6.95	二星	4 690.76
档案馆	4 822.62	4 822.62	0	0	1	6.00	6.95	二星	5 224.08
校友之家	1 127.96	1 127.96	0	0	2	9.3	10.4	二星	753.30
留学生公寓	12 720.93	12 563.29	157.64	0	8/1D	28.2	29.7	二星	1 702.95
北区博士生公寓	34 683.19	27 420.77	7 262.42	3 091	14/1D	57.05	61.55	二星	4 852.56
后勤服务中心	6 485.44	6 485.44	0	0	4/1D	16.5	17.1	二星	1 626.86
校门	1 173.58	1 173.58	0		1				1 220.49
体育馆	25 404.93	24 077.67	1 327.26	0	3/1D	23.4	23.4	二星	12 423.60

（续）

项目名称	建筑面积	地上建筑面积（平方米）	地下建筑面积（平方米）	人防面积（平方米）	层数	建筑消防高度（米）	建筑规划高度（米）	绿建等级	占地面积（平方米）
社科大楼	29 843.05	29 843.05	0	0	5	23.7	25.2	二星	8 143.38
人文大楼	35 598.56	27 378.56	8 220	8 220	A楼：6/1D	25.2	26.7	二星	4 401.70
					B楼：5/1D	21.3	22.8		2 461.30
工学院	52 211.38	41 723.38	10 488	9 796	A楼：8/1D	37.2	38.7	二星	4 015.60
					B楼：5/1D	24.9	26.4		4 945.88
行政楼	29 743.18	24 912.66	4 830.52	4 431.76	A楼：5/1D	22.2	26.8	二星	6 348.91
					B楼：3	13.8	14.7	二星	
会议中心	10 392.11	5 983.01	4 409.10	3 968.61	2/1D	13.1	13.7	二星	3 249.39
学生第一食堂	16 374.15	16 374.15	0	0	3	16.2	17.6	二星	6 830.28
南区学生公寓（一）	21 584.70	21 584.70	0	0	6	22.35	24.4	二星	4 648.28
南区学生公寓（二）	21 591.79	21 591.79	0	0	6	22.35	24.4	二星	4 627.27
南区学生公寓（三）	21 624.66	21 624.66	0	0	6	22.35	24.4	二星	4 627.27
南区学生公寓（四）（五）	21 273.70	21 273.70	0	0	10	31.2	32.7	二星	2 723.78
南区学生生活服务中心	0	0	0	0	1	附建于南区学生宿舍		二星	
工程训练中心（南）	6 378.02	6 378.02	0	0	2	12.4	12.4	一星	2 205.50
工程训练中心（北）					1	12.4	12.4	一星	2 202.28
理学院	12 517	12 517	0	0	4	19.8	22.6	二星	3 249.30
生环学部楼	20 292.84	20 292.84	0	0	5/1D	23.9	26.7	二星	5 441.45
动物学部楼	20 326.03	20 326.03	0	0	5/1D	23.9	26.7	二星	5 441.45
食品科技学院	12 011.20	12 011.20	0	0	4/1D	19.8	22.6	二星	3 077.60
园艺学院	13 492.66	13 492.66	0	0	4/1D	19.8	22.6	二星	3 873.09
植物保护学院	14 451.10	14 451.10	0	0	4/1D	19.8	22.6	二星	3 703.70
农学院	13 396.68	13 396.68	0	0	4/1D	19.8	22.6	二星	3 448.30
交叉学科中心	35 086.71	35 086.71	0	0	15/1D	70.5	80.1	二星	3 264.75
地下室（北区总）	43 520	0	43 520	37 241	1D	69.6	76.8	二星	0
体育场看台	3 932.30	3 932.30	0	0	2	18.6	19.7	二星	2 492.00
校医院	5 019.33	5 019.33	0	0	3	14.7	15.9	二星	2 043.32
学生第二食堂	10 949.75	10 949.75	0	0	3	15.6	17.4	二星	4 343.50
北区学生公寓（一）	22 920.17	22 920.17	0	0	6	22.20	24.6	二星	4 709.58

（续）

项目名称	建筑面积	地上建筑面积（平方米）	地下建筑面积（平方米）	人防面积（平方米）	层数	建筑消防高度（米）	建筑规划高度（米）	绿建等级	占地面积（平方米）
北区学生公寓（二）	22 903.07	22 903.07	0	0	6	22.20	24.6	二星	4 709.58
北区学生公寓（三）	15 770.06	15 770.06	0	0	6	22.20	24.6	二星	2 598.20
北区学生公寓（四）	15 758.14	15 758.14	0	0	6	22.20	24.6	二星	2 598.20
北区学生生活服务中心	0	0	0	0	1	附建于学生宿舍		二星	0
危化品仓库	196.04	196.04	0	0	1	6.15	6.75	一星	451.80
危废品暂存库	967.48	967.48	0	0	1	6.15	6.75	一星	979.64
危化品仓库值班室	112.80	112.80	0	0	1	3.75	4.35	一星	50.40
变电站	3 211.67	2 081.09	1 130.58	0					
合计	776 564.05	689 168.97	87 395.08	66 748.37					

（撰稿：张亮亮　审稿：夏镇波　倪　浩　乔玉山　审核：代秀娟）

浦口校区建设

【概况】7月底，学校党委决定成立浦口校区管理委员会（以下简称"管委会"）。管委会班子成员在9月以前完成了人员、资产、人事政策的平稳过渡。共聘任68人，调整办公用房、教师工作室、研究生研习室等64间，调剂、新购家具1 150台套，完成转移调拨固定资产603批次［涉及资产12 399台（件）］。2020年，管委会设有6个工作办公室，即综合工作办公室、教学与科研工作办公室、学生工作办公室、财务与资产工作办公室、安全保卫工作办公室、后勤保障工作办公室；2020年有在职教职工101人，退休人员160人，少数民族预科生59人。

管委会设有8个党支部，开展了"四史"学习教育、"网上重走长征路"等活动，并邀请葛笑如教授进行了"四史"学习教育宣讲。转正党员2人、转出党员280余人。

启动"互联网＋教学"。安排了校区400多门课程，完成了6 000多人次的英语四、六级考试及学校基地班的选拔考试。处理了2万多人次的选课数据。安排各类课程考试400余场次。组建教学督导团队，实现了400余门课督导听课全覆盖。发放各类教材13万册。积极参与第五轮学科评估。协助完成2021年推免生的线上考核。组织浦口校区各级各类项目、专利申报等科研工作。做好了1 100余人的学历教育，开展了4个批次约270余人培训工作。

认真筹划、统筹协调，分批次错峰完成了7 000余名学生开学系列工作；加强就业指导，提供岗位 2 000 多个。优化整合宿舍，完成 4 000 余名学生宿舍调整。协调本部 4 名教师来浦口校区进行学生心理辅导。重视少数民族预科生素质提升工作。实施以"汇贤大讲堂""南农青年浦口校区""高雅艺术进校园"为代表的人文素质教育品牌项目，邀请国家一级演员郭广平来校开展爱国主义教育、江苏省锡剧团演出红色军旅题材作品《董存瑞》、涟水淮剧团演出脱贫攻坚主题淮剧《村里来了花喜鹊》，举办 2021 年"新年游园会"，指导各类学生活动开展。由学生工作办公室指导的原创朗诵《北方的篝火》、舞蹈《雨中花》分别获得第六届江苏省大学生艺术展演特等奖和三等奖，"博爱青春"暑期志愿服务活动获得南京市高校红十字会优秀项目奖。

完成各类财务核算、报销事务。发放学生费用 4 万人次，缴销各类票据 13 200 份，完成各类退税材料 100 余份，核对个税纳税信息 1.5 万余条。完成科研项目中期检查及结题审计 40 余项，完成科研经费入账近 1 476.15 万元。新增 30 个点位浴室水控器，以及 5 个校园卡消费终端、3 台自助终端。新办、补换校园卡 4 634 张，注销 3 688 张，基本完成新生学费、住宿费、代办费收缴。

完成浦口校区 824 份人事档案的日常管理工作。

完成浦口校区 5 号楼、6 号楼和培训楼的维修改造。完成食堂天然气接入工作。完成 1 600KVA 电力增容工作。

对浦口校区校园网络及信息系统进行了升级建设，实施部分楼宇网络升级改造，大幅度调升免费流量标准，提供日常有关技术支持保障。

成立浦口校区管委会工会，支持工会工作，落实学校工会代表大会精神，发挥桥梁、纽带作用。

成立浦口校区新型冠状病毒感染的肺炎疫情防控工作组，由管委会主任王春春担任工作组组长，下设 5 个疫情防控工作小组，按照属地管理要求及学校疫情防控领导小组的要求，做好疫情防控各项工作。

(撰稿：李　菁　审稿：李昌新　审核：代秀娟)

白马教学科研基地建设

【概况】白马教学科研基地（以下简称白马基地）完成基本建设投资 850 万余元，主持设计白马基地临时学生宿舍、食堂、弱电管网等项目，参与白马基地作物表型组学研发中心大楼和植物生产综合实验中心大楼装修、景观绿化、17 号地改造等 5 项工程的设计，完成作物表型组学研发中心大楼、植物生产综合实验中心大楼落地的立项、报批工作。两个项目于 2021 年 12 月正式竣工并投入使用；协同基本建设处参与临时学生宿舍、食堂、弱电管网、17 号地块改造工程，涉及资金 479 万元；完成白马基地 30 万元以下修缮工程 30 项，涉及资金 248 万元。上述建设工程正陆续竣工，逐步投入使用，将极大改善白马基地的基础设施和教学科研条件。

2020 年全国新农民新业态创业创新大会于 9 月 22~24 日在南京市溧水区召开。作为

"双创"大会成果展览的一部分，学校在白马基地举办了科技成果展，以展板、实物和现场模拟等形式，集中展示了学校"十二五"以来主动服务乡村振兴和脱贫攻坚，致力于农业科技创新和农业农村现代化取得的重要成果。

【江苏省委副书记任振鹤调研学校白马教学科研基地】2月19日，江苏省委副书记任振鹤来到学校白马基地，调研白马基地建设情况和作物表型组学研究重大科技基础设施筹建进展。江苏省委副秘书长赵旻、南京市委副书记沈文祖、南京市溧水区区长张蕴、区委副书记方靖，学校党委书记陈利根、副校长丁艳锋等参加调研。学校党委办公室、科学研究院、白马基地办公室主要负责人陪同调研。任振鹤询问了作物表型组学研究设施建设的细节和后期建设安排。他表示，白马基地是重要的粮食蔬菜生产研究基地，是长三角农业科技创新的策源地，白马基地有良好的建设基础和资源优势，是南京国家农业高新技术产业示范区建设最大的依托和支撑，要发挥重要的示范作用，做好乡村振兴的"样板间"。他强调，作物表型组学研究重大科技基础设施项目的建设，是对学校的高度信任和考验。溧水区、南京市乃至江苏省一定要立足实际，帮助解决白马基地建设的实际问题，积极支持白马基地的建设发展。

【江苏省副省长赵世勇调研学校白马教学科研基地】2月27日，江苏省副省长赵世勇到学校白马基地，对作物表型组学研究重大科技基础设施筹建等工作进行重点调研。江苏省政府副秘书长诸纪录，南京市副市长霍慧萍，江苏省农业农村厅副厅长蔡恒、科技厅副厅长段雄，溧水区区长张蕴、区委副书记方靖等同志参与调研。学校校长陈发棣、副校长丁艳锋，以及校长办公室、白马基地办公室主要负责同志陪同调研。赵世勇表示，做好作物表型组学研究，对于占领植物基础研究的"高地"具有重大意义。这一研究基础设施的建立，必将进一步加速推动该领域研究取得新成果，促进全球作物可持续生产；同时，也将为南京农业大学、南京国家农业高新技术产业示范区建设，以及江苏农业和科技发展带来新的契机，发挥更加积极的作用。江苏省政府将大力支持学校白马基地建设及作物表型组学研究重大科技基础设施建设。

【江苏省副省长马秋林调研学校白马教学科研基地】3月12日，江苏省副省长马秋林来到学校白马基地，调研学校作物表型组学研究重大科技基础设施筹建等工作。江苏省政府副秘书长张乐夫、省科技厅副厅长蒋洪、南京市政府副秘书长包洪新，以及溧水区区长张蕴、区委副书记方靖等参与调研。学校校长陈发棣、副校长丁艳锋陪同调研。马秋林询问了作物表型组学研究重大科技基础设施在实现科技管理智能化、团队建设、人才培养、开放合作等方面的实施细节。马秋林表示，南京农业大学白马基地是南京国家农业高新技术产业示范区建设的支撑，发挥着重要的龙头和引领作用。他强调，要积极转变思路，加快作物表型组学研究重大科技基础设施的建设进度，早日获得更大的建设成果。

【市委常委、组织部部长陆永辉调研考察白马基地】8月7日，南京市委常委、组织部部长陆永辉到白马基地调研考察。溧水区委副书记汪冬宁，区委常委、组织部部长唐慧炜，以及白马高新区党工委书记花毅、管委会主任杨斌、管委会副主任张震宇等陪同调研。实验室与基地处处长陈礼柱、科学研究院院长姜东参加调研。陆永辉强调，要始终把重大项目建设作为推动经济社会发展的重要抓手，狠抓项目建设，以大项目推动大发展。陆永辉希望溧水区和南京国家农业高新技术产业示范区要积极创造条件，为高校重大科研项目落地提供政策环境保障；同时，也希望学校抢抓机遇、务实创新，进一步加大高端人才引育力度，争取更多、更大、更高的项目培育，积极响应国家的重大需求，为科技创新和区域经济社会发展作出更大贡献。

【农业农村部部长韩长赋到学校白马教学科研基地调研】9 月 24 日，时任农业农村部部长韩长赋到学校白马基地调研，并参观科技成果展。江苏省委副书记任振鹤，农业农村部副部长刘焕鑫，江苏省副省长赵世勇，南京市委副书记、市长韩立明，农业农村部总农艺师、办公厅主任广德福，农业农村部总经济师、发展规划司司长魏百刚，以及农业农村部相关司局、省市相关部门负责同志一同现场参观。学校党委书记陈利根、校长陈发棣、校长助理王源超等陪同调研。韩长赋分别了解了植物保护学院、资源与环境科学学院、园艺学院研究团队的科研进展情况，询问了绿色高效农药研制与创新、土壤保护与改良、菊花品种创制与培育等情况。韩长赋对学校在科技创新方面所取得的成绩表示肯定，希望学校紧紧围绕乡村振兴战略，为我国农业农村现代化作出新的更大贡献。

[附录]

2020 年度主要在建工程项目基本情况

序号	项目名	施工单位	合同价（元）	审定价
		30 万元以下工程		
1	白马基地网室周边斜坡绿化工程	南京广清农业工程有限公司	31 618.37	26 076.35
2	白马基地 26 号地块网室、河塘周边绿化	南京广清农业工程有限公司	45 000.00	45 221.61
3	园艺学院梨中心白马基地安防工程	南京菱亚灿桦电子设备有限公司	45 000.00	40 151.50
4	农学院过渡用房供电工程	江苏广顺建设有限公司	94 719.46	82 692.66
5	农学院白马基地过渡用房加装简易门窗	江苏广顺建设有限公司	42 091.00	62 716.53
6	白马基地生活区连廊建设工程	南通十建集团有限公司	98 868.45	85 257.14
7	白马基地消防栓护栏安装工程	江苏金坛第一建筑安装工程有限公司	72 644.78	72 208.89
8	白马基地学生生活区监控改造工程	南京瑞欣祺电子科技有限公司	25 538.00	24 158.52
9	南京农业大学白马基地 29 号地块水管改造工程	南京翠通建筑安装工程有限公司	47 079.81	37 579.16
10	白马基地禽产品加工中心设备吊装配套设施	江苏金坛第一建筑安装工程有限公司	20 000.00	19 952.58
11	白马基地生鲜猪肉加工技术集成科研基地室外部分台阶、道路工程	江苏金坛第一建筑安装工程有限公司	36 834.66	32 459.31
12	白马基地生鲜猪肉加工技术集成科研基地照明工程	江苏金坛第一建筑安装工程有限公司	49 297.19	44 024.53
13	白马基地荷花池木栈道维修出新工程	江苏金坛第一建筑安装工程有限公司	79 194.70	77 428.30
14	白马基地零星接水接电工程	南京翠通建筑安装工程有限公司	84 638.77	76 320.24

（续）

序号	项目名	施工单位	合同价（元）	审定价
15	白马转基因基地监控系统安装	南京菱亚灿桦电子设备有限公司	98 636.90	93 928.90
16	白马基地 26 号地块水塘灌溉管道连接工程	南京翠通建筑安装工程有限公司	93 479.77	83 505.14
17	白马转基因基地铁丝网围墙及电缆安装工程	南通十建集团有限公司	99 900.00	86 550.23
18	白马基地西区部分地块安装过路灌溉水管	南通十建集团有限公司	76 827.00	61 081.02
19	白马转基因集装箱基础工程	江苏广顺建设有限公司	70 000.00	73 473.78
20	白马基地学生食堂遮阳避雨棚工程	江苏广顺建设有限公司	22 330.00	19 545.63
21	田间作物表型舱铺设草坪砖及排水管工程	江苏金坛第一建筑安装工程有限公司	85 792.96	84 338.79
22	白马基地临时厕所安装工程	南京翠通建筑安装工程有限公司	94 156.62	81 834.12
23	白马基地温室、网室新建垃圾池工程	江苏金坛第一建筑安装工程有限公司	70 217.00	71 266.71
24	白马基地新建学生宿舍 6 栋/7 栋晒衣场项目	江苏金坛第一建筑安装工程有限公司	73 303.00	70 427.12
25	南京农业大学白马基地停车场工程	南京翠通建筑安装工程有限公司	66 664.14	58 650.38
26	南京农业大学白马基地 41 号地水池工程	江苏金坛第一建筑安装工程有限公司	250 466.23	261 690.13
27	南京农业大学白马基地菊花池配套工程	南京翠通建筑安装工程有限公司	182 978.10	197 163.49
28	南京农业大学白马基地菊花项目道路工程	南京翠通建筑安装工程有限公司	230 337.98	205 798.03
29	南京农业大学白马基地新建学生食堂停车场工程	江苏金坛第一建筑安装工程有限公司	136 471.84	133 878.69
30	南京农业大学白马基地 22 号地块管道安装工程	江苏金坛第一建筑安装工程有限公司	176 365.78	173 959.91
30 万元以上工程				
1	白马基地临时学生宿舍、食堂建设工程	中建友安建工（集团）有限公司	3 240 529.26	3 196 062.94
2	南京农业大学白马基地 17 号地块改造工程	江苏华远建设有限公司	577 124.32	571 157.40
3	南京农业大学白马基地弱电管网工程	南京翠通建筑安装工程有限公司	1 060 558.48	1 020 859.68
4	白马动物实验基地隔离围栏工程	江苏金坛第一建筑安装工程有限公司	614 068.35	659 533.16
5	白马基地 37 号地块平整及排灌工程项目	南京三惠建设工程股份有限公司	609 708.43	597 870.87

（撰稿：祁子煜　审稿：石晓蓉　审核：代秀娟）

财 务

【概况】计财与国有资产处围绕学校办学目标，创新工作思路，积极规范管理，强化服务，合理配置资源，做好开源节流工作，为学校的事业发展提供了资金保障，全面提升财务管理水平和服务效能。全校各项收入总计 21.94 亿元，各项支出总计 24.38 亿元。

拓宽资金来源渠道，为教学科研提供财力基础。2020 年，改善办学条件专项资金达 7 419 万元，中央高校基本科研业务费 3 543 万元，中央高校教育教学改革专项费用 1 336 万元，中央高校管理改革等绩效专项费用 1 555.78 万元，"双一流"引导专项费用 6 260 万元，教育部国家重点实验室专项经费 2 145.89 万元，捐赠配比资金 447 万元，各类奖助学金 11 215.93 万元。

全面贯彻落实中央关于"过紧日子"的决策部署，合理编制年度预算，加强预决算管理。完成 2019 年财务决算工作，形成决算分析报告，完成决算编制。科学编制 2020 年校内收支年度预算和 2021 年部门"一上"预算，加强预算执行监管，增加预算刚性，建立资源配置和使用的自我约束机制，优化学校资源配置，全年预算总体执行情况良好。

规范会计核算管理，严格执行"收支两条线"。根据新冠肺炎疫情防控需要，5 月实施网报自助投递业务，会计核算工作恢复正常，全年编制会计凭证 13.61 万份，录入笔数 70.75 万条，审核原始票据 90.1 万张，全年接受医药费报销约 5 000 人次，报销单据 4.4 万张。

加强税费收缴管理，提升财务服务质量。根据国家发展和改革委员会、财政及教育主管部门的相关要求，按时申报纳税，对税务发票管理和使用做到规范、合法。完成收费项目变更备案和收费年检工作，新增非全日制工程管理硕士学费收费项目和标准，非全日制工商管理硕士（MBA）学费收费标准上调的备案审批工作，测算并上报南京农业大学密歇根学院本科生与研究生的收费标准。完成非税收入上缴财政专户工作，上缴非税收入 25 975 万元。发放本科生各类奖勤助贷款 50 余项，共计 2 946 万元、7 万人次；发放研究生助学金 7 583 万元，学业奖学金、国家及其他奖学金 8 757 万元，助学贷款等 954 万元。响应国家政策，根据学校统筹安排，减免退还 2020 年春季学生住宿费 628 万元。完成学校 2019 年度所得税汇算清缴、税务风险评估工作，完成国产设备退税工作，累计退税金额 252 万元。完成 2019 年度机关事业单位代扣代缴个人所得税自查工作。

【启用"网报自助投递机"业务】结合疫情防控期间减少人群聚集、保护师生员工安全的需要，设立"网报自助投递机"和"网报自助退单机"，完善财务微信公众号的报销票据进程查询及报账信息推送功能，实行 24 小时报销投递业务，实现"全天候、零等待、不见面"的财务报账新模式。同时，简化业务流程，加快信息化步伐，不断推动财务服务向智能化、高效化转型，实现"师生跑"向"财务跑"的转变，为广大师生提供高效便捷的财务服务。

【推进预算绩效管理改革实施工作】加大预算资金统筹力度，做到"集中财力办大事"，优化项目设置和支出结构，避免相似项目的重复投入，防止资金使用的碎片化，将有限的财力投入制约学校发展的关键领域，保障学校事业发展。建立以科学合理的滚动规划为牵引，以规范的项目库管理为基础，以预算评审和绩效管理为支撑，以资源合理配置与高效利用为目的，以有效的激励约束机制为保障，重点突出、管理规范、运转高效的项目支出预算管理新模式。全面推进预算绩效改革，建立"预算编制有目标、预算执行有监控、预算完成有评价、评价结果有反馈、反馈结果有应用"的全过程预算绩效管理机制。

【全面做好疫情防控财务保障工作】认真贯彻学校疫情防控要求，为防控工作提供财务保障。设立疫情防控专项资金 300 万元，建立防疫物资报销"绿色通道"，落实报销便利化措施。全力保障学生生活补助、学生助学金、防疫补助金等按时发放。利用校园卡个人信息功能引进"人脸识别"系统和"手持式刷卡机"，为校园安保筑立第一道防线。在疫情常态化形势下，实施网报自助投递业务，减少人员接触，提高财务服务效能，为学校疫情防控工作提供支撑和保障。

【打造银企合作新平台，共建学校智慧校园】加快推进"银校合作"项目，创建校园"聚合支付"平台，2020 年筹措资金 1 425 万元，用于校园信息化项目建设，全力打造学校智慧校园。与校信息化建设中心配合，推进聚合支付及虚拟校园卡系统的上线，积极打造校园无卡化生活，实现服务由线下向线上转换，在方便师生学习、生活的同时，为学校节约大量的人力和物力。利用筹措资金，稳步开展金陵研究院三楼会议室及校友馆显示系统改造项目、校区光纤互联项目、研究生管理与服务系统、科研管理与服务平台（一期）、国有资产管理信息系统、实体校园卡项目、财务凭证影像化系统和音响系统改造 8 个项目的落地实施，为学校信息化建设提供财力保障。

【创新财务管理模式】全面打造线上服务平台，逐步完善财务信息平台建设。发挥财务云共享优势，实现财务单据投递、核算、资金到账及退单过程的全面跟踪，财务报销环节面向全校师生公开透明。做好财务综合服务平台的升级工作，完成工资系统运行调试、个税系统升级换代、酬金网上申报系统个性化定制升级等。加强账务管理系统和收费管理系统的调试、维护和更新建设，保证财务信息安全性。开启线上非税电子票据管理系统，实现非税电子票据系统与收费系统的对接。积极引进高校智慧财务统一支付与收费综合服务平台，推进随时随地线上缴费新模式。

［附录］

教育事业经费收支情况

2020 年南京农业大学总收入为 219 416.91 万元，比 2019 年减少 10 527.54 万元，降低 4.58%。其中，教育拨款预算收入降低 2.20%，科研拨款预算收入降低 57.63%，其他拨款预算收入降低 0.13%，教育事业预算收入降低 19.88%，科研事业预算收入降低 5.24%，经营收入增长 105.55%，非同级财政拨款预算收入增长 6.14%，其他预算收入增长 27.66%。

表 1　2019—2020 年收入变动情况表

经费项目	2019 年（万元）	2020 年（万元）	增减额（万元）	增减率（%）
一、财政补助收入	116 433.55	111 142.18	−5 291.37	−4.54

（续）

经费项目	2019 年（万元）	2020 年（万元）	增减额（万元）	增减率（%）
（一）教育拨款预算收入	105 756.72	103 432.46	−2 324.26	−2.20
1. 基本支出	73 770.35	73 841.79	71.44	0.10
2. 项目支出	31 986.37	29 590.67	−2 395.70	−7.49
（二）科研拨款预算收入	5 136.00	2 175.89	−2 960.11	−57.63
1. 基本支出	30.00	30.00	0.00	0.00
2. 项目支出	5 106.00	2 145.89	−2 960.11	−57.97
（三）其他拨款预算收入	5 540.83	5 533.83	−7.00	−0.13
1. 基本支出	5 465.83	5 478.83	13.00	0.24
2. 项目支出	75.00	55.00	−20.00	−26.67
二、事业收入	94 491.50	85 528.78	−8 962.72	−9.49
（一）教育事业预算收入	27 389.26	21 944.07	−5 445.19	−19.88
（二）科研事业预算收入	67 102.24	63 584.71	−3 517.53	−5.24
三、经营收入	1 055.20	2 169.01	1 113.81	105.55
四、非同级财政拨款预算收入	11 206.78	11 895.36	688.58	6.14
五、其他预算收入	6 757.42	8 626.64	1 869.22	27.66
1. 租金预算收入	169.67	115.06	−54.61	−32.19
2. 捐赠预算收入	1 128.57	1 216.51	87.94	7.79
3. 利息预算收入	3 926.31	1 482.43	−2 443.88	−62.24
4. 后勤保障单位净预算收入	−525.88	−650.54	−124.66	23.71
5. 其他	2 058.75	6 463.18	4 404.43	213.94
总计	229 944.45	219 361.97	−10 582.48	−4.60

数据来源：2019 年、2020 年报财政部的部门决算报表口径。

2020 年，南京农业大学总支出为 243 840.75 万元，比 2019 年减少 28 731.21 万元，同比降低 10.54%。其中，教育事业总支出降低 14.78%，科研事业总支出降低 9.83%，行政管理总支出增加 5.63%，后勤保障总支出增加 26.36%，离退休人员保障总支出减少 6.58%。

表 2　2019—2020 年支出变动情况表

经费项目	2019 年（万元）	2020 年（万元）	增减额（万元）	增减率（%）
一、财政拨款支出	118 593.06	110 270.44	−8 322.62	−7.02
（一）教育事业支出	89 925.55	88 800.37	−1 125.18	−1.25
（二）科研事业支出	14 910.07	6 441.75	−8 468.32	−56.80
（三）行政管理支出	6 675.20	5 074.24	−1 600.96	−23.98
（四）后勤保障支出	1 499.02	3 883.48	2 384.46	159.07
（五）离退休支出	5 583.22	6 070.60	487.38	8.73

（续）

经费项目	2019 年（万元）	2020 年（万元）	增减额（万元）	增减率（%）
二、非财政补助支出	152 272.16	132 910.22	−19 361.94	−12.72
（一）教育事业支出	64 878.81	43 116.73	−21 762.08	−33.54
（二）科研事业支出	63 107.71	63 907.75	800.04	1.27
（三）行政管理支出	15 787.94	18 654.61	2 866.67	18.16
（四）后勤保障支出	6 486.89	6 207.52	−279.37	−4.31
（五）离退休支出	2 010.81	1 023.61	−987.20	−49.09
三、经营支出	1 706.74	660.09	−1 046.65	−61.32
总支出	272 571.96	243 840.75	−28 731.21	−10.54

数据来源：2019 年、2020 年报财政部的部门决算报表口径。

2020 年，学校总资产约为 32.89 亿元，比 2019 年增长 4.76%。其中，固定资产净值增长 34.25%，流动资产减少 8.46%。净资产总额约为 20.91 亿元，比 2019 年减少 10.72%。

表3　2019—2020 年资产、负债和净资产变动情况表

项　　目	2019 年（万元）	2020 年（万元）	增减额（万元）	增减率（%）
一、资产总额	313 956.87	328 888.90	14 932.03	4.76
（一）固定资产净值	118 557.94	159 165.73	40 607.79	34.25
（二）流动资产	105 454.29	96 536.64	−8 917.65	−8.46
二、负债总额	79 703.25	119 743.73	40 040.48	50.24
三、净资产总额	234 253.62	209 145.17	−25 108.45	−10.72

数据来源：2019 年、2020 年报财政部的部门决算报表口径。

（撰稿：李　佳　审稿：杨恒雷　审核：代秀娟）

资　产　管　理

【概况】截至 12 月 31 日，学校国有资产总额 51.51 亿元（原值，下同），其中固定资产 34.54 亿元，无形资产 0.99 亿元。土地面积 900.92 公顷，校舍面积 69.30 万平方米。相比 2020 年初，学校资产总额增加 6.56%，固定资产总额增长 19.92%。2020 年学校固定资产本年配置增加 6.05 亿元，本年处置减少 0.31 亿元。

学校资产实行"统一领导、归口管理、分级负责、责任到人"的管理体制，并接受上级主管部门的监管，建立"校长办公会（党委常委会）—学校国有资产管理委员会（以下简称国资委）—国资委办公室—归口管理部门—二级单位（学院、机关部处）—资产管理员—使

用人"的国有资产管理体系。

【资产管理制度修订】 为加强学校国有资产管理，制定《南京农业大学所属企业国有资产评估项目备案管理办法（试行）》（校资发〔2020〕5号），进一步深化学校国有资产管理"放管服"改革，加快推进学校所属企业体制改革工作。调研起草无形资产管理办法，梳理资产建账程序，明晰业务办理流程，细化管理服务内容，进一步健全学校资产管理制度。

【公房资源调配】 严格按照《党政机关办公用房建设标准》（发改投资〔2014〕2647号）的要求，对行政机关办公用房进行整体调整分配，在整合各部门用房的同时，坚决杜绝超标现象。拟定首批入驻江北新校区学院用房配置方案，最大限度扩大各学院的使用面积，改善办公科研条件。

【资产使用和处置管理】 严格按照财政部、教育部相关规定开展资产管理。全年完成建账审核6119批次、调拨审核2218批次、处置审核1712批次。严格执行岗位变动人员（校内调动、退休、离职）固定资产移交手续工作程序，完成离岗资产移交审核117人次。

【资产信息化建设】 为适应国有资产实时监管的要求，保障新政府会计制度顺利实施，上线新版资产管理信息系统。新资产管理信息系统功能齐全，包含资产调剂平台，与数字化校园、财务系统、采购平台、房产系统、人事系统等实时对接，并配置自助服务终端和微信公众号，可移动办理业务、自助打印单据，实现了国有资产的全生命周期管理和资产业务不见面办理，多业务整合，建账、报销单据二合一，提升了资产管理信息化水平和服务效能。

【资产清查核实结果账务处理】 根据《教育部关于资产核实结果的批复》（教财函〔2020〕13号）文件要求，学校按照政府会计制度，对盘盈、盘亏资产进行账务处理。本年度学校共盘盈设备、陈列品和专利等647项、增加35.09万元，盘亏设备、家具、图书和软件等9560项、减少2223.89万元。

【江浦实验农场资产置换处置】 为加快新校区建设，学校本着平等互利、合作共赢、相互支持的原则，积极与南京市委、市政府和南京市江北新区管理委员会沟通协商，校地双方就江浦实验农场土地收储与新校区建设达成一致。经报请教育部批准，学校以江浦实验农场所辖土地、房屋构筑物等资产与南京市江北新区管理委员会进行等价置换，换入学校江北新校区土地及新校区一期建筑、设备等资产，将按照新校区建设进度，相应调整有关账务。2020年已完成处置房屋86项，原值合计579.86万元，面积合计27024.62平方米；处置构筑物3项，原值合计272.45万元。

［附录］

附录1　南京农业大学国有资产总额构成情况

序号	项目	金额（元）	备注
1	流动资产	965 366 438.47	
	其中：银行存款及库存现金	787 407 206.16	
	应收、预付账款及其他应收款	128 749 352.30	
	财政应返还额度	35 115 778.50	

（续）

序号	项目	金额（元）	备注
	存货	14 094 101.51	
2	固定资产（原值）	3 453 668 336.07	
	其中：土地	0.00	
	房屋	1 292 942 210.86	
	构筑物	35 796 096.37	
	车辆	15 746 336.20	
	其他通用设备	1 499 858 589.19	
	专用设备	315 498 115.91	
	文物、陈列品	4 834 400.78	
	图书档案	139 831 134.10	
	家具用具装具	149 161 452.66	
3	对外投资	146 092 348.00	
4	在建工程	478 336 820.15	
5	无形资产	98 728 908.26	
	其中：土地使用权	10 159 637.00	
	商标	174 300.00	
	专利	624.00	
	著作软件	88 394 347.26	
6	其他资产	8 707 156.27	
	资产总额	5 150 900 007.22	

数据来源：2020 年中央行政事业单位国有资产决算报表。

附录 2   南京农业大学土地资源情况

校区（基地）	卫岗校区	浦口校区	珠江校区（江浦农场）	白马教学科研实验基地	牌楼实验基地	江宁实验基地	盱眙实验基地	合计
占地面积（公顷）	52.32	47.52	451.20	338.93	8.71	0.25	2.00	900.92

数据来源：2020 年高等教育事业基层统计报表。由于数据四舍五入，各项数据相加与合计数据稍有出入。

附录 3   南京农业大学校舍情况

序号	项目	建筑面积（平方米）
1	教学科研及辅助用房	347 676.01
	其中：教室	59 369.70
	图书馆	32 451.13

（续）

序号	项目	建筑面积（平方米）
	实验室、实习场所	132 620.17
	专用科研用房	104 530.93
	体育馆	18 704.08
	会堂	0.00
2	行政办公用房	35 524.20
3	生活用房	309 849.46
	其中：学生宿舍（公寓）	213 808.43
	学生食堂	21 643.50
	教工宿舍（公寓）	37 023.64
	教工食堂	3 624.00
	生活福利及附属用房	33 749.89
4	教工住宅	0.00
5	其他用房	0.00
	总计	693 049.67

数据来源：2020 年高等教育事业基层统计报表。

附录 4　南京农业大学国有资产增减变动情况

项目	年初数（元）	本年增加数（元）	本年减少数（元）	年末数（元）	增减比例（%）
资产总计	4 833 914 740.03	—	—	5 150 900 007.22	6.56
（一）流动资产	1 054 542 918.70	—	—	965 366 438.47	−8.46
（二）固定资产（原值）	2 879 925 415.67	604 560 691.33	30 817 770.93	3 453 668 336.07	19.92
1. 土地	0.00	0.00	0.00	0.00	
2. 房屋	962 138 358.61	336 602 421.44	5 798 569.19	1 292 942 210.86	34.38
3. 车辆	15 367 228.20	884 508.00	505 400.00	15 746 336.20	2.47
4. 通用办公设备	128 880 517.63	10 508 650.02	502 544.70	138 886 622.95	7.97
5. 通用办公家具	42 837 644.16	2 108 001.87	2 169 779.00	42 775 867.03	−0.28
6. 其他	1 730 701 667.07	254 457 110.00	21 841 478.04	1 963 317 299.03	13.44
（三）对外投资	124 670 538.00	—	—	146 092 348.00	17.18
（四）无形资产	77 396 115.58	21 552 792.68	220 000.00	98 728 908.26	27.56
（五）在建工程	690 393 810.90	—	—	478 336 820.15	−30.72
（六）其他资产	6 985 941.18	—	—	8 707 156.27	24.64

数据来源：2020 年中央行政事业单位国有资产决算报表。

注："—"表示不作增加数、减少数统计。

附录5 南京农业大学国有资产处置上报审批情况

批次	上报时间	处置金额（万元）	处置方式	批准单位	上报文号	批复文号
1	2020 年 12 月	852.30	置换	教育部	校财发〔2020〕281 号	教财函〔2020〕96 号

（撰稿：史秋峰 陈 畅 审稿：周激扬 审核：代秀娟）

招 投 标

【概况】2020 年度采购与招投标中心在学校党政的全面领导与统筹部署下，聚焦招标采购工作主责主业，秉承"以服务求支持，以贡献谋发展，党建与业务协同提升与进步"的工作理念，践行"三公一诚、依法依规、廉洁规范、提质增效"的工作原则，进一步优化招标采购工作职能定位，着力提升工作管理水平与服务效能，顺利完成学校交办的各项工作任务。

经统计，截至 12 月 31 日总计完成学校招标采购项目 899 项，采购预算 5.23 亿元，中标（成交）金额 4.39 亿元。其中，学校招标采购限额以上项目中，工程类项目 65 项，预算 3.32 亿元，中标金额 2.65 亿元；货物类项目 155 项，预算 1.07 亿元，成交金额 1 亿元；服务类项目 111 项，预算 0.61 亿元，成交金额 0.53 亿元。学校招标采购限额以下项目中，分散采购询价项目 307 项，预算 0.15 亿元，成交金额 0.14 亿元；分散采购网上竞价项目 261 项，预算 0.08 亿元，成交金额 0.07 亿元。全年通过公开、公平、公正的市场竞争机制，为学校节约资金 0.84 亿元。

【党建业务融合，推进协同发展】探索实践"三结合、一贯通式"党建-业务协同发展与提升工作模式。一是将政治学习与业务要求相结合，强化政治意识与政治站位；二是将党建学习与业务实际相结合，强化法律意识与纪律意识；三是实践学习与业务对象相结合，强化责任意识与服务意识；四是将理论学习与业务学习相贯通。一切工作确立以党建工作为中心、以业务工作服务与保障为导向，把促进招标采购提质增效作为检验中心党建工作的出发点，推动党建与业务协同发展。

【理顺科室职能，深化内控机制】紧紧围绕学校建设农业特色世界一流大学的战略目标，全面梳理学校招标采购工作的内涵与外延，以全过程周期管理理念统筹招标采购职能划分与职责定位。对内科学调研、立足实际，设立稽核科、采购科、招标科 3 个科室，加强中心内部控制与业务程序相互配合、相互支持、相互监督；对外主动沟通、协同联动，走访校内各职能部门，明晰职能划分，共建协同发展工作格局，探索构建"一张网、一端口、一站式"的招标采购工作体系。

【完善制度体系，确保有规可依】贯彻落实国家招标采购新政策、新要求与新举措，主动服务于学校中心工作，采购与招投标中心以学校机构改革与职能调整为契机，启动《南京农业大学采购与招标管理办法》《南京农业大学分散采购实施细则》等制度的调研、新立及修订工作，进一步完善学校招标采购管理制度体系，保障招标采购工作有法必遵、有规可依、有章可循。

【强化责任担当，提高工作效率】 在新冠肺炎疫情严峻挑战与巨大压力形势下，采购与招投标中心及全体工作人员一方面坚决坚持党的领导毫不动摇，不断增强政治站位，提高责任意识、大局意识，全力做好学校江北新校区一期工程建设、卫岗校区第三实验楼三期建设、牌楼1号和2号学生公寓建设、作物表型组学研发中心建设、国家重点实验室建设、校园安保、物业服务等一系列重大重要项目的招标采购工作；另一方面，一切以依法、依规维护学校合法权益为工作出发点，不断完善工作机制、优化工作方法，提高工作效率与工作质量，推动各项工作扎实细致开展，确保招标采购工作有序执行。

【规范业务管理，力求提质增效】 一是建立中心例会制度。将处务会议与业务研究部署相结合，对业务工作集体研究，抓研判、重执行。二是实施重大重要项目会商制度。通过组织招标代理、审计法务部门、申购单位等多方集体会商，有效提高招标文件编制质量。三是加强招标代理服务管理。始终将服务水平的管理和考核作为中心工作，并与现场监督、廉政谈话、业务约谈相结合，确保招标代理服务的高质量。四是规范分散采购工作方式。简化采购程序，提高服务效能和资金使用效益。五是规范招标采购项目合同审核盖章与档案立卷归档。全年完成招标采购项目合同审核盖章371项，依法对政府采购货物服务类250项、工程类136项的项目档案立卷后移交学校档案馆归档保管。

【加强队伍建设，着力服务效能】 一是加强业务培训与学习，积极参加教育部政府采购工作线上培训、江苏省高校采购联盟业务培训，增强廉洁自律和依法依规采购意识，持续提高业务水平；二是加强纪律和廉政意识，廉洁廉政教育常抓不懈、警钟长鸣，逐步提升招标采购服务水平，切实有效维护学校权益；三是较好地处理采购人和投标人的问讯、异议及要求，协助学校纪委监督部门处理招标采购质疑投诉事项。

（撰稿：于　春　审稿：胡　健　审核：代秀娟）

审　计

【概况】 审计处坚持以健全和完善学校内控制度建设为主线，以基本建设工程全过程跟踪审计与重点领域专项审计为重点，稳步推进各项审计工作，提升审计工作质量，保障学校经济业务良好运行。全年开展各类审计共290项，总金额达11.22亿元，出具审计报告和管理建议书281份，核减建设资金1047万元，核减率11%，为校领导提供决策依据，为教学、科研、校地及校企合作等事业提供了有力保障。

在各部门配合与协助下，顺利开展各类审计工作。完成基建和修缮工程项目审计201项，送审金额9564万元，核减建设资金1047万元，并加强对工程清单控制价、变更预算与材料核价、隐蔽工程计量、现场签证及工程进度款的审计。完成各类财务收支审计11项，包括学校资产经营公司财务报表审计、教育发展基金会财务报表审计等，审计金额4.18亿元。完成处级干部经济责任审计6项，审计金额0.26亿元。完成专项审计4项，包括作物遗传与种质创新国家重点实验室2019年度运行经费执行情况审计、学校牵头的江苏省协同创新中心建设经费审计等，审计金额 0.64 亿元。完成基建工程竣工财务决算审计 2 项，分别是青教公寓工程和理科实验楼工程，审计金额 1.62 亿元。完成国家重点研发项目经费审计 31 项，金额 2.13 亿元。完成国家转基因重大专项审计 2 项，金额 1.39 亿元，并延伸至协作单位。完成科研项目审签 33 项，金额 0.04 亿元。提高各类专项资金和学校自有资金的使用效率，强化经费支出的合规性和合理性，推动校内规章制度和办事流程的健全和完善。

积极参与，配合做好新冠肺炎疫情防控工作。按照学校统一部署和要求，做好部门清洁工作和防护措施；对参与审计工作的社会中介机构加强监管；配合做好进校人员申请报备和总值班工作；积极参与募捐和志愿者活动，审计处有 75% 的职工参加了校园执勤等防疫工作。

【加强管理，注重审计制度的建设与完善】 依据新的文件精神，为加强学校党委对审计工作的领导，7 月成立了学校审计委员会。同时，依据新出台的《教育系统内部审计工作规定》（教育部令第 47 号）和科研"放管服"要求，结合学校实际情况，重新修订印发《南京农业大学内部审计工作规定》和《南京农业大学科研经费审计办法》，进一步规范和完善了内部审计工作制度。

【积极谋划，做好新校区前期建设各项审计工作】 完成新校区一期工程市政工程（一标段）全过程跟踪审计工作；协助完成新校区一期建筑工程和临时用水、用电工程控制价审核，以及一期建筑工程招标文件和合同的审核，有效地控制了工程造价；同时，完成了建筑工程跟踪审计单位的招标工作。

【精心组织，协调好原校长周光宏任期经济责任审计工作】 9 月，教育部对原校长周光宏任职期间经济责任履行情况开展了审计。按照学校要求，审计处负责牵头协调此项工作，组织召开全校迎审工作协调会，做好与审计组沟通和联络工作，协助审计组对接各职能部门和学院，及时转达审计组要求和传送调用材料，并协助各部门做好沟通、解释和意见反馈工作，确保此项审计工作顺利完成。

【创新手段，推动审计信息化建设】 在基建工程项目实现信息化管理的基础上，推动基建工程和大型维修项目跟踪审计信息化建设。明确审计信息化需求，完成工程审计信息化管理系统建设清单和方案，已进入系统测试阶段。

【提升能力，加强审计人员技能培训】 积极组织审计人员参加各类线上、线下培训，线上接受《国家会计大讲堂第 24 讲直播课堂》和江苏省财政厅组织的会计人员继续教育培训，线下参加了中国教育审计学会举办的工程审计培训等。培训内容涉及政策宣讲、预算管理、绩效审计、大数据应用等方面，拓展了审计人员专业技能。

（撰稿：杨雅斯　审稿：顾义军　高天武　审核：代秀娟）

实验室安全与设备管理

【概况】 2020 年是实验室与基地处的"新"年，也是"创制"之年。全处精诚合作，围绕学校中心工作，在基地建设管理、科教服务保障、工程建设管理、实验室安全管理、大型仪器采购与开放共享、危化品与特种设备及环保管理等各项工作上取得显著成效。

在防疫工作中，及时成立防控工作小组，强化非常时期人员值班与规范管理；做好职工信息摸排，落实基地排查登记；核发人员通行证573个、车辆通行证98个；白马基地先后承接8批185名师生隔离工作等；协调防疫物资并及时发放，做好全区域消毒，强化门卫安全措施；加强防疫宣传，制作条幅、广告牌26幅，发放通知9个共千余份；争取社会资源，为实验室提供酒精、洗手液等防疫物资；主动联系后勤集团，协调车辆，为食堂免费提供5 000千克"玫瑰白菜"；出台实验室防疫管理规范，做好实验人员管理、水电保障，协调课题组用工与物资供应。

【顶层规划设计，统筹未来发展】一是统筹规划白马基地、卫岗校区、江北校区二期、盱眙基地等区划布局、功能定位。二是紧扣南京国家农业高新技术产业示范区（以下简称农高区）"4＋1"主题，谋划基地未来3年计划，组织专家申报学校入驻项目，提升基地科技层次，助推农高区发展。三是做好组织分工、规划调研，编制工作方案和总体框架，完成部门"十四五"规划。切实做好部门合并后的职能调整和科室职责设计。

【完善机制体制，强化科学管理水平】调研梳理各类科教资源，起草《白马基地资源管理办法》《卫岗温室管理制度》，为资源的高效利用提供依据。强化实验室特种设备管理，制订《特种设备安全管理规定》《危化品综合治理暨危废物处置实施方案》，起草《实验室特种设备事故应急预案》，将特种设备管理纳入日常安全监管，提高事故处置能力。修订和完善《转基因生物实验室研究实施细则》《转基因生物田间试验实施细则》《病原微生物管理办法》等，加强对农业转基因生物安全监管。调整实验室安全工作领导小组，统筹实验室安全管理工作。学校党政主要领导与学院负责人签订《实验室安全责任书》，压实安全主体责任。

【强抓安全管理，改善实验环境】深入开展安全检查。落实实验室安全督导制度，开展多层面常规检查；组织各类安全检查20余次，发布通报6期，配合上级业务部门检查近20次，其中，教育部实验室检查、农业农村部转基因检查各1次。全年排查安全隐患500余个，发放整改通知书40余份。本年度未发生实验室安全事故。开展实验室安全宣传月活动。举办专题讲座6场、应急演练3场、安全知识竞赛、短视频大赛、安全管理现场会、安全知识巡展等活动。制作《实验室安全视频》，编制《实验室安全手册》《农业转基因生物安全手册》等。进一步加强收集处置工作，实施网上预约、第三方上门收集，全年处置废弃物528吨。全校新配备防爆柜45个、洗眼器176个。

【大型仪器开放共享，提升使用效率】完成科技部大型仪器开放共享考核，在全国高校、科研院所中的排名上升50位，全国高校排名上升25位，农林高校排名第3位，开放利用率不断提高。评选出2020年大型仪器设备开放共享优秀管理单位4个、优秀设备管理个人8人、自制仪器设备先进个人2人、优秀大型仪器设备34台，大型仪器开放共享氛围和成效提升明显。全年完成7次21台设备的采购论证。审核询价采购649项，预算2 937.743万元。签订进口代理合同92份，金额约3 340万元，免税金额约500万元。通过设备验收备案162份。

（撰稿：马红梅　审稿：石晓蓉　审核：代秀娟）

图书档案与文化遗产

【概况】5月11日，学校采取"大馆套小馆、四馆合一馆"的新架构模式，发文成立图书馆（文化遗产部），涵盖图书馆、档案馆、校史馆、中华农业文明博物馆四馆职能，取消档案馆正处级建制，改名校友馆为校史馆；成立图书馆（文化遗产部）党总支。7月，学校发文将原工学院图书馆整建制划归图书馆（文化遗产部），作为浦口校区分馆。完成图书馆（文化遗产部）新机构科级干部及相关部室人员岗位聘任工作。11月16日，图书馆（文化遗产部）党总支召开党员大会，选举产生了新一届党总支委员7人和书记、副书记。

2020年度，图书馆文献资源建设总经费1826万元，全年购置图书199 772册、报刊48 527份（以上均含电子类），数据库总数125个。全年接待读者110万余人次，图书借还总量126 499册，其中，借阅量61 293册、还书上架量65 206册。

截至2020年底，档案馆综合类档案（含学籍）馆藏82 059卷、11 301件，教工人事档案4 412卷，学生人事档案32 794卷；立项推进"南京农业大学档案管理信息系统"一期项目建设工作，完成部分综合档案和学生学籍档案数字化扫描工作，主办新修订的《档案法》学习、宣传和贯彻专题报告会和"6·9"国际档案日相关宣传等。

校史馆全年接待学校重大活动参观、校内各部门外访参观、师生参观及活动150批次、2 400余人次。中华农业文明博物馆共接待团体、个人参观人员近200批次，据不完全统计有超3 000人次。

文献资源建设。围绕学校"双一流"建设和一流本科教育需要，修订中文纸本图书采购规则，开展"你买书，我买单"新模式探索；开展数据库的使用分析及外文电子期刊保障分析工作。针对2020年度预算经费缩减，调整和优化文献资源采购方案，年内新增馆藏中文纸本图书89 690册、中文电子图书110 000册、外文纸本图书82册；购置中文纸质报刊1 322份（种）、外文纸质报刊83份（种）、中文电子报刊24 300份（11 021种）、外文电子报刊22 822份（种）；审核读者自购纸本图书17 405册，合计62.43万元；新增馆藏研究生学位论文3 150册、制作发布研究生电子学位论文2 700册。

读者服务与阅读推广。坚持"读者至上、服务第一"的宗旨，取消每周五晚上及法定假期的闭馆，开放公共区域，做好日常读者借阅、新生入馆教育、毕业生离校手续办理等工作。启动"闭馆不停借"（后为"无接触预约代借"）服务，在16个"侬小图在学院"QQ群、"我去图书馆"座位预约系统内共推送服务、答复咨询1 000余次。继续举办读书月、读书嘉年华等阅读推广活动，创新开展"农家书屋大使在行动"活动。浦口分馆继续举行"书香工苑"阅读推广、图书漂流、"新声为你来"等活动。

参考咨询。采取"专人负责、备份管理、协同保障"策略，全年受理完成科技查新112项，其中国内查新90项、国内外查新22项；完成收录引证检索214项；加大"5+1"（5大学部研究生＋教师）QQ文献传递群服务保障力度，新增用户275人，解答读者咨询102项，校内传递文献1 552篇。通过江苏省工程文献中心向校外传递文献98 762篇。全年发布60余次线上、线下培训公告，组织线下培训5场；微信公众号累计关注达2.7万人，全年推送 34 期 118 条，总阅读量超 7 万人次。

古籍特藏。制定《南京农业大学图书馆（文化遗产部）古籍特藏文献查阅暂行规定》。创新古籍特藏分类放置方法，完成古籍文献 1 337 种、总计 12 430 册的盘库移架工作。完善相关书目信息 5 000 余条。在库房安装防盗监控，做好古籍特藏文献的防虫防蛀、日常保洁和书柜修缮等工作。

知识产权。年度组织 18 人次参加各类知识产权专题培训与交流学习。面向本校知识产权相关人员，整理学校专利分析平台及账号，建立知识产权信息服务群。组织 incoPat 专利数据库使用 1 场，联合科学研究院进行高校调研 1 次。初步建立服务团队，开展 6 个领域的专利分析；其中，"冠状病毒检测专利检索分析报告"获江苏省高校情报咨询优秀服务案例并在大会上作交流分享。

档案工作。2020 年全校归档单位 46 个，接收、整理档案材料计 5 885 卷；全年接待查询综合类档案约 270 人次 750 余卷。学籍类档案立卷 3 834 卷（成教 28 卷、研究生 2 732 卷、本科生 1 074 卷）；推出"不见面查档"服务，全年线上、线下查档 950 人次 1 491 卷，配合上级有关部门核查 1 474 名学生的学籍信息。全年整理教职工人事档案 324 卷，其中新进人事档案 71 卷、退休人员档案 46 卷、去世人员档案 19 卷、2020 年中层干部人事档案 178 卷、新提任中层干部人事档案 5 卷、退出中层干部人事档案 5 卷；整理零散材料 2 621 份，其中人事处 2 317 份、组织部 304 份；转递人事档案 5 卷。全年有 148 人次查阅、利用教工人事档案 439 卷。全年接收本科新生档案 2 775 卷，研究生新生档案 3 455 卷；转递学生档案 4 065 卷。全年共利用学生人事档案 193 人次 1 130 卷，政审 356 人次。

校史馆。制作校史馆宣传册，建成校史馆网站。更新、修复馆内图文及设施 80 余次，整理藏品 220 余件；以学校发展史为主要讲解内容，认真做好校内外人员参观接待工作。12 月，举办校史馆揭牌仪式暨"四史"与"校史"教育公开课。

中华农业文明博物馆。做好全年参观接待工作，发挥作为全国科普教育基地、江苏省爱国主义教育基地的社会价值。更新中文讲解词，并编写英文讲解词，从近 50 名志愿者中选拔培养讲解后备队伍。精心策划组织了画展等馆内文化活动。9 月，被评为江苏省优秀科普教育基地。

党建与群团工作。结合工作实际，图书馆（文化遗产部）党总支设置 5 个党支部，调整党支部书记及支委成员组成。11 月，召开全馆党员大会，选举新一届图书馆（文化遗产部）党总支委员和书记、副书记。年内发展 2 名积极分子，2 名预备党员转正。设立支部书记项目，推进基层党建做实做强；加强制度建设，出台《南京农业大学接受图书捐赠暂行办法》《南京农业大学文献资源采购管理暂行规定》等，强化意识形态责任制的落实。开展抗疫故事分享、"重走长征路"、观看革命历史影片、实地参观纪念馆等活动。强化中心组学习，组织全体党员学习贯彻《习近平在全国抗击新冠肺炎疫情表彰大会的讲话》等文件精神。召开了第六届教职工代表大会及第十届工会会员代表大会代表选举大会，民主选举产生图书馆（文化遗产部）的"两代会"代表，组建多个兴趣小组，打造特色、建设教工温暖之家，获得了江苏省教育科技工会四星级"职工小家"荣誉称号。

图书馆（文化遗产部）全面参与学校疫情防控工作，认真落实图书馆等场所的各项疫情防控措施。组织《南京农业大学发展史》修编、校史沿革和校歌歌词修改工作。参与新校区图书馆、档案馆、展览馆等建筑概念及装修设计的调研和论证，积极谋划新校区智慧图书馆建设。继续开展图书馆中央空调维修改造、馆际交流与合作、《南京农业大学年鉴 2019》编印、江苏省高等学校图书情报工作委员会读者服务与阅读推广专业委员会等相关工作。加强馆舍安全管理,完成总书库安全防盗网二期、东北门入口出新工程、完成新图书上架与调整等工作。

【获批成为高校国家知识产权信息服务中心】 7 月,南京农业大学知识产权信息服务中心(2018 年 12 月成立)获批成为高校国家知识产权信息服务中心。

【邹秉文先生铜像落成揭幕仪式】 10 月 16 日是世界粮食日,当天承办邹秉文先生铜像落成揭幕仪式,在校内外引起很大反响,联合国粮农组织(FAO)总干事来函、中国农学会来人表示祝贺,10 余家媒体进行了大篇幅的报道。11 月,参加教育部思想政治工作司和全国高校博物馆育人联盟举办"口述校史,薪火相传"视频征集活动,制作《兴农报国,奉献一生——杰出的农学家教育家邹秉文》宣传视频。

【"秾粹雅集"南京农业大学中国画优秀作品邀请展】 12 月 8 日,承办"秾粹雅集"南京农业大学中国画优秀作品邀请展并举行开幕式,展出了江苏省中国画协会韩显红、陈国欢等 8 位艺术家创作的共 50 件国画作品,江苏省政协前副主席罗一民等领导出席开幕式。数千名师生参观了画展,新华网等多家媒体进行了报道。

【校史馆里的公开课】 12 月 23 日,联合马克思主义学院等主办校史馆里的"四史"教育公开课活动,邀请校党委常委、副校长董维春和马克思主义学院教授葛笑如给学生讲授"四史"与"校史"教育公开课。

【第十二届"腹有诗书气自华"读书月暨第三届"楠小秾"读书月嘉年华】 10 月 11 日,第十二届"腹有诗书气自华"读书月暨第三届"楠小秾"读书月嘉年华活动开幕。活动围绕"新遇南农　共读同行"主题,创新开展了"农家书屋大使在行动"、"共读四史"21 天阅读训练营、品读南农征文大赛、南农校史文化知识答题挑战赛等 7 项活动。至 12 月 2 日闭幕,历时 53 天,近万人次参加了各类读书活动,有效营造了学校浓厚的读书氛围。

[附录]

附录 1　图书馆利用情况

入馆次数	1 103 529 次
图书借还总量	126 499 册
通借通还总量	34 册
电子资源下载使用量	9 917 188 次

附录 2　资源购置情况

纸本图书总量	2 364 772 册	图书增量(纸本+电子)	199 772 册
纸本期刊总量	304 233 份	期刊增量(纸本+电子)	48 527 份

（续）

纸本学位论文总量	41 162 册	纸本学位论文增量	3 150 册
电子数据库总量	125 个 （含外文数据库 81 个）	中文数据库总量	44 个
外文电子期刊总量	537 588 册	中文电子期刊总量	634 000 册
外文电子图书总量	36 022 册	中文电子图书总量	1 496 655 册

附录3　2020年档案进馆情况

类目	行政类	教学类	党群类	基建类	科研类	外事类	出版类	学院类	学籍类	财会类	总计
数量（卷）	402	99	40	60	329	29	12	99	3 834	4 815	9 719

（撰稿：高　俊　审稿：倪　峰　审核：代秀娟）

信 息 化 建 设

【概况】2020 年，学校成立信息化建设中心正处级机构，明确信息化建设中心承担学校信息化统筹建设与管理的工作职能。10 月，学校调整和完善校园信息化领导小组机构，成立以校党委书记和校长为双组长的学校网络安全和信息化领导小组，领导小组下设办公室挂靠信息化建设中心；同时，对学校多个职能部处需承担的信息化相关职责进行细分和明确，同步完善相关管理体制，进一步推动并保障学校信息化建设工作的稳步发展与有序进行。

信息化建设中心学习贯彻学校第十二次党代会精神，以及党代会提出的智慧校园建设意见、新学期工作会议精神等。通过梳理思路、推进治理、深化服务等方式，深化信息化顶层设计，不断改善基础设施、提升师生体验、推动数据共享、优化服务保障能力。学校信息化在基础条件、应用、数据三大领域治理上取得了长足的进步和成效，相关工作也获得了中国教育技术协会特殊贡献奖、江苏省高等教育技术研究会教育信息化先进集体称号等荣誉。

完成本科生宿舍网"全光网＋WI－FI6"改造。8 月，与电信合作对卫岗校区南苑本科生宿舍网络进行全面升级改造。本次学生宿舍网络架构采用了"XGS PON＋WI－FI6"最先进的网络技术架构，所有宿舍都达到万兆光纤入房间。每房间设了 1 台 WI－FI6 接入 AP 和 4 个千兆有线网络接口，大大增加了宿舍移动终端、固定电脑等设备的接入数量和性能，有效提升了宿舍网络的使用体验。根据网课期间的数据监测，宿舍网承载能力最高已达 1 万多个终端的同时在线，学生在宿舍可流畅地上网课，有效验证了新校区网络技术方案的科学性、可行性。

完成"无卡"校园建设，校园卡流程重构。2020 年初，学校常委会研究决定建设虚拟卡，推进"无卡"校园建设。经过 6 个月筹备和建设，基于"智慧南农"微信公众号、"完美校园"App 的全新"校园卡"于 7 月建成并投入使用，确保系统切换一步到位，实现与原校园实体卡数据无缝准确对接。"校园无卡化"重构了原校园卡流程，全面去除了原校园卡办卡、补卡、换卡、退卡、圈存、挂失、充值等业务流程，增加了手机端基于生物特征等的多途径识别认证与支付手段，打通了校园卡、大门门禁、楼宇门禁、各类入校车辆、校内资产、校内财务、第三方支付等环节的数据，减少了部门的人力投入，降低了设备与运行维护成本、实体卡的制作与管理成本，方便了师生与校友，提高了办事与管理效率，呈现出了巨大的优势和成效。

充分利用信息化技术手段，保障疫情防控与各类重点工作。有效利用多种信息化手段全面保障新冠疫情防控工作，通过建立学校疫情防控系统、升级扩容校外 VPN 服务和建立中国教育科研计算机网统一认证与资源共享基础设施（CARSI）等，开发学生健康自诊系统、学生返校（新生报到）系统、学生出校管理系统、教职工健康上报系统及校外人员入校管理系统等，为疫情防控期间学校教学、科研和管理的正常运行提供了保障。

此外，积极利用信息技术手段，不断创新服务方式，突破疫情带来的影响，如线上开学典礼、云端毕业典礼、网上研究生面试、暑期网上招生，以及线上世界农业奖、网上中非农业合作论坛、线上世界农业高校文艺演出和各类校内外视频会议等，以技术手段实现了疫情防控期间"停课不停学、停业不停工"的目标。

【深入推进学校江北新校区智慧校园的详细设计和"十四五"专题规划】信息化建设中心积极推进江北新校区智慧校园设计工作，通过与华为公司的战略合作，初步完成了 20 多个智慧校园专项设计工作。新校区智慧校园建设突出"智慧"＋"教育"＋"农业"特色，通过夯实智慧化基础设施建设，以"基础设施、支撑平台"的两个统一为导向，实现校园内服务与管理工作的大整合，同时促进学校多校区间、内部机制间、社会交流合作等方面的融合。制定《南京农业大学"十四五"智慧校园专题规划》，提出了"336""智慧南农 2.0"建设思路，秉承安全、高效、精准"三大理念"，通过对基础条件、应用流程、数据资产的"三大治理"，以"十个一"工程为抓手，推动校区全面融合、业务流程简化、应用快速迭代、服务一网通办、数据一表通用、网络安全可控"六大目标"的实现。

【建成超高清精品课程录制设施，支撑高品质教育教学信息化】利用改善基本办学条件专项，对原图书馆 6 楼的教育技术设施进行了全面升级改造。建成了具备摄录编一体化及 4K 级高清多媒体课程制作设施、微格教室、专业级录音棚、虚拟演播厅、自助录课系统、4K 多媒体非编系统等，全面改善了学校视频教育教学资源摄制的基础条件，提高了资源摄制质量，为优质视频资源摄制、师生信息素养提升提供支撑。

【构建科学信息化项目管理体系，扎实推进信息化管理顶层设计】2020 年，学校积极组织各部门申报信息化应用专项建设项目，申报总金额达 5 246.3 万元，经过项目专家的评审和遴选，2020 年度共立 26 个信息化专项，立项资金近 2 000 万元。为提升信息化项目建设质量、稳步跟踪建设进程，采用"5＋1＋1"模式（即遵循"统一规划、统一标准、统一管理、统一建设、统一数据"五大原则，出台配套制度《南京农业大学信息化项目建设管理规定》1 项，建设"信息化项目管理系统"1 套），并启用项目主管负责制，初步形成智慧校园信息化项目从项目申报、立项论证、采购管理、实施管理、中期检查到验收评价的全生命周期闭环式管理体系，有效协调多方资源，实现了线上全过程、智能化、统筹式管理，推动了项目建设质量从"做完"到"做好"的有效转变。

【搭建"智慧南农"微门户，全面聚合校内服务应用】2020年，信息化建设中心通过调研，以"智慧南农"微信公众号为平台，整合全校30余个微信公众号，将200余个移动端服务应用聚合起来，构建面向校内消费、师生服务、访客和校友服务的移动端门户体系，实现师生服务、事务管理、校友服务、入校办事等业务的移动化、泛在化和统一入口化，成为全校师生认可的移动办事大厅和南农人移动家园。已实现了师生校内约70%事务的"一网通办"，校友、校外人员30余项网上服务的"一键办"。

【引进成熟的流程引擎工具，大力开展业务流程治理】引进成熟的业务流程构建工具，围绕让"数据多跑路、师生少跑路"的基本目标，改变原有的服务应用开发模式，将用户服务业务与原来的MIS系统进行剥离，以工具快速构建流程式服务应用，实现跨部门业务流转与数据的深度互通共享，同时提高了业务部门的办事效率。仅2020年，就利用流程引擎工具构建服务应用近20个，大大提升了师生应用体验，提高了服务应用的上线效率，部分类型服务应用最快可于2天内完成部署并上线。

【搭建数据中台，构建强大的数据服务引擎】引进数据管理工具，搭建数据中台，构建强大的数据服务引擎，稳步开展数据治理工作，最大化挖掘数据资产的价值并发挥效用。以"一数一源"的原则，制定了《南京农业大学信息化数据管理办法》，建立了数据管理体系，规范校级数据标准，依托数据中台大力规范数据的"进、存、管、用"，建立起数据闭环运营生产改进机制，探索数据自治模式，不断提升数据质量，进一步发挥数据效能。从8月开始，着手数据的全面采集与整治，学校已逐渐形成数据全生命周期管理体系，构建了校级数据标准102个、沉淀数据库表2 812张，总数据量超过了5.7亿条。通过对数据的合理清洗和各类接口的规范，形成了数据仓储数据集9个、API接口233个，单接口最大调用数超过了12万次。此外，全量数据中心还成功为学校教育教学评价、教师KPI考核、精准疫情防控、师生在校全生命周期信息服务、校外人员入校等方面提供了全面、准确的数据支持。利用门禁数据，构建疫情常态化防控"学生出校管理"，提高了学校业务部门的管理效率和进出门管理信息的精准度。

（撰稿：王露阳　审稿：查贵庭　审核：代秀娟）

后勤服务与管理

【概况】5月，学校实行后勤"大部制"改革，取消"甲乙方"管理模式，将原资产管理与后勤保障处的后勤服务保障职能分离以及对原后勤集团公司、校医院和原浦口校区总务处3个单位进行有机整合，成立后勤保障部，设2个科室（综合科、监管科）、4个中心（膳食服务中心、物业服务中心、公共服务中心、维修能源中心）、幼儿园、校医院及浦口校区管理委员会后勤保障工作办公室。后勤保障部在做好校园疫情防控和服务保障工作的同时，大力推进后勤"大部制"改革，精心编制后勤保障"十四五"发展规划，加强团队建设、制度建设、信息化建设等，不断优化内部管理，提升服务效能。

后勤保障部主要业务范围包括卫岗校区和浦口校区膳食、物业、绿化、医疗、维修、能源、车辆、洗浴洗涤、快递收发、物资供应、幼教等保障服务，以师生满意为目标，服务育人为导向，促进服务保障水平不断提升。2020 年，在疫情重重考验下，圆满完成新生入学、老生搬迁、国家四六级考试、研究生入学考试、世界农业奖颁奖典礼等 10 多场重大活动的电力、医疗、物业、膳食等服务保障。对伙食原料价格进行集中调控，保持伙食价格基本稳定。完成新一轮社会企业招投标，完善监管考核体系，不断提升社会企业服务水平。幼教服务自加压力，主动开设延长班解决职工后顾之忧，受到广泛好评。学校被评为"2019—2020 年度江苏省高等学校能源管理先进单位"，顺利通过"南京市园林式单位"复查验收。

队伍建设取得明显成效。顺利完成科级及以下岗位聘任工作，定期组织科级以上干部月度例会汇报交流、后勤发展规划专项研讨，开展干部履职能力系列培训、员工技能竞赛等活动，加快干部由以服务为主向服务管理并重思维转变，有效提升管理队伍整体素质和员工业务技能水平。

积极践行服务育人理念。坚持开展"走进后勤"岗位体验、饮食文化宣传，大力倡导文明用餐，制止餐饮浪费，与部门院系联合开展"光盘行动"、美好"食"光系列活动，取得良好成效。力推校园生活垃圾分类工作，强化垃圾分类科普教育。校医院定期开展健康讲座、传染病防控培训、义诊活动，开设大学生健康教育选修课。牵头推进学校服务育人体系建设，将育人理念全面融入后勤各项工作，有力推进后勤事业内涵发展。

持续改善保障条件。投入 2 000 余万元完成卫岗校区车棚改造及充电桩建设、第三实验楼配电房改造、电力配网自动化改造、路灯改造 4 项修购项目，完成校医院隔离病房及污水处理工程、南苑食堂后场改造工程、幼儿园扩建配套工程、浦口校区楼宇维修及食堂燃气工程、电力增容、校园快递收发站建设等。学生宿舍新增 50 台自助洗衣机、36 台直饮水机，校医院购置 1 台血细胞分析仪。

科学规范安全管理。进一步完善管理制度，落实安全责任，加强宣传教育和培训，认真组织"安全生产月"活动，严格执行安全隐患排查月报制度，做好特种设备日常巡查与年检维修，加强员工宿舍安全管理和检查。后勤安全工作在 2020 年江苏省高校后勤安全检查中获得专家组高度评价。

营造积极向上的社区环境。本科生社区强化安全教育，常态化开展卫生、安全检查，推进信息化建设，升级宿舍晚归管理系统，不断完善学生社区安全防范体系；开展"文明宿舍""免检宿舍""宿舍文化设计大赛"等活动，发挥榜样力量，增强学生自理自律意识；充分发挥"辅导员社区工作站"育人功能，与学院联合管理，每月平均接待来访学生 500 余人次。研究生社区坚持辅导员每周下宿舍、社区协查员每日巡查，实行安全信息周报制度，及时掌握督查宿舍安全及卫生状况。开展研究生"文明宿舍"评比活动，宣传典型，表彰先进。家属区严格执行封闭管理、出入登记、测量体温等疫情防控措施，服务隔离居民家庭 11 户；推进垃圾分类工作，完成家属区"一房四亭"的安置工作和水电引接工作；协助社区完成 47 个小区 2 万余人的人口普查工作；完成家属区 13 个点的充电桩建设，缓解电动自行车充电难问题；推进文明城市创建工作，清理僵尸自行车 450 余辆、废弃杂物 40 余车，开展家属区环境卫生整治、塑胶场地翻修、飞线充电整治等工作，大力提升社区居住环境，被评为玄武区"创建文明城市优秀单位"。

【后勤"大部制"改革顺利推进】按照学校对后勤改革的总体要求，后勤保障部深入开展调研和论证，研究制订后勤"大部制"改革方案，采取"小机关，多实体，大保障"管理机制，按照"减员增效，强化监管，激发活力"的目标，实施目标绩效激励制度，初步制定了"以绩效换奖励"和打破身份、奖勤罚懒、多劳多得、优劳优酬的绩效考核办法，开启学校后勤管理服务的新篇章。

【编制后勤保障"十四五"发展规划】 完成后勤保障"十四五"发展规划编制工作，认真总结研判，前瞻谋划，以"建设师生满意后勤"为追求，坚定不移推进后勤服务社会化，为全力打造一流后勤保障体系初步谋定任务单、时间表和路线图。

【完成智慧后勤（一期）项目建设】 加快推进后勤信息化建设，11月后勤保障部新网站、后勤服务大厅（中心）正式上线，12月网上报修平台、服务监督平台上线，主题数据库规划建设完成。完成膳食服务中心原材料采购系统、校医院诊间缴费、幼儿园无线网、幼儿园网站、浴室预约系统等建设内容，对原能源管理平台进行深入调研。

［附录］

附录 1　2020 年膳食服务情况

校区	学生食堂数（个）	教工食堂数（个）	美食餐厅（个）	营业额（万元）	消费扶贫金额（万元）
卫岗	7	1	1	5 200	240
浦口	4	1	—	1 441	37

附录 2　2020 年物业服务情况

校区	学生公寓（幢）	行政教学楼宇（幢）	环卫面积（平方米）	绿化面积（平方米）
卫岗	31	22	160 000	260 000
浦口	15	9	104 005	77 361

附录 3　2020 年水电能源管理情况

校区	用水量（吨）	用水量年度增长率（%）	用电量（度）	用电年度增长率（%）	水电回收费用（万元）	水电回收率（%）
卫岗	1 525 263	−21	41 011 922	−17	1 659	61
浦口	194 325	−32	5 238 083	−31	399	105

附录 4　2020 年幼教服务基本情况

班型	班级（个）	幼儿（人）	教职工（人）
托班	2	52	
小班	4	111	49
中班	3	95	
大班	3	94	

附录 5 2020 年公共服务信息一览表

校区	服务	金额（万元）	人次
卫岗	洗浴	206	1 157 683
	洗衣	2.5	62 084
浦口	洗浴	66	120 000
	洗涤	6.2	8 000

附录 6 2020 年后勤主要在校服务社会企业一览表

校区	类别	企业名称
卫岗	餐饮服务	南京派亿送餐饮服务有限公司
		宁夏明瑞苑餐饮管理股份有限公司
		江苏哲铭峥餐饮管理有限公司
		南京巨百餐饮管理有限公司
		南京琅仁餐饮管理有限公司
		南京梅花餐饮管理有限公司
		苏州君创餐饮管理有限公司
	物业服务	深圳市莲花物业管理有限公司
		山东明德物业管理集团有限公司
		江苏盛邦建设有限公司
		南京绿景园林开发有限公司
		南京诚善科技有限公司
	维修工程	江苏大都建设工程有限公司
		南京海峻建筑安装工程有限公司
		南京永腾建设集团有限公司
		江苏冠亚建设工程有限公司
		南京市栖霞建筑安装工程有限公司
	医药	江苏九州通医药有限公司
		南京药业股份有限公司
		江苏陵通医药有限公司
		南京筑康医药有限公司
		江苏鸿霖医药有限公司
		国药控股江苏有限公司
		南京成雄医疗器械有限公司
		南京医药医疗药品有限公司
		南京克远生物科技有限公司
		南京新亚医疗器械有限公司

（续）

校区	类别	企业名称
卫岗	医药	南京临床核医学中心
		南京医药鹤龄药事服务有限公司
		南京天泽气体有限公司
	洗浴	江苏恒信诺金科技股份有限公司
	洗衣	江苏西度资产管理有限公司
浦口	餐饮服务	南京巨百餐饮管理有限公司
		南京琅仁餐饮管理有限公司
		武汉华工后勤管理有限公司
	物业服务	深圳市莲花物业管理有限公司
	维修工程	江苏金标营建设有限位公司
		南京大汉建设有限公司
	洗浴	淮安恒信水务科技有限公司
	洗涤	南京兮跃洗涤服务有限公司
	超市	好又多超市连锁有限公司
		南京购好百货超市有限公司
		南京源味果业有限公司
		南京艾客非百货贸易有限公司
		南京长鉴文化传媒有限公司
		南京市鼎工图文设计制作服务有限公司
		南京市浦口区南洋美发店
		南京睛睛钟表眼镜有限责任公司
	快递	南京诺格富贸易有限公司（菜鸟驿站）

附录7　2020年后勤主要设施建设项目一览表

校区	项目名称	投入金额（万元）	合计（万元）
卫岗	学生宿舍直饮水服务项目工程	27	206
	改建国际学生3号公寓公共厨房工程	10	
	北大门左侧建校园快递点工程	10	
	南苑9舍修缮工程	27	
	锅炉房改造隔离病房项目安装工程	26	
	锅炉房改造隔离病房项目改造工程	29	
	南苑快递点改造工程	28	
	南京农业大学充电桩线路敷设及部分地面硬化工程	30	
	新增充电桩线路敷设及部分地面硬化工程	10	
	南京农业大学家属区健身场地塑胶地坪工程	9	

（续）

校区	项目名称	投入金额（万元）	合计（万元）
浦口	浦口校区培训楼、6号楼、5号楼维修改造	528	1 487
	浦口校区电力增容（新增1 600KVA）	152	
	学生公寓家具及空调购置	146	
	浦口校区食堂基础设施维修改造	624	
	总务处后平5房屋维修	10	
	平16实习场地改造	10	
	东大门处雨水管网改造	6	
	2号楼前花坛连廊维修加固	6	
	信息管理学院关于研究生学习室装修改造	5	
总计		1 693	

附录8　2020年卫岗社区服务基本信息

社区	男生		女生		管理员（人）
	公寓楼（幢）	住宿人数（人）	公寓楼（幢）	住宿人数（人）	
本科生社区	6	3 844	8	7 362	14
研究生社区	7	2 930	10	4 250	15
	住宅楼（幢）	常住户（户）	常住人口（人）	物业公司	
家属社区	46	1 889	4 609	南京苹湖物业管理有限公司	

注：研究生社区另有男女混住公寓1幢，共174人（其中男生84人、女生90人）。

（撰稿：钟玲玲　周建鹏　袁兴亚　审稿：刘玉宝　李献斌　林江辉　审核：代秀娟）

医　疗　保　健

【概况】校医院紧紧围绕学校和后勤保障部的中心工作，认真贯彻执行卫生主管部门的工作部署，严格参照新冠肺炎疫情防控工作相关要求，全面做好传染病防控、健康教育、基本医疗等各项工作，有力保障师生身体健康和校园平安。

基层党建。10月14日，成立后勤保障部党委校医院党支部，召开第一次支部委员会议，选举杨桂芹担任书记、贺亚玲担任副书记、蒋欣担任组织委员、胡峰担任纪检委员、惠高萌担任宣传和群工委员。新冠肺炎疫情袭来，医院直属党支部向全体党员发出《致医院全体共产党员的公开信》的倡议书，号召全体党员发扬不畏艰险、无私奉献的精神，坚定站在疫情防控第一线，党支部20名党员踊跃捐款3 600元。2020年校医院党支部获得后勤保障部党委优秀党支部的荣誉称号。

疫情防控。制定新冠肺炎疫情防控工作预案、流程、制度 80 多项，病区收治发热留观患者 430 人。与南京市第一医院深入合作，在学校全面开展"核酸检测采样"工作，门诊检测 1 200 多人次。开展线上、线下各类防控培训 50 余场，涉及内容 90 多项。面向学校多部门开展公益讲座和实践操作指导共计 20 余场。成功组织全校疫情防控应急演练 1 场。疫情防控期间，在家属区开设便民医疗点服务，提供药品配送服务。端午节，医务人员制作"防疫、防蚊小香囊"5 300 个，面向全校教职工发放。

浦口校区卫生所制定疫情规章制度、示意图等 53 份，多种渠道筹措防疫物资，医学观察收住学生 114 人。设立退休教师疫情防控期间进校开放日。

基本医疗。全年完成门诊量 63 837 人次，调配处方 43 521 张。与南京鹤龄医药公司合作，调配中药方 2 652 人次，累计金额 89 万元。浦口校区卫生所于 2020 年日常接诊 5 162 人，转运 321 人。

传染病防控。对疑似肺结核病追踪 19 人次；肺结核密接筛查 505 人次（PPD＋胸片）；督导单纯 PPD 强阳性服药 7 人；随访 14 人次；零散体检 270 人次；传染病网报 31 人次，疫点消毒 70 余次；报告发热 360 人次。浦口校区卫生所开展肺结核主题班会 188 场、艾滋病同伴教育 7 场、艾滋病知识校园行 4 场，对 79 名学生进行了筛查。

健康体检。2020 年度教工体检不仅增加体检项目，而且可个性化选择体检套餐和地点，提供了贴心周到、细致入微的关爱服务，以及营养搭配合理的温暖早餐，获得教工的一致好评，圆满完成学校 3 500 余名教职工的健康体检工作。新生体检有序引导、合理布局，一站式完成除 DR 检查外的其他所有体检项目，仅用 4 天时间圆满完成 2 109 名本科生、2 932 名研究生体检工作。浦口校区卫生所完成新生入学体检 2 549 人，2 547 名学生体检单解读，完成教职工体检 488 人，并针对体检中的异常指标邀请院外专家现场答疑解惑，受到教职工的一致好评。

健康教育。对全校师生员工进行脑卒中、健康理念、急诊急救等知识的健康宣传，发布健康教育近 20 篇、视频 4 个，举办"五位一体"健康教育大讲堂 20 余次。开设 36 学时大学生健康教育选修课，开展 AED 及 CPR 培训 5 场。组建健康教育团队面向大一新生和留学生开展校园常见传染病、艾滋病、肺结核等疾病的预防知识专题讲座 4 场。制作学校新冠肺炎疫情防控指南视频 1 部。发放传染病宣传单 6 000 多份、传染病宣传册 3 000 多份、海报 150 多张。面向学生、辅导员、后勤人员等宣讲新冠肺炎疫情防控知识 20 多场。浦口校区完成了应急救护培训 6 场，培训学生 300 人次。开展安全教育课 24 课时 2 496 人次，疫情相关专题讲座 7 场，线上健康教育 149 次。为 45 名教职工提供了慢病管理，举办了慢病教育活动 10 场。

文化内涵建设。5.12 国际护士节，校党委书记陈利根、副校长闫祥林赴校医院慰问一线医护人员。医务人员结合自己的亲身工作经历，以"担当·坚守·职责·奉献·致敬"为主题，讲述校园抗疫期间"最美逆行者"的故事。7 月 1 日，校医院党支部在医院五楼会议室组织召开"使命在肩，奋斗有我——庆党的生日、讲战疫故事"组织生活扩大会，校党委常委、副校长闫祥林，校党委常委、组织部部长吴群出席会议。9 月 16 日，邀请江苏省人民医院重症病房护士章璐为全体医务人员讲述援鄂期间亲身经历的战"疫"故事。开展了"久久安康，爱在重阳"关爱老年人健康义诊活动。

[附录]

附录 1　医院 2020 年与 2019 年门诊人数、医药费统计表

年份	就医和报销人次			报销费和门诊费				总医疗费支出
	总人次	接诊人次	报销人次	报销金额（万元）	药品支出（万元）	卫材支出（万元）	平均处方（万元）	合计（万元）
2020	63 837	58 639	5 198	1 275.25	704.45	5.4	121.1	1 985.06
2019	106 346	99 716	6 630	1 469.02	813.17	8.1	86.9	2 336.09
增长幅度（%）	39.98↓	41.19↓	21.60↓	13.19↓	13.37↓	33.33↓	39.36↑	15.03↓

附录 2　浦口校区卫生所 2020 年与 2019 年门诊人数、医药费统计表

年份	就医和报销人次			报销费和门诊费				总医疗费支出
	总人次	接诊人次	报销人次	报销金额（万元）	药品支出（万元）	卫材支出（万元）	平均处方（万元）	合计（万元）
2020	9 061	6 950	2 111	464.05	124.23	0.52	179.50	588.8
2019	19 859	15 753	4 106	596.8	207.34	0.83	147.81	804.97
增长幅度（%）	54.37↓	55.88↓	48.59↓	22.24↓	40.08↓	37.35↓	21.44↑	26.85↓

（撰稿：贺亚玲　审稿：刘玉宝　审核：代秀娟）

十二、学术委员会

【概况】校学术委员会从学校全局和整体利益出发，依法行使学术事务决策、审议、评定和咨询职权，充分保障教师在学术事务管理中的主体地位，有效地促进了学校事业发展。

【召开学术委员会全体委员会议】分别于 1 月 8 日、4 月 13 日、6 月 29 日召开八届五次、六次、七次全体委员会议，审议"钟山学者计划"各岗位聘期考核目标，审议将 *Plant Phenomics*（《植物表型组学》）视为 SCI 相关领域前 10％～20％期刊，审议工学院（新）、人工智能学院、信息管理学院 3 个拟设置学院方案等工作；对前沿交叉研究院名称、组建方案及完善学科交叉研究管理体制和构建支撑学科交叉研究运行机制等方面进行了充分论证。

【受理学术不端行为投诉】校学术委员会秘书处受理 4 起涉嫌学术不端行为的投诉，授权校学术规范委员会按照相关法律法规及学校规定查明真相，在认定相关责任后，由学术委员会进行了审定。

【完善学术评价体系】立足学校实际情况，坚决破除"五唯"顽疾，完善学术评价标准，引导评价工作突出科学精神、创新质量、服务贡献；完成"三类高质量论文"发表期刊遴选，编制并发布《南京农业大学高质量论文发表期刊目录》，同步研发目录查询系统，逐步扭转了"重数量、轻质量""SCI 至上"的不良评价导向，引导广大教职工树立潜心研究、立德树人的意识，促使真正优秀的人才脱颖而出。

【开展学术诚信教育】大力推进教风、学风建设，结合学校实际情况，完成《南京农业大学学术规范指导手册》和《学术诚信文件汇编》编印，从教师和学生两个层面引导师生遵循学术规范、恪守学术道德，积极营造学术诚信、学术自由、学术创新的良好氛围。

（撰稿：李　伟　审稿：李占华　审核：黄　洋）

十三、发展委员会

校 友 会

【概况】2020 年，新建生态环境、植保、食品、MBA 4 个行业/专业校友分会；完成四川校友会、安徽校友会和徐州校友会组织机构换届工作。组织开展第 3 个"校友返校日"系列活动。聘任 219 名校友联络大使。

新冠肺炎疫情发生后，走访慰问受疫情影响的校友企业，联系有防疫物资的校友企业积极支援贵州省麻江县抗疫等；同时，发动校友资源采购麻江县当地的农特产品，实现采购金额突破 60 万元的目标。

加强"互联网＋"媒介宣传，全力做好"南京农业大学校友会"微信公众号的建设与宣传。部门网站发布新闻及公告 120 余条次，编印 4 期《南农校友》杂志并向 1 000 余名校友代表邮寄杂志、校报及年鉴 16 000 余份，制作完成"我们正相逢——2020 年校友返校日纪念"视频。

日常接受各类校友咨询 300 余次，加强与校友在多媒体平台上的互动交流，梳理并解决校友需求，为校友返校聚会提供服务。9 月，面向全体校友上线了电子虚拟"校友卡"，卡片拥有教育超市购物、学生食堂用餐、图书馆进入及借阅等功能。自上线以来，虚拟校友卡已有 10 800 余位校友办理成功。

【地方及行业校友会成立、换届】1 月 5 日，四川校友会换届大会暨 2019 四川校友年会在成都召开，副校长胡锋、丁艳锋等 200 多人参会。10 月 17 日，南京农业大学校友会 MBA 分会举行成立大会，校党委副书记刘营军，党委常委、副校长胡锋及各界代表等 120 余人出席大会。10 月 18 日，生态环境行业校友会举行成立大会，副校长胡锋及来自全国各地近 80 名校友参加了成立大会。10 月 18 日，植物保护学院举行院庆纪念大会暨植保行业校友分会成立大会；南京农业大学党委常委、副校长胡锋，中国工程院院士、发展中国家科学院院士、宁波大学植物病毒学研究所所长陈剑平，中国工程院院士、贵州大学校长宋宝安等 200 余人参会。11 月 21 日，安徽校友会在合肥举行换届大会，副校长胡锋、校友总会副会长王耀南（原副校长）等 100 多人参会。11 月 29 日，食品行业校友会举行成立大会，原校长、国家肉品质量控制工程技术研究中心主任周光宏，以及副校长胡锋、副校长闫祥林、南京财经大学副校长邱伟芬等 200 余人参会。

【陈利根书记慰问校友企业】2 月 21 日，校党委书记陈利根一行到白马教学科研基地，调研"创青春"金牌项目——"基于物联网的无人化循环水智慧渔场"的建设与运行情况。3 月 22 日，校党委书记陈利根、龙袍街道党工委书记汪东辉等一行赴学校校友企业——东晨鸽业有限公司调研复工复产情况，并建设性地提出帮扶措施和解决方案。

【发动校友资源助力脱贫攻坚】3月，校友总会办公室积极发动校友资源采购贵州省麻江县当地的农特产品，推介宣传麻江县各种农特产品，尤其是由学校派驻麻江县的驻村干部裴海岩老师引种并代言的麻江大球盖菇，最终实现采购金额突破60万元的目标。

【贵州校友会向河山村捐赠垃圾转运车】6月12日，南京农业大学贵州校友会为贵州省麻江县河山村捐赠垃圾转运车仪式在河山村举行。学校党委书记陈利根，党委常委、副校长胡锋、丁艳锋，贵州省黔东南州政协副主席、麻江县委书记王镇义等50多人出席捐赠仪式。

（撰稿：吴　玥　审稿：张红生　审核：黄　洋）

教育发展基金会

【概况】2020年，完成江苏省基金会社会组织评估工作，获得了AAAA级。2020年到账资金为2 098万元。新签订捐赠协议46项，协议金额4 281.70万元。其中，多伦科技股份有限公司捐赠2 000万元，创下了基金会成立以来单笔捐赠金额最高纪录。

2020年，基金会充分利用媒体力量在社会及校友活动中宣传"冯泽芳奖学金""罗清生奖学金"倡议，获得了爱心企业和爱心校友的资助。成立了"陆家云教育基金""园艺方向学科发展基金""食品科技学院学科发展基金"等院级发展基金。盛泉恒元投资有限公司向"盛泉农林经济管理学科发展基金"增资100万元。

基金会重视各类捐赠项目的跟踪管理，2020年，审核各类业务活动项目80余项，总支出1 100余万元。向学校定点扶贫地区贵州省麻江县龙山中学捐赠35万元，设立南京农业大学奖助学金，帮助修缮校园厕所。引进帮扶资金200万元，用于麻江县第三小学食堂建设。

【麻江县第三小学学生食堂揭牌仪式】6月12日，南京农业大学党委书记陈利根，党委常委、副校长胡锋，党委常委、副校长丁艳锋，黔东南州政协副主席、麻江县委书记王镇义，县委副书记杨兴涛等一行参加揭牌仪式。贵州省麻江县第三小学，属贵州省脱贫攻坚易地扶贫搬迁集中安置点配套学校建设项目。由于麻江县财政经费紧张等，使得第三小学学生食堂建设资金不足，学校教育发展基金会积极与中国教育发展基金会沟通联系，得到了中央专项彩票公益金——润雨计划项目的资金支持200万元，确保第三小学学生食堂如期建成并投入使用。

【瑞华抗疫专项基金捐赠签约仪式】8月2日，学校举行南京农业大学"瑞华抗疫专项基金"捐赠签约仪式。江苏省瑞华慈善基金会副理事长史兆荣、秘书长张颂杰，学校党委常委、副校长胡锋，以及校长办公室、学生工作处、教育基金会办公室等职能部门负责人参加会议。

【陈利根书记赴大北农集团考察】9月15日，校党委书记陈利根、副校长胡锋一行赴大北农集团考察交流。大北农集团董事长邵根伙，副总裁赵亚荣，副总裁、院校合作部总监莫宏建等接待了陈利根一行。

【南京农业大学与多伦科技股份有限公司签署战略合作协议】10月18日，南京农业大学与多伦科技股份有限公司战略合作暨捐赠签约仪式在学校举行。多伦科技股份有限公司董事长章安强，校党委书记陈利根，学校校友、江苏省侨联主席、党组书记周建农，校企双方领导邓丽芸、阮蔚、吴星红、李毅、宋智军、胡锋、刘营军、高立国出席签约仪式。副校长胡锋与章安强分别代表南京农业大学、多伦科技股份有限公司共同签署战略合作协议及捐赠协议。根据协议，多伦科技股份有限公司向学校捐赠 2 000 万元用于南京农业大学新校区建设，双方将共同设立章之汶教育基金。

【**冯泽芳奖学金设立暨捐赠签约仪式**】10 月 20 日，学校举行冯泽芳奖学金设立暨捐赠签约仪式，党委常委、副校长胡锋、丁艳锋，中国农业科学院棉花研究所副所长彭军，冯泽芳院士部分亲属，捐赠企业和校友、教授代表 20 余人参加会议。

【**南京农业大学教育发展基金会获社会组织评估 AAAA 级**】10 月 29 日，根据江苏省民政厅发布的《江苏省民政厅 2019 年度社会组织评估结果通报（第二批）》，南京农业大学教育发展基金会获得社会组织评估 AAAA 级。

（撰稿：吴　玥　审稿：张红生　审核：黄　洋）

十四、疫情防控

【概况】2020年，学校深入贯彻落实党中央、教育部和属地疫情防控要求，校领导积极践行"一线规则"，全校师生员工众志成城，第一时间投入疫情防控工作。学校先后成立学校应对新冠肺炎疫情工作领导小组，设立学校总值班室，制定疫情防控管理规定13个，出台各类防控工作方（预）案12个，迎接省、市、区各级部门专项检查10余次，安排专人365天无中断向有关部门报送防控信息，实行24小时值班制度，开发校外人员进出校园信息化管理软件，强化疫情防控工作宣传，落实疫情防控物资保障，不断创新防控举措，构建及时高效的校内外联防联控工作体系，为疫情防控工作作出了积极贡献。

校领导积极践行"一线规则"。校党委书记陈利根、校长陈发棣及分管校领导多次前往疫情防控一线指挥，部署医院、后勤、保卫、在线教学等相关工作，研判学校疫情防控形势与防控方案，多次看望疫情防控一线工作者和假期留校师生。

成立疫情防控工作机构。成立由校党委书记陈利根、校长陈发棣任组长，分管校领导任副组长，相关职能部门主要负责人、各二级党组织书记为成员的应对新冠肺炎疫情工作领导小组。小组下设10个工作组，设立学校24小时总值班室，统筹推进学校疫情防控工作。

完善疫情防控工作制度。2~12月，学校按照教育部和江苏省教育厅要求，认真组织制订春季开学、秋季开学、今冬明春疫情防控等有关方案的编制工作，先后印发各项指导意见13个，出台各类应急和常态化工作实施方案12个。4月，学校开发校外人员进出校园管理系统，集成于学校办公系统（OA）、"智慧南农"微信公众号、"今日校园"App等网络平台，全年共计审核入校申请23 856条。日常以本科生、研究生、国际学生和教职员工4类人群为被统计群体，组织建立"疫情信息统计组"微信群，每日开展精确到人的疫情摸底工作，准确掌握全校师生出行动向和身体健康状况；同时，建立师生行踪和健康状况台账，规范动态信息的采集和汇总工作，切实做到底数清、情况明，确保做到一个不少、一个不漏。

密切校地联防联控工作。学校密切关注各级政府部门对新冠肺炎疫情防控的最新要求，积极探索与教育部、省、市、区各级防控指挥部及定点医院、街道社区和师生员工建立疫情联防联控工作机制，每日向教育部、江苏省教育厅、南京市教育局、玄武区孝陵卫街道上报学校疫情防控信息。4~12月，学校迎接江苏省教育厅、南京市卫健委、玄武区卫健委、孝陵卫街道等各级政府部门专项检查组来校检查调研6次。3月17日和27日，学校协调孝陵卫街道、泰山新村街道，组织各部门分别在卫岗校区、浦口校区举行学生返校疫情防控联合应急演练，以情景模拟和现场演练相结合的方式，对入校报到体温检测、学生宿舍突发发热案例等情景进行现场模拟，对发现的异常情况立即启动应急预案，及时开展登记询问、隔离观察、消毒消杀等工作，按程序进行上报，迅速做好应急处置，部分校领导、各防控工作小组负责人及一线工作人员近百人参加了演练。

强化宣传教育工作。制作《南农大师生防控新冠肺炎指导手册》、防疫工作视频等宣传内容，通过学校微信公众号、微信群、QQ群等平台系统向广大师生员工发布。

落实疫情防控后勤保障。截至 2020 年底，学校备足口罩 40 万只、体温计 2.88 万支、各类消毒液近 1 万升以及各类必要防疫物资。在校园多处制作并安装了宣传标志，在教学楼、办公楼、食堂等公共区域洗手池摆放洗手液、设置垃圾箱。学校可用于隔离医学观察场所总计 204 间，分别为翰苑宾馆（142 间）、白马教学科研基地（30 间）、留学生培训楼（32 间）。隔离期间，学校在隔离场所设立警戒线，实行全区域封闭管理，并配备防护服、口罩等常用物资，用于师生突发症状临时隔离观察。同时，积极开展校园环境卫生整治和消毒工作，特别是对教室、图书馆、食堂等关键部位进行消毒消杀，切实防止了输入性疫情的传播。

［附录］

附录 1　南京农业大学应对新冠肺炎疫情领导小组

领导小组下设 10 个工作组，统筹推进学校疫情防控工作。

（一）综合协调组

组　长：闫祥林

成　员：孙雪峰　单正丰　李昌新

由党委办公室、校长办公室共同做好以下工作：按照教育部党组，江苏省委、省政府及学校疫情防控领导小组部署要求，协调各工作小组、各学院、各单位新型冠状病毒感染的肺炎疫情防控措施落实，加强与有关部门沟通协调等工作。负责校园疫情防控工作统计和相关上报工作。专门设立校园疫情防控 24 小时总值班室。

总值班室设在行政楼 A406，值班电话：84396632。

（二）疫情处置组

组　长：闫祥林

成　员：石晓蓉　崔春红　孙　健　姜　岩　许　泉
　　　　耿宁果　徐礼勇　杨桂芹

由校医院牵头，会同资产管理与后勤保障处、后勤集团、保卫处、资产经营公司，根据疫情发展情况，联系相关学院和部门等做好疫情防控和处置相关工作：

1. 及时掌握全校师生员工每日健康动态，各学院、各单位安排联系专员汇报疫情人数、重点疫区返校师生情况、在家隔离人员身体状况等。

2. 加强与卫生健康部门和疾控中心的联系，做好卫生健康应急物资需求汇总、上报申领工作，制订疫情应急预案，指导各学院各单位开展防控工作。

3. 研究制订应急、隔离、观察、外送治疗工作预案。尽快辟出专区用于对返校师生重点人群的隔离监测，并备齐相关物资，落实相关人员。

（三）学生工作组

组　长：刘营军

成　员：刘　亮　姚志友　韩纪琴　李友生

由学生工作部（处）、研究生工作部（研究生院）、国际教育学院、继续教育学院等会同各学院重点做好以下工作：

1. 密切跟踪了解寒假留校学生情况，教育引导学生做好自身防护，出现发热、咳嗽等不适症状及时送诊就医。

2. 通知假期返乡学生不得提前返校，开学返校时间等候学校通知；特殊缘由需要提前返校的研究生须经导师、学院主要负责人签字后，报请学校疫情防控领导小组同意后方可返校；已在湖北等疫情重点防控地区的学生，要按照国家和当地政府要求，全力配合做好疫情防控工作，返校安排视当地疫情及政府公告和指引而定，由学校另行通知。

3. 落实政府疾控部门的指引，近期去过湖北等疫情重点防控地区的学生，每天检测体温，关注自身身体状态，不要恐慌，返回后实行 14 天隔离居住。

4. 全面加强学生宿舍管理，进入学生宿舍楼实行严格登记并测量体温，访客一律不得进入学生宿舍。

以上内容工作组须在 1 月 29 日前通知到每位返乡学生。

（四）教职工工作组

组　　长：王春春

成　　员：包　平　刘玉宝　庄　森

由人事处牵头，会同各学院、各单位重点做好以下工作：

1. 教育引导教职员工居家防护，减少非必要的外出，不参与聚集性活动，按照指引做好个人日常防护。

2. 督促已从疫情重点防控地区返回居住地的教职员工按照政府疾控部门的要求，做好身体状况观察，居家隔离 14 天。

3. 对目前在疫情重点防控地区的教职员工（含外聘员工、临时务工人员），各学院、各单位应通知其按照国家和当地政府要求，全力配合做好疫情防控工作，返校安排视当地疫情及政府公告和指引而定，由学校另行通知。

以上内容工作组须在 1 月 29 日前通知到位。

（五）校园治安组

组　　长：刘营军

成　　员：崔春红　袁家明　周留根

由保卫处牵头，加强对校外车辆、校外人员及全校师生员工进入校园的管理，重点做好以下工作：

1. 加强校园及社区巡查力度，禁止各类型线下聚集活动。

2. 所有师生员工须持证件，并视情况接受测温等检查，佩戴口罩方可进入校园。

3. 谢绝非公务外来人员进入校园。

4. 实行校园半封闭式管理。

（六）后勤保障组

组　　长：闫祥林

成　　员：姜　岩　陈庆春　孙　健　许　泉

由后勤集团牵头，会同招投标办公室、资产管理与后勤保障处、校医院等重点做好以下工作：

1. 统筹做好疫情防控应急物资储备。

2. 保障医疗器械、药物、试剂和防护用品的储备及更新。

3. 暂停翰苑大厦等场所对外营业服务。

4. 进一步加强食堂餐饮管理，提供"外带便当"。

5. 对学生宿舍、食堂、教室、图书馆等进行全面消毒。

6. 维护好公共区域洗手设施，备足洗手液、消毒用品等。

7. 组织开展群防群治，净化校园环境。

（七）教学预案组

组　长：董维春

成　员：张　炜　吴益东　李友生

由教务处牵头，会同学生工作部（处）、研究生工作部（研究生院）、国际教育学院、继续教育学院、后勤集团、资产管理与后勤保障处、校医院等，提前对春季开学有关情况进行科学研判，必要时对学校教学安排及相关工作作出调整。

（八）宣传教育组

组　长：王春春

成　员：刘　勇　谭智赟　丁广龙

由党委宣传部牵头，会同各工作小组、各学院、各单位共同做好以下工作：宣传普及新型冠状病毒感染的肺炎等呼吸道传染病防控知识，发布健康提示，增强师生自我保护意识。要加强有关政策措施宣传解读工作，争取师生的理解支持，及时回应师生关切。加强舆论引导，做好舆情收集、分析、监测、研判工作，实事求是、公开透明地发布相关信息，防止炒作和不实报道，发现不实信息要及时提醒处置，消除师生恐慌情绪，切实维护正常的校园秩序。

（九）督查工作组

组　长：王春春

成　员：吴　群　胡正平　庄　森

重点做好督查领导小组下设其他各工作组和各学院、各单位落实疫情防控工作的具体情况。督查范围包括但不局限于：各级领导干部是否到岗履责及贯彻落实上级决策部署情况，是否做到守土有责、守土担责、守土尽责；重点人群、重点区域防控措施是否落实落细；人员排查、信息上报、相关隔离是否周密到位等。同时，面向全校师生员工设立专项举报电话，专项受理疫情防控工作中不作为、慢作为、乱作为等问题线索。

（十）涉外工作组

组　长：胡　锋

成　员：陈　杰　韩纪琴　孙雪峰　单正丰　包　平

　　　　张　炜　吴益东　刘　亮　张红生　崔春红

由国际合作与交流处牵头，各学院、各单位密切配合，重点做好学校国际生、外籍教师（含博士后）、出国（境）师生等涉外人员疫情防控工作。准确掌握现处国（境）外师生员工行程和身体健康状况。强化与省内外事、公安出入境管理等部门沟通协作，做好申请回国教职工返校审批和报备工作。研究制订涉外人员返校工作方案和应急处置预案。妥善做好国际生开学工作。加强对涉外人员人文关怀和教育提醒。

附录 2　南京农业大学应对新冠肺炎疫情领导小组发文

序号	疫情防控重要文件	文号
1	关于印发《南京农业大学新型冠状病毒感染的肺炎防控工作方案》的通知	疫防发〔2020〕1 号
2	关于进一步规范新型冠状病毒感染的肺炎疫情防控工作信息上报的通知	疫防发〔2020〕2 号
3	关于疫情防控期间教职工返校的规定	疫防发〔2020〕3 号
4	关于从严加强新型冠状病毒感染的肺炎疫情防控工作的通知	疫防发〔2020〕4 号
5	关于疫情防控领导小组增设督查工作组及增补有关工作组成员的通知	疫防发〔2020〕5 号
6	关于在新型冠状病毒肺炎疫情防控中做好宣传引导工作的通知	疫防发〔2020〕6 号
7	关于进一步落实严禁学生提前返校的通知	疫防发〔2020〕7 号
8	南京农业大学白马基地疫情防控期间实行通行证管理暂行办法	疫防发〔2020〕8 号
9	关于学校应对新冠肺炎疫情工作领导小组增设涉外工作组的通知	疫防发〔2020〕9 号
10	关于统筹做好新冠肺炎疫情防控和学校改革发展工作的通知	疫防发〔2020〕10 号
12	关于进一步做好当前常态化疫情防控有关事项的通知	疫防发〔2020〕12 号
13	关于进一步加强今冬明春校园疫情防控工作的通知	疫防发〔2020〕13 号

附录 3　校领导践行"一线规则"事项表

日期	指挥事项
1 月 28 日	书记、校长及分管校领导督导检查门岗、居委会、食堂、医院、国家重点实验室等疫情防控工作
2 月 5 日	分管校领导检查家属区、物业公司和居委会疫情防控工作
2 月 10 日	校长及分管校领导赴浦口校区工学院检查疫情防控工作
2 月 14 日	校长专题调研教务处、研究生院，研究部署新学期学生教育教学管理工作
2 月 18 日	书记、校长到白马基地检查指导新冠肺炎疫情防控工作
2 月 20 日	书记慰问学校支援湖北医务人员家属
2 月 24 日	分管校领导检查指导校医院疫情防控工作
2 月 25 日	书记、校长和分管校领导专题调研疫情防控期间在线教学和毕业生就业工作
2 月 26 日	书记、校长和分管校领导到学生社区看望慰问留校研究生和国际学生
2 月 28 日	分管校领导调研指导疫情防控期间招投标与政府采购工作
3 月 17 日	书记、校长和分管校领导全程指导卫岗校区学生"返校"疫情防控联合应急演练
4 月 8 日	分管校领导检查白马基地疫情防控工作
4 月 16～17 日	书记、校长连续两天深入学校公共场所、安全重点部位和学生报到点等实地检查校园安全工作
6 月 18～21 日	书记、校长多次走访各学院接待点，看望慰问返校毕业生和工作人员，检查指导疫情防控和返校工作
9 月 5 日	书记、校长前往卫岗校区和浦口校区工作一线，实地指导学生开学返校入口、返校报到点、学生食堂等场所的疫情防控及服务保障工作
9 月 7 日	书记到附属幼儿园指导开学疫情防控和各项准备工作

（续）

日　期	指挥事项
9月11日	分管校领导到校医院调研新学期疫情防控等工作
9月12日	书记、校长前往卫岗校区和浦口校区工作一线指导本科生新生报到及有关疫情防控和服务保障工作
9月16日	书记、校长前往卫岗校区和浦口校区工作一线指导研究生新生报到及有关疫情防控和服务保障工作
9月30日	书记、校长在全校新生第一课上宣讲学校疫情防控工作，列举抗"疫"案例
9月30日	分管校领导在国际生开学典礼中强调，在疫情防控常态化背景下，学生们要做好个人防护，继续齐心协力，打赢抗击新冠肺炎的最终战役
10月1～7日	书记、校长带头值班，与防疫工作者并肩作战
10月10日	分管校领导在学校党委巡察工作动员部署大会上强调，要落实常态化疫情防控要求，稳慎有序做好本轮巡察工作
12月10日	分管领导组织学校疫情防控领导小组成员单位召开冬春季传染病疫情防控工作会议
12月30日	分管领导召集学校疫情防控领导小组部分成员单位进一步研讨冬春季传染病疫情防控工作

（撰稿：王明峰　审稿：袁家明　审核：李新权）

十五、学 院

植 物 科 学 学 部

农学院

【概况】学院设有农学系、作物遗传育种系、种业科学系、智慧农业系。现拥有作物遗传与种质创新国家重点实验室、国家大豆改良中心、国家信息农业工程技术中心 3 个国家级平台，以及 1 个国家级野外科学观测研究站、1 个科技部"一带一路"联合实验室、8 个省部级重点实验室、11 个省部级研究中心。设有 2 个本科专业和 2 个金善宝实验班，以及 6 个硕士研究生专业、6 个博士研究生专业、1 个博士后流动站。

学科建设方面。完成了作物学"双一流"周期检查，完善了学科建设的定位、目标和发展方向，为学科下一步的发展奠定了良好基础。"粮食作物生产力监测预测机理与方法"团队入选国家自然科学基金委员会创新群体，1 人（朱艳）获国务院政府特殊津贴、1 人（刘裕强）获中国青年科技奖；1 人（宋庆鑫）入选国家级青年人才、2 人（江瑜、李国强）获得国家自然科学基金优秀青年基金项目资助、1 人（杨东雷）入选国家"万人计划"青年拔尖人才；1 人（朱艳）入选江苏省有突出贡献的中青年专家、1 人（董慧）入选江苏省特聘教授、1 人（许冬清）入选江苏省"双创"人才、1 人（余晓文）获得江苏省杰出青年基金项目资助；2 人（王益华、李姗）入选中国农学会青年科技奖，教授李刚华入选国务院扶贫开发领导小组办公室社会扶贫司"2020 年志愿者扶贫案例"。

学院有教职工 232 人，其中专任教师 135 人、教授 74 人、副教授 45 人。2020 年度，引进高层次人才 7 人，新增教师 2 人、钟山青年研究员 3 人。学院拥有中国工程院院士 2 人、"长江学者"特聘教授 3 人、国家杰出青年科学基金获得者 4 人、"万人计划"领军人才 9 人、中国青年女科学家 2 人、国家"万人计划"青年拔尖人才 2 人、教育部青年"长江学者" 2 人、国家级青年人才 2 人、国家自然科学基金优秀青年基金获得者 3 人、中华农业英才奖 1 人、农业农村部科研杰出人才 5 人、农业产业体系岗位科学家 7 人、江苏省特聘教授 5 人、江苏省杰出青年基金获得者 4 人。

学院有全日制在校本科生 747 人（留学生 14 人）、硕士研究生 622 人、博士研究生 359 人（留学生 24 人）。2020 年招收本科生 199 人（留学生 1 人），硕士研究生 260 人、博士研究生 109 人、留学生 9 人；毕业本科生 199 人、硕士研究生 183 人、博士研究生 48 人。本科毕业生年终就业率 91.9%，升学率 59.1%。研究生年终就业率 92.6%。

2 个新农科研究与改革实践项目获教育部认定，农学专业和种子科学与工程专业入选江苏省品牌专业建设二期项目；获校级课程思政项目5项，"秾味思政·尊稻"获学习强国首页推荐；获校级"卓越教学"课堂教学创新实践项目5项，发表教改论文4篇；获国家一流课程1门、校级一流课程3门、校级虚拟仿真项目1项；盖钧镒获全国推荐教材建设先进个人，1部教材获推荐参加全国农业教育优秀教材评选。获校级教学成果特等奖1项、一等奖2项。

获批"国家大学生科研创新计划"7项、"江苏省高等学校大学生实践创新、创业训练计划"8项、校级SRT计划28项，启动院长科学基金项目5项。获第七届全国植物生产类大学生实践创新优秀论文一等奖1项、二等奖1项、三等奖2项。

科学研究方面。截至12月底，总立项54项。其中，立项国家基金25项〔面上项目11项、青年项目7项、创新研究群体1项、重大项目1项、重点项目1项、联合基金重点项目1项、优秀青年项目2项、国际（地区）合作与交流项目1项〕，国家重点研发（战略性国际科技创新合作重点专项）1项；到账纵向经费1.45亿元，立项横向经费753.74万元。发表SCI收录论文217篇，单篇影响因子最高为30.331；其中，影响因子5.0以上占28.6%，大于9的达20篇。分子基础研究团队在 NATURE GENETICS （5年影响因子＝30.331）上首次揭示了5个多倍体棉花进化、驯化的遗传和表观遗传规律，为通过种间杂交、表观遗传育种和基因编辑改良棉花提供了理论支撑和特有的基因组资源。授权国家发明专利26项，其中2项国外专利；申请专利40项。登记国家计算机软件著作权3项，获得植物新品种权6项，审定品种11个。"宁香粳9号"在第三届全国优质稻品种食味品质鉴评活动中获优质粳稻金奖。

社会服务方面。连续7年举办全国农作物种业科技培训班，累计培训种业相关人员1 000余人。大豆品种"南农47"分别在河南商丘、山东济宁相继获得年亩产337.3千克和306.2千克的产量新突破。作物遗传与种质创新国家重点实验室再获江苏省科普教育基地认定。

学生工作方面。坚持立德树人为根本，以培养担当民族复兴大任的一流农科人才为己任，继续以党建引领和价值培育为重点，深化第一课堂和第二课堂的融合，完善爱国主义教育、农业情怀涵育、专业实践育人体系，服务学院一流学科、一流专业的人才培养。举办"线上＋线下"模式第十三届长三角作物学博士论坛，12所涉农高校参会，线上观看人数超万人。举办"农学论坛""钟山农耕论坛""农情系列沙龙""对话国奖"及各类学术讲座报告55场；1项精品学术沙龙获校立项资助，5门课程获第五期国际研究生英文课程建设立项，2门课程入选学校"优秀研究生课程"；获江苏省研究生科研创新计划立项10项；以研究生为第一作者发表了SCI收录论文181篇，获评省级优秀博士学位论文1篇、校级优秀博士学位论文6篇、校级优秀硕士学位论文8篇、中国作物学会优秀博士学位论文1篇。

学院将"四个意识""四个自信""两个维护""四个全面"落实到了学科建设、人才培养、科学研究、社会服务等战略工作中，充分发挥学院党委的政治核心作用，坚持并完善学院党政共同负责制，严格履行"一岗双责"，抓好党内民主与党风廉政建设工作。2020年度，发展党员66人，转正69人，班子及支部共举办专题学习60余场；党委理论中心组专题学习4次，开展常态化疫情防控中加强基层党建"四个一"行动、"网上重走长征路暨四史学习教育活动"；赴红色爱国主义基地开展实践学习活动5场，切实提高学院党员及党员干部党性修养、理论素养和道德境界。

【"粮食作物生产力监测预测机理与方法"获国家自然科学基金创新研究群体项目资助】"粮

食作物生产力监测预测机理与方法"群体成功入选国家自然科学基金创新研究群体。这是中国作物栽培学与耕作学学科首个获批立项的国家自然科学基金创新研究群体，实现了学校在国家级创新群体建设上的再次突破。

【隆重举行建院 20 周年庆典活动】11 月 7 日，"传承百年农情，谱写时代新篇"建院 20 周年座谈会在校学术交流中心隆重举行。20 周年院庆得到了领导、校友和同行的广泛关注与支持。院士盖钧镒、赵振东、张洪程、万建民、李培武、胡培松，以及翟虎渠、曹卫星、南京大学党委书记胡金波、江苏省农业农村厅厅长杨时云、南京农业大学原副校长王耀南、美国农业部宋启建、美国威斯康星大学翁益群等校友代表发来贺词。中国农业大学农学院、西北农林科技大学农学院、浙江大学农业与生物技术学院、华中农业大学植物科技学院等 26 所兄弟院校农学院发来贺信。

【新增水稻种质资源国家野外科学观测研究站】科技部公布国家野外科学观测研究站择优建设名单（国科办函基〔2020〕470 号），由院士万建民团队牵头申报的"南京水稻种质资源国家野外科学观测研究站"列入国家野外科学观测研究站择优建设名单，这是南京农业大学首个国家野外科学观测研究站。

【中国-肯尼亚"一带一路"联合实验室国家重点研发专项战略合作专项启动会】12 月 22 日，召开中国-肯尼亚"一带一路"联合实验室 2020 年年会暨国家重点研发专项战略合作专项启动会。农学院和园艺学院与肯尼亚埃格顿大学共建"中国-肯尼亚作物分子生物学'一带一路'联合实验室"；双方联合申报的"中国-肯尼亚主要作物优异基因发掘、品种创新与现代生产技术示范"，12 月获得科技部重点研发计划战略性国际科技创新合作重点专项资助。

【2 项技术入选农业农村部十大引领性技术】由南京农业大学牵头的"北斗导航支持下的智慧麦作技术"和作为主要集成单位完成的"水稻机插缓混一次施肥技术"2 项技术入选 2020 年农业农村部十大引领性技术。

（撰稿：金　梅　审稿：戴廷波　审核：孙海燕）

植物保护学院

【概况】学院设有植物病理学系、昆虫学系、农药科学系和农业气象教研室 4 个教学单位，建有绿色农药创制与应用技术国家地方联合工程研究中心、农作物生物灾害综合治理教育部重点实验室、农业农村部华东作物有害生物综合治理重点实验室、江苏省农药学重点实验室、江苏省生物源农药工程中心 5 个国家和省部级科研平台，以及农业农村部全国作物病虫测报培训中心、农业农村部全国作物病虫抗药性监测培训中心 2 个部属培训中心。

学院拥有植物保护国家一级重点学科，以及植物病理学、农业昆虫与害虫防治、农药学 3 个国家二级重点学科。学院设有植物保护一级学科博士后流动站、3 个博士学位专业授予点、3 个硕士学位专业授予点和 1 个本科专业。

学院有正式教职工 118 人（新增 8 人），其中教授 47 人（新增 4 人）、副教授 34 人（新增 2 人）、讲师 30 人（新增 3 人）；新遴选博士生导师 6 人、学术型硕士生导师 6 人、专业学位硕士生导师 4 人。2020 年，学院共有博士生导师 58 人（校内 49 人、校外 9 人），硕士生导师 58 人（校内 36 人、校外 22 人）。学院拥有国家特聘专家 1 人、"长江学者"3 人、国家杰出青年科学基金获得者 4 人、青年"长江学者"1 人、"万人计划"领军人才入选者 4 人、"973 项目"首席科学家 1 人、全国模范教师 1 人、国务院学科评议组成员 1 人、国家优秀青年科学基金获得者 6 人、国家级青年人才入选者 1 人、青年"拔尖人才"入选者 3 人、海外青年特聘教授 1 人、江苏省教学名师 2 人、江苏省特聘教授 5 人、江苏省杰出青年基金获得者 3 人。学院现有国家自然科学基金委员会创新研究群体 1 个、科技部重点领域创新团队 1 个、农业农村部农业科研杰出人才及其创新团队 2 个（新增）、江苏省高校优秀科技创新团队 4 个。

招收学术型硕士研究生 143 人（含留学生 3 人），全日制专业学位硕士研究生 101 人，博士研究生 69 人（含留学生 3 人），本科生 119 人。授予博士学位 47 人、全日制硕士学位 241 人（学术学位 140 人、专业学位 101 人），毕业本科生 117 人。共有在校生 1 349 人，其中博士研究生 275 人、硕士研究生 610 人、本科生 464 人。

完成首批金善宝书院植物保护方向学生分流及人才培养方案的制订。获批校级思政课程 4 项、卓越教学课堂教学项目 3 项、虚拟仿真项目 1 项，出版研究生教材 1 部，获江苏省优秀博士学位论文 1 篇，新增江苏省研究生工作站 7 个、校级优秀研究生课程 3 门。"作物免疫与生物灾害绿色防控导师团队"获评江苏省"十佳研究生导师团队"。组织召开了"首届江苏省研究生精准植保科研创新实践大赛"，并获特等奖及优秀组织奖。

强化学生教育管理，推进一二课堂协同育人。学院获省级以上荣誉 13 项，学生获省级以上奖励 112 人次。完善本科生"一对一导师制"考核机制，专业教师 100% 参与，本科生进一步深造（升学、出国）比率达 69.9%。强化学术道德规范，加强学术引导，开展各类学术讲座、沙龙 30 次，组织参加国内学术科技作品竞赛 21 人次，获校学术科技作品竞赛优秀组织奖。

学院承担国家重点研发计划、国家自然科学基金、转基因重大专项及省部级项目 125 项。发表 SCI 论文 183 篇，其中影响因子大于 5 的高质量论文 34 篇、影响因子大于 9 的高水平论文 8 篇。学院教师担任重要国际学术职务人员 26 人次，组织钟山讲坛系列线上学术报告会，在线邀请专家讲座报告 29 人次；其中，邀请的专家包括美国科学院院士 Xinnian Dong、德国科学院院士 Paul Schulze - Lefert。

【首批全国党建工作标杆院系通过验收】自入选"全国党建工作标杆院系"创建单位以来，学院党委始终坚持以习近平新时代中国特色社会主义思想为指导，坚持党建与业务"双螺旋"的理念，坚持党建活动与业务活动双融合、思想觉悟与业务能力双提升、党员与非党员双培养的"三双"工作原则，深入实施"五大工程"；扎实推进全国党建标杆院系创建工作，引导广大师生树牢"四个意识"，坚定"四个自信"，坚决做到"两个维护"。最终，顺利通过首批全国党建工作标杆院系的验收。

【组织召开院庆纪念大会暨植保行业校友分会成立大会】10 月 18 日，学院隆重举行院庆纪念活动，活动包括院庆纪念大会暨植保行业校友分会成立大会、植保时光长廊揭幕、院士主题报告、绿色植保校友发展论坛、植保学科专家高峰论坛、前沿学术报告等。院庆纪念大会汇聚了 45 所高校院长共商学科发展，来自全国各地的嘉宾领导、各兄弟院校专家、校友、离退休教师及在校师生代表共 200 余人参会。

【科学编制"十四五"学科发展规划】学院在总结"十三五"学科发展的基础上，多次召开发展规划会议，讨论制定"十四五"学科规划，为学科未来 5 年的发展进行总体设计。积极筹备作物免疫学国家重点实验室申请，牵头组织国家重点实验室（筹）平台"作物免疫学重点实验室"的软硬件建设，做好第五轮学科评估工作。

【课程建设与实践育人取得新进展】 获批国家级精品在线开放课程、线上线下混合课程各 1 门，立项教育部新农科研究课题 1 项，2 部教材获全国农业优秀教材奖，江苏省留学生英语授课精品课程 1 门。打造"4321"实践育人平台，获校共青团工作项目创新奖、校学生思想政治工作精品项目立项，获江苏省优秀实践团队，新华社、中国青年报等主流媒体报道 20 余次。创业创新项目获得"互联网＋"省赛银奖 1 项、"挑战杯"省赛铜奖 1 项。

【高水平人才及基金项目取得新突破】 教授董莎萌入选"长江学者"特聘教授，教授钱国良入选青年"长江学者"，教授吴顺凡获得国家自然科学基金优秀青年基金资助，王一鸣入选国家海外青年特聘教授。国家自然科学基金总额和重点类项目数均创历史新高。新增国家自然科学基金 25 项（优秀青年基金 1 项、重点基金 1 项、国际合作重点基金 2 项、地区联合重点基金 1 项）和江苏省自然科学基金 8 项。

【社会服务持续深入】 植物保护应用技术中心完成企业委托的技术服务和项目咨询 200 余项，横向经费到账 1 336 万元，签订技术转让合同经费 500 万元。教授胡白石带领项目组开展梨火疫病疫情防控工作，实现了新疆"先保树后保产"的目标。胡白石教授也被评为中组部优秀援疆干部。教授李元喜挂职海南省植保总站副站长，获得省级政府部门通报表彰。持续落实"南农麻江 10＋10 行动计划"工作部署，定点扶贫村——水城村的党支部荣获贵州省麻江县脱贫攻坚先进集体。

（撰稿：张　岩　审稿：吴智丹　审核：孙海燕）

园艺学院

【概况】 园艺学院是我国最早设立的高级园艺人才培养机构，其历史可追溯到原国立中央大学园艺系（1921）和原金陵大学园艺系（1927）。学院现有园艺、园林、风景园林、中药学、设施农业科学与工程、茶学 6 个本科专业，园艺专业为国家特色专业建设点、江苏省重点专业和国家一流本科专业，风景园林专业为江苏省一流本科专业。学院现有 1 个园艺学博士后流动站、6 个博士学位授权点（果树学、蔬菜学、茶学、观赏园艺学、药用植物学、设施园艺）、7 个硕士学位授权点（果树、蔬菜、园林植物与观赏园艺、风景园林学、茶学、中药学、设施园艺学）和 3 个专业学位硕士授权点（农业推广硕士、风景园林硕士、中药学硕士）。园艺学一级学科为江苏省国家重点学科培育建设点，"园艺科学与应用"在"211 工程"三期进行重点建设；"园艺学"在全国第四轮学科评估中位列 A 类，入选江苏省优势学科 A 类建设；蔬菜学为国家重点学科，果树学为江苏省重点学科。建有农业农村部"华东地区园艺作物生物学与种质创制重点实验室"和教育部"园艺作物种质创新与利用工程研究中心"等省部级科研平台 7 个。

学院现有教职工 211 人，专任教师 130 人，其中教授 53 人、副教授 54 人；高级职称教师占 82.3％，具有博士学位的教师占 90.6％，具有海外 1 年以上学术经历的教师占 50％。陈发棣获全国创新争先奖，吴俊获中国青年女科学家奖，吴巨友获江苏省十大科技之星，陶书田获中国农学会青年科技奖，张绍铃获学校"立德树人楷模"称号，侯喜林获"师德师风先进"称号；李英、陈素梅获学校优秀研究生教师称号；6人晋升正高级职称，3人晋升副高级职称；新聘专任教师4人，其中引进高层次人才3人。

学院全日制在校学生2 298人，其中本科生1 208人、硕士研究生872人、博士研究生218人；毕业全日制学生586人，其中本科生316人、研究生270人；本科生就业率为92.72%，本科学位授予率98.75%，研究生就业率为100%；招收全日制学生667人，其中本科生321人、研究生346人。

学院坚持党建引领，强化理论武装，组织师生党员学习党的十九届五中全会精神，开展"四史"学习教育。推动党建与中心工作同频共振，党政协同重点开展了第五轮学科评估、"十四五"规划编制、院庆20周年人才培养论坛和学科发展论坛、教学成果奖的申报等学院重大工作。发展教师党员1人，确定入党积极分子2人；"'双带头'引领'双一流'"党日活动获得江苏省最佳党日活动优胜奖；开设了"品梅""一颗梨果的成长逆旅""一朵'金'菊的旅行""一颗红蒜的'重生'"等思政课程。落实"南农麻江10+10行动计划"，组织果树、蔬菜、花卉、设施园艺、中药专家教授赴贵州省麻江县和定点扶贫村开展产业指导和帮扶，指导成立了麻江蔬菜产业联盟。开展了"战疫情促生产"科技支农、抗疫捐款等活动，《让党旗始终高高飘扬——南京农业大学园艺学院"战疫故事汇"》获全国高校思想政治工作网报道。

学院开展了园艺学、风景园林学、中药学3个一级学科的国家第五轮学科评估工作，以及农艺与种业、风景园林学、中药学3个专业学位水平评估工作；成立第一个金善宝实验班。园艺专业获批江苏高校品牌专业建设工程二期项目，园艺植物生物技术入选国家级一流课程，7部教材正式出版，5部教材入选"十三五"高等教育规划、1部教材入选"十三五"江苏省高等学校重点教材。发表教学改革论文7篇；荣获校级教学成果奖3项，其中特等奖1项、二等奖2项。新增SRT 67项，其中国家级6项；获江苏省优秀论文4篇；获批江苏省研究生培养创新工程项目5项；新增江苏省研究生工作站4个。本科生发表期刊论文共14篇，6篇荣获校级优秀毕业论文；参赛获奖35项，其中国家级8项。"彩叶白菜新品种开发创业实践"创业实践项目，荣获全国大学生创新创业年会"最佳创意项目奖"。美境协会、园艺学院青年志愿者协会获得"2019年度江苏省十佳青年志愿服务项目"。研究生王梦丽参与扶贫，因贡献突出，当选《中国研究生》2020年第10期封面人物。

学院到位科研总经费1.14亿元；新增科研项目（课题）51项，新增省部级科研平台1个，新增新农村服务基地4个。SCI收录论文207篇，其中在影响因子大于9的期刊发表研究论文10篇，比2019年同期增长7.81%，最高影响因子为17.794；授权专利51项；获植物新品种权14个，审定（登记）非主要农作物品种2个；陶建敏获江苏省科技推广奖一等奖。牵头建有22个新农村服务基地，占全校的56%。"菊花扶贫""菊花助丰收"等"南农菊花模式"，助推贵州麻江、青海乌兰、湖北麻城脱贫攻坚，以及井冈山脱贫摘帽、江苏苏北多地扶贫，获CCTV-13、新华日报等媒体报道30余次。

学院组织开展了7场招生直播，修订学院招生宣传视频，制作学院英文宣传视频，获评校招生工作先进单位。聘请大学生就业创业兼职导师6人，新签创业就业实习基地1家，新签企业奖学金3项。1项志愿服务项目获得江苏省十佳青年志愿服务项目、江苏省青年志愿服务项目大赛环境保护类二等奖，田源和刘慧分别获"瑞华杯"南京农业大学最具影响力本科生、研究生荣誉称号；1支队伍获第十一届"挑战杯"江苏省大学生创业计划竞赛三等奖；举办全国优秀大学生线上创新论坛。"菊拾"艺术实践工作坊，荣获江苏省第六届大学生艺术展演活动特等奖（"一朵金'菊'的美丽旅行"课程）；荣获院系杯篮球赛亚军，蝉联院系杯羽毛球赛冠军，以校运动会团体总分第一的成绩荣获体育工作先进单位。

学院邀请国内外20余名知名教授进行线上线下系列讲座；邀请3位海外专家主讲全英文课程；5位在职教师在美国、新西兰、日本等国家进行中短期互访与讲学；6名研究生在美国、新西兰、日本等接受联合培养或攻读博士学位。中国-肯尼亚"一带一路"联合实验室获国家重点研发计划专项项目支持。

【陈发棣教授荣获第二届全国创新争先奖】 5月30日，人力资源和社会保障部、中国科学技术协会、科学技术部、国务院国有资产监督管理委员会公布了《关于表彰第二届全国创新争先奖获奖者的决定》。学院陈发棣教授荣获全国创新争先奖，被授予全国创新争先奖状。全国创新争先奖是继国家自然科学奖、国家技术发明奖、国家科学技术进步奖之后，国家批准设立的又一重大科技奖项。

【举办20周年院庆系列活动】 10～11月，以"奋进新农人，助力新发展"为主题，相继举办了人才培养论坛及学科发展论坛。校党委书记陈利根、副校长丁艳锋、副校长董维春，兄弟高校园艺学院书记、院长及学科带头人，以及校友代表、学校相关职能部门领导、离退休教师代表、在校师生代表等300余人参加了论坛相关会议。学生团体相继开展了教师节送祝福活动、征文海报书画摄影作品大赛、视频征集大赛、香囊制作活动、院史知识竞赛、院庆展演、花艺大赛、摄影大赛、三行情书大赛、院庆足篮球友谊赛等10余项丰富多彩的院庆活动，近3 000余人参与其中，集中展示了园艺学院师生的时代风采。

【菊花口红助力扶贫】 10月14日，学院菊花遗传育种团队推出菊花红、锦鲤红和火红3个色号的口红，其产业红利已分享给了学校定点扶贫县贵州省麻江县。近年来，该团队从菊花茶、菊花酒，再到菊花面膜、菊花口红，用一朵菊花延伸出产业链条，通过创新共享拉动东西部联动。同时，学院多名教授响应学校"南农麻江10+10行动计划"，协助学校助推麻江县菊花、红蒜、杨梅、草莓、林下中药、玫瑰白菜产业发展，助推麻江县脱贫攻坚和乡村振兴。

【获校第四十八届运动会团体第一名】 11月6日，园艺学院参加南京农业大学第四十八届田径运动会取得了总分第一（男子团体总分第一、女子团体总分第四、男女团体总分第二）的新突破，囊获团体、个人冠军5项、亚军3项、季军3项及其他各类奖项共计16项，获体育工作先进单位。

（撰稿：王乙明　审稿：张清海　审核：孙海燕）

动 物 科 学 学 部

动物医学院

【概况】 动物医学院是一所历史悠久、声誉卓越的高等兽医学院，前身为1921年创立的东南大学畜牧兽医系，是中国现代兽医教育的重要发祥地之一。罗清生、蔡无忌、盛彤笙、熊大仕、蔡宝祥、杜念兴、韩正康、陆承平等著名教授都曾执教于此。1998 年，学院获兽医学一级学科博士学位授予权；2000 年，获兽医专业博士学位和硕士学位授予权；2007 年，兽医学被评为国家重点学科；现为全国兽医专业学位教育指导委员会秘书处挂靠单位。学院拥有动物医学和动物药学 2 个本科专业（学制 5 年）。其中，动物医学专业 2019 年入选国家级一流本科专业建设点和江苏省高校品牌专业建设工程；动物药学专业 2020 年入选江苏省特色专业。学院设有基础兽医学、预防兽医学、临床兽医学 3 个二级学科。

学院现有教职员工 127 人，其中，正高级职称人员 46 人、副高级职称人员 31 人。本年度引进高层次人才 2 人。新晋升 2 位副教授、2 位副研究员、2 位教授。6 名教授入选"钟山学者计划"首席教授，7 名教授入选"钟山学者计划"学术骨干。教授刘永杰获江苏高校"青蓝工程"中青年学术带头人期满考核优秀，教授马喆入选江苏高校"青蓝工程"优秀骨干教师培养人选。兽医博士后科研流动站顺利通过全国博士后综合评估，获评"良好"等级；2 位师资博士后正式入编教师岗位；5 位博士后分获中国博士后科学基金、江苏省博士后科研资助计划资助，立项总经费 80 万元。培育学科后备力量，打造学院"青年人才培育计划"，1 人入选"青年拔尖人才"、3 人入选"青年学术新秀"，资助总额 65 万元。

学院全日制在读学生 1 583 人，其中本科生 875 人（含留学生 7 人）、硕士研究生 497 人（含留学生 6 人）、博士研究生 211 人（含留学生 15 人），本科生占比为 55.27%。本年度动物医学类专业共录取 161 名本科生，专业志愿率为 69.85%；毕业本科生 158 人，学位授予率为 99.38%，就业率 93.03%，升学率为 60.12%（其中出国留学率 5.06%）；录取博士研究生 80 人、硕士研究生 210 人；授予博士学位 45 人、硕士学位 190 人。

学院党委认真贯彻落实习近平总书记关于教育的重要论述和习近平总书记给全国涉农高校书记校长和专家代表回信的精神，落实中央、教育部党组、江苏省委和学校党委部署要求，巩固深化主题教育成果，增强"四个意识"、坚定"四个自信"、做到"两个维护"。通过专家报告、观看纪录片、集中学习研讨等方式，开展各类思政专题学习活动 10 余场；学院领导全年为师生做党课报告 10 次，开展中心组学习活动 12 次。成功举办新一届党委换届大会，选举出新一届党委委员。全年发展党员 66 人、确定入党积极分子 88 人，2 名教职工递交入党申请书，转正党员 56 人。全年开展文化素质类讲座 58 场次，组织主题班会 100 多场次，1 人获评校优秀教师。

学院大力推进动物医学专业和动物药学专业建设，动物药学专业已申报国家一流专业。实施校级教改项目"兽医公共卫生专业建设探索与实践"。申报新农科研究与改革实践项目 1 项，"动物医学专业一流人才培养的改革与实践"等 5 项教学成果获校级二等奖。全年完成 348 个教学班次、165 门课程（必修 102 门、选修 63 门）10 512 学时的教学任务。疫情防控期间，开设在线课程 82 门次，在线授课教师人数 61 人，听课学生共计 4 067 人次。新开设国际联合开放课程 1 门，建设 4 门校级一流课程、"课程思政"示范课程 6 门，开设教授开放课程 10 门，新增虚拟仿真实验教学项目校级 1 项、院级 1 项，主编出版教材 1 本。组建 13 个教学团队，由知名教授主导，每年聘请 10 人次领域顶尖专家参与。举办青年教师教学实践组比赛，提升青年教师授课水平；举办教师教学创新组比赛，提升课程群团队教师授课效果，孙卫东、王丽平分获校内一等奖和优秀奖。5 名教师获第六届全国大学生动物医学专业（本科）技能大赛优秀辅导教师奖。新增立项 SRT 项目 55 项，其中国家大学生创新实验计划项目 8 项、省级大学生实践创新训练项目 6 项。学生发表论文 8 篇，其中第一作者论文 2 篇，1 篇本科生优秀毕业论文获评江苏省优秀毕业论文二等奖。在江苏省研究生培养创新工程申报中获立项 5 项，其中科研计划 4 项、实践计划 1 项。获全国兽医专业学位优秀博士学位论文 1 篇、全国兽医专业学位优秀硕士学位论文 4 篇、江苏省优秀博士学位论文 1 篇、江苏省优秀学术型硕士学位论文 1 篇、江苏省优秀专业型硕士学位论文 1 篇。2 人获"作出突出贡献的兽医博士学位获得者"称号，2 人获"作出突出贡献的兽医硕士学位获得者"称号。

学院新增纵向项目立项 30 项（其中，国家自然科学基金面上项目 9 项、青年项目 5 项、国家重点研发项目 2 项、江苏省自然科学基金 3 项），立项经费 3 506.21 万元，到账经费 3 200.84 万元。获新兽药证书 4 项，授权专利 17 项；累计发表 SCI 论文 244 篇，其中影响因子大于 5 的论文 34 篇、大于 10 的论文 2 篇。因科研管理工作出色，学院获学校科技管理先进单位。加强科研平台建设，严抓实验室安全管理，坚持对实验员和入校新生进行实验室安全培训，实行每月 2 次的实验室安全检查制度，获校实验室安全月优秀组织奖。完成立项 240 万元的解剖教学实验建设项目，解剖教学条件达到国内一流水准。兽药研究评价中心、OIE 参考实验室分别通过 CMA 认证和 CNAS 认证。

本年度新增校企合作横向项目 28 项；立项经费 1 769.74 万元，其中合同额百万元以上 5 项；到账经费 1 468.58 万元，其中技术转让许可费超 500 万元。学院积极组织教师参加科普宣传活动，获江苏省科协青年科技人才托举工程项目资助培养对象 1 人、江苏省科技首席传播专家 1 人、江苏省科协技术服务团队 1 个、江苏省科协畜禽健康养殖服务平台 1 个、江苏省新冠肺炎疫情防控先进个人 1 人。附属教学动物医院克服了疫情防控期间停业 2 个多月的不利影响，2020 年度销售额达 670 万元。

为打好贵州省麻江县扶贫收官战，利用校内资源，积极联系江苏省盐城市盐都区潘黄街道，共同推进、落实后续乐坪村长期扶贫助农工作；受旭日村居委会委托，再次捐赠现金 2 万元和一批书籍；与旭日社区总支部委员会、乐坪村党支部三方共建"党员之家"，并现场进行授牌仪式。对接帮扶期间，先后组织专家赴麻江县乐坪村，举办非洲猪瘟防控培训班和动物疫病防控专题报告，现场辅导养殖户，提高养殖户风险防控意识。帮扶西藏林芝贫困山区，根据当地村民实际需求，向察瓦龙乡格布村捐助近 2 万元物资。

成功举办了教育部"动物健康与食品安全"国际合作联合实验室第二次学术委员会、教育部"111 计划"引智基地论证会，选派 1 名教师赴国外进修学习，5 名教师完成进修回国。选派 6 名本科生和 1 名教师参加加利福尼亚大学戴维斯分校流行病学的在线国际课程。推荐 8 名动物医学专业毕业生出国留学深造，7 名学生进行加利福尼亚大学戴维斯分校寒假访学。动物医学本科专业培养 7 名外籍学生，6 名外籍学生顺利毕业。

组织学生参加第六届全国"雄鹰杯"杯小动物医师技能大赛荣获一等奖、第六届全国大学生动物医学专业（本科）技能大赛荣获特等奖、"山羊瘤胃切开术"项目获优异奖。此外，荣获第十二届"挑战杯"中国大学生创业计划竞赛全国赛铜奖 1 项、省赛金奖 1 项；第六届江苏省"互联网＋"大学生创新创业大赛二等奖 1 项、三等奖 2 项。学生个人累计获得国家级荣誉 73 人次、省市级荣誉 13 人次。发起东西部 8 所高校动物医学专业学子乡村振兴暑期实践活动。学工团队成员累计获得各级表彰 42 人次。学院获学生工作先进单位、学生工作创新奖、体育工作先进单位、社会实践先进单位、江苏省先进班集体等 20 多项集体荣誉。学生工作受到全国高校思想政治工作网、新华社等校内外媒体报道 200 余次；其中，国家级、省市级媒体 18 次，转载超千次，阅读量超 100 万人次。

【**主办第五届南京农业大学猪业高峰论坛暨第十二届畜牧兽医学术年会**】8 月 14 日，由动物医学院和动物科技学院联合主办的第五届南京农业大学猪业高峰论坛暨第十二届畜牧兽医学术年会在南京召开。本届大会邀请到国内外著名的专家教授及 1 500 多位来自全国各地的行业代表参会，会议规模和参会人数创下历届新高。大会以专题报告、病例讨论、论文交流等多种形式进行了专题研讨。会议围绕"复产保供互利共生，产业升级优化行业"议题，聚焦猪场基础设施、猪场生物安全、非洲猪瘟防控手段、猪场净化及非洲猪瘟疫苗最新进展等话题，为积极推进"系统防非、科学复产"进程、助力解决中国养猪业发展注入新的活力和动力。

【**参与承办中国兽医专业学位教育 20 周年纪念会**】10 月 26 日，中国兽医专业学位教育 20 周年纪念会在南京召开，会议由全国兽医专业学位研究生教育指导委员会主办、南京农业大学承办。全国兽医专业学位研究生教育指导委员会、全国 40 余家兽医专业学位研究生培养单位代表、专家教授、毕业生代表及兽医行业企业代表等共 150 余人参加会议。教育指导委员会委员兼秘书长、学院教授李祥瑞作"中国兽医专业学位教育 20 周年总结报告"。会议筹备期间，学院同步完成《中国兽医专业学位研究生教育 20 年发展报告（2000—2020）》《中国兽医专业学位研究生教育 20 年》纪念画册，出版《兽医专业学位教育发展 20 周年回顾》。

【**主办罗清生奖学金设立 35 周年纪念活动**】12 月 5 日，由学院主办的罗清生奖学金设立 35 周年纪念活动在南京农业大学举行，学校领导、学院领导、罗清生教授的亲属、学生及历届"罗清生奖学金"获奖者代表齐聚南京农业大学，共同缅怀这位中国现代兽医教育和家畜传染病学重要奠基人。在本次纪念活动中，罗清生的家属及学生祝寿康分别向学校教育发展基金会捐赠 50 万元、30 万元。学校教育发展基金会倡议设立"南京农业大学罗清生教育基金"，将基金资助范围扩至人才培养、科学研究等领域，以勉励更多的优秀学子及教师能够专心求学、潜心钻研，为中国农业发展作出更多贡献。

（撰稿：江海宁　审稿：姜　岩　审核：孙海燕）

动物科技学院

【**概况**】从严从实、全面做好新冠肺炎疫情的常态化防控。学院成立了由学院领导、系室中心主任、教师党支部书记、辅导员及相关秘书为成员的新型冠状病毒感染的肺炎疫情防控工作领导小组，积极协调防控工作和教学科研工作，实现"停课不停教、停课不停学"。学院积极推行疫情防控期间高质量教学研究，设立院级"新冠肺炎疫情背景下动物科学专业线上教学质量调研与效果分析"专项项目 5 项；累计补助湖北武汉地区学生 25 人共计 2.5 万元。在师生一致努力下，学院安全稳定、运转有序。

定点扶贫工作取得好成效。对接"南农麻江 10＋10 行动计划"，远程培训贵州省麻江县河坝村"两委"干部 10 人次、技术人员 41 人次；推进产业扶贫，向麻江县捐赠鱼苗 3 000 尾，指导当地林下养鸡示范基地建设；开展消费扶贫，师生采购 5 000 余元消费扶贫产品；多次组织师生赴陕西佳县、广西都安、江苏灌南和涟水等地开展定点扶贫工作。

学院设有动物遗传育种与繁殖系、动物营养与饲料科学系、特种经济动物与水产系。建有动物科学类国家级实验教学示范中心、国家动物消化道营养国际联合研究中心、农业农村部牛冷冻精液质量监督检验测试中心（南京）、农业农村部动物生理生化重点实验室（共建）、江苏省消化道营养与动物健康重点实验室、江苏省动物源食品生产与安全保障重点实验室、江苏省水产动物营养重点实验室、江苏省家畜胚胎工程实验室、江苏省奶牛生产性能测定中心。

新发展教师党员 1 人、学生党员 46 人。深入学习贯彻习近平新时代中国特色社会主义思想，组织"绽放战疫青春　坚定制度自信"主题教育实践活动 23 次，各支部以"迎党的生日、讲战疫故事、悟初心使命"为主题开展线上党课和专题活动，发挥战斗堡垒作用；在全院开展"网上重走长征路"暨推动"四史"学习教育系列活动，以实际行动迎接建党 100 周年。10 月 14～27 日，学校党委第二巡察组对学院党委进行巡察。学院党委强化责任担当，凝聚全院共识，将思想和行动统一到学校党委巡察工作的决策部署中，认真落实整改，促进学院各项事业全面发展。

学院教职工 132 人（含专任教师 81 人，其中教授 37 人、副教授 30 人、讲师 14 人），新引进国外高层次教授人才 1 人。学院严格把关新进教师的思想政治素质，把控师德师风建设入口关。现有博士生导师 37 人、硕士生导师 69 人；享受国务院政府特殊津贴 2 人；国家杰出青年科学基金获得者 1 人、国家自然科学基金优秀青年基金获得者 2 人；"973"首席科学家 1 人；国家"万人计划"教学名师 1 人；国家现代农业产业技术体系岗位科学家 2 人；教育部新世纪人才 1 人、青年骨干教师 3 人；江苏现代农业产业技术体系首席专家 2 人、岗位专家 7 人；江苏省杰出青年基金获得者 1 人、"六大高峰人才" 2 人、"333 高层次人才工程"培养对象 5 人、"青蓝工程"中青年学术带头人 2 人、骨干教师培养计划 2 人、教学名师 1 人、"双创"博士 1 人；南京农业大学"钟山学者计划"首席教授 4 人、学术骨干 7 人、"钟山学术新秀" 9 人。

拥有畜牧学学科博士授权点和 1 个博士后流动站，4 个二级博士授权点、5 个二级硕士授权点（含 1 个专业学位硕士授权点），畜牧学为江苏省"十三五"重点学科和优势学科。本科专业设有动物科学、水产养殖、金善宝实验班（动物生产类）、卓越农林复合应用人才班。动物科学为国家一流本科专业，2020 年获批江苏高校品牌专业建设工程二期项目；开设国家级精品课程 2 门、视频公开课 1 门、资源共享课 2 门、江苏省精品在线开放课程 3 门。王恬主编的《饲料学》为 2020 年全国农业教育优秀教材，李齐发主编的《生物统计学实验》为江苏省"十三五"重点教材。贾超主讲的"解密生命——遗传密码与生命的奥秘"获江苏省高校微课教学比赛三等奖。

招收本科生 164 人，毕业本科生 107 人，授予学士学位 107 人；招收硕士研究生 123 人、博士研究生 34 人，毕业硕士研究生 116 人、博士研究生 23 人，授予硕士学位 124 人、博士学位 23 人；学生获校级及以上奖助学金 945 人次，另获得国家创新创业项目 4 项、江苏省创新创业项目 3 项、江苏省优秀专业学位硕士学位论文 1 篇。学院获批校级课程思政建设项目 6 项，设立院级"课程思政"示范课程项目 9 项、智慧畜牧业项目 5 项，教师发表教改论文 6 篇。学院获学校教学成果特等奖和一等奖各 1 项、"研究生教育管理先进单位"称号。

新增到账纵向经费 3 066.18 万元、横向经费 964.06 万元。新增 SCI 论文 234 篇，其中影响因子大于 10 的 2 篇、大于 5 的 31 篇，近 5 年累计突破 1 000 篇；新增授权专利 7 项。新增纵向项目 38 项，其中国家自然科学基金 15 项、江苏省自然科学基金 2 项、江苏省农业自主创新项目3项；横向项目立项数和立项经费创历史新高，新增横向项目51项，合同总额1 265.37万元。成立"南京农业大学家畜环境控制与智慧生产研究中心"，与江苏叁拾叁信息技术有限公司联合成立智慧畜禽与水产研究院。学院获学校科技管理"项目立项争先奖"和"社会服务先进单位"称号。

学院学术交流活跃，教师参与国内外重要会议72人次。

【动物科技学院党委换届】10月21日，中共南京农业大学动物科技学院委员会换届选举党员大会召开，毛胜勇、刘红林、吴峰、张艳丽、高峰、黄瑞华、蒋广震当选动物科技学院新一届党委委员。随后新一届委员召开第一次全体委员会议，选举高峰为学院党委书记，毛胜勇、吴峰为学院党委副书记。

【获首批国家级一流本科课程】由王锋领衔，茆达干、杭苏琴、张艳丽、王子玉、万永杰等共同建设的动物繁殖学课程获首批国家级一流本科课程称号。动物繁殖学是动物科学必修的专业基础课，先后作为南京农业大学网络示范课程、江苏省和国家精品课程及精品资源共享课程、江苏省和国家精品在线开放课程进行建设；以具有自主知识产权的系列网络课程和配套的主编教材《动物繁殖学》和《动物繁殖学实验教程》为主体，推动教学内容和模式的改革创新。

【凝练传承学院历史文化】凝练"厚德　博学　笃行　兴牧"学科精神作为院训，整理出版《南京农业大学动物科技学院发展史略》和《追光——星耀动科》院史学习合集；原创编排《南京　1937》种畜西迁舞台剧，再现中央大学畜牧学科师生在抗战时期为保护优质种畜资源，成功西迁重庆的故事，相关活动受到新华社报道，并被教育部全国高等学校思想政治工作网作为典型经验宣传报道。

【承办第十三届全国系统动物营养学发展论坛】10月9～11日，由中国畜牧兽医学会动物营养学分会系统动物营养学专业委员会主办、南京农业大学动物科技学院承办的第十三届全国系统动物营养学发展论坛在南京召开。来自全国各高校、科研院所的200名专家和研究生参会。论坛围绕"动物营养健康策略的理论与实践"分别从动物营养与健康、动物消化道营养、反刍动物营养调控与健康、营养代谢与肠道健康等主题开展专题报告。

【承办江苏省畜牧兽医学会学术年会】11月13～14日，由江苏省畜牧兽医学会主办、南京农业大学动物科技学院与动物医学院共同承办的江苏省畜牧兽医学会2020年学术年会暨第二届江苏畜牧兽医青年科技论坛在南京召开。会议采用线下研讨、线上实时直播的模式，来自江苏省内各条战线的学会特聘顾问、理事、市级学会负责人，以及畜牧兽医工作者、学生代表等共计362人参会。会议围绕江苏省畜牧业高质量发展和畜牧科技工作进行交流讨论。

【承办第四届中国畜牧兽医学会动物营养学分会青年学者讲坛】11月20～22日，由中国畜牧兽医学会动物营养学分会主办、南京农业大学动物科技学院承办的"第四届中国畜牧兽医学会动物营养学分会青年学者讲坛"在南京举行，来自国内35家高校和科研院所的150名专家和研究生参会。讲坛围绕猪、禽、反刍、水产等动物的营养调控机制及畜禽健康养殖等领域进行交流讨论。

（撰稿：苗　婧　审稿：高　峰　审核：孙海燕）

草业学院

【概况】学院现有 5 个科研实验室（团队）：牧草学实验室（牧草资源和栽培）、饲草调制加工与贮藏实验室、草类逆境生理与分子生物学实验室、草地微生态与植被修复和草业生物技术与育种实验室。草种质资源创新与利用实验室为江苏省高校重点实验室建设项目。学院新获批 2 个省部级平台，分别是国家林业和草原局"长江中下游草种质资源创新与利用"重点实验室和江苏省林草种质资源库。学院设有南方草业研究所、饲草调制加工与贮藏研究所、草坪研究与开发工程技术中心、西藏高原草业工程技术研究中心南京研发基地、蒙草-南京农业大学草业科研技术创新基地、中国草学会王栋奖学金管理委员会秘书处和南京农业大学句容草坪研究院等研究机构。草学学科为"十三五"江苏省重点学科，现有草学博士后流动站、草学一级学科博士与硕士学位授权点、农艺与种业硕士（草业）专业学位授权点、草业科学本科专业。草业科学专业获批 2020 年度国家级一流本科专业建设点。

本科招生属于植物生产类大类招生，草业学院分管 2 个班级，共 61 名本科生；招收研究生 50 人，其中硕士研究生 43 人、博士研究生 7 人。毕业本科生 40 人、硕士研究生 32 人、博士研究生 4 人。授予学士学位 40 人、硕士学位 29 人、博士学位 7 人（含 3 名已毕业，本年度只申请学位的博士）。毕业本科生学位授予率 100%、毕业率 100%、年终就业率 85%、升学率 60%；研究生年终就业率 97.22%（硕士研究生年终就业率为 96.88%、博士研究生年终就业率为 100%）。

现有在职教职工 41 人，其中教学科研人员 34 人（专任教师 27 人）、专职管理人员 7 人；有教授 6 人（其中 1 人兼职）、副教授 14 人（新增 2 人）、讲师 8 人、师资博士后 4 人、博士后 2 人、青年研究员 1 人。新增教职工 5 人（专任教师 3 人，青年研究员 1 人，管理人员 1 人，转出管理人员 2 人）。有博士生导师 7 人（含 2 名兼职导师）、硕士生导师 24 人（含 4 名校外兼职导师）。

有国家极人才讲座教授 1 人，"长江学者"1 人，"新世纪百千万人才工程"国家级人选 1 人，农业农村部现代农业产业技术体系岗位科学家 2 人，江苏省"六大人才高峰"1 人，江苏省"双创团队"1 个和"双创人才"1 人，江苏高校"青蓝工程"优秀青年骨干教师培养对象 2 人；国家林业和草原局第一届草品种审定委员会副主任 1 人；中国草学会第十届理事会副理事长 1 人、常务理事 1 人、理事 2 人；中国草学会草坪专业委员会副秘书长 1 人、常务理事 1 人；中国草学会运动场场地专业委员会副主任 1 人、副秘书长 1 人。国际镁营养研究所（International Magnesium Institute）核心成员 1 人。首批"钟山学者"首席教授 1 人、"钟山学术新秀"1 人、"133 人才工程"优秀学术带头人 1 人。

学院教师全年共发表科研论文 54 篇，其中 SCI 论文 46 篇，SCI 影响因子 5 以上的论文 7 篇，平均影响因子为 3.57。发表教育教学研究论文 6 篇，学院教材编写 1 本（参编），参编英文科技专著 1 本，发明专利 1 项。以第二完成人获第三届江苏农业科技丰收奖二等奖。

学院新立项科研课题 16 项，其中国家自然科学基金项目重点项目 2 项（552 万元）、面上项目和青年项目 2 项（83 万元）、江苏省农业自主创新项目 1 项（20 万元）、林木种质资源库建设项目 1 项（40 万元）、江苏省中国博士后基金项目 2 项（16 万元）、横向项目 8 项

（91.8 万元）。新立项合同经费 802.8 万元，其中纵向 771 万元、横向 91.8 万元。2020 年度到位经费 595.98 万元（纵向 540.63 万元），人均到位经费 19.23 万元。

本科生立项主持"大学生创新创业训练计划"项目 9 项，其中国家级创新项目 1 项、国家级创业项目 1 项、省级创新项目 2 项、校级 SRT 项目 4 项、院级 SRT 项目 1 项；结题 8 项，分别是国家级 1 项、省级 1 项、校级 4 项、院级 2 项。

全年共有教师 28 人次参加国内外各类学术交流大会，其中作大会报告者 8 人次；共有研究生 18 人次参加国内外各类学术交流大会；邀请国内外相关领域专家共举办学术报告 11 场，举办研究生学术论坛报告 7 次，营造了良好的学术氛围。

教师在国内学术组织或刊物兼职 55 人次，其中 2020 年度新增 3 人次；在国际组织或刊物任职 11 人次；教师和团体获各级各类奖项 51 个，其中国家级 1 个、省级 7 个、校级 43 个。

学生获各级、各类奖项 206 人次，其中本科生和研究生共有 137 人次获得各类奖学金、1 人次获国家级表彰、6 人次获省级表彰、1 人获"2020 届本科优秀毕业论文（设计）"；学院暑期内蒙古社会实践团获"三下乡"社会实践活动校级优秀团队。

学院拥有 2 个校内实践教学基地：白马教学科研基地、牌楼教学科研基地。除已经建有的 8 个校外实践教学基地（南京农业大学句容草坪研究院、蒙草集团草业科研技术创新基地、呼伦贝尔共建草地农业生态系统试验站、日喀则饲草生产与加工基地，与湖南南山牧草共建的科研基地，与江苏省农业科学院、上海鼎瀛农业有限公司、江苏琵琶景观有限公司共同设立的实践教学基地），新增 1 个校外实践教学基地：常州市武进现代农业产业示范园。

全年共发展党员 13 人，其中本科生党员 5 人、研究生党员 8 人。全院共有教师党员 29 人、学生党员 56 人。

【校党委第六巡察组巡察学院党总支】10 月 14～27 日，校党委第六巡察组对草业学院党总支进行了巡察。巡察组召开学院领导班子见面会和动员大会，听取工作汇报，开展民主测评，进行个别谈话，召开座谈会，受理信访举报，调阅有关文件资料，并对巡察中发现的重点问题进行了深入了解。12 月 16 日，巡察组向学院党总支反馈了巡察情况。

【新增省部级平台 2 个】12 月 31 日，国家林业和草原局发布《国家林业和草原局关于批准建设荒漠生态系统保护与修复等 6 个重点实验室的通知》，学院"长江中下游草种质资源创新与利用"实验室成功入选。12 月 16 日，江苏省林业局公布了 9 个省级林木良种基地和林草种质资源库名单，其中南京农业大学教授郭振飞领导的"南京农业大学草种质资源库"获批省级林草种质资源库。

【国家自然科学基金重点项目实现零的突破】2020 年度学院获得 2 项国家自然科学基金重点项目立项，实现了零的突破。其中，郭振飞申报的国家自然科学基金重点项目获得立项；邵涛申报的国家自然科学基金区域创新联合基金重点项目获得立项。学院共获得国家自然科学基金项目、中国博士后科学基金面上项目和横向课题 12 项。

【学校与句容市后白镇人民政府签署共建南京农业大学句容草坪研究院深化合作协议】11 月 12 日，学校与句容市后白镇人民政府共建句容草坪研究院深化合作签约仪式在句容草坪研究院举行。校党委常委、副校长丁艳锋和句容市委党委、组织部部长汪丹宁，以及学校社会合作处处长陈巍、学院党总支书记李俊龙、句容草坪研究院院长杨志民等出席了签约仪式。

丁艳锋代表学校发表了讲话。陈巍与后白镇副镇长余兵在深化合作协议书上代表校地双方签字。

（撰稿：张义东　武昕宇　姚　慧　审稿：李俊龙　郭振飞　高务龙　徐　彬　审核：孙海燕）

无锡渔业学院

【概况】学院设有水产一级学科博士学位授权点和水生生物学二级学科博士学位授权点各1个，水产养殖、水生生物学硕士学位授权点各1个，专业学位渔业发展领域硕士学位授权点1个，水产博士后科研流动站1个；设有全日制水产养殖学本科专业1个，以及包括水产养殖学专升本在内的部分成人高等教育专业。在2017年教育部组织的第四轮学科评估中，水产一级学科排名全国第六位；水产养殖学专业成功入选国家级一流本科专业建设点。

学院依托中国水产科学研究院淡水渔业研究中心（以下简称淡水中心）建有农业农村部淡水渔业与种质资源利用重点实验室、农业农村部水产品质量安全环境因子风险评估实验室（无锡）等15个国家及省部级创新平台，是农业农村部淡水渔业与种质资源利用学科群及国家大宗淡水鱼和特色淡水鱼两大产业技术体系的依托单位。

学院现有教职工192人，其中教授（研究员）28人、副教授（副研究员）39人、博士生导师11人、硕士生导师44人；国家、省级有突出贡献中青年专家及享受国务院政府特殊津贴专家7人，国家"百千万人才"1人，全国农业科研杰出人才及其创新团队3个，国家现代产业技术体系首席科学家2人、岗位科学家10人，中国水产科学研究院（以下简称水科院）首席科学家4人。新选拔任用2名淡水中心暨学院领导班子成员，新引进人才6人，其中博士3人。实施"优青"人才培育计划，加强领军人才、拔尖人才培养，徐钢春当选"无锡市十大创新争先科技人物"，徐东坡荣获"无锡市五一劳动奖章"并入选无锡市有突出贡献中青年专家，任鸣春入选水科院中青年拔尖人才，宋超等6名青年教师入选水科院"百名科技英才培育计划"。

招收全日制本科生44人、硕士研究生70人、博士研究生8人。截至2020年底，学院共有在读全日制学生314人，其中本科生106人、硕士研究生156人、博士研究生29人、留学生23人。毕业学生94人，其中本科生18人、硕士研究生70人（含留学生19人）、博士研究生6人。本科生中，9人被评为校级优秀毕业生，1人获国家奖学金，2人获大北农奖学金，2人获无锡市优秀学生干部；有2篇学位论文分别获校级特等奖和一等奖，其中1篇获学校推荐江苏省优秀毕业论文资格。研究生中，11人获评校级优秀毕业生，3人获国家奖学金，1人获金善宝奖学金，1人获陈光裕奖学金，3人获大北农奖学金；3人被评为校级优秀研究生干部；1名博士研究生获"'瑞华杯'南京农业大学最具影响力学生"提名奖；1名博士研究生、3名硕士研究生的毕业论文获评南京农业大学优秀学位论文。

坚持以立德树人为己任，把党建和思想政治工作摆在发展的突出位置，深化"三全育人"改革。强化党建引领，学院党委书记、院长践行"三个带头"。加强课程思政建设，渔业政策与管理、水产动物病害与防治2门研究生课程获校级研究生"课程思政"示范课程建设项目立项。深挖思政教育内涵，打造思政育人"多维化"模式，发挥美育作用，将高雅艺术"云端"引入校园；开拓"德育讲堂"，以文化人，坚定文化自信；将红色教育作为思政课堂重要部分，强化理想信念教育。

学院已经建立了全产业链的校内外教学实践基地 18 个。其中，扬中基地入选国家现代农业科技示范展示基地，云南省红河哈尼族彝族自治州设立专家工作站，与江苏省泗洪现代渔业产业园、张家港市农业农村局、江苏好润生物产业集团、江西省南昌市农业科学院、山东省东阿县政府签订了战略合作协议，与四川省内江市农业科学院、江苏邵伯湖生态农业公司、河南永泽环境科技公司签订了科技合作协议，与苏州毛氏水产公司共建阳澄湖淡水虾种质创新基地。

学院新上项目 174 项，其中国家级 17 项、省部级 64 项，新上项目合同经费 6 813 万元、到位经费 4 603 万元。在研项目成果不断突破：一是解析反义 RNA 技术在鱼类基因编辑中组装与敲除的机制，创建了高效 RNA 功能阻抑技术；二是率先突破青虾活体标记、亲子鉴定、高通量性状测定、无损伤遗传评估等关键核心技术，建立了适合青虾的家系选育技术；三是阐明池塘尾水形成过程与机制，构建了功能微生物-蔬菜-中草药耦合、蔬菜-中草药轮作等多种原位生态修复技术和"两坝三区"循环水处理系统；四是阐明了生物营养级转化、人工替代生境建设等净水渔业技术对湖泊生物多样性的生态效应及其作用机制，构建了集资源增殖、区域分级养护等多生态功能于一体的湖泊渔业资源养护模式；五是创建福瑞鲤苗种早繁及大规格鱼种配套培育技术，健全了高海拔梯田冬闲田蓄水生态养殖福瑞鲤增效技术，以产业发展助推精准脱贫和乡村振兴。先后获科技奖励 10 项，发表学术论文 231 篇，其中 SCI 或 EI 收录 97 篇；出版专著 1 部；获软件著作权 5 项；制修订标准 4 项；转让专利 6 项。

以人才培养助力地方渔业经济建设，先后举办 3 期江苏省基层农技推广体系改革与建设项目农技推广人才培训班，培训学员 163 人。积极服务国家外交大局，在 FAO 参考中心平台上助力全球减贫减饥事业，先后圆满完成"'一带一路'水产养殖绿色可持续发展研讨班"、由 FAO 主办的"中亚国家鲤科鱼类养殖技术培训班"任务，共有来自 20 多个国家的 170 多名渔业官员及学者参加线上培训。持续推进国际交流与合作，争取到澜湄基金"澜湄国家水生生物资源养护研修"、中国-FAO-荷兰三方合作项目、2020 级留学生学历教育等 9 项重要国合项目。

自新冠肺炎疫情发生以来，学院认真贯彻落实习近平总书记重要指示精神及学校、水科院、无锡市等部署要求，第一时间启动应急响应机制，成立疫情防控领导小组，研究制订疫情防控工作方案并扎实推进落实。配齐测温仪、口罩、消毒剂等防疫物资，并先后采取封闭式管理、专人值班值守、身体健康情况日报等必要措施严防死守。同时，积极开展防疫知识宣教，做好基地公共区域、公用设施器具，以及科研实验室、生产车间和食堂、宿舍等场所的防疫消杀，加强废弃口罩等有害垃圾和生活垃圾污物的分类管理。保障疫情背景下学院各项工作的有效开展。

【"哈尼梯田"稻渔综合种养模式核心示范点通过验收】11 月 24 日，国家大宗淡水鱼产业技术体系研发中心组织专家对昆明综合试验站承担的体系元阳核心示范点"哈尼梯田稻渔综合种养模式"建设任务完成情况进行验收。该核心示范点创建了 1 200 亩的哈尼梯田稻渔综合种养模式核心示范点，辐射带动了 1.58 万亩，带动建档立卡户 10 950 户，示范区亩产值 10 174 元，辐射带动区亩产值达 8 095 元。

【"蓝色粮仓"重点专项"典型湖泊水域净水渔业模式示范"项目启动】1 月 15 日，启动会在浙江省淳安县以"线上＋线下"的形式举行。"典型湖泊水域净水渔业模式示范"项目于

2020年获批，项目执行周期为2020年10～12月。项目下设5个课题，集中了来自中国水产科学研究院淡水渔业研究中心、中国科学院水生生物研究所、中国科学院南京地理与湖泊研究所、中国水产科学研究院渔业机械仪器研究所、中国水产科学研究院黑龙江水产研究所、上海海洋大学、江苏省太湖渔业管理委员会、千发集团等共10家科研单位、大学、机构和企业的科技力量参与研究。

【橄榄蛏蚌全人工繁育关键技术首获突破】橄榄蛏蚌是中国特有淡水经济贝类。鉴于中国橄榄蛏蚌自然资源衰退状况及其重要的经济价值，由学院院长徐跑牵头组织，多部门开展联合技术攻关，通过3年多的不懈努力，破解了橄榄蛏蚌人工繁养系列关键技术瓶颈，突破了橄榄蛏蚌的全人工繁育关键技术。

【学院被确定为农业农村部饲料和饲料添加剂有效性和耐受性评价试验机构】农业农村部发布第279号公告，公布25家有能力承担饲料和饲料添加剂有效性和耐受性评价试验机构以及9家毒理学评价试验机构。学院被确定为饲料和饲料添加剂有效性和耐受性评价试验机构，研究员谢骏被确定为饲料和饲料添加剂有效性和耐受性评价试验机构报告签发人。

【多项成果荣获第五届中国水产学会范蠡科学技术奖】2020年中国水产学会范蠡学术大会在四川省成都市举办。由学院院长徐跑主持完成的"稻渔生态种养关键技术创新与应用"获科技进步奖一等奖，渔业环境保护研究室主任陈家长主持完成的"淡水池塘养殖尾水达标排放的关键生态技术与应用"获科技进步奖二等奖，学院党委书记戈贤平主持编著的《大宗淡水鱼高效养殖百问百答》获科普作品奖。此外，病害与饲料营养研究室助理研究员林艳在2020年中国水产学会青年学术年会作的口头报告"大黄提取物对跑道池养殖模式下团头鲂肌肉品质的影响"获评优秀报告奖。

（撰稿：张　霖　审稿：蒋高中　敬小军　审核：孙海燕）

生物与环境学部

资源与环境科学学院

【概况】学院现有教职工206人，其中正高级职称65人、副高级职称57人。拥有首届全国创新争先奖和中华农业英才奖获得者、国家特聘专家、国家杰出青年科学基金获得者、国家"万人计划"领军人才、国家教学名师、国务院学位委员会学科（农业资源与环境）评议组召集人等。拥有国家级教学团队2个、教育部科技创新发展团队1个、农业农村部和江苏省科研创新团队4个、江苏省高校优秀学科梯队1个。

党建思政工作方面。思政教育课程扎实推进，土壤学等5门专业课的思政教改项目获得校级立项；"篮球赛里'打'出的师生共同体""土壤日：7位教授共上生态文明公开课"等活动被全国高校思想政治工作网作为典型经验进行宣传。第一课堂与第二课堂深度融合，师生之间的"黏合度"越来越强、感情越来越深；"学生节"期间，学生主动发起了"我最喜爱的老师及课程"评选活动，并为老师们精心策划了颁奖"典礼"。

学科、平台和人才队伍建设方面。农业资源与环境一级学科顺利通过国家"双一流"学科建设 2016—2020 年周期总结。本学科获得江苏省优势学科配套"双一流"学科建设项目资助，到账经费 500 万元。国家有机（类）肥料工程技术中心及各类省部级重点实验室建设进展顺利。江苏省有机固体废弃物资源化协同创新中心顺利通过验收，江苏省固体有机废弃物资源化高技术研究重点实验室在江苏省重点实验室评估中获评"优秀"。

科学研究与社会服务方面。到位纵向经费 7 452.3 万余元。获批国家自然科学基金项目 29 项，其中，1 项为国家自然科学基金重大项目、1 项为国家自然科学基金联合重点基金项目、16 项为面上项目、11 项为青年项目。资助金额 3 240 万元，资助率为 36%。新增授权专利 34 项，其中实用新型专利 3 项、发明专利 30 项、外观设计专利 1 项。学院横向到账经费 852.5 万元，其中，6 项专利获得转让开发，转让合同金额达 519 万元。

国际交流与合作方面。学院参与举办 GCHERA 世界农业奖颁奖典礼暨"农业绿色可持续发展论坛"，同时举办有机资源循环利用大会暨全国第十五届堆肥技术与工程研讨会、中国有机（类）肥料产业技术创新战略联盟推进会暨第七届中国有机（类）肥料大会（筹备会）等全国学术会议。在线下交流的同时，通过 LorMe 云讲坛等渠道，学院教师、学生日常国内国际线上交流常态化，学术氛围浓厚。

教学质量管理方面。学院强调人才培养在学院的基础和重要地位。拓展协同育人模式，推进专业办学水平。探索书院制育人模式，组建"金善宝书院生命科学实验班"，建设校级实践教学基地 1 个，推进农业资源与环境国家一流专业建设，并申报生态学国家一流专业建设点。创新教书育人模式，推进教育教学研究与改革。举办学院本科教学与育人研讨会和教师教学比赛，2 项微课作品获江苏省微课教学比赛三等奖，2 项信息化教学作品分获"领航杯"江苏省大学生信息技术应用能力比赛二等奖和三等奖，1 门研究生课程获评为江苏高校外国留学生英文授课省级精品课程，3 门研究生课程获评为校优秀研究生课程，4 门研究生课程获得学校国际研究生英文授课课程建设立项。强化实践技能训练，提升学生创新创业能力。通过举办江苏省研究生"农业资源与环境生物学"暑期学校提升研究生创新能力；本科生以第一作者发表核心期刊论文 3 篇，获江苏省优秀本科论文 1 篇、优秀博士学位论文 2 篇、优秀硕士学位论文 1 篇，获江苏省博士研究生科研创新计划 7 项、硕士研究生科研创新计划 2 项。开展国内外交流合作，促进人才培养国际化。完善密歇根学院环境工程专业合作办学培养方案及招生细则，共选派 28 名本科生参加美国大学的线下寒假访学交流项目或线上创新创业领导力项目。

学生教育方面。学院学生工作以"立德树人"为根本任务，按照"文明素养、家国情怀、国际视野、责任担当、专业技能"的人才培养方向开展工作，取得了显著成效。本科生升学率、出国率为 60.10%。"师生共同体"文化建设初见成效。开展"世界土壤日"生态文明思政公开课、邀请国家教学名师沈其荣教授团队开展"篮球场上的入学教育"活动、组织"我最喜爱的老师及课程"评选，这 3 项活动均获得"全国高校思政工作网"典型经验专栏报道。举办学校首届生态环境类科技作品竞赛决赛，提升学生科技水平；1 支团队获江苏省"挑战杯"创业计划竞赛金奖，1 个班级获"江苏省先进班集体"称号。

【党建思政和立德树人工作新突破】 学院党委获学校首批"党建工作标杆院系"（全校共 2 个），教授沈其荣获江苏省"十佳研究生导师"称号，教授赵方杰、徐阳春获学校"优秀研究生导师"称号。

【科研实力创新高】农业资源与环境学科在"软科中国最好学科排名"榜单连续 4 年保持全国第一位。生态学在"软科世界一流学科排名"榜单列全国第 11 位；环境学在"QS 世界大学学科排名"榜单列全球前 250 位。在土传病害防控的土壤微生物区系构建理论、作物养分资源高效的分子遗传机制、土壤碳氮过程及其对气候变化因子的响应与反馈等方面取得新进展，在 *Nature Microbiology*、*Nature Geoscience*、*PNAS*、*ISME*、*GCB* 等期刊上发表一系列论文。教授沈其荣团队"土壤生物复合污染过程与调控"获国家自然科学基金重大项目资助，立项经费 1 800 万元。全年发表 SCI 论文 200 余篇，据不完全统计，其中影响因子（5 年影响因子）大于 9 的论文 20 篇，影响因子大于 5 的论文 120 余篇。

【师资梯队新格局】学院师资学缘、年龄结构和国际化程度进一步优化和提高。沈其荣、潘根兴、赵方杰、徐国华 4 名教授入选科睿唯安全球"高被引科学家"。沈其荣荣获"第十三届光华工程科技奖"，高彦征入选江苏省特聘教授；邹建文当选中国土壤学会副理事长、国务院学位委员会学科评议组成员/秘书长；李荣、于振中入选国家"四青"人才，刘树伟入选江苏省"杰青"人才计划，叶成龙入选 2020 年度博士后创新人才支持计划。

【教学团队新成就】根据《教育部关于公布首批国家级一流本科课程认定结果的通知》，学院共有 4 门课程获得认定，其中线上一流课程 2 门、线下一流课程 1 门、虚拟仿真实验教学一流课程 1 门。"农科院校环境工程传统工科专业的改造升级探索与实践"获教育部第二批新工科研究与实践项目立项。

【人才培养新成绩】2 支队伍入选全国大学生"生物多样性暑期社会实践重点团队"。学院获全国"'大学生在行动'暑期社会实践优秀组织单位"和江苏省大学生"'千乡万村'环保科普行最佳组织单位"（江苏省唯一）。2 名学生荣获学校"最具影响力学生"称号。

【南京农业大学生态环境行业校友会成立】10 月 18 日，南京农业大学生态环境行业校友会成立。

（撰稿：巢　玲　审稿：全思懋　审核：孙海燕）

生命科学学院

【概况】学院下设生物化学与分子生物学系、微生物学系、植物学系、植物生物学系、动物生物学系、生命科学实验中心。植物学和微生物学为农业农村部重点学科，生物学一级学科是江苏省优势学科和"双一流"建设学科的组成学科。学院现拥有国家级农业生物学虚拟仿真实验教学中心、农业农村部农业环境微生物重点实验室、江苏省农业环境微生物修复与利用工程技术研究中心、江苏省杂草防治工程技术研究中心等教学和科研平台。现有生物学一级学科博士、硕士学位授权点，包含植物学、微生物学、生物化学与分子生物学、动物学、细胞生物学、发育生物学和生物工程 7 个二级学科点。拥有国家理科基础科学研究与教学人才培养基地（生物学专业点）和国家生命科学与技术人才培养基地、生物科学（国家特色专业、国家一流专业）和生物技术（国家一流专业），共 4 个本科专业。

现有教职工 129 人，专任教师 97 人，其中教授 46 人、副教授 42 人。新入职教师 4 人，其中高层次人才 3 人。学院 4 人晋升高一级职称；进站博士后 2 人，生物学博士后流动站获评优秀等级；学院以"双一流"学科建设资源配置为抓手，科学配置资源，培育重要成果。

学院共发表 SCI 论文 130 余篇，影响因子大于等于 5 的论文 30 篇，在 *Microbiome*、*The Plant Cell* 等发表论文 7 篇。

招收博士研究生 37 人、硕士研究生 155 人，其中留学生 4 人；招收本科生 170 人；毕业本科生 166 人、研究生 162 人。毕业生年终就业率为 92.08％。

科研经费 2 434 万元，其中纵向经费 2 065 万元。获国家自然科学基金资助 14 项，其中青年基金 5 项，直接经费 120 万元；面上项目 9 项，直接经费 517 万元。新增江苏省自然科学基金 6 项。获得授权专利 23 项，与多家企业与研究所签订合作协议，推动科技成果转化。成功主办第一届土壤与环境微生物学学术研讨会，围绕"环境微生物学与土壤健康"主题，邀请行业专家、学者进行学术交流与研讨。与中国科学院天津工业生物技术研究所签署协议，为生物技术专业人才科教结合协同培养、生物技术领域科研合作开辟新平台。

推进专业和优质课程资源建设。生物技术专业获批国家级一流本科专业；4 门课程被认定为国家级一流本科课程；2 部教材获江苏省高等学校重点教材立项建设，同时《植物学》（第 2 版）被评为全国农业教育"优秀教材奖"；出版省级教材和数字教材 2 部。依据"厚基础、强实践、能交叉、善创新"的培养理念，系统设计拔尖创新型本科人才的培养模式，获校级教学成果特等奖。

深化国际合作与交流。与新加坡国立大学和日本奈良大学正式签署人才培养合作协议；组织选拔 35 名优秀本科生赴美国加利福尼亚大学戴维斯分校、比利时根特大学、新加坡国立大学等著名大学交流访学；研究生出国进行国际学术交流 4 人，CSC 公派联合培养博士生 1 人，1 人获合作方资助前往瑞士进行合作培养；选派青年教师、学术带头人等 20 多人次赴国外高水平大学、机构访学交流。

学院加强论文质量控制，硕士学位论文盲审比例提高至 50％以上。研究生以第一作者发表 2 篇影响因子大于 9 的 SCI 论文，江苏省研究生创新工程项目 5 项，校级优秀博士学位论文 3 篇、优秀硕士学位论文 5 篇、优秀专业硕士学位论文 1 篇。江苏省研究生教育教学研究与实践课题结题 2 项，RNA Research Methodologies、生物化学与分子生物学专题获批国际研究生英文授课课程建设项目，现代植物生理学（全英文）入选江苏省优秀课程和高校省级外国留学生英文授课培育课程，现代生物化学课程获得研究生课程思政示范课程建设项目立项。细胞生物学（全英文）、现代植物生理学（全英文）获评校级优秀研究生课程，梁永恒、赵明文教授获评校级优秀研究生教师。

依托"生命科学节"，开展科技活动 20 余次。组建包括 4 个专业在内的 iGEM 国际基因工程机械设计大赛团队、全国生物知识竞赛团队 4 支、全国生物创新创业竞赛团队 2 支。iGEM 团队获国际基因工程机械设计大赛银奖。

组建 20 支实践团队。生物技术 192 班周家葆创作原创歌曲《敬畏》，点击量过万。组织 100 余名师生开展抗疫志愿服务工作。本科生邵玛珂获校"青年战疫先锋"和江苏省"抗疫先进个人"荣誉；"守护田心，除草有稻"项目获江苏省青年志愿服务项目大赛一等奖、第五届全国青年志愿服务项目大赛铜奖。1 人获评"瑞华杯"南京农业大学最具影响力人物科研之星，1 人获提名奖。

广东录取分数线再创新高，广西录取 5 名高分考生，江苏淮安地区录取人数稳定；继续获得招生宣传先进单位。学院年终就业率 92％，研究生就业率 97％（全校第四位），本科生深造率 64％（全校第三位）；未摘帽贫困县生源百分百就业；湖北籍生源百分百就业。新增创业案例 1 项。

开展党团员队伍建设。培训学员近 700 人，进行"经典共读，红色引航"读书计划，组织线下专家讲座 3 次，新媒体推送新知识、新理论 15 次，组织线下实践活动 8 期。

开展班级特色活动立项 14 项，生命基地 172 班获"江苏省先进班集体"，生命基地 182 团支部荣获校第九批"杰出先锋支部"。学院获评校"五四红旗团委"。

院工会获评学校工会先进集体。

【高水平人才梯队建设】教授张水军获国家自然科学基金优秀青年基金；教授腊红桂获聘江苏高校"青蓝工程"学科带头人；陈铭佳获评江苏高校"青蓝工程"优秀骨干。

（撰稿：赵　静　审稿：李阿特　审核：孙海燕）

理学院

【概况】学院现设数学系、物理系、化学系、物理教学实验中心、化学教学实验中心，两中心均为江苏省基础课实验教学示范中心。学院现有信息与计算科学、应用化学、统计学 3 个本科专业；数学、化学 2 个一级学科硕士学位授权点，生物物理、材料与化工 2 个二级学科硕士学位授权点；天然产物化学和生物物理学 2 个博士学位授权点。学院下设 6 个基础研究与技术平台，分别为农药学实验室、理化分析中心、农产品安全检测中心、农药创制中心、应用化学研究所和同位素科学研究平台。农药学实验室（与植物保护学院共建）为江苏省高校重点实验室，化学学科为江苏省重点（培育）学科。

学院现有教职工 128 人，专职教师 110 人，其中教授 19 人、兼职教授 7 人（聘自国内外著名大学）、副教授 55 人。具有博士学位的教师 79 人，学历层次、职称结构及年龄结构较为合理。在校生共 731 人，其中本科生 580 人、研究生 151 人。学院现有各类实验室 4 000 多平方米，万元以上仪器设备百余套，总价值数千万元。另设有专业资料室、计算机房等。

学院招收本科生 149 人、硕士研究生 51 人、博士研究生 9 人。共有本科毕业生 150 人，毕业生年终就业率为 89.5%。其中，研究生年终总就业率为 96.15%（博士研究生就业率 100%、硕士研究生就业率 97.44%），本科生年终就业率为 86.49%。本科毕业生 90 人升学（含出国读研 16 人），升学率为 60.81%，较 2019 年提升了 16.18%，其中出国率为 10.81%、考研升学率为 39.19%。

学院科研经费到账 394 万元，新增国家自然科学基金项目 6 个、江苏省自然科学基金项目 2 个，发表 SCI 收录论文 104 篇，首次突破百篇。其中影响因子大于 5 的论文 26 篇，影响因子大于 10 的论文 4 篇。

学院邀请国家杰出青年科学基金获得者杨光富教授等 10 余位海内外知名学者作学术报告，并组织学生参与 JSM 美国统计年会、美国加州州立理工大学线上创新创业项目等国际性学术会议，提供国际交流平台。

学院共新招聘教师 4 人，包括高层次引进人才 2 人。新增学术型硕士生导师 5 人、博士生导师 4 人。

教授杨红、章维华主编的农业农村部"十三五"规划教材《有机化学》第四版，教授杨宏伟主编的农业农村部"十三五"规划教材《物理学》第四版入选全国农业教育优秀教材资助项目；教授张良云主编的农业农村部"十三五"规划教材《高等数学》第四版修订并出版。

张明智获第四届赵善欢奖学奖教基金优秀青年奖。吴威获校级教学比赛（教学创新组）二等奖。陶亚奇获校级教师教学比赛（教学创新组）优秀奖。杨红获"就业工作先进个人"称号。陈荣顺获"优秀班主任"称号。周玲玉获"优秀政治主官"称号。杨丽姣获"优秀组织员"称号。张明智、李歆获"招生工作先进个人"称号。张曙光获 2020 年度学习强国"先进个人"称号。数学教师支部获 2020 年度学习强国"先进单位"称号。在学生自主提名、投票的"最具魅力耕耘人"活动中，教师陈朝霞、周小燕、骈聪获得"最具魅力耕耘人"称号。

按照学校疫情防控要求，进行战"疫"教育与管理工作。学院展开了多种形式的网络学习渠道，引导师生开展有序的网络教学与学习活动。授课教师充分利用学校教务平台、QQ、微信、钉钉、腾讯会议等平台开展线上教学及辅导，指导学生开展线上学习。学院组织"绽放战疫青春，坚定制度自信"线上大讨论、微信公众号设置"战疫有理"专栏，分享学院李沛锴、胡月清等志愿者的抗疫先进事迹；教职工党支部、学生党支部线上接龙朗诵抗疫诗篇，致敬战疫英雄。依托小雨滴团队录制"雨滴云讲解""雨滴微团课"精品系列课程；创建网站，上传红色基地调研成果；紧贴青年，服务青年，以"说、研、访、演"四步开启沉浸式"四史"学习，打造行走的思政课堂，传播信仰力量。

全年召开党政联席会议 13 次、党组织委员会议 16 次。党委中心组、各支部全年共开展专题学习 60 余场次、现场实践学习 10 余场，党员参与率超 90%。做好"四史"主题学习，用好、用活红色资源，组织红色寻访活动 3 场，党建班联合"小雨滴"志愿服务队拍摄视频《青春走进雨花台》获南京市"石城里的红"作品征集一等奖。培育"红色菁英"，数理研究生党支部与雨花台烈士纪念馆结对共建红色党支部——恽代英党支部；并且以党建带团建，设立"吴振鹏团支部"，红色文化支撑理论学习。发展本科生党员 30 人、研究生党员 4 人。

学院有 3 名研究生获校长奖学金，2 名硕士研究生、1 名博士研究生获国家奖学金，王泽铭获评"瑞华杯"最具影响力研究生文体之星，戴朋荣获"瑞华杯"最具影响力研究生科研之星提名奖。2020 年获得江苏省博士研究生创新创业项目 1 项，校级优秀硕士学位论文 2 篇，优秀毕业生 10 人。数学系研究生张宇欣创办新一代以青年精神和中华传统文化传承为特色的综合性文化传播服务商——欣家文旅，获得多项地市级奖项，引领学院学生创业热潮。

指导学生参加各类竞赛。江欣然、刘红岩、李艺星获国际基因工程机械设计大赛银奖。在美国大学生数学建模比赛中，李嘉巍、王艳萍获二等奖。陶妍洁、陈晓诺、陆雨楠获三等奖。彭柳叶、黄小溪获 2020 年度全国大学生语言文字能力竞技活动初赛优秀奖。王莹、程天晓获 2020 年全国大学生计算机技能应用大赛二等奖。李嘉巍获第十届"MathorCup"高校数学建模挑战赛二等奖。陈祎阳获 2020 年"数维杯"全国大学生数学建模竞赛本科组优秀奖。"高教社杯"全国大学生数学建模竞赛中，袁思奕、刘佳妮获一等奖。俞雪纯、夏语心分别获二等奖。余博远、马文慧、税尧获三等奖。阙家敏、黄小溪、黄丹朱获优秀奖。左思获全国大学生组织管理能力大赛一等奖。许诗瑶获全国高等院校数学能力挑战赛一等奖。在第十二届全国高校大学生数学竞赛分区赛（江苏省）中，周铋洛、徐睿远获一等奖，李嘉巍、李海龙获二等奖，胡一诺、赵一凡、王征远、杨翼飞、周呈楷、彭伟获三等奖。黄彦祚荣获第十三届"认证杯"数学中国数学建模网络挑战赛一等奖及第八届"泰迪杯"全国大学生数据挖掘竞赛三等奖。夏心语获第十七届五一数学建模竞赛二等奖及第四届全国高校商务英语知识竞赛三等奖。杨艺华、黄聪获江苏省高等学校第十七届高等数学竞赛三等奖。樊洋获南京红色文化志愿者联盟"石城里的红"红色文化作品征集评选活动一等奖。

【学术成就】 5 月 8 日，国际著名学术期刊 *Angewante Chemie*（2020 年影响因子为 12.9）发表了关于 1,3 -偶极子环加成反应双关过渡态的最新研究成果（*Huisgen's 1,3 - Dipolar Cycloadditions to Fulvenes Proceed via Ambimodal* [6+4]/[4+2] *Transition States*）。该论文第一通讯单位为南京农业大学，第一作者为教授刘芳。这是首次以理学院为第一作者单位和第一通讯单位在化学领域顶级期刊 *Angew. Chem. Int. Ed.* 发表研究论文。

【学生工作】 12 月，学院与雨花台烈士陵园管理局成功共建"红旗党支部"，从"德、能、勤、律"四级考评发展党员，"访、学、研、思"四步培养党员，为党输送优质人才。

（撰稿：顾　平　审稿：程正芳　审核：孙海燕）

食品与工程学部

食品科技学院

【概况】 学院设有食品科学与工程系、生物工程系、食品质量与安全系。拥有国家工程技术研究中心及其他部省级教学科研平台 9 个，是国家一级学会"中国畜产品加工学会"挂靠单位。有食品科学与工程、生物工程、食品质量与安全 3 个本科专业，拥有食品科学与工程一级学科博士学位授予权、博士后流动站、国家重点（培育）学科、江苏省一级学科重点学科、江苏省优势学科、一级学科博士学位授权点、一级学科硕士学位授权点及专业学位授权点。食品科学与工程专业为国家特色专业，首批国家级一流本科专业建设点，入选国家"卓越农林人才教育培训计划"，通过美国食品工程院（IFT）国际认证和中国工程教育认证；生物工程专业、食品质量与安全专业为江苏省特色专业，食品质量与安全专业入选国家一流专业。学科在第四轮全国学科评估中被评为 A 类（A－），为学校"农业科学"学科进入全球前 1‰作出重要贡献。

学院现有教职工 120 人，专任教师 73 人，其中教授 32 人、副教授 27 人；高级职称教师占 80.82%，具有博士学位教师占 95.89%。其中，国家级人才计划入选者 4 人，中组部特聘教授 1 人，1 人入选国际食品科学院院士、IFT 院士（Fellow）并担任国际标准化组织委员会主席，有 4 人担任国际权威学术期刊主编及副主编，肉品加工与质量控制创新团队被评为农业农村部优秀创新团队。学院新增专任教师 2 人（含引进人才 1 人），钟山青年研究员 1 人。新增教授 1 人、副教授 3 人、博士生导师 1 人、硕士生导师 3 人。1 人获江苏省自然科学基金（杰出青年基金），2 人入选江苏省"双创计划"双创博士，1 人获江苏本科高校青年教师教学竞赛二等奖，1 人获首届江苏省茶叶学会优秀茶叶科技工作者，3 人入选镇江市"金山英才"现代农业领军人才，6 位教师分获学校师德标兵、优秀教师、优秀研究生导师及超大奖教金。

学院以"双认证"为抓手，专业建设取得显著成效。按照"学生中心、产出导向、持续改进"的教育理念，深入推进教育教学改革，建设与国际接轨的一流食品专业。南京农业大学获得教育部"新工科"项目1项、教育部一流课程2门、江苏高校外国留学生英文精品课程1门；获全国农业教育优秀教材2本、江苏省重点教材2本；食品科学与工程专业获批江苏省品牌专业；获校级教学成果奖特等奖1项；获年度校级教学管理先进单位和优秀实验教学中心。承担江苏省普通高校研究生科研创新计划3项、专业学位研究生科研实践计划1项。完成"食品科学与工程"博士后科研流动站评估工作，获"良好"等级。1本研究生教材获全国农业专业学位教学指导委员会立项，1门课程获校级优秀研究生课程，2门课程获批校级研究生"课程思政"示范课程立项，2门课程获校国际研究生英文授课课程建设立项。新增江苏省研究生工作站2个。

2020年度招收博士研究生41人（含留学生4人）、全日制硕士研究生164人（含留学生2人），招收食品科学与工程类专业本科生194人。授予博士学位33人（含留学生5人），授予工学硕士学位76人（含留学生3人），授予农业硕士学位31人，授予工程硕士学位44人，授予学士学位176人。成功举办第四届江苏省大学生食品科技创新创业大赛，共收到来自全省23家单位的66件作品，学院2支团队获奖。举办江苏省研究生"食品营养与健康"学术创新论坛，吸引江南大学、大连理工大学、华南理工大学等全国多所高校参与，多平台地提升本科生、研究生科研水平，极大地激发了学生的创新创业热情。

学院先后有1人荣获2020年"瑞华杯"最具影响力人物称号，4人获评研究生校长奖学金，1人获江苏省三好学生称号，1人获江苏省优秀学生干部称号。荣获第三届江苏省大学生食品科技创新创业领域组一等奖，其他省级以上奖励50余项。获校级优秀博士学位论文2篇、校级优秀硕士学位论文7篇，3人获得江苏省科研创新计划项目，1人获得江苏省科研实践计划项目。学院获学校2020年度考核"优秀单位"、教学管理先进单位、学生工作先进单位、招生工作先进单位、社会服务先进单位。

学院新增纵向科研项目41项、横向技术合作（服务）项目46项，到位经费累计2 874万元。在国内外学术期刊上发表论文300余篇，SCI收录261篇（影响因子大于等于5的68篇；影响因子大于等于10的6篇），授权专利19项。教授Josef Voglmeir获江苏省国际科学技术合作奖，教授章建浩主持的"传统蛋制品纳米涂膜保鲜-品质控制关键技术装备研发及应用示范"成果获教育部高等学校科学研究优秀成果奖（科学技术）技术发明奖二等奖、中国食品科学技术学会技术发明奖二等奖，以第二单位获得湖南省自然科学奖一等奖1项、江苏省科技进步奖三等奖1项、宁波市科技进步奖三等奖1项。江苏省肉类生产与加工质量安全控制协同创新中心评估获A等，农业农村部肉品加工重点实验室评估获优秀，农业农村部生鲜猪肉集成科研基地建成并投入使用。"中国畜产品加工研究会科学技术奖"成功备案，"南京农业大学全谷物食品工程研究中心"获批成立。组织召开了国际标准化组织食品技术委员会肉禽鱼蛋及其制品分委会第二十四届年会（网络会议），来自中国、美国、俄罗斯等17个成员国家80余名代表参加。会议同意了8项标准经修改完善后推进至国际标准草案（DIS）投票阶段；讨论了6项中国代表提出的国际标准新项目提案，并通过了会议决议。组织召开第十八届中国肉类科技大会，吸引了全国行业600余名代表参会，作学术、行业报告逾50个。成功举办中国首届细胞培养肉高峰论坛，承办江苏省食品科学与技术学会年会暨江苏高校食品院长高峰论坛。扎实推进定点扶贫"南农麻江10＋10行动计划"落实，不断探索优化"党支部＋对口帮扶单位＋合作社＋企业＋农户"机制；募集资金25万元在兰山村援建蕨菜加工厂，日产能从 0.3 吨提高到 5 吨，显著提升了加工效率和产品品质；以全套肉鸡屠宰加工技术扶持贵州省麻江县建成首个肉鸡定点屠宰厂并已顺利投产，日产能达 1 万只，实现了当地传统养殖业向加工产业的延伸，其间技术培训 600 余人次。学院获学校科技管理成果转化贡献奖、社会服务先进单位。

学院坚持以习近平新时代中国特色社会主义思想为指导，增强"四个意识"、坚定"四个自信"、落实"两个维护"，加强政治理论学习，切实提高师生党员理论素养。累计开展专题学习会、心得交流会 60 场，开展主题党日活动 20 余次。全年累计发展学生党员 55 人，其中博士研究生 6 人，考察期间累计开展谈话超 250 人次。学院获评学生工作先进单位、就业工作先进单位。学院 3 人荣获校优秀教育管理工作者，2 人荣获优秀辅导员。

【高水平论文首次突破，科研成果进一步凸显】发表 SCI 论文 261 篇，位列全校第一位，同比增长 19.72%，其中 6 篇影响因子大于等于 10；首次在 *Nature Communication* 杂志发表文章；成功举办我国首次细胞培养肉试吃仪式；江苏省肉类生产与加工质量安全控制协同创新中心评估获 A 等，农业农村部肉品加工重点实验室评估获优秀，农业农村部生鲜猪肉集成科研基地建成并投入使用，校级全谷物食品工程研究中心获批。

【食品质量与安全专业入选国家级一流专业建设点】教育部发布《教育部办公厅关于公布 2020 年度国家级和省级一流本科专业建设点名单的通知》，南京农业大学食品质量与安全专业获批国家级一流专业建设点。

【主办"第五届江苏省科学技术协会青年会员创新创业大赛食品科学决赛暨第四届江苏省大学生食品科技创新创业大赛"】11 月 7 日，成功举办第五届江苏省科学技术协会青年会员创新创业大赛食品科学决赛暨第四届江苏省大学生食品科技创新创业大赛。此次大赛共收到来自江南大学、南京农业大学、南京师范大学、江苏大学、中国药科大学、南京财经大学等 23 家单位的 66 件参赛作品。学院获第五届江苏省科学技术协会青年会员创新创业大赛"优秀组织单位称号"。

【成立南京农业大学食品行业校友会理事会】11 月 29 日，学院召开食品行业校友会成立大会，成立第一届食品行业校友会理事会，200 余名校友及教师代表参会。为支持食品科技学院建设发展，国家肉品质量安全控制工程技术研究中心师生团队、酶工程研究室师生团队、87 级校友、99 级校友及 7 家企业进行了捐赠，共筹集教育基金 150 余万元。

（撰稿：李晓晖　钱　金　刘　燕　陈宏强　邵春妍　李　琴
审稿：孙　健　审核：孙海燕）

工学院

【概况】7 月，学校将农业工程学科、机械工程学科及相关专业合并组成新的工学院。下设农业工程系、机械工程系、材料工程系、电气工程系、交通与车辆工程系 5 个系。设有农业工程教学实验中心（省级）、机械工程教学实验中心（省级）、农业电气化与自动化教学实验中心（省级）教学平台。拥有农业农村部农村能源研究室、农业农村部农业工程研究室、江苏省智能化农业装备重点实验室、江苏省现代设施农业技术与装备工程实验室等省部级平台。学院是江苏省拖拉机产业技术创新联盟牵头单位。

设有农业工程博士后流动站及农业工程一级学科博士学位授权点、机械工程一级学科硕士学位授权点，拥有农业机械化工程、农业生物环境与能源工程、农业电气化与自动化 3 个二级学科博士学位授权点及硕士学位授权点，拥有车辆工程、机械设计及理论、机械制造及其自动化、机械电子工程硕士学位授权点，设有机械工程硕士、电子信息类专业学位硕士授权领域。农业工程为江苏省优势学科，机械工程为江苏省重点学科培育点。设有农业机械化及其自动化、交通运输、车辆工程、机械设计制造及其自动化、材料成型及控制工程、工业设计、农业电气化 7 个本科专业；农业机械化及其自动化是国家级特色专业建设点（2010）和国家一流专业建设点（2019），农业电气化专业为江苏省高校特色专业（2010）和国家一流专业建设点（2020），材料成型及控制工程专业通过工程教育专业认证（2019）。

现有在职教职工 148 人，其中专任教师 106 人、师资博士后 3 人、管理人员 15 人、实验技术人员 24 人。具有高级职称的教师 55 人。博士生导师 17 人、硕士生导师 34 人。新增博士生导师 2 人、硕士生导师 16 人（含校外导师 4 人）。师资队伍中包括中国科学院百人专家 1 人、享受国务院政府特殊津贴专家 2 人、教育部优秀青年教师 1 人，入选江苏省"333工程" 2 人，江苏高校"青蓝工程"中青年学术带头人 2 人，江苏高校"青蓝工程"骨干教师 8 人，"钟山学者" 4 人，"钟山学术新秀" 4 人。

全日制在校学生 3 312 人，其中全日制硕士研究生 249 人（含外国留学生 2 人）、本科生 2 948 人、博士研究生 115 人（含外国留学生 20 人）。招生 920 人，研究生 113 人（硕士研究生 87 人、博士研究生 26 人），本科生 807 人。本科毕业生 625 人，硕士毕业生 102 人。本科生就业率 79.84%，研究生就业率 96.08%。

共收到中央教改专业认证专项经费 20 万元、中央教改国家一流专业（农业机械化及其自动化）经费 15 万元和江苏省品牌专业经费 35 万元，农业电气化专业获国家一流专业建设。薛金林、顾家冰立项南京农业大学第二批"课程思政"示范课程。教授方真获得施普林格"中国新发展奖"、优秀研究生导师和优秀教师荣誉，并再次入选爱思唯尔"2019 年中国高被引学者"榜单。教授李骅获得"硕博导师感恩奖"，副教授郑恩来获得优秀教师荣誉称号，教授肖茂华获得社会合作优秀管理奖先进个人称号，教授姬长英获得《农业机械学报》核心作者荣誉称号，陈坤杰、丁启朔教授获得《农业机械学报》优秀审稿专家荣誉称号，副教授邱威获得江苏省农业科技奖一等奖，教授陈坤杰申报中华农业奖，高辉松、王峰获得华东区大学生 CAD 应用技能竞赛优秀指导教师称号。副教授郑恩来指导的毕业论文获学校优秀毕业论文特等奖，教授肖茂华指导的毕业论文获校级团队优秀毕业论文。

11 月 18 日召开党员大会，增补李坤权、肖茂华、何瑞银、章永年、路琴、薛金林为学院党委委员。共召开党委会 5 次、党务工作会 3 次、党政联席会 9 次、院党委理论学习中心组集体学习 4 次。建立党支部 18 个（本科生党支部 8 个、研究生党支部 2 个、教工党支部 7 个、退休党支部 1 个）。拥有党员 439 人，其中学生党员 328 人（本科生党员 238 人、研究生党员 90 人）。入党启蒙教育 687 人，培训入党积极分子 361 人、发展对象 172 人，发展党员 152 人。校党建思政研究课题批准立项 5 项。1 项"党日活动"获得校党委"七一"表彰。

获得科研经费 1 156.30 万元，其中，纵向项目 1 059.77 万元，横向项目 96.53 万元。立项国家自然科学基金面上基金项目 1 项、国家重点研发计划子课题 3 项。立项江苏省重点研发计划 3 项、江苏省农业自主创新项目 2 项、江苏省现代农业装备与技术示范推广项目 8 项、江苏省高端装备研制赶超工程项目 2 项。发表学术论文 142 篇，SCI/EI 收录 105 篇。

授权专利 104 项（其中发明专利 20 项、实用新型专利 84 项）、软件著作权 15 项。出版教材 6 部，其中 3 部为英文教材。

在本科生中，获省级竞赛表彰 78 人次，获国家级荣誉 108 人次。1 人次获江苏省三好学生，2 人次获第二届"瑞华杯"南京农业大学最具影响力学生，1 人次获山东籍优秀学生。本科生毕业论文获校级特等奖 2 项、一等奖 3 项、二等奖 11 项。

在研究生中，2 人获评省级优秀硕士学位论文，6 人获评校级优秀学位论文。研究生丛文杰获得校长奖学金、"瑞华杯"最具影响力研究生科研之星荣誉称号。5 人获"国家奖学金"，沈小杰获得江苏省机械工业科技进步奖二等奖，史可获江苏省大学生科技创新大赛二等奖，潘兴家获江苏省"互联网＋"创新创业大赛三等奖，刘紫薇获"瑞华杯"最具影响力研究生实践之星荣誉称号，沈振宇、方亚丽、沈小杰、张亨通、王梦雨获得学术之星荣誉称号。2 人在"我是南农研究生，我为脱贫攻坚作贡献"活动中获奖，学院获"优秀组织单位"奖。院研究生分会获校"优秀研究生分会"称号。研究生发表 SCI、EI 论文 60 余篇，获得专利 92 项。

依托"三创空间"平台，培养学生创新创业能力。2020 年，学院 3 个创新工作室、1 个创意工作室、1 个创业工作室入驻浦口校区三创空间，完成创意服务 30 项，参与科技竞赛 28 项，获得省级以上奖励 85 项，完成创新成果转化 2 项。共推荐指导"互联网＋""挑战杯"项目 10 项，投入经费近 15 万元，参赛 800 人次，省级及以上获奖 400 人次。"棚友科技"项目获江苏省大学生"互联网＋"创新创业大赛三等奖，"履带式智能采茶机"获得全国 3D 大赛国赛二等奖、江苏赛区特等奖，"麦轮小子"农业机器人项目获 2020 年中国机器人大赛二等奖。

【召开发展咨询委员会成立大会暨学科建设与发展论坛】成立学院发展咨询委员会并举办发展咨询委员会委员聘任仪式，罗锡文、陈学庚、张洪程、赵春江 4 位院士受聘为南京农业大学工学院发展咨询委员会主任委员，于海业、王绍金、王海林、由天艳、刘木华、李萍萍、杨洲、何勇、宋正河、陈巧敏、尚书旗、易中懿、胡志超、廖庆喜 14 位教授、研究员受聘为学院发展咨询委员会委员。专家围绕农业工程学科特色发展、新工科人才培养、高水平科学研究、深化校际合作等方面出谋划策，共商农业工程学科的发展。

【承办 2020 年生物质转化技术与装备高峰论坛】承办 2020 年生物质转化技术与装备高峰论坛，并举办了江苏省能源研究会生物质转化技术与装备专委会成立大会，学院党委副书记李骅教授当选为江苏省能源研究会生物质转化技术与装备专委会主任。来自江苏省农业农村厅、全省 20 多所高校及相关企业的专家教授，以及工学院农业生物环境与能源学科的师生 80 多人参加了论坛。

（撰稿：郭　彪　审稿：何瑞银　审核：陈海林）

信息管理学院

【概况】信息管理学院成立于 7 月，下设信息管理科学系、物流工程系、工程与管理系。有信息管理与信息系统、工业工程、工程管理和物流工程 4 个本科专业，信息管理与信息系统专业为省级特色专业。有管理科学与工程综合训练中心。拥有图书情报与档案管理一级学科博士学位授权点；图书情报与档案管理、管理科学与工程一级学科硕士学位授权点，以及图书情报、工程管理硕士 2 个专业学位类别。

现有教职工 63 人，其中专任教师 48 人，教授 8 人、副教授 21 人、讲师 19 人。有江苏省社科"优青"1 人、中宣部宣传思想文化青年英才 1 人、江苏高校"青蓝工程"学术带头人 1 人、江苏高校"青蓝工程"优秀骨干教师 4 人、校"钟山学术新秀"5 人、3 人入选江苏省"333 高层次人才培养工程"。有 3 名教师分别荣获校"最美教师""优秀教师""教学质量标兵"称号。

学院教师发表科研论文 59 篇，其中 SCI 论文 10 篇，SCI 影响因子 5 以上的论文 2 篇，平均影响因子为 3.458；EI 论文 2 篇；人文社会科学核心期刊论文 31 篇。发表教育教学研究论文 7 篇，在研主持校级教育教学改革研究项目 10 项，省部级教育教学改革研究项目 2 项。学院获授权软件著作权 1 项。

新立项科研课题 36 项，其中国家社会科学基金项目 3 项、江苏省社会科学基金项目 1 项、横向项目 13 项。2020 年度国家自然科学基金立项数与 2019 年度持平。新立项合同经费 367.35 万元，其中纵向项目 201.50 万元、横向项目 165.85 万元。2020 年度到位经费 437.525 万元（其中纵向经费 276.625 万元）。

教师共 30 人次参加国内外各类学术交流大会，其中作大会报告 13 人次。研究生共 10 人次参加国内外各类学术交流大会，其中大会作报告 5 人次。邀请 11 位知名学者来院作报告。教师在国内学术组织或刊物兼职 28 人次，新增 3 人次。在国际组织或刊物任职 8 人次，新增 1 人次。教师和团体获各级、各类奖项 16 个，其中省部级 2 个、校级 14 个。

人文与社会计算研究中心获批江苏高校哲学社会科学重点研究基地。新增 1 个校外实践教学基地——南京合纵连横供应链有限公司。

全日制在校学生 1 634 人，其中博士研究生 21 人、硕士研究生 136 人、本科生 1 477 人。招生 459 人，其中博士研究生 7 人、硕士研究生 62 人、本科生 390 人。毕业学生 481 人，其中本科毕业生 419 人、硕士毕业生 62 人。本科生就业率 78.89%，研究生就业率 96.61%。学生获各级、各类奖项 900 人次，其中本科生和研究生共有 740 人次获得各类奖学金、67 人次获省级表彰、"2020 届本科优秀毕业论文（设计）"13 人。本科生主持"大学生创新创业训练计划"项目 57 项（国家级 5 项、省级 4 项、校级 36 项、院级 12 项），结题 38 项（国家级 2 项、省级 7 项、校级 22 项、院级 7 项）。

发展党员 81 人，其中本科生党员 60 人、研究生党员 21 人。共有教师党员 53 人、学生党员 215 人。

【选举成立信息管理学院第一届党委班子】 10 月 28 日，南京农业大学信息管理学院召开全体党员大会，选举学院成立后的第一届党委委员。学院全体教职工、学生及离退休党员共 102 人参加了选举大会。王春伟、李静、张兆同、汪浩祥、何琳、郑德俊、傅雷鸣当选信息管理学院第一届党委委员。郑德俊为学院党委书记、王春伟为学院党委副书记。

【举办揭牌仪式及学院建设与发展论坛】 11 月 14 日，信息管理学院揭牌仪式暨学院建设与发展论坛在南京农业大学浦口校区举行。校党委副书记王春春，江苏省科学技术情报研究所党委书记、所长李敏出席仪式。王春春为信息管理学院揭牌并提出 3 点希望。李敏、南京大学信息管理学院院长孙建军教授、东南大学经济管理学院赵林度教授作学术报告。学校相关职能部门、学院负责人及师生代表 800 余人参加了揭牌仪式。

【**"人文与社会计算研究中心"获批江苏高校哲学社会科学重点研究基地**】黄水清教授领衔申报的"人文与社会计算研究中心"获批 2020 年江苏高校哲学社会科学重点研究基地。

【**2 项成果获江苏省第十六届哲学社会科学优秀成果奖**】据江苏省人民政府《省政府关于公布江苏省第十六届哲学社会科学优秀成果奖的决定》（苏政发〔2020〕106 号）文件精神，学院 2 项成果获得江苏省第十六届哲学社会科学优秀成果奖，其中一等奖 1 项、二等奖 1 项。

（撰稿：傅雷鸣　审稿：张兆同　何　琳　审核：陈海林）

人工智能学院

【**概况**】人工智能学院成立于 7 月。设有 3 个系（计算机科学与技术系、自动化系、电子信息科学与技术系）、2 个省级教学实验中心（江苏省计算机与信息技术实验教学示范中心、江苏省农业电气化与自动化学科综合训练中心）。拥有 1 个一级学科硕士学位授权点（计算机科学与技术）、1 个专业学位硕士学位授权点（电子信息）、5 个本科专业（计算机科学与技术、数据科学与大数据技术、人工智能、自动化、电子信息科学与技术）。计算机科学与技术本科专业为校级特色专业，同时为江苏省卓越工程师培养计划专业。

现有在职教职工 95 人，其中专任教师 63 人、师资博士后 1 人、博士后 2 人、管理人员 14 人、实验技术人员 12 人、团队科辅人员 3 人。专任教师中有教授 7 人、副教授 35 人、讲师及以下 21 人。博士生导师 5 人、硕士生导师 30 人。新招聘博士 4 人，引进高层次人才 1 人，晋升教授 1 人，晋升副教授 1 人。

认真学习贯彻党的十九届五中全会精神和习近平总书记系列重要讲话精神，深入开展"四史"学习教育。建立 12 个党支部，积极开展"双带头人"培育工程，选优配强党支部书记。11 月 25 日，学院党委召开党员大会，增补任守纲、刘杨、张和生、陆明洲、林相泽为人工智能学院党委委员。同日，召开首届工会委员会选举大会，胡滨、章世秀、罗玲英、湛斌、李林当选人工智能学院第一届工会委员会委员。全年入党积极分子培训班结业 166 人，发展党员 83 人，转正党员 41 人。

2020 年，立项 2 本"十三五"农业农村部规划教材《python 语言程序设计》《python 语言程序设计实验教程》。《大学信息技术基础》（第二版）、《大学信息技术基础实验》（第二版）入选中华农业科教基金优秀教材。获批国家级一流线上线下混合式课程 1 项。新增校级教育教学改革项目 4 项，其中重点项目 1 项、"卓越教学"课堂教学创新实践项目 3 项。"课程思政" 2 项、"三全育人"课程教改项目 2 项顺利结题。同时，2019 年的 63 个 SRT 计划项目顺利结题。2020 年成功申报国家级项目 4 项、省级项目 11 项、校级创新项目 40 项、院级创新项目 5 项。2020 届毕业设计（论文）钱淑韵获校级优秀毕业论文（设计）特等奖，钱峥远获 2019 年江苏省普通高等学校本科优秀毕业设计（论文）二等奖。

2020 年度成功申报课题 28 项，新增纵向科研项目 16 项，其中国家自然科学基金项目 5 项、江苏省现代农机装备与技术示范推广项目 1 项、江苏省自然科学基金青年基金项目 2 项、江苏省农业科技自主创新项目 2 项、江苏省信息农业重点实验室开放课题 1 项、国家自然科学基金地区科学基金项目 1 项。新增横向项目 8 项。2020 年纵向、横向课题立项总经费 707.42 万元，到账经费 595.53 万元。以第一作者或通讯作者发表期刊论文共计 78 篇，其中 SCI 论文 43 篇、EI 论文 16 篇。获发明专利 12 项、软件著作权 20 项，出版专著 1 部。全年邀请业内专家来院举办学术报告 9 场，教师参加国际学术会议 5 场，参加国内学术会议 13 场。

全日制在校学生 1 750 人，其中硕士研究生 86 人、本科生 1 664 人。本科毕业生 359 人，硕士毕业生 26 人。招生 483 人，其中硕士研究生 64 人、本科生 419 人。本科生就业率 81.34%，研究生就业率 100.00%。本科生获得省级竞赛表彰 66 人次，获得国家级荣誉 47 人次。1 人次获江苏省三好学生，2 人次获评第二届"瑞华杯"南京农业大学最具影响力学生。组织开展"八个一"学风提升计划、学院运动会、新生班级辩论赛、歌手大赛、南京青年戏剧进校园等多项文体活动 80 余场。开展"突然好想你"中秋祝福特别活动、"冬至将至，饺子融寒"等特色志愿服务，与点将台福利院建立合作关系。获"安全让生活更美好"短视频大赛"优秀组织奖"，以及校运动会篮球比赛冠军、羽毛球比赛亚军等荣誉。

【成功申报"江苏智慧牧业装备科技创新中心"】由南京农业大学、江苏省农业机械技术推广站、南京慧稦生物科技有限公司联合申报的"江苏智慧牧业装备科技创新中心"（以下简称中心）于 10 月 27 日获得江苏省农业农村厅批复成立。其中，南京农业大学由人工智能学院联合动物医学院、动物科技学院参与中心创建。中心现有智慧畜牧养殖技术与装备研发场地面积共约 10 000 平方米，其中包括畜牧养殖生产大数据分析与建模研究实验室、智慧畜牧装备应用示范基地、动物生理生化实验室。

（撰稿：罗玲英　审稿：刘　杨　审核：陈海林）

人文社会科学学部

经济管理学院

【概况】经济管理学院拥有农业经济学系、经济贸易系、管理学系 3 个系，1 个农林经济管理博士后流动站，农林经济管理、应用经济学 2 个一级学科博士学位授权点，工商管理一级学科硕士学位授权点，农业管理、国际商务、工商管理 3 个专业学位硕士授权点，农林经济管理、国际经济与贸易、工商管理、电子商务、市场营销 5 个本科专业。其中，农业经济管理是国家重点学科，农林经济管理是江苏省一级重点学科、江苏省优势学科、全国第四轮学科评估 A＋学科，农村发展是江苏省重点学科。

学院现有教职员工 90 人，其中教授 31 人、副教授 22 人、讲师 16 人，博士生导师 26 人、硕士生导师人 21 人。朱晶教授担任国务院学位委员会农林经济管理学科评议组召集人，朱晶、徐志刚教授入选国家特聘专家，朱晶教授入选国家文化名家暨"四个一批"人才，朱晶、易福金教授入选国家"万人计划"人才，顾焕章、钟甫宁教授荣获江苏省十大社科名家，常向阳、纪月清教授荣获全国百篇优秀博士学位论文，朱晶教授担任教育部教学指导委员会副主任委员。拥有教育部新世纪优秀人才 3 人，江苏省"333 工程"培养对象 10 人，江苏高校"青蓝工程"培养对象 11 人，农业农村部产业体系岗位科学家 3 人，南京农业大学"钟山学者"系列人才 12 人，享受国务院政府特殊津贴专家 7 人。2020 年度，何军、易福金教授分别获评"师德标兵""优秀教师"称号，林光华教授获得"孙颔农业教育奖"，耿献辉、纪月清获评"优秀研究生教师"称号，钟甫宁教授被聘为学校首批师德宣讲团宣讲专家。

学院现有在校本科生 1 126 人、博士研究生 118 人、学术型硕士研究生 205 人、各类专业学位研究生 406 人、留学生 43 人。本科生年终就业率 90.14%。

学院不断加强党的基层组织建设，突出党建思政的引领作用。在制度和机制上强化学院党委的领导决策权力，涉及学院发展重大事项均由学院党委、党政联席会民主决策，强化党支部书记培训管理，构建党委委员联系党支部工作机制，推进党支部规范管理。2020 年，党委中心组集体学习 15 次，组织师生党支部专题学习研讨"疫情防控中中国制度优势"，党委书记姜海带头上"在常态化疫情防控中加强基层党建有序推进各项工作"微党课，党支部积极学习教育部思想政治工作司的高校党组织战"疫"示范微党课。疫情防控期间，熊紫龙、吴德婧等一批师生党员积极响应党的号召，投身疫情防控一线，以实际行动展现了当代经管人的担当精神。

科研创新与社会服务能力进一步增强。以南京农业大学为第一作者单位或通讯作者单位发表核心期刊研究论文 117 篇，其中 SSCI/SCI 收录的高水平论文 44 篇（SSCI 论文 29 篇），3 篇论文发表在农业经济管理学科国际一流期刊 *American Journal of Agricultural Economics*、*Journal of the Economics of Ageing*、*Food Policy*，人文社科核心期刊一类 22 篇、二类 31 篇；获第八届高等学校科学研究优秀成果奖（人文社会科学）二等奖 1 项，获江苏省第十六届哲学社会科学优秀成果奖一等奖 1 项、二等奖 2 项、三等奖 2 项，获 2020 年度江苏省乡村振兴软科学课题研究成果奖三等奖 1 项；先后向上级政府部门提交咨询报告近 10 份，5 份报告获国务院、部省级领导肯定性批示，建议被相关部门应用，服务"三农"发展；出版专著 16 部。学院荣获 2020 年度校社会服务工作先进集体。

深入开展专业内涵建设，人才培养成效显著。2020 年度，新增涉农产业经济学等 10 门校级"课程思政"示范课程；继续推进农林经济管理专业"农商管理"线上国际访学项目；与密歇根大学（University of Michigan）农经系合作，开展农业经济管理硕士联合培养，实行"1+1+1"培养模式，设立国际农业发展硕士（IAD）项目；荣获校级教学成果奖特等奖 1 项、一等奖 1 项；举办江苏省研究生"应用经济研究方法论"暑期学校、第十八届长三角研究生"三农"论坛、江苏省 MBA 发展论坛等活动，搭建创新交流平台。新增中华联合财产保险股份有限公司江苏分公司等就业创业实践基地 6 个；深入推进"农业经济""研究与提高（创新创业）"等 9 个课程群教学团队建设；农业政策学、市场营销学入选国家一流线下开放课程；《农业资源与环境经济学》获江苏省重点教材立项建设；计量经济理论与应用、现代农业发展与乡村振兴战略、生产率及效率分析 3 门课程荣获校首批优秀研究生课程。2020 年度，获全国专业学位硕士优秀学位论文提名 1 篇、江苏省优秀学术型硕士学位论文 1 篇、江苏省优秀本科优秀论文三等奖 1 篇、全国百篇优秀管理案例 1 篇、第六届中国国际"互联网+"大学生创新创业大赛总决赛银奖 1 项；1 人获江苏省大学生就业创业年度人物称号；1 人获第十八届长三角研究生"三农"论坛"优秀论文"奖，师生论文获评第四届农业经济理论前沿论坛优秀论文奖；2 名学生分获"瑞华杯"最具影响力学生和提名奖。新增江苏省普通高校研究生科研创新计划 3 项、大学生创新训练项目 48 项，其中国家级 7 项、省级 6 项、校级 35 项。学院荣获 2020 年学位与研究生教育管理先进单位、本科教学工作创新奖、学生工作先进单位。

深化国际国内合作与交流，不断提升农经学科影响力。与国际食物政策研究所、德国哥廷根大学共同主办"钟山农业经济论坛 2020 后疫情时代的农业发展"国际学术研讨会，国际农经界重量级专家出席；承办农业农村部"中国-中东欧国家农业应对疫情专家视频会"（Virtual Expert Meeting on China - CEEC COVID - 19 Response in Agriculture)，会议筹备工作获得农业农村部的肯定；牵头学科公益，发起并举办"卜凯讲堂：全国青年学者师资培训会"；持续推进"PDU - NJAU 农商管理"国际访学项目；设立国际农业发展硕士（IAD）项目。2020 年度，先后邀请来自哥廷根大学、俄亥俄州立大学、耶鲁大学、浙江大学、中国农业大学、北京市农林科学院、中国社会科学院、厦门大学等国内外知名高校或研究机构的专家学者来校讲座，共计 16 场次，成果丰硕。

【MBA 办学 10 周年纪念活动】 为全面系统总结 MBA 项目的办学经验，科学谋划未来发展，学院于 12 月 20 日举办了 MBA 办学 10 周年庆典活动，校领导、院领导、校内外导师代表、各兄弟院校 MBA 教育中心教师代表、各兄弟院校 MBA 联合会代表、历届校友代表、在校 MBA 学员等共计 200 余人出席庆典大会。

【"六次方"教育扶贫】 以扶智带扶贫，探索高校教育扶贫新路径。学院党委牵头推进"六次方"教育扶贫项目。该计划秉承扶贫先扶智的思想，旨在引导贵州省麻江县教师革新教育理念，启发贫困地区孩子的成长性思维，促进学生心智的全面发展。探索高校发挥专长、教育扶贫的新模式，已受到媒体关注。2020 年，邀请心理学专家赴麻江县对当地小学教师作成长型思维培训 2 期，师生深入调研 3 次以上，收到当地政府相关成果采用证明多项；邀请新航道教育集团南京分校助力，为麻江县初中、小学教师及学生作英语培训多期。

【渔管家团队获第六届中国国际"互联网＋"大学生创新创业大赛银奖】 学院坚持以赛促教、以赛促学、以赛促创，推动可塑性强的项目落地，积极营造学院科技创新氛围。渔管家作为学校唯一一支队伍时隔 5 年再次入围国赛，斩获第六届中国国际"互联网＋"大学生创新创业大赛银奖，创造学校近 5 年来在该项赛事中的最好成绩。项目是依托于学院 2014 级博士研究生陆超平博士创办的南京渔管家物联网科技有限公司组建的大学生创新创业项目团队。项目主打生态数字化现代渔业高新技术，为规模养殖基地提供生态循环流水养殖模式升级的全程技术服务，包括自动增氧、智能投喂、高效水处理的绿色水产养殖方案设计，养殖装备、技术及苗种、饲料等生产投入品供应，致力于带动产业升级，为全球养殖主体提供可持续、创新的技术服务。

（撰稿：刘　莉　审稿：宋俊峰　审核：高　俊）

公共管理学院

【概况】 学院设有土地资源管理、资源环境与城乡规划、行政管理、人力资源与社会保障 4 个系，土地资源管理、行政管理、人文地理与城乡规划管理、人力资源管理、劳动与社会保障 5 个本科专业。设有公共管理一级学科博士学位授权点，设有土地资源管理、行政管理、教育经济与管理、社会保障 4 个二级学科博士学位授权点、硕士学位授权点，以及公共管理专业硕士学位点（MPA）。土地资源管理为国家重点学科和国家特色专业。

学院设有农村土地资源利用与整治国家地方联合工程研究中心、中国土地问题研究中心·智库、自然资源与国家发展研究院·智库、金善宝农业现代化发展研究院·智库、中荷土地规划与地籍发展中心、公共政策研究所、统筹城乡发展与土地管理创新研究基地等研究机构和基地，并与经济管理学院共建江苏省农村发展与土地政策重点研究基地。

2020 年，学院有在职教职工 91 人，专任教师 77 人，其中教授 35 人、副教授 29 人、讲师 13 人，师资博士后 6 人，博士生导师 33 人、学术型硕士生导师 58 人。学院入选教育部"长江学者"特聘教授（冯淑怡），1 人入选人力资源和社会保障部 2020 年"国家百千万人才工程"（冯淑怡），1 人被授予"有突出贡献中青年专家"荣誉称号（冯淑怡），1 人享受国务院政府特殊津贴（吴群），1 人成为国家第五批"万人计划"青年拔尖人才（马贤磊），1 人入选江苏省"双创博士"（王佩），1 人入选 2020 年江苏省文化英才（石晓平），1 人荣获江苏科技"百优"人才和年度江苏省咨询英才奖（于水）。刘祖云、李放 2 位教授获评校"优秀研究生教师"。2020 年度引进高层次人才 2 人（任广铖、冯彩玲），与 1 名海外高层次人才签订了意向协议。1 人晋升教授（刘琼），2 人晋升副教授（沈苏燕、胡畔）。学院荣获校 2020 年度人力资源工作先进集体。

2020 年学院有全日制在校学生 1 346 人，其中本科生 859 人、学术型研究生 487 人（含留学研究生 30 人），非全日制专业学位 MPA 研究生 902 人。2020 年公共管理学院总就业率 90.21%，就业水平总体稳定，其中研究生总体就业率 94.51%、本科生升学率比 2019 年提高了 4 个百分点，呈现稳步提升的良好态势。

学院党委深入贯彻党的十九届五中全会精神，创新党建工作方式，依托微信、微博等新媒体平台，以线上学习、线下实践为抓手，全面提升党建质量。通过学习报告会、知识竞赛及观影等形式贯彻落实习近平总书记关于"四史"精神的学习。开展以"党的十九届五中全会精神学习""习近平总书记关于教育的重要论述""决胜全面小康决战脱贫攻坚"等主题形势与政策课专题教育，切实保证思想教育落到实处，真正实现知行合一。积极开展"不忘初心，凝心聚力再出发"相关主题教育活动，在突出增强党性的同时，提升学生认同感和归属感。

学院组织教师参加西交利物浦大学高校研究导向型教学和教学管理研修；3 位教师参加 2020 年江苏省本科高校马工程教材统一使用培训交流会；召开学校退休督导、各主任、学院在职督导及部分青年教师座谈会；接待西安交通大学、内蒙古师范大学等高校的来访。发表教改论文 14 篇，"现代化进程中土地管理卓越人才培养优质教学资源体系化建设与创新"获 2020 年校级教学成果奖特等奖。学院荣获 2020 年度校教学管理先进单位。

土地经济学、资源与环境经济学入选首批国家一流本科课程；公共经济学、土地行政管理学、土地资源学 3 门课程立项为校级一流本科课程。高级公共政策分析、公共管理学（全英文）、土地经济学 3 门课程获评校级"优秀研究生课程"。科学论文写作方法（Method of Academic Paper Writing）、城市与土地利用规划原理（Principles of Urban and Land - Use Planning）2 门全英文课程被评定为"江苏高校外国留学生英文授课省级精品课程"。《土地经济学》推荐获评 2020 年全国优秀教材；《资源与环境经济学》《土地经济学》获 2020 年全国农业教育优秀教材资助项目；《土地经济学》获评 2020 年江苏省高等学校重点教材；新编教材《不动产估价》于 7 月正式出版。

学院全力打造"一平台三建设"学术创新机制。2020 年学院举办钟鼎学术沙龙等学术型系列讲座 33 场，研究生全年共举办了 20 余场学术活动。2020 年，公共管理学科研究生学术创新论坛再次获得省级立项资助，实现了学校在江苏省管理类研究生教育指导委员创新项目中的首次突破。7 月 16～17 日在线上举办了 2020 年全国优秀大学生夏令营活动，150 余名学生报名参加。举办 4 次"互动与新局：乡村振兴与乡村治理现代化"两岸学术交流论坛，邀请台湾及大陆相关研究领域专家参加，为研究生举办了一场学术盛宴。在疫情防控期间，组织学生线上参加 3 期"两岸公共治理论坛"专家报告，邀请清华大学耿焱教授来学院开展"公共管理讲坛"专家报告。

学院构建全国大学生不动产估价技能大赛等各专业的课外竞赛体系，变单一论坛驱动为"论坛＋竞赛"的双轮驱动模式，为本科生打造专业知识学习、学科能力竞赛、科研创新计划三位一体的科创平台。2020 年，2 支团队获全国大学生土地国情调查大赛一等奖、1 支团队获全国大学生国土空间规划技能大赛特等奖。实践育人方面，响应国家对于大学生暑期"三下乡"的号召，线上线下相结合组织开展六大主题社会实践，通过支教、社区服务、专项调研等多种方式促进师生锻炼实践能力；2020 年获得了"团学苏刊""龙虎网"等省市级以上媒体报道 8 篇，1 支团队获校优秀实践团队。学院研究生担任支教团团长，赴贵州践行支教志愿服务，相关事迹获得中国青年网、现代快报等多家媒体报道 20 余次。

学院注重大学生科研能力的培养和塑造，荣获 2020 年"挑战杯"国家级创业计划大赛铜奖 1 项、江苏省创业计划大赛金奖 1 项、江苏省"互联网＋"创新创业大赛三等奖等荣誉；2020 年度，学院共有 55 项 SRT 项目获得立项，组建 9 支国家级 SRT 团队、6 支省级团队。学院学生在校内外各类学科知识竞赛、文化艺术赛事中获得省、市、校级奖励 165 项；本科生、研究生发表论文 150 余篇，其中核心期刊 40 余篇。2020 年度获得省级优秀硕士学位论文 1 篇、校级优秀博士学位论文 1 篇、校级优秀学术型硕士学位论文 3 篇、校级优秀专业学位硕士学位论文 3 篇。学院研究生积极参加"第四届中国研究生公共管理案例大赛"等高水平学科竞赛，荣获国家级及省级奖励 6 项，各类学术论坛获奖 30 余项。2020 年江苏省研究生科研与实践创新计划立项，涉及土地管理、行政管理和教育经济与管理 3 个二级学科方向各 1 项。

学院 MPA 教育质量持续提升。案例教学是培养专业学位硕士研究生实践能力的重要途径，学院高度重视案例库的建设和案例的编写。于水、刘晓光为首席专家的 3 篇教学案例入选教育部学位中心案例库。向玉琼、周蕾、郭忠兴、诸培新 4 位首席专家领衔团队的案例选题获得教育部主题案例立项资助建设。论文《MPA 研究生"知行合一"案例教学模式的探索——基于南京农业大学的实践》在江苏 MPA 20 周年征文评选中荣获特别贡献奖。

2020 年学院立项国家自然科学基金 8 项和国家社会科学基金 6 项（其中社科重大、重点各 1 项），立项经费共计 865 万元，相比 2019 年在立项数量和立项金额方面都有所提升；发表论文共计 167 篇，其中一类 23 篇、SSCI 论文 24 篇、SCI 论文 12 篇；学院纵向到账经费 1 170.99 万元，横向到账经费 316.22 万元，共计 1 487.21 万元；咨询报告 15 篇，其中省部级 7 篇、厅局级 4 篇，且有 8 篇获江苏省主要领导肯定性批示；新出专著 2 部。学院被授予校"人文社科科研贡献奖"。曲福田教授团队的著作《中国土地和矿产资源有效供给与高效配置机制研究》荣获第八届高等学校科学研究优秀成果奖（人文社会科学）一等奖。获江苏省第十六届哲学社会科学优秀成果奖 6 项，其中一等奖和二等奖各 3 项。

2020 年，学院有 2 位教师出国进修，2 名博士研究生受国家留学基金管理委员会资助前往荷兰瓦格宁根大学进行为期 2 年的联合培养。学院与新西兰怀卡托大学就联合培养研究生项目签署意向书，同时联合申请并成功获批国家留学基金管理委员会（CSC）"乡村振兴人才培养专项"。与荷兰瓦格宁根大学发展经济学组共同开设"政策的影响评估：随机干预实验方法的理论与应用"精品课程。12 月 17～18 日，"粮食与食品双安全战略下的自然资源持续利用与环境治理"项目（Sustainable Natural Resource Management for Adequate and Safe Food Provision，简称 SURE＋项目）第三次年度进展研讨会在线上顺利召开。

学院社会服务能力不断增强，江苏省重点智库培育单位——中国资源环境与发展研究院建设取得阶段性成果，2 篇成果在江苏省智库办公室《智库专报》刊出。谭涛教授、刘琼教授、张颖副教授研究团队通过与贵州省麻江县河山村村"两委"座谈、赴产业林地考察、入户访谈等，编制学校定点扶贫第一书记派驻麻江县金竹街道河山村乡村振兴产业规划，引领当地产业发展，带动广大群众脱贫致富。

【行政管理专业入选国家级一流本科专业建设点】教育部办公厅发文公布了 2020 年度国家级和省级一流本科专业建设点名单，行政管理专业成功入选。学院将认真实施好"金专工程"，对入选的专业建设点在课程建设、实践教学、教学方法、师生发展等方面持续加大建设力度。

【承办第一期中国资政智库高端论坛】12 月 13 日，学院承办第一期中国资政智库高端论坛。论坛由中国资源环境与发展研究院常务副院长冯淑怡主持，中国科学院南京地理与湖泊研究所、南京大学、南京师范大学专家和学校公共管理学院师生参加会议。

【承办第一届中国资源环境与发展论坛】12 月 26 日，由中国资源环境与发展研究院、农村土地资源利用与整治国家地方联合工程研究中心主办，学院承办的第一届中国资源环境与发展论坛在南京举行。本次论坛是学习贯彻党的十九届五中全会精神、习近平总书记视察江苏重要讲话精神和落实省委十三届九次全会工作部署的具体行动。

（撰稿：聂小艳　审稿：刘晓光　审核：高　俊）

人文与社会发展学院

【概况】人文与社会发展学院设有社会学、旅游管理、公共事业管理、农村区域发展、法学、表演、文化遗产 7 个本科专业，拥有 1 个博士学位授权一级学科（科学技术史）、2 个硕士学位授权一级学科（科学技术史、社会学）、2 个硕士学位授权二级学科（经济法、旅游管理）。2020 年，学院在职员工 108 人，其中专任教师 78 人；教授 18 人、副教授 28 人、讲师 32 人。在专任教师中，拥有博士学位的教师占教师总数的 74.36％，具有高级职称的教师占教师总数的 58.97％，45 周岁以下中青年教师占教师总数的 64.10％。年度晋升教授 1 人、副教授 2 人。戚晓明、廖晨晨入选江苏紫金文化艺术"优青"，朱慧劼入选江苏省"双创博士"。姚兆余被评为优秀研究生导师，余德贵获 2020 年超大奖教金。季中扬当选为南京市民间文艺家协会主席，朱志平当选为南京市民间文艺家协会理事，张娜当选为南京市民间文艺家协会民间文学专委会副秘书长。

社会学专业入选江苏省品牌专业，农村区域发展专业被学校遴选参加国家一流专业建设点的申报。《世界农业文明史》《农业政策与法规》获全国高等农业院校优秀教材资助项目。《农村社会学》《民俗学导论》获江苏省 2020 年高等学校重点教材立项。《中国民俗文化》《稻作起源与文化》《农村社会学》获大国"三农"课程与教材建设立项。"美在民间"入选首批国家一流本科课程建设项目，"旅游策划学"入选学校一流本科课程建设项目。新增学校在线开放课程 5 门。16 门课程获得本科教育第二批课程思政项目立项、3 门课程获得研究生教育首批思政课程项目立项。王小璐主讲"社会研究方法"入选首批优秀研究生课程。朱志平老师获江苏省第六届大学生艺术展演活动高校美育改革创新优秀案例特等奖、全省高等学校微课教学比赛三等奖。陈丽竹老师原创抗疫歌曲《爱不会退场》获江苏省教科工会女教职工风采展示比赛一等奖，并被评为"全国校园 MV 抗击疫情主题原创歌曲 MV 作品创作活动"优秀作品。新增 3 个院级本科生校外教学实习基地和 1 个江苏省研究生工作站。新增"模拟法庭虚拟仿真实验教学项目" 1 项。开展青年教师授课比赛暨教学创新大赛活动，召开通识核心课程建设研讨会。学院获 2020 年度教育管理先进单位。尤兰芳获优秀教务管理工作者、教学管理先进个人。

组织科学技术史、社会学、社会工作、农业硕士（农村发展领域）参加第五轮学科评估和专业学位水平评估的材料准备工作；完成了社会学博士学位授权一级学科点增列申请，并通过江苏省学位委员会审核；针对法律硕士学科点存在的问题进行了整改。

新增纵向科研项目 51 项，其中国家社会科学基金 2 项、国家自然科学基金 1 项。新增各类委托、横向科研项目 35 项。全院获批项目资金共计 1 005 万元。在现有 4 个省部级科研机构基础上，新增南京农业大学农业考古研究中心校级研究机构。全院教师出版专著 21 部，发表学术论文 112 篇（其中 SCI 3 篇、SSCI 5 篇、核心期刊论文 56 篇），各类科研成果获奖 15 项。其中，季中扬教授的成果获得教育部第八届高等学校科学研究优秀成果奖三等奖（人文社会科学），姚兆余教授的论文《家庭类型、代际关系与农村老年人居家养老服务需求》获得江苏省第十六届哲学社会科学优秀成果奖三等奖。另外，姚兆余教授的调研报告得到江苏省委、省政府主要领导的批示，并获得 2020 年度江苏智库研究优秀成果奖一等奖；路璐教授的论文获得大运河文化带建设研究院 2020 年度分院智库研究优秀成果奖三等奖。姚兆余、戚晓明等教授撰写的咨政文章被《新华日报》理论之光栏目刊登。余德贵团队结合工作实际，对农业经营管理机制创新进行了探索，成果在《人民日报》内部刊物《党建参阅》（2020 年第 20 期）发表。主办学术会议或讲座 30 场，全院教师参加各类学术会议共计 68 次。邀请国内专家作学术报告或学术讲座 20 场。

学院荣获 2020 年学校社会服务先进单位。农村发展系教师承担了多个地市的农村发展、农业园区规划项目 19 项，获资助经费 443.7 万元。通过学院农文旅项目助力贵州省麻江县脱贫攻坚，获得当地政府的好评。

获得江苏省暑期学校立项 1 项。组织学生参加赴美国社会调研、参加美国加州州立理工大学生创新创业领导力在线项目、韩国庆北大学线上冬令营项目、英国剑桥大学格顿学院寒假在线国际组织项目等国际交流。

2020 年的暑期社会实践，1 篇论文荣获江苏省人口发展优秀研究成果奖二等奖，1 个团队荣获校级优秀社会实践团队称号。新增社会实践基地 1 个。开展人文特色的中国传统文化工作坊，受到人民网、中国新闻网等多家媒体的关注。

本科学生完成国家级 SRT 项目 4 项、省级 SRT 6 项、校级 SRT 21 项、院级 9 项，成功申报 35 项大学生科研训练项目。另外，获江苏省研究生科研与实践创新计划立项 2 项。本科生发表论文 22 篇。5 篇毕业论文被评为学校本科生优秀毕业论文，其中特等奖 1 篇、一等奖 1 篇。另外，农村区域发展专业 2019 届本科生孙晓玲的毕业论文被评为江苏省优秀毕业论文奖三等奖。研究生学位论文获得 1 篇校级优秀博士学位论文、2 篇校级优秀学术型硕士学位论文、2 篇校级优秀专业学位硕士学位论文。在各种学术比赛交流活动中，获第七届江苏省研究生老龄论坛优秀论文奖一等奖 2 项、二等奖 2 项、三等奖 3 项，获第四届中国农业社会学论坛优秀奖 1 项，获江苏省旅游学会"文旅融合与创新发展"调研大赛二等奖 1 项。

2 个项目获第十一届"挑战杯"大学生创业计划大赛国赛铜奖，并分别获得省赛金奖（指导教师王誉茜、周中建、姚敏磊）和银奖（指导教师黄颖）；学院荣获校级"互联网＋"暨"创青春"优秀组织奖。另外，获"2020 年第三届青少年无界论坛"大学组优胜奖、"赢在昭通"创新创业大赛优秀奖、江苏省微电影大赛特等奖、全国大学生红色旅游创意策划大赛生态营销类华东赛区二等奖、江苏省"水杉杯"大学生话剧展演二等奖、江苏省啦啦操健美操锦标赛一等奖、全国大学生英语竞赛三等奖。

学院邀请 20 余家行业知名企业来校招聘与开展线上招聘会，共计提供岗位 300 余个。学院 2020 届毕业生年终总体就业率 93.49%，其中本科生 93.87%、研究生 94.88%，在全校排名第四位，人文社科类学院中名列第一位。

2016 级本科生 215 人，214 人顺利完成学业，按期毕业并获得学士学位。毕业生首次毕业率、学位授予率均为 93.95%，居全校第五位。2020 届本科毕业生考研率 11.32%，另有 24 名学生获得保研资格并成功进入南京大学、中国人民大学等知名高校读研。出国（境）率 7.55%，有 16 名毕业生分别前往英国、澳大利亚等深造。

开展习近平新时代中国特色社会主义思想、从严治党、党风廉政建设等学习活动 14 次，开展党建专题讲座 12 场。开展"学四史、知来路、启新程"主题党日活动和"'疫'路有你"主题教育活动，组织师生捐款 2.2 万元。开展党支部主题活动 50 余场，录制微党课视频 12 个。推进"双带头"支部建设，打造示范红旗党支部。构建党建＋理论课堂、实践平台、秾红品牌的育人新模式。新发展学生党员共 60 人。1 个班级荣获江苏省先进集体荣誉称号，14 个班级获得学校 2020 年先锋支部培育立项，7 个团支部获得学校优秀先锋支部称号，1 个团支部荣获学校五四红旗团支部（标兵），1 个团支部荣获学校"美好'食'光　拒绝浪费"最佳团日活动案例，3 个班级获得学校先进集体称号。

【申报增列文化遗产专业】文化遗产专业主要依托学院科学技术史学科的力量，以农业文化遗产为特色和优势，着力培养具有良好的科学素养，系统掌握农学、生态学、生物学等领域相关知识，熟悉文化遗产保护理论及法律法规、文化遗产保护技术与方法，能够从事中国农业文化遗产和全球重要农业文化遗产保护的复合应用型人才。7 月 6 日，召开了文化遗产专业论证会。8 月，向教育部申请增设备案专业。

【社会学专业入选江苏省高校品牌专业】根据 6 月 22 日发布的《省教育厅关于公布江苏高校品牌专业建设工程一期项目期末验收结果及二期项目名单的通知》，学院社会学专业入选江苏高校品牌专业建设工程二期项目，这是学院获选的首个省级品牌专业。

【创新农文旅融合发展扶贫模式】学院党委书记姚科艳，组织以旅游管理系尹燕等教师为主的团队，为对口帮扶地区贵州省麻江县农文旅融合发展定位、思路与重点项目建设提出了参考方案，设计文创品牌"麻小莓"和"E扶贫"营销模式，助力麻江县脱贫攻坚。

（撰稿：胡必强　蒋　楠　尤兰芳　林延胜　审稿：姚科艳　审核：高　俊）

外国语学院

【概况】学院设英语语言文学系、日语语言文学系和公共外语教学部等，设英语和日语2个本科专业，拥有典籍翻译与海外汉学研究中心、中外语言比较中心、英语语言文化研究所、日本语言文化研究所和ESP教学研究中心5个研究机构，1个省级外语教学实验中心和1个校级英语写作教学与研究中心。拥有外国语言文学一级学科硕士学位授权点，下设英语语言文学、日语语言文学2个二级学科硕士点，有英语笔译和日语笔译2个方向的翻译硕士学位点（MTI）。

全院有教职工104人，其中教授9人、副教授25人，聘用外教8人。新进教师4人，其中引进人才1人。晋升职称3人，其中教授1人、研究员1人、副教授1人。截至2020年底，学院全日制在校生813人，其中硕士研究生122人、本科生691人；毕业生199人，其中硕士研究生50人、本科生149人；招生224人，其中本科生169人、硕士研究生55人（含学术型硕士研究生10人）。2019届本科生升学率45.01%，其中出国攻读硕士学位人数占19.46%。

本科生获得大学生SRT项目立项33项，其中国家级3项、省级3项；发表学术论文3篇，获校级本科优秀毕业论文4篇，其中特等奖1篇。研究生获国家级奖项2人次、省级奖项6人次，校级优秀硕士学位论文1篇，省级优秀硕士学位论文1篇。获批江苏省研究生培养创新工程研究生科研与实践创新计划2项。组织研究生参加第十五届江苏省高校外语专业学术论坛，大会发言论文获三等奖1人、优胜奖1人。参加江苏省研究生外语学科交叉与学术创新论坛，大会发言论文获二等奖、三等奖、优胜奖各1人。鼓励研究生参加科研训练，发表学术论文3篇。鼓励并指导学生参加学科竞赛，获国家级奖励1人次、省部级奖励6人次。

教师指导学生获得省部级以上奖项51人次，新增校级一流本科课程1门，新增校级思政示范课程5门，新增校级"卓越教学"项目3项，获批江苏高校外语教育"课程思政与混合式教学"专项课题立项4项。依托丰富的课程群资源，鼓励教师积极通过参加各类培训和比赛，开展教学改革实践，提升教学质量。公共外语教学部教师团队在外研社"教学之星"大赛全国复赛中获得二等奖，1名教师获得"外教社杯"全国高校外语教学大赛江苏赛区三等奖，2名教师获得江苏高校青年外语教师奖教金二等奖。

全年新增科研项目25项，其中国家社会科学基金一般项目1项、江苏省教育科学"十三五"规划重点自筹项目1项、江苏省高校哲学社会科学项目3项、江苏省社会科学应用研究精品工程外语类课题1项、江苏省高等学校教育技术研究会课题1项、江苏高校外语教育"课程思政与混合式教学"专项课题4项、第十批"中国外语教育基金"2项。以第一作者发表学术论文29篇，出版专著1部、译著3部、编著1部。

采取线上线下多种形式，开展讲座16场次，涉及文学、翻译、外语教学、论文选题与写作等主题。举办后疫情时代外语教学研究的新视角暨第三届"一带一路"外语教育规划圆桌会议、英语写作教学与研究系列论坛，做好涉农领域外事人才培训工作，加强与国内外知名高校、科研机构的交流。

加强大学生思想政治教育。以习近平新时代中国特色社会主义思想为指导，围绕全国两会、党的十九届五中全会、纪念抗美援朝70周年和"一二九"运动85周年等重要时间节点，开展线上线下交流汇报、主题教育实践活动和专题报告会9场。凝聚网络思政工作合力，依托微信公众平台，开设"语你共战疫""语你看两会""语国共奋进"等栏目，浏览量超过万次。依托"青年大学习""学习强国"等平台深化政治理论学习。推进"一部一品"主题特色党建活动，1项活动荣获学校党委最佳党日活动二等奖。做好"智慧团建"团籍管理、团支部星级评定工作，3个支部荣获"百优"团支部。党支部、团支部全年开展线上线下学习90余次。

【卫岗、浦口两校区大学外语教学融合重构】根据浦口校区运行机制改革形势，原工学院基础课部英语教研室与卫岗校区公共外语教学部合并。为加强两校区大学外语培养方案的对接融合，学院坚持以学生为中心，针对两校区大学外语培养方案的不同之处，深入研究融合方案，以两校区培养方案统一为导向，围绕"教好学生""教师个人发展""教学成果推广"3个方面开展深度整合，做到步调一致、同频共振，扎实做好学校的大学英语教学工作。

【服务国家需求，做好农业外派人员能力提升培训工作】全程参与农业农村部农业外派人员能力提升培训班学员的遴选、教学和学习辅导。优选34名教师，组成8个教学团队，承担8门课程的教学任务。各教学团队紧贴学员需求，精选授课内容，量身打造农业外交官能力所需的课程。定期召开教学会议，动态调整教学方式，线上线下有机结合，确保教学效果和教学质量。

【召开后疫情时代外语教学研究的新视角暨第三届"一带一路"外语教育规划圆桌会议】12月27日，后疫情时代外语教学研究的新视角暨第三届"一带一路"外语教育规划圆桌会议在学校举行。来自浙江大学、复旦大学、上海交通大学、同济大学、贵州师范学院、东南大学、南京师范大学、南京信息工程大学、南京邮电大学、南京农业大学等高校的数十位专家学者与会，围绕"后疫情时代外语教学研究的新视角"这一主题，就后疫情时代高校外语教育规划、外语人才培养、外语教师职业素养、外语教学方法改革与创新、欠发达地区外语教育等议题展开广泛研讨和交流。

（撰稿：桂雨薇 审稿：裴正薇 审核：高 俊）

金融学院

【概况】学院设有金融学、会计学和投资学3个本科专业，其中金融学和会计学均是"十二五"江苏省重点建设专业。2019年，金融学专业入选首批国家级一流本科专业建设点，是江苏高校品牌专业建设工程。2020年，会计学专业入选国家级一流本科专业建设点。学院拥有金融学博士、金融学硕士、会计学硕士、金融硕士（MF）、会计硕士（MPAcc）构成的研究生培养体系。拥有江苏省省级实验中心——金融学科综合训练中心，江苏省哲学社会科学重点研究基地——江苏省农村金融发展研究中心；3个校级研究中心，即区域经济与金融研究中心、财政金融研究中心和农业保险研究所。

学院现有教职工47人。专任教师34人（教授12人、副教授13人、讲师9人）。博士生导师 11 人，新增 2 人；硕士生导师 27 人，新增 3 人。专业硕士的培养管理实行"双导师"制，共有 80 位金融、会计行业的企业家、专家担任校外导师，2020 年度新聘任校外导师 8 人。学院加快人才引进，新增教师 4 人（青年教师 3 人、副教授 1 人）。专任教师博士学位教师占比 91.18%，高级职称教师占比 70.59%。学院有 1 位江苏高校"青蓝工程"中青年学术带头人、1 位江苏省"333 工程"培养对象、1 位江苏省"社科优青"、1 位江苏高校"青蓝工程"优秀青年骨干教师、1 位"钟山学者"首席教授、2 位"钟山学者"学术骨干、3 位"钟山学术新秀"、2 位"大北农青年学者"。

在校学生 1344 人。其中，本科生 897 人、硕士研究生 414 人、博士研究生 33 人。2020 届毕业学生共计 390 人。本科毕业生 236 人，年终就业率 80.43%；硕士毕业生 151 人，年终就业率 97.35%；博士毕业生 3 人，年终就业率 100%。毕业生主要进入银行、保险、证券、税务、会计师事务所等金融机构及政府机关工作，呈现出就业率高、专业对口率高、就业质量高的"三高"态势。

科研成果显著。获立项科研经费约 306.6 万元。新增纵向和横向科研项目共 28 项，包括国家自然科学基金项目 1 项，以及江苏省社会科学基金项目、教育部人文社科项目等省部级项目 5 项。教师共发表论文 63 篇。其中，SCI 论文 2 篇、SSCI 论文 4 篇；人文社科核心期刊论文 24 篇，包括权威期刊 2 篇、一类期刊 6 篇。2020 年度获得江苏省第十六届哲学社会科学优秀成果奖二等奖 1 项、三等奖 1 项，获江苏省乡村振兴软科学课题研究成果奖三等奖 1 项，获江苏省金融学会优秀课题报告一等奖 1 项。

推动本科教学建设与改革。通识核心课"金融与生活"和专业核心课"公司金融"获批校级"课程思政"示范课立项。江苏省"十三五"高等学校重点教材《现代农业保险学》正式出版；《金融学》和《农村金融学》2 本教材获批江苏省高校重点教材立项。新增立项校级教学改革与教学研究课题 1 项，在研校级教改项目 3 项。教师发表教育教学研究论文 1 篇，荣获中国金融教育论坛优秀论文奖 1 篇。学院获校级教学成果奖一等奖 1 项、二等奖 1 项。学院加入中国金融教育论坛理事会。学院与中华联合财产保险股份有限公司江苏分公司、兴化市地方金融监管局签订了教学科研实践基地合作协议书，学院优质校外实践基地增加至 17 家。

严格把关研究生培养质量。教师编撰教学案例入选第六届全国金融硕士教学案例 1 篇、中国工商管理国际案例库 1 篇。研究生荣获各类奖项 50 余项，包括国家级 17 项和省级 9 项。获 2020 年国家建设高水平大学公派研究生项目 1 项、第十四届中国农村金融发展论坛优秀论文奖 5 项。2 篇专业硕士学位论文获评江苏省优秀学位论文。

扎实做好党建工作。学院共有学生党员 198 人、教工党员 38 人，新发展学生党员 63 人。学院党委、党支部开展"三会"89 次、党课 24 次、专题组织生活会 11 次、专题党日活动 12 次。疫情防控期间，40 余名党员和共青团员参与家乡疫情防控志愿服务工作，5 人获得当地政府公开表扬，1 人获得当地电视台报道。金融系教师党支部入选校党建工作样板支部培育创建名单，2020 届专硕一支部获校"优质党支部"称号。

开展学术交流活动。举办"农村金融"精品学术创新论坛和"平衡积分卡绩效评价"沙龙。邀请国内外专家学者作各类学术报告 15 场，吸引 3000 余人次参与。学院教师开展学术交流 49 次，研究生受邀出席国内外学术会议并作报告 25 人次。

深化第二课堂。学生累计荣获省级及以上学科竞赛荣誉 50 余人次。获第十六届"新道杯"沙盘模拟经营赛江苏省金奖、全国二等奖；第六届"互联网＋"创新创业大赛国家级银奖；第十一届"挑战杯"江苏省大学生创业计划大赛江苏省金奖；第十二届"挑战杯"中国大学生创业计划国家级铜奖。SRT 计划结题 40 项，包括国家级大学生创新训练计划项目 7 项、国家级大学生创业实践计划项目 1 项、江苏省大学生创新计划项目 5 项、校级创新计划 24 项、院级创新计划 3 项。1 篇本科毕业论文（设计）获省级三等奖。

稳步推进国际合作。选派 2 名青年教师分别前往美国罗格斯大学和英国华威大学进行海外访学研修，发表 SCI 二区论文 1 篇。依托 2 个校级聘专项目，聘请外国专家 15 人；邀请澳大利亚麦考瑞大学、新加坡南洋理工大学等国外专家开设学术讲座 10 余场，推进学院教师与海外学者合作。学院与美国加利福尼亚大学河滨分校签订商科硕士预备项目合作备忘录；疫情防控期间，成功与该校开展线上国际交流项目，并邀请该校 4 位教授开设线上课程教学。1 名博士研究生获批参加国家留学基金管理委员会项目；本科毕业生出国深造率 16.03％，位居全校前列，留学学校层次逐年稳步提高。

【会计学专业入选国家级一流本科专业建设点】教育部办公厅发布《教育部办公厅关于公布 2020 年度国家级和省级一流本科专业建设点名单的通知》，会计学专业入选国家级一流本科专业建设点。

【承办"新时代背景下农村金融助力乡村振兴学术研讨会"】与高质量学术期刊平台合作，吸引来自全国 56 家高校、科研院所、政府部门和企业的 120 余位农村金融领域专家学者和师生参加。

【举办南京农业大学第四届金融高层论坛暨学院学科发展会议】10 月 17 日，学院举办南京农业大学金融学院学科发展咨询会，本次会议的顺利召开为金融学院学科发展工作提供了丰富的思路。

【举办"陈本焰教授诞辰 96 周年纪念活动"】7 月 31 日，在金融学院安放陈本焰教授铜像，宣传陈本焰教授"教书育人楷模"典型事迹；设立陈本焰教授教育基金，奖掖德才兼备的优秀教师和青年学子。

（撰稿：赵梅娟　审稿：李日葵　审核：高　俊）

马克思主义学院（政治学院）

【概况】实现两校区思政课教师统一管理，合并了浦口校区基础课部，实现两校区思政教学一体化。调整全校思政课教师的教研室归属。接收军事理论教研室调整到马克思主义学院。学院设有马克思主义原理、中国特色社会主义理论、近现代史、道德与法、研究生政治理论课 5 个教研室。现有哲学、马克思主义理论 2 个一级学科硕士学位授权点，设有马克思主义理论研究中心、科学与社会发展研究所 2 个校级研究机构和农村政治文明院级研究中心。

现有教职工 50 人，专任教师 48 人，其中教授 8 人、副教授 18 人、讲师 22 人，师资博士后 1 人。职称评审设立单独名额，增加教授 2 人、副教授 2 人。引进 1 名高级职称师资，负责研究生教研室工作。

党建思政工作。将教师党支部由 2 个增加为 5 个，"双带头人"支部书记达 100％。成立分党校、团总支，将入党积极分子纳入支部管理，党员学习通过率 100％。开展纪法教育、廉洁教育等 10 余次。增加工会委员，组织老干部参观新农村建设，组织党员赴江苏省南京市六合区竹镇镇参观李元龙纪念馆等活动。指导工会开展"小马奔腾"等活动。研究生党支部"芳华颂初心，秣马担使命"主题党日活动获江苏省高校最佳党日活动优胜奖及学校最佳党日活动一等奖。研究生党支部获学校党建工作样板支部。

师资建设。新增专职思政课教师 11 人，其中公开招聘 6 人、校内转岗 3 人、调动 2 人，师资博士后 1 人，为 11 位新教师配备德才兼备的老教师"传帮带"，达到教育部、江苏省教育厅年度进人要求。目前学院高级职称比例为 54%，博士学位教师比例为 73%。完善更新高校思政课教师信息库，选拔储备由各学院辅导员和副书记组建的 119 名专兼职思政教师。成立"形势与政策"课教研室，配备优质专兼职师资做好管理，任课教师由 10 余人增加至 90 余人，高度重视思政课改革创新和教学质量提升，校党委书记陈利根和副书记王春春亲自参加集体备课会，对思政课教学提出新要求。全年进行线上教学 2 万学时以上、线下专题教学 261 次。组织各课程教学团队开展教学培训、集体备课、线上研讨、教学观摩、授课比赛等 30 余次。全年参训教师 100 余人次。创新教学形式，在中山陵等处创新开展现场教学 7 次。举办首届"法庭进校园"实践教学活动、首次思政课"走进"校史馆、抗疫读书征文比赛、首届"献礼建党百年微视频比赛"活动等。

朱娅教师的"毛泽东思想和中国特色社会主义理论体系概论"成功申报国家级一流本科课程，付坚强和姜萍教授的"'三堂'融合，构建知农爱农思政育人创新体系研究"获批江苏省高校思政课教改革创新示范点项目 1 项；建设校级在线课程 7 门，包括"中国近代史纲要""马克思主义基本原理概论""习近平新时代中国特色社会主义思想专题研究""思政课实践：方法与路径""解读中国""农业伦理学概论""欧洲简史"；刘俊教师教学团队的"马克思主义与社会科学方法论"获校级优秀研究生课程；编写思政课辅导教材 1 本，发表教学论文 13 篇，新建江苏省南京市六合区竹镇镇教学实践基地 1 个。朱娅教师获江苏省高校"毛泽东思想和中国特色社会主义理论体系概论"教学授课比赛二等奖，孟凯教师获江苏省"紫金文化人才培养工程"文化"优青"称号。

科研与学科建设。新增刘战雄、石诚 2 名学术型硕士生导师，完成马克思主义理论和哲学学科的招生、答辩等工作。举办"动植物疫情与科学·文明"全国性学术研讨会，新增"农业伦理"微信公众号。开展"思政沙龙""思政大讲堂"等学术讲座 10 场。成功申报国家社会科学基金、江苏省哲学社会科学项目等 24 项，到账总经费 85.8 万元。全年教师发表论文 31 篇，其中 SCI 论文 4 篇、A&HCI 论文 1 篇。出版专著 9 部。徐东波教师获江苏省哲学社会科学优秀成果奖三等奖。

社会服务。组建红色秣马宣讲团，开展"四史"教育、《习近平谈治国理政》（第三卷）、《中华人民共和国民法典》、党的十九届五中全会精神等宣讲，第一时间把新思想、新精神传递到校内外。学院教师面向校内各单位进行集中宣讲 34 场，参与师生近万人次。面向江苏省检察院、江苏省律师协会、玄武区委组织部、高淳桠溪街道等 20 余家单位宣讲，在传播理论的同时，扩大学校的影响力。研究生党员深入学生、深入乡村开展宣讲 20 场，以多元的视角和丰富的案例引领青年理论学习风尚。

研究生培养。通过加强学校党建工作样板支部建设，形成"一强五带"的工作格局。成立团总支，下设 3 个团支部，配齐配强支部书记，组织学生深入青年群体宣讲，理论实践互促提升。"青年大学习"全年 40 次排名全校第一位，获校"美好食光 拒绝浪费"最佳团日活动案例。学生共发表论文 48 篇，参与课题 14 项。举行心理沙龙、写作、摄影培训等，提升学生素质能力。逐步建立生涯训练体系，签约2家就业实习基地。为毕业生发放公考礼包等，2020届毕业生就业率100％。

社会服务。吴国清教授关于"进一步推动'涉农村庄'人才振兴的建议报告"受到江苏省委主要领导批示，并被江苏卫视公共频道报道。杜何琪、葛笑如等教师出版《江苏农村基层党建发展报告（2018—2019)》，固化党建引领乡村振兴研究成果，赴六安、兴化、高淳等地讲党课和培训基层干部等，助力当地开展党建引领乡村振兴工作。

【咨政建言，获中央领导批示】教师朱娅在农业农村部挂职，撰写的论文成果获中央领导同志的肯定性批示，个人获得2020年度南京农业大学社会服务校内突出贡献奖。

（撰稿：杨海莉　审稿：付坚强　审核：高　俊）

体育部

【概况】2020年度卫岗校区和浦口校区体育工作融合，下设有教学与科研教研室、群众体育教研室、运动竞赛教研室、浦口校区体育教研室、体育与健康研究所、办公室和场馆中心。现有教职工56人，其中专任教师48人（副教授18人、讲师24人、助教6人）、行政管理及教辅8人。

党总支全面指导开展疫情防控工作，成立以张禾书记为组长的疫情防控工作小组。召开党员"云"会议部署防疫工作、开展专题"从新冠防疫看中西方制度的优劣"微党课；加强基层党建"四个一"行动。党支部学习上，第二、第三教工支部"学习强国"的均分排在全校前十位，教师第三党支部获得学习强国"先进支部"称号。此外，党总支指导工会组织开展"金秋教师节，浓浓战友情"迎新、"秋游老山、参观新校区"团建、迎新年健身跑等活动。

因疫情原因，临时调整教学内容和考核要求；教师采取网络课堂形式授课；与学校"南农青年"微信公众号合作，推送教师拍摄的家庭锻炼小视频。秋季学生返校后，实施了3套"线上＋线下"授课方案；围绕体育思政全面修订教学大纲；调整了定向越野的上课场地；采用手机微信采集学生基础运动信息，并通过微信向学生推送体育教学、体育运动锻炼指导等相关信息。

群众体育打破了卫岗校区与浦口校区间群体竞赛等方面的壁垒，统一了早锻炼和各项比赛管理模式，两校区2019级和2020级9000余名学生使用阳光长跑App；各学院运动队和体育社团组织集中训练等形式纳入课外锻炼考核；举办校第四十八届运动会，2400多人次参加排球、篮球（男、女生组）、田径、男子足球、羽毛球等项目比赛。场馆中心推出"体育场馆预约"微信小程序，学生和教工可直接通过"智慧南农"预约卫岗校区室内外的运动场地。

加大对科研工作的投入力度，激励和引导教师强化科研意识和重视科研工作。共有2个科研项目获得立项，陆东东"促进家校社青少年体育衔接发展政策研究"获国家体育总局决策咨询研究项目；赵朦和耿文光"高校球类项目教学中VR和AR技术的应用研究"获江苏省"十三五"规划科研项目。2个校级思政课题获得立项，即冯军政"大学体育乒乓球"和白茂强"大学体育武术"。教师共发表论文5篇，其中陈欣 *Cooperation Spirit of European*

Olympic Modern Art and Sports Competition 被国外期刊*CONVIVIUM* 收录；周全富《绿色运动对肥胖大学生身心健康状态的影响》在全国农业高校体育科报会上获奖。

运动竞赛方面，各运动队一直在为中华人民共和国第十四届学生运动会和江苏省第二十届高校学生运动会作准备。

［附录］

2020 年普通生队和高水平队比赛成绩汇总

序号	队伍	项目	比赛时间	地点	比赛成绩	比赛名称	教练员
1	网球	男子单打	12 月	南京师范大学	第五名	2020 年江苏省大学生（高水平组）网球锦标赛	王　帅 杨宪民
		男子双打			第五名		
		女子单打			第一名		
		女子双打			第五名		
2	排球	女子排球	12 月	东南大学	第三名	2020 年江苏省大学生（高水平组）排球比赛	徐　野
3	武术	男子南拳	12 月	扬州大学	第一名 第二名	2020 年江苏省大学生武术套路锦标赛	白茂强 张东宇
		男子南棍			第二名 第五名		
		男子长拳			第一名		
		男子太极拳			第三名		
		男子太极剑			第五名		
		女子南刀			第四名		
		女子南拳			第五名		
		女子剑术			第二名		
		女子长拳			第一名 第三名		
		女子太极拳			第五名		
4	足球	男子超级组	12 月	盐城大丰	第五名	2020 年江苏省"省长杯"大学生足球联赛暨 2021 年全国青少年校园足球联赛江苏赛区	卢茂春
5	健美操	啦啦操花球规定	11 月	中国药科大学	第一名	2020 年江苏省学生啦啦操、健美操锦标赛（大学生组）	于阳露
		啦啦操街舞规定			第一名		
		啦啦操街舞自编			第二名		

（续）

序号	队伍	项目	比赛时间	地点	比赛成绩	比赛名称	教练员
6	篮球	男子篮球	11月	南京邮电大学	第三名	2020年江苏省大学生校园篮球联赛（本科组）决赛暨第二十三届 CUBA 二级联赛江苏基层决赛	段海庆
7		女子篮球		南京林业大学	第四名		杨春莉

（撰稿：耿文光　陆春红　于阳露　洪海涛　陈　雷　审稿：许再银　审核：高　俊）

前沿交叉研究院

【概况】9月18日，前沿交叉研究院（Academy for Advanced Interdisciplinary Studies，简称前沿院，AAIS）正式成立。前沿院是独立运行的实体二级单位，作为学校"十四五"战略的重要布局，将面向国际学术前沿和国家战略需求，紧扣学校中长期建设目标，聚焦粮食安全、健康中国、生态文明、数据科学、人工智能、乡村振兴等重点方向，突出"高、精、尖、缺"导向，坚持以重大科学问题为牵引，以学科交叉融合为特色，以拔尖创新人才为支撑，以高层次学术生态为驱动，突破学科、学院、学校的界限和建制障碍，推动科研创新范式，着力打造"人才特区、学术特区"，全面探索学科交叉融合的机制办法和新的学科生长点，汇聚培养具有国际学术影响力、为国家科技作出重要贡献的顶尖科研团队，实现前瞻性基础研究、引领性原创成果的重大突破。

【获批江苏省外国专家工作室】12月，由作物表型组学交叉研究中心 Fred Baret 教授和二宫正士教授牵头申报的江苏省外国专家工作室，成功获江苏省科技厅批准。2位专家通过与学校团队的紧密合作，围绕稻麦的表型监测和生长模拟等领域，研发了一系列的高通量表型监测设备和算法，促进了学校表型组学的发展，加速了农业信息、作物栽培和育种等学科交叉融合。

【作物表型组学研发中心大楼顺利封顶】10月12日，作物表型组学研发中心大楼成功完成结构封顶。作物表型组学研发中心位于白马教学科研基地，是国家"双一流"建设项目，2018年10月获得教育部立项建设，总投资14 365万元，总建筑面积约22 745.55平方米，主楼建筑高度59.1米，主要建设内容为基因功能与组学分析平台、表型基因型信息管理利用大数据中心、分析测试平台、表型环境控制室等。

（撰稿：王乾斌　审阅：盛　馨　审核：高　俊）

图书在版编目（CIP）数据

南京农业大学年鉴 . 2020/南京农业大学图书馆（文化遗产部）编 . —北京：中国农业出版社，2023.3
ISBN 978 - 7 - 109 - 30605 - 9

Ⅰ.①南… Ⅱ.①南… Ⅲ.①南京农业大学－2020－年鉴 Ⅳ.①S - 40

中国国家版本馆 CIP 数据核字（2023）第 062686 号

南京农业大学年鉴 2020
NANJING NONGYE DAXUE NIANJIAN 2020

中国农业出版社出版
地址：北京市朝阳区麦子店街 18 号楼
邮编：100125
责任编辑：刘 伟 冀 刚　文字编辑：胡烨芳
版式设计：王 晨　责任校对：刘丽香
印刷：北京通州皇家印刷厂
版次：2023 年 3 月第 1 版
印次：2023 年 3 月北京第 1 次印刷
发行：新华书店北京发行所
开本：787mm×1092mm　1/16
印张：34　插页：6
字数：868 千字
定价：200.00 元